高等学校土木工程类“十二五”规划教材

财政部文化产业发展专项资金资助项目

CIVIL ENGINEERING

土木工程施工技术

陈大川　曾令宏　主编

湖南大學出版社

·长沙·

内容简介

本书从拓宽专业面、扩大知识面出发，以解决土木工程实践中的技术问题，重点阐述施工工艺及原理、施工方案及方法，以及保证工程质量和施工安全等有关技术措施。

全书共分11章，内容包括土方工程、桩基础工程、砌体工程、钢筋混凝土工程、预应力混凝土工程、结构安装工程、建筑防水工程、装饰装修工程、混凝土结构加固修复工程、桥梁结构工程、道路工程等。

本书是根据教育部颁布实施的《普通高等学校本科专业目录(2012年)》中的土木工程专业要求而编写的，可供土木类工程技术人员学习、参考，亦可供与土木工程相关的其他专业的老师和学生使用。

图书在版编目(CIP)数据

土木工程施工技术/陈大川，曾令宏主编. —长沙：湖南大学出版社，2020.5
(高等学校土木工程类“十二五”规划教材)
ISBN 978-7-5667-1110-6

Ⅰ.①土… Ⅱ.①陈… ②曾… Ⅲ.①土木工程—工程施工—高等学校—教材
Ⅳ.①TU7

中国版本图书馆CIP数据核字(2018)第180100号

土木工程施工技术
TUMU GONGCHENG SHIGONG JISHU

主　　编：陈大川　曾令宏
策划编辑：卢　宇
责任编辑：黄　旺　**责任校对**：尚楠欣　**责任印制**：陈　燕
印　　装：衡阳顺地印务有限公司
开　　本：787 mm×1092 mm　1/16　**印张**：22.75　**字数**：597千
版　　次：2020年5月第1版　**印次**：2020年5月第1次印刷
书　　号：ISBN 978-7-5667-1110-6
定　　价：68.00元

出 版 人：李文邦
出版发行：湖南大学出版社
社　　址：湖南·长沙·岳麓山　**邮编**：410082
电　　话：0731-88822559(发行部)，88821315(编辑室)，88821006(出版部)
传　　真：0731-88649312(发行部)，88822264(总编室)
网　　址：http://www.hnupress.com
电子邮箱：pressluy@hnu.edu.cn

序

我国经济社会的快速发展，基本建设规模的不断扩大，为土木工程的发展带来了千载难逢的契机，也对土木工程人才培养提出了更高的要求。目前，我国正在进行的土木工程基本建设的数量、规模在世界上首屈一指，一批大型、特大型工程项目不断上马和竣工，土木工程的发展正处于前所未有的高速发展时期。在这个重要的历史时期，高等工程教育承担着培养中国特色社会主义现代化建设高级专门人才的历史重任。

然而，我国土木工程人才培养在适应社会发展需求方面还存在较大不足。其一是课程体系和教学方法没有根本性的转变。近10年来，高等院校开展了大规模的教学内容和课程体系改革，推出了一批优秀教材和精品课程，取得了明显成效。但是，传统的课程体系、教学计划、培养模式并没有发生深刻的变化，不同科类的知识依然相互分离，综合性的课程还不多见，理论与工程实践脱节的局面并未得到根本改善。其二是教学内容没有做到与时俱进和与世界先进水平接轨。随着工业化进程的加快和科技水平的发展，教学内容不断增加，教学要求不断提高，我们还是习惯于增加课程、增加学时，而忽视了课程的整合、融合、拓宽、更新和需要更加注重应用；在教学方法上依然以讲授为主，学生自主学习、自我体验、自由创造的环境还不具备，现代工程要求的多学科综合性、实践性、适应性的特征在人才培养的过程中体现得还远远不够。其三是人才培养质量与社会需求脱节。不同高校的培养计划、课程设置千篇一律，缺少学校特色和行业特色，陷入"异校同质"的困局；尤其是近10年来，某些新升格的本科院校，在课程设置上盲目追求"系统性"和"理论性"，导致理论与实践、学习与应用严重脱节。因此，我们必须根据社会发展需求，依据各自高校和行业的固有特点，对人才培养目标进行科学定位，对教学内容和课程体系进行改革，并将改革成果体现在教材建设之中。

正是为了适应教学改革的要求，湖南大学出版社精心组织出版了这套"高等学校土木工程类'十二五'规划教材"，作为"高校教材立体化出版及平台建设"和"中国工程教育在线"项目的子项目，由财政部资助并被列入新闻出版总署新闻出版业发展项目库重点项目。这套规划教材涵盖了土木工程专业各个专业方向的主要基础课程和专业课程，具有如下几个显著特点：一是紧扣发展。根据《国家中长期教育改革和发展规划纲要》和《高等学校土木工程本科指导性专业规范》精神以及土木工程专业评估的要求组织教材内容，力图在教材中反映新材料、新技术、新结构、新成果。二是强化应用。强调学生创新思维的训练，注重学生创新精神、创新能力和工程实践能力的培养，教材内容与现行国家规范、规程相结合，与国家的注册工程师执业资格考试制度相结合。三是服务师生。围绕“教师教学需要”和“学生学习需要”两个中心点，秉持“体现内容的前沿性，保持内容的整体性和系统性，兼顾内容的全面性与精练性，突出工程实践性”等原则，精心组织教材内容，同时对教材进行了立体化开发，其产品包括纸质教材、电子书、电子课件、多媒体素材库和工程教育网站。

本系列教材以主教材为中心，以辅导教材、教师用演示文稿、电子资料(电子资料库)、教学网站等为载体，提供包含主体知识、案例及案例分析、习题试题库及答案、教案、课件、学习软件、自测(考试)软件等内容的立体化教材。一方面，满足课程教学的需要；另一方面，面向工程教育，提倡以“能力为导向”的交互式学习方法，建立了教材配套的立体化资源，使得学生不仅可利用教材在课堂上学习知识，而且能够在课后进行更多的主动式、自主式学习。

教材建设是反映时代发展，体现教学内容和教学方法，培养适应社会需求的人才的重要载体。这套教材的出版、发行和使用，将促进土建类课程、教材、教学内容和教学方法的改革，为人才培养模式的创新做出有益的探索，从而进一步提高人才培养的质量。

周绪红

中国工程院院士

2014年10月于重庆大学

前　言

《土木工程施工技术》是土木工程专业的一门主要专业核心课，它主要研究土木工程施工中的施工技术的基本规律，其目的是培养学生具有独立分析和解决土木工程施工中有关施工技术问题的能力，在内容上涉及面广，实践性强，需要综合运用土木工程专业的基本理论。本书编写的基本思路及特点如下：

(1)突出实用性。我国基本建设突飞猛进，新的施工技术不断涌现，书中相应地介绍了一些新的实用的施工技术。

(2)精益求精。针对教学的需要，书中介绍的施工工艺、质量控制、检验验收等须满足新的规范、标准、法规、条例的要求。

(3)启迪创新思维。剖析综合运用有关学科理论和知识，以解决工程中的实际问题。

本书对书中的重难点进行了动画模拟，并将对应网址生成了二维码，读者可通过手机微信扫描书中的二维码进行观看。

本书在编写过程中，力图以科学发展观反映先进的施工技术，力图理论联系实践，以应用为主，但由于水平有限，仍难免有不足之处，敬请读者指正、赐教。

本书由湖南大学陈大川教授、曾令宏副教授主编。本书在编写过程中参考了有关文献、资料，得到了湖南大学出版社的大力支持，谨在此对文献、资料的作者和出版社致以深深的谢意。

编　者

2018 年 10 月

目　次

第1章　土方工程

土方工程也称为土石方工程。土木工程中，常见的土方工程有：场地平整、基坑（槽）与管沟开挖、路基开挖、人防工程开挖、地坪填土、路基填筑以及基坑回填等。土方工程是建筑工程中的第一步，土方工程具有工程量大、工期长、投资大、施工条件复杂、受外在条件影响较大的特点，所以应当结合土这种材料本身的性质，并根据工程的实际情况和条件，进行合理化的施工，实行科学的管理，以达到保证工程质量，取得良好的经济效益的目的。

本章主要包括以下几方面内容：

1. 土方工程的特点；
2. 土方量的计算与调配；
3. 土方工程降水与排水；
4. 边坡与支护；
5. 土方的回填与压实；
6. 土方的机械化施工。

1.1　土方工程的特点

1.1.1　土的分类和性质

1.1.1.1　土的分类

土的种类繁多，其性质会直接影响土方工程的施工方法、劳动力的消耗、工程费用和保证安全的措施，应予以重视。我国按照坚硬程度、开挖方法及使用工具的不同，将土分为松软土、普通土、坚土、砂砾坚土、软石、次坚石、坚石、特坚石等八类，具体如表1－1所示。

表1－1　土的分类

土的分类	土的级别	岩、土名称	天然重度/（kN/m^3）	坚固系数 f	开挖方法及工具
一类土（松软土）	Ⅰ	略有黏性的砂土、粉土、腐殖土及疏松的种植土，泥炭（淤泥）	6～15	0.5～0.6	用锹，少许用脚蹬或用板锄挖掘
二类土（普通土）	Ⅱ	潮湿的黏性土和黄土，软的盐土和碱土，含有建筑材料碎屑、碎石、卵石的堆积土和种植土	11～16	0.6～0.8	用锹、条锄挖掘，需要脚蹬，少许用镐

续表

土的分类	土的级别	岩、土名称	天然重度/(kN/m³)	坚固系数 f	开挖方法及工具
三类土（坚土）	Ⅲ	中等密实的黏性土或黄土，含有碎石、卵石或建筑材料碎屑的潮湿的黏性土或黄土	18～19	0.8～1.0	主要用镐、条锄挖掘，少许用锹挖掘
四类土（砂砾坚土）	Ⅳ	坚硬密实的黏性土或黄土，含有碎石、砾石的中等密实黏性土或黄土，硬化的重盐土，软泥灰岩	19	1～1.5	主要用镐、条锄挖掘，少许用撬棍挖掘
五类土（软石）	Ⅴ～Ⅵ	硬的石炭纪黏土，胶结不紧的砾岩，软的节理多的石灰岩及贝壳石灰岩，坚实的白垩，中等坚实的页岩、泥灰岩	12～27	1.5～4.0	用镐或撬棍、大锤挖掘，部分使用爆破方法
六类土（次坚石）	Ⅷ～Ⅸ	坚硬的泥质页岩，坚实的泥灰岩，角砾状花岗岩，泥灰质石灰岩，黏土质砂岩，云母页岩及砂质页岩，风化的花岗岩、片麻岩及正长岩，滑石质的蛇纹岩，密实的石灰岩，硅质胶结的砾岩，砂岩，砂质石灰页岩	22～29	4～10	用爆破方法开挖，部分用风镐
七类土（坚石）	Ⅹ～ⅩⅢ	白云岩，大理石，坚实的石灰岩、石灰质及石英质的砂岩，坚硬的砂质页岩，蛇纹岩，粗粒正长岩，有风化痕迹的安山岩及玄武岩，片麻岩，粗面岩，中粗花岗岩，坚实的片麻岩，辉绿岩，玢岩，中粗正长岩	25～31	10～18	用爆破方法开挖
八类土（特坚石）	ⅩⅣ～ⅩⅥ	坚实的细粒花岗岩，花岗片麻岩，闪长岩，坚实的玢岩，角闪岩、辉长岩、石英岩、安山岩、玄武岩、最坚实的辉绿岩、石灰岩及闪长岩，橄榄石质玄武岩，特别坚实的辉长岩、石英岩及玢岩	27～33	18以上	用爆破方法开挖

注：①土的级别相当于一般16级土石分类级别。②坚固系数f相当于普氏岩石强度系数。

1.1.1.2 土的性质

天然状态下的土由土颗粒、土中的水和土中的空气三部分组成。不同的组成比例对应不同性质的土体，对工程也有不同的影响。土有各种工程性质，其中对施工影响较大的性质有土的密度、含水量、可松性和渗透性等。

(1)土的密度

①土的天然密度。土在天然状态下单位体积的质量，称为土的天然密度，用ρ表示：

$$\rho = \frac{m}{V} \tag{1-1}$$

式中：m 为土的总质量；V 为土的天然体积。

②土的干密度。单位体积中土的固体颗粒的质量称为土的干密度，用 ρ_d 表示：

$$\rho_d = \frac{m_s}{V} \tag{1-2}$$

式中：m_s 为土中固体颗粒的质量。

土的干密度越大，表示土越密实。工程上把土的干密度作为评定土体密实程度的标准，以控制基坑底及填土工程的压实质量。

(2) 土的含水量

土的含水量 ω 是土中水的质量与固体颗粒的质量之比，反映着土的干湿程度。以百分数表示：

$$\omega = \frac{m_w}{m_s} \times 100\% \tag{1-3}$$

式中：m_w 为土中水的质量；m_s 为土中固体颗粒的质量。

土的含水量影响土方施工方法的选择、边坡的稳定和回填土的质量。

含水量在5%以下的土称干土，含水量在5%～30%的土称潮湿土，含水量在30%以上的土称湿土。含水量越大，土就越湿，对施工越不利，在土方开挖时，应采取排水措施。

在一定的含水量条件下，用同样的夯实机具，可使回填土达到最大的密实度，此时的含水量称为最佳含水量。因此，在回填土时，应使土的含水量处在最佳含水量的范围之内。

(3) 土的可松性

自然状态下的土经开挖后，其体积因松散而增大，以后虽经回填压实，其体积仍不能恢复原状，这种性质称为土的可松性。土的可松性程度用可松性系数表示：

$$K_s = \frac{V_2}{V_1} \tag{1-4}$$

$$K_s' = \frac{V_3}{V_1} \tag{1-5}$$

式中：K_s 为土的最初可松性系数；K_s' 为土的最终可松性系数；V_1 为土在天然状态下的体积；V_2 为土被挖出后在松散状态下的体积；V_3 为土经回填压实后的体积。

土的可松性对土方量的平衡调配、确定场地设计标高、计算运土机具的数量、确定基坑（槽）开挖时的留弃土量及计算挖填方所需体积等均有很大影响。各类土的可松性系数如表1－2所示。

表1－2　土的可松性系数

土的分类	可松性系数	
	最初可松性系数 K_s	最终可松性系数 K_s'
一类土（松软土）	1.08～1.17	1.01～1.04
二类土（普通土）	1.14～1.28	1.02～1.05

续表

土的分类	可松性系数	
	最初可松性系数 K_s	最终可松性系数 K_s'
三类土 （坚土）	1.24～1.30	1.04～1.07
四类土 （砂砾坚土）	1.26～1.37	1.06～1.09
五类土 （软石）	1.30～1.45	1.10～1.20
六类土 （次坚石）	1.30～1.45	1.10～1.20
七类土 （坚石）	1.30～1.45	1.10～1.20
八类土 （特坚石）	1.45～1.50	1.20～1.30

（4）土的渗透性

土的渗透性指水流通过土中孔隙的难易程度。水在单位时间内穿透土层的能力称为渗透系数，用 k 表示，单位为 m/d。

地下水在土中的渗透速度一般可按达西定律计算，其公式如下

$$v=k\frac{H_1-H_2}{L}=k\frac{h}{L}=ki \tag{1-6}$$

式中：v 为水在土中的渗透速度；k 为土的渗透系数；i 为水力坡度，$i=(H_1-H_2)/L$，即 A，B 两点水头差与其渗透路径之比。

k 值的大小反映出土体透水性的强弱，土的渗透系数可以通过室内渗透试验或现场抽水试验确定。土的渗透性取决于土质、地下水的流动以及水在土中的渗透速度。如黏土的渗透系数小于 0.1 m/d，细砂为 5～10 m/d，而砾石则为 100～200 m/d。

1.1.1.3 土方施工准备工作

土方工程包括土的开挖、运输和填筑等施工过程，有时还要进行排水、降水、土壁支撑等准备工作。土方工程施工往往具有工程量大、劳动繁重和施工条件复杂等特点；其又受气候、水文、地质、地下障碍等因素的影响，不可确定的因素较多，有时施工条件极为复杂。在工程建设中，比较常见的土方工程有：场地平整、基坑（槽）开挖、地坪填土、路基填筑和基坑回填土等。

①土方开挖前，应查明施工场地明、暗设置物（电线、地下电缆、管道、坑道等）的位置及走向，并采用明显记号表示。严禁在离电缆 1 m 距离以内作业。应根据施工方案的要求，将施工区域内的地下、地上障碍物清除。

②建筑物或构筑物的位置或场地的定位控制线（桩）、标准水平桩及开槽的灰线尺寸，必须经过检验，并完成预检手续。

③夜间施工时，应有足够的照明设施；在危险地段应设置明显标志，并要合理安排开挖顺序，防止错挖或超挖。

④开挖有地下水位的基坑槽、管沟时，应根据当地工程地质资料，采取措施降低地下水

位。一般要降至开挖面以下 0.5 m，然后才能开挖。

⑤施工机械进入现场所经过的道路、桥梁和卸车设施等，应事先检查，必要时要进行加固或加宽等准备工作。

⑥选择土方机械，应综合考虑施工区域的地形与作业条件、土的类别与厚度、总工程量和工期，使施工机械的效率最大化。

⑦在机械无法作业的部位施工以及进行修整边坡坡度、清理槽底等工作时，均应配备人工。

1.2 土方量的计算与调配

1.2.1 基坑、基槽土方量计算

根据建筑设计要求，在场地平整土方工程施工之前，通常要计算土方的工程量。但土方外形往往复杂、不规则，要得到精确的计算结果很困难。一般情况下，可以按方格网将其划为一定的几何形状，并采用具有一定精度而又和实际情况近似的方法进行计算。

当基坑上口与下底两个面平行时，其土方量可按拟柱体(由两个平行的平面做底的一种多面体)体积公式计算，如图 1-1(a)所示，

$$V=\frac{H}{6}(A_1+4A_0+A_2) \tag{1-7}$$

式中：H 为基坑深度(m)；A_1，A_2 为基坑上、下两底面积(m^2)；A_0 为基坑中截面面积(m^2)。

基槽沿长边方向且根据其断面呈连续性变化时，其土方量可以用同样的方法计算，如图 1-1(b)所示，

$$V=\frac{L_i}{6}(A_1+4A_0+A_2) \tag{1-8}$$

式中：L_i 为基槽长度(m)；A_1，A_2 为基槽两端的断面面积(m^2)；A_0 为基槽中截面面积(m^2)。

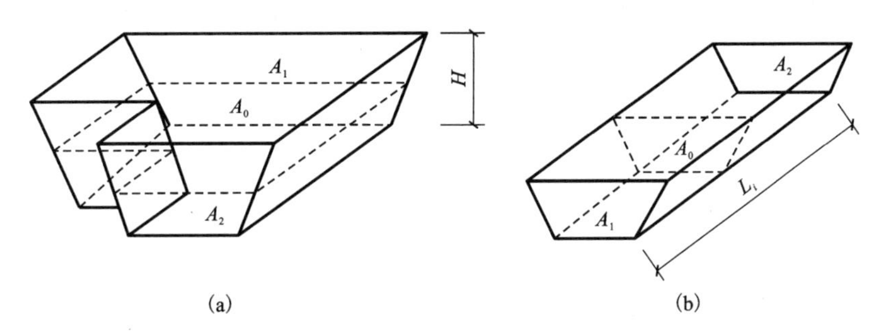

图 1-1 基坑、基槽土方量计算示意图

1.2.2 场地平整

场地平整是根据建筑设计的要求，将拟建的建筑物场地范围内的天然地面，通过人工或机械的方式改造成施工所要求的建筑平面，即通常所说的“三通一平”中的“一平”。

场地平整土方量的计算一般采用方格网法，可按以下几个步骤进行：

①将地图上的整个施工场地划分为10～40 m的方格网。

②测量并计算各方格网角点的自然地面标高。

③确定场地的设计标高，并根据泄水坡度要求计算各方格网角点的设计标高。

④场地设计标高确定后，求出平整的场地方格网各角点的施工高度H_i。

⑤确定"零线"(即挖填方的分界线)的位置。确定"零线"的位置有助于了解整个场地的挖、填区域分布状态。

⑥然后按每个方格角点的施工高度算出挖、填土方量，并计算场地边坡的土方量，这样可得到整个场地的挖、填土方总量。

1.2.2.1 初步计算场地设计标高

初步计算场地设计标高的原则是场地内挖填方平衡，即场地内挖方总量等于填方总量。如图1－2所示，设计标高为H_0，挖填方基本平衡，不需要弃土或从场地外运土。如果设计标高定为H_1，挖方远大于填方，需要从场地外运土才能达到回填量；如果设计标高定为H_2，填方远小于挖方，不仅花费了更多的人力物力来挖土，并且还需要弃土，造成不必要的浪费。所以，选择一个合理的较为精确的设计标高极具实际意义。

计算场地设计标高时，首先将场地划分成若干个方格的方格网，每格的大小根据计算精度和场地平坦情况综合确定。一般边长为10～40 m，如图1－2(a)。当地形平坦时，可根据地形图上相邻两等高线的标高，用线性内插法求得。当地形复杂很不平坦时，可用木桩在地面打好方格网，然后用仪器直接测出标高。

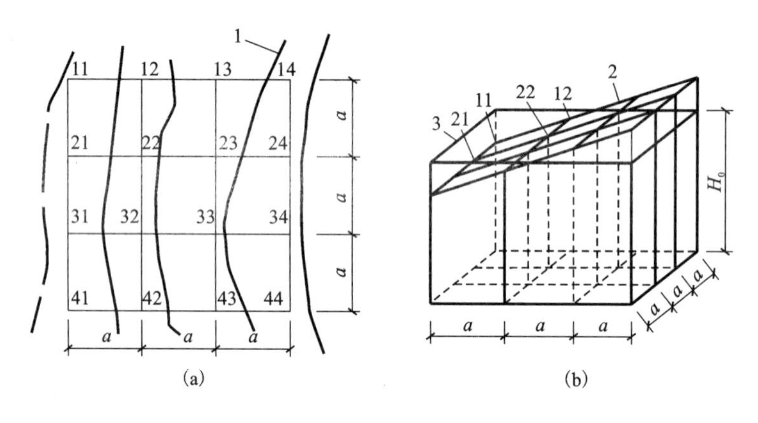

图1－2 场地标高H_0计算示意图

按照挖填方平衡的原则，如图1－2(b)所示，场地设计标高即为各个方格角点标高的平均值。可按照下式计算

$$H_0 = \frac{\sum (H_{11} + H_{12} + H_{21} + H_{22})}{4N} \tag{1-9}$$

式中：H_0为平整后的场地设计标高(m)；N为方格数量；H_{11}，H_{12}，H_{21}，H_{22}为任意一方格的四个角点标高(m)。

不难发现，有几个方格的公共角点标高，就要在公式中加几次。用H_1表示1个方格仅有的角点标高，用H_2表示2个方格共有的角点标高，用H_3表示3个方格共有的角点标高，用

H_4 表示 4 个方格共有的角点标高，则上述公式可以表示为

$$H_0 = \frac{\sum H_1 + 2\sum H_2 + 3\sum H_3 + 4\sum H_4}{4N} \tag{1-10}$$

1.2.2.2　场地设计标高的调整

按式(1－10)计算的设计标高 H_0 为一理论值，尚需考虑各种因素进行适当调整。

(1)土的可松性的影响

由于土具有可松性，一般填土会有剩余，需相应地提高设计标高。由图 1－3 可以看出，考虑土的可松性引起的设计标高的增加值为 Δh，Δh 可用下式计算

$$\Delta h = \frac{V_W(K_s' - 1)}{F_T + F_W K_s'} \tag{1-11}$$

式中：V_W 为按理论标高计算的总挖方体积(m^3)；F_W，F_T 为按理论设计标高计算的挖方区、填方区总面积(m^2)；K_s' 为土的最终可松性系数。

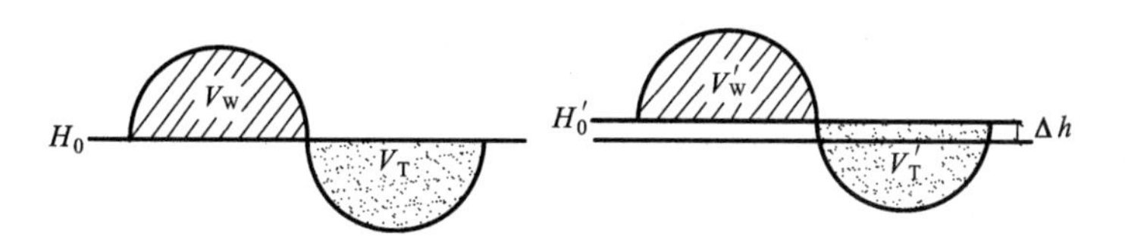

图 1－3　考虑土的可松性调整设计标高计算示意图

调整后的设计标高如下

$$H_0' = H_0 + \Delta h \tag{1-12}$$

(2)场地泄水坡度的影响

按上述计算和调整后的设计标高进行场地平整时，场地将是一个水平面。但实际上由于排水的要求，场地表面均需有一定的泄水坡度，因此还需根据泄水要求，最后计算出场地内各方格角点实际施工时的设计标高。

①单向泄水时各方格角点的设计标高。当场地只向一个方向泄水时[图 1－4(a)]，应以计算出的设计标高 H_0(或调整后的设计标高 H_0')作为场地中心线的标高，场地内任意一点的设计标高为

$$H_n = H_0 \pm li \tag{1-13}$$

式中：H_n 为场地内任意一方格角点的设计标高(m)；l 为该方格角点至场地中心线的距离(m)；i 为场地泄水坡度(不小于 0.2%)；该点比 H_0 高则用“＋”，反之用“－”。

例如图 1－4(a)中，角点 S2 的设计标高为

$$H_{S2} = H_0 - 1.5ai \tag{1-14}$$

②双向泄水时各方格角点的设计标高。当场地向两个方向泄水时[图 1－4(b)]，应以计算出的设计标高 H_0(或调整后的设计标高 H_0')作为场地中心点的设计标高，场地内任意一点的设计标高为

$$H_n = H_0 \pm l_x i_x \pm l_y i_y \tag{1-15}$$

式中：l_x，l_y 为该点于 $x-x$，$y-y$ 方向上距场地中心点的距离；i_x，i_y 为场地在 $x-x$，$y-y$ 方

向上的泄水坡度。

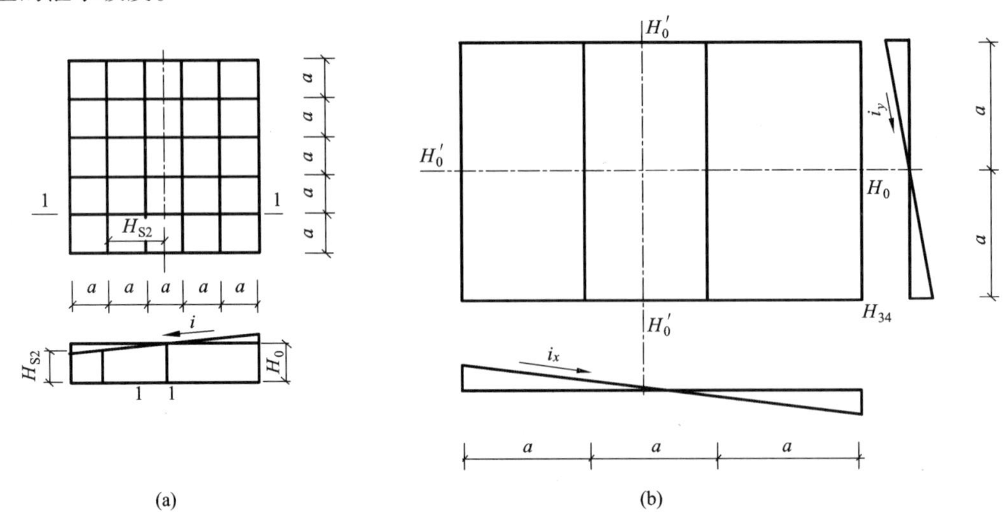

图1－4　场地泄水坡度示意图

1.2.2.3　场地土方工程量的计算

(1)计算方格角点的施工高度

各方格角点的施工高度(即挖、填方高度)h_n 为

$$h_n = H_n - H_n' \tag{1-16}$$

式中：H_n 为该方格角点的设计标高(m)；H_n' 为该方格角点的自然地面标高(m)。

(2)确定方格网零线及零点

零线即挖方区与填方区的交线，在该线上，施工高度为零。零线的确定方法是：

在相邻角点施工高度为一挖一填的方格边线上，用线性内插法，根据三角形相似的原理可求出方格边线上零点的位置，如图1－5，按式(1－17)进行计算

$$x = \frac{ah_1}{h_1 + h_2} \tag{1-17}$$

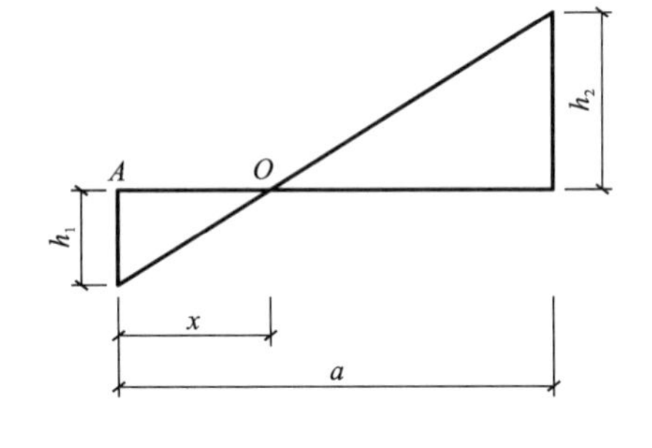

图1－5　零点位置计算示意图

式中：h_1，h_2 为相邻两角点挖、填方的施工高度(以绝对值来计算)(m)；a 为方格边长(m)；x 为零点距角点 A 的距离(m)。

再将各相邻的零点连接起来即得零线。

零线确定之后，也就大致确定了挖方区和填方区。

(3)施工场地土方工程量的计算

①四方棱柱体法。

a. 方格四个角点全部为挖方或填方时(图1－6)，其挖方或填方体积为

$$V = \frac{a^2}{4}(h_1 + h_2 + h_3 + h_4) \tag{1-18}$$

式中：h_1，h_2，h_3，h_4 为方格四个角点挖或填的施工高度，以绝对值代入(m)；a 为方格边长(m)。

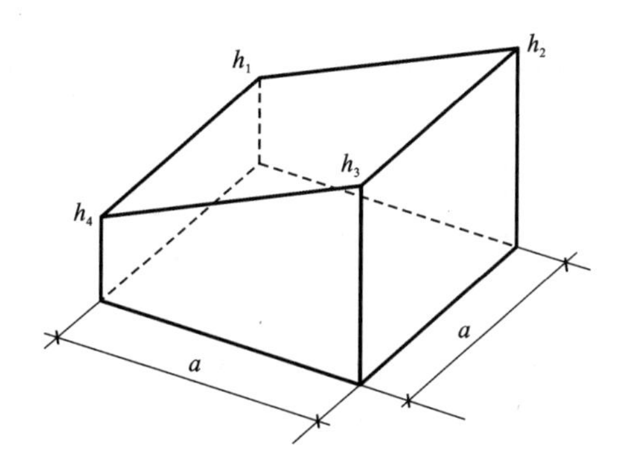

图 1-6　角点全填或全挖

b. 方格四个角点中，两个角点是挖方，两个角点是填方时(图 1-7)，其挖方和填方体积分别为

$$V_{挖}=\frac{a^2}{4}\left(\frac{h_1^2}{h_2+h_4}+\frac{h_2^2}{h_2+h_3}\right) \tag{1-19}$$

$$V_{填}=\frac{a^2}{4}\left(\frac{h_3^2}{h_2+h_3}+\frac{h_4^2}{h_1+h_4}\right) \tag{1-20}$$

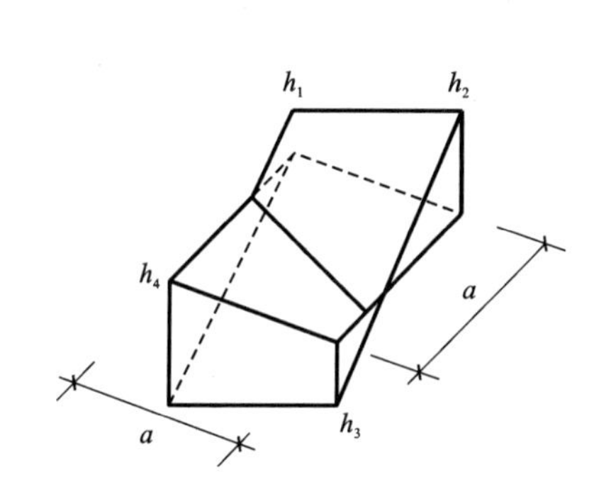

图 1-7　角点二填二挖

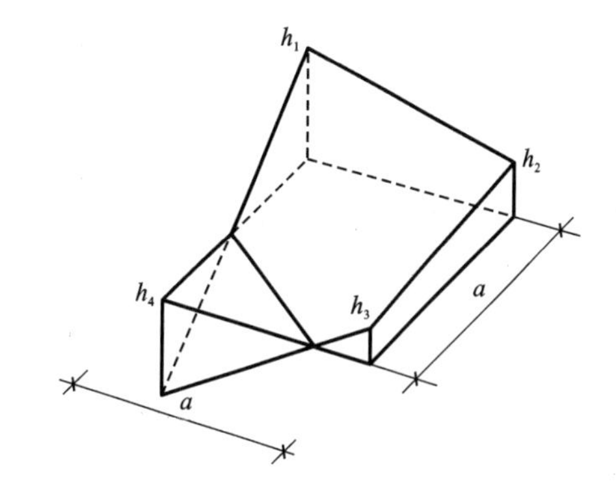

图 1-8　角点一填三挖

c. 方格三个角点为挖方，另一个角点为填方时(图 1-8)，其填方体积为

$$V_4=\frac{a^2}{6}\frac{h_4^3}{(h_1+h_4)(h_3+h_4)} \tag{1-21}$$

其挖方体积为

$$V_{1,2,3}=\frac{a^2}{6}(2h_1+h_2+2h_3-h_4)+V_4 \tag{1-22}$$

②三角棱柱体法。

计算时先把方格网顺地形等高线将各个方格划分成三角形(图 1-9)，每个三角形三个角点的填挖施工高度用 h_1，h_2，h_3 表示。

a. 当三角形三个角点全部为挖方或填方时(图 1-10)，其挖方和填方体积为

$$V=\frac{a^2}{6}(h_1+h_2+h_3) \tag{1-23}$$

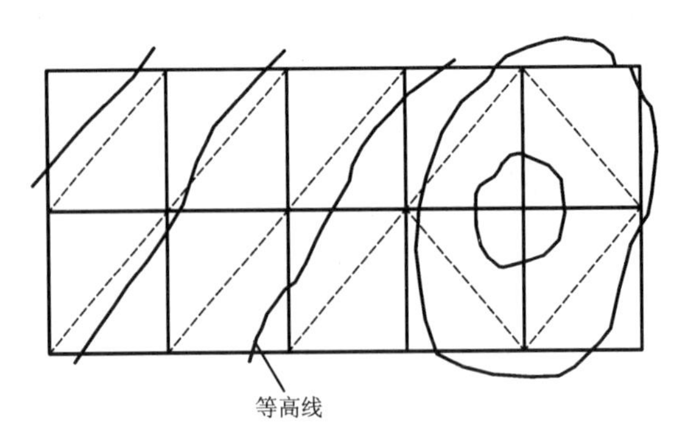

图 1-9　按地形方格划分成三角形

式中：a 为方格边长(m)；h_1，h_2，h_3 为三角形各角点的施工高度，用绝对值(m)代入。

b. 三角形三个角点有挖有填时，零线将三角形分成两部分，一个是底面为三角形的锥体，一个是底面为四边形的楔体(图 1-11)。

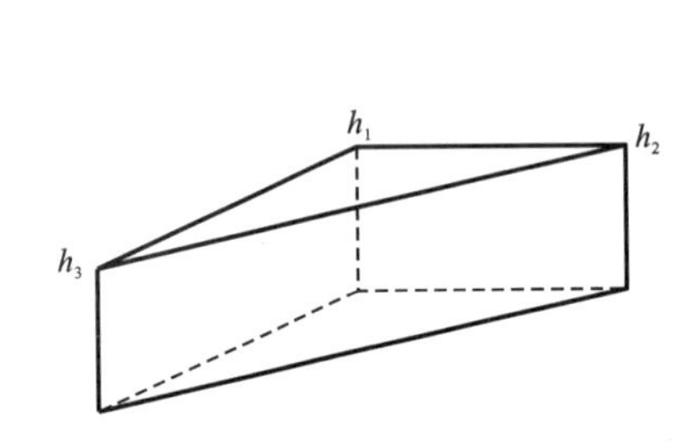

图 1-10　三角棱柱体的体积计算(全挖或全填)

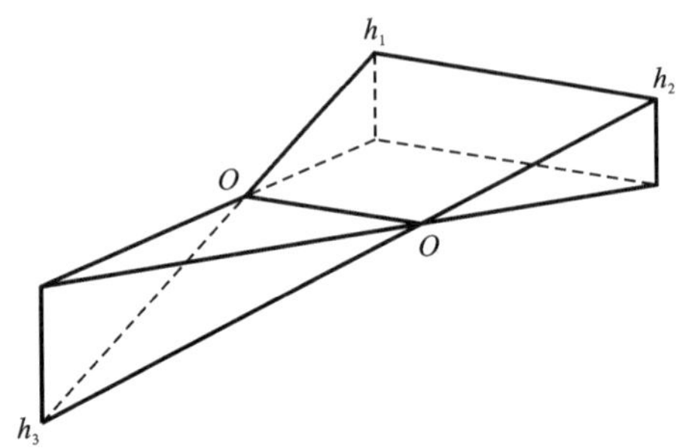

图 1-11　三角棱柱体的体积计算(锥体部分为填方)

其锥体和楔体部分的体积为

$$V_{锥} = \frac{a^2}{6} \cdot \frac{h_3^3}{(h_1 + h_3)(h_2 + h_3)} \tag{1-24}$$

$$V_{楔} = \frac{a^2}{6}\left[\frac{h_3^3}{(h_1 + h_3)(h_2 + h_3)} - h_3 + h_2 + h_1\right] \tag{1-25}$$

式中：h_1，h_2，h_3 为三角形各角点的施工高度，取绝对值(m)。

注意：四方棱柱体的计算公式是根据平均中断面的近似公式推导而得的，当方格中地形不平坦时，误差较大，但计算简单，适宜用手工计算。三角棱柱体的计算公式是根据立体几何体积计算公式推导出来的，当三角形顺着等高线进行划分时，精确度较高，但计算繁杂，适宜用计算机计算。注意三角形的斜线要顺着等高线方向进行划分，且必须顺着等高线方向划分，如果垂直等高线划分，其计算精度比四方棱柱体法的计算精度还要低。

③断面法。

在地形起伏变化较大的地区，或挖填深度较大，断面又不规则的地区，采用断面法比较方便。

方法：沿场地取若干个相互平行的断面(可利用地形图定出或实地测量定出)，将所取的每个断面(包括边坡断面)划分为若干个三角形和梯形，如图 1-12，可分别算出各断面面积。

断面面积求出后，即可计算土方体积，设各断面面积分别为 F_1，F_2，…，F_n，相邻两断面

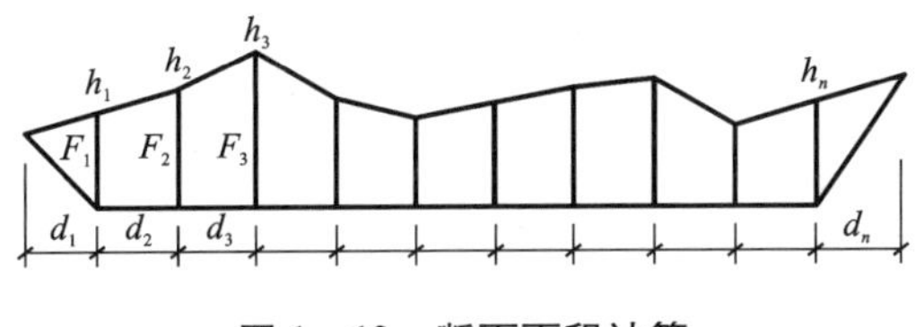

图 1-12　断面面积计算

间的距离依次为 L_1，L_2，L_3，…，L_n，则所求土方体积为

$$V=\frac{1}{2}(F_1+F_2)L_1+\frac{1}{2}(F_2+F_3)L_2+\cdots+\frac{1}{2}(F_{n-1}+F_n)L_n \tag{1-26}$$

1.2.2.4　边坡土方量计算

图 1-13 是场地边坡的平面示意图，从图中可以看出，边坡的土方量可以划分为两种近似的几何形体进行计算，一种为三角棱锥体，如图 1-13 中①②③，另一种为三角棱柱体，如图 1-13 中的④。

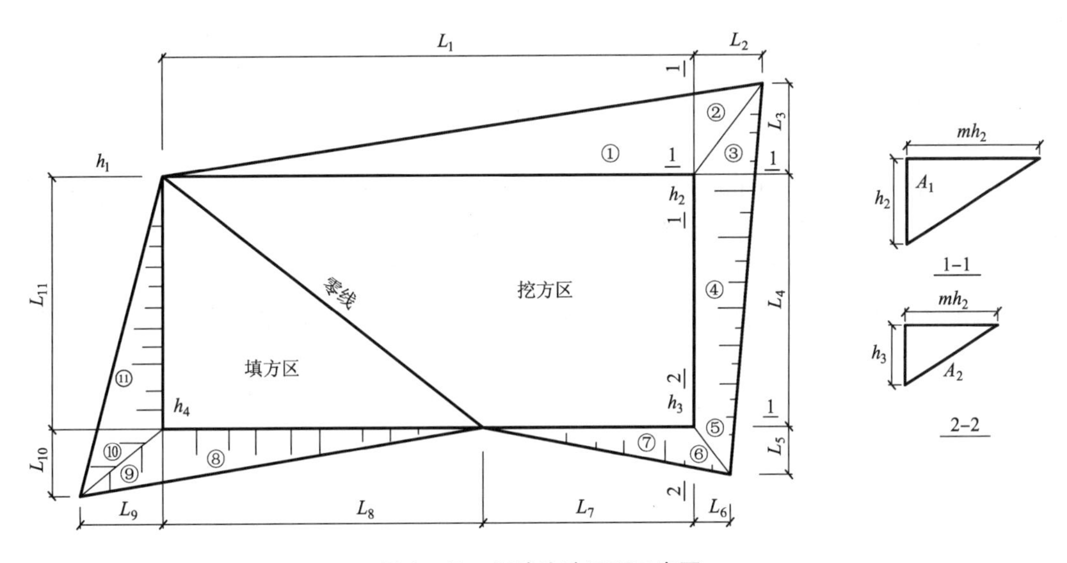

图 1-13　场地边坡平面示意图

三角棱锥体边坡体积：

图 1-13 中①的体积为

$$V_1=\frac{1}{3}F_1L_1 \tag{1-27}$$

式中：L_1 为边坡①的长度(m)；$F_1=\frac{1}{2}mh_2h_2=\frac{1}{2}mh_2^2$，为边坡①的端面积($m^2$)；$h_2$ 为角点的挖土高度；m 为边坡的坡度系数。

三角棱柱体边坡体积：

图中④的体积为

$$V_4=\frac{F_3+F_5}{2}L_4 \tag{1-28}$$

在两端横断面面积相差很大的情况下，

$$V_4 = \frac{L_4}{6}(F_3 + 4F_0 + F_5) \quad (1-29)$$

式中：L_4 为边坡④的长度(m)；F_3，F_5，F_0 为边坡④的两端及中部横断面面积。

1.2.3 土方调配

土方调配是土方工程施工组织设计(土方规划)中的一个重要内容，在平整场地土方工程量计算完成后进行。编制土方调配方案应根据地形及地理条件，把挖方区和填方区划分成若干个调配区，计算各调配区的土方量，并计算每对挖、填方区之间的平均运距(即挖方区重心至填方区重心的距离)，确定挖方各调配区的土方调配方案，应使土方总运输量最小或土方运输费用最少，而且便于施工，从而可以缩短工期、降低成本。调配方案确定后，应绘制土方调配图。在土方调配图上要注明挖填调配区、调配方向、土方数量和每对挖填方区之间的平均运距。

1.2.3.1 土方调配区的划分

(1)土方调配的原则

土方调配应力求达到挖方与填方平衡和运距最短，并考虑近期施工与后期利用的原则。进行土方调配，必须依据现场具体情况，按照有关技术资料、工期要求、土方施工方法与运输方法，并经计算比较，选择经济合理的调配方案。

(2)划分调配区应注意的问题

①调配区的划分应与房屋或构筑物的位置相协调，满足工程施工顺序和分期施工的要求，使近期施工和后期利用相结合。

②调配区的大小，应考虑土方及运输机械的技术性能，使其功能得到充分发挥。

③调配区的范围应与计算土方量用的方格网相协调。

④就近借土区或就近弃土区均可作为一个独立的调配区。

⑤调配区划分还应尽可能与大型地下建筑物的施工相结合，避免土方重复开挖。

1.2.3.2 调配区之间的平均运距

平均运距即挖方区土方重心至填方区土方重心的距离。因此，求平均运距，需先求出每个调配区的重心位置。

取场地或方格网中的纵横两边为坐标轴，分别求出各区土方的重心位置，即

$$X_0 = \frac{\sum V \cdot x}{\sum V};\ Y_0 = \frac{\sum V \cdot y}{\sum V} \quad (1-30)$$

式中：X_0，Y_0 为挖或填方调配区的重心坐标；V 为每个方格的土方量；x，y 为每个方格的重心坐标。

当地形复杂时，亦可用作图法近似地求出形心位置来代替重心的位置。

重心位置求出后，标于相应的调配区图上，然后用比例尺量出每对调配区之间的平均运距，或按下式计算

$$L = \sqrt{(X_{0T} - X_{0W})^2 + (Y_{0T} - Y_{0W})^2} \quad (1-31)$$

式中：L 为挖、填方区之间的平均运距；X_{0T}，Y_{0T}为填方区的重心坐标；X_{0W}，Y_{0W}为挖方区的重心坐标。

1.2.3.3 最优调配方案的确定

最优调配方案的确定，是以线性规划为理论基础，常用“表上作业法”求解。现结合示例介绍如下。

已知某场地有四个挖方区和三个填方区，其相应的挖填土方量和各对调配区的运距如表1－3所示。利用“表上作业法”进行调配的步骤如下。

(1)用“最小元素法”编制初始调配方案

即先在运距表(小方格)中找一个最小数值，如 $C_{22}=C_{43}=40$(任取其中一个，现取 C_{43})，于是先确定 X_{43} 的值，使其尽可能小，即 $X_{43}=\min(400, 500)=400$。由于 A_4 挖方区的土方全部调到 B_3 填方区，所以 X_{41} 和 X_{42} 都等于零。此时，将400填入 X_{43} 格内，同时将 X_{41}，X_{42} 格内画上一个“×”号，然后在没有填上数字和“×”号的方格内再选一个运距最小的方格，即 $C_{22}=40$，便可确定 $X_{22}=500$，同时使 $X_{21}=X_{23}=0$。此时，又将500填入 X_{22} 格内，并在 X_{21}，X_{23} 格内画上“×”号。重复上述步骤，依次确定其余 X_{ij} 的数值，最后得出表1－3所示的初始调配方案。

表1－3 土方初始调配方案

挖方区	填方区			
	B_1	B_2	B_3	挖方量/m³
A_1	50 (500)	70 ×	1 000 ×	500
A_2	70 ×	40 (500)	90 ×	500
A_3	60 (300)	110 (100)	70 (100)	500
A_4	80 ×	100 ×	40 (400)	400
填方量/m³	800	600	500	1 900

(2)最优方案的判别法

由于利用“最小元素法”编制初始调配方案，也就优先考虑了就近调配的原则，所以求得的总运输量是较小的。但这并不能保证其总运输量最小，因此还需要进行判别，看它是否为最优方案。判别的方法有“闭回路法”和“位势法”，其实质均一样，都是求检验数 λ_{ij} 来判别。只要所有的检验数 $\lambda_{ij}\geqslant 0$，则该方案即为最优方案；否则就不是最优方案，尚需进行调整。

现就用“位势法”求检验数予以介绍

首先将初始方案中有调配数方格的 C_{ij} 列出，然后按式(1－32)求出两组位势数 $\mu_i(i=1, 2, \cdots, m)$ 和 $v_j(j=1, 2, \cdots, n)$：

$$C_{ij}=\mu_i+v_j \tag{1-32}$$

式中：C_{ij} 为平均运距(或单位土方运价或施工费用)；μ_i，v_j 为位势数。

位势数求出后，便可根据式(1－33)计算各空格的检验数：

$$\lambda=C_{ij}-\mu_i-v_j \tag{1-33}$$

例如，本例两组位势数如表1－4所示。

表 1 -4

填方区 挖方区	位势数	B_1	B_2	B_3
	v_j μ_i	$v_1=50$	$v_2=100$	$v_3=60$
A_1	$\mu_1=0$	50 0		
A_2	$\mu_2=-60$		40 500	
A_3	$\mu_3=10$	60 0	110 0	70 0
A_4	$\mu_4=-20$			40 0

先令 $\mu_1=0$，则

$v_1=C_{11}-\mu_1=50-0=50$

$v_2=110-10=100$

$\mu_2=40-100=-60$

$\mu_3=60-50=10$

$v_3=70-10=60$

$\mu_4=40-60=-20$

本例各空格的检验数如表 1 -5 所示。如 $\lambda_{21}=70-(-60)-50=+80$（在表 1 -5 中只写“+”或“-”）可不必填入数值。

表 1 -5　位势数、运距和检验数表

填方区 挖方区	位势数	B_1	B_2	B_3
	v_j μ_i	$v_1=50$	$v_2=100$	$v_3=60$
A_1	$\mu_1=0$	0	70 -	100
A_2	$\mu_2=-60$	70 +		90 +
A_3	$\mu_3=10$	0	0	0
A_4	$\mu_4=-20$	80 +	100 +	

从表 1 -5 中可知，在表中出现了负的检验数，这说明初始方案不是最优方案，需要进一步进行调整。

(3)方案的调整

①在所有负检验数中选一个（一般可选最小的一个，本例中为 C_{12}），把它所对应的变量 X_{12} 作为调整的对象。

②找出 X_{12} 的闭回路：从 X_{12} 出发，沿水平或竖直方向前进，遇到适当的有数字的方格作

90°转弯，然后依次继续前进再回到出发点，形成一条闭回路(表1－6)。

表1－6　X_{12}的闭回路表

挖方区＼填方区	B_1	B_2	B_3
A_1	500 ←	X	
A_2	↓	500	
A_3	300 →	100	100
A_4			400

③从空格X_{12}出发，沿着闭回路(方向任意)一直前进，在各奇数次转角点的数字中，挑出一个最小的(本表即从500，100中选100)，将它由X_{32}调到X_{12}方格中(即空格中)。

④将“100”填入X_{12}方格中，被挑出的X_{32}为0(变为空格)；同时将闭回路上其他奇数次转角上的数字都减去100，偶数次转角上的数字都增加100，使得挖、填方区的土方量仍然保持平衡，这样调整后，便可得表1－7的新调配方案。

对新调配方案，仍用“位势法”进行检验，看其是否为最优方案。若检验数中仍有负数出现那就仍按上述步骤调整，直到求得最优方案为止。

表1－7中所有检验数均为正号，故该方案即为最优方案。其土方的总运输量为：$Z = 400\times50+100\times70+500\times40+400\times60+100\times70+400\times40=94\ 000(m^3\cdot m)$。

表1－7　新调配方案

挖方区＼填方区	位势数	B_1	B_2	B_3	挖方量/m^3
	μ_j＼v_i	v_1=50	v_2=70	v_3=60	
A_1	μ_1=0	400 (50)	100 (70)	+ (100)	500
A_2	μ_2=−30	+ (70)	500 (40)	+ (90)	500
A_3	μ_3=10	400 (60)	+ (110)	100 (70)	500
A_4	μ_4=−20	+ (80)	+ (100)	400 (40)	400
填方量/m^3		800	600	500	1 900

(4)土方调配图

最后将调配方案绘成土方调配图(图1－14)。在土方调配图上应注明挖填调配区、调配方向、土方数量以及每对挖填调配区之间的平均运距。

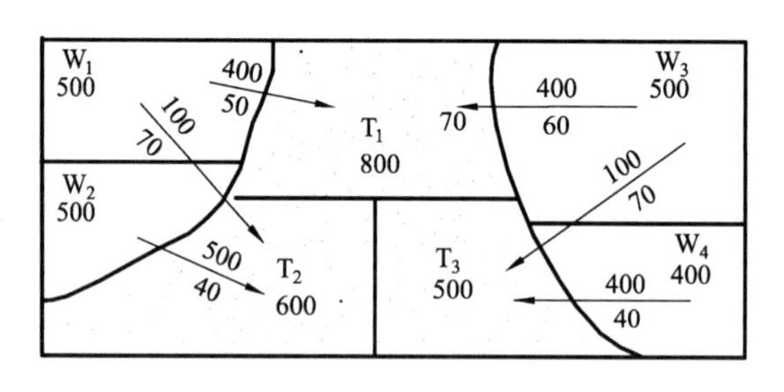

图 1-14　土方调配图

箭线上方为土方量(m^3)，箭线下方为运距(m)

1.3　土方工程降水与排水

对于大型基坑，由于土方量大，当遇上雨季或有地下水，特别是流砂时，会导致施工较复杂，因此应事先拟订施工方案，着重解决降水与基坑排水等问题，同时还应注意防止边坡塌方。

1.3.1　基坑排水

开挖底面低于地下水位的基坑时，地下水会不断渗入坑内；雨季施工时，地面水也会流入坑内。如果流入坑内的水不及时排走，不但会使施工条件恶化，更严重的是水会把土泡软，可能造成边坡塌方和坑底土的承载能力下降。因此，在基坑开挖前和开挖时，均需做好排水工作，保持土体干燥。

基坑排水方法，可分为明排水法和人工降低地下水位法两类。

1.3.1.1　明排水法

明排水法是在基坑开挖过程中，在坑底设置集水井，并沿坑底的周围或中央开挖排水沟，使水流入集水井中，然后用水泵抽走，如图 1-15 所示。抽出的水应予引开，以防倒流。简言之，现场采取的方法就是截流、疏导、抽取。如基坑较深，可采取分层明排水法，一层一层地加深排水沟和集水井，逐步达到设计要求的基坑断面和坑底标高。明排水法由于其设备简单、操作便捷，成为最经济、使用范围最广的降水方法。

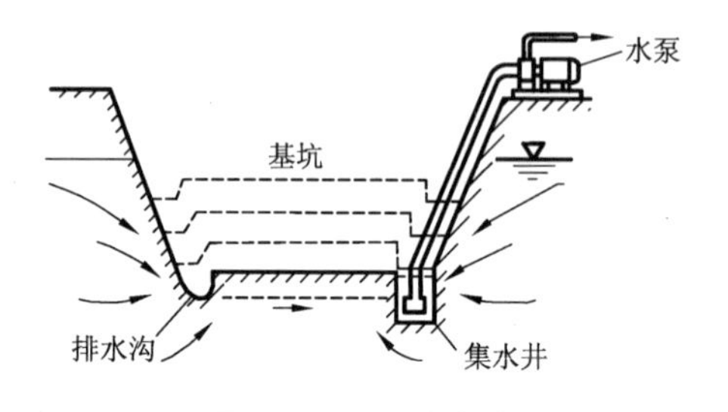

图 1-15　明排水法

1.3.1.2　人工降低地下水位法

人工降低地下水位，就是在基坑开挖前，预先在基坑四周埋设一定数量的滤水管(井)，利用抽水设备从中抽水，使地下水位降落到坑底以下，同时在基坑开挖过程中不断抽水。这样，可使所挖的土始终保持干燥状态，从根本上防止流砂出现，改善了工程条件，同时土内水分排出后，边坡可改陡，以减小挖土量。

人工降低地下水位，雨季施工时应在基坑四周或水的上游开挖截水沟或修筑土堤，以防地面水流入坑内。集水井应设置在基础范围以外、地下水走向的上游。根据地下水量的大小、基坑平面形状及水泵抽水能力，每隔 20～40 m 设置一个集水井。

集水井的直径或宽度，一般为0.6～0.8 m。集水井井底深度随着挖土的加深而加深，经常低于挖土面0.7～1.0 m。井壁可用竹、木等简易加固。当基坑挖至设计标高后，井底铺设碎石滤水层，以免在抽水时间较长时将泥沙抽出，并防止井底的土被搅动。

1.3.2 井点降水法

1.3.2.1 井点降水的原理

井点降水就是在基坑开挖前，预先在基坑四周埋设一定数量的滤水管(井)，在基坑开挖前和开挖过程中，利用真空原理，不断抽出地下水，使地下水位降低到坑底以下。

1.3.2.2 井点降水的作用(图1－16)

井点降水法不仅是一种施工措施，也是一种地基加固方法，其具有多种作用，主要作用如下：

①防止地下水涌入坑内[图1－16(a)]；

②防止边坡由于地下水的渗流而引起塌方[图1－16(b)]；

③使坑底的土层消除了地下水位差引起的压力，因此防止了坑底的管涌[图1－16(c)]；

④降水后，使板桩减少了横向荷载[图1－16(d)]；

⑤消除了地下水的渗流，也就防止了流砂现象的发生[图1－16(e)]；

⑥降低地下水位后，还能使土壤固结，增加地基土的承载能力。

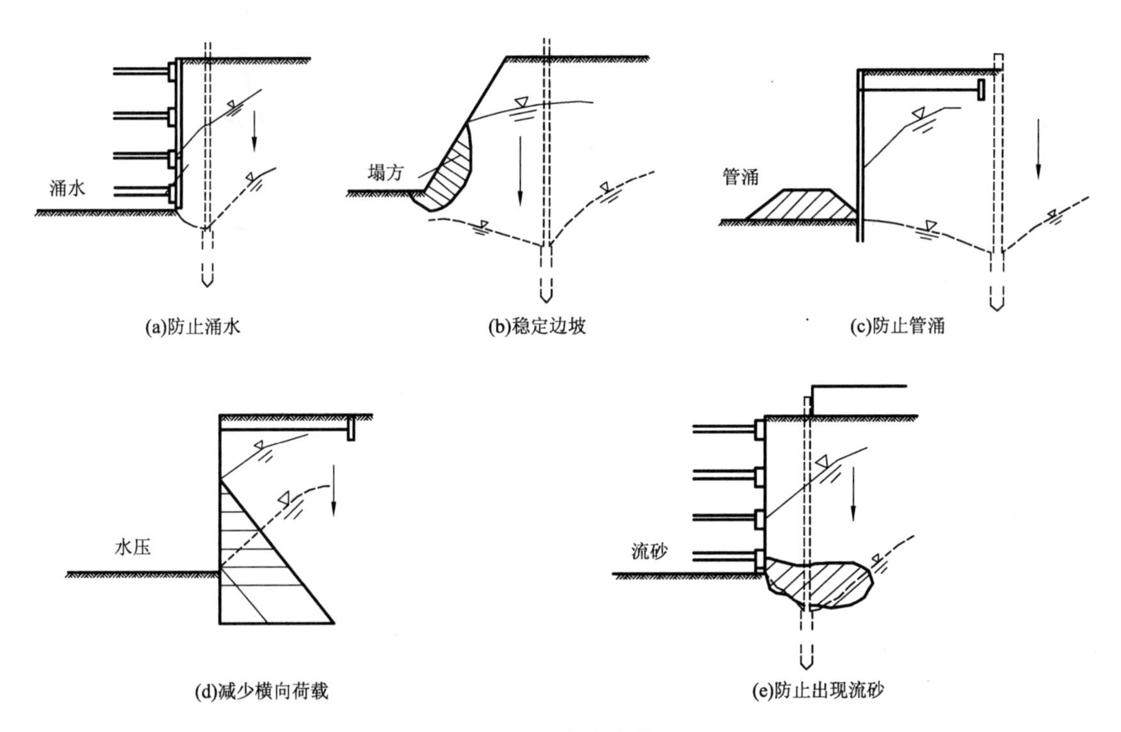

图1－16 井点降水的作用

1.3.2.3 井点降水的方法

井点降水的方法有轻型井点法、喷射井点法、电渗井点法、管井井点法、深井井点法等，可根据降水深度、土层渗透系数、技术设备条件等合理选用。各不同类别的井点使用范围如表1－8所示。其中，使用最广泛的是轻型井点法，本书中也将着重介绍轻型井点法。

表1－8　井点类别及适用范围

井点类别	土的渗透系数/($m \cdot d^{-1}$)	降低水位深度/m
单层轻型井点	0.1～50	3～6
多层轻型井点	0.1～50	6～12
喷射井点	0.1～2	8～20
电渗井点	<0.1	配合其他井点使用
深井井点	10～250	>10

1.3.2.4　轻型井点

(1)轻型井点的设备

轻型井点由管路系统和抽水设备两部分组成。

①管路系统包括：滤管、井点管、弯联管及总管。

滤管(图1－17)为进水设备，通常采用长1.0～1.5 m、直径38 mm或51 mm的无缝钢管，管壁钻有直径为12～19 mm的滤孔。骨架管外面包以两层孔径不同的生丝布或塑料布滤网。为使流水畅通，在骨架管与滤网之间用塑料管或梯形铅丝隔开，塑料管沿骨架绕成螺旋形。滤网外面再绕一层粗铁丝保护网，滤管下端为一铸铁塞头，滤管上端与井点管连接。井点管为直径38 mm或51 mm、长5～7 m的钢管。井点管的上端用弯联管与总管相连。集水总管为直径100～127 mm的无缝钢管，每段长4 m，其上端有井点管联结的短接头，间距0.8 m或1.2 m。

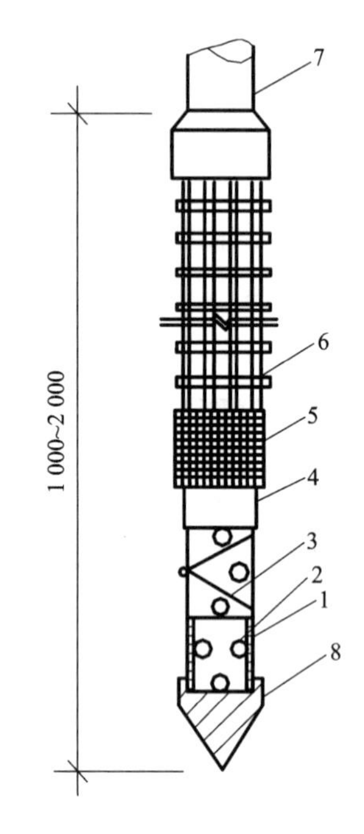

图1－17　滤管构造

1—钢管；2—管壁上的小孔；3—缠绕的塑料管；4—细滤网；5—粗滤网；6—粗铁丝保护网；7—井点管；8—铸铁塞头

②抽水设备是由真空泵、离心泵和水气分离器(又叫集水箱)等组成，一套抽水设备的负荷长度(即集水总管长度)为100～120 m。常用的W5，W6型干式真空泵，其最大负荷长度分别为100 m和120 m。

(2)轻型井点的布置

①轻型井点平面布置(图1－18)应根据水文地质资料、工程要求和设备条件等确定。一般要求掌握的水文地质资料有：地下水含水层厚度、承压或非承压水及地下水变化情况、土质、土的渗透系数、不透水层的位置等。要求了解的工程性质主要有：基坑(槽)形状、大小及深度，此外还应了解设备条件，如井管长度、泵的抽吸能力等。

②平面布置。

单排布置[图1－19(a)]：适用于基坑(槽)宽度小于6 m，且降水深度不超过5 m的情况。

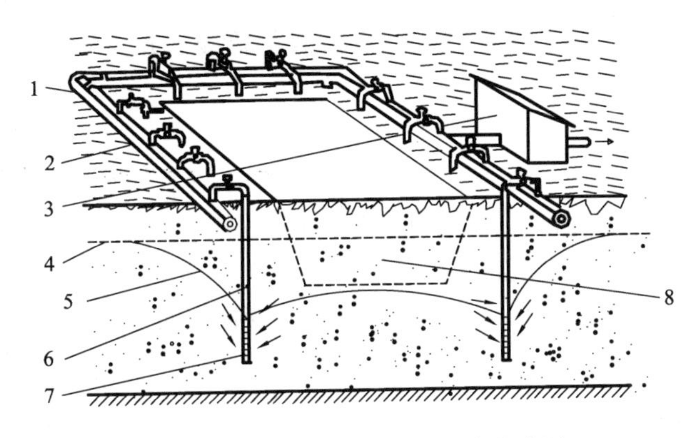

图 1－18　轻型井点降低地下水位全貌

1—总管；2—弯联管；3—水泵房；4—原有地下水位线；
5—降低后地下水位线；6—井点管；7—滤管；8—基坑

双排布置［图 1－19（b）］：适用于基坑（槽）宽度大于 6 m 或地质不良的情况。

环形布置［图 1－19（c）］：适用于大面积基坑。

U 形布置［图 1－19（d）］：当土方施工机械需进出基坑时可采用。采用 U 形布置时，井点管不封闭的一段应在地下水的下游方向。

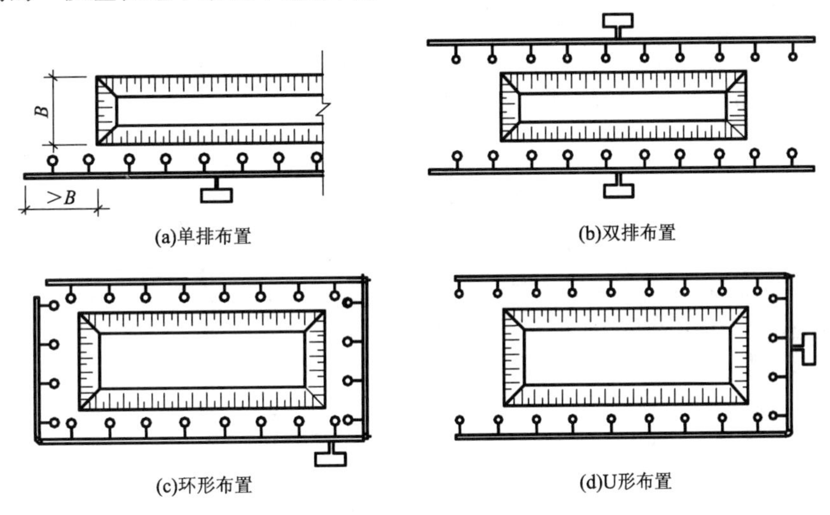

图 1－19　轻型井点平面布置

③高程布置。高程布置（图 1－20，图中单位为 mm。本书中未特别注明的单位均为 mm）需确定井点管埋深，即滤水管上口至总管埋设面的距离。应满足式（1－34）的要求

$$H \geqslant H_1 + \Delta h + iL \tag{1-34}$$

式中：H 为井点管埋深（m）；H_1 为总管埋设面至基底的距离（m）；Δh 为基坑中心线底面至降低后的地下水位线的距离，一般取 0.5～1.0 m；i 为水力坡度，根据实测，环形井点为 1/10，单排线状井点为 1/4；L 为井点管至基坑中心线的水平距离（m）。

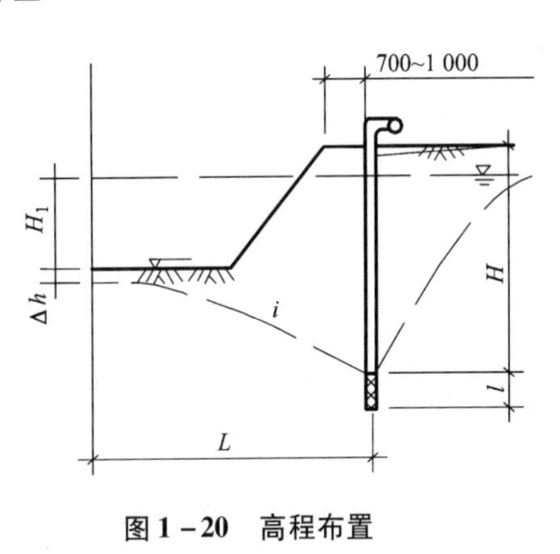

图 1－20　高程布置

此外，确定井点管埋深时，为了安装井点总管的需要，井点管一般要露出地面 0.2 m 左右。

(3)轻型井点的施工

轻型井点的施工程序为敷设总管、冲孔埋设井点管、安装抽水设备、抽水试运转。

井点管埋设一般采用冲孔法。用起重设备将冲管吊起，插在井点位置上，然后开动高压水泵，将土冲松。冲管则边冲边沉，冲孔直径一般为 300 mm，以保证井管四周有一定厚度的砂滤层，冲孔深度宜比滤管底深 0.5 m 左右，以防冲管拔出时部分土颗粒沉于底部而触及滤管底部。

1.3.3 降水对周围的影响及防止措施

降低地下水时，由于土层的不均匀性和形成的水位呈漏斗状，地面沉降多为不均匀沉降，可能导致周围地面、建筑物的开裂或管线的断裂。因此，在进行井点降水时，为防止降水影响或损害区域内的建筑物，必须阻止建筑物下的地下水流失。为此，除了在降水区域和原有建筑物之间的土层中设置一道固体抗渗屏幕外，还可用回灌井点补充地下水的办法来保持地下水位。

回灌井点是防止井点降水损害周围建筑物的一种经济、简便、有效的办法，在降水的同时通过回灌井向土层内灌入适量的水，使原建筑物下仍能保持较高的地下水位，以减小其沉降程度。为确保基坑施工的安全和回灌的效果，回灌井点与降水井点之间应保持一定的距离，一般不小于 6 m，如图 1 – 21 所示。

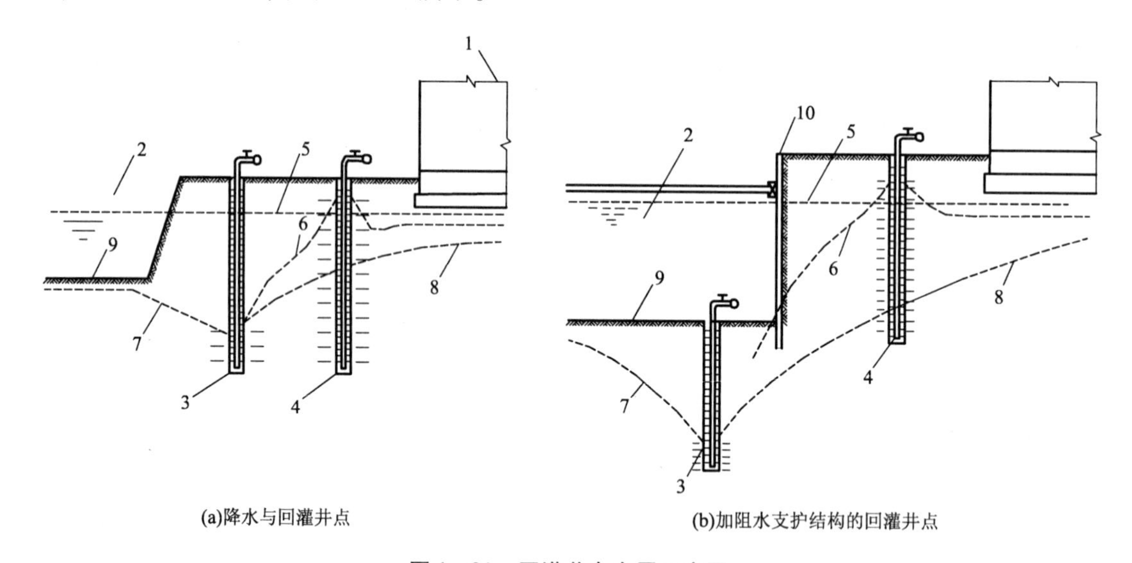

图 1 – 21　回灌井点布置示意图

1—原有建筑物；2—开挖基坑；3—降水井点；4—回灌井点；5—原有地下水位线；6—降灌井点间水位线；7—降水后的水位线；8—不回灌时的水位线；9—基坑底；10—基坑支护

回灌的做法及技术要求如下：

①回灌井为较长的穿孔井管，同滤管，外填滤料，黏土封口，回灌井的计算同一般井点计算；

②回灌井的回灌水位曲线是倒漏斗形；

③为防止降水和回灌两井相通，应保持两者距离 6 m 以上；

④回灌井点的深度控制在长期降水曲线以下 1 m 为宜；

⑤回灌应用清水。

此外，井点降水的同时，还可以采用减少土粒损失法、设置止水帷幕法（图 1－22）等方法，以减小井点降水对周围的影响。

挡土桩、止水帷幕、内支撑组合支护及土方开挖

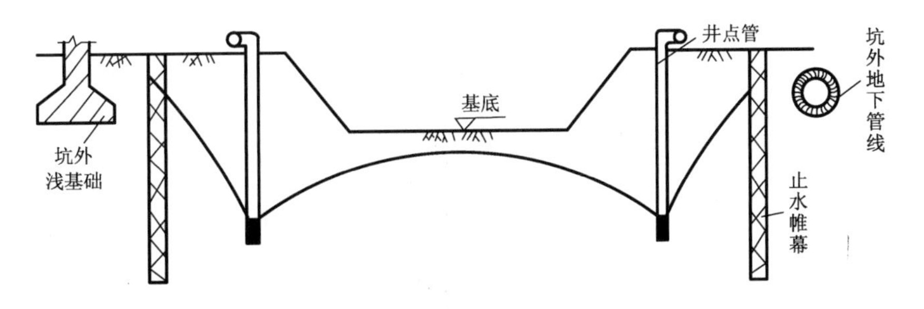

图 1－22　设置止水帷幕减少不利影响

1.4　边坡与支护

1.4.1　边坡

在开挖基坑、沟槽或填筑路堤时，为了防止塌方，保证施工安全及边坡稳定，其边沿应考虑放坡。土方边坡的坡度以其高度 h 与底宽 b 之比表示（图 1－23），即

$$\text{土方边坡坡度} = h/b = \frac{1}{b/h} = 1/m$$

式中：$m = b/h$，称为边坡系数。

图 1－23　边坡坡度示意图

边坡的坡度应根据不同的填挖高度、土的物理力学性质、边坡附近地面堆载情况等确定。在满足土体边坡稳定的条件下，可做成直线形和折线形边坡，以减少土方施工量，常见边坡形式及特点如表 1－9 所示。

表 1－9　边坡形式及特点

边坡形式	图例	特点
直线形	1:m　h　b	常用形式

续表

边坡形式	图例	特点
折线形	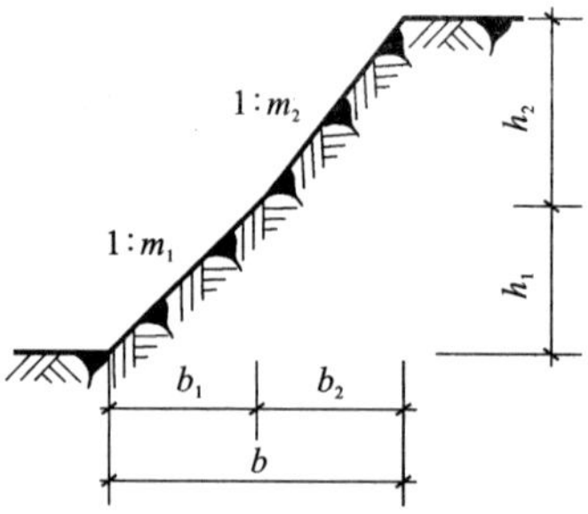	用于不同土质的土层
阶梯形	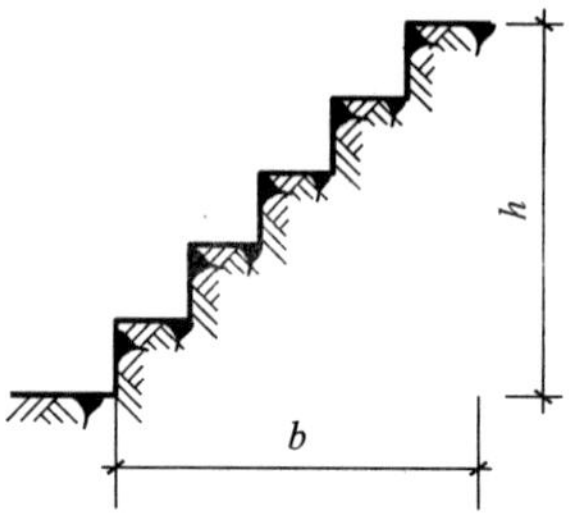	稳定性好

边坡的设置应符合表 1－10 的规定。

表 1－10　临时性挖方边坡值

土的类别		边坡值(高∶宽)
砂土(不包括细砂、粉砂)		1∶1.50～1∶1.25
一般性黏土	硬	1∶1.00～1∶0.75
	硬、塑	1∶1.25～1∶1.00
	软	1∶1.50 或更缓
碎石类土	充填坚硬、硬塑黏性土	1∶1.00～1∶0.50
	充填砂土	1∶1.50～1∶1.00

注：①设计有要求时，应符合设计标准；②如采用降水或其他加固措施，可不受本表限制，但应计算复核；③开挖深度，对软土不应超过 4 m，对硬土不应超过 8 m。

1.4.2　土壁支护

土壁支护是保证地下结构施工及基坑侧壁采取的支挡、加固和保护措施。支护系统一般由两部分组成，即挡土结构和支撑结构，其中支撑结构又可分为内支撑和外锚固两大类。

对于浅基坑(基坑深度在 5 m 以内)，边坡支撑结构形式多种多样，这里列举支撑结构中的八种常见形式，如表 1－11 所示。

表1-11　浅基坑支撑结构形式

支撑名称	适用范围	支　撑　简　图	支撑方法
间断式水平支撑	干土或天然湿度的黏土类土，深度在2 m以内	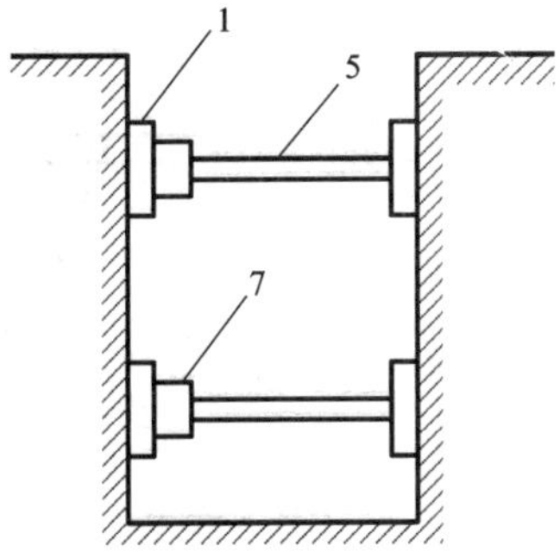	两侧挡土板水平放置，用撑木加木楔顶紧，挖一层土支顶一层
断续式水平支撑	挖掘湿度小的黏性土及挖土深度小于3 m	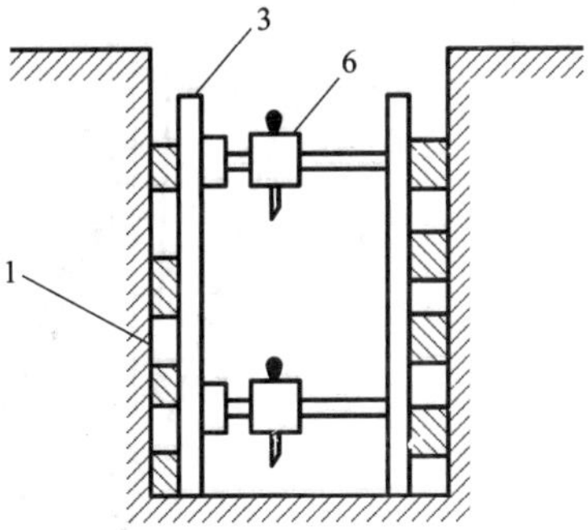	挡土板水平放置，中间留出间隔，然后两侧同时对称立上竖木方，再用工具式横撑上下顶紧
连续式水平支撑	挖掘较潮湿的或散粒的土及挖土深度小于5 m	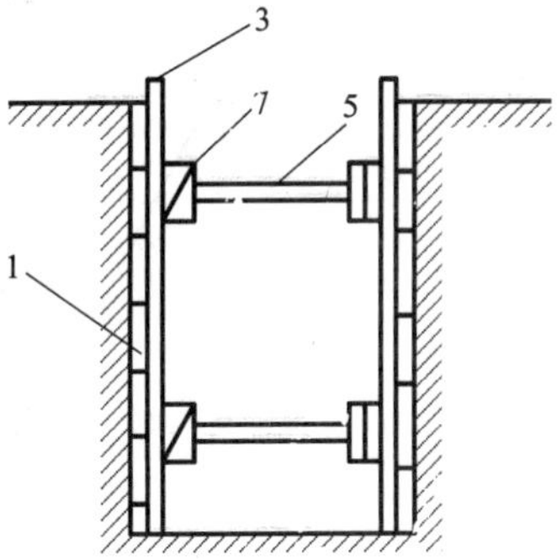	挡土板水平放置，相互靠紧，不留间隔，然后两侧同时对称立上竖木方，上下各顶一根撑木，端头加木楔顶紧
连续式垂直支撑	挖掘松散的或湿度很大的土（挖土深度不限）	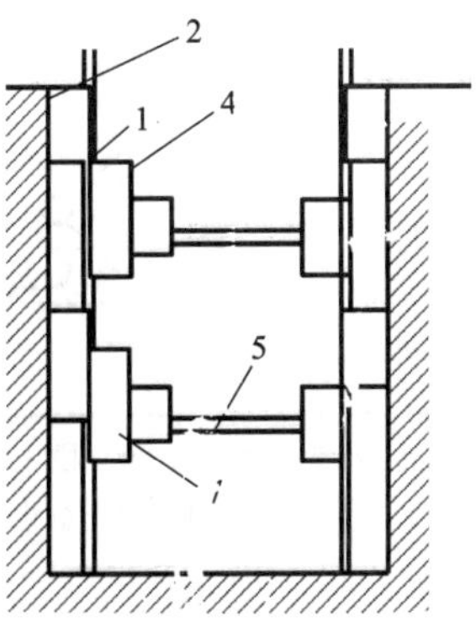	挡土板垂直放置，然后每侧上下各水平放置木方一根，用撑木及木楔顶紧

续表

支撑名称	适用范围	支 撑 简 图	支撑方法
锚拉支撑	开挖较大基坑或使用较大型的机械挖土，而不能安装横撑时	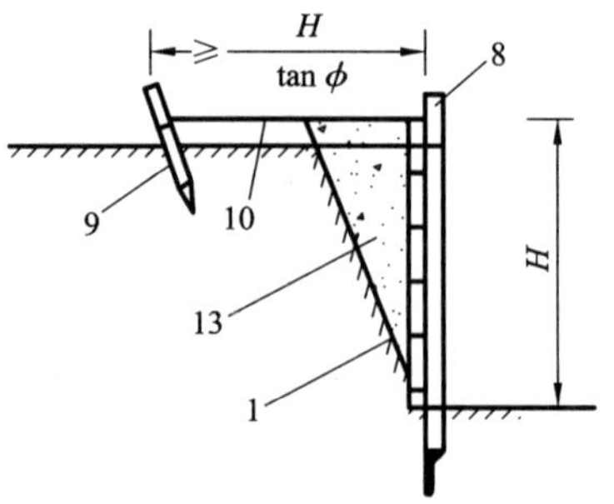	挡土板水平顶在柱桩的内侧，柱桩一端打入土中，另一端用拉杆与远外锚桩拉紧，挡土板内侧回填土
斜柱支撑	开挖较大基坑或使用较大型的机械挖土，而不能采用锚拉支撑时	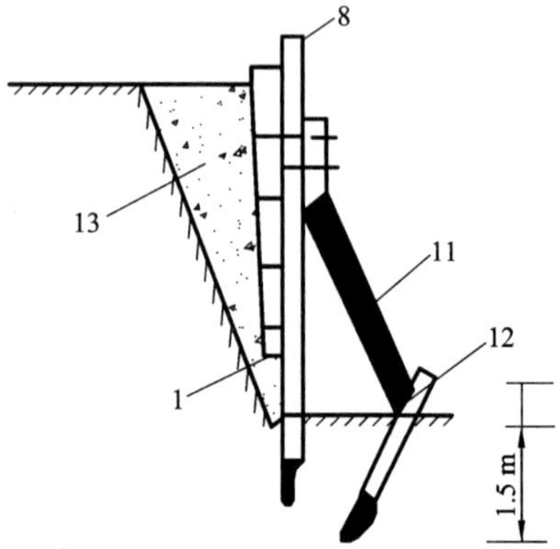	挡土板 1 水平钉在柱桩的内侧，柱桩外侧由斜撑支牢，斜撑的底端只顶在撑桩上，然后在挡土板内侧回填土
短桩横隔支撑	开挖宽度大的基坑，当部分地段下部放坡不足时	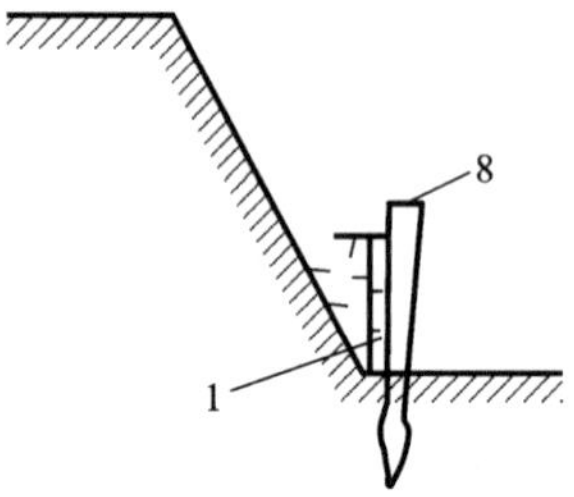	打入小短木桩，一半露出地面，一半打入地下，地上部分钉上横板，在背面填土
临时挡土墙支撑	开挖宽度大的基坑，当部分地段下部放坡不足时	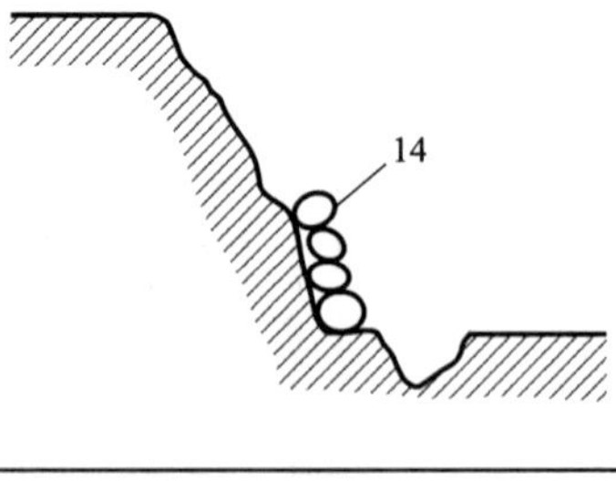	坡角用砖、石叠砌或用草袋装土叠砌，使其保持稳定

表中图注：1—水平挡土板；2—垂直挡土板；3—竖木方；4—横土方；5—撑木；6—工具式横撑；7—木楔；8—柱桩；9—锚桩；10—拉杆；11—斜撑；12—撑桩；13—回填土；14—装土草袋

深基坑（基坑深度为 5 m 或以上）的支撑结构，常用的几种形式如表 1－12 所示。

表 1-12　深基坑支撑结构形式

支撑名称	适用范围	支撑简图	支撑方法
钢构架支撑	在软弱土层中开挖较大较深基坑，而不能用一般支撑方法时	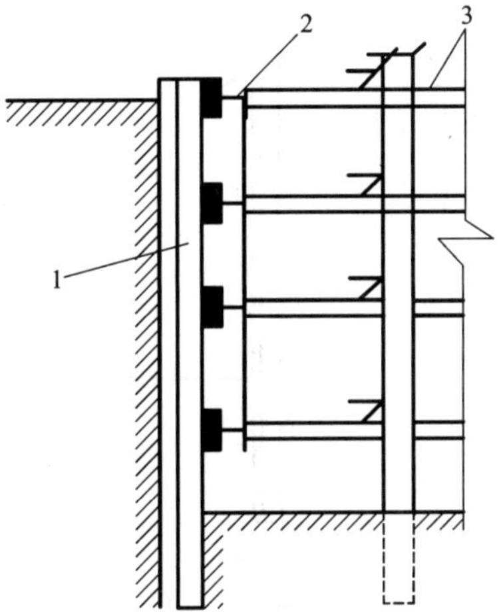 1 2 3	土钉墙或喷锚支护及基坑土方开挖 在开挖的基坑周围打板桩，在柱位置上打入暂设的钢柱，在基坑中挖土，每下挖 3～4 m，装上一层幅度很宽的构架式横撑，挖土在钢构架网格中进行
地下连续墙支撑	开挖较大较深，周围有建筑物、公路的基坑，作为复合结构的一部分，或用于高层建筑的逆作法施工，作为结构的地下外墙时	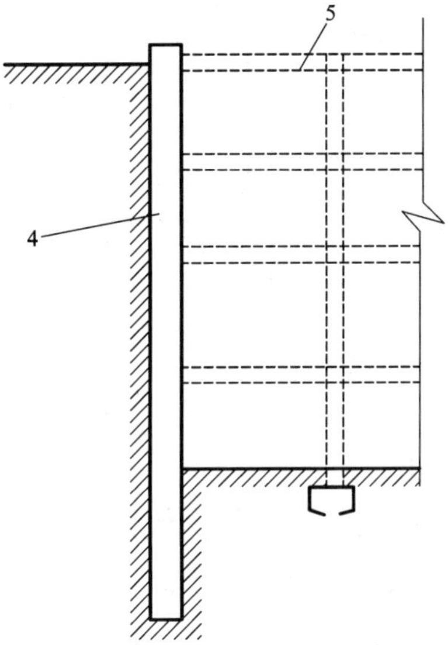 4 5	在开挖的基槽周围，先建造地下连续墙，待混凝土达到强度后，在连续墙中间用机械或人工挖土，直至要求深度。跨度、深度不大时，连续墙刚度能满足要求，可不设内部支撑。用于高层建筑地下室逆作法施工，每下挖一层，把下一层梁板、柱浇筑完成，以此作为连续墙的水平框架支撑，如此循环作业，直到地下室的底层全部挖完土，浇筑完成
地下连续墙锚杆支撑	开挖较大较深（>10 m）的大型基坑，周围有高层建筑物，不允许支撑有较大变形，采用机械挖土，不允许设内部支撑时	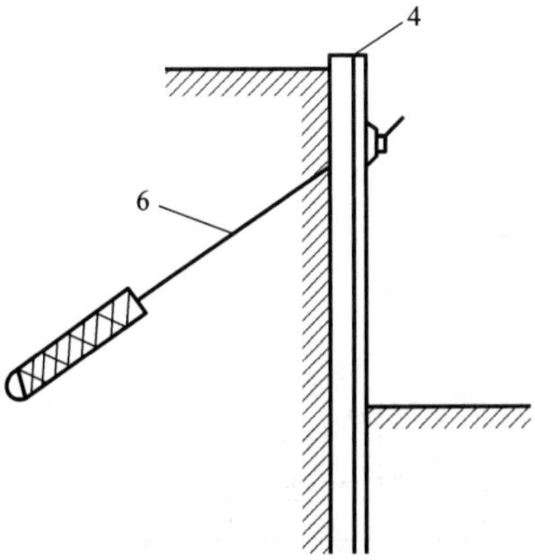 4 6	在开挖的基坑周围，先建造地下连续墙，在墙中间用机械开挖土方，至锚杆部位，用锚杆钻机在要求位置锚孔，放入锚杆，进行灌浆，待达到设计强度，装上锚杆，然后继续下挖至设计深度，如设有 2～3 层锚杆，每挖一层装一层锚杆，采用快凝砂浆灌浆

续表

支撑名称	适用范围	支撑简图	支撑方法
挡土护坡桩支撑	开挖较大较深（>6 m）基坑，临近有建筑，不允许支撑有较大变形时	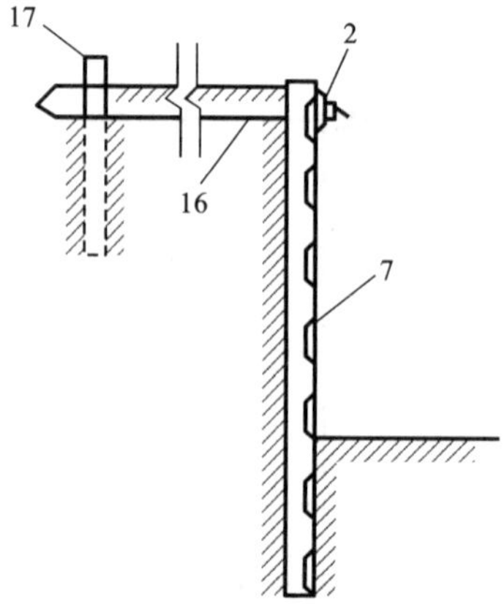 17 2 16 7	在开挖基坑的周围，用钻机钻孔，现场灌注钢筋混凝土桩，待达到强度，在中间用机械或人工挖土，下挖 1 m 左右，装上横撑，在桩背面已挖沟槽内拉上锚杆，并将它固定在已预先灌注的锚桩上拉紧，然后继续挖土至设计深度，在桩中间土方挖成向外拱形，使其起土拱作用。如临近有建筑物，不能设计锚拉杆，则采取缩小桩距或加大桩径处理
挡土护坡桩与锚杆结合支撑	大型较深基坑开挖，临近有高层建筑物，不允许支撑有较大变形时	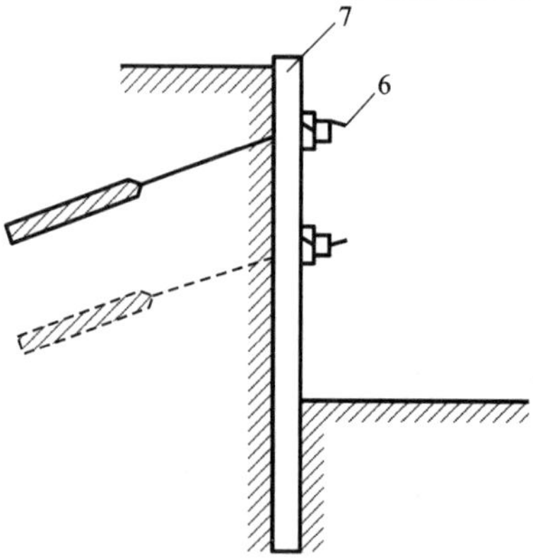 7 6	在开挖的基坑周围钻孔，浇筑钢筋混凝土灌注桩，达到强度，在柱中间沿桩垂直挖土，挖到一定深度，安上横撑，每隔一定距离向桩背面斜下方用锚杆钻机打孔，在孔内放钢筋锚杆，用水泥压力灌浆，达到强度后，拉紧固定，在桩中间进行挖土直到设计深度。如设两层锚杆，可挖一层土装设一次锚杆
板桩中央横顶支撑	开挖较大、较深基坑，板桩刚度不够，又不允许设置过多支撑时	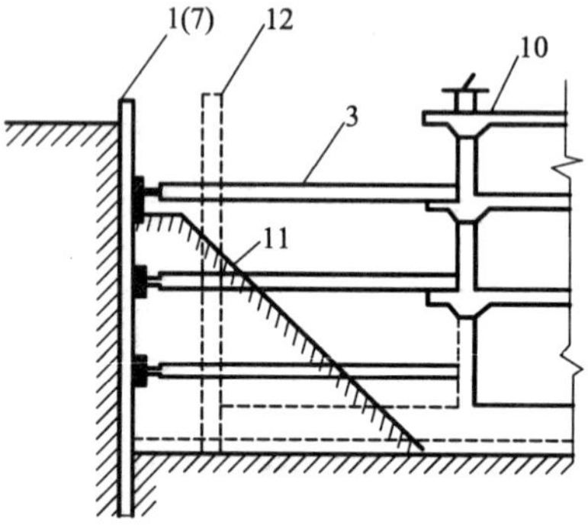 1(7) 12 10 3 11	在基坑周围先打板桩或灌注钢筋混凝土护坡桩，然后在内侧放坡挖中央部分土方到坑底，先施工中央部分框架结构作支承，向板桩支水平横顶梁，再挖去放坡的土方，每挖一层支一层横顶梁，直至坑底，最后建造靠近板桩部分的结构
板桩中央斜顶支撑	开挖较大、较深基坑，板桩刚度不够，坑内又不允许设置过多支撑时	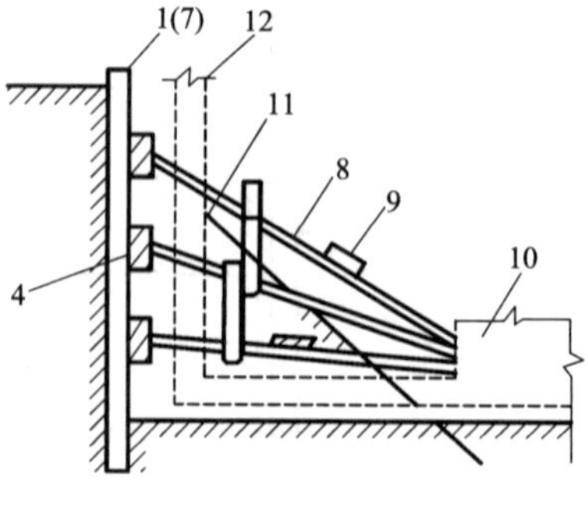 1(7) 12 11 8 9 10 4	在基坑周围先打板桩或灌注护坡桩，在内侧放坡开挖中央部分土方至坑底，并先灌注好中央部分基础，再从这个基础向板桩上方支斜顶梁，然后再把放坡的土层支一道斜顶撑，直至设计深度，最后建造靠近板顶部分的地下结构

续表

支撑名称	适用范围	支 撑 简 图	支撑方法
分层板桩支撑	开挖较大、较深基坑，当主体与裙房基础标高不等而又无重型板桩时		在开挖裙房基础时，周围先打钢筋混凝土板桩或钢板支护，然后在内侧普遍挖土至裙房基础标高。再在中央主体结构基础四周打二级钢筋混凝土板桩或钢板桩，挖主体结构基础土方，施工主体结构至地面。最后施工裙房基础，或边继续向上施工主体结构，边分段施工裙房基础

表中图注：1—钢板桩；2—钢横撑；3—钢撑；4—钢筋混凝土地下连续墙；5—地下室梁板；6—土层锚杆；7—直径400～600 mm现场钻孔灌注钢筋混凝土桩，间距1～15 m；8—斜撑；9—连系板；10—先施工框架结构或设备基础；11—后挖土方；12—后施工结构；13—锚筋；14——级混凝土板桩；15—二级混凝土板桩；16—拉杆；17—锚杆

1.4.2.1 重力式支护结构

重力式支护结构以其自身的质量来抵抗基坑侧壁的土压力，从而满足该结构的抗滑移和抗倾覆要求。

这类基坑深度大于6 m时，可在水泥中加筋，形成加筋水泥土挡墙(soil mixing wall，SMW)，具有挡土和止水的双重功能。

(1)深层搅拌水泥土桩挡墙

深层搅拌法是利用特制的深层搅拌机在边坡土体需要加固的范围内，将软土与固化剂强制拌和，使软土硬结成具有整体性、稳定性和足够强度的水泥加固土，又称为水泥土搅拌桩。当前常用的深层搅拌机有SJB－Ⅰ型、GZB－600型等。

SJB系列深层搅拌机的施工工艺流程如图1－24所示。

①定位。用起重机悬吊搅拌机到达指定桩位，对中。

②预搅拌下沉。待深层搅拌机的冷却水循环正常后，启动搅拌机，放松起重机钢丝绳，使搅拌机沿导向架搅拌切土下沉。

③制备水泥浆。待深层搅拌机下沉到一定深度时，即开始按设计确定的配合比拌制水泥浆，压浆前将水泥浆倒入集料斗中。

④提升、喷浆、搅拌。待深层搅拌机下沉到设计深度后，开启灰浆泵将水泥浆压入地基，且边喷浆边搅拌，同时按设计确定的提升速度提升深层搅拌机。

⑤重复上下搅拌。为使土和水泥浆搅拌均匀，可再次将搅拌机边旋转边沉入土中，至设计深度后再提升出地面。桩体要互相搭接200 mm，以形成整体。对桩顶以下2～3 m范围内其他需要加强的部位，可采取重复搅拌的方法。

⑥清洗、移位。向集料斗中注入适量清水，开启灰浆泵，清除全部管路中残存的水泥浆，并将黏附在搅拌头上的软土清洗干净。移位后进行下一根桩的施工。

深层搅拌水泥土桩挡墙宜用425号水泥，掺灰量应不小于10%，以12%～15%为宜，横截面宜连续，形成封闭的实体(图1－25)或格栅状结构(图1－26)。

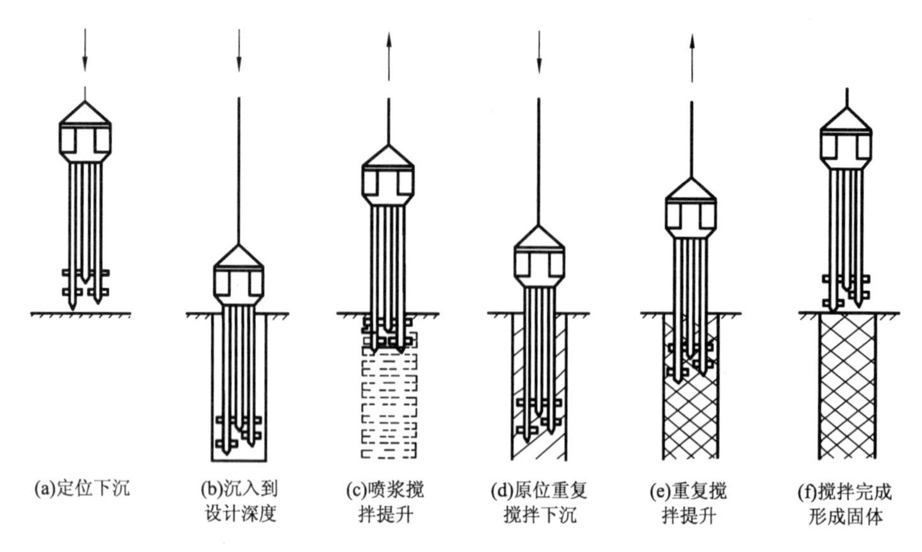

图 1－24　SJB 系列深层搅拌机的施工工艺流程

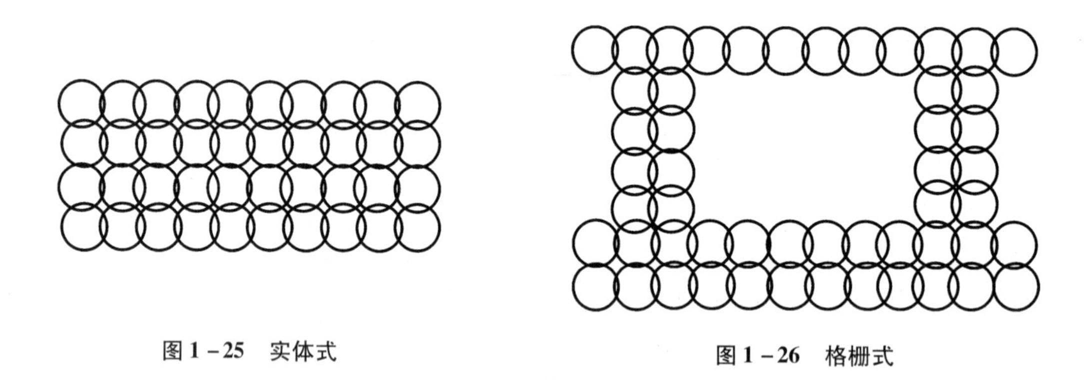

图 1－25　实体式　　**图 1－26　格栅式**

深层搅拌水泥土桩挡墙属重力式支护结构，目前这种支护的体积都较大，为此可采取下列措施以保证整体的稳定性。

①卸荷。如条件允许可将顶部的土挖去一部分，以减少主动土压力。

②加筋(形成 SMW 桩)。可在新搅拌的水泥土桩内压入竹箭等，有助于提高其稳定性。但加筋与水泥土的共同作用问题有待研究。

③起拱。将水泥土挡墙做成拱形，在拱脚处设钻孔灌注桩，可大大提高支护能力，减小挡墙的截面。或对于边长长的基坑，于边长中部适当起拱以减少变形。目前这种形式的水泥土挡墙已在工程中应用。

④挡墙变厚度。对于矩形基坑，由于边角效应，在角部的主动土压力有所减小，为此角部可将水泥土挡墙的厚度适当减薄，以节约投资。

(2)旋喷桩挡墙

旋喷桩挡墙是利用工程钻机钻孔至设计标高后，将钻杆从地基深处逐渐上提，同时利用安装在钻杆端部的特殊喷嘴，向周围土体喷射固化剂，将软土与固化剂强制混合，使其胶结硬化后在地基中形成直径均匀的圆柱体。该固化后的圆柱体称为旋喷桩，桩体相连形成帷幕墙，用作支护结构。

1.4.2.2 H形钢支柱挡板

这种支护挡墙支柱按一定间距打入土中，支柱之间设木挡板或其他挡土设施(随开挖逐步加设)，支护和挡板可回收使用，较为经济。它适用于土质较好、地下水位较低的地区，国外应用较多，国内亦有应用。

1.4.2.3 钢板桩

钢板桩在软土地基地区打设方便，具有一定的挡水能力，施工迅速，在基坑深度不大时，往往是优先考虑的方案之一。

(1)槽形钢板桩

槽形钢板桩是一种简易的钢板桩支护挡墙，由槽钢正反扣搭接组成。槽钢长6~8 m，型号由计算确定，由于其抗弯能力较弱，用于深度不超过4 m的基坑，顶部设一道支撑或拉锚。

(2)热轧锁口钢板桩

热轧锁口钢板桩的形式有：U形，如图1-27(a)所示；Z形，如图1-27(b)所示(又叫“波浪形”或“拉森形”)；一字形，如图1-27(c)所示(又叫平板桩)；组合型，如图1-27(d)所示。

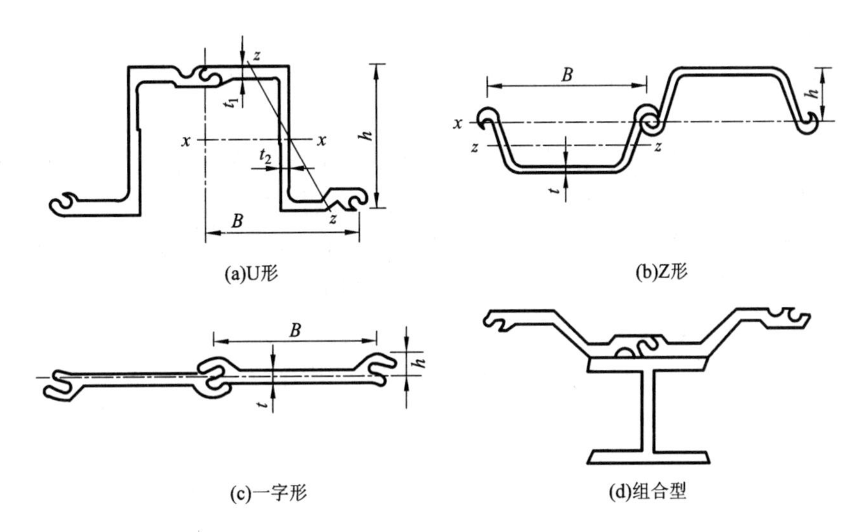

图1-27 常用钢板桩截面形式

常用的为U形和Z形两种，基坑深度很大时才用组合型。一字形在建筑施工中基本不使用，在水工等结构施工中有时用来围成圆形墩隔墙。U形钢板桩可用于开挖深度5~10 m的基坑，目前在上海等地区广泛使用。由于热轧锁口钢板桩花费较大，工程上多以租赁方式租用，用后拔出归还。

(3)钢板桩的破坏情况及原因

以单锚钢板桩为例：

①钢板桩的入土深度不够。当钢板桩长度不足、挖土超深或基底土过于软弱时，在土压力作用下，可能使桩入土部分向外移动，使钢板桩绕拉锚点转动失效，坑壁滑坡，如图1-28(a)所示。

②钢板桩本身刚度不足。由于钢板桩截面太小，刚度不足，在土压力作用下失稳而弯曲破坏，如图1-28(b)所示。

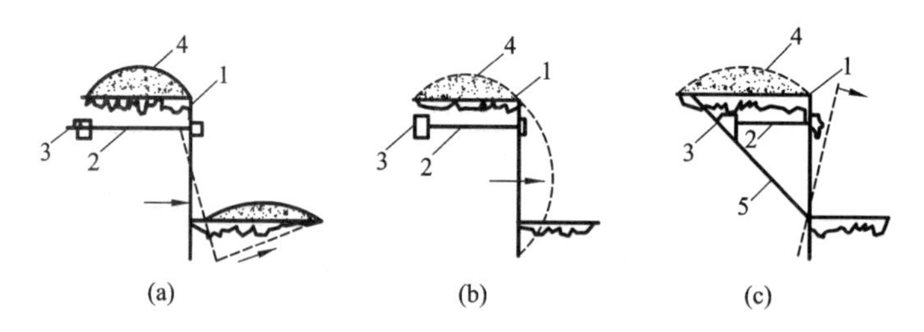

图 1－28　单锚钢板桩破坏情况及原因

1—钢板桩；2—锚杆；3—锚固段；4—土体；5—破坏面

③拉锚的承载力不够或长度不足。拉锚承载力过低被拉断，或锚碇位于土体滑动面内而失去作用，使钢板桩在土压力作用下向前倾倒，如图 1－28(c)所示。

因此，对于单锚钢板桩，入土深度、锚杆拉力和截面弯矩被称为单锚钢板桩设计的“三要素”。

(4)钢板桩打设前的准备工作

①钢板桩的检验与矫正。

表面缺陷矫正：先清洗缺陷附近表面的锈蚀和油污，然后用焊接修补的方法补平，再用砂轮磨平。

端部矩形比矫正：一般用氧乙炔切割桩端，使其与轴线保持垂直，然后再用砂轮对切割面进行磨平修整；当修整量不大时，也可直接采用砂轮进行修理。

桩体挠曲矫正：腹向弯曲矫正是将钢板桩弯曲段的两端固定在支撑点上，用设置在龙门式顶梁架上的千斤顶顶在钢板桩凸处进行冷弯矫正，侧向弯曲矫正通常在专门的矫正平台上进行，将钢板隔一定距离设置千斤顶，用千斤顶顶压钢板桩弯凸处进行冷弯矫正。

桩体扭曲矫正：这种矫正较复杂，可视扭曲情况，采用此方法矫正。

桩体截面局部变形矫正：对局部变形处用千斤顶顶压，大锤敲击与氧乙炔焰热烘相结合的方法进行矫正。

锁口变形矫正：用标准钢板桩作为锁口整形胎具，采用慢速卷扬机牵拉调整处理，或采用氧乙炔焰热烘和大锤敲击胎具推进的方法进行调直处理。

②导架安装。为保证沉桩轴线位置的正确和桩的竖直，控制桩的打入精度，防止板桩的屈曲变形和提高桩的贯入能力，一般都需要设置一定刚度的、坚固的导架，亦称“施工围檩”。

导架通常由导梁和围檩桩等组成，它的形式，在平面上有单面和双面之分，在高度上有单层和双层之分，一般常用的是单层双面导架；围檩桩的间距一般为 2.5～3.5 m，双面围檩之间的间距一般比板桩墙厚度大 8～15 mm。

导架的位置不能与钢板桩相碰。围檩桩不能随着钢板桩的打设而下沉或变形。导梁的高度要适宜，要有利于控制钢板桩的施工高度和提高工效，要用经纬仪和水平仪控制导梁的位置和标高(图 1－29)。

(5)钢板桩的打设

①钢板桩打设方式的选择。

a. 单独打入法：该方法是从板桩墙的一角开始，逐块(或两块为一组)打设，直至工程结

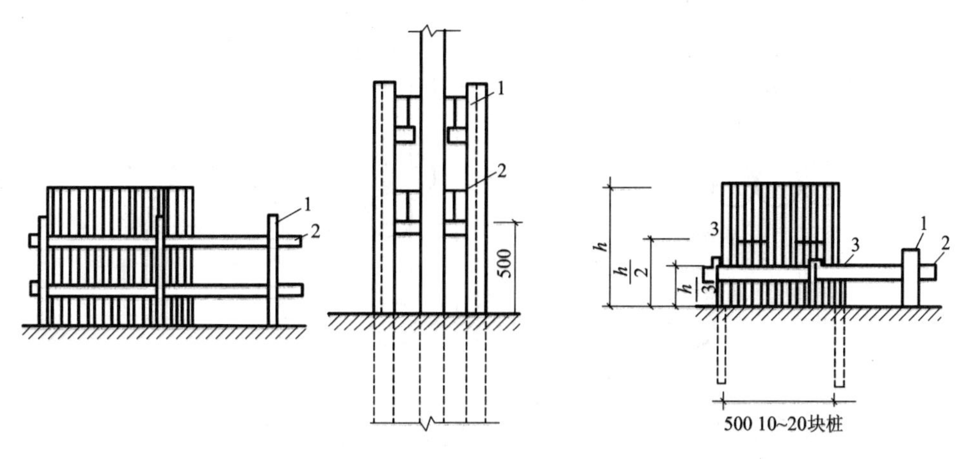

图 1－29　导架及屏风式打入法

1—围檩桩；2—导梁；3—两端先打入的定位钢板桩

束。这种打入方法简便、迅速，不需要其他辅助支架，但是易使板桩向一侧倾斜，且误差积累后不易纠正。因此，这种方法只适用于板桩墙要求不高，且板桩长度较小(如小于 10 m)的情况。

b. 屏风式打入法：这种方法是将 10～20 根钢板桩成排插入导架内，呈屏风状，然后再分批施打。施打时先将屏风两端的钢板桩打至设计标高或一定深度，成为定位板桩，然后在中间按顺序分 1/3、1/2 板桩高度呈阶梯状打入。

这种打桩方法的优点是可以减少倾斜误差积累，防止过大的倾斜，而且易于实现封闭合拢，能保证板桩墙的施工质量。其缺点是插桩的自立高度较大，要注意插桩的稳定和施工安全。一般情况下多用这种方法打设板桩墙，它耗费的辅助材料不多，且能保证质量。

钢板桩打设允许误差：桩顶标高 ±100 mm，板桩轴线偏差 ±100 mm，板桩垂直度 1%。

②钢板桩的打设。

先用吊车将钢板桩吊至插桩点处进行插桩，插桩时锁口要对准，每插入一块即套上桩帽轻轻加以锤击。在打桩过程中，为保证钢板桩的垂直度，用两台经纬仪在两个方向加以控制。为防止锁口中心线平面位移，可在打桩进行方向的钢板桩锁口处设卡板，阻止板桩位移，同时在围檩上预先算出每块板桩的位置，以便随时检查校正。

钢板桩分几次打入，如第一次由 20 m 高打至 15 m，第二次则打至 10 m，第三次打至导梁高度，待导架拆除后第四次才打至设计标高。

打桩时，开始打设的第一、第二块钢板桩的打入位置和方向要确保精度，它可以起样板导向作用，一般每打入 1 m 应测量一次。地下工程结束后，钢板桩一般都要拔出，以便重复使用。

1.4.2.4　钢筋水泥桩排桩挡墙

钢筋水泥桩排桩挡墙的布置形式如图 1－30 所示，双排式灌注桩支护结构一般采用直径较小的灌注桩呈双排布置，桩顶用圈梁连接，形成门式结构以增强挡土能力。当场地条件许可，单排桩悬臂结构刚度不足时，可采用双排桩支护结构。这种结构的特点是水平刚度大，位移小，施工方便。

双排桩在平面上可按三角形布置，也可按矩形布置(图 1－31)。前后排桩距 $d = 1.5$～

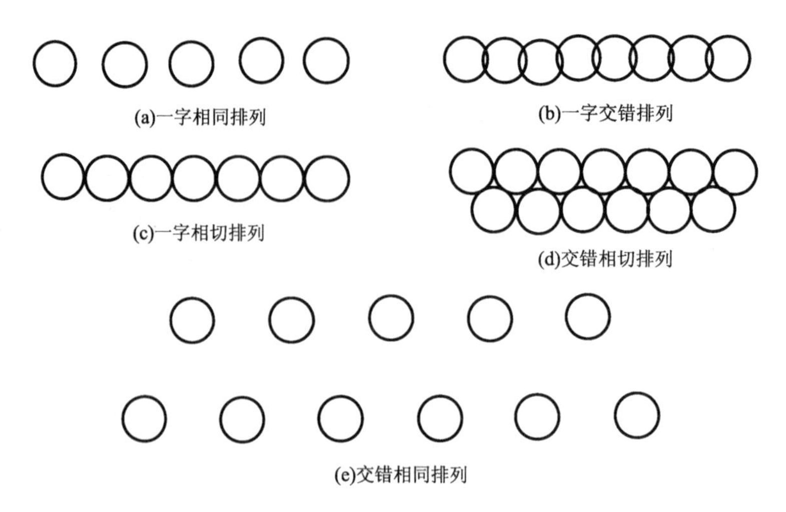

图1-30　钢筋水泥桩排桩挡墙的布置形式

3.0 m(中心距)，桩顶连梁宽度为 $s+d+20$，即比双排桩稍宽一点。

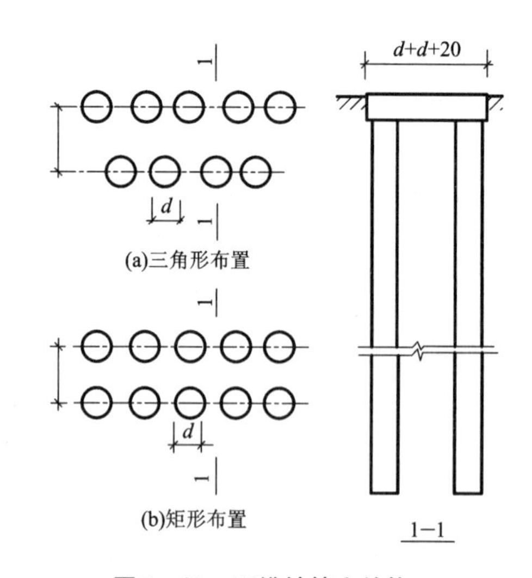

图1-31　双排桩挡土结构

1.4.2.5　地下连续墙

地下连续墙施工工艺，即在工程开挖土方之前，用特制的挖槽机械在泥浆护壁的情况下每次开挖一定长度(一个单元槽段)的沟槽，待开挖至设计深度并清除沉淀下来的泥渣后，将在地面上加工好的钢筋骨架(一般称为钢筋笼)用起重机械吊放入充满泥浆的沟槽内，用导管向沟槽内浇筑混凝土。由于混凝土是由沟槽底部开始逐渐向上浇筑，因而随着混凝土的浇筑即可将泥浆置换出来，待混凝土浇筑至设计标高后，一个单元槽即施工完毕。各个单元槽之间由特制的接头连接，形成连续的地下钢筋混凝土墙，如图1-32所示。

1.4.2.6　土层锚杆

近年来国外大量地将土层锚杆用于地下结构作护壁的支撑，它不仅用于基坑立壁的临时支护，而且在永久性建筑工程中亦得到广泛应用。土层锚杆由锚头、拉杆、锚固体等组成，见图1-33(a)，同时根据主动滑动情况可划分为锚固段和非锚固段，见图1-33(b)。土层锚杆目前还是根据经验数据进行设计，然后通过现场试验进行检验，设计过程一般包括：确定基坑支护承受的荷载及锚杆布置；锚杆承载能力计算，锚杆的稳定性计算；确定锚固体长度、直径和拉杆直径等。

(1)土层锚杆的类型

①一般灌浆锚杆。钻孔后放入受拉杆件，然后用砂浆泵将水泥浆或水泥砂浆注入孔内，经养护后，即可承受拉力。

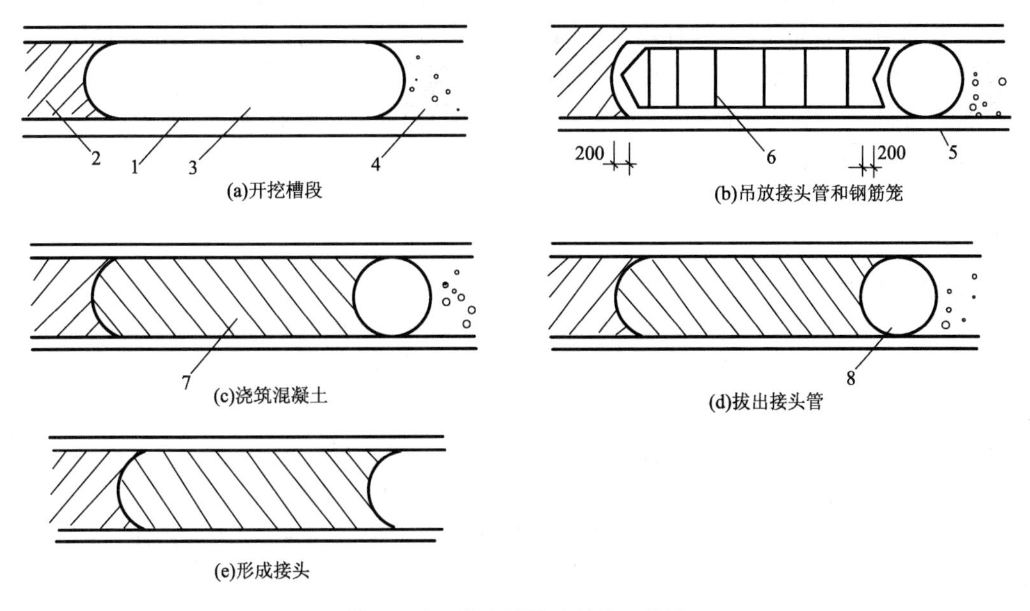

图 1－32　接头管接头的施工程序

1—导墙；2—已浇筑混凝土的单元槽段；3—开挖的槽段；4—未开挖的槽段；
5—接头管；6—钢筋笼；7—正浇筑混凝土的单元槽段；8—接头管拔出后的孔洞

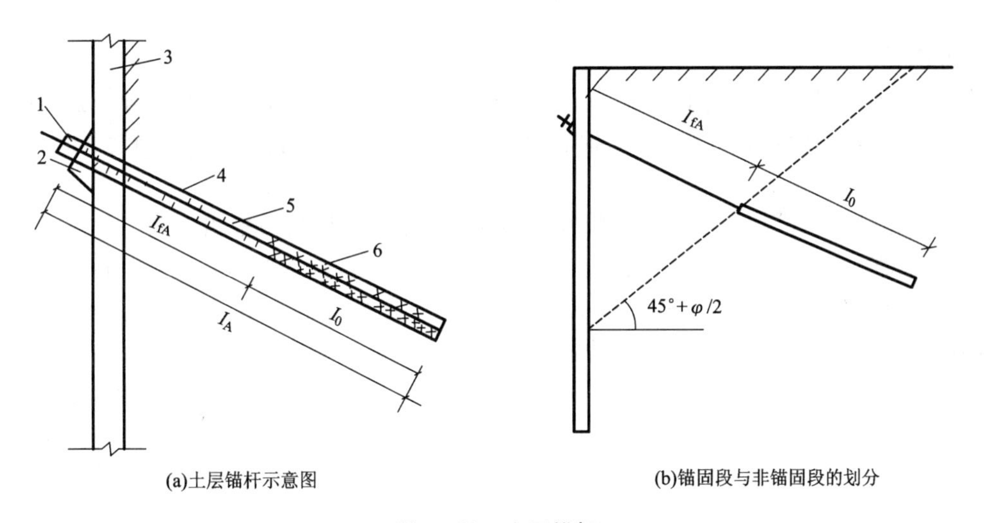

图 1－33　土层锚杆

1—锚头；2—锚头垫座；3—支护；4—钻孔；5—拉杆；6—锚固体；
l_0—锚固段长度；l_{fA}—非锚固段长度；l_A—锚杆长度

②高压灌浆锚杆(又称预压锚杆)。其与一般灌浆锚杆的不同点是在灌浆阶段对水泥砂浆施加一定的压力，使水泥砂浆在压力下压入孔壁四周的裂缝并在压力下固结，从而使锚杆具有较大的抗拔力。

③预应力锚杆。先对锚固段进行一次压力灌浆，然后对锚杆施加预应力后锚固，并在非锚固段进行不加压二次灌浆，也可一次灌浆(加压或不加压)后施加预应力。这种锚杆可穿过松软地层而锚固在稳定土层中，并使结构物减小变形。我国目前大都采用预应力锚杆。

④扩孔锚杆。用特制的扩孔钻头扩大锚固段的钻孔直径，或用爆扩法扩大钻孔端头，从而形成扩大的锚固段或端头，可有效提高锚杆的抗拔力。扩孔锚杆主要用在松软地层中。

另外，还有重复灌浆锚杆、可回收锚筋锚杆等。

在灌浆材料上，可使用水泥浆、水泥砂浆、树脂材料、化学浆液等作为锚固材料。

(2)土层锚杆的施工

①施工准备工作。

②钻孔。

a. 钻孔机械选择。

土层锚杆钻孔用的钻孔机械，按工作原理分，有旋转式钻孔机、冲击式钻孔机和旋转冲击式钻孔机三类。主要根据土质、钻孔深度和地下水情况进行选择。

b. 土层锚杆钻孔应达到以下要求：

孔壁要求平直，以便安放钢拉杆和灌注水泥浆；

孔壁不得坍陷和松动，否则影响钢拉杆安放土层锚杆的承载能力；

钻孔时不得使用膨胀土循环泥浆护壁，以免在孔壁上形成泥皮，降低锚固体与土壁间的摩擦力。

c. 土层锚杆钻孔的特点。

土层锚杆的钻孔多数有一定的倾角，因此孔壁的稳定性较差。

土层锚杆的长细比很大，孔洞很长，保证钻孔的准确方向和直线性较困难，易偏斜和弯曲。

③安放拉杆。

土层锚杆用的拉杆，常用的有钢管、粗钢筋、钢丝束和钢绞线。主要根据土层锚杆的承载能力和现有材料的情况来选择，承载能力较小时，多用粗钢筋，承载能力较大时，多用钢绞线。

a. 钢筋拉杆。钢筋拉杆由一根或数根粗钢筋组合而成，如为数根粗钢筋，则需用绑扎或电焊的方法使其连接成一个整体。其长度应按锚杆设计长度加上张拉长度(等于支撑围檩高度加锚座厚度和螺母高)，对有自由段的土层锚杆，钢筋拉杆的自由段要做好防腐和隔离处理。防腐层施工时，宜先清除拉杆上的铁锈，再涂一层环氧防腐漆冷底子油，待干燥后，再涂二层环氧玻璃铜(或玻璃聚氨酯预聚体等)，待固化后，最后缠绕两层聚乙烯塑料薄膜。

土层锚杆的长度一般都在 10 m 以上，有的达 30 m 甚至更长。为了将拉杆安置在钻孔的中心，防止自由段产生过大的挠度和插入钻孔时搅动土壁，还为了增加拉杆与锚固体的握裹力，在拉杆表面需设置定位器(或撑筋环)。钢筋拉杆的定位器用细钢筋制作，在钢筋拉杆轴心按 120°夹角布置(图 1－34)，间距一般为 2～2.5 m。定位器的外径宜小于钻孔直径 10 mm。

b. 钢丝束拉杆。钢丝束拉杆可以制成通长一根，它的柔性较好，往钻孔中沉放较方便。但施工时应将灌浆管与钢丝束绑扎在一起同时沉放，否则放置灌浆管有困难。

钢丝束拉杆的自由段需理顺扎紧，然后进行防腐处理。防腐方法可用玻璃纤维布缠绕两层，外面再用黏胶带缠绕，亦可将钢丝束拉杆的自由段插入特制护管内，护管与孔壁间的空隙可与锚固段同时进行灌浆。

钢丝束拉杆的锚固段亦需用定位器，该定位器为撑筋环，如图 1－35 所示。钢丝束的钢丝分为内外两层，外层钢丝绑扎在撑筋环上，撑筋环的间距为 0.5～1.0 m，这样锚固段就形

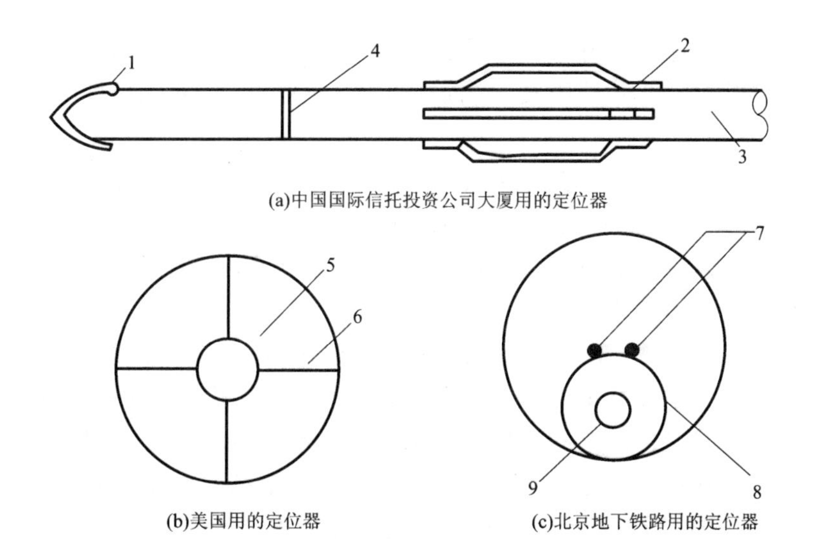

(a)中国国际信托投资公司大厦用的定位器

(b)美国用的定位器

(c)北京地下铁路用的定位器

图 1－34　粗钢筋拉杆用的定位器

1—挡土板；2—支承滑条；3—拉杆；4—半圆环；5—ϕ38 钢管内穿 ϕ32 拉杆；
6—35 ×3 钢带；7—2ϕ32 钢筋；8—ϕ65 钢管，$J=60$，间距 1～1.2 m；9—灌浆胶管

成一连串的菱形，使钢丝束与锚固体砂浆的接触面积增大，增强了黏结力，内层钢丝则从撑筋环的中间穿过。

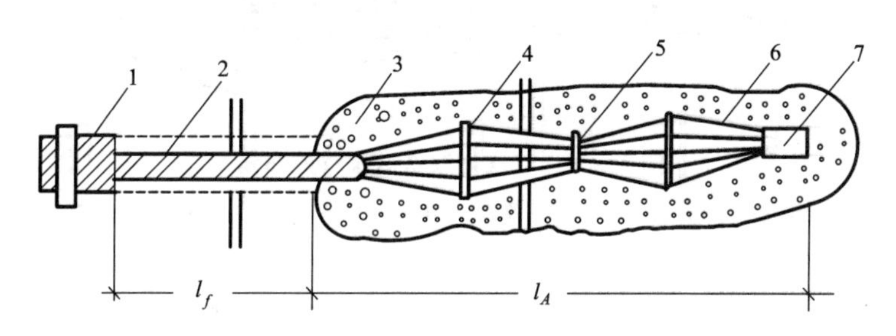

图 1－35　钢丝束拉杆的撑筋环

1—锚头；2—自由段及防腐层；3—锚固体砂浆；4—撑筋环；
5—钢丝束结；6—锚固段的外层钢丝；7—小竹筒

钢丝束拉杆的锚头要能保证各根钢丝受力均匀，常用的有镦头锚具等，可按预应力结构锚具选用。沉放钢丝束时要对准钻孔中心，如有偏斜易将钢丝束端部插入孔壁内，既可能破坏孔壁，引起坍孔，又可能堵塞灌浆管。因此，可用一个长 250 mm 的小竹筒将钢丝束下端套起来。

c. 钢绞线拉杆。

钢绞线拉杆的柔性更好，向钻孔中沉放更容易，因此在国内外应用得比较多，用于承载能力大的土层锚杆。

锚固段的钢绞线要仔细清除其表面的油脂，以保证与锚固体砂浆有良好的黏结。自由段的钢绞线要套以聚丙烯防护套等进行防腐处理。

钢绞线拉杆需用特制的定位架。

④压力灌浆。

压力灌浆是土层锚杆施工中的一个重要工序。施工时，应将有关数据记录下来，以备将来查用。灌浆的作用是：形成锚固段，将锚杆锚固在土层中；防止钢拉杆腐蚀；充填土层中的孔隙和裂缝。

灌浆的浆液为水泥砂浆(细砂)或水泥浆，水泥一般不宜用高铝水泥；由于氯化物会引起钢拉杆腐蚀，因此其含量不应超过水泥质量的0.1%。由于水泥水化时会生成SO，所以硫酸盐的含量不应超过水泥质量的4%。我国多用普通硅酸盐水泥，有些工程为了早强、抗冻和抗收缩，使用过硫铝酸盐水泥。

灌浆方法有一次灌浆法和二次灌浆法两种。一次灌浆法只用一根灌浆管，利用泥浆泵进行溜浆，灌浆管端距孔底200 mm左右，待浆灌流出孔口时，用水泥袋等塞入孔口，并用湿黏土封堵孔口，严密捣实，再以2 ~4 MPa的压力进行补灌，要稳压数分钟灌浆才告结束。

二次灌浆法要用两根灌浆管(直径19 mm镀锌铁管)，第一次灌浆用灌浆管的管端距离锚杆末端500 mm左右(图1 -36)，管底出口处用黑胶布等封住，以防沉放时土进入管口。第二次灌浆用灌浆管的管端距离锚杆末端1 000 mm左右，管底出口处亦用黑胶布封住，且从管端500 m处开始向上每隔2 m左右做出1 m长的花管，花管的孔眼为8 mm，花管做几段视锚固段长度而定。

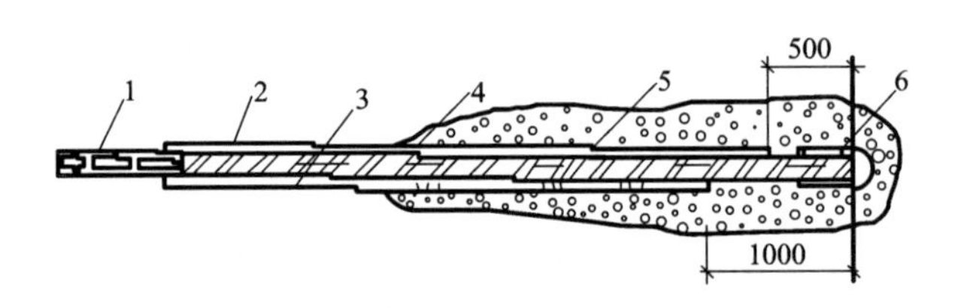

图1 -36　二次灌浆法灌浆管的布置

1—锚头；2—第一次灌浆用灌浆管；3—第二次灌浆用灌浆管；4—粗钢筋锚杆；5—定位器；6—塑料瓶

第一次灌浆是灌注水泥砂浆，利用普通的单缸活塞式压浆机，其压力为0.3 ~0.5 MPa，流量为100 L/min。水泥砂浆在上述压力作用下冲出封口的黑胶布流向钻孔。钻孔后若用清水洗孔，孔内可能会残留部分水和泥浆。

待第一次灌注的浆液初凝后，进行第二次灌浆，利用BW200 -40/50型等泥浆泵，控制压力为2 MPa左右，要稳压2 min，浆液冲破第一次灌浆体，向锚固体与土的接触面之间扩散，使锚固体直径扩大(图1 -37)，增加径向压应力。由于挤压作用，使锚固体周围的土被压缩，孔隙比减小，含水量降低，也提高了土的内摩擦角。因此，二次灌浆法可以显著提高土层锚杆的承载能力。

对于二次灌浆，国内外都使用过化学浆液(如聚氨酯浆液等)代替水泥浆，这些化学浆液渗透能力强，且遇水后产生化学反应，体积可膨胀数倍，这样既可提高土的抗剪能力，又形成如树根那样的脉状渗透，可提高灌浆土体的承载力。

⑤张拉和锚固。

土层锚杆灌浆后，待锚固体强度达到80%设计强度以上时，便可对锚杆进行张拉和锚固。张拉前先在支护结构上安装围檩。张拉所用设备与预应力结构张拉所用的设备相同。

从我国目前的情况看，钢拉杆为变形钢筋者，其端部加焊一螺丝端杆，用螺母锚固。钢拉杆为光圆钢筋者，可直接在其端部攻丝，用螺母锚固。如用精轧钢纹钢筋，可直接用螺母锚固。张拉粗钢筋用一般千斤顶。钢拉杆和钢丝束，锚具多为镦头锚，亦用一般千斤顶张拉。

预应力的锚杆，要正确估算预应力损失。由于土层锚杆与一般预应力结构不同，预应力损失的产生除了通常的那些原因外，还有相邻锚杆施工引起的预应力损失、支护结构变形引起的预应力损失以及土体蠕变引起的预应力损失等。

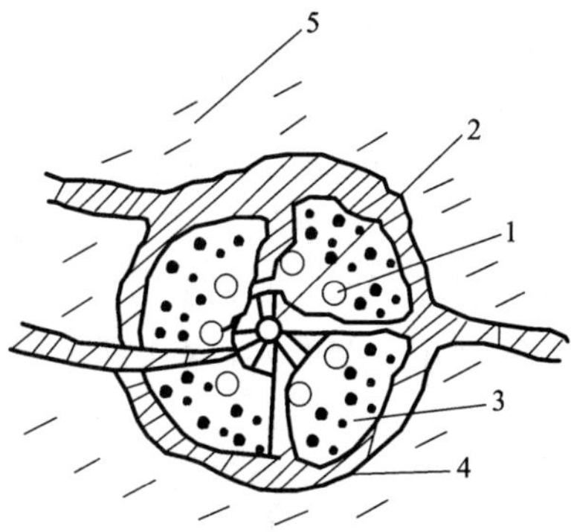

图 1－37　第二次灌浆后锚固体的截面

1—钢丝束；2—灌浆管；3—第一次灌浆体；4—第二次灌浆体；5—土体

1.5　土方的回填与压实

1.5.1　土料的选用与填筑要求

1.5.1.1　土料的选用要求

填土的土料应符合设计要求。如设计无要求可按下列规定：

①级配良好的碎石类土、砂土和爆破石渣可作表层以下填料，但其最大粒径不得超过每层铺垫厚度的2/3；

②含水量符合压实要求的黏性土，可用作各层填料；

③以砾石、卵石或块石作填料时，分层夯实最大料径不宜大于400 mm，分层压实不得大于200 mm，尽量选用同类土填筑；

④碎块草皮类土，仅用于无压实要求的填方。

不能作为填土的土料有：含有大量有机物、石膏和水溶性硫酸盐（含量大于5%）的土以及淤泥、冻土、膨胀土等；含水量大的黏土也不宜作填土用。

1.5.1.2　填筑要求

土方填筑前，要对填方的基底进行处理，使之符合设计要求。如设计无要求，应符合下列规定：

①基底上的树墩及主根应清除，坑穴应清除积水、淤泥和杂物等，并分层回填夯实。基底为杂填土或有软弱土层时，应按设计要求加固地基，并妥善处理基底的空洞、旧基、暗塘等。

②如填方厚度小于0.5 m，还应清除基底的草皮和垃圾。当填方基底为耕植土或松土时，应将基底碾压密实。

③在水田、沟渠或池塘填方前，应根据具体情况采用排水疏干，挖出淤泥，抛填石块、砂砾等方法处理后，再进行填土。

应根据工程特点、填料种类、设计压实系数、施工条件等合理选择压实机具，并确定填料含水量的控制范围、铺土厚度和压实遍数等参数。

填土应分层进行，并尽量采用同类土填筑。当选用不同类别的土料时，上层宜填筑透水性较小的填料，下层宜填筑透水性较大的土料。不能将各类土混杂使用，以免形成水囊。压实填土的施工缝应错开搭接，在施工缝的搭接处应适当增加压实遍数。

当填方位于倾斜的地面时，应先将基底斜坡挖成阶梯状，阶宽不小于1 m，然后分层回填，以防填土侧向移动。

填方土层应接近水平地分层压实。在测定压实后土的干密度，并检验其压实系数和压实范围符合设计要求后，才能填筑土层。由于土的可松性，回填高度应预留一定的下沉高度，以备行车碾压和自然因素作用下，土体逐渐沉落密实。其预留下沉高度(以填方高度为基数)：砂土为1.5%，亚黏土为3%~3.5%。

如果回填土湿度大，又不能采用其他土换填，可以将湿土翻晒晾干、均匀掺入干土后再回填。

冬雨季进行填土施工时，应采取防雨、防冻措施，防止填料(粉质黏土、粉土)受雨水淋湿或冻结，并防止出现“橡皮土”。

1.5.1.3 压实系数

填土压实后要达到的一定密实度要求，用压实系数 λ_c 表示，计算公式为

$$\lambda_c = \rho_d / \rho_{d\max} \tag{1-35}$$

式中：ρ_d 为土的施工控制干密度；$\rho_{d\max}$ 为土的最大干密度。

压实系数一般根据工程结构性质、施工要求及土的性质确定。一般平整场地的压实系数为0.9，地基填土为0.91~0.98。

1.5.2 影响填土压实质量的因素

影响填土压实质量的影响因素有压实功、土的含水量及每层铺土厚度等。

1.5.2.1 压实功的影响

填土压实后的密度与压实机械在其上所施加的功有一定的关系。当土的含水量一定时，在开始压实时，土的密度迅速增大，到接近土的最大密度时，压实功虽然增大许多，但土的密度变化甚小，故应根据压实机械和土的密实度要求选择合理的压实遍数。一般说来，砂土只需碾压2~3遍，亚砂土只需3~4遍，对于亚黏土或黏土则需要5~6遍。

1.5.2.2 含水量的影响

填土含水量的大小直接影响碾压(或夯实)遍数和质量。

较为干燥的土，由于摩阻力较大，因此不易压实。当土具有适当含水量时，土的颗粒之间因水的润滑作用使摩阻力减小，在相同压实功的作用下，得到最大的密实度，这时土的含水量称作最佳含水量，如表1-13所示。

为了保证填土在压实过程中具有最佳含水量，当土的含水量偏高时，可采取翻松、晾晒、掺干土等措施。如含水量偏低，可采用预先洒水湿润、增加压实遍数等措施。土的含水量一般以“手握成团、落地开花”为宜。

表1-13 土的最佳含水量和最大干密度参考表

土的种类	变动范围		土的种类	变动范围	
	最佳含水量/%	最大干密度/(g/cm³)		最佳含水量/%	最大干密度/(g/cm³)
砂土	8~12	1.80~1.88	粉质黏土	12~15	1.85~1.95
黏土	19~23	1.58~1.70	粉土	16~22	1.61~1.80

注：①表中的最大干密度应以现场实际达到的数值为准；②一般性的回填可不作此项测定。

1.5.2.3 铺土厚度的影响

在压实功作用下，土中的应力随深度增加而逐渐减小。其影响深度与压实机械、土的性质及含水量有关。铺土厚度应小于压实机械的有效作用深度。铺得过厚，要增加压实遍数才能达到规定的密实度。铺得过薄，机械的总压实遍数也要增加。恰当的铺土厚度能使土方压实而机械的耗能最少。

对于重要的填方工程，达到规定密实度所需要的压实遍数、铺土厚度等应根据土质和压实机械在施工现场的压实试验来决定。若无试验依据可参考表 1 – 14 的规定。

表 1 – 14 填方每层的铺土厚度和压实遍数

序号	压实机具	分层厚度/mm	每层压实遍数
1	平碾(8 ~ 12 t)	200 ~ 300	6 ~ 8
2	羊足碾(5 ~ 16 t)	200 ~ 350	6 ~ 16
3	蛙式打夯机(200 kg)	200 ~ 250	3 ~ 4
4	振动碾(8 ~ 15 t)	60 ~ 130	6 ~ 8
5	振动压路机(2 t，振动力 98 kN)	120 ~ 150	10
6	人工打夯	≤200	3 ~ 4

1.6 土方的机械化施工

土方机械一般包括推土机、挖掘机、铲运机、装载机和压实机械等。采用机械化施工能在很大程度上提高土方工程的效率，从而降低工程造价。

1.6.1 推土机

推土机是一种多用途的自行式施工机械。推土机在作业时，将铲刀切入土中，依靠机械的牵引力，完成土壤的切削和推运工作。推土机可完成铲土、运土、填土、平地、松土、压实以及清除杂物等作业，还可以给铲运机、平地机助铲和预松土，以及牵引各种拖式施工机械进行作业。

常用推土机的分类、特点及适用范围如表 1 – 15 所示。

表 1 – 15 常用推土机的分类、特点及适用范围

分类标准	分类	特点及适用范围
按铲斗容量分	小 型	铲斗容量≤3 m^3
	中 型	铲斗容量 4 ~ 14 m^3
	大 型	铲斗容量≥15 m^3
按行走装置分	履带式	此类推土机与地面接触的行走部件为履带。它具有附着牵引力大、接地比压低、爬坡能力强以及能胜任较为险恶的工作环境等优点，是推土机的代表机种[图 1 – 38(a)]
	轮胎式	此类推土机与地面接触的行走部件为轮胎。具有行驶速度快、作业循环时间短、运输转移时不损坏路面、机动性好等优点[图 1 – 38(b)]

续表

分类标准	分类	特点及适用范围
按用途分	普通型	此类推土机具有通用性，它广泛应用于各类土石方工程中，主机为通用的工业拖拉机
	专用型	此类推土机适用于特定工况，具有专一性能，属此类推土机的有：湿地推土机、水陆两用推土机、水下推土机、爆破推土机、军用快速推土机等
按铲刀形式分	直铲式	也称固定式。此类推土机的铲刀与底盘的纵向轴线构成直角，铲刀的切削角度可调节。对于重型推土机，铲刀还具有绕底盘的纵向轴线旋转一定角度的能力。一般来说，特大型与小型推土机采用直铲式的居多，因为它的经济性与坚固性较好
	角铲式	也称回转式。此类推土机的铲刀除了能调节切削角度外，还可在水平面内回转一定角度(一般为 ±25°)。角铲式推土机作业时，可实现侧向卸土。应用范围较广，多用于中型推土机
按传动方式分	机械传动式	此类推土机的传动系全部由机械零部件组成。机械传动式推土机，具有制造简单、工作可靠、传动效率高等优点，但操纵复杂、发动机容易熄火、作业效率较低
	液力机械传动式	此类推土机的传动系由液力变矩器、动力换挡变速箱等液力与机械相配合的零部件组成。具有操纵简便、发动机不易熄火、可不停车换挡、作业效率高等优点，但制造成本较高、工地修理较难
	全液压传动式	此类推土机除工作装置采用液压操纵外，其行走装置的驱动也采用了液压马达。它具有结构紧凑、操纵简便、可原地转向、机动灵活等优点，但制造成本高、维修较难
	电传动式	此类推土机的工作装置、行走装置采用电动马达作动力。它具有结构简单、工作可靠、作业效率高、污染小等优点，但受电源、电缆的限制，使用范围较局限。一般用于露天矿、矿井作业

推土机的经济运距在 100 m 以内，最佳运距为 60 m，上下坡坡度不得超过 35°，横坡不得超过 10°。为提高生产效率可采用槽型推土、下坡推土和并列推土等方式作业。

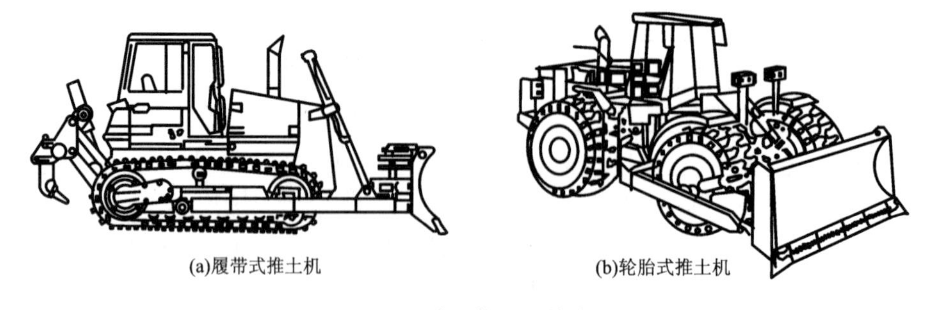

(a)履带式推土机　(b)轮胎式推土机

图 1－38　常见推土机的外形

1.6.2 铲运机

铲运机是一种利用装在前后轮轴或左右履带之间的铲运斗，在行进中依次进行铲装、运载和铺卸等作业的工程机械，其主要有以下两个特点：

①多功能。可以用来进行铲挖和装载，在土方工程中可直接铲挖Ⅰ～Ⅱ级较软的土，对Ⅲ～Ⅳ级较硬的土，需先把土耙松才能铲挖。

②高速、长距离、大容量运土能力。铲运机的车速比自卸汽车稍慢，它可以把大量的土运送到几千米外的弃土场。

铲运机主要用于大规模的土方工程中，它的经济运距为100～1 500 m，最大运距可达几千米。拖式铲运机的最佳运距为200～400 m；自行式铲运机的合理运距为500～5 000 m。当运距小于100 m时，采用推土机施工较有利；当运距大于5 000 m时，采用挖掘机或装载机与自卸汽车配合的施工方法较经济。

常用铲运机的分类、特点及适用范围如表1－16所示。

表1－16 常用铲运机的分类、特点及适用范围

分类标准	分类	特点及适用范围
按铲斗容量分	小型	铲斗容量 $<5\ m^3$
	中型	铲斗容量 $5\sim15\ m^3$
	大型	铲斗容量 $15\sim30\ m^3$
	特大型	铲斗容量 $>30\ m^3$
按行走方式分	拖式	短距离运土
	自行式	远距离运土，机动性好
按工作装置的操纵方式分	机械式	结构简单
	液压式	切土力大
按传动方式分	机械传动式	结构简单
	液力机械传动式	自动调整牵引力和速度
	电传动式	结构紧凑，质量大，结构复杂，成本高
	液压传动式	牵引力和速度无极自动调整，牵引力大
按行走装置分	轮胎式	行驶速度快，机动性好，牵引力小
	履带式	对地面要求不高，附着力大

铲运机用字母C表示，L表示轮胎式，无L表示履带式，T表示拖式，后面的数字表示铲运机铲斗的几何容量，单位为 m^3。如CL7表示铲斗几何容量为7 m^3 的轮胎式铲运机。

拖式铲运机的构造简图如图1－39所示。

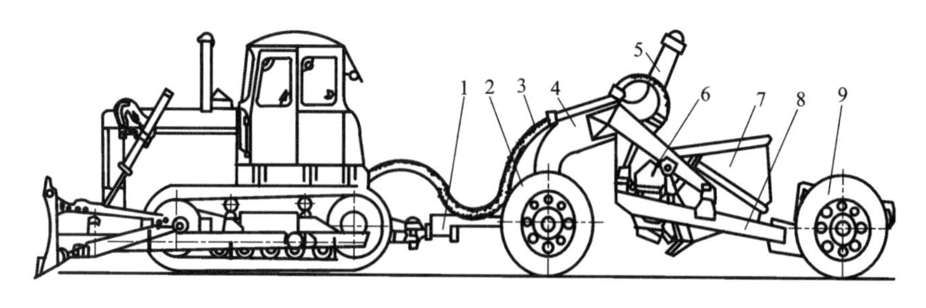

图 1－39　拖式铲运机的构造简图

1—拖杆；2—前轮；3—油管；4—辕架；5—工作油缸；6—斗门；7—铲斗；8—机架；9—后轮

1.6.3　挖掘机

挖掘机，是用铲斗挖掘高于或低于承机面的物料，并装入运输车辆或卸至堆料场的土方机械。挖掘机挖掘的物料主要是土壤、煤、泥沙以及经过预松后的土壤和岩石。从近几年工程机械的发展来看，挖掘机的发展相对较快，挖掘机已经成为工程建设中最主要的工程机械之一。挖掘机最重要的三个参数：操作重量(质量)、发动机功率和铲斗容量。液压式单斗挖掘机的示意图如图 1－40 所示。

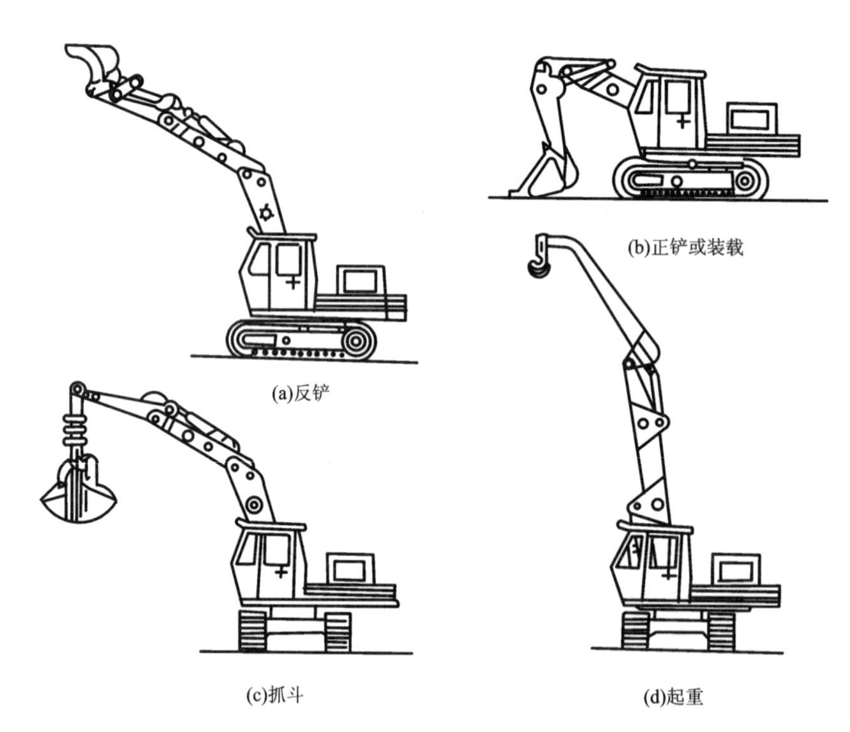

(a)反铲　(b)正铲或装载　(c)抓斗　(d)起重

图 1－40　液压式单斗挖掘机

挖掘机的具体分类如下。

按照行走装置的不同，挖掘机可分为履带式挖掘机和轮胎式挖掘机。

按照传动方式的不同，挖掘机可分为液压挖掘机和机械挖掘机。机械挖掘机主要用在一些大型矿山上。

按照用途来分，挖掘机可以分为通用挖掘机、矿用挖掘机、船用挖掘机、特种挖掘机等不同的类别。

按照铲斗来分，挖掘机可以分为正铲挖掘机、反铲挖掘机、拉铲挖掘机和抓铲挖掘机。正铲挖掘机多用于挖掘地表以上的物料，反铲挖掘机多用于挖掘地表以下的物料。

1.6.4 压实机械

填土压实的机械可按其方法分为碾压、夯实、振动压实等几种。

1.6.4.1 碾压

碾压机械有平碾（压路机）、羊足碾、振动碾等（图1－41）。砂类土和黏性土用平碾的压实效果好；羊足碾只适宜压实黏性土，它是碾轮表面有许多羊蹄形的碾压凸角机械，一般用拖拉机牵引作业；振动碾是一种振动和碾压同时作用的高效能压实机械，适用于碾压爆破石渣、碎石类土等。平碾的碾压速度不宜过快，一般碾压速度不超过2 km/h。

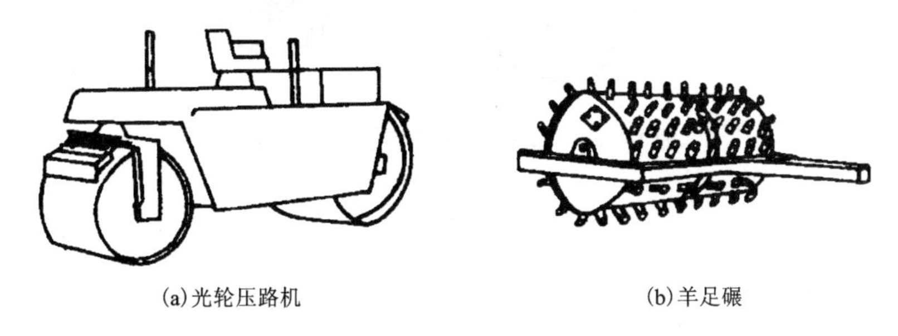

图1－41 碾压机械

用碾压机械进行大面积填方碾压时，宜采用“薄填、低速、多遍”的方法。碾压应从填土两侧逐渐压向中心，并应有至少150～200 mm的重叠宽度。为了提高碾压效率，保证填土压实的均匀和密实度的要求，宜先用轻型机械碾压，使其表面平整后，再用重型机械碾压。

1.6.4.2 夯实法

用夯锤自由下落的冲击力来夯实土壤，主要用于小面积回填土。其优点是可以夯实较厚的黏性土层和非黏性土层，使地基原土的承载力加强。方法有人工和机械夯实两种。常用于夯实黏性土、砂砾土、杂填土及分层填土施工等。

蛙式打夯机（图1－42）轻巧灵活、构造简单、操作方便，在小型土方工程中应用最广。夯打遍数依据填土的类别和含水量确定。

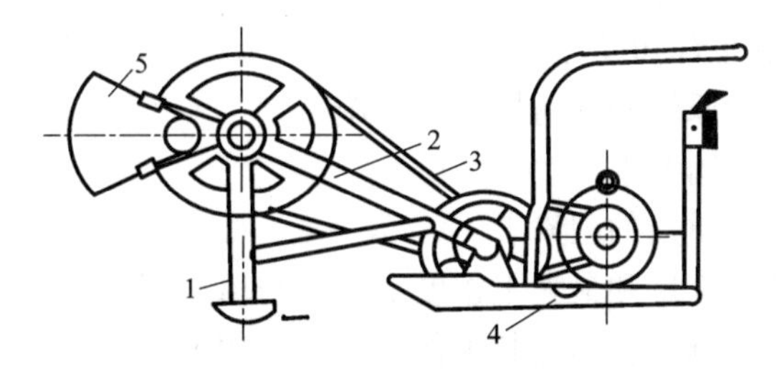

图1－42 蛙式打夯机

1—夯头；2—夯架；3—三角胶带；4—拖盘；5—偏心块

1.6.4.3 振动压实

振动压路机(图 1-43)借助振动机构令压实机振动，使土颗粒发生相对位移而达到密实状态，是一种振动和碾压同时作用的高效能压实机械，比一般压路机效率高 1~2 倍。这种方法更适用于填方为爆破石渣、碎石类土、杂填土等。

振动压实机械与静力压实机械相比有如下特点：在同等结构质量的条件下，振动碾压的效率比静碾压高 1~2 倍，动力节省 1/3，金属消耗节约 1/2，且压实厚度大、适应性强。

但振动压路机也具有如下缺点：不宜压实黏性大的土壤，也严禁在坚硬的地面上振动；由于振动频率高，驾驶员容易产生疲劳，因此需要有良好的减振装置。

图 1-43 YZJ10B 型自行式振动压路机

习 题

1. 简述土方工程的特点。土的性质中对施工影响较大的性质有哪几个？
2. 土方计算的基本方法有哪几种？
3. 确定场地计划标高 H_0 时应考虑哪些因素？
4. 简述根据挖填平衡原则确定 H_0 的步骤和方法。
5. 简述土方调配的原则及划分调配区应注意的问题。
6. 简述用“表上作业法”确定土方最优调配方案的步骤和方法。
7. 简述明排水法和人工降低地下水位法。
8. 简述轻型井点、喷射井点、电渗井点、管井井点、深井井点的适用范围。
9. 简述轻型井点的布置方案和设计步骤。
10. 某基坑面积为 20 m×30 m，基坑深 4 m，地下水位在地面下 1 m，不透水层在地面下 10 m，地下水为无压水，渗透系数 $k=15$ m/d，基坑边坡系数为 1∶0.5。现采用轻型井点降低地下水位，试进行井点的布置和设计。
11. 试分析土壁塌方的原因和预防塌方的措施。
12. 简述填土土料的选用要求。
13. 简述影响填土压实质量的因素。
14. 试解释土的最佳含水量和最大干密度。它们与填土压实的质量有何关系？
15. 常用的土方机械有哪些？简述其工作特点及适用范围。

第2章　桩基础工程

在建筑物荷载大、对变形和稳定性要求高或天然地基本身承载力不足时，宜采用深基础。桩基础是使用最为广泛的深基础形式，它将上部结构的质量传递给承台，承台传递给单桩，单桩再传递到承载力更好的土层中去。它具有承载力大、沉降量小而均匀、沉降速率缓慢等特点。在实际施工的过程中，应当根据土体和结构的实际特点，选取技术可行、经济合理的桩种类和施工方案。

本章主要包括以下几方面内容：

1. 桩的作用和分类；
2. 钢筋混凝土预制桩施工；
3. 钢筋混凝土灌注桩施工。

2.1　桩的作用和分类

2.1.1　桩的分类和性质

桩的分类如表2-1所示。

表2-1　桩的分类

分类标准	具体分类
按承台位置的高低分	高承台桩基础、低承台桩基础
按施工方法分	摩擦桩、端承桩、摩擦端承桩、端承摩擦桩
按桩身的材料分	钢筋混凝土桩、钢桩、木桩、砂石桩、灰土桩
按桩的性能和竖向受力情况分	竖向抗压桩、竖向抗拔桩、水平荷载桩、复合受力桩
按成孔方法分	非挤土桩、部分挤土桩、挤土桩

2.2　钢筋混凝土预制桩施工

预制桩的质量得到保证后（主要是保证桩的预制质量），为了抗击运输和起吊的荷载，还需要另外的配筋，因此较灌注桩要耗钢材，另外由于不可避免地要截桩和接桩，预制桩的造价较灌注桩要高一些，同时预制桩的运输较麻烦。

2.2.1 桩的制作

钢筋混凝土实心桩由桩尖、桩身和桩头组成，如图 2－1 所示。

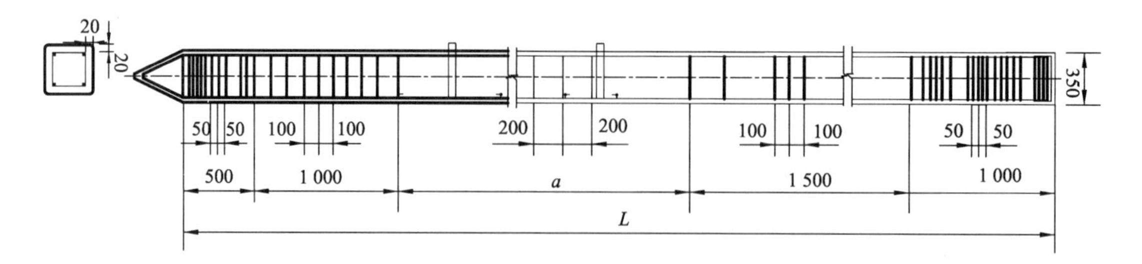

图 2－1 钢筋混凝土预制桩示意图

钢筋混凝土预制桩可以制作成各种需要的断面及长度，桩的制作及沉桩工艺简单，不受地下水位高低变化的影响，常用的有钢筋混凝土实心方桩和空心管桩。如在工厂制作，为便于运输，长度不宜超过 12 m。如在现场制作，一般不超过 30 m。当打设 30 m 以上的桩时，在打桩过程中需要逐节接桩。

混凝土强度等级不宜低于 C30(静压法沉桩时不宜低于 C20，预应力混凝土桩的混凝土强度等级不宜低于 C40)。为防止桩顶被击碎，浇筑预制桩的混凝土时，宜从桩顶向桩尖浇筑，桩顶一顶范围内的箍筋应加密及加设钢筋网片。接桩的接头处要平整，使上下桩能相互贴合对准。浇筑完毕应覆盖、洒水，养护不少于 7 d；如用蒸汽养护，后面仍需自然养护 30 d 后方可使用。预制桩制作的偏差应符合规范要求，如表 2－2 所示。

混凝土管桩是用离心法在工厂生产的，常施加预应力，制成预应力高强度混凝土管桩。

表 2－2 混凝土预制桩制作允许偏差

mm

桩型	项目	允许偏差
钢筋混凝土管桩	直径	5
	长度	0.5‰桩长
	管壁厚度	－5
	保护层厚度	＋10，－5
	桩身弯曲矢高	1‰桩长
	桩尖偏心	≤10
	桩头板平整度	≤2
	桩头板偏心	≤2

续表

桩型	项目	允许偏差
钢筋混凝土实心桩	横截面边长	5
	桩顶对角线之差	≤5
	保护层厚度	5
	桩身弯曲矢高	不大于1‰桩长且不大于20
	桩尖偏心	≤10
	桩端面倾斜	≤0.005
	桩节长度	20

2.2.2　桩的起吊、运输和堆放

钢筋混凝土预制桩宜在混凝土达到设计强度标准值的75%时方可起吊，达到100%时方能运输和打桩。如需提前起吊，必须作强度和抗裂度验算，并采取必要的防护措施。吊点少于等于3个时，其位置按照正、负弯矩相等的原则计算确定；吊点多于3个时，则应按照反力相等的原则来计算。其合理吊点位置如图2－2所示。起吊时应平稳提升，吊点同时离地，保证桩不受损坏。

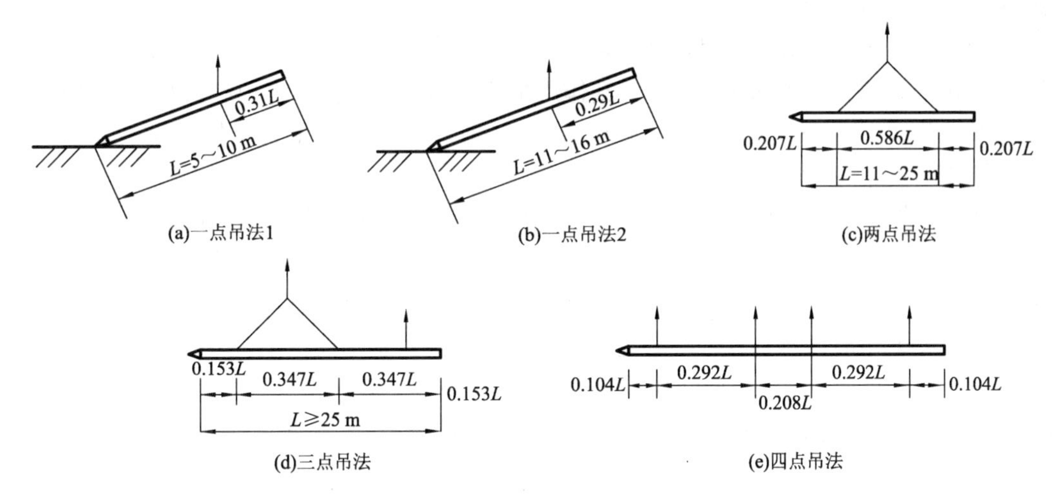

图2－2　桩的吊点的位置

桩的运输应根据打桩进度和打桩顺序确定，采用随打随运的方法可以减少二次搬运。长桩运输可采用平板拖车、平台挂车等，短桩运输也可采用平板汽车，现场运距较近可采用轻轨平板车运输。

桩堆放时场地应平整、坚实、排水良好，桩应按规格、桩号分层堆叠，桩尖朝同一个方向，支撑点设在吊点或近旁处，上下垫木在同一直线上，并支撑平稳；当场地条件允许时，尽量单层堆放。另外，外径为500～600 mm的桩堆放不宜超过4层，外径为300～400 mm的桩堆放不宜超过5层。预制桩叠浇预制时，桩与桩之间要做隔离层(可涂皂角、废机油或黏土

石灰膏)，以保证起吊时不互相黏结。叠浇层数一般不超过四层，上层桩必须在下层桩的混凝土达到设计强度等级的30%以后，方可进行浇筑(图2-3)。

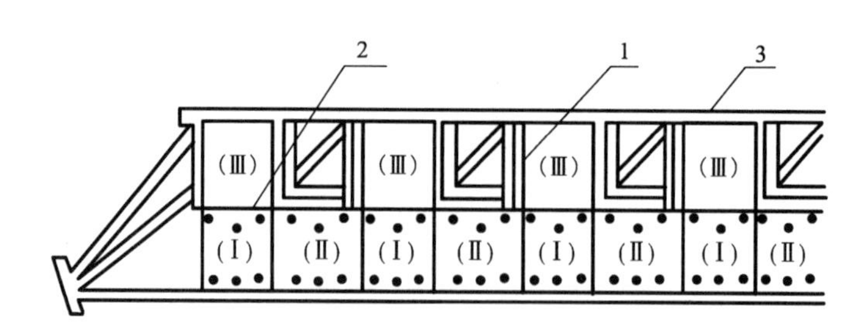

图2-3 重叠法间隔施工

Ⅰ—第一批浇筑桩；Ⅱ—第二批浇筑桩；Ⅲ—第三批浇筑桩

1—侧模板；2—隔离剂或隔离层；3—卡具

2.2.3 预制桩沉桩施工

2.2.3.1 锤击沉桩法

锤击沉桩法

锤击沉桩也称打入桩，是利用落锤下落产生的冲击力将桩打入土体中的一种沉桩方法。该施工方法速度快、机械化程度高、使用范围广，是预制钢筋混凝土桩最常用的沉桩方法，但它也有噪声及震动大、对桩身本身质量要求高的缺点。

(1)打桩机具

打桩的机具主要包括桩锤、桩架及动力装置三部分。

①桩锤。桩锤是打桩的主要机具，其作用是给桩施加冲击力，将预制桩打入土体中。主要有落锤、单动汽锤、双动汽锤、柴油锤、液压锤等。当机锤质量大于桩质量的1.5~2倍时，沉桩效果较好。

②桩架。桩架是吊桩就位、悬吊桩锤，打桩时引导桩身方向并保证桩锤能沿着所要求方向冲击的打桩设备。桩架要求其具有较好的稳定性、机动性和灵活性，保证锤击落点准确，并可调整垂直度。

常用桩架基本有两种形式。一种是沿轨道行走移动的多功能桩架，这种桩架机动性和适应性较强，但是机构较庞大，拆卸和转运困难；另一种是装在履带式底盘上自由行走的桩架，这种桩架行走、回转、起升的机动性好，使用方便，使用范围广。多功能桩架和履带式桩架如图2-4所示。

桩架的选择应综合考虑桩锤类型，桩的长度，桩的形式、数目和布置，施工现场条件，施工周期和打桩速率要求等。

桩架的高度=桩长+桩锤高度+桩帽高度+滑轮组高+起锤移位高度+安全工作间隙(1~2 m)。

③动力装置。打桩机的动力装置有卷扬机、锅炉、空气压缩机、管道、绳索和滑轮等，主要根据选定的桩锤种类而定。

(2)打桩前的准备工作

打桩前应做好下列准备工作：处理架空高压线和地下障碍物，场地应平整，排水应畅通，并满足打桩所需的地面承载力；设置供电、供水系统；安装打桩机等。施工还应做好定位放线。

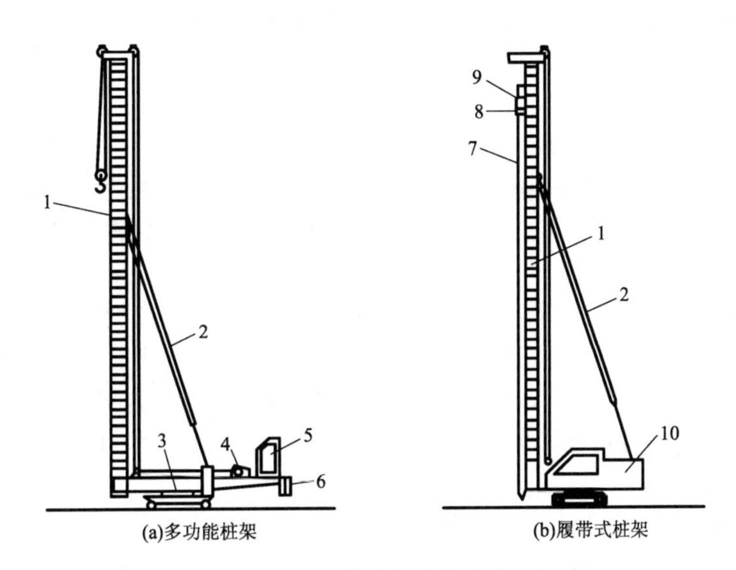

图 2－4　多功能桩架和履带式桩架

1—立柱；2—斜撑；3—回转平台；4—卷扬机；5—司机室；

6—平衡重；7—桩；8—桩帽；9—桩锤；10—履带式起重机

除此之外，还应确定合理可行的打桩顺序。打桩时，由于桩对土体的挤密作用，先打入的桩可能被后打入的桩水平挤推而造成偏移和变位，也可能被垂直挤拔造成浮桩；而后打入的桩则可能难以达到设计标高或入土深度，造成土体隆起和挤压，截桩过大。因此，群桩施工时，为了保证质量和进度，防止周围建筑物被破坏，打桩前应根据桩的密集程度、桩的规格，以及桩架移动是否方便等因素来选择正确的打桩顺序。

打桩顺序有如图 2－5 所示的四种顺序。

当桩较密集时(桩中心距等于或小于 4 倍的桩边长或直径)，可遵循如下规则：

①当基坑不大时，打桩应逐排打设或从中间开始分头向两边或四周进行；

②对于密集群桩，自中间向两个方向或四周对称施打；

③当一侧毗邻建筑物时，应由建筑物一侧向另一侧施打。

当桩脚稀疏时(桩中心距大于或等于 4 倍的桩边长或直径)，打桩顺序影响不大，可采用逐排打设的方式。

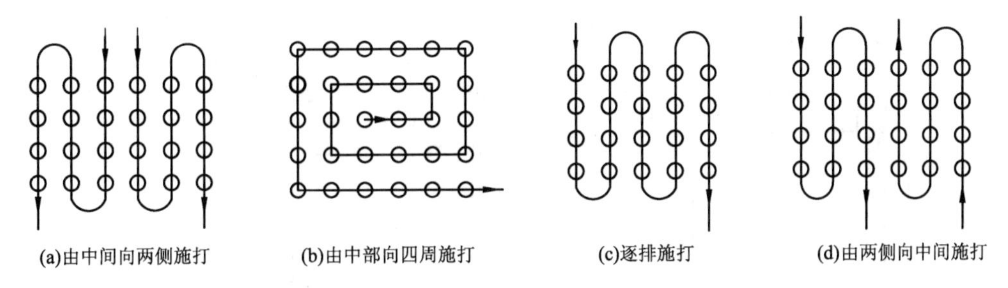

图 2－5　打桩顺序

当桩的规格、埋深、长度有所差异时，应按照“先深后浅、先大后小、先长后短”的原则施打。

(3)打桩工艺

锤击沉管施工的一般程序如下：

确定桩位和沉桩顺序→打桩机就位→吊装桩锤和桩帽→吊装和对位→校正垂直度→自重插桩入土→固定桩帽和桩锤→校正垂直度→锤击沉桩→接桩→再锤击沉桩→送桩→收锤→切割桩头。

①吊装就位。打桩机就位后，先将桩锤和桩帽吊起，其锤底高度应高于桩顶，并固定在桩架上，以便进行吊桩。桩锤、桩帽和桩身中心点应在同一直线上，尽量避免偏心。在锤的压力下，桩会沉至土中一定深度，待下沉停止，再全部检查，校正合格后，即可开始打桩。桩插入时的垂直度偏差不得超过0.5%。在桩锤和桩帽之间应加硬木、麻袋或草垫等作为弹性衬垫，以防止桩头被打坏。

②打桩。打桩应“重锤低击，低提重打”，在同样的做功下，重锤低击比轻锤高击获得的动量大，而锤对桩身的冲击力小，因而桩头不易被打碎，能获得较好的打桩效果。

桩开始打入时，桩锤落距宜小，一般可为0.5~0.8 m，以便使桩能正常沉入土中，待桩入土到一定深度(1.0~2.0 m)，桩尖不易发生偏移时，可适当将落距逐渐提高到规定数值，继续锤击，直到桩身达到设计所要求的深度。打桩的落距不宜过大，以免打碎桩头。

③接桩。当设计的桩较长，且由于桩架高度有限或预制、运输条件的限制，只能采用分段预制、分段打入的方法时，则需在桩打入过程中将桩接长，桩与桩的连接处需要接头。一般混凝土预制桩的接头不宜超过两个，预应力管桩的接头不宜超过四个。接桩的主要方法有焊接法、法兰接法和浆锚法，前两者适用于各类土层，后者适用于软土层。

a. 焊接法连接。

如图2-6为焊接法接桩节点构造。当桩沉至操作平台时，在下节桩上端部焊接四个63 mm×8 mm、长150 mm的短角钢，这四个短角钢与桩的主筋焊接在一起，然后把上节桩吊起，在其下端把四个63 mm×8 mm、长150 mm的短角钢焊接在主筋上，最后把上下两桩对准，用四根角钢或四根扁钢焊接，使之成为一个整体。

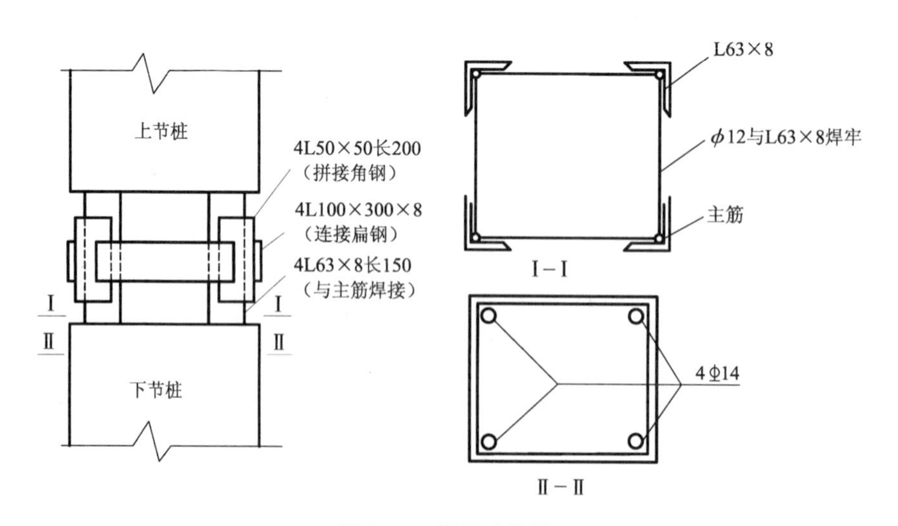

图2-6 焊接法接桩

b. 浆锚法。

浆锚法接桩可以采用硫黄胶泥或环氧树脂作为胶结剂，接桩速度快。

如图 2 -7 所示，在上节桩的下端伸出钢筋，长度为钢筋直径的 15 倍，下节桩的上端设预留锚筋孔，孔径为 2.5d，孔深大于 15d，一般取 15d +30 mm，d 为钢筋直径。接桩时，首先把上节桩对准下节桩，使四根锚筋插入锚筋孔，下落上节桩身，使上下桩结合紧密，然后将上节桩上提约 20 mm(以四根锚筋不脱离锚筋孔为度)，此时安好施工夹箍，将熔化的硫黄胶泥注满锚筋孔和接头平面(厚 10 ~20 mm)，然后下落上节桩，当硫黄胶泥冷却并拆除夹箍后，方可继续沉桩。

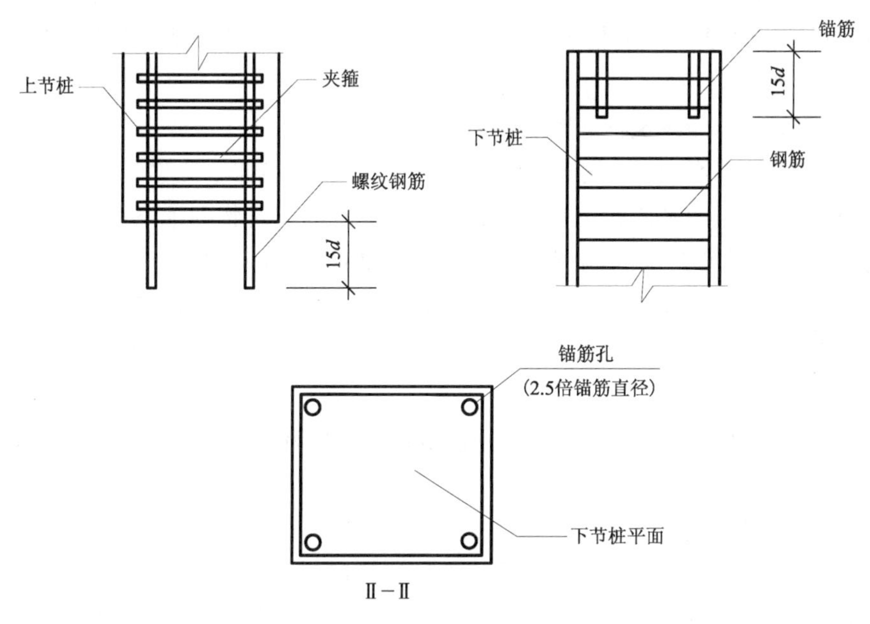

图 2 -7　浆锚法接桩

硫黄胶泥是一种热塑冷硬性材料，具有良好而稳定的物理力学性能，结构简单，高强快硬且耐冲击，它由胶结材料(硫黄)、填充剂(低标号水泥、石墨粉、粗砂)和增韧剂(聚硫 780 胶或聚硫甲胶)按一定质量比加热熔融而成。

c. 法兰连接。

在预制桩时，在桩的端部设置法兰，需接桩时用螺栓把它们连在一起，这种方法施工简便，速度快，主要用于混凝土管桩。但法兰盘制作工艺复杂，用钢量大。

④打桩过程中的注意事项。

打桩属于隐蔽工程，因此在打桩过程中，应注意加强监控，在打桩作业区设置明显的标志或围栏。打桩应从贯入度要求和桩身位置偏差两方面进行质量控制(表 2 -3)。贯入度是指最后贯入度，即施工中最后十击内桩的平均入土深度。贯入度的大小应通过合格的试桩或试打数根桩后确定，它是打桩质量标准的重要控制指标。最后贯入度的测量应在下列正常条件下进行：桩顶没有破坏；锤击没有偏心；锤的落距符合规定；桩帽与弹性垫层正常。

表 2-3　沉桩的质量控制

桩型	主要控制	参考控制
端承桩	贯入度	桩端设计标高
摩擦桩	桩端设计标高	贯入度

试桩：试桩的目的是确定停打原则或取得相应的技术参数（如贯入度）。试桩的根数应少于两根。

停打原则：桩端位于一般土层时，以控制桩端设计标高为主，贯入度为参考。桩端达到坚硬、硬塑的黏土，中密以上的粉土，碎石类土，砂土，风化岩时，以贯入度控制为主，桩端设计标高可作参考。

⑤打桩施工时对邻近建筑物的影响及预防措施。

打桩对周围环境的影响，除震动、噪声外，还有土体的变形、位移和形成超静孔隙水压力。它使土体原来所处的平衡状态被破坏，给周围原有的建筑物和地下设施带来不良影响。轻则使建筑物的粉刷脱落，墙体和地坪开裂，重则使圈梁和过梁变形，门窗启闭困难；它还会使临近的地下管线破损和断裂，甚至中断使用；还可能使临近的路基变形，影响交通安全；如附近有生产车间和大型设备基础，它亦可能使车间跨度发生变化，基础被推移，因而影响正常的生产。

总结我国多年来的施工经验，减少或预防沉桩对周围环境的有害影响，可采用下述几项措施。

a. 采用钻孔打桩工艺。

预钻孔打桩亦称"钻打法"，它是先在地面桩位处钻孔，然后在孔中插入预制桩，用打桩机将桩打到设计标高。钻孔深度与桩长、土质、邻近建筑物的距离等因素有关，为了兼顾单桩的承载力，不使承载力受到明显影响，钻孔深度一般不宜超过桩长的一半。

b. 合理安排沉桩顺序。

沉桩顺序不同，挤土情况亦不同。由于先打入桩周围的土固结后，土与桩之间产生一定的摩阻力，可阻止土隆起，所以土隆起多发生在打桩推进的前方。因此为了保护附近的建筑物，群桩宜采取由近而远的打桩顺序。先打离建筑物较近的桩，后打离建筑物较远的桩。在较硬土地区打桩，为避免桩难以打入，宜采取先中间后四周的打桩顺序。

c. 控制沉桩速率。

沉桩时由挤压产生的超静孔隙水压力有一个消散过程。为避免在较短时间内连续打入大量桩，从而对超静孔隙水压力的增加有所控制，减少挤土效应，宜控制沉桩速率。这样做虽然会延长施工工期，但有时还是需要的。

d. 挖防震沟。

沿沉桩区四周挖防震沟，沟深 1.5 ~2 m，两边放坡，可隔断近堤表处的土体位移，不致影响到沟槽以外的区域，同时还可阻断打桩产生的地震波。由于地震波主要沿地表层传播，深层的地震波易被吸收，且深处无地下管线和基础等，不会使因打桩产生的地震波产生有害影响。事实证明，这种沟槽对防震和防止土体位移都有良好的作用。

2.2.3.2 静力沉桩法

静力沉桩法

静力沉桩法是使用无震动、无噪声的静力压桩机，利用桩机的自重和配重来平衡桩入土阻力，将桩沉入软土地基的方法。静力沉桩不会对桩头、桩身质量造成损坏，其衬垫材料也可省去，因此桩的截面可减小，主钢筋和局部加强钢筋均可大大减少，混凝土强度可降至 C20 级。所以，压桩比打桩节约混凝土、钢筋，从而能可观地降低工程造价。压桩所引起的桩周围土体隆起和水平挤动，造成桩移动等事故均较打桩少得多。但压桩只限于压垂直桩及软土地基的沉桩施工，故有一定局限性。静力压桩对周围土体扰动小，特别适合于软土地基和城市中施工。

静力压桩机有机械式和液压式之分，压桩机的主要部件有桩架底盘、压梁、卷扬机、滑轮组、配重和动力设备等。压桩时，先将桩吊起，对准桩位，将桩顶置于梁下，然后开动卷扬机牵引钢丝绳，逐渐将钢丝绳收紧，使活动压梁向下，将整个桩机的自重和配重荷载通过压梁压在桩顶，以克服桩身与土体间的摩擦力，将桩逐渐压入土中。常用压桩机的荷重有 80 t、120 t、150 t 等数种，使用的多为液压式静力压桩机，压力可达 8 000 kN。图 2－8 为常见的静力压桩机的构造图。

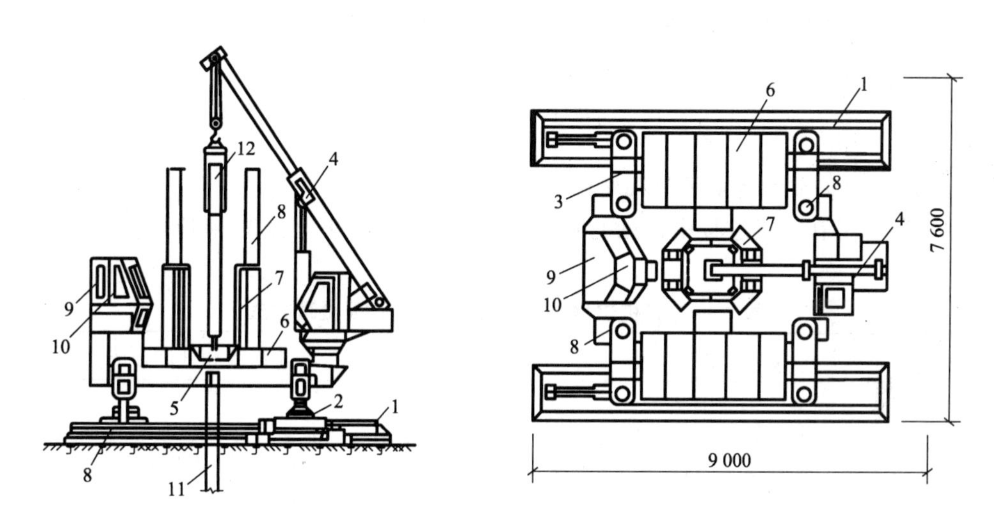

图 2－8　静力压桩机示意图

1—长船行走机构；2—短船行走及回转机构；3—支腿式底盘结构；4—液压起重机；5—夹持与压板装置；6—配重铁块；7—导向架；8—液压系统；9—电控系统；10—操纵室；11—已压入下节桩；12—吊入上节桩

静力压桩的施工程序为：测量定位→压桩机就位→吊桩、插桩→桩身对中调直→静压沉桩→接桩→静压沉桩→送桩→终止压桩→截桩，工作流程如图 2－9 所示。

2.2.3.3 振动沉桩施工

振动沉桩法是将振动桩机刚性固定在桩头上，振动沉桩机产生垂直方向的振动力，桩也沿着竖直方向上下振动，产生收缩和位移，使桩身与土层之间的摩擦力减小，桩在自重和振动力的共同作用下沉入土中。

振动沉桩法使用方便、施工效率高、费用较低，但是噪声大、耗能大，适用于在黏土、松散砂土、黄土和软土中沉桩，更适合于打钢板桩，但在硬质土层中不易贯入。

沉桩机由振动器、夹桩器、传动装置、电动机等组成。

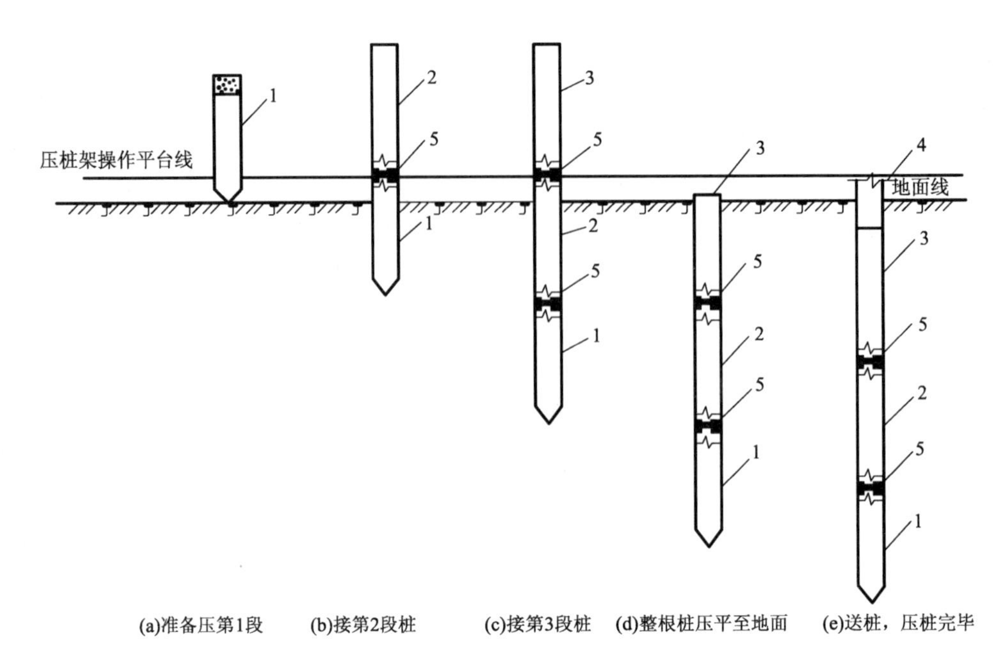

图 2－9　静力压桩机的工作流程

1—第 1 段桩；2—第 2 段桩；3—第 3 段桩；4—送桩；5—接桩处

2.2.3.4　打(沉)桩常见质量问题及处理

钢筋混凝土桩在打桩过程中常见的问题、原因及处理方法见表 2－4 所示。

表 2－4　打桩过程中常见的问题、原因及处理方法

常见问题	产生原因	防止措施和处理办法
桩头打坏	桩头强度低；桩顶不平整；保护层过厚；锤与桩不垂直；落锤过高；锤击过久；遇坚硬土层等	加强预制桩本身的质量控制；加垫桩头，垫平桩头；采用纠正垂直度或低锤满击等方式；对桩帽变形进行修正等
桩身扭转或位移	桩尖不对称；桩身不正	可用撬棍，慢慢低击纠正；偏差不大时可不处理
桩身倾斜或位移	桩头不平，桩尖倾斜过大；桩接头破坏；遇横向障碍物压边；桩距太近导致的邻桩土体挤压；桩帽与桩身不在同一直线上	偏差过大，应拔出移位再打；入土不深(小于 1 m)；偏差不大时，可利用木架顶正，再慢慢打入；偏差过大时，应拔出填砂重打或补桩；障碍物不深时，可挖除填砂重打或补桩处理
桩急剧下沉	遇软土层，土洞；接头破裂或桩尖有严重的横向裂缝	将桩拔起检验并改正重打，或在靠近原桩位作补桩处理

续表

常见问题	产生原因	防止措施和处理办法
断桩	桩质量不符合设计要求；遇硬土层时锤击过度	加钢架箍用螺栓拧紧后焊固补强；如已符合贯入度要求，可不处理
浮桩	软土中相邻桩沉桩的挤土上拔作用	将浮升量大的桩重新打入，如经静载荷试验检验为不合格时需重新打
滞桩	停打时间过长，打桩顺序不当；遇地下障碍物等	选择正确的打桩顺序；用钻机钻透硬土层或障碍物，或边射水边打入
桩涌起	遇流沙或软土	将浮起量大的桩重新打入；静载荷试验，不符合要求的进行复打或重打
桩身跳动、桩锤回弹	桩尖遇树根或坚硬土层、桩身过曲；接桩过长；落锤过高	检查原因，采取措施穿过或避开障碍物，如入土不深，应拔起避开或换桩重打

2.3 钢筋混凝土灌注桩施工

灌注桩，是直接在桩位上就地成孔，然后在孔内安放钢筋笼灌注混凝土而成。钢筋混凝土灌注桩具有施工时无震动、无挤土、噪声小、宜于在城市建筑物密集地区使用等优点，但也存在不能立刻承受荷载，操作要求高，对施工环境要求严格(如在冬季不能施工)，在软土地基中容易出现缩颈、断桩等问题。

灌注桩按成孔方式分类如图 2－10 所示。

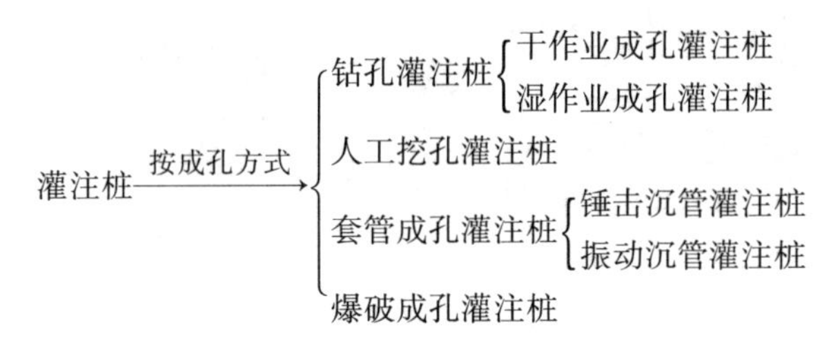

钻孔灌注桩

图 2－10　灌注桩按成孔方式分类

2.3.1　干作业成孔灌注桩

干作业成孔灌注桩适用于地下水位较低，在成孔深度内无地下水的土质，不需护壁可直接取土成孔。目前常用螺旋钻机成孔，它是利用动力钻转钻杆，使钻头的螺旋叶片旋转切削土体，土体随后随螺旋叶片上升排出孔外。钻孔机由主机、滑轮组、螺旋钻杆、钻头、滑动支架、出土装置等组成，用于地下水位以上的黏土、粉土、中密以上的砂土或人工填土土层的成孔，成孔孔径为 300～600 mm，钻孔深度为 8～12 m。可配多种钻头，以适应不同的土层。

2.3.1.1　钻孔机械设备

目前常见的钻孔机械有螺旋钻孔机、回转斗成孔机、回转钻孔机、潜水钻机、钻扩机、全套管冲抓斗成孔机(即贝诺特钻机)等。螺旋钻孔机示意图如图 2－11 所示。

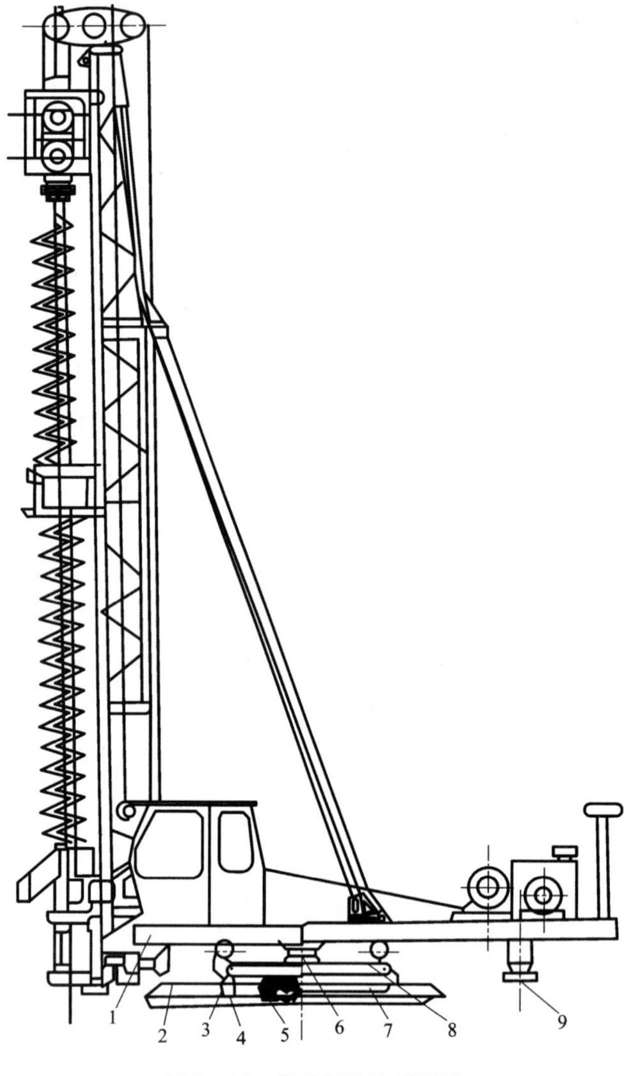

图 2－11　螺旋钻孔机示意图

1—上盘；2—下盘；3—回转滚轮；4—行走滚轮；5—钢丝滑轮；
6—回转中心轴；7—行车油缸；8—中盘；9—支承盘

回转钻孔机由机械动力传动，配以笼头式钻头（如图 2－12 所示），可以多挡调速或液压无级调速，在泥浆护壁条件下，以泵吸和气举的反循环或正循环方式慢速钻进排渣成孔，灌注混凝土成桩。该设备性能可靠，噪声及震动小，钻进效率高，钻孔质量好。

潜水钻机（图 2－13、图 2－14）适用于黏性土、黏土、淤泥、淤泥质土、砂土、强风化岩、软质岩层，不宜用于碎石土层中。

这种钻机以潜水电动机作动力，潜水电动机和行星减速箱均为中空结构，中间可通过中心送泥浆或水，因此可采用泥浆循环将钻渣带出地面。

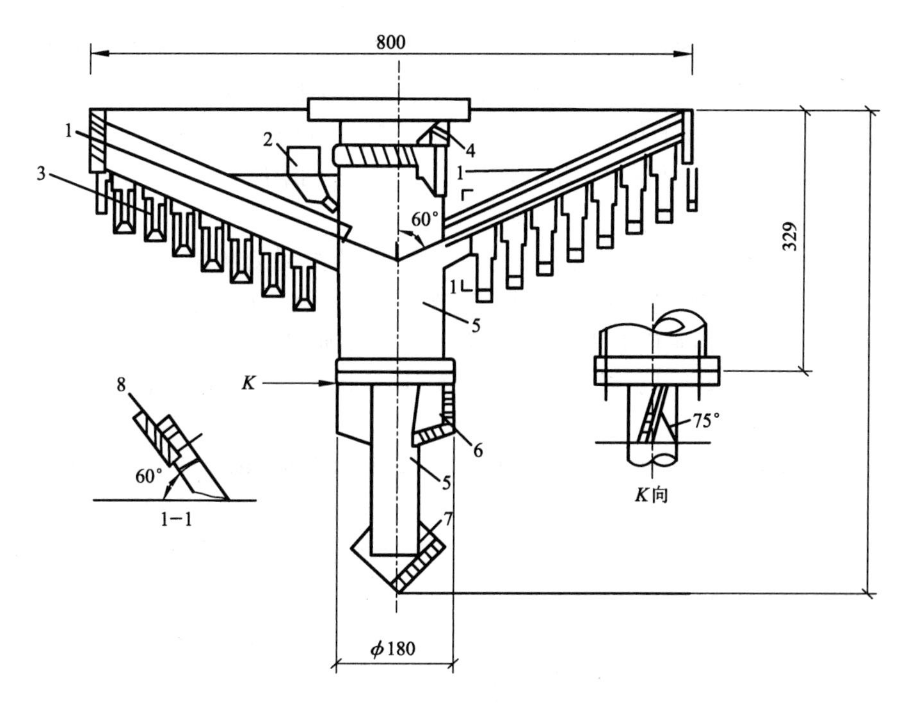

图 2-12　笼头式钻头示意图

1—护圈；2—钩爪；3—液爪；4—钻头接箍；5—岩心管；6—小爪；7—钻尖；8—翼片

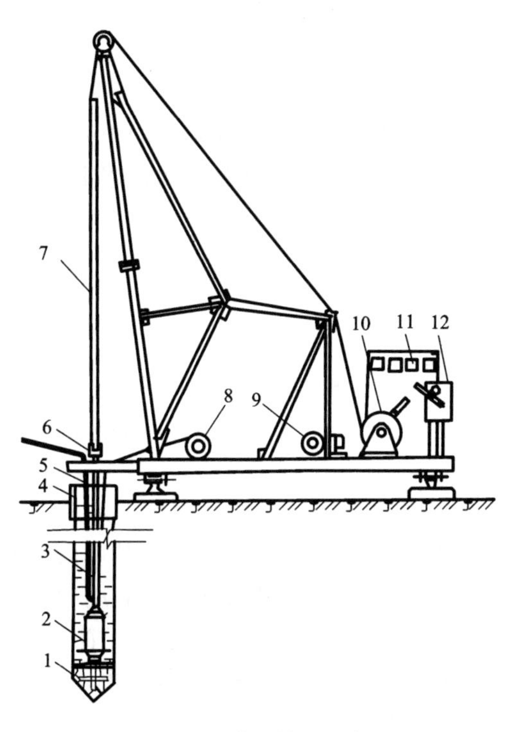

图 2-13　潜水钻机示意图

1—钻头；2—潜水电动机；3—电缆；4—护筒；5—水管；6—滚轮支点；7—钻杆；8—电缆盘；9—卷扬机；10—控制箱；11—电表；12—启动开关

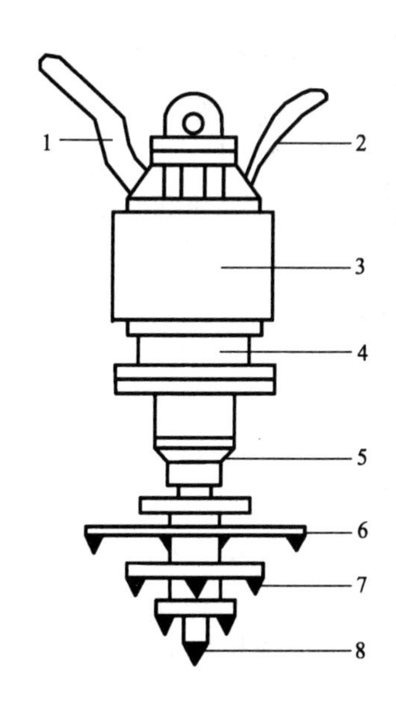

图 2-14　潜水钻机与钻头

1—泥浆管；2—防水电缆；3—电动机；4—齿轮减速器；5—密封装置；6—钻头；7—合金刃齿；8—钻尖

防水电机和减速机构装在具有绝缘和密封作用的外壳内，与钻头一起潜入桩孔内工作。因为工作时动力装置潜在孔底，所以耗用动力小、钻孔效率高，且有电动机防水性能好、运转时温升较低、过载能力强的优点。同时由于钻杆不动，可避免钻杆折断，工作效率高，且噪声小，但该设备笨重，这使潜水钻机的使用受到了一定的限制。

2.3.1.2　施工工艺

干作业成孔灌注桩的施工工艺流程：场地清理→测量放线定桩位→桩机就位→钻孔取土成孔→清除孔底沉渣→成孔质量检查验收→吊放钢筋笼→浇筑孔内混凝土。

干作业成孔灌注桩在施工过程中应注意以下几个事项：

①开始钻孔时，应保持钻杆垂直、位置正确，防止因钻杆晃动引起孔径扩大及孔底虚土增多。

②发现钻杆摇晃、移动、偏斜或难以钻进时，应提钻检查，排除地下障碍物，避免桩孔偏斜和钻具损坏。

③钻进过程中，应随时清理孔口黏土，遇到地下水、塌孔、缩孔等异常情况，应停止钻孔，同有关单位研究处理。

④钻头进入硬土层时，易造成钻孔偏斜，可提起钻头上下反复扫钻几次，以便削去硬土。若纠正无效，可在孔中局部回填黏土至偏孔处 0.5 m 以上，再重新钻进。

⑤成孔达到设计深度后，应保护好孔口，按规定验收，并做好施工记录。

⑥孔底虚土尽可能清除干净，可采用夯锤夯击孔底虚土或进行压力注水泥浆处理，然后再吊放钢筋笼，并浇筑混凝土。混凝土应分层浇筑，每层高度不大于 1.5 m。

2.3.2　泥浆护壁成孔灌注桩

泥浆护壁成孔灌注桩是利用泥浆护壁，钻孔时通过循环泥浆将钻头切削下的土渣排出孔外而成孔，而后吊放钢筋笼，水下灌注混凝土而成桩。泥浆护壁适用于地下水位以上的黏性土、粉土、砂土、填土、碎石土以及风化岩层。

2.3.2.1　泥浆护壁成孔灌注桩施工工艺

泥浆护壁成孔灌注桩施工工艺流程如图 2 - 15 所示。

(1)测定桩位

平整清理好施工场地后，设置桩基轴线定位点和水准点，根据桩位平面布置施工图，定出每根桩的位置，并做好标志。施工前，桩位要检查复核，以防被外界因素影响而造成偏移。

(2)埋设护筒

护筒的作用是：固定桩孔位置，防止地面水流入，保护孔口，增大桩孔内水压力，防止塌孔，成孔时引导钻头方向。埋设护筒时，先挖去桩孔处表土，将护筒埋入土中，其埋设深度，在黏土中不宜小于 1 m，在砂土中不宜小于 1.5 m。其高度要满足孔内泥浆液面高度的要求，孔内泥浆液面应保持高出地下水位 1 m 以上。采用挖坑埋设时，坑的直径应比护筒外径大 0.8 ~ 1.0 m。护筒中心与桩位中心线偏差不应大于 50 mm，对位后应在护筒外侧填入黏土并分层夯实。

(3)泥浆制备

泥浆的作用是护壁、携砂排土、切土润滑、冷却钻头等，其中以护壁为主。

泥浆制备方法应根据土质条件确定：在黏土和粉质黏土中成孔时，可注入清水，以原土造浆；在其他土层中成孔，泥浆可选用高塑性($I_p \geq 17$)的黏土或膨润土制备。为了提高泥浆

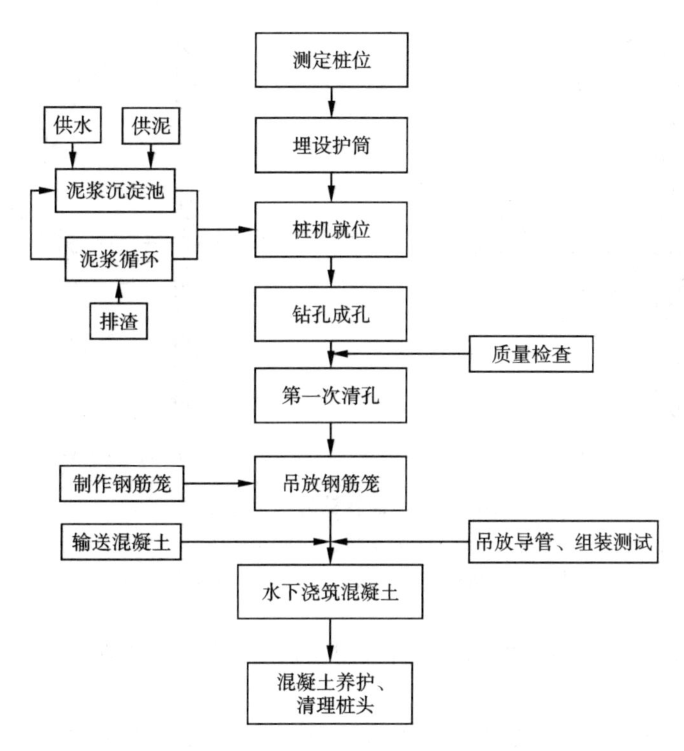

图2-15　泥浆护壁成孔灌注桩施工工艺流程

质量可加入外掺料，如增重剂、增黏剂、分散剂等。注入泥浆的相对密度应控制在1.1左右，排除泥浆的相对密度宜为1.2~1.4，施工中废弃的泥浆、泥渣应按环保的有关规定处理。

(4)成孔方法

回转钻成孔(图2-16)是国内灌注桩施工中最常用的方法之一。回转钻机设备可靠性高、噪声和震动较小、钻机效率高、钻机质量好。按排渣方式不同分为正循环回转钻成孔和反循环回转钻成孔两种。

①正循环回转钻成孔[图2-16(a)]由钻机回转装置带动钻杆和钻头回转切削破碎岩土，由泥浆泵往钻杆输进泥浆，泥浆沿孔壁上升，从孔口溢浆孔溢出流入泥浆池，经沉淀处理返回循环池。正循环回转钻成孔，泥浆的上升速度慢，挟带土粒直径小，排渣能力差，岩土重复破碎现象严重，适用于填土、淤泥、黏土、粉土、砂土等地层。

②反循环回转钻成孔[图2-16(b)]由钻机回转装置带动钻杆和钻头回转切削破碎岩土，利用泵吸、气举、喷射等措施抽吸循环护壁泥浆，是钻杆内形成真空，挟带钻渣从钻杆内腔抽吸出孔外的成孔方法。根据抽吸原理不同可分为泵吸反循环、气举反循环和喷射(射流)反循环三种施工工艺。反循环回转钻成孔，泥浆上升速度快，排渣能力强，但在土质较差或者易塌孔的土层应谨慎使用。

除了回转钻成孔，还有潜水钻成孔、冲击钻成孔等方式。

(5)清孔

当钻孔达到设计要求的深度并经检查合格后，应立即进行清孔，目的是清除孔底沉渣以减少桩基的沉降量，提高承载能力，确保桩基质量。清孔方法有真空吸泥渣法、射水抽渣法、换浆法和掏渣法。以原土造浆的钻孔，可采用射水抽渣法清孔，待泥浆相对密度降

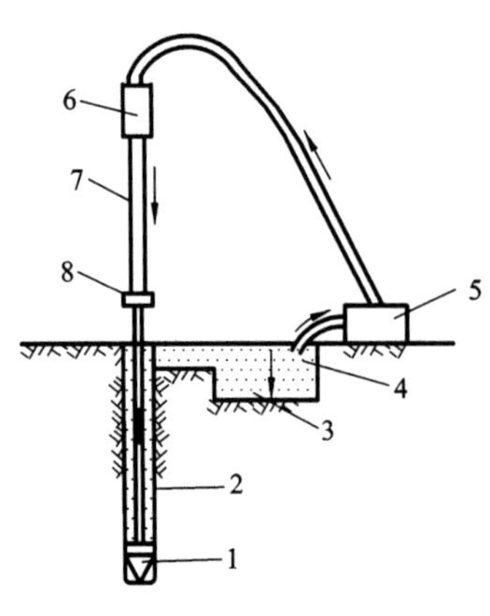

(a)正循环回转钻成孔工作原理

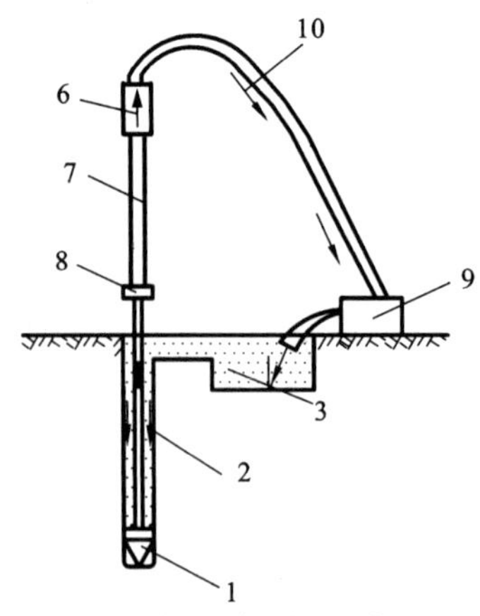

(b)反循环回转钻成孔工作原理

图 2－16　回转钻成孔示意图

1—钻头；2—泥浆循环方向；3—沉淀池；4—泥浆池；5—泥浆泵；6—水龙头；
7—钻杆；8—钻机回转装置；9—砂石泵；10—混合液流向

到 1.1 左右即可；注入制备泥浆的钻孔，可采用换浆法清孔，将泥浆的相对密度降到 1.15～1.25 可认为清孔合格。

另外，在浇筑混凝土前，孔底沉渣厚度应符合标准规定，即端承桩高度不超过 50 mm，摩擦端承桩、端承摩擦桩高度不超过 100 mm，摩擦桩高度不超过 300 mm。

(6)吊放钢筋笼

清孔后应立即安放钢筋笼、浇筑混凝土。钢筋笼一般都在工地制作，制作时要求主筋环向均匀布置，箍筋直径及间距、主筋保护层、加劲箍的间距等均应符合设计要求。钢筋笼主筋净距必须大于 3 倍的骨料粒径，加劲箍宜设在主筋外侧，钢筋保护层厚度不应小于 35 mm(水下浇筑混凝土厚度不得小于 50 mm)。吊放钢筋笼时应保持垂直，缓缓放入，防止碰撞孔壁。

若造成塌孔或安放钢筋笼时间太长，应进行二次清孔后再浇筑混凝土。

(7)水下浇筑混凝土

水下浇筑混凝土常使用导管法，导管法是密封连接的钢管作为水下浇筑混凝土的通道，在隔离泥浆的情况下浇筑混凝土，示意图如图 2－17 所示。

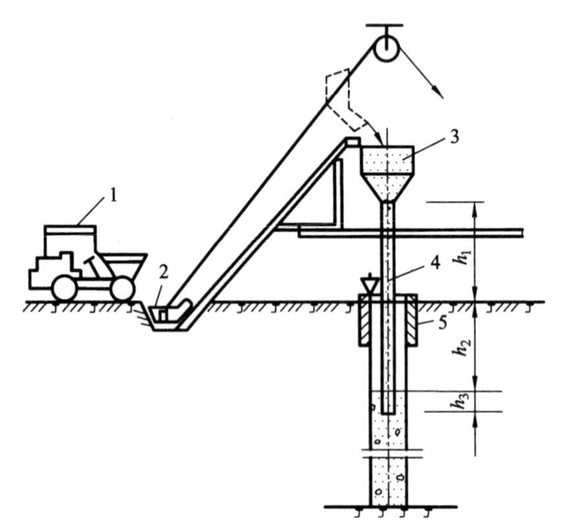

图 2－17　水下浇筑混凝土示意图

1—翻斗车；2—斜斗；3—储料漏斗；4—导管；5—护筒

2.3.2.2　常见工程质量事故及处理方法

泥浆护壁成孔灌注桩施工时常易发生孔壁坍塌、斜孔、孔底隔层、夹泥、流砂等工程问题，水下浇筑混凝土属隐蔽工程，一旦发生事故难以观察和补救，所以应严格遵守操作规程，在有经验的工程技术人员指导下认真施工，并做好隐蔽工程记录，以确保工程质量。

(1)孔壁坍塌

指成孔过程中孔壁土层不同程度坍落。主要原因是提升下落冲击锤、掏渣筒或钢筋骨架时碰撞护筒及孔壁；护筒周围未用黏土紧密填实，孔内泥浆液面下降，孔内水压降低等造成塌孔。塌孔处理方法：一是在孔壁坍塌段用石子黏土投入，重新开钻，并调整泥浆容重和液面高度；二是使用冲孔机时，填入混合料后低锤密击，使孔壁坚固后，再正常冲击。

(2)偏孔

指成孔过程中出现孔位偏移或孔身倾斜。偏孔的主要原因是桩架不稳固，导杆不垂直或土层软硬不均。对于冲孔成孔，则可能是导向不严格或遇到探头石及基岩倾斜所引起的。处理方法为：将桩架重新安装牢固，使其平稳垂直；如孔的偏移过大，应填入石子黏土，重新成孔；如有探头石，可用取岩钻将其除去或低锤密击将石击碎；如遇基岩倾斜，可以投入毛石于低处，再开钻或密打。

(3)孔底隔层

指孔底残留石渣过厚，孔脚涌进泥沙或塌壁泥土落底。造成孔底隔层的主要原因是清孔不彻底，清孔后泥浆浓度减小或浇筑混凝土、安放钢筋骨架时碰撞孔壁造成塌孔落土。主要防止方法为：做好清孔工作，注意泥浆浓度及孔内水位变化，施工时注意保护孔壁。

(4)夹泥或软弱夹层

指桩身混凝土混进泥土或形成浮浆泡沫软弱夹层。其形成的主要原因是浇筑混凝土时孔壁坍塌或导管口埋入混凝土高度太小，泥浆被喷翻，掺入混凝土中。防治措施是经常注意混凝土表面标高变化，保持导管下口埋入混凝土下的高度，并应在钢筋笼下放到孔中4小时内浇筑混凝土。

(5)流砂

指成孔时发现大量流砂涌塞孔底。流砂产生的原因是孔外水压力比孔内水压力大，孔壁土松散，流砂严重时可抛入碎砖石、黏土，用锤冲入流砂层，防止流砂涌入。

2.3.3 沉管灌注桩

沉管灌注桩(又称作套管成孔灌注桩)是目前广泛采用的一种灌注桩。按照沉管的方式不同，可分为锤击沉管灌注桩和振动沉管灌注桩两种。施工时，将带有预制钢筋混凝土桩靴或活瓣(活瓣指机械装置中可以用于实现开放进出的闸门)桩靴的钢桩管沉入土中。待钢桩管达到要求的贯入度或标高后，边拔管边浇筑混凝土。

2.3.3.1 沉管灌注桩施工工艺

沉管灌注桩的施工过程如图2-18所示。

(1)锤击沉管灌注桩

锤击沉管灌注桩适用于一般黏性土、淤泥质土、砂土和人工填土地基，但不能在密实的砂砾石、漂石层中使用。

锤击沉管灌注桩的机械设备由桩管、桩锤、桩架、卷扬机滑轮组、行走机构组成。钢锤击沉管灌注桩的一般施工工艺流程如图2-19所示。

施工时，用桩架吊起钢桩管，对准埋好的预制钢筋混凝土桩尖。钢桩管与桩尖(图2-20)连接处要垫以麻袋、草绳，以防地下水渗入管内。缓缓放下钢桩管，套入桩尖压进土中，钢桩管上端扣上桩帽，检查钢桩管与桩锤是否在同一垂直线上，钢桩管垂直度偏差≤0.5%

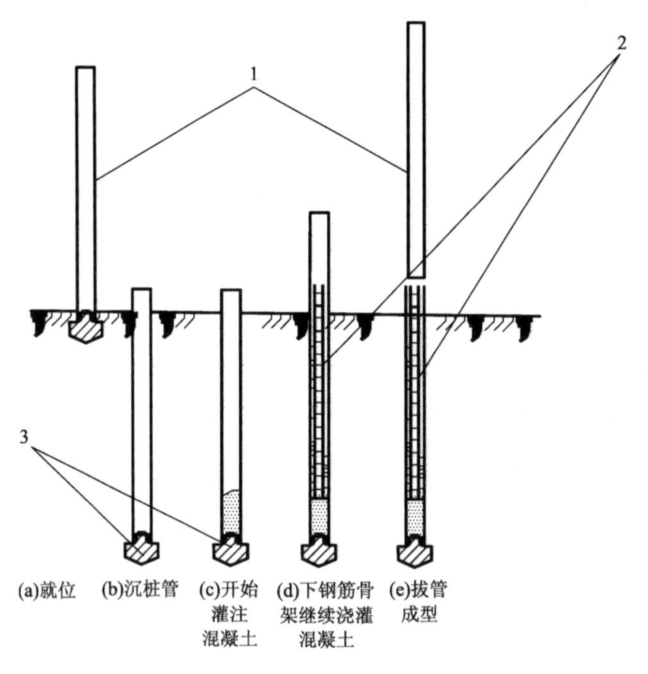

图 2－18　沉管灌注桩施工过程

1—钢管；2—钢筋；3—桩靴

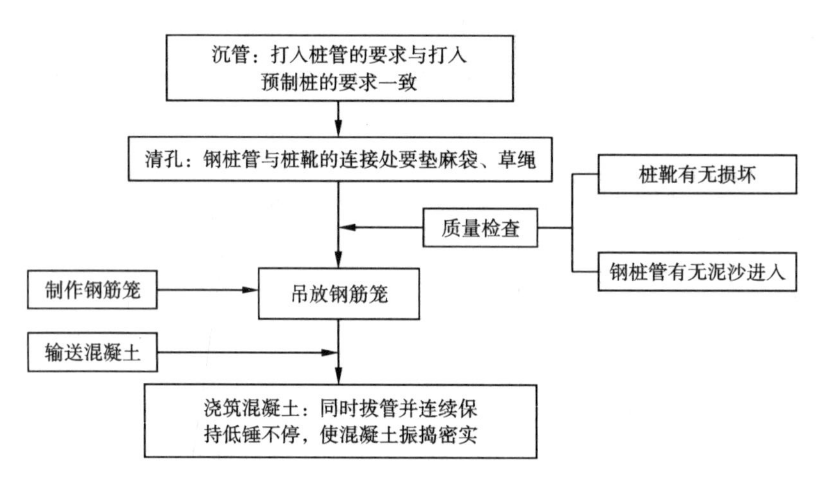

图 2－19　锤击沉管灌注桩施工工艺流程

时即可锤击沉管灌注桩。先用低锤轻击，观察无偏移后再正常施打，直至符合设计要求的沉桩标高，并检查桩管内有无泥沙或进水，即可浇筑混凝土。管内混凝土应尽量灌满，然后开始拔管。凡灌注配有不到孔底的钢筋笼的桩身混凝土时，第一次混凝土应先灌至笼底标高，然后放置钢筋笼，再灌混凝土至桩顶标高。第一次拔管高度应控制在能容纳第二次所需灌入的混凝土量为限，不宜拔得过高。在拔管过程中应用专用测锤或浮标检查混凝土面的下降情况。

锤击沉管灌注桩混凝土强度等级不得低于 C20，预制钢筋混凝土桩尖的强度等级不得低于 C30。混凝土充盈系数(实际灌注混凝土体积与按设计桩身直径计算体积之比)不得小于 1.0，成桩后的桩身混凝土顶面标高应高出设计标高至少 500 mm。

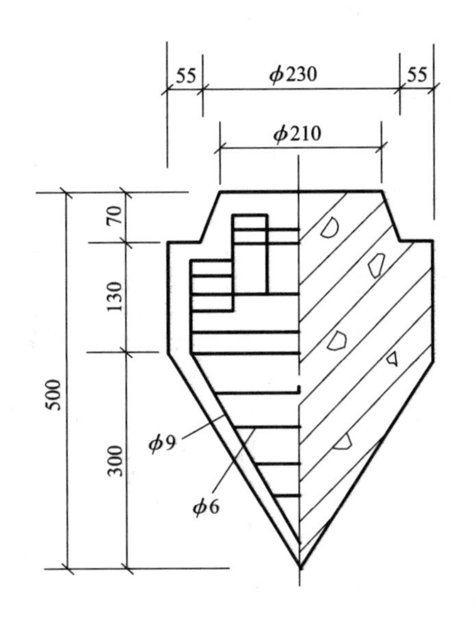

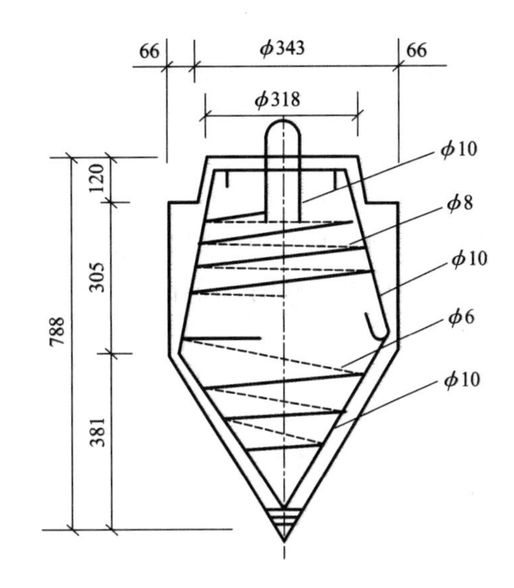

图 2－20　预制混凝土桩尖

(2)振动沉管灌注桩

振动沉管灌注桩是利用振动桩锤(又称激振器)、振动冲击锤将桩管沉入土中，然后灌注混凝土而成。这两种灌注桩与锤击沉管灌注桩相比，更适合于稍密及中密的砂土地基施工。振动沉管灌注桩和振动冲击沉管桩的施工工艺完全相同，只是前者用振动锤沉桩，后者用振动带冲击的桩锤沉桩。振动沉管灌注桩的施工机械如图 2－21 所示。施工时，先安好桩机，将桩管下端活瓣桩尖(图 2－22)合起来，或埋好预制桩尖，对准桩位，缓缓放下桩管，压入土中，校正桩管垂直度，符合要求后开动激振器，同时在桩管上加压，桩管即能沉入土中。

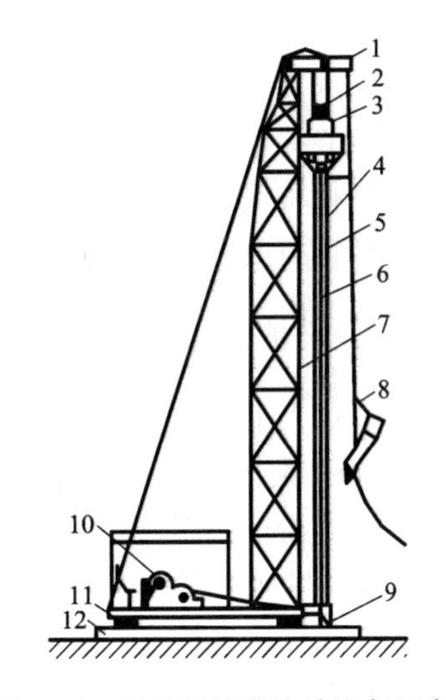

图 2－21　振动沉管灌注桩设备示意图

1—导向滑轮；2—滑轮组；3—振动桩锤；4—混凝土漏斗；5—桩管；6—加压钢丝绳；7—桩架；8—混凝土吊斗；9—活罐桩靴；10—卷扬机；11—行驶用钢管；12—枕木

振动沉管灌注桩可采用单打法、反插法或复打法施工。

①单打法是一般正常的沉管方法，它是将桩管沉入到设计要求的深度后，边灌混凝土边拔管，最后成桩。适用于含水量较小的土层，且宜采用预制桩尖。桩内灌满混凝土后，应先振动 5 ~ 10 s，再开始拔管，边振边拔，每拔 0.5 ~1.0 m 后停拔振动 5 ~ 10 s，如此反复进行，直至桩管全部拔出。拔管速度在一般土层内宜为 1.2 ~1.5 m/min，用活瓣桩尖时宜慢，预制桩尖可适当加快，在软弱土层中拔管速度宜为 0.6 ~0.8 m/min。

②反插法是在拔管过程中边振边拔，每次拔管 0.5 ~1.0 m，再向下反插 0.3 ~0.5 m，如此反复并保持振动，直至桩管全部拔出。在桩尖处 1.5 m 范围内，宜多次反插以扩大桩的局

部断面。穿过淤泥夹层时，应放慢拔管速度，并减小拔管高度和反插深度。在流动性淤泥中不宜使用反插法。

③复打法是在单打法施工完拔出桩管后，立即在原桩位再放置第二个桩尖，再第二次下沉桩管，将原桩位未凝结的混凝土向四周土中挤压，扩大桩径，然后再第二次灌注混凝土和拔管。采用全长复打的目的是提高桩的承载力。局部复打主要是为了处理沉桩过程中所出现的质量缺陷，如发现或怀疑出现缩颈、断桩等缺陷，局部复打深度应超过断桩或缩颈区 1 m 以上。采用复打法施工时应注意：前后两次沉管的轴线应重合；复打施工必须在第一次灌注的混凝土初凝之前进行。

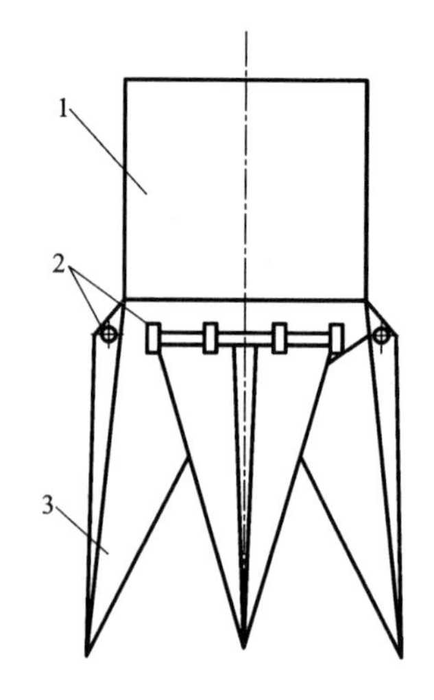

图 2－22　活瓣桩尖

1—桩管；2—锁轴；3—活瓣

2.3.3.2　施工中常见质量问题及处理

(1)断桩

断桩是指由于土体被挤压隆起造成已灌完的尚未达到足够强度的混凝土桩断裂。断桩的一般处理方法为拔去断桩、重新浇筑混凝土。

(2)缩径桩

缩径桩也称缩孔桩、瓶颈桩，指桩身某部分桩径缩小。缩径桩的一般处理方法为增大混凝土露出地面的高度，控制拔管速度，再采用复打法。

(3)吊脚桩

吊脚桩是指桩底部混凝土隔空或混凝土混入泥沙而形成软弱夹层。吊脚桩的一般处理方法为拔管填砂重打或开始拔管时反插多次。

2.3.4　人工挖孔桩

人工挖孔桩

人工挖孔桩是指桩孔采用人工挖掘方法进行成孔，然后安放钢筋笼，最后浇筑混凝土而成的桩。人工挖孔桩一般孔直径较大，最细的也在 800 mm 以上，这样能给挖孔作业提供足够的操作空间，能够承载楼层较少且压力较大的结构主体，目前应用比较普遍。人工挖孔桩施工方便、速度较快、不需要大型机械设备，挖孔桩比木桩、混凝土打入桩的抗震能力强，造价较为经济，但挖孔桩井下作业条件差、环境恶劣、劳动强度大，并且容易受地下水位的影响，安全和质量就显得尤为重要。

(1)适用范围

人工挖孔桩一般适用于土质较好、地下水位较低的黏土、亚黏土，含少量砂卵石的黏土层等。特别在施工现场狭窄的市区修建高层建筑时，人工挖孔桩更具有优势。

(2)施工工艺流程

人工挖孔桩的护壁常采用现浇混凝土护壁(图 2－23)，也可采用钢护筒或沉井护壁等。采用现浇混凝土护壁时的施工工艺流程如下。

①测定桩位、放线。

②开挖土方。采用分段开挖，每段高度取决于土壁的直立能力，一般为 0.5～1.0 m，开挖直径为设计桩径加上两倍护壁厚度。挖土顺序是自上而下，先中间后孔边。

③支撑护壁模板。模板高度取决于开挖土方每段的高度，一般为 1 m，由 4～8 块活动模

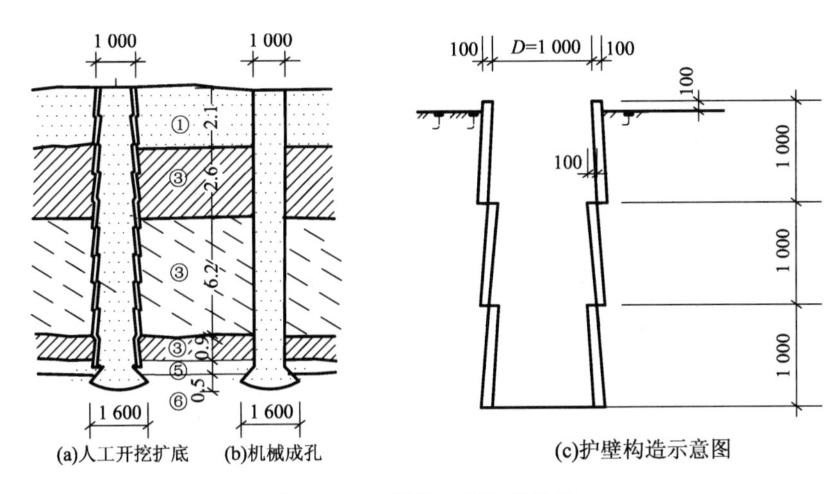

图 2－23　混凝土挖孔桩护壁

板组合而成。护壁厚度不宜小于 100 mm，一般取（$D/10+5$）cm（D 为桩径），且第一段井圈的护壁厚度应比其以下各段增加 100～150 mm，上下节护壁可用长为 1 m 左右、$\phi6\sim\phi8$ 的钢筋进行拉结。

④在模板顶放置操作平台。平台可用角钢和钢板制成半圆形，两个合起来即为一个整圆，用来临时放置混凝土和浇筑混凝土用。

⑤浇筑护壁混凝土。护壁混凝土的强度等级不得低于桩身混凝土的强度等级，应注意浇捣密实。根据土层渗水情况，可考虑使用速凝剂。不得在桩孔水淹没模板的情况下浇筑护壁混凝土。每节护壁均应在当日连续施工完成。上下节护壁搭接长度不小于 50 mm。

⑥拆除模板继续下一段的施工。一般在浇筑混凝土 24 h 之后便可拆模。若发现护壁有蜂窝、孔洞、漏水现象时，应及时补强、堵塞，防止孔外水通过护壁流入桩孔内。当护壁符合质量要求后，便可开挖下一段的土方，再支模浇筑护壁混凝土，如此循环，直至挖到设计要求的深度并按设计进行扩底。

⑦安放钢筋笼、浇筑混凝土。孔底有积水时应先排除积水再浇筑混凝土，当混凝土浇筑至钢筋的底面设计标高时再安放钢筋笼，继续浇筑桩身混凝土。

（3）施工注意事项

①施工人员安全。施工人员进入孔内必须戴安全帽；孔内有人施工时，孔上必须有人监督防护；护壁要高出地面 200～300 mm，以防杂物滚入孔内；孔周围应设置安全防护栏杆；每孔应设安全绳、安全软梯；孔内照明应用安全电压；潜水泵必须有防漏电装置；挖孔 6～10 m 深，每天至少向孔内通风 1 次，超过 10 m 每天至少通风 2 次，孔下作业人员如果感到呼吸不畅也要及时通风。

②桩孔质量控制。每段挖土后必须吊线检查中线位置是否正确，桩孔中心线平面位置偏差不宜超过 50 mm，桩的垂直度偏差不得超过 1%，桩径不得小于设计直径。当挖土至设计深度后，必须由设计人员鉴别后方可浇筑混凝土。

③防止土壁坍塌及流砂。挖土时如遇特别松散土层或流砂层时，可用钢护筒或预制混凝土沉井等作为护壁，待穿过此层后再按一般方法施工。流砂现象严重时可采用井点降水法。

习　题

1. 简述钢筋混凝土预制桩的制作、起吊、运输、堆放等环节的主要工艺要求。
2. 简述为减少或预防沉桩对周围环境的有害影响，可采取的措施。
3. 简述泥浆护壁成孔灌注桩施工时常见的工程质量事故及处理方法。
4. 简述沉管灌注桩复打法和反插法。
5. 简述沉管灌注桩施工中常见的质量问题及处理方法。
6. 简述人工挖孔桩的特点及施工工艺。

第 3 章　砌体工程

砌体工程是指用砂浆将砖、石及不同类型砌块胶结成整体的施工工艺。它是传统施工工艺的一种，在我国有着悠久的历史，多用于施工砌体结构。砌体工程可就地取材，造价低，施工简单，耐火性、稳定性较好，节约水泥和钢材，施工不需要模板和重型设备，在建筑施工中占有相当大的比重。但其自重大、劳动强度高、生产效率低，难以适应现代建筑工程的发展要求，且烧结黏土砖占用大量农田，消耗土地资源较多。因此，改进砌体工程施工工艺、改良砌体材料是目前墙体材料改革的重要方向。

本章主要包括以下几方面内容：

1. 砌体工程材料及其分类；
2. 脚手架及垂直运输工程；
3. 砌体施工；
4. 砌体工程冬雨季施工。

3.1　砌体工程材料及其分类

3.1.1　砌体材料的组成

在砌体工程施工过程中所用材料主要是砖、石或砌块以及砌筑砂浆，它们必须符合设计要求。

3.1.1.1　块体

(1)砖

砌体工程中所用的砖主要有烧结普通砖、烧结多孔砖、烧结空心砖、蒸压灰砂空心砖等，相关技术参数具体如表 3－1 所示。

表 3－1　常用砖技术参数汇总表

名称	主要规格	强度等级
烧结普通砖	240 mm×115 mm×53 mm	MU30，MU25，MU20，MU15，MU10
烧结多孔砖	P 型：240 mm×115 mm×90 mm M 型：190 mm×190 mm×90 mm	MU30，MU25，MU20，MU15，MU10
烧结空心砖	KM1 型：190 mm×190 mm×90 mm KP1 型：240 mm×115 mm×90 mm KP2 型：390 mm×190 mm×190 mm	MU2.0，MU3.0，MU5.0
蒸压灰砂空心砖	NF 型：240 mm×115 mm×53 mm 1.5NF 型：240 mm×115 mm×90 mm 2NF 型：240 mm×115 mm×115 mm 3NF 型：240 mm×115 mm×175 mm	MU25，MU20，MU15，MU10，MU7.5

烧结普通砖(实心砖)，其规格为 240 mm × 115 mm × 53 mm(长 × 宽 × 高)，可以分为 MU30，MU25，MU20，MU15，MU10 五个强度等级。在砌筑时有时要砍砖，按尺寸不同分为“七分头”(也称七分找)、“半砖”、“二寸条”和“二寸头”(也称二分找)，如图 3 – 1 所示。

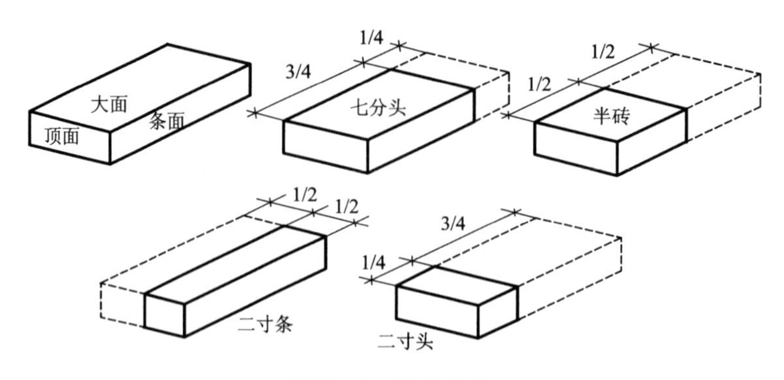

图 3 – 1　砖的名称

烧结多孔砖：烧结多孔砖是以黏土、页岩、煤矸石等为主要原料，经过焙烧而成的承重多孔砖。其规格有 190 mm × 190 mm × 90 mm 和 240 mm × 115 mm × 90 mm 两种，分为 MU30，MU25，MU20，MU15，MU10 五个强度等级。

烧结空心砖：烧结空心砖是以黏土、页岩、煤矸石等为主要原料，经焙烧而成的空心砖。长度有 240 mm，290 mm 两种，宽度有 140 mm，180 mm，190 mm 三种，高度有 90 mm，115 mm 两种。分为 MU5，MU3，MU2 三个强度等级，因而一般用于非承重墙体。

蒸压砖有蒸压煤渣实心砖和蒸压灰砂空心砖两种，都是通过坯料制备、压制成型、蒸压养护而制成。蒸压砖的尺寸：长宽为 240 mm × 115 mm，厚度有 53 mm，90 mm，115 mm，175 mm 四种，分为 MU25，MU20，MU15，MU10，MU7.5 五个强度等级。

(2)砌块

砌块是用于砌筑的人造块材，一般为直角六面体。根据规格的高度和尺寸可分不同种类，具体相关技术参数如表 3 – 2 所示。

表 3 – 2　常用砌块技术参数汇总表

名称	主要规格	强度等级
普通混凝土小型空心砌块	390 mm × 190 mm × 190 mm	MU20，MU15，MU10，MU7.5，MU5.0
轻集混凝土小型空心砌块	390 mm × 190 mm × 190 mm	MU10.0，MU7.5，MU5.0
加气混凝土砌块	600 mm × 300 mm × 300 mm 600 mm × 300 mm × 250 mm 600 mm × 300 mm × 150 mm	MU7.5，MU5，MU3.5，MU2.5，MU1.0

砌块主要有混凝土空心砌块、加气混凝土砌块和粉煤灰砌块。

混凝土空心砌块分为 MU20，MU15，MU10，MU7.5，MU5 五个强度等级。

加气混凝土砌块的规格较多，一般长度为 600 mm，高度有 300 mm，250 mm，150 mm 三种，宽度有 A，B 两种系列，分为 MU7.5，MU5，MU3.5，MU2.5，MU1.0 五个强度等级。按其容重、外观质量又分优等品(A 级品)、一等品(B 级品)和合格品。

粉煤灰砌块的规格为 880 mm×380 mm×240 mm 和 180 mm×430 mm×240 mm 两种，分为 MU13，MU10 两个强度等级。

(3)石材

砌筑石材分为毛石和料石两类。

毛石又分为乱毛石和平毛石，料石按其加工面的平整度分为细料石、半细料石、粗料石和毛料石四种，相关划分标准如表 3－3 所示。

表 3－3　料石划分参数表

名称	主要规格	叠砌面凹入深度
细料石	经过细加工，外表规则	≤10 mm
半细料石	经过细加工，外表规则	≤15 mm
粗料石	经过细加工，外表规则	≤20 mm
毛料石	一般不加工，外形大致方正	≤25 mm

石材强度等级可用边长为 70 mm 的立方体试块的抗压强度表示。抗压强度取 3 个试件破坏强度的平均值。试件也可采用表 3－4 所列边长尺寸的立方体，但应对其试验结果乘以相应的换算系数后方可作为石材的强度等级。根据石料的抗压强度值，将石料分为 MU10，MU15，MU20，MU30，MU40，MU50，MU60，MU80，MU100 九个强度等级。

表 3－4　石材强度等级的换算系数

立方体边长/mm	200	150	100	70	50
换算系数	1.43	1.28	1.14	1.0	0.86

3.1.1.2　*砂浆*

砂浆是把各个单体块件结合在一起使成一定形状的黏合材料，砂浆保证了块件结合得平顺整齐以达到稳定、受力均匀。

(1)分类

常用砌筑砂浆包括水泥砂浆、石灰砂浆和混合砂浆。

(2)材料组成

砌筑砂浆是用搅拌机将胶结材料、细骨料和水按一定的配合比搅拌而成，并根据不同设计要求添加掺合料和外加剂。

(3)制作

要求拌和均匀，自投料完算起，搅拌时间应符合以下标准：

①水泥砂浆和水泥混合砂浆不得少于 120 s；

②水泥粉煤灰砂浆和掺用外加剂的砂浆不得少于 180 s；

③掺用有机塑化剂的砂浆应为 180～300 s。

(4)使用

砂浆应随拌随用，常温下水泥砂浆和混合砂浆必须分别在搅拌后3 h 和4 h 内用完，若气温在30 ℃以上，则必须分别在搅拌后2 h 和3 h 内用完。砂浆若有泌水现象，应在砌筑前再进行搅拌。

(5)检测

砂浆立方体抗压强度应以标准养护龄期为28 d 的试块抗压试验结果为准。

3.2 脚手架及垂直运输工程

3.2.1 脚手架

在施工的过程中，当建(构)筑物砌筑到一定高度后，由于操作平台限制，需要一定的临时辅助设施，脚手架就是为施工作业需要所搭设的架子平台或作业通道。

考虑到砌墙工作效率和施工组织等因素，每次搭设脚手架的高度在1.2 m左右，称为“步架高度”，又称作墙体的可砌高度。

脚手架应该满足正常使用和强度、刚度及稳定性等几方面的要求。脚手架的宽度一般为2 m左右，一般最小的宽度不能小于1.5 m。脚手架的标准荷载值，取脚手板上的实际作用荷载，砌筑用的脚手架控制值为3 kN/m。

脚手架的类型多种多样，按照不同的分类标准可分类如表3－5所示。

表3－5 脚手架的分类

分类方式	类型
按用途划分	结构作业脚手架(又称“砌筑脚手架”)
	装修作业脚手架
	防护用脚手架
	承重、支撑用脚手架
按材料划分	木、竹脚手架
	金属脚手架
按搭设位置分	里脚手架(搭设高度不大时常用小型工具式，高度较大时常用移动式里脚手架和满堂式脚手架)
	外脚手架(落地式、悬挑式、吊挂式、升降式等)
按构架方式分	多立杆式脚手架(有扣件式、碗扣式、直插式、插接式、盘销式、键连接式等，分单排、双排和满堂脚手架)
	框架组合式脚手架(又称“框组式脚手架”)，如门式钢管脚手架、梯式钢管脚手架和其他各种框式构件组装的鹰架等
	格构件组合式脚手架
	台架
按脚手架平、立杆的连接方式分	承插式脚手架
	扣接式脚手架
	销栓式脚手架

续表

按脚手架的支固方式分	落地式脚手架
	悬挑脚手架(又称“挑脚手架”)
	附墙悬挂脚手架(又称“挂脚手架”)
	悬吊脚手架(又称“吊脚手架”)
	附着升降脚手架(又称“爬架”)
	水平移动脚手架

(1)扣件式钢管脚手架

盘扣钢管脚手架双排外架

扣件式钢管脚手架由钢管杆件用扣件连接而成，其特点是杆配件数量少；装卸方便、利于施工操作；搭设灵活，能搭设高度大；坚固耐用，使用方便，是目前使用最为普遍的一种多立杆式脚手架。

扣件式钢管脚手架由钢管、扣件和底座组成，简图如 3 - 2 所示。

钢管杆件包括立杆、大横杆、小横杆、栏杆、剪刀撑(斜杆)和抛撑(在脚手架立面之外设置的斜撑)，贴地面设置的横杆亦称“扫地杆”。钢管材料应采用外径 48 mm、壁厚 3.5 mm 的焊接钢管。立杆、大横杆、剪刀撑(斜杆)的钢管长度宜为 4 ~6.5 m，小横杆的钢管长度宜为 1.8 ~2.2 m。

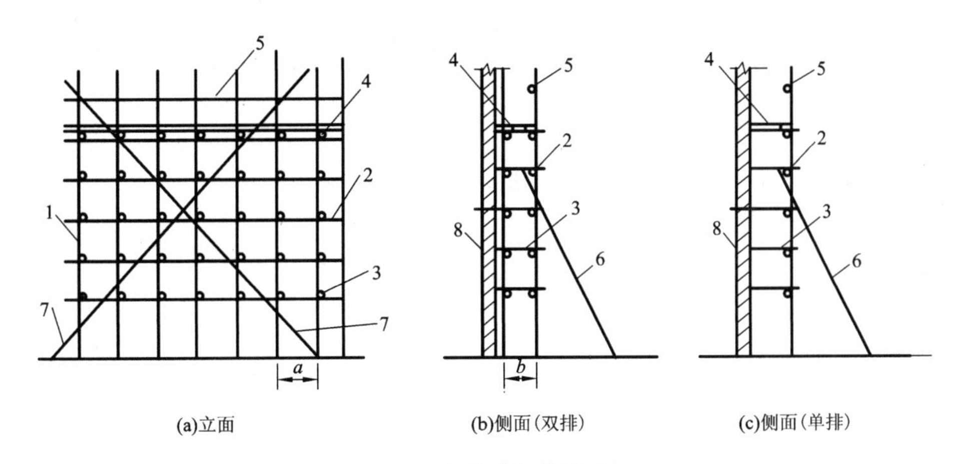

图 3 - 2　扣件式钢管脚手架

1—立杆；2—大横杆；3—小横杆；4—脚手板；5—栏杆；6—抛撑；7—剪刀撑；8—墙体

扣件为钢管之间的扣接连接件，其基本形式有以下三种(图 3 - 3)：

①直角扣件(十字扣)：用于连接扣紧两根互相垂直交叉的钢管；

②对接扣件(一字扣)：用于竖向钢管的对接接长；

③旋转扣件(回转扣)：用于连接扣紧两根平行或呈任意角度相交的钢管。

底座是设于立杆底部的垫座，用于承受脚手架立柱传递下来的荷载。可用厚 8 mm、边长 150 mm 的钢板作底板，与外径 60 mm、壁厚 3.5 mm、长度 150 mm 的钢管套筒焊接而成。如图 3 - 4 所示。

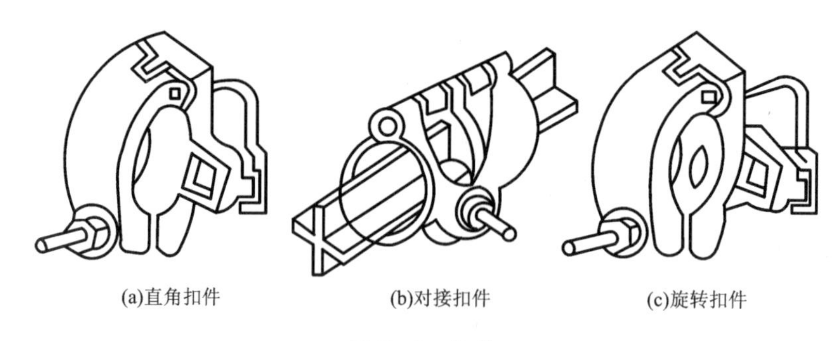

(a)直角扣件　　(b)对接扣件　　(c)旋转扣件

图 3－3　扣件

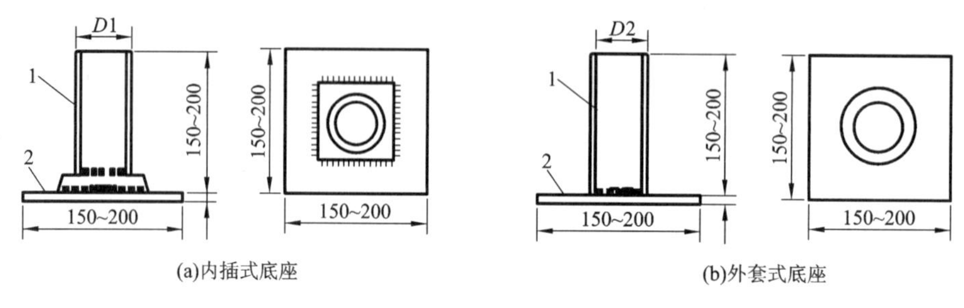

(a)内插式底座　　(b)外套式底座

图 3－4　扣件式钢管脚手架底座

1—承插倒管；2—钢板底座

连墙件将立杆与主体结构连接在一起，可用钢骨、型钢或粗钢筋等，其间距要求如表 3－6 所示。

表 3－6　连墙件的间距布置要求　　m

脚手架类型	脚手架高度	垂直间距	水平间距
单排	≤24	≤6	≤6
双排	≤60	≤4	≤6
	>50	≤6	≤6

连墙杆每三步五跨间隔设置一根，其不仅能防止架子外倾，同时能增加立杆的纵向刚度，如图 3－5 所示。

扣件式钢管外脚手架有单排脚手架、双排脚手架两种。

单排脚手架仅在脚手架外侧设一排立杆，其小横杆一端与大横杆连接，另一端搁置在墙上。单排脚手架能够节约用材，但仅一端可固定，因而稳定性较差，且会在墙上留有痕迹。单排脚手架的搭设高度不宜超过 20 m，多用于厚度小于 180 mm 的墙体、碎斗砖墙、加气块墙等轻质墙体。

双排脚手架在脚手架的里外侧均设置立杆，稳定性好，搭设高度一般不超过 50 m。立杆横向间距为 0.9 ~ 1.5 m，纵向间距为 1.4 ~ 2.0 m；大横杆步距为 1.5 ~ 1.8 m，相邻步架的横杆应错开布置在立杆的里侧和外侧，以减少立杆偏心受力；剪刀撑每隔 12 ~ 15 m 设一道，斜

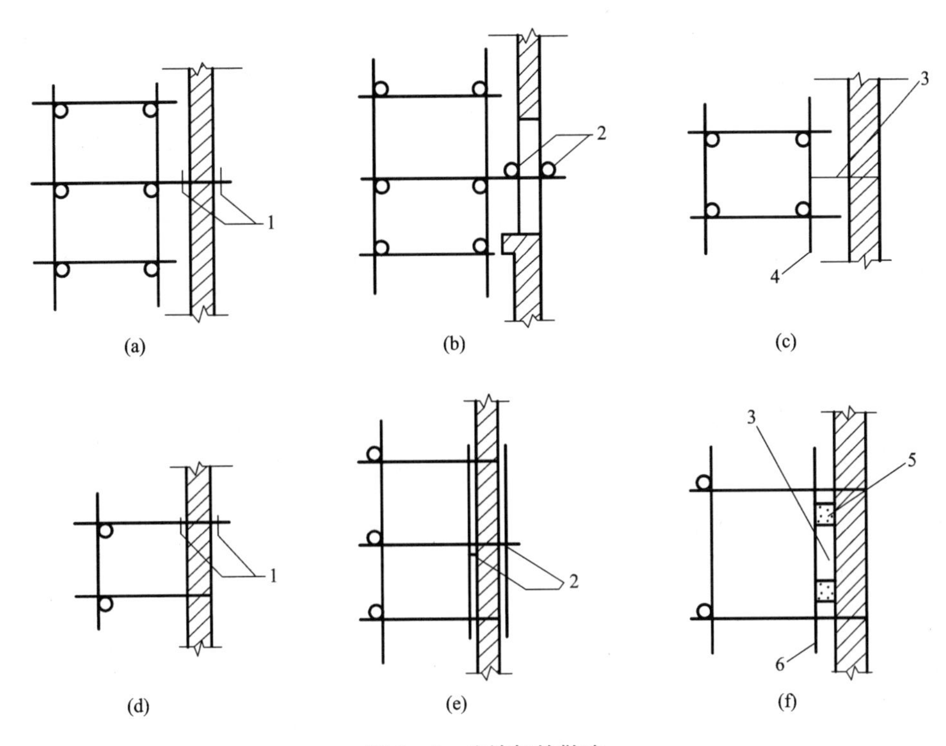

图 3－5　连墙杆的做法

1—两只扣件；2—两根钢管；3—拉结钢丝；4—立杆；5—木楔；6—短管

杆与地面夹角为 45°～60°；在铺脚手板的操作层上设两道护栏，上栏杆高度大于 1.1 m，下栏杆距脚手板 0.2～0.3 m；连墙杆应设置在框架梁或楼板附近等水平抗力较大部位，其垂直、水平间距不得大于 6 m。

(2)碗扣式钢管脚手架

碗扣式钢管脚手架即多功能碗扣脚手架，是一种在杆件连接处采用碗扣承插锁固式的多立杆式外脚手架。其优点在于构件全部轴向连接，力学性能好，接头构造合理，工作安全，可靠性高，不存在构件丢失的问题。碗扣式接头的拼接完全避免了螺栓作业，有助于施工效率的提高，相比扣件式连接具有更好的承载能力和稳定性。

碗扣式钢管脚手架的基本构造和搭设要求与扣件式钢管脚手架类似，同样有钢管立杆、顶杆、横杆、斜杆、底座等零部件，只是在碗扣接头处有所不同。碗扣接头如图 3－6 所示。碗扣接头可以同时连接 4 根横杆，可以相互垂直或者偏转一定角度。

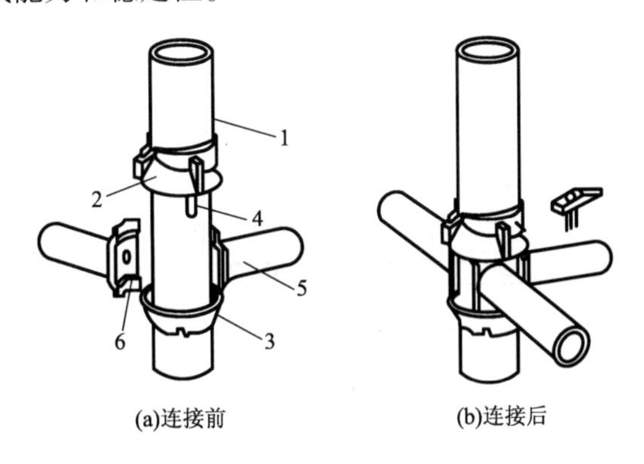

(a)连接前　(b)连接后

图 3－6　碗扣接头

1—立杆；2—上碗扣；3—下碗扣；4—限位销；5—横杆；6—横杆接头

安装横杆时可按如下流程操作：

将上碗扣的缺口对准限位销→将上碗扣沿立杆向上移动→把横杆接头插入下碗扣圆槽→将上碗扣沿限位销滑下并顺时针旋转以扣紧横杆接头(可使用锤

子敲击以达到扣紧要求)。

碗扣式钢管双排外脚手架搭设高度可达90 m，立杆横向间距1.2 m，纵向间距1.2～2.4 m，上下立杆通过内销管或外套管连接。在立杆上每隔0.6 m安装了一套碗扣接头，步架高1.8 m。根据荷载情况，高度在30 m以下的脚手架，设置斜杆的面积为整架面积的1/5～1/2；高度超过30 m的高层脚手架，设置斜杆的面积要不小于整架面积的一半。在拐角边缘及端部必须设置斜杆，中间则应均匀间隔布置。

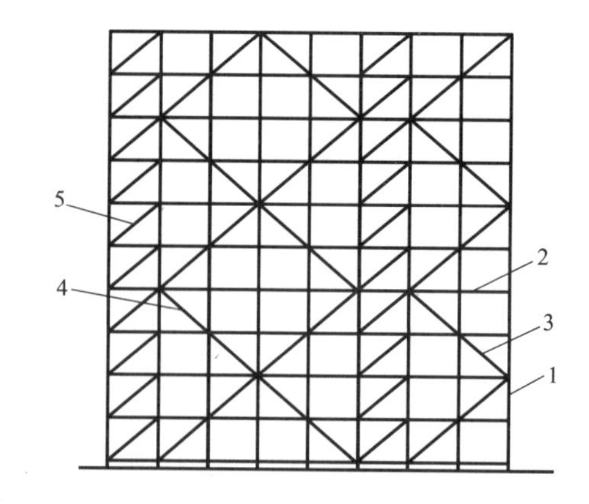

图3-7 斜杆、剪刀撑设置

1—立杆；2—大横杆；3—斜撑；4—剪刀撑；5—斜杆

剪刀撑的设置应与碗扣式斜杆的设置相配合，一般高度在30 m以下的脚手架，可每隔4～6跨设置一组沿全高连续搭设的剪刀撑，每道剪刀撑跨越5～7根立杆，设剪刀撑的跨内不再设碗扣式斜杆；对于高度在30 m以上的高层脚手架，应沿脚手架外侧以及全高方向连续设置，两组剪刀撑之间用碗扣式斜杆，其设置如图3-7所示。

门式钢管脚手架

(3)门式钢管脚手架

门式钢管脚手架结构设计合理、受力性能好，承载能力强，施工拆装方便，比较安全可靠。门式钢管脚手架的组成如下所示。

门式钢管脚手架 ⟶
- 基本单元部件：门架(有标准型和梯形框架)、水平梁架、剪刀撑
- 底座和托架部件(即托撑，分为可调和不可调两种)
- 其他部件：锁臂、连接棒、连墙杆或扣墙器、脚手板、栏杆、梯子等

门式钢管脚手架由门式框架、剪刀撑和水平梁架或脚手板构成基本单元，将基本单元连接起来即构成整片脚手架，如图3-8所示。

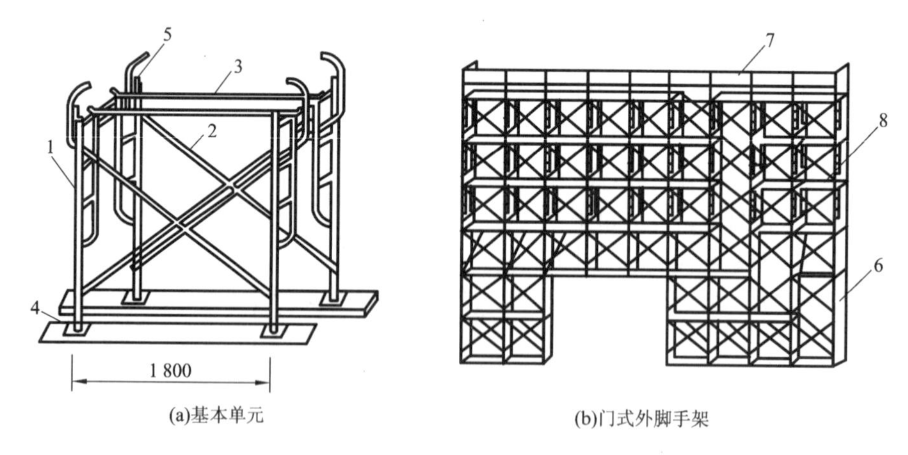

(a)基本单元　　(b)门式外脚手架

图3-8 门式钢管脚手架

1—门式框架；2—剪刀撑；3—水平梁架；4—螺旋基脚；5—连接器；6—梯子；7—栏杆；8—脚手板

门式钢管脚手架的主要部件如图3-9所示。

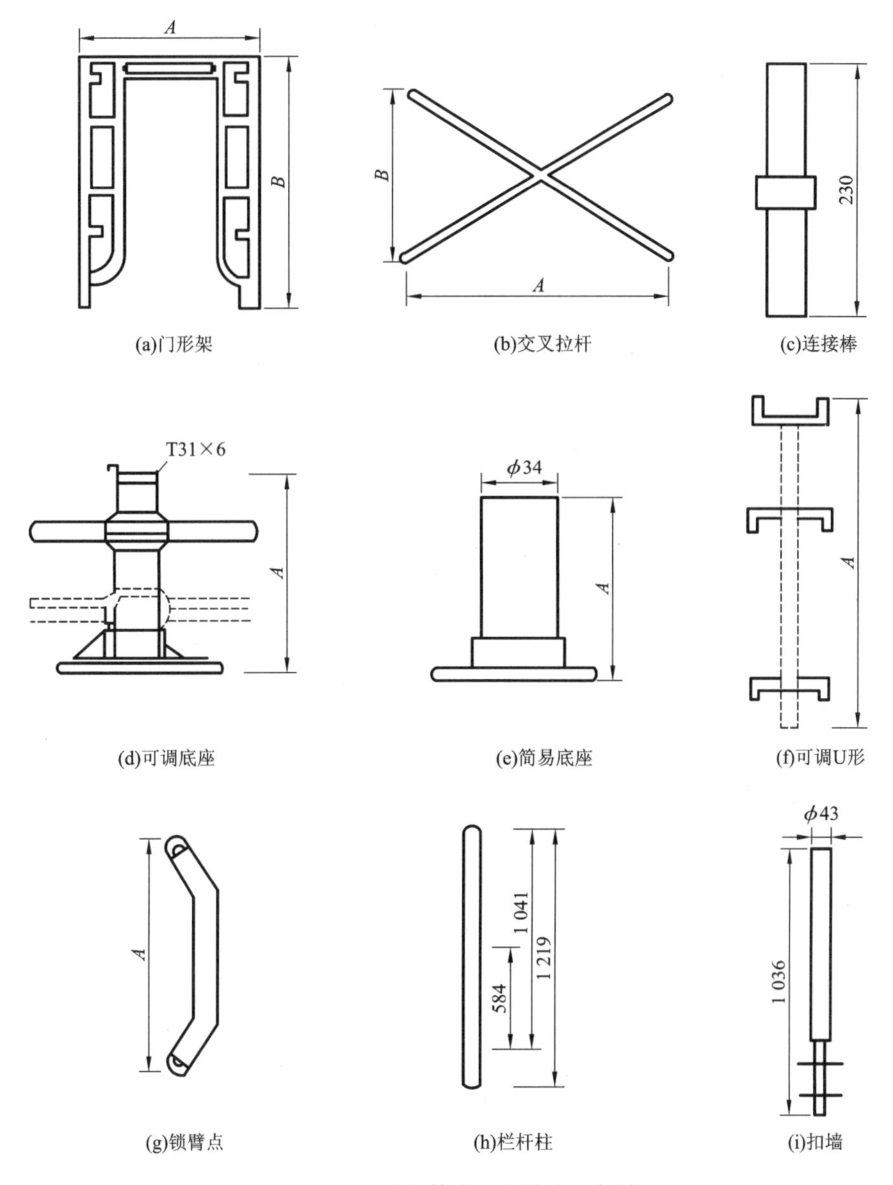

图 3 –9　门式钢管脚手架的主要部件

门式钢管脚手架的主要部件之间的连接采用方便可靠的自锚结构，主要形式有制动片式和偏重片式两种。

门式钢管脚手架的安装步骤如图 3 –10 所示。

(4)里脚手架

里脚手架搭设于建筑物内部，每砌完一层墙后，即将其转移到上一层楼面，进行新的一层砌体砌筑，它可用于内外墙的砌筑和室内粉刷等装饰施工。其特点是可随施工的进行随时装拆和转移，轻便灵活、使用方便。里脚手架主要有折叠式(如图 3 –11 所示)、立柱式、马凳式、梯式、门架式等形式。

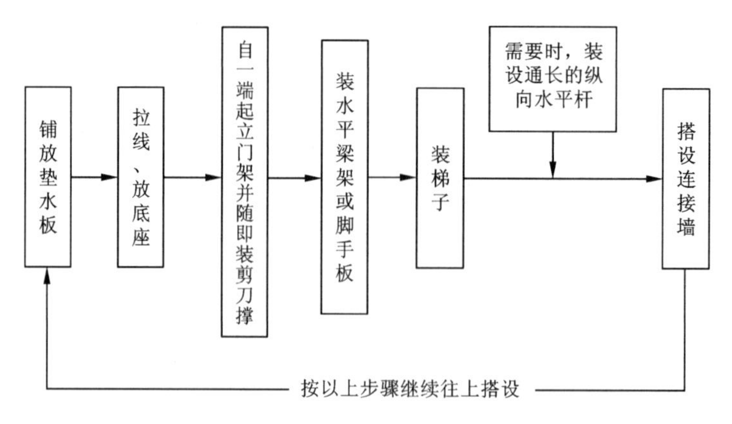

图 3－10　门式钢管脚手架的搭设步骤

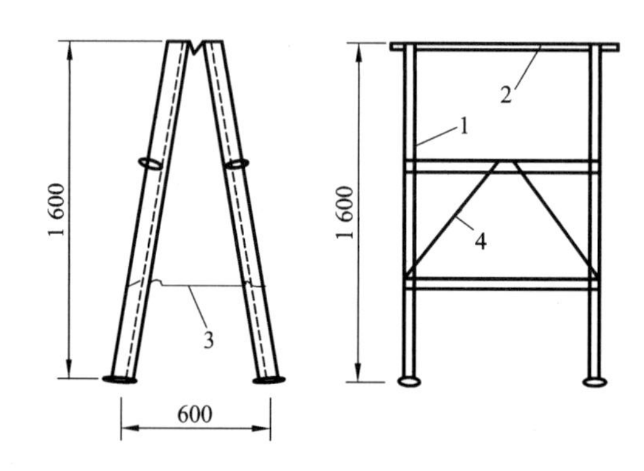

图 3－11　折叠式里脚手架

1—立柱；2—横线；3—挂钩；4—铰链

(5)附着升降式脚手架

附着升降式脚手架(又称爬架)是指搭设一定高度并附着于工程结构上，依靠自身的升降设备和装置，可随工程结构逐层爬升。其可用于结构施工，在主体完成后又可逐步下降，作为装饰施工脚手架。附着升降式脚手架主要由附着升降脚手架架体结构、附着支座、防倾装置、防坠落装置、升降机构及控制装置等构成。常用的有自升降式、互升降式、整体升降式三种类型。提升系统可用手拉葫芦或电动葫芦。

升降式脚手架的主要优点有：

①脚手架不需沿建(构)筑物的全高搭设(一般搭设 3～4 层高即可)；

②脚手架可不落地，不占用施工场地；

③可用于结构与装饰施工。

此外，还有吊脚手架、悬挑脚手架等。吊脚手架是利用吊索悬吊吊架或吊篮进行砌筑或装饰工程操作的一种脚手架。悬挑脚手架又称挑架，是将外脚手架分别搭设在建筑物外边缘向外伸出的悬挑结构上，可在悬挑结构上搭设的双排脚手架与落地式相同，适用于高层建筑的施工。

3.2.2 垂直运输设施

垂直运输设施是指担负垂直输送材料和施工人员上下的机械设备与设施。目前，砌筑工程中常用的垂直运输设施有塔式起重机、物料提升架、建筑施工电梯等。

(1)塔式起重机

塔式起重机又称塔吊，具有提升、回转、水平输送等功能，能同时满足施工中垂直运输与水平运输的要求，多用于大型建筑、高层建筑或结构安装工程。

塔式起重机

(2)物料提升架

物料提升架主要包括井式提升架(井架)、龙门式提升架(龙门架，如图 3－12 所示)，均采用卷扬机进行提升，与塔式起重机相比，具有安装方便、费用低廉的特点，广泛用于一般建筑工程施工中。当用于 10 层以下时，多采用缆风绳固定；用于超过 10 层的高层建筑上时，必须采取附墙方式固定。

井式提升架除用型钢或钢管加工的定型井架之外，还可采用扣件式钢管搭设。在井架内可设置吊盘，井架上可视需要设置拔杆，其起重量一般为 0.5～1.0 t，回转半径可达 10 m，如图 3－13 所示。

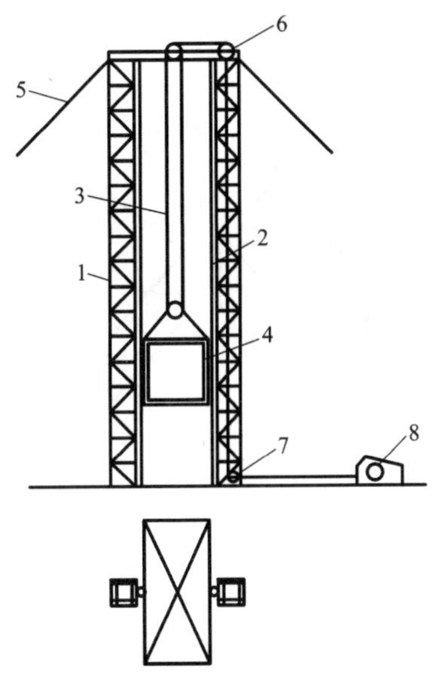

图 3－12　龙门架

1—立柱；2—导轨；3—钢丝绳；4—吊盘；
5—缆风绳；6—天轮；7—地轮；8—卷扬机

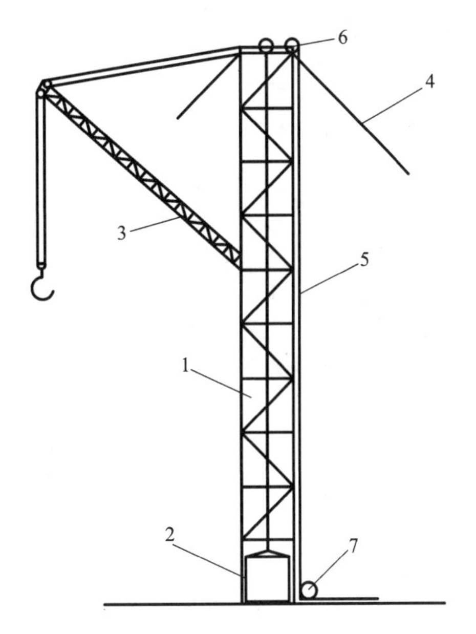

图 3－13　型钢井架

1—立柱；2—吊盘；3—拔杆；4—缆风绳；
5—钢丝绳；6—天轮；7—地轮

(3)建筑施工电梯

目前，在高层建筑施工中常采用人货两用的建筑施工电梯，它的吊笼装在井架外侧，沿齿条式轨道升降，并装有可靠的限速装置。施工电梯附着在外墙或其他建筑物结构上，可载重货物 1.0～1.2 t，亦可容纳 12～15 人。其高度随着建筑物主体结构施工而接高，架设高度可高达 200 m，特别适用于高层建筑，也可用于高大建筑、多层厂房或一般楼房施工中的垂直运输。

3.3 砌体施工

3.3.1 砖砌体施工

3.3.1.1 组砌形式

砖砌体的组砌要求：上下错缝，内外搭接，以保证砌体的整体性；同时组砌要有规律，少砍砖，提高砌筑效率，节约材料。

砖墙的主要组砌形式有一顺一丁、三顺一丁、梅花丁、两平一侧、全顺式和全丁式，具体形式如图 3－14 所示。

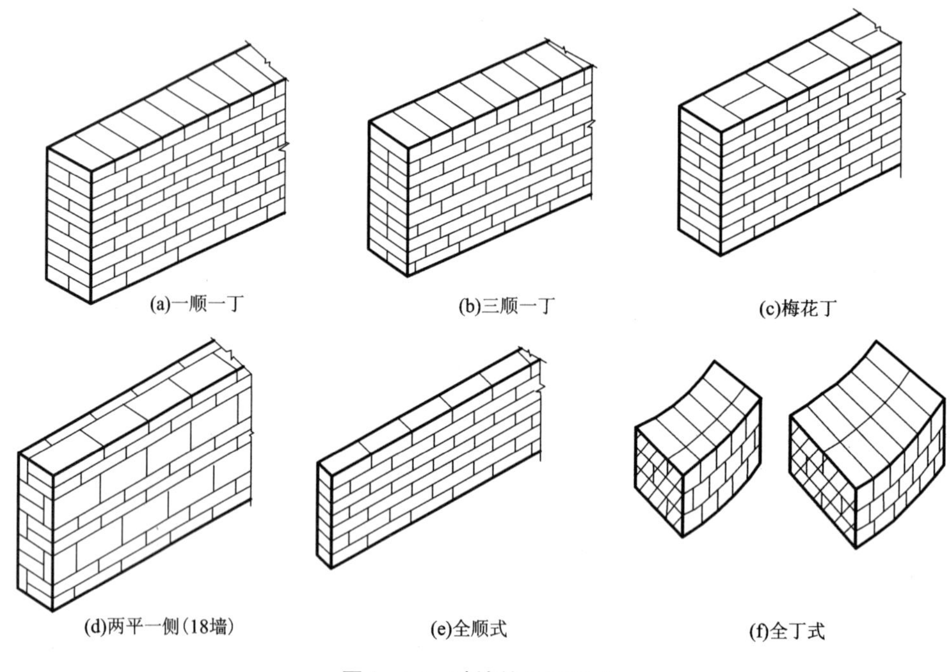

图 3－14　砖墙的组砌形式

一顺一丁：一皮全部顺砖与一皮全部丁砖相互间隔砌成，上下皮间的竖缝错开 1/4 砖长。

三顺一丁：三皮全部顺砖与一皮全部丁砖间隔砌成，上下皮顺砖与丁砖间竖缝错开1/4砖长，上下皮顺砖间竖缝错开 1/2 砖长。

梅花丁：每皮顺砖与丁砖相隔，上皮丁砖坐中于下皮顺砖，上下皮间的竖缝相互错开1/4砖长。

两平一侧：两皮砖平砌与一皮砖侧砌的一种方法，这种方法主要用于砌筑 180 mm 的外墙和内墙。

全顺式：每皮都用顺砖砌筑，上下皮间的竖缝相互错开 1/2 砖长，此砌法仅适用于砌筑半砖墙。

全丁式：每皮都用丁砖砌筑，仅适用于圆弧形砌体如水池、烟囱、水塔等。

3.3.1.2　砖基础组砌形式

砖基础分为条形基础和独立基础，由垫层、大放脚和基础墙组成。大放脚分等高式和不等高式两种，等高式大放脚是两皮一收，两边各收进 1/4 砖长；不等高式大放脚是两皮一收和一皮一收相间隔，两边各收进 1/4 砖长。大放脚一般采用一顺一丁砌法，错开竖缝，注意十字及丁字接头处砖块的搭接。如图 3－15 所示。

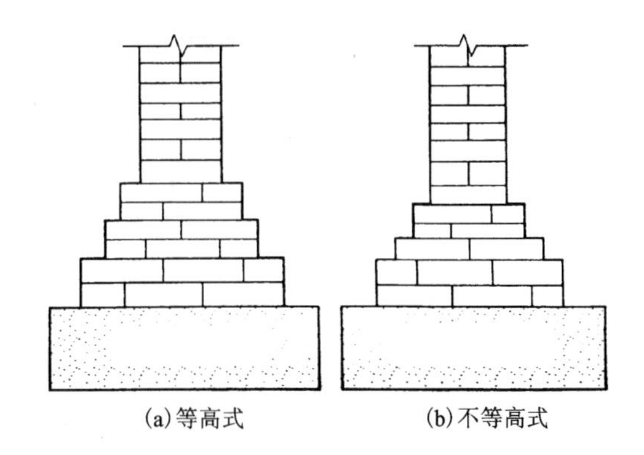

图 3－15　砖基础组砌形式

3.3.1.3　施工工艺

砖砌体的施工工艺流程，如图 3－16 所示。

抄平：
砌墙前应在基础防潮层或楼面上定出各层标高，并用水泥砂浆或细石混凝土（一般可用C15）找平，使各层砖墙底部标高符合设计要求。

放线：
弹出墙的轴线、边线，定出门窗洞口的位置。如图3-17、图3-18。

摆砖样：
在弹好线的基面上按组砌方式先用干砖摆样，核对所弹墨线在门窗洞口、墙垛等处是否符合砖的模数，以便借助灰缝调整，要求山墙摆成丁砖，横墙摆成顺砖。

立皮数杆：
皮数杆是指在其上画有每皮砖和砖缝厚度以及门窗洞口、过梁、楼板、梁底、预埋件等标高位置的一种木制标杆，它是砌筑时控制砌体竖向尺寸的标志，一般设在墙体转角处及纵横墙交接处，10~15 m立一根。皮数杆上±0.000要与房屋的±0.000相吻合。如图3-19、图3-20。

盘角挂线：
墙角是控制墙面横平竖直的主要依据，所以一般砌筑时应先砌墙角，墙角砖层高度必须与皮数杆相符，做到“三皮一吊，五皮一靠”。墙角必须双向垂直。盘角后，在墙侧挂上准线，一般240 mm厚墙及以下墙体单面挂线，370 mm厚及以上双面挂线，作为砌筑依据。

砌砖：
砌砖的方法有“三一”砌砖法、挤浆法、刮浆法和满口灰法。为保证灰缝砂浆饱满、墙面整洁宜采用“三一”砌砖法，即一铲灰、一块砖、一揉压。砌筑的水平灰缝厚度和竖向灰缝厚度一般为10 mm，但不小于8 mm，也不大于12 mm。其水平灰缝的砂浆饱满度不应小于80%。竖向灰缝不得出现瞎缝、透明缝和假缝。

勾缝：
勾缝是砌体工程的最后一道工序，具有保护墙面和增加表面美观的作用。勾缝的方法通常有凹缝、凸缝、斜缝和平缝，墙面勾缝应横平竖直、深浅一致、搭接平整。勾缝完毕后，应进行墙面、柱面和落地灰的清理。

浇筑构造柱、圈梁：
凡有构造柱的工程，在砌砖前，先根据设计图纸将构造柱位置进行弹线，并把构造柱插筋处理顺直。砌砖墙时，与构造柱连接处砌成马牙槎。每一个马牙槎沿高度方向的尺寸不宜超过300 mm（即五皮砖）。马牙槎应先退后进。拉结钢筋按设计要求放置，设计无要求时，一般沿墙高500 mm设置2ϕ6水平拉结钢筋，每边深入墙内不应小于1 m。如图3-21。

图 3－16　砖砌体施工工艺流程

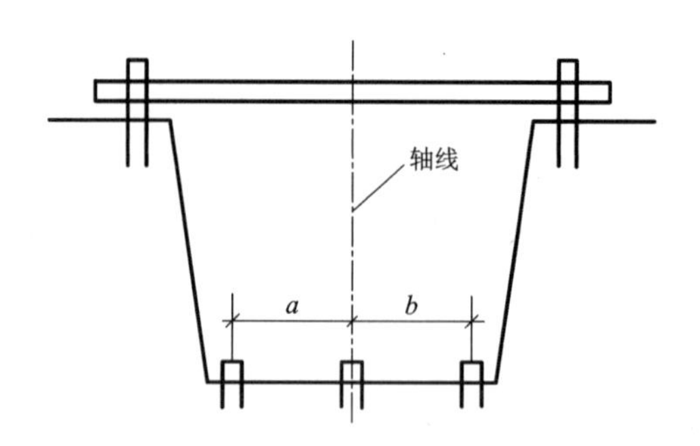

图 3－17 基础垫层上放线

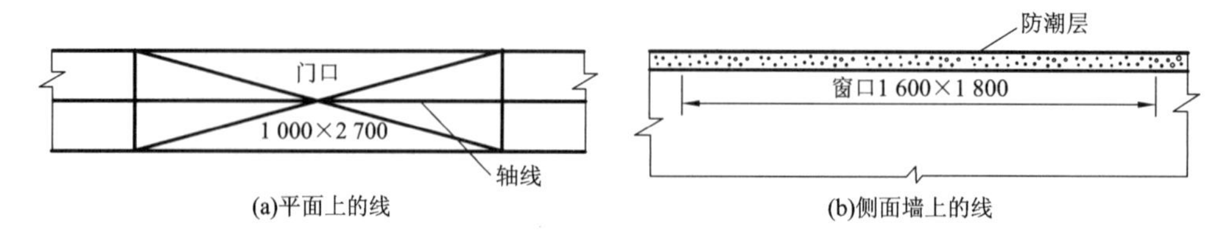

图 3－18 基础顶面上放线

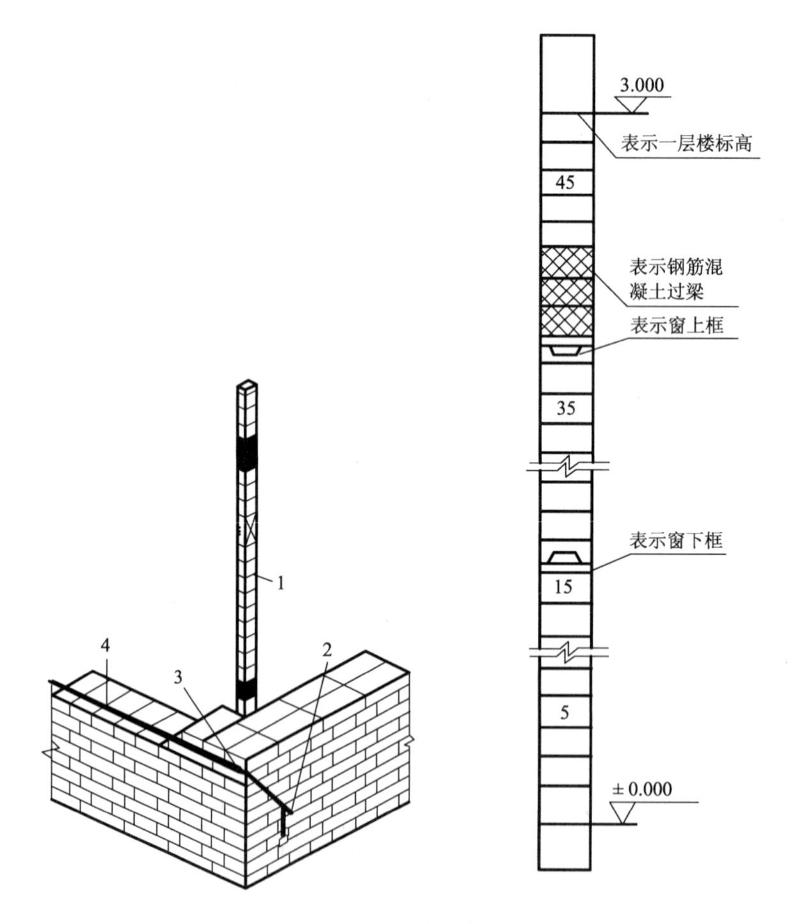

图 3－19 皮数杆

1—皮数杆；2—固定铁钉；3—竹片；4—准线

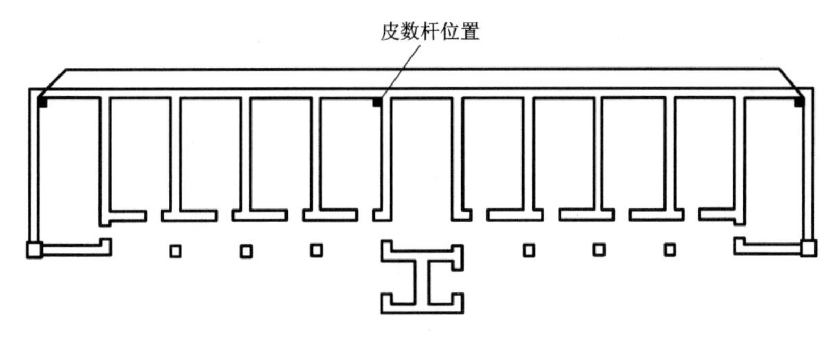

图 3－20　设立皮数杆位置

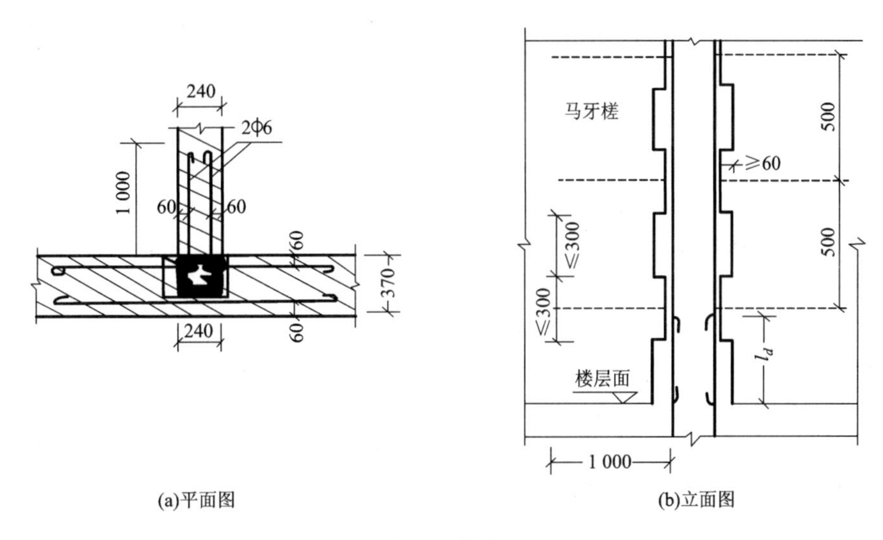

图 3－21　拉结钢筋布置及马牙槎

砌筑砖砌体时，砖应提前 1 ~ 2 天浇水湿润。严禁砖砌筑前浇水，因砖表面存有水膜，影响砌体质量。施工现场抽查砖的含水率的简易方法是现场断砖，砖截面四周融水深度为 15 ~ 20 mm 视为符合要求。

砌砖工程宜采用“三一”砌砖法，当采用铺浆法砌筑时，铺浆长度不宜超过 750 mm，施工期间气温超过 30 ℃时，铺浆长度不宜超过 500 mm。

“三一”砌砖法，又叫大铲砌筑法，采用一铲灰、一块砖、一揉压的砌法，也叫满铺满挤操作法，其操作顺序如下。

(1)铲灰取砖

砌墙时操作者应顺墙斜站，砌筑方向是由前向后退着砌，这样易于随时检查已砌好的墙面是否平直。铲灰时，取灰量应考虑灰缝厚度，以满足一块砖的需要量为标准。取砖时应随手拿，不用进行挑选。左手拿砖，右手舀砂浆，同时进行，以减少弯腰次数，争取砌筑时间。

(2)铺灰

铺灰是砌筑时比较关键的动作，如掌握不好就会影响砖墙砌筑质量。一般常用的铺浆手法是甩浆，有正手甩浆和反手甩浆两种。灰不要铺得超过砖长太多，长度比一块砖稍长 10 ~ 20 mm，宽 80 ~ 90 mm，灰口要缩进外墙 20 mm。铺好的灰不要用铲来回去扒或用铲角抠点灰去打头缝，这样容易造成水平灰缝不饱满。

用大铲砌筑时，所用砂浆稠度为 70 ~ 90 mm 较适宜。不能太稠，过稠不易揉砖，竖缝也填不满；太稀大铲又不易舀上砂浆，容易滑下去导致操作不方便。

(3)揉挤

灰浆铺好后，左手拿砖在离已砌好的砖 30 ~ 40 mm 处，开始平放并稍稍蹭着灰面，把灰浆刮起一点到砖顶头的竖缝里，然后把砖揉一揉，顺手用大铲把挤出墙面的灰刮起来，甩到竖缝里，揉砖时，眼要上看线，下看墙面。揉砖的目的是使砂浆饱满。砂浆铺得薄，要轻揉，砂浆铺得厚，揉时稍用一些力，并根据铺浆及砖的位置还要前后或左右揉，总之揉到下齐砖棱上齐线为适宜。

由于铺出的砂浆面积相当于一块砖的大小，并且随即就揉砖，因此灰缝容易饱满，黏结力强，能保证砌筑质量。在挤砌时随手刮去挤出墙面的砂浆，使墙面保持清洁。但这种操作法一般都是单人操作，操作过程中取砖、铲灰、铺灰、转身、弯腰的动作较多，劳动强度大，又耗费时间，影响砌筑效率。

3.3.1.4 *砖砌体的基本质量要求*

砖砌体的质量应符合《砌体结构工程施工质量验收规范》(GB 50203—2011)的要求，做到横平竖直、砂浆饱满、错缝搭接、接槎可靠。

①横平竖直：灰缝应均匀，平缝厚度及立缝宽度应在 8 ~ 12 mm，适宜厚度为 10 mm。做到墙体垂直、墙面平整，可用 2 m 靠尺、楔形塞尺检查。

②砂浆饱满：为保证砖块均匀受力和使块体紧密结合，要求水平灰缝砂浆饱满，厚薄均匀，避免受力不均而产生弯曲、剪切破坏。水平灰缝的砂浆饱满度不得小于 80% 。

③错缝搭接：为提高砌体的整体性、稳定性和承载能力，砖块应遵守上下错缝、内外搭砌的排列原则。错缝或搭接长度一般不小于 60 mm。

④接槎可靠：接槎是指相邻砌体不能同时砌筑而设置的临时间断，且能保证先砌砌体与后砌砌体之间可靠结合，以增加房屋的强度和稳定性。砖墙转角交接处应砌成斜槎，长度不应小于墙高的 2/3。也可留直槎，但必须做成凹槎并加设拉结钢筋。如图 3 – 22 所示。

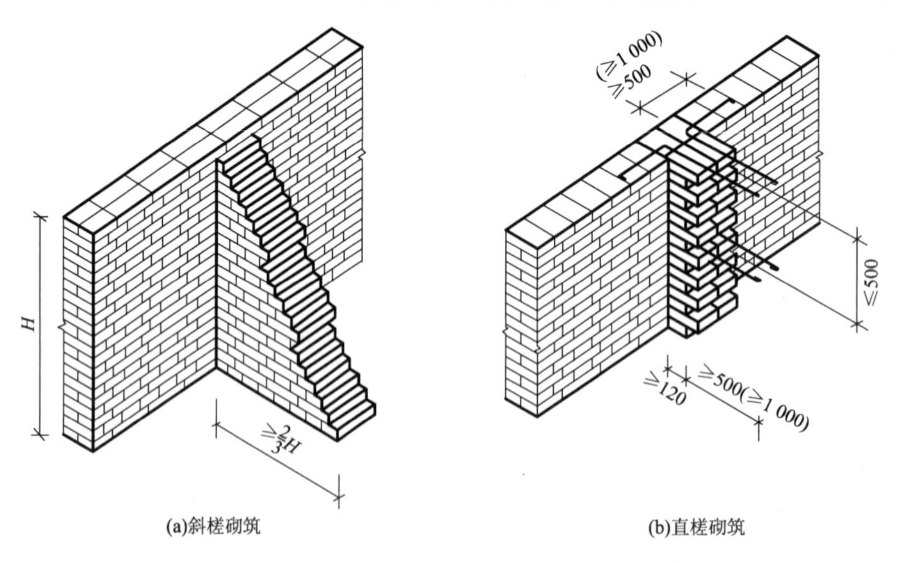

图 3 – 22　接槎

普通砖砌体的位置及垂直度允许偏差标准应符合表3－7的规定。

表3－7 普通砖砌体的位置及垂直度允许偏差标准

项次	项目			允许偏差/mm	检验方法
1	轴线位置偏移			10	用经纬仪和尺检查或者用其他测量仪器检查
2	垂直度	每层		5	用2 m托线板检查
		全高	≤10 m	10	用经纬仪、吊线和尺检查，或用其他测量仪器检查
			>10 m	20	

砖、小型砌块砌体的允许偏差和外观质量标准应符合表3－8的规定。

表3－8 砖、小型砌块砌体的允许偏差和外观质量标准

项目			允许偏差/mm	检验方法	抽检数量
轴线位置偏移			10	用经纬仪和尺或其他测量仪器检查	全部承重墙柱
垂直度	每层		5	用2 m托线板检查	外墙全高查阳角不少于4处；每层查1处。内墙有代表性的自然间抽取10%，但不少于3间，每间不少于2处，柱不少于5根
	全高	≤10 m	10	用经纬仪、垂挂线和尺或其他测量仪器检查	
		>10 m	20		
基础顶面和楼面标高			±15	用水平仪和尺检查	不应少于5处
表面平整度	清水墙、柱		5	用2 m靠尺和楔形塞尺检查	有代表性的自然间抽取10%，但不少于3间，每间不应少于2处
	混水墙、柱		8		
门窗洞口高、宽（后塞口）			±5	用尺检查	检查批洞口的10%，且不应少于5处
外墙上下窗口偏移			20	以底层窗口为准，用经纬仪或吊线检查	检查批的10%，且不应少于5处
水平灰缝平直度	清水墙		7	灰缝上口处拉10 m线和尺检查	有代表性的自然间抽取10%，但不少于3间，每间不应少于2处
	混水墙		10		
清水墙游丁走缝			20	吊线或尺检查，以每层第一皮砖为准	有代表性的自然间抽取10%，但不少于3间，每间不应少于2处

3.3.1.5 *砖砌体的一般规定*

砖砌体的一般规定如下。

①砖的品种、强度等级必须符合设计要求，砖应提前1～2天浇水湿润，避免砖过多吸收砂浆中的水分而影响黏结力，烧结普通砖、空心砖含水率宜为10%～15%，灰砂砖、粉煤灰砖含水率宜为5%～8%（现场用“断砖法”检查，砖截面四周融水深度15～20 mm时为符合要求的含水率）。

②在有冻胀环境和条件的地区，地面或防潮层以下不宜采用多孔砖。

③在墙上留置临时洞口，其侧边离交接处墙面不应小于500 mm，洞口净宽不应超过1 m。《砌体结构设计规范》（GB50003—2011）3.0.7中设计要求的洞口、管道、沟槽应于砌筑时正

确留出或预埋，未经设计同意，不得打凿墙体或在墙体上开凿水平沟槽。宽度超过 300 mm 的洞口上部，应设置过梁。不应在截面长度小于 500 mm 的承重墙体、独立柱内埋设管线。

④不允许留设脚手眼的墙体或部位：

a. 120 mm 厚的墙体、料石清水墙和独立柱；

b. 宽度小于 1 m 的窗间墙；

c. 门窗洞口两侧 200 mm 和转角处 450 mm 范围内；

d. 梁或梁垫下及其左右 500 mm 范围内；

e. 过梁上与过梁成 60°角的三角形范围及过梁净跨度 1/2 的高度范围内。

⑤尚未施工的楼板或屋面的墙或柱，当可能遇到大风时，其允许自由高度见表 3－9，超过表中限值时，应采取临时支撑等有效措施。

表 3－9　墙或柱的允许自由高度 m

墙(柱)厚/mm	砌体密度 >16/(kN/m^3)			砌体密度 13～16/(kN/m^3)		
	风载/(kN/m^2)			风载/(kN/m^2)		
	0.30（约 7 级风）	0.40（约 8 级风）	0.50（约 9 级风）	0.30（约 7 级风）	0.40（约 8 级风）	0.50（约 9 级风）
190	—	—	—	1.4	1.1	0.7
240	2.8	2.1	1.4	2.2	1.7	1.1
370	5.2	3.9	2.6	4.2	3.2	2.1
490	8.6	6.5	4.3	7.0	5.2	3.5
620	14.0	10.5	7.0	11.4	8.6	5.7

⑥240 mm 厚承重墙的每层墙的最上一皮砖、砖砌台阶的上水平面及挑出层，应整砖丁砌。

⑦搁置预制梁板的砌体顶面应找平，安装时应再坐浆。

⑧多孔砖的孔洞应垂直于受压面砌筑。

⑨墙厚 370 mm 及以上的砌体宜双面挂线砌筑。

⑩竖向灰缝不得出现透明缝、瞎缝和假缝。

3.3.2　砌块砌体施工

3.3.2.1　*砌块砌体施工工艺流程*

砌块砌体的施工工艺流程：铺灰→砌块吊装就位→校正→灌缝→镶砖，具体如图 3－23 所示。

砌块的组砌施工应满足如下要求：横平竖直、砌体表面平整清洁、砂浆饱满、灌缝密实。

3.3.2.2　*砌块砌体施工构造要求*

砌块砌体施工构造要求如下。

①地面或防潮层以下的砌体应采用普通混凝土小砌块和 M5 水泥砂浆。

②五层及五层以上房屋的底层墙体应采用不低于 MU7.5 的混凝土小砌块和 M5 的砌筑砂浆。

③下列部位的砌体，应采用 C20 混凝土灌实砌体的孔洞(图 3－24)：

铺灰：

砌块墙体所采用的砂浆应具有较好的和易性，稠度宜为50~80 mm，铺灰平整饱满，长度一般不超过5 m，夏季及冬季应适当缩短。

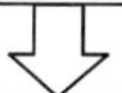

砌块吊装就位：

砌块吊装一般按先外后内、先远后近、先下后上的施工顺序依次进行，并在各个施工段间留阶梯形斜槎。吊装砌块采用摩擦式夹具，为避免偏向，使夹具中心尽可能与墙中心线在同一垂直面上，砌块光面在同一侧，垂直落于砂浆层面，待砌块安放稳妥后方可松开夹具。

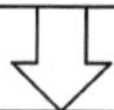

校正：

用锤球和托线板检查垂直度，拉准线检查水平度，及时用撬棍、楔块调整偏差。

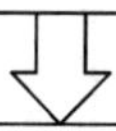

灌缝：

采用砂浆灌竖缝，两侧用夹板夹住砌块，超过30 mm宽的竖缝采用不低于C20的细石混凝土灌缝，收水后进行嵌缝，即原浆勾缝。此后，不再撬动砌块以防破坏砂浆的黏结力。

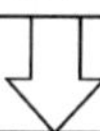

镶砖：

当砌块间出现竖缝或过梁找平时应镶砖，镶砌砖的强度不应小于砌块强度等级，镶砖分散布置，应尽量减少镶砖。

图 3－23　砌块砌体施工工艺流程

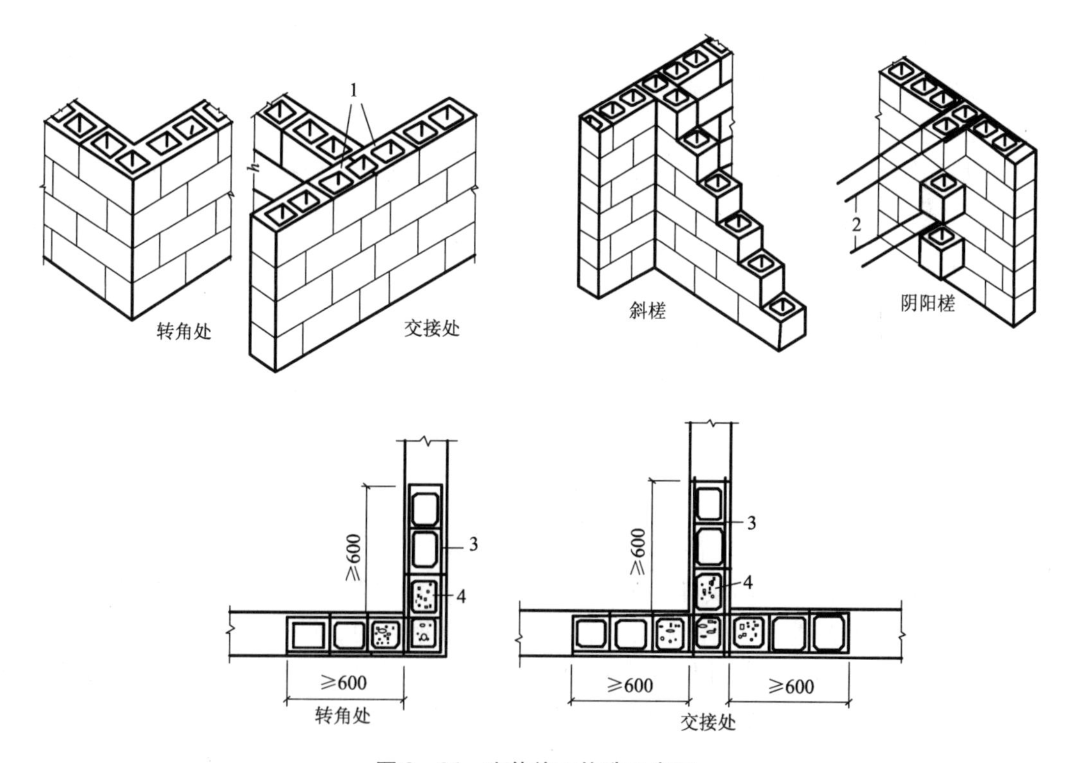

图 3－24　砌体施工构造示意图

1—辅助规格砌块；2—钢筋；3—钢筋网片；4—芯柱

a. 底层室内地面或防潮层以下的砌体；

b. 无圈梁的檩条和楼板支承面下的一皮砌体；

c. 未设置混凝土梁垫的屋架、梁等构件支承处，灌实宽度、高度不小于600 mm 的砌块；

d. 挑梁支承面下内外墙交接处，纵横各灌实3 个孔洞，灌实高度不小于三皮砌块。

④先砌墙与后砌隔墙交接处，应沿墙高每400 mm 在水平灰缝内设置不少于2ϕ4、横筋间距不大于200 mm 的焊接钢筋网片。钢筋网片伸入后砌隔墙内不小于600 mm(图3 -25)。

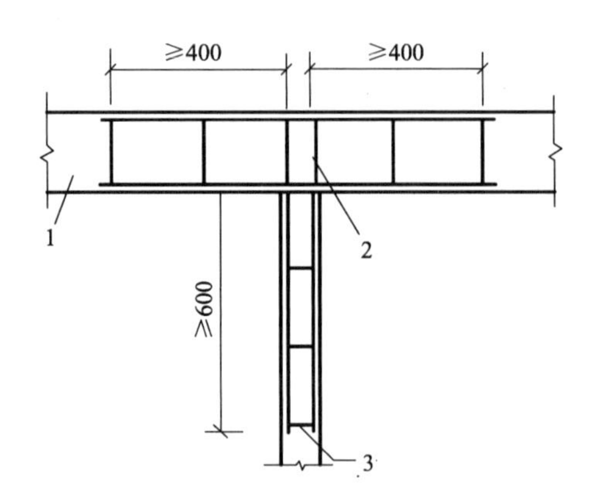

图3 -25　后砌隔墙构造示意图

1—砌块墙；2—ϕ4 焊接钢筋网片；3—后砌隔墙

3.3.3　石砌体施工

3.3.3.1　*毛石砌体施工*

毛石砌体采用铺浆法砌筑，叠砌面的砂浆饱满度应大于80%，灰缝厚度宜为20 ~30 mm。

(1)毛石基础砌筑

毛石基础的第一皮石块应坐浆砌筑，且大面向下，转角处、交接处、洞口处应选用较大的平毛石砌筑。为增强毛石砌体的整体性和稳定性，除了要做到内外搭接、上下错缝外，还应设置拉结石。

(2)毛石墙砌筑

毛石墙的第一皮及转角处、交接处和洞口处应选用较大的平毛石砌筑，且必须设置拉结石，拉结石应均匀分布，相互错开，一般每0.7 m^2 墙面至少设置一块，且同皮内的中距不应大于2 m。毛石挡土墙每砌3 ~4 皮为一个分层高度，每个分层高度应找平一次。外露面的灰缝厚度不得大于40 mm，两个分层高度间分层处的错缝不得小于80 mm。

3.3.3.2　*料石砌体施工*

下面以桥梁石砌墩台为例，简述料石砌体施工方法。

在砌筑前应按设计图放出实样，挂线砌筑。砌筑基础的第一层砌块时，如基底为土质，不需坐浆；如基底为石质，应先坐浆再砌石。砌筑斜面墩台时，斜面应逐层放坡，并保证规定的坡度。砌块间用砂浆黏结并保持一定缝厚，所有砌缝要求砂浆饱满。形状比较复杂的工程，应先作出配料设计图，如图3 -26 所示，注明石料尺寸；较简单的，也要根据砌体高度、尺寸、错缝等先放样配料再砌。

砌筑方法：同一层石料及水平灰缝的厚度要均匀一致，每次按水平砌筑，丁顺相间，砌石灰缝相互垂直，灰缝宽度和错缝应符合有关规定。砌石顺序为先角石，再镶面，后填腹。

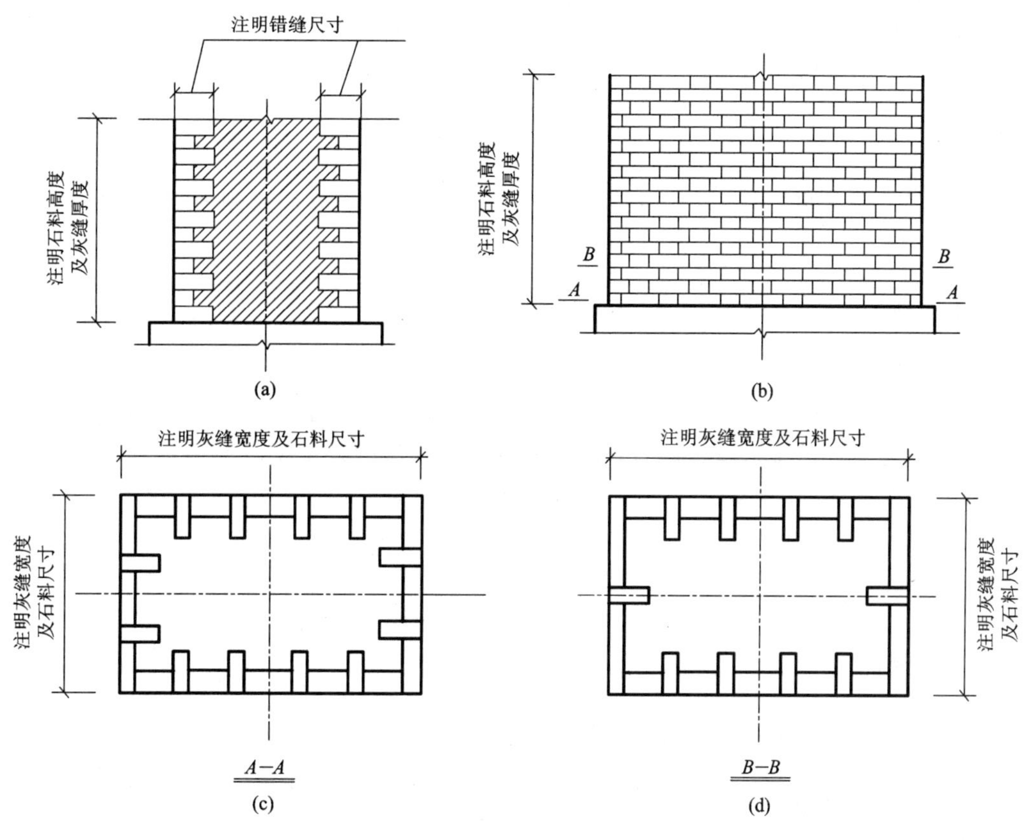

图 3－26　桥墩配料大样图

3.4　砌体工程冬雨季施工

3.4.1　冬季施工

当室外日平均气温连续 5 d 稳定低于 5 ℃时，或当日最低气温低于 0 ℃时，砌体施工应按照冬季施工规定进行。砌体工程冬季施工应编制完整的冬季施工方案，所用材料应符合下列几条规定：

①砌筑前，砖、石、砌块不得遭浸冻，有冰块应及时清除，受冻材料应等融化后再使用；

②拌制砂浆时，水温不得超过 80 ℃，砂的温度不得超过 40 ℃；

③拌制砂浆所用砂不得含有冰块和直径大于 10 mm 的冻渣块。

冬季施工，砂浆具有 30% 以上设计强度时，即达到了砂浆允许的受冻的临界强度值，再遇到负温也不会遭受到强度损失。冬季施工常用的方法有氯盐砂浆法、冻结法和暖棚法等。

(1)氯盐砂浆法

在砂浆中掺入一定量的氯化钠或氯化钙，以降低冰点，使砂浆中的水分在一定负温下不冻结。

另外，为便于施工，砂浆在使用时的温度不应低于 5 ℃，且当日最低气温等于或小于

-15 ℃时，对砌筑承重墙体的砂浆标号应按常温施工提高一级。

(2)冻结法

冻结法是采用不掺外加剂的水泥砂浆或水泥混合砂浆砌筑砌体时，允许砂浆遭受冻结。当气温回升至0 ℃以上解冻后会继续硬化。

(3)暖棚法

将结构置于搭设的棚中，内部设置散热器、电热器或火炉等加热棚内空气，使结构处于正温环境。

3.4.2 雨季施工

(1)施工准备

在降雨量大的地区雨期到来之际，施工现场、道路及设施必须做好有组织的排水，临时排水设施尽量与永久性排水设施结合；修筑的临时排水沟网要依据自然地势确定排水方向，排水坡度不应小于3%。

(2)施工要求

雨期施工中不得使用过湿的砖，要求干湿砖合理搭配，砌筑高度不宜超过1.2 m。雨期遇大雨必须停工，受大雨冲刷过的新砌墙体应翻砌最上两皮砖。稳定性较差的窗间墙、独立砖柱应加设临时支撑或及时浇筑圈梁，以增加砌体稳定性。

(3)注意事项

砌体施工时，内外墙要尽量同时砌筑，并注意转角及丁字墙间的连接要同时跟上。遇台风时应在与风向相反的方向加临时支撑，以保证墙体稳定。雨后继续施工需复核已完工砌体的垂直度和标高。

习　题

1. 砌筑工程对砂浆有什么要求？
2. 砌筑用脚手架的作用和基本要求是什么？其主要类型有哪些？
3. 砖砌体的组砌要求是什么？砖砌体有哪几种组砌形式？
4. 简述砖砌体的施工工艺。
5. 简述砖砌体的基本质量要求及保证措施。
6. 砖墙临时间断处的接槎方式有哪些？有何要求？
7. 简述砌块砌体施工构造要求。

第4章　钢筋混凝土工程

钢筋混凝土工程在建筑施工过程中占主导地位，它对工程的人力、物力和工期消耗均有很大的影响。钢筋混凝土工程是指按设计要求将钢筋和混凝土两种材料利用模板浇筑成各种不同形状和大小的结构或构件。钢筋混凝土工程包括现浇混凝土结构施工和装配式预制混凝土构件施工两个方面。

混凝土结构强度较高，钢筋和混凝土两种材料的强度优势都能充分利用；整体性好，可现浇灌注成为一个整体；可塑性好，能灌注成各种形状和尺寸的结构；耐久性和耐火性好；防震性和防辐射性能较好，适用于防护结构；工程造价和维护费用较低；易于就地取材，其在各种结构的房屋建筑工程中均得到了广泛应用。

钢筋混凝土结构工程主要由钢筋工程、混凝土工程、模板工程三个过程组成，在施工过程中，三个工程应紧密配合，进行流水施工。由于施工过程长，因而要加强施工管理，统筹安排，合理组织，以达到保证质量、加速施工和降低造价的目的。其一般施工工艺流程如图4－1所示。

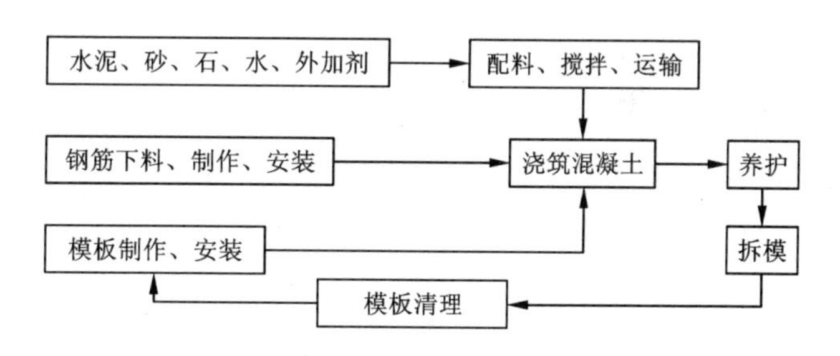

图4－1　钢筋混凝土结构一般施工流程

本章主要包括以下几方面内容：

1. 钢筋工程；
2. 混凝土工程；
3. 模板工程。

4.1　钢筋工程

在钢筋混凝土结构中，钢筋起着关键性作用。钢筋工程的质量，对整个钢筋混凝土结构质量发挥着决定性的作用。钢筋工程在混凝土浇筑完毕后处于隐蔽状态，对其质量难以检查，故对钢筋从进场到一系列的加工以及绑扎安装过程都必须进行严格控制，并建立健全必要的检查及验收制度，稍有疏忽就可能给工程造成不可弥补的损失。

4.1.1　钢筋的种类、验收和存放

4.1.1.1　钢筋的种类

在钢筋混凝土结构中所用的钢筋品种很多，根据不同的标准可划分为不同的类型，如表4－1所示。

表 4-1 钢筋的种类

分类依据	种类			
轧制外形	光面钢筋	带肋钢筋	冷轧扭钢筋	钢绞线、钢线
直径大小	钢丝(3 mm≤R≤5 mm)	细钢筋(6 mm≤R≤10 mm)	粗钢筋(R>22 mm)	
力学性能	HPB300 级钢	HRB335 级钢	HRB400 级钢	
生产工艺	热轧	冷轧	冷轧、冷扭	
结构中的作用	箍筋、受拉钢筋	架立钢筋	分布钢筋	预应力钢筋

4.1.1.2 钢筋的验收

钢筋混凝土结构中所用钢筋都应有出厂质量证明书或实验报告单，每捆(盘)钢筋均应有标牌。进场时应按批号及直径分批验收。验收的内容包括查对标牌、外观检查和进行机械性能试验。具体验收方法如下。

(1)外观检查

钢筋应平直、无损伤，钢筋表面不得有裂纹、油污、颗粒状或片状老锈，允许有凸块，但不得超过横肋的最大高度，外形尺寸符合规定。检查产品合格证(如为复印件，应注明原件存放单位并有存放单位的盖章和经手人签名)、出厂检验报告、钢筋标牌。

(2)力学性能检验

以同规格、同炉罐(批)号的不超过 60 t 钢筋为一批，每批任选两根，每根取两个试样分别进行拉力试验(测定屈服点、抗拉强度和伸长率三项指标)和冷弯试验(以规定弯心直径和弯曲角度检查冷弯性能)。如有一项试验结果不符合规定，则从同一批中另取双倍数量的试样重做各项检验。如仍有不合格，则该批钢筋为不合格品。

对有抗震要求的框架结构纵向受力钢筋进行检验，所得的实测值应符合下列要求：钢筋的抗拉强度实测值与屈服强度实测值的比值不应小于 1.25；钢筋的屈服强度实测值与钢筋强度标准值的比值，当按一级抗震设计时，不应大于 1.25，当按二级抗震设计时，不应大于 1.4。

4.1.1.3 钢筋的存放

当钢筋运进施工现场后，必须严格按批分等级、牌号、直径、长度挂牌存放，并注明数量，不得混淆。为确保质量，钢筋验收合格后需做好保管工作，应注意以下几点：

①堆放场地要干燥，并用方木或混凝土板等作为垫件，一般保持离地 200 mm 以上。非急用钢筋宜放在有棚盖的仓库内。

②同一项工程与同一构件的钢筋要存放在一起，按号挂牌排列，牌上注明构件名称、部位，钢筋类型、尺寸、钢号、直径、根数。不合格钢筋另做标记分开堆放。

③钢筋不要和酸、盐、油之类的物品放在一起，要在远离腐蚀性物质的地方堆放，以免被腐蚀。

4.1.2 钢筋的配料及加工

4.1.2.1 钢筋的配料

钢筋配料是根据构件配筋图计算构件的直线下料长度、总根数及钢筋的总质量，并编制钢筋配料单，绘出钢筋加工形状、尺寸，作为钢筋加工的依据。钢筋加工制备前，应根据工程施工图按不同的构件提出配料单。

构件配筋图中注明的尺寸一般是钢筋外轮廓尺寸，即从钢筋外皮到外皮量得的尺寸，称为外包尺寸。在钢筋加工时，一般也按外包尺寸进行验收。如果下料长度按钢筋外包尺寸的总和来计算，则加工后的钢筋尺寸将大于设计要求的外包尺寸或者弯钩平直段太长造成材料的浪费。这是由于钢筋弯曲时外线伸长，内线缩短，只有轴线长度不变。因此只有按钢筋轴线长度尺寸下料加工，才能使加工后的钢筋形状、尺寸符合设计要求。

(1)混凝土保护层厚度

钢筋的混凝土保护层厚度是指从混凝土表面到最外层钢筋公称直径外边缘之间的最小距离，其作用是保护钢筋在混凝土结构中不受锈蚀。根据《混凝土结构设计规范》(GB 50010—2010)的规定，设计使用年限 50 年的混凝土结构，其混凝土保护层的最小厚度如表 4－2 所示。

表 4－2 混凝土保护层的最小厚度 mm

环境等级		墙			梁			柱		
		≤C20	C25～C45	≥C50	≤C20	C25～C45	≥C50	≤C20	C25～C45	≥C50
一		20	15	15	30	25	25	30	30	30
二	a	—	20	20	—	30	30	—	30	30
	b	—	25	20	—	35	30	—	35	30
三		—	30	25	—	40	35	—	40	35

(2)钢筋的量度差值

钢筋加工前按直线下料，经弯曲后，外边缘伸长，由此弯曲后的外包尺寸和下料前的直线长度存在一个差值，称为量度差值。钢筋弯曲处的量度差值与钢筋弯曲直径及弯曲角度有关。

弯起钢筋中间部位弯折处的弯曲直径 D 不应小于钢筋直径 d 的 5 倍，如图 4－2 所示。

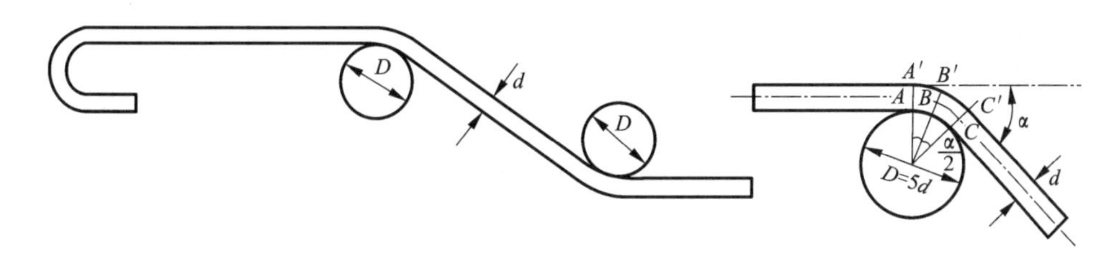

图 4－2 钢筋中部弯曲处计算简图

工地为了计算方便，钢筋弯曲处的量度差值通常按表 4 - 3 取值。

表 4 - 3　钢筋弯曲量度差值

钢筋弯曲角度	30°	45°	60°	90°	135°
钢筋弯曲调整值	0. 35d	0. 5d	0. 85d	2d	2. 5d

(3) 钢筋弯钩增加值

为保证可靠黏结与锚固，光圆钢筋末端应做成弯钩。具体 HPB300 钢筋两端应做 180°弯钩，其弯曲直径 $D=2.5\ d$，平直部分长度为 3 d。量度方法以外包尺寸度量，其每个弯钩增加长度为 6. 25 d(已考虑量度差值，图 4 - 3)。HRB335，HRB400 钢筋末端作 90°或 135°弯曲，其弯曲直径 D，HRB335 钢筋为 4d，HRB400 钢筋为 5d。其末端弯钩增长值，当弯 90°时，HRB335，HRB400 钢筋均取 d + 平直段长；当弯 135°时，HRB335 钢筋取 3d + 平直段长，HRB400 钢筋取 3. 5d + 平直段长，如图 4 - 4 所示。

钢筋末端弯钩或弯折时增长值如表 4 - 4 所示。

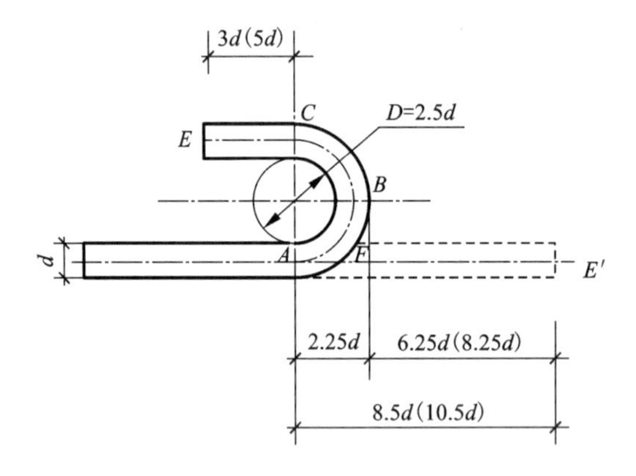

图 4 - 3　末端 180°弯钩

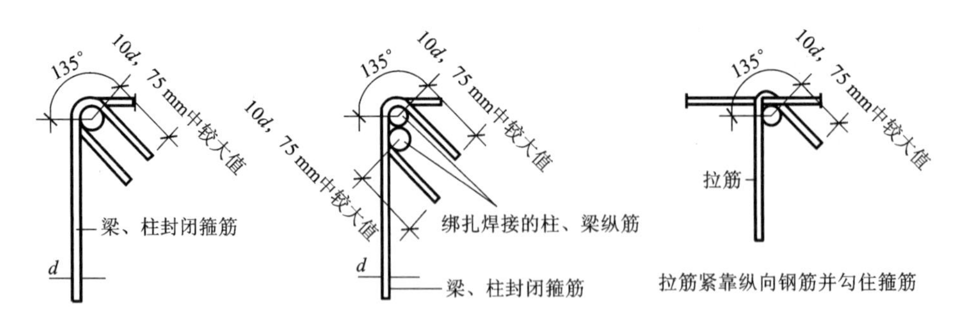

图 4 - 4　梁、柱、剪力墙箍筋和拉筋弯钩构造

表4-4　钢筋末端弯钩或弯折时增长值

钢筋种类	弯钩或弯折角度	弯曲直径	平直段长	弯钩或弯折增长值
HPB300	180°	$D=2.5d$	$3d$	$6.25d$
HRB335	135°	$D=4d$	—	$3d$+平直段长
	90°		—	d+平直段长
HRB400	135°	$D=5d$	—	$3.5d$+平直段长
	90°		—	d+平直段长

(4)钢筋下料长度

①箍筋下料长度。

箍筋下料长度=钢筋周长+箍筋调整值(箍筋调整值=弯钩增加长度-弯曲调整值)

由于一根箍筋有多个弯曲和弯钩(如图4-5所示),箍筋弯钩的弯曲直径D应大于受力钢筋直径,且不小于箍筋直径的2.5倍。弯钩平直部分,一般结构不宜小于箍筋直径的5倍;有抗震要求的结构,不小于箍筋直径的10倍。箍筋调整值为弯钩增长值与弯曲量度差两项之和,下料长度逐一计算麻烦,所以根据常见的箍筋加工形式,将箍筋的下料长度进行简化计算,具体取值标准参考表4-5。

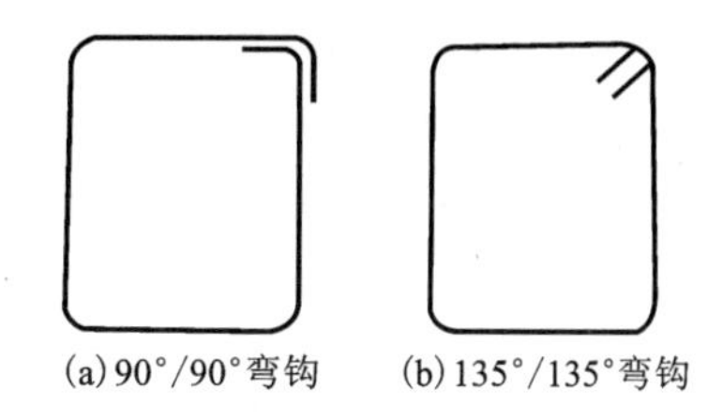

图4-5　钢筋弯钩形式图

表4-5　箍筋调整值

箍筋量度方法	箍筋直径/mm			
	4~5	6	8	10~12
量外包尺寸	40	50	60	70
量内包尺寸	80	100	120	150~170

②钢筋下料长度计算。

钢筋下料长度=钢筋外包尺寸+弯钩增加长度-弯曲调整值

③钢筋配料单的作用及形式。

钢筋配料单是根据施工设计图纸标定钢筋的品种、规格及外形尺寸、数量进行编号,并计算下料长度,用表格形式表达的技术文件。

钢筋配料单是确定钢筋下料加工的依据,是提出材料计划,签发施工任务单和限额领料单的依据。确定钢筋配料单是钢筋施工过程中的重要工序。合理的配料单能节约材料、简化施工操作。

钢筋配料单一般用表格的形式反映,其内容由构件名称、钢筋编号、钢筋简图、尺寸、钢筋级别、数量、下料长度及质量等内容组成,如表4-6所示。

表 4－6　钢筋配料单

构件名称	钢筋编号	简　图	尺寸/mm	钢筋级别	下料长度/mm	单位根数	合计根数	质量/kg
L1 梁共 5 根	①	6 190	10	ϕ	6 315	2	10	39.0
	②	250　6 190	25	Φ	6 575	2	10	253.1
	③	265　250　4 560　777	25	Φ	6 962	2	10	266.1
	④	550　200	6	ϕ	1 651	32	160	58.6

④钢筋下料计算的实际意义和弯曲调整值实用取值。

在进行钢筋加工前，由于钢筋式样繁多，不可能逐根按每个弯曲点作弯曲调整值计算。因此我们将各种类钢筋的每个弯曲点作弯曲调整值，即量度差进行计算，列成表格，供施工人员进行钢筋下料计算时用。这样做的主要目的是方便施工人员进行钢筋下料的计算。

钢筋下料的理论计算与实际操作的效果多少会有一些差距，主要是由于弯曲处圆弧的不准确性所引起的：计算时按“圆弧”考虑，实际上却不是纯圆弧，而是不规则的弯弧。所以在实际操作中除了理论计算外，还要依据操作工人的实际经验，进行适当的调整。

（5）钢筋代换

①代换原则。当施工中遇有钢筋品种或规格与设计要求不符时，可进行钢筋代换。代换有如下两种：

等强度代换，不同种类的钢筋代换，按钢筋抗拉设计值相等的原则进行代换；

等面积代换，相同种类和级别的钢筋代换，应按钢筋等面积原则进行代换。

②代换方法。

等强度代换：如设计图中所用的钢筋设计强度为 f_{y1}，钢筋总面积为 A_{s1}，代换后的钢筋设计强度为 f_{y2}，钢筋总面积为 A_{s2}，则应使

$$A_{s1}f_{y1} \leqslant A_{s2}f_{y2} \tag{4-1}$$

$$n_1 p d_1^2/4 f_{y1} \leqslant n_2 p d_2^2/4 f_{y2} \tag{4-2}$$

$$n_2 \geqslant n_1 d_1^2 f_{y1}/d_2^2 f_{y2} \tag{4-3}$$

式中：n_2 为代换钢筋根数；n_1 为原设计钢筋根数；d_2 为代换钢筋直径（mm）；d_1 为原设计钢筋直径（mm）等面积代换。

等面积代换：如设计图中所用的钢筋总面积为 A_{s1}，代换后的钢筋总面积为 A_{s2}，则应使

$$A_{s1} \leqslant A_{s2} \tag{4-4}$$

$$n_1 p d_1^2/4 \leqslant n_2 p d_2^2/4 \tag{4-5}$$

$$n_2 \geqslant n_1 d_1^2/d_2^2 \tag{4-6}$$

钢筋代换后，有时由于受力钢筋直径加大或根数增多而需要增加排数，则构件截面的有效高度 h_0 减小，截面强度降低。通常对这样的影响可凭经验适当增加钢筋面积，然后再作截面强度复核。

③钢筋代换注意事项。

钢筋代换时应征得设计单位同意，并应符合以下几点要求。

a. 对重要受力构件，不宜用HPB300光面钢筋代换变形钢筋，以免裂缝展开过大，如吊车梁、薄腹梁等。

b. 钢筋代换后，应满足混凝土结构设计规范中所规定的钢筋间距、锚固长度、最小钢筋直径、根数等要求。

c. 梁的纵向受力钢筋与弯曲钢筋应分别代换，以保证正截面与斜截面强度。偏心受压构件或偏心受拉构件作钢筋代换时，不取整个截面配筋量计算，应按受力面(受拉或受压)分别代换。

d. 当构件受裂缝宽度或挠度控制时，钢筋代换后应进行刚度、裂缝验算。

e. 有抗震要求的梁、柱和框架，不宜以强度等级较高的钢筋代换原设计中的钢筋；如必须代换时，其代换的钢筋检验所得的实际强度，尚应符合抗震钢筋的要求。

f. 预制构件的吊环，必须采用未经冷拉的HPB300钢筋制作，严禁以其他钢筋代换。

根据不同的设计要求，钢筋的强度等级、直径、长度和根数都不一样，下面以一根梁为例进行钢筋下料的计算。

例4-1 某建筑物一层共有10根L梁，计算钢筋的下料长度并绘制L梁钢筋配料单。

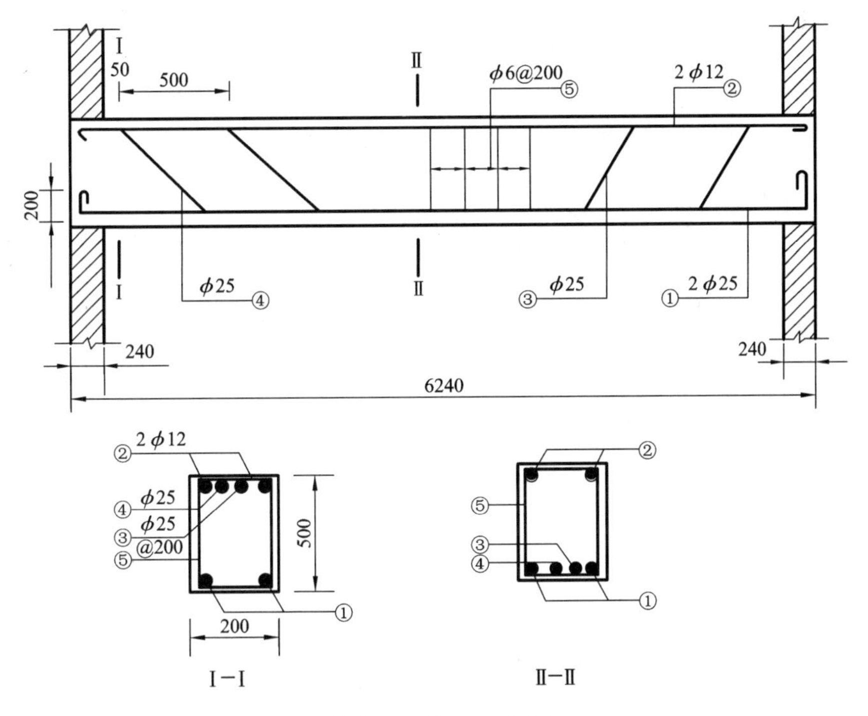

图4-6 例4-1图示

解：(1)计算钢筋下料长度

①号钢筋下料长度：

$(6\ 240-2\times25+2\times200)-2\times2\times25+2\times6.25\times25=6\ 802(\text{mm})$

②号钢筋下料长度：

$6\ 240-2\times25+2\times6.25\times12=6\ 340(\text{mm})$

③号弯起钢筋下料长度：

上直段钢筋长度　240 + 50 + 500 − 25 = 765(mm)

斜段钢筋长度　(500 − 2 × 25) × 1.414 = 636(mm)

中间直段长度　6 240 − 2 × (240 + 50 + 500 + 450) = 3 760(mm)

下料长度　(765 + 636) × 2 + 3 760 − 4 × 0.5 × 25 + 2 × 6.25 × 25 = 6 824(mm)

④号弯起钢筋下料长度(学生练习)：

下料长度　6 824(mm)

⑤号箍筋下料长度(保护层主要是用来保护主筋的)：

宽度　200 − 2 × 25 = 150(mm)

高度　500 − 2 × 25 = 450(mm)

下料长度　(150 + 450) × 2 + 100 = 1 300(mm)

(2)钢筋配料单(表 4 − 7)

表 4 − 7　例 4 − 1 钢筋配料单

构件名称	钢筋编号	简图	牌号	直径/mm	下料长度/mm	单根根数	合计根数	质量/kg
L1 梁(共 10 根)	①	200　6 190	HPB235	25	6 802	2	20	523.75
	②	6 190	HPB235	12	6 340	2	20	112.60
	③	765　636　3 760	HPB235	25	6 824	1	10	262.72
	④	265　636　4 760	HPB235	25	6 824	1	10	262.72
	⑤	162　462	HPB235	6	1 200	32	320	91.78
合计	ϕ6：91.78 kg；ϕ12：112.60 kg；ϕ25：1 049.19 kg							

4.1.2.2　钢筋的加工

(1)钢筋的冷拉

钢筋的冷拉就是在常温下拉伸钢筋，使钢筋的应力超过屈服点，钢筋产生塑性变形，强度提高。

①冷拉目的。对于普通钢筋混凝土结构的钢筋，冷拉仅是调直、除锈的手段(拉伸过程中钢筋表面锈皮脱落)，与钢筋的力学性能没关系。另外冷拉可以提高强度，主要用于预应力钢筋。

②冷拉原理。钢筋冷拉原理如图 4 − 7 所示，图中 $OABCDEF$ 为钢筋的拉伸特性曲线。冷拉时，拉应力超过屈服点 D 到点 G 然后卸荷。由于钢筋已产生塑性变形，卸荷过程中应力应变曲线并不是沿原来的路线 $GDCBAO$ 变化，而是沿着 GO_1 变化，应力降至零时，应变为 OO_1，

为残余变形。此时如立即重新拉伸钢筋，应力应变曲线以 O_1 为原点沿 O_1GEF 变化，并在 G 点附近出现新的屈服点。这个屈服点明显高于冷拉前的屈服点 D。新屈服点 G 的强度比老屈服点 D 的强度高 25%～30%。

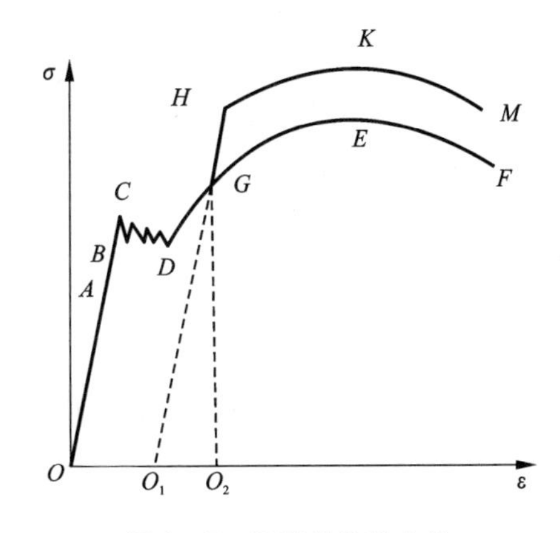

图 4－7　钢筋的伸拉曲线

钢筋经冷拉，强度提高，塑性降低的现象称为变形硬化。冷拉后的新屈服点并非保持不变，而是随着时间的延长提高至 H 点，这种现象称为时效硬化。由于存在变形硬化和时效硬化，钢筋的强度提高了，但脆性也增加了。

③冷拉的工艺。冷拉钢筋的控制方法有控制冷拉率法和控制应力法。

冷拉率是指钢筋冷拉伸长值与钢筋冷拉前长度的比值。采用冷拉率方法冷拉钢筋时，其最大冷拉率及冷拉控制应力符合表 4－8 的规定。采用控制应力冷拉钢筋时，以表 4－8 的规定控制应力对钢筋进行冷拉，冷拉后检查钢筋的冷拉率，如符合规定则为合格，超过规定则应进行力学性能检查。

不同炉批的钢筋，不宜用控制冷拉率的方法进行冷拉。多根连接的钢筋用控制应力的方法进行冷拉时，其控制应力和每根的冷拉率也应符合表 4－8 的规定；当用控制冷拉率方法进行冷拉时，实际冷拉率按总长计，但多根钢筋中每根钢筋的冷拉率不得超过规定值。

表 4－8　冷拉控制应力及最大冷拉率

项目	钢筋级别	符号	冷拉控制应力/(N/mm²)	最大冷拉率/%
1	HPB300	Φ	280	10
2	HRB335	Φ̲	450	5.5
3	HRB400	Φ̲̲	500	5

④冷拉时应注意的问题。

a. 拉长值“零点”应从拉力 N 为 10% 的控制应力时开始，因在此之前钢筋没有拉直无法量测。

b. 先焊后拉。因钢筋施焊后，性能变脆，为确保质量，必须先焊后拉。

c. 冷拉速度不宜过快，一般为 0.5～1.0 m/s，目的是使钢筋充分变形。

d. 当拉至控制应力时，停 2～3 min，再放松，目的是减少回缩。

⑤冷拉设备。冷拉的设备(图 4－8)主要由拉力装置、承力结构、钢筋夹具及测量装置等组成。拉力装置一般由卷扬机、张拉小车及滑轮组等组成。承力结构可采用钢筋混凝土压杆或地锚。测量装置可用标尺电子秤、附有油表的液压千斤顶或弹簧测力计。

(2)钢筋的冷拔

冷拔是用热轧钢筋(直径 8 mm 以下)通过钨合金的拔丝模进行强力拉拔。钢筋通过拔丝模时，受到轴向拉伸与径向压缩的作用，使钢筋内部晶格变形而产生塑性变形，因而抗拉强度提高(可提高 50%～90%)，塑性降低，呈硬钢性质。光圆钢筋经冷拔后称“冷拔低碳钢

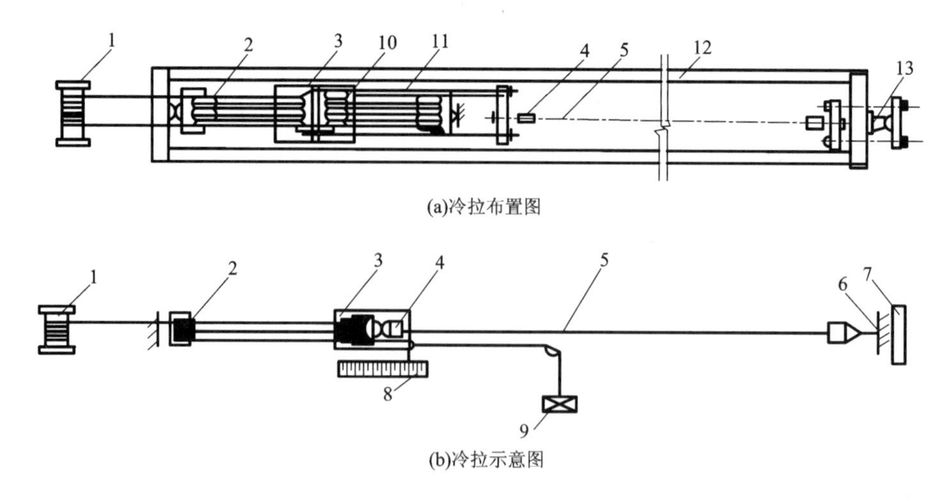

图 4－8　钢筋的冷拉设备

1—卷扬机；2—滑轮机；3—冷拉小车；4—夹具；5—被冷拉的钢筋；6—地锚；
7—防护壁；8—标尺；9—回程荷重架；10—回程滑轮组；11—传力架；12—槽式台座；13—液压千斤顶

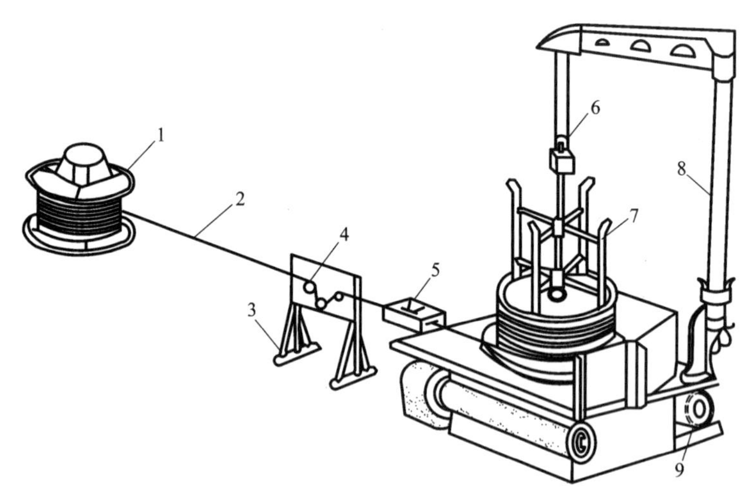

图 4－9　立式单卷筒拔丝示意图

1—盘圆架；2—钢筋；3—剥壳装置；4—枕轮；5—拔丝模；6—滑轮；7—绕丝筒；8—支架；9—电机

丝”。冷拔操作示意图如图 4－9 所示，拔丝模构造示意图如图 4－10 所示。

钢筋冷拔的工艺流程如下所示：扎头→剥壳→通过润滑剂进入拔丝模冷拔。

钢筋表面常有一硬渣层，易损坏拔丝模，并使钢筋表面产生沟纹，因而冷拔前要进行剥壳，方法是使钢筋通过 3～6 根上下排列的棍子以剥除渣壳。润滑剂常用石灰、动植物油、肥皂、白蜡等与水按一定配比制成。

影响冷拔低碳钢丝质量的主要因素是原材料的质量和冷拔总压缩率。

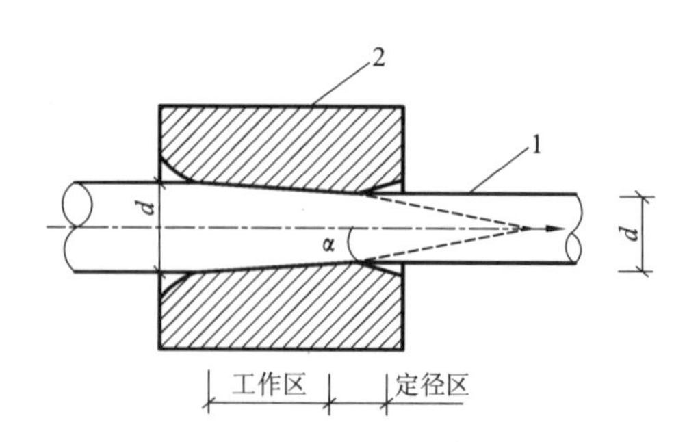

图 4－10　拔丝模构造示意图

1—钢筋；2—拔丝模

冷拔低碳钢丝都是用普通低碳热轧光圆钢筋拔制的，按国家标准《低碳钢热轧圆盘条》(GB/T 701—2008)的规定，光圆钢筋都是用1～3号乙类钢轧制的，因而强度变化较大，直接影响冷拔低碳钢丝的质量，为此要严格控制原材料。

冷拔总压缩率(β)是光圆钢筋拔成钢丝时的横截面缩减率。总压缩率越大，则抗拉强度提高越多，而塑性下降越多，故β不宜过大。直径5 mm的冷拔低碳钢丝，宜用直径8 mm的圆盘条拔制；直径小于等于4 mm者，宜用直径6.5 mm的圆盘条拔制。冷拔低碳钢丝有时是经过多次冷拔而成，一般不是一次冷拔就达到总压缩率。每次冷拔的压缩率也不宜太大，否则拔丝机的功率太大，拔丝模易损耗，且易断丝。一般前道钢丝和后道钢丝的直径之比以1∶0.87为宜。冷拔次数也不宜过多，否则易使钢丝变脆。

(3)钢筋的加工

钢筋加工包括调直、除锈、切断和弯曲成形等，加工工艺如图4－11所示。钢筋加工后的形状、尺寸必须符合设计要求。钢筋的表面应洁净、无损伤、无油污、无漆污，铁锈应清除干净，带有颗粒状或片状老锈不得使用，以保证钢筋强度及钢筋与混凝土的牢固结合。钢筋加工的允许偏差如表4－9所示。

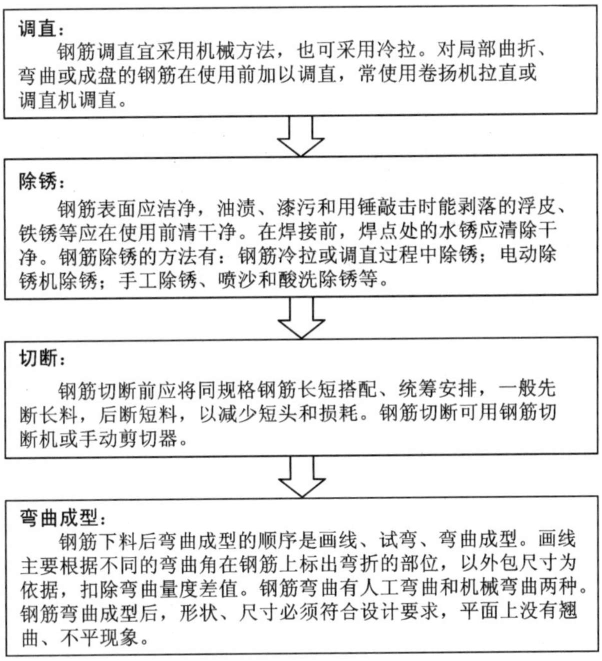

调直：

钢筋调直宜采用机械方法，也可采用冷拉。对局部曲折、弯曲或成盘的钢筋在使用前加以调直，常使用卷扬机拉直或调直机调直。

除锈：

钢筋表面应洁净，油渍、漆污和用锤敲击时能剥落的浮皮、铁锈等应在使用前清干净。在焊接前，焊点处的水锈应清除干净。钢筋除锈的方法有：钢筋冷拉或调直过程中除锈；电动除锈机除锈；手工除锈、喷沙和酸洗除锈等。

切断：

钢筋切断前应将同规格钢筋长短搭配、统筹安排，一般先断长料，后断短料，以减少短头和损耗。钢筋切断可用钢筋切断机或手动剪切器。

弯曲成型：

钢筋下料后弯曲成型的顺序是画线、试弯、弯曲成型。画线主要根据不同的弯曲角在钢筋上标出弯折的部位，以外包尺寸为依据，扣除弯曲量度差值。钢筋弯曲有人工弯曲和机械弯曲两种。钢筋弯曲成型后，形状、尺寸必须符合设计要求，平面上没有翘曲、不平现象。

图4－11　钢筋加工工艺

表4－9　钢筋加工的允许偏差

项目	允许偏差/mm
受力钢筋顺长度方向全长的净尺寸	±10
弯起钢筋的弯折位置	±20
箍筋内净尺寸	±5

钢筋的加工工序不同加工机械也不同，图 4 - 12 ~ 图 4 - 16 是钢筋加工的常用机械设备。

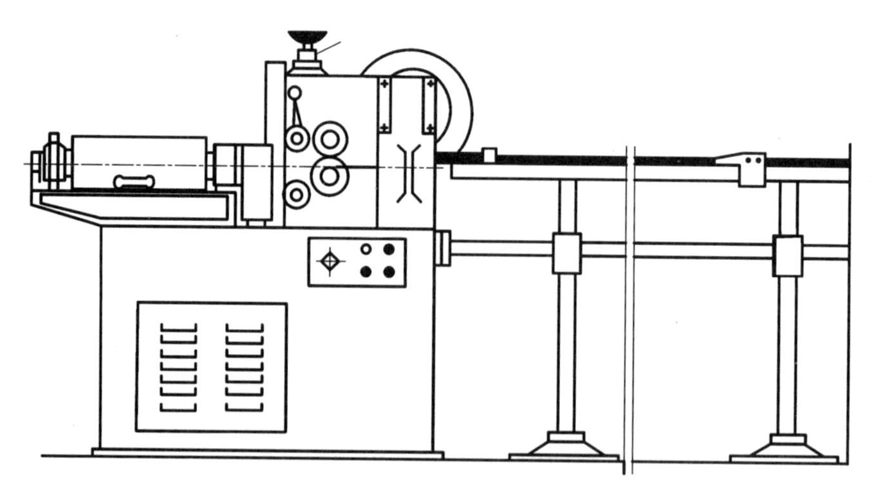

图 4 - 12　GT3/8 型钢筋调直机

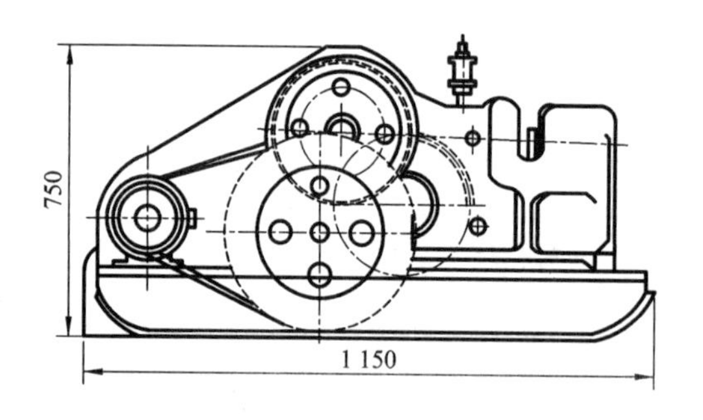

图 4 - 13　GQ40 型钢筋切断机

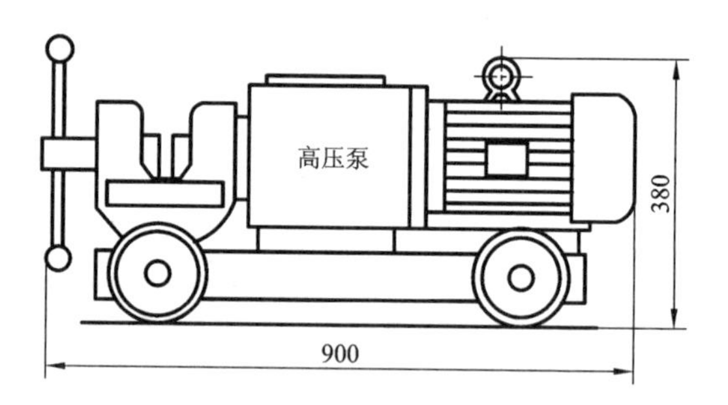

图 4 - 14　DYQ32B 电动液压切断机

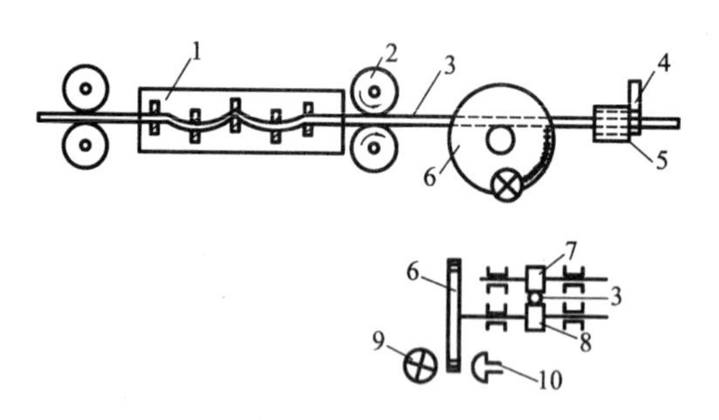

图 4 - 15　数控钢筋调直切断机工作简图

1—调直装置；2—牵引轮；3—钢筋；4—上刀口；5—下刀口；6—光电盘；7—压轮；8—摩擦轮；9—灯泡；10—光电管

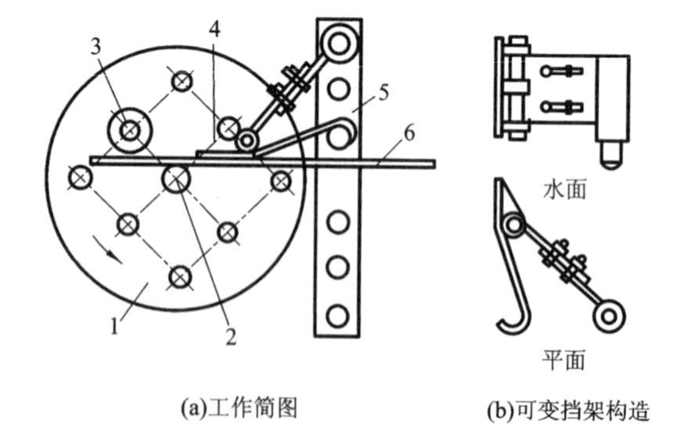

图 4 - 16　钢筋弯曲成型

1—工作盘；2—心轴；3—成型轴；4—可变挡架；5—插座；6—钢筋

4.1.3 钢筋的连接和绑扎

钢筋接头连接方法有：绑扎、焊接和机械连接(表 4－10)。绑扎连接由于需要较长的搭接长度，浪费钢筋，且连接不可靠，故应限制使用。焊接连接的方法较多，成本较低、质量可靠，宜优先使用。机械连接无明火作业、设备简单、节约能源，且不受气候条件影响，可全天施工，其连接可靠、技术易于掌握、适用范围广，尤其适用于现场焊接有困难的场合。

钢筋的焊接质量与钢材的可焊性、焊接工艺有关。

钢筋的可焊性：含碳、锰量高，则可焊性差；而含适量的钛可改善可焊性。焊接工艺(焊接方法与操作水平)也影响钢筋的焊接质量，即使是可焊性差的钢材，若焊接工艺合适，亦可获得良好的焊接质量。

目前常用的焊接方法有闪光对焊(对焊)、电阻点焊(点焊)、电弧焊、电渣压力焊、埋弧压力焊、气压焊等(表 4－11)。

表 4－10　钢筋的连接方法

绑扎	搭接
焊接	闪光对焊
	电阻点焊
	电弧焊
	电渣压力焊
	埋弧压力焊
	气压焊
机械连接	套筒挤压
	螺纹

表 4－11　常用的焊接方法及主要特点

焊接方式	主要特点	适用场地
闪光对焊	常用于普通粗钢筋	主要用于加工棚
电阻点焊	主要用于钢筋的焊接	
电弧焊	焊接质量难保证， 一般能够用对焊的不用电弧焊	主要用于现场
电渣压力焊	主要用于竖向钢筋的焊接	
埋弧压力焊	主要用于钢筋与钢板作丁字形焊接	
气压焊	可用于各角度钢筋的焊接	

4.1.3.1 钢筋的连接

钢筋焊接方法有闪光对焊、电弧焊、电渣压力焊和电阻点焊等。

(1)闪光对焊

闪光对焊广泛用于钢筋连接及预应力钢筋与螺丝端杆的焊接。热轧钢筋的焊接宜优先用闪光对焊。其焊接原理是利用对焊机(图 4－17)使两段钢筋接触，通过低电压的强电流，待钢筋被加热到一定温度变软后，进行轴向加压顶锻，形成对焊接头。

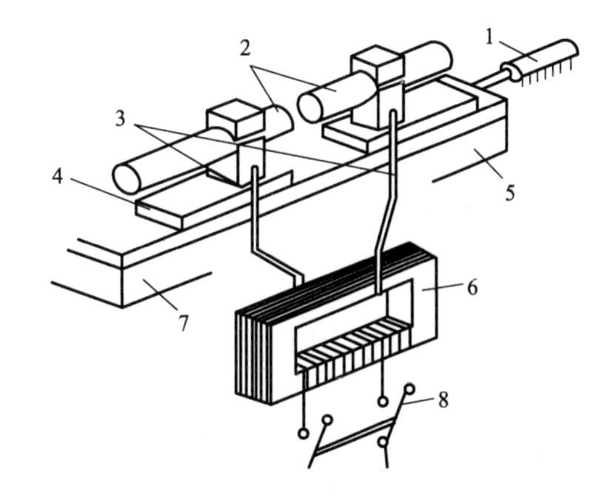

图 4－17　钢筋闪光对焊机具

1—压力机构；2—钢筋；3—电极；4—固定平板；5—活动平板；6—变压器；7—机身；8—闸刀

①连续闪光焊。连续闪光焊包括连续闪光和顶锻两个过程。自闪光开始就徐徐移动钢筋，保持接头轻微接触，形成连续闪光过程，接头也同时被加热。接头熔化后，随即施加适当的轴向压力迅速顶

锻，先带电顶锻，随之断电顶锻，使两根钢筋对焊成为一体。

连续闪光焊一般用于焊接直径在 25 mm 以内的 HPB300，HRB335，HRB400 级钢筋。

②预热闪光焊。对于直径为 25 mm 以上的钢筋，则可采用预热闪光焊。这种方法是在连续闪光之前，增加一次预热过程，以使受热均匀，即在闭合电源后，使两钢筋端面周期性地接触和分开，每一次激起短暂的闪光，使钢筋预热，接着再连续闪光，最后顶锻。

预热闪光焊适用于焊接直径 32 mm 以内的 HRB335，HRB400 级钢筋以及直径 28 mm 以内的 HRB500 级钢筋。

为了使焊接接头良好，必须选择适当的对焊参数。闪光对焊的主要参数为调伸长度、闪光留量、预热留量、顶锻留量、变压器级数等。

①调伸长度。调伸长度是指焊接前钢筋从电极钳口伸出的长度。其数值取决于钢筋的品种和直径，应能使接头加热均匀，且顶锻时钢筋不致弯曲。HRB335 及 HRB400 钢筋对焊应采用较大的调伸长度。

②闪光留量和预热留量。闪光留量和预热留量是指在闪光和预热过程中熔化的钢筋长度。

③顶锻留量。顶锻留量是指接头顶压挤出而消耗的钢筋长度。顶锻时，先在有电流的作用下顶锻，使接头加热均匀、紧密结合，然后在断电情况下顶锻而后结束，因此分为有电顶锻留量和无电顶锻留量两部分。

④变压器级数。变压器级数是用来调节焊接电流的大小，根据钢筋直径确定。

钢筋闪光对焊后，除对接头进行外观检查，对焊后钢筋还应保证无裂纹和烧伤，接头弯折不大于 4°，接点轴线偏移不大于 $0.1d$（d 为钢筋直径），同时也不大于 2 mm。此外，另须按规定进行抗拉试验和冷弯试验。

(2)电弧焊

电弧焊是利用电弧焊机使焊条与焊件之间产生高温，使焊条和电弧燃烧范围内的焊件熔化，待其凝固便形成焊缝或接头。电弧焊广泛用于钢筋接头、钢筋骨架焊接、装配式结构节点的焊接、钢筋与钢板的焊接及其他各种钢结构焊接。

钢筋电弧焊的接头形式有：搭接焊接头（单面焊缝或双面焊缝）、帮条焊接头（单面焊缝或双面焊缝）、坡口焊接头（平焊或立焊）和熔槽帮条焊接头，如图 4 - 18 所示。

电弧焊机有直流与交流之分，常用的为交流电弧焊机。

焊条的种类很多，如 E4303，E5003，E5503 等，焊接电流和焊条直径根据钢筋级别、直径、接头形式和焊接位置进行选择。

焊接接头质量检查除外观外，亦需抽样做拉伸试验。如对焊接质量有怀疑或发现异常情况，还可进行非破坏检验。

(3)电渣压力焊

电渣压力焊构造简图如图 4 - 19 所示，其在施工中多用于现浇混凝土结构构件内竖向或斜向（倾斜度在 4∶1 的范围内）钢筋的焊接接长。电渣压力焊有自动和手工两类。与电弧焊相比，其功效高，成本低，可进行竖向连接，故在工程中应用较普遍。

进行电渣压力焊应选用合适的焊接变压器。夹具需灵巧，上下钳口同心，保证上、下钢筋的轴线最大偏移不得大于 $0.1d$，同时也不得大于 2 mm。

焊接时，先将钢筋端部约 120 mm 范围内的铁锈除尽，将夹具夹牢在下部钢筋上，并将上部钢筋扶直夹牢于活动电极中。当采用自动电渣压力焊时，还会在上、下钢筋间放置引弧用

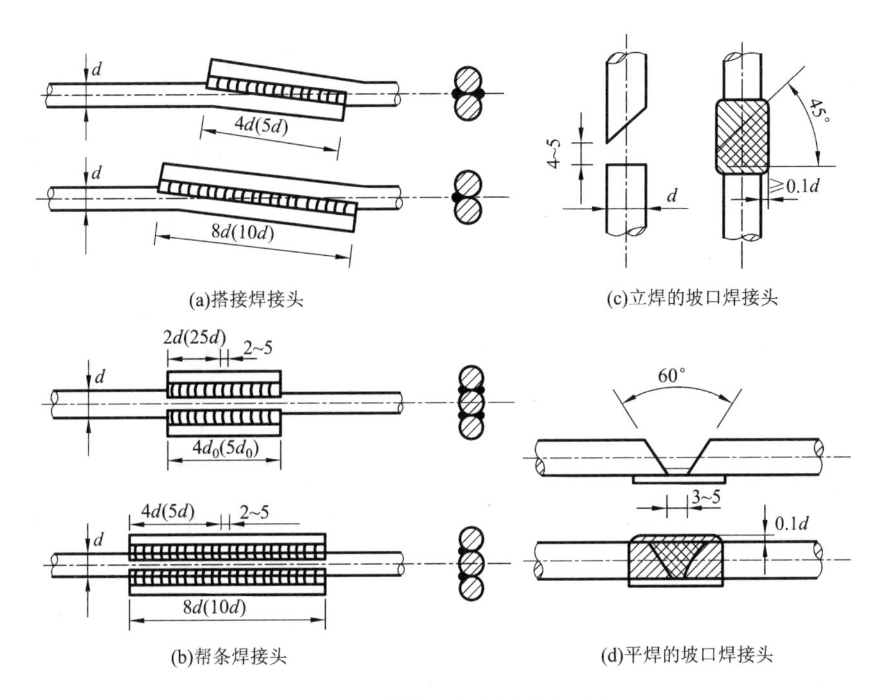

图4－18　钢筋电弧焊的接头形式

的钢丝圈等。再装上药盒，装满焊药，接通电路，用手柄使电弧引弧(引弧)。然后稳定一定时间，使之形成渣池并使钢筋熔化(稳弧)，随着钢筋的熔化，用手柄使上部钢筋缓缓下送。当稳弧达到规定时间后，在断电同时用手柄进行加压顶锻(顶锻)，以排除夹渣和气泡，形成接头。待冷却一定时间后，即拆除药盒、回收焊药、拆除夹具、清除焊渣。引弧、稳弧、顶锻是三个连续进行的过程。

电渣压力焊的工艺参数为焊接电流、渣池电压和通电时间，根据钢筋直径选择，钢筋直径不同时，根据较小直径的钢筋选择参数。电渣压力焊的接头，亦应按规定检查外观质量和进行试件拉伸试验。

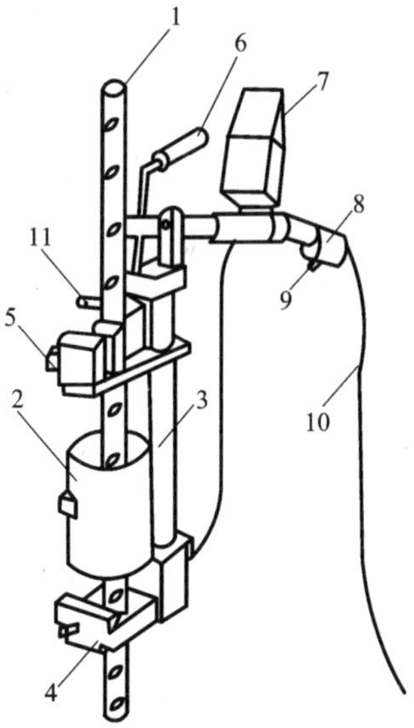

图4－19　电渣压力焊构造简图

1—钢筋；2—焊剂盒；3—单导柱；4—固定夹头；5—活动夹头；6—手柄；7—监控仪表；8—操作把；9—开关；10—控制电缆；11—电缆插座

(4)电阻点焊

电阻点焊是将两钢筋安放成交叉叠接形式，压紧于两电极之间，利用电阻热熔化母材金属，加压形成焊点的一种压焊方法。混凝土结构中的钢筋焊接骨架和钢筋焊接网，宜采用电阻点焊制作。

电阻电焊机的构造简图如图4－20所示。点焊过程是将钢筋的交叉点放在电焊机的两个电极间，电极通过钢筋及闭合电路通电，利用点接触钢筋的电阻，迅速加热钢筋并达到焊接温度，此时立即加压把钢筋交叉点焊接在一起。

常用的点焊机有单头和多头点焊机。单头点焊机用于较粗钢筋的焊接，多头点焊机多用于钢筋网片的点焊。点焊的主要焊接参数有电流强度、通电时间和电极压力。根据焊接电流大小和通电时间长短，点焊参数分为强参数和弱参数。强参数是通电时间短而焊接电流大，这种焊接工艺电能损耗较小，经济效果好，在有条件时宜优先采用，但是需要有大功率的点焊机；弱参数通电时间长而电流小，但它的电耗较大，一般在点焊机功率较小时采用。电极压力应适当，钢筋点焊的压扁程度过大或过小均不利，通常焊点处钢筋互相压入的深度宜为细钢筋直径的18%～25%。压扁程度影响焊点结合面的抗剪能力。

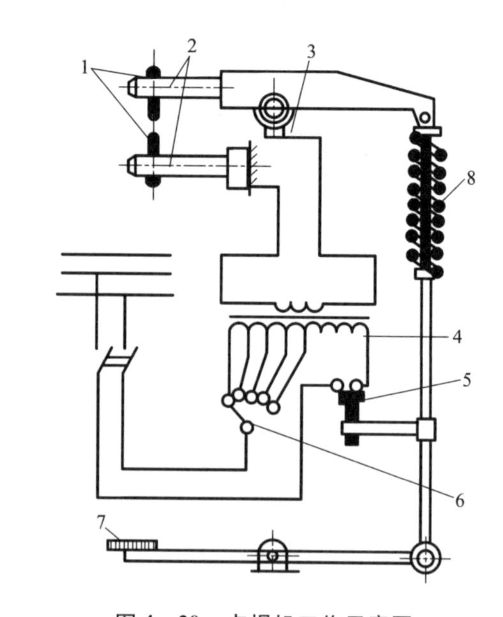

图4－20　点焊机工作示意图

1—电极；2—电极臂；3—变压器的次级线圈；4—变压器的初级线圈；5—断路器；6—变压器的调节开关；7—踏板；8—压紧机构

点焊质量检查包括外观和强度检验。外观要求点焊无脱焊、漏焊、气孔、裂纹和明显烧伤现象，焊点压入深度应符合规定，焊点应饱满。强度检验是指抽样做抗剪能力试验，其抗剪强度应不低于其细钢筋的抗剪强度。做拉伸试验时，不能在焊点处断裂，弯角试验时不应有裂纹。

(5)气压焊

气压焊是采用氧－乙炔火焰对钢筋接缝处进行加热，使钢筋端部加热达到高温状态，并施加足够的轴向压力而形成牢固的接头。气压焊具有设备简单，焊接质量高、效果好，且不需要大功率电源等优点。气压焊构造如图4－21所示。

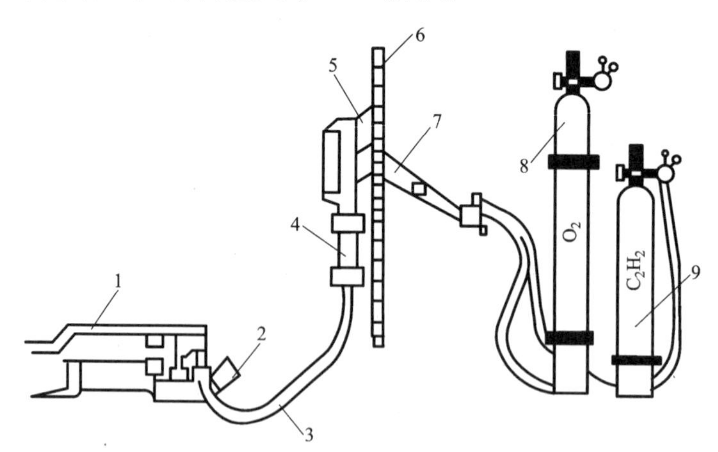

图4－21　气压焊设备示意图

1—脚踏液压泵；2—压力表；3—液压胶管；4—活动油缸；5—钢筋卡具；6—钢筋；7—焊枪；8—氧气瓶；9—乙炔瓶

4.1.3.2　钢筋的机械连接

钢筋机械连接是指通过连接件的机械咬合作用，或钢筋端面的承压作用，将一根钢筋中的力传递至另一根钢筋的连接方法。机械连接与焊接相比具有以下优点：接头质量稳定可靠，受钢筋化学成分、人为因素影响小；操作简便，施工速度快，且不受气候条件影响；无污染，无火灾隐患，施工安全等。常见的有套筒挤压、锥螺纹、直螺纹连接。

(1)套筒挤压连接

钢筋套筒挤压连接是将需连接的变形钢筋插入特制钢套管内，利用液压驱动的挤压机进行径向或轴向挤压，使钢筋套筒产生塑性变形，套管内壁紧紧咬住变形钢筋实现连接，如图4－22所示。

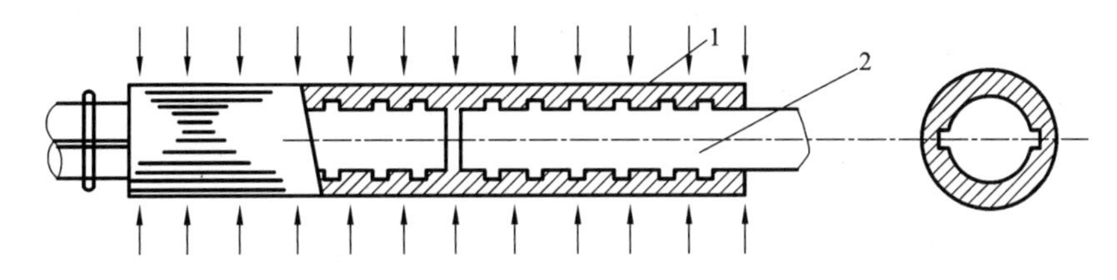

图4－22　钢筋套筒挤压连接原理图

1—钢套筒；2—被连接的钢筋

钢筋套筒挤压连接的工艺参数主要是压接力和压接道数。压接力要能保证套筒与钢筋紧密咬合。压接力和压接道数取决于钢筋直径、套筒型号和挤压机型号。

钢筋套筒挤压连接接头，按验收批进行外观质量和单向拉伸试验检验。

①钢筋套筒挤压连接方法。套筒挤压连接可分为径向挤压套管连接与轴向挤压套管连接。

a.径向挤压套管连接：沿套管直径方向从套管中间依次向两端挤压套管使之冷塑性变形，从而把插在套管里的两根钢筋紧紧咬合成一体。适用于带肋钢筋连接，可连接直径为12～40 mm的钢筋，如图4－23所示。

b.轴向挤压套管连接：沿钢筋轴线冷挤压金属套管，把插入套管里的两根待连接热轧带肋钢筋紧固成一体。适用于连接直径为20～32 mm的竖向、斜向和水平钢筋，如图4－24所示。

②套筒挤压连接施工工艺参数。

a.压痕处最小直径和挤压道次是两个最重要的工艺参数。

b.挤压变形量的控制。挤压变形量与接头性能有直接关系，必须合适：变形量过小时，套筒金属与钢筋横肋咬合力小，往往会造成接头强度达不到要求，或接头残余变形量过大，使接头不合格；变形量过大时，容易造成套筒壁被挤得太薄(特别是在肋峰处)，受力时容易使套筒发生断裂。因此，挤压变形量必须控制在合适的范围内，在实际工程应用中，主要控制压痕深度即可。

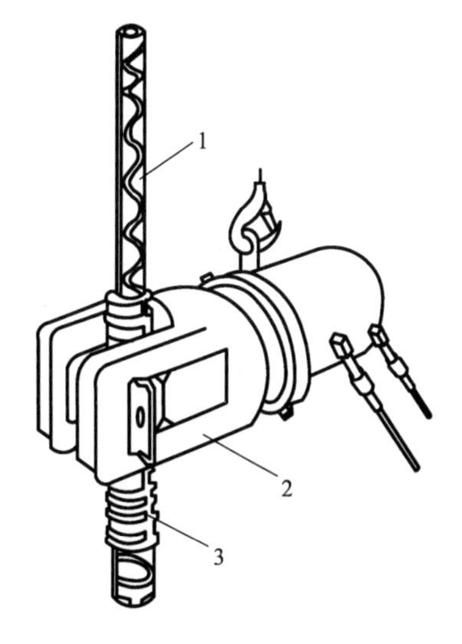

图4－23　径向挤压套管连接

1—钢筋；2—径向挤压机；3—连接套管

③套管材料和几何尺寸要求：应符合接头规格的技术要求，并应有出厂合格证；套管的标准屈服承载力和极限承载力应比钢筋大10%，套管的保护层厚度不宜小于15 mm，净距不宜小于25 mm；当所有套管外径相同时，钢筋直径相差不宜大于两个级别。

④冷挤压接头的外观检查，应符合下列要求：

a. 钢筋连接端花纹要完好无损，不准打磨花纹，连接处不准有油污、水泥等杂物；

b. 钢筋端头离套管中线不应超过10 mm；

c. 压痕间距宜为1～6 mm，挤压后的套管接头长度为原长度的1.10～1.15倍，挤压后套管接头外径用量规测量应能通过（量规不能从挤压套管接头外径通过的，更换挤压模重新挤压一次即可），压痕处最小外径为套管原外径的85%～90%；

d. 挤压接头处不得有裂纹，接头弯折角度不得大于4°。

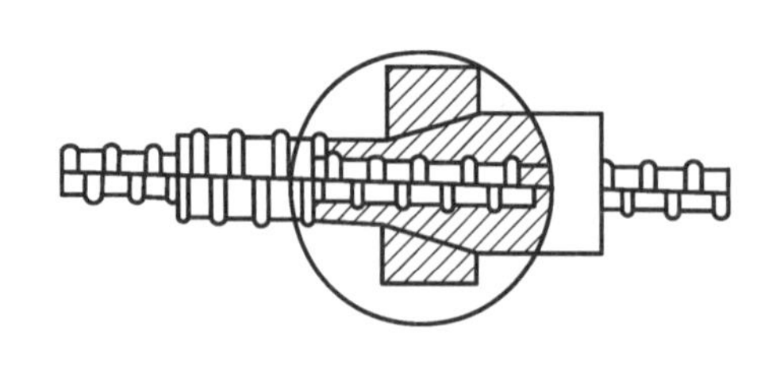

图4－24　轴向挤压套管连接

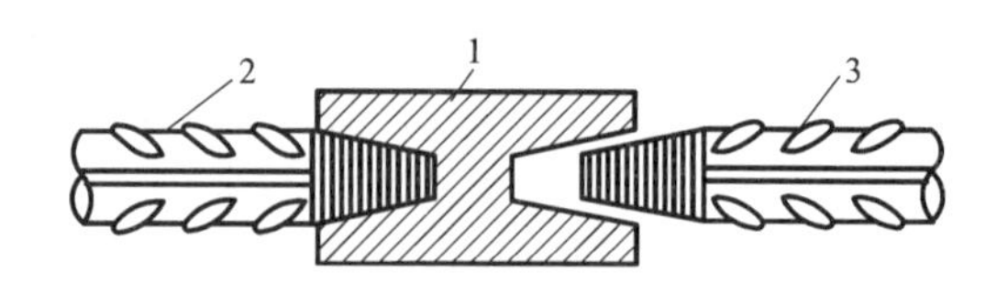

图4－25　锥螺纹套筒连接

1—锥螺纹套筒；2—已连接的钢筋；3—未连接的钢筋

（2）钢筋螺纹连接

钢筋的螺纹连接包括锥螺纹连接和直螺纹连接。锥螺纹连接是将两根待连接钢筋端头用套丝机做出锥形外丝，然后用带锥形内丝的钢套筒将钢筋两端拧紧的连接方法，如图4－25所示。

钢筋锥螺纹连接方法如图4－26所示。

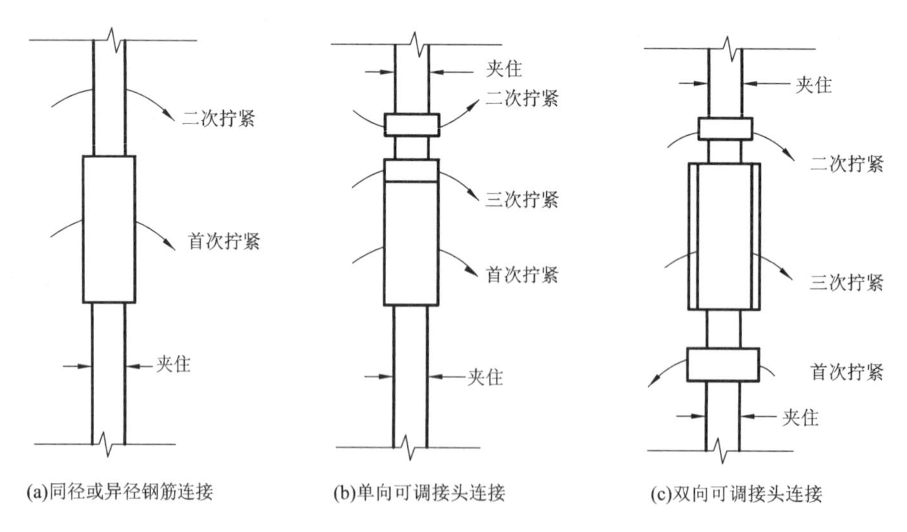

图4－26　钢筋锥螺纹连接方法

直螺纹连接也叫墩粗直螺纹连接，是将两根待接钢筋端头切削或滚压出直螺纹，然后用带直内丝筒将钢筋两端拧紧的连接方法，如图 4－27 所示。

墩粗直螺纹连接的特点有：

a. 接头强度高，接头强度大于钢筋母材强度；

b. 性能稳定，接头性能不受拧紧力矩影响；

c. 连接速度快，直螺纹连接套筒比锥螺纹连接套筒连接时间短 40%，丝扣间距大，方便施工；

d. 应用范围广，对弯折钢筋、固定钢筋、钢筋笼等不能转动钢筋的场合，可不受限制地方便使用；

e. 经济效益好，比套筒挤压接头省钢 70% 左右，比锥螺纹接头省钢 35% 左右。

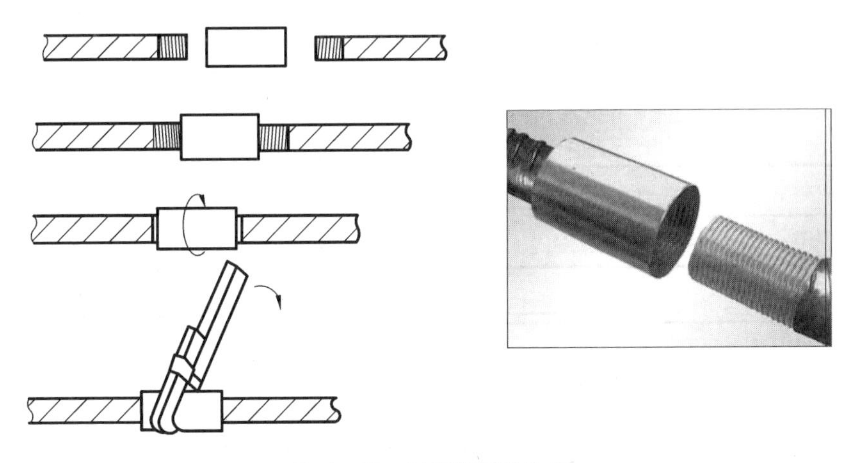

图 4－27　钢筋直螺纹连接

4.1.3.3　钢筋的绑扎

绑扎目前仍为钢筋连接的主要手段之一。钢筋绑扎时，钢筋交叉点用铁丝扎牢。受拉钢筋和受压钢筋接头的搭接长度及接头位置应符合施工质量验收规范的规定，钢筋绑扎铁丝长度如表 4－12 所示。

表 4－12　钢筋绑扎铁丝长度参考表　mm

钢筋直径	3～5	6～8	10～12	14～16	18～20	22	25	28	32
3～5	120	130	150	170	190				
6～8		150	170	190	220	250	270	290	320
10～12			190	220	250	270	290	310	340
14～16				250	270	290	310	330	360
18～20					290	310	330	350	380
22						330	350	370	400

(1)搭接长度和绑扎点位置的一般规定

受力钢筋的接头宜设置在受力较小处。在同一根钢筋上宜少设接头。不宜设置两个或两个以上接头。接头末端至钢筋弯起点的距离不应小于钢筋直径的 10 倍。

轴心受拉及小偏心受拉杆件（如桁架和拱的拉杆）的纵向受力钢筋不得采用绑扎搭接接头。

当受拉钢筋的直径 $d > 28$ mm 及受压钢筋的直径 $d > 32$ mm 时，不宜采用绑扎搭接接头。

同一构件中相邻纵向受力钢筋的绑扎搭接接头宜相互错开。

钢筋绑扎搭接接头连接区段的长度为 1.3 倍搭接长度，凡搭接接头中点位于该连接区段长度内的搭接接头均属于同一连接区段。同一连接区段内纵向钢筋搭接接头面积百分率为该区段内有搭接接头的纵向受力钢筋截面面积与全部纵向受力钢筋截面面积的比值(图 4 –28)。

位于同一连接区段内的受拉钢筋搭接接头面积百分率：对梁类、板类及墙类构件，不宜大于 25%；对柱类构件，不宜大于 50%。

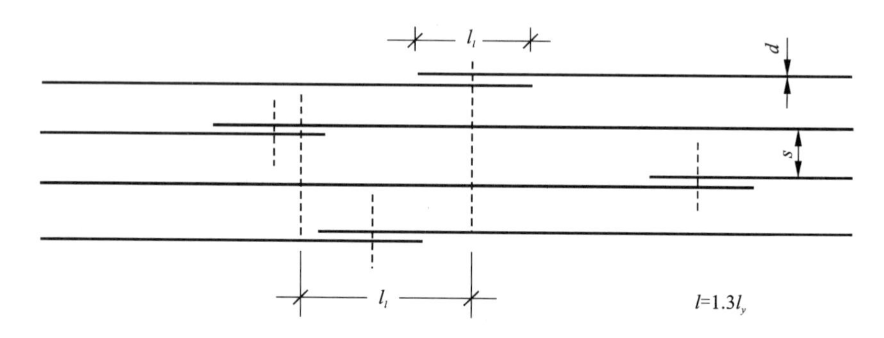

图 4 –28　同一连接区段内的纵向受拉钢筋绑扎搭接接头

注：图中所示同一连接区段内的搭接接头钢筋为两根，当钢筋直径相同时，钢筋搭接接头面积百分率为 50%。

当工程中确有必要增大受拉钢筋搭接接头面积百分率时，对梁类构件，不应大于 50%；对板类、墙类及柱类构件，可根据实际情况放宽。

纵向受拉钢筋绑扎搭接接头的搭接长度应根据位于同一连接区段内的钢筋搭接接头面积百分率按式(4 –7)计算

$$l_l = \zeta l_a \qquad (4-7)$$

式中：l_l 为纵向受拉钢筋的搭接长度；l_a 为纵向受拉钢筋的锚固长度，按《混凝土结构设计规范》(GB 50010—2010)第 8.3.1 条确定；ζ 为纵向受拉钢筋搭接长度修正系数，按表 4 –13 取用。

表 4 –13　纵向受拉钢筋搭接长度修正系数

纵向钢筋搭接接头面积百分率/%	≤25	50	100
ζ	1.2	1.4	1.6

在任何情况下，纵向受拉钢筋绑扎搭接接头的搭接长度均不应小于 300 mm。构件中的纵向受压钢筋，当采用搭接连接时，其受压搭接长度不应小于纵向受拉钢筋搭接长度的 70%，

且在任何情况下不应小于200 mm。

HPB235级光面钢筋绑扎接头的末端应做180°弯钩，弯钩平直段长度不应小于$3d$，但作受压钢筋时可不做弯钩。

在纵向受力钢筋搭接长度范围内应配置箍筋，其直径不应小于搭接钢筋较大直径的25%。当钢筋受拉时，箍筋间距不应大于搭接钢筋较小直径的5倍，且不应大于100 mm；当钢筋受压时，箍筋间距不应大于搭接钢筋较小直径的10倍，且不应大于200 mm。当受压钢筋直径$d>25$ mm时，尚应在搭接接头两个端面外100 mm范围内各设置两个箍筋。

（2）绑扎的基本要求

①钢筋网片绑扎。

钢筋的交叉点应采用铁丝扎牢。

对于板和墙的钢筋网，除靠近外围两行钢筋的相交点应全部扎牢外，中间部分交叉点可间隔交替扎牢，但必须保证受力钢筋不产生位置偏移；在靠近外围两行钢筋的相交点最好按十字花扣绑扎；在按一面顺扣绑扎的区段内，绑扣的方向应根据具体情况交错变化，以免网片朝一个方向歪扭，对于面积较大的网片，可适当地用钢筋作斜向拉结加固，如图4－29所示。

双向受力的钢筋须将所有相交点全部扎牢。

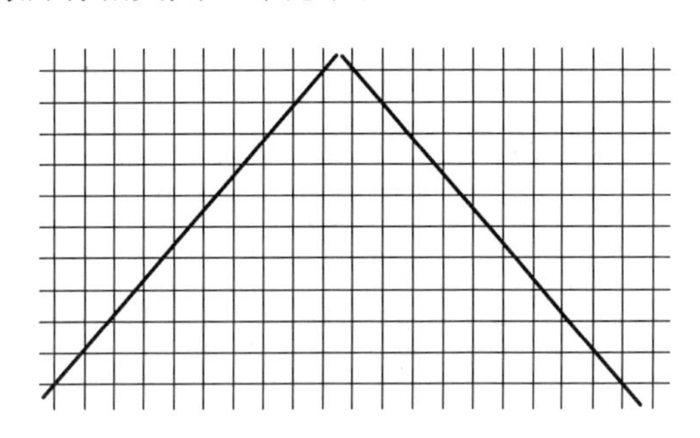

图4－29　钢筋网片钢筋作斜向拉结加固

②梁和柱的箍筋。

对梁和柱的箍筋，除设计有特殊要求（例如用于桁架端部节点采用斜向箍筋）之外，箍筋应与受力钢筋保持垂直；箍筋弯钩叠合处应沿受力钢筋方向错开放置，如图4－30所示。其中梁的箍筋弯钩应放在受压区，即不放在受力钢筋这一面。在个别情况下，例如连续梁支座处，受压区在截面下部，要是箍筋弯钩位于下面，有可能被钢筋压“开”，这时，只好将箍筋弯钩放在受拉区（截面上部，即受力钢筋那一面），但应特别绑牢，必要时用电弧焊点焊几处。

③弯钩朝向。

绑扎矩形柱的钢筋时，角部钢筋的弯钩平面应与模板面成45°角（多边形柱角部钢筋的弯钩平面应位于模板内角的平分线上；圆形柱钢筋的弯钩平面应与模板切平面垂直，即弯钩应朝向圆心）；矩形柱和多边形柱的中间钢筋（即不在角部的钢筋）的弯钩平面应与模板面垂直；当采用插入式振捣器浇筑截面很小的柱时，弯钩平面与模板面的夹角不得小于15°。

④构件交叉点钢筋处理。

在构件交叉点，例如柱与梁、梁与梁以及框架和桁架节点处杆件交汇点，钢筋纵横交错，大部分在同一位置上发生碰撞，无法安装。遇到这种情况，必须在施工前的审图过程中就予

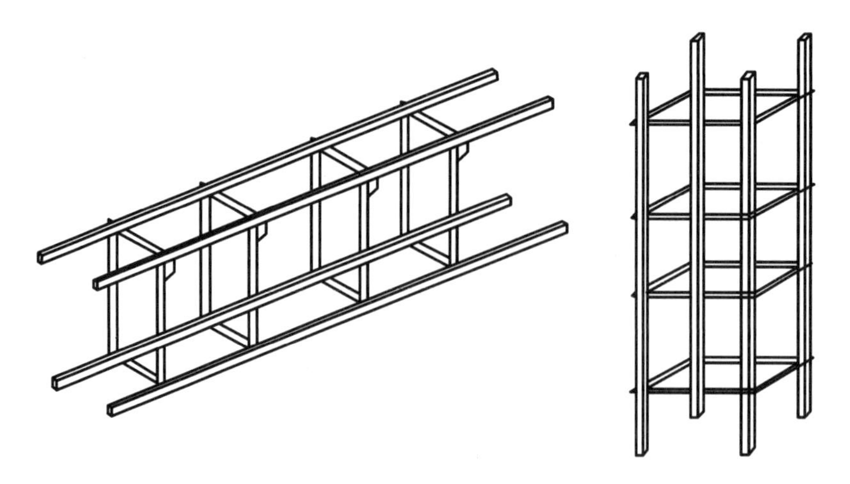

图 4-30　梁和柱的箍筋

以解决。处理办法一般是使一个方向的钢筋设置在规定的位置（按规定取保护层厚度），而另一个方向的钢筋则去避开它（常以调整保护层厚度来实现）。

在高层建筑中，这种情况尤为普遍，例如有的框架节点或基础底板，甚至有三四个方向的梁集聚在柱上，钢筋布置复杂，顺畅地安排几乎不可能。对施工人员来说，就得多动脑筋，多考虑几种方案（一般是布置成多层，必要时还得对钢筋端部做少量弯曲），并且要体现在钢筋材料表中，作为具体安装依据。特别注意要对有关工人和质量检查员进行方案交底。

a. 主梁与次梁交叉。

对于肋形楼板结构，在板、次梁与主梁交叉处，纵横钢筋密集，在这种情况下，钢筋的安装顺序自下至上应该为：主梁钢筋、次梁钢筋、板的钢筋。如图 4-31 所示。

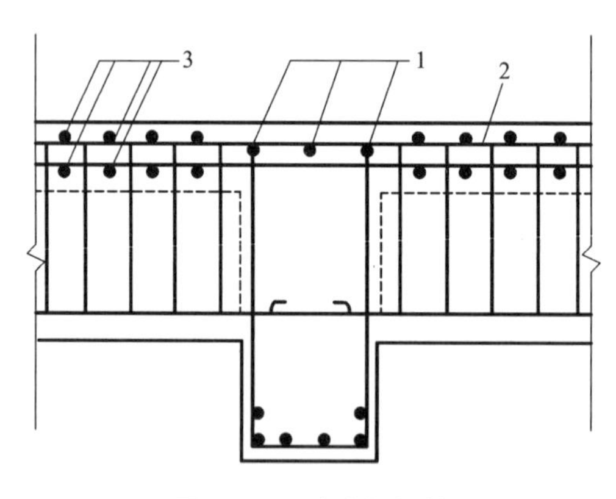

图 4-31　主次梁钢筋

1—主梁钢筋；2—次梁钢筋；3—板的钢筋

由于各方向钢筋互相重叠，交错凌乱，有的甚至碰撞在一条线上，因此安装钢筋的准备工作中还应包括对施工图进行详细审阅，并且要纠正设计不周之处。例如图 4-31 的主梁钢筋放在次梁钢筋下面，次梁钢筋想要维持常规的混凝土保护层厚度，那么，主梁上部混凝土保护层就必须加厚，加厚值为次梁钢筋的直径，亦即主梁箍筋高度应相应减小。

b. 杆件交叉。

框架、桁架的杆件交叉点(节点)是钢筋交叠密集的部位，如果交叉件的截面高度(或宽度)一样，而按照同样的混凝土保护层厚度取用，两杆件的主筋就会碰触到一起，这种现象通常发生在桁架的交叉杆、柱的牛腿与柱身交接处、框架节点处等。

安装钢筋前也要事先对杆件交叉处配筋情况详加审核，避免操作时出现问题，防止出现处理困难，既浪费人工和材料，又耽误施工时间的情况。例如图 4－32 为一支架节点，从截面 1－1 可以看出，按照梁、柱的混凝土保护层厚度要求，③号钢筋与④号钢筋处于同一平面，会碰到一起，无法安装。这种设计上的毛病如果施工前被发现，就可以采取必要的措施纠正。

纠正方法一般是将横杆（梁）的纵向钢筋弯折，插入竖杆(柱)的钢筋骨架内[图 4－33(a)]；也可以征得技术人员同意，将梁钢筋的保护层厚度加大，即将②号箍筋宽度改小(比①号箍筋小两个柱筋的直径)，使纵向钢筋能够直接插入柱的钢筋骨架内[图 4－33(b)]。在这种情况下，由于箍筋宽度改小，就避免了梁的纵向钢筋不位于箍筋转角处的缺陷。

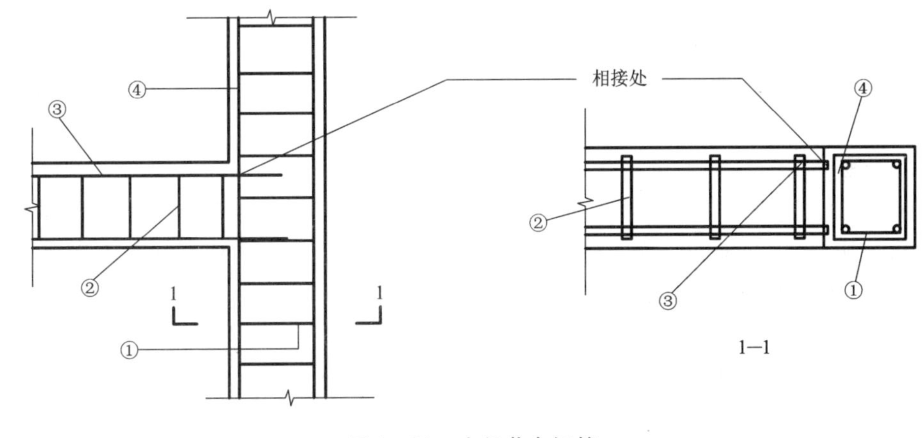

图 4－32　支架节点钢筋

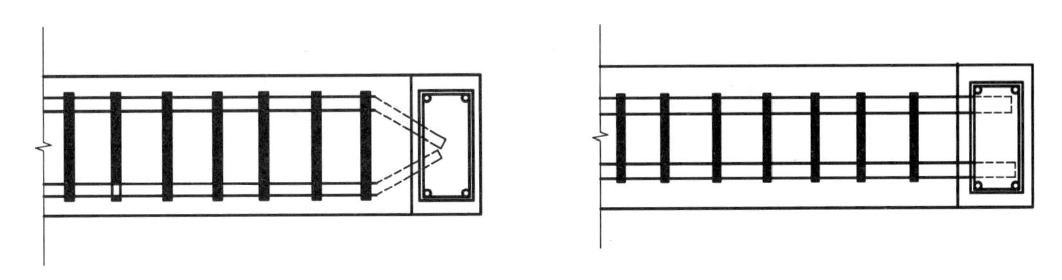

图 4－33　支架节点钢筋调整

⑤钢筋位置的固定。

为了使安装钢筋处于准确位置之后，不致因施工过程中被人踩、放置工具、混凝土浇捣等影响而产生位移，必要时需预先规划一些相应的支架、撑件或垫筋备用。

a. 支架或撑件。图 4－34 为高截面上部钢筋使用支架，以及对两层钢筋网使用撑脚示意图。撑脚和支架都可用钢筋弯折制成。支架的设置根据混凝土构件的形式灵活确定：宽度不能太大，以防止被压弯；如果构件本身的宽度就很大，可使用几个支架并排连成一片；几排支架之间要用斜撑联系，以免造成失稳。

在大型设备基础中，钢筋骨架的高度有时高达3 m以上的，平面面积也相当大，钢筋规格又很粗。在这种情况下，制作支架的用料必须加强，一般可用型钢焊成格构式支架应用。

b. 垫筋。梁的纵向钢筋布置两层时，为使上层钢筋保持准确位置，可在下层钢筋上放短钢筋头，以作为上层钢筋的垫筋（垫筋直径应符合设计要求的两层钢筋间的净距），如图4－35所示。

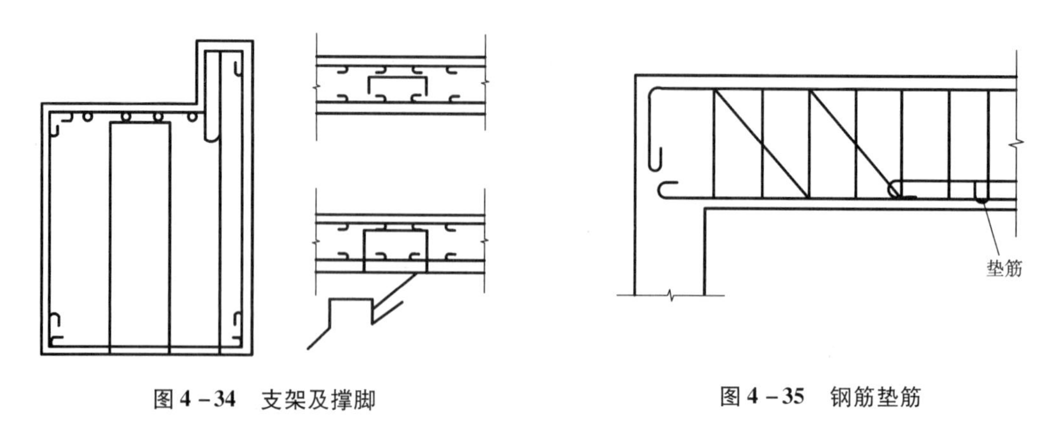

图4－34　支架及撑脚

图4－35　钢筋垫筋

⑥钢筋保护层。

钢筋在混凝土中保护层的厚度，应根据不同构件确定，可用水泥砂浆垫块(也可以用混凝土、塑料垫块)，垫在钢筋与模板之间，垫块应设置成梅花形，其相互间距不大于1 m。上下两层钢筋之间的尺寸可用绑扎短钢筋来控制，如图4－36所示。

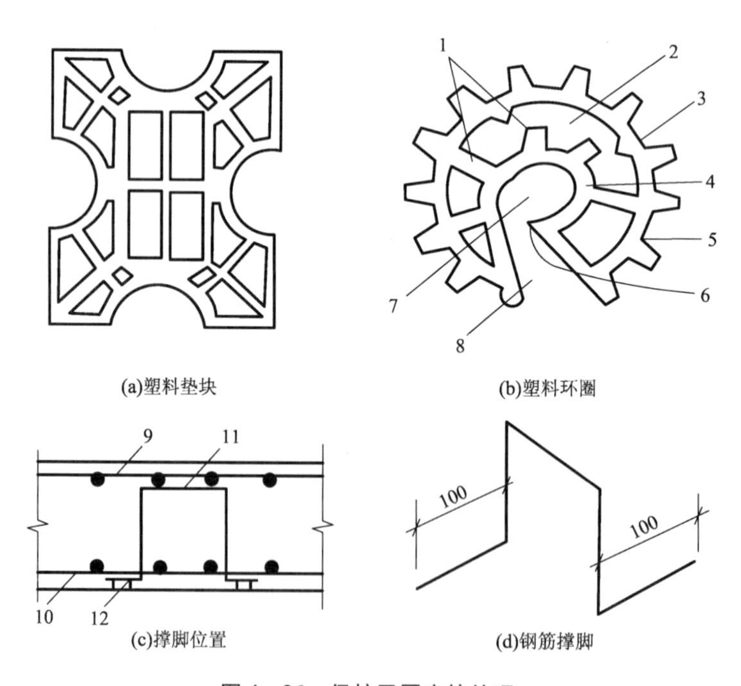

图4－36　保护层厚度的处理

1—环栅；2—环孔；3—环壁；4—内环；5—外环；6—卡喉；
7—卡腔；8—卡嘴；9—板上部钢筋；10—板下部钢筋；11—撑脚；12—垫块

4.2 混凝土工程

混凝土工程包括混凝土制备、运输、浇筑捣实和养护等施工过程，各个施工过程相互联系和影响，任一施工过程处理不当都会影响混凝土工程的最终质量。因此，要使混凝土工程施工能保证结构的设计形状和尺寸，确保混凝土的强度、刚度、密实性、整体性、耐久性，以及能满足其他设计和施工的特殊要求，就必须严格把控混凝土的各种原材料的质量和每道工序的施工质量。

4.2.1 混凝土的材料组成和配制

混凝土结构工程施工中所用的混凝土是以水泥为胶凝材料，外加粗细骨料和水，将它们按照一定的配合比拌和而成的混合材料。另外，还可根据需要，向混凝土中掺加外加剂和外掺和料以改善混凝土的某些性能。混凝土工作性是指在一定施工条件下，便于施工操作且能保证获得均匀密实的混凝土，混凝土拌和物应具备的性能，主要包括流动性、黏聚性和保水性。

4.2.1.1 混凝土的材料组成

(1)水泥、水

①水泥。水泥的种类很多，其中常用的水泥有：硅酸盐水泥、普通硅酸盐水泥、矿渣硅酸盐水泥、火山灰质硅酸盐水泥、粉煤灰硅酸盐水泥和复合硅酸盐水泥。

水泥分散装和袋装两种形式。袋装水泥每袋净重 50 kg ± 1 kg。随机抽取 20 袋，水泥总质量不得少于 1 000 kg。散装水泥平均堆积密度为 1 450 kg/m^3，袋装压实的水泥为 1 600 kg/m^3。入库的水泥应按品种、强度等级、出厂日期分别堆放，并树立标志，做到先到先用，不得将不同品种、不同标号或不同出厂日期的水泥混用。水泥要防止受潮，现场仓库应尽量密闭，仓库地面、墙面要干燥。水泥储存时间不宜过长，以免结块降低强度，且不得和石灰石、石膏等粉状物混放在一起。

②水。加入水之后，水泥中的物质才会发生水化反应，形成胶凝物质。一般符合国家规定标准的生活用水，可直接用于拌制各种混凝土。用于拌和混凝土的拌和用水所含物质对混凝土、钢筋混凝土和预应力混凝土不应产生有害作用：不影响混凝土的和易性和凝结；不损害混凝土的强度发展；不会降低混凝土的耐久性；不会加快钢筋腐蚀导致预应力钢筋脆断。

(2)砂、石子

砂和石子是混凝土的骨架材料，因此又称粗细骨料。骨料有天然骨料和人造骨料两种，在工程中常用天然骨料。

①砂。由自然条件作用而形成的，粒径在 5 mm 以下的岩石颗粒，称为天然砂。经除土处理的机制砂、混合砂统称为人工砂。砂在运输、装卸和堆放过程中应防止离析或混入杂物，应按产地、种类和规格分别堆放并树立标志以便使用。

按砂的粒径可分为粗砂、中砂和细砂，目前以细度模数来划分，其划分规范如表 4 - 14 所示。

表 4－14 砂的分类

粗细程度	细度模数	平均粒径/mm
粗砂	3.1～3.7	0.5 以上
中砂	2.3～3.0	0.35～0.5
细砂	1.6～2.2	0.25～0.35

②石子。普通混凝土所用的石子可分为碎石和卵石。由天然岩石或卵石经破碎、筛分而得的粒径大于 5 mm 的岩石颗粒，称为碎石；由自然条件作用而形成的粒径大于 5 mm 的岩石颗粒称为卵石。

石子的最大粒径是指石子粒径的上限。每一粒级石子的上限就是该粒级的最大粒径。如 5～20 mm 粒级的小石子，其最大粒径即为 20 mm。为能顺利施工和保证构件质量，一般对采用石子的最大粒径作如下规定：石子的最大粒径不得超过结构断面最小尺寸的 1/4，同时又不得大于钢筋之间最小净距的 3/4。混凝土实心板允许采用最大粒径为 1/2 板厚且不得超过 50 mm。

混凝土骨料要质地坚固、颗粒级配良好，含泥量要小，有害杂质含量要满足国家有关标准，尤其是可能引起混凝土碱－骨料反应的活性硅、云石等的含量必须严格控制。

碎石或卵石在运输、装卸和堆放过程中应防止颗粒离析和混入杂质，应按产地、种类和规格分别堆放并树立标志，以便使用。堆放高度不宜超过 5 m，但对单粒级或最大粒径不超过 20 mm 的连续粒级，堆放高度可以增加到 10 m。砂、碎(卵)石中各有害物质的含量应严格控制在表 4－15 所规定的范围之内。

表 4－15 砂、碎(卵)石的含泥量限值

混凝土强度等级	高于或等于 C20	低于 C20
砂含泥量按质量计不大于/%	3	5
碎(卵)石含泥量按质量计不大于/%	1	2

(3)外加剂、掺和料

①外加剂。外加剂是在混凝土拌和过程中掺入的，并能按要求改善混凝土性能的材料。根据其用途和用法不同，总体上可分为早强剂、减水剂、缓凝剂、膨胀剂、防冻剂、引气剂、防锈剂、防水剂等。

使用外加剂前必须详细了解其性能，准确掌握其使用方法，要通过实际试验检查其性能，不得盲目使用任何外加剂。

选用的外加剂应有供货单位提供的产品说明书、出厂检验报告及合格证、掺外加剂混凝土性能检验报告。外加剂运到工地后必须立即取代表性样品进行检验，进货与工程试配一致方可使用。若发现不一致，应禁止使用。

外加剂的掺量，应按其品种并根据使用要求、施工条件、混凝土原材料等因素通过试验确定。外加剂的掺量(按固定计算)，应以水泥质量的百分率表示，称量误差不应超过规定计量的 2% 。掺用外加剂混凝土的制作和使用，还应符合国家现行的混凝土外加剂质量标准以

及其他相关标准、规范的规定。

②掺和料。在混凝土中加适量的掺和料，既可以节约水泥，降低混凝土的水泥水化总热量，也可以改善混凝土的性能。尤其是在高性能混凝土中，掺入一定量的外加剂和掺和料，可以起到降低温度、改善工作性、增进后期强度、改善混凝土内部结构、提高耐久性、节约资源等作用，是实现其有关性能指标的主要途径。

4.2.1.2　混凝土的配制

(1)混凝土的施工配合比

混凝土的施工配合比是指混凝土在施工过程中所采用的配合比。混凝土施工配合比一经确定就不能随意改变。

混凝土配合比的选择，要根据工程要求、组成材料的质量、施工方法等因素，通过试验室计算及试配后确定。所确定的试验配合比应使拌制出的混凝土能保证达到结构设计中所要求的强度等级，并符合施工中对和易性的要求，同时还要合理地使用材料，节约水泥。

施工中按设计图纸要求的混凝土强度等级，正确确定混凝土配制强度，以保证混凝土工程质量。考虑到现场实际施工条件的差异和变化，因此，混凝土的试配强度应比设计的混凝土强度标准值提高一个数值，即

$$f_{cu,0} = f_{cu,k} + 1.645\sigma \tag{4-8}$$

式中：$f_{cu,0}$为混凝土配制强度，MPa；$f_{cu,k}$为设计的混凝土立方体抗压强度标准值，MPa；σ为施工单位的混凝土强度标准差，MPa。

对于混凝土强度的标准差，应由强度等级相同，混凝土配合比和工艺条件基本相同的混凝土28天强度统计求得。其统计周期，对于预拌混凝土工厂和预制混凝土构件厂，可取一个月；对于现场拌制混凝土的施工单位，可根据实际情况确定，但不宜超过三个月。当混凝土强度等级为C20或C25，如计算所得到的，$\sigma < 2.5$ MPa时，则取$\sigma = 2.5$ MPa；当混凝土强度等级为C30及以上，如计算得到的$\sigma < 3.0$ MPa时，取$\sigma = 3.0$ MPa。当施工单位无近期混凝土强度统计资料时，σ可按表4－16取值。

表4－16　σ值选用表

混凝土强度等级	≤C15	C20～C35	≥C40
σ/MPa	4.0	5.0	6.0

施工配料时影响混凝土质量的因素主要有两个方面：一是称量不准，原材料每盘称量的允许偏差如表4－17所示；二是未按砂、石集料实际含水率的变化进行施工配合比的换算。

表4－17　原材料每盘称量的允许偏差

材料名称	允许偏差
水泥掺合料	±2%
粗细集料	±3%
水外加剂	±2%

施工配合比换算是指施工时应及时测定砂、石集料的含水率，并将混凝土配合比换算成在实际含水率情况下的施工配合比。设混凝土实验室配合比为水泥：砂子：石子 $=1:X:Y$，测得砂子的含水率为 W_x，石子的含水率 W_y，则施工配合比应为 $1:X(1+W_x):Y(1+W_y)$。

例 4-2 已知 C20 混凝土的实验室配合比为 1:2.55:5.12，水灰比为 0.65，经测定砂的含水率为 3%，石子的含水率为 1%，每 1 m³ 混凝土的水泥用量为 310 kg，则施工配合比为

$$1:2.55(1+3\%):5.12(1+1\%)=1:2.63:5.17$$

每 1 m³ 混凝土材料用量为

水泥：310 kg

砂子：310 kg × 2.63 = 815.3 kg

石子：310 kg × 5.17 = 1 602.7 kg

水：310 kg × 0.65 − 310 kg × 2.55 × 3% − 310 kg × 5.12 × 1% = 161.9 kg

施工中往往以一袋或两袋水泥为下料单位，每搅拌一次叫作一盘。因此求出每 1 m³ 混凝土材料用量后，还必须根据工地现有搅拌机出料容量确定每次需用几袋水泥，然后按水泥用量算出砂、石子的每盘用量。

例 4-3 如采用 JZ250 型搅拌机，出料容量为 0.25 m³，则每搅拌一次的装料数量为

水泥：310 kg × 0.25 = 77.5 kg（取一袋半水泥，即 75 kg）

砂子：815.3 kg × 75/310 = 197.25 kg

石子：1 602.7 kg × 75/310 = 387.75 kg

水：161.9 kg × 75/310 = 39.17 kg

混凝土的施工配合比，应保证结构设计对混凝土等级及施工对混凝土和易性的要求，并应符合合理使用材料、节约水泥的原则。必要时，还应符合抗冻性、抗渗性等要求。对于有特殊要求的混凝土，其配合比设计尚应符合有关标准的专门规定。

（2）混凝土的搅拌

混凝土的拌制就是水泥、水、粗细骨料和外加剂等原材料混合在一起进行均匀拌和的过程。搅拌后的混凝土要求匀质，且达到设计要求的和易性和强度。拌制过程对搅拌机的选择很重要。为获得质量优良的混凝土拌和物，不仅需要选择合适的搅拌机，还必须严格确定搅拌制度，即搅拌时间、投料顺序和进料容量等。

①搅拌机的选择。目前普遍使用的搅拌机根据其搅拌原理可分为自落式搅拌机和强制式搅拌机两大类。

a. 自落式搅拌机。自落式搅拌机（图 4-37）主要是利用拌筒内材料的自重进行工作，比较节约能源。由于材料黏着力和摩擦力的影响，自落式搅拌机只适用于搅拌塑性混凝土和低流动性混凝土。自落式搅拌机在使用中对筒体和叶片的摩擦较小，易于清洁。由于搅拌过程会对混凝土骨料有较大的磨损，从而对混凝土质量产生不良影响，故自落式搅拌机正逐渐被强制式搅拌机所替代。

b. 强制式搅拌机。强制式搅拌机（图 4-38、图 4-39）利用拌筒内运动着的叶片强迫物料朝着各个方向运动，由于各物料颗粒的运动方向、速度各不相同，相互之间产生剪切滑移而相互穿插、扩散，从而在很短的时间内，使物料拌和均匀。强制式搅拌机适用于搅拌坍落度在 30 mm 以下的普通混凝土和轻骨料混凝土。

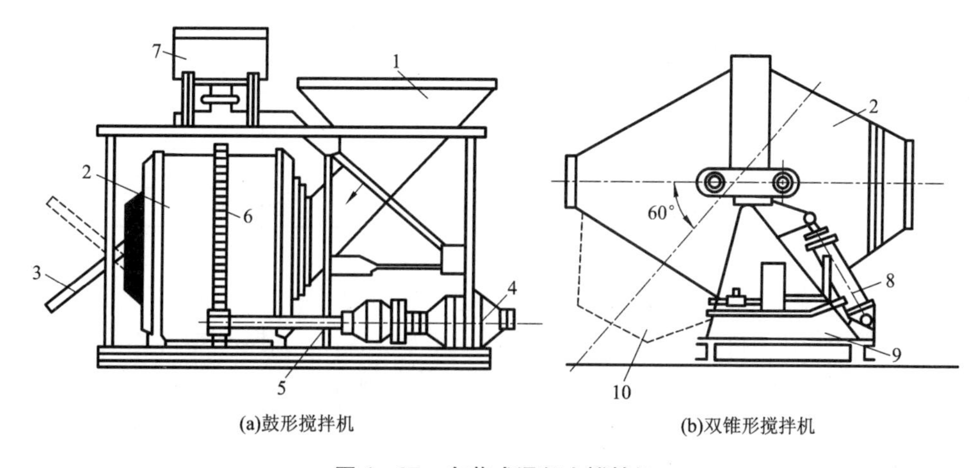

图 4－37　自落式混凝土搅拌机

1—装料机；2—拌和筒；3—卸料槽；4—电动机；5—传动轴；
6—齿圈；7—量水器；8—气顶；9—机座；10—卸料位置

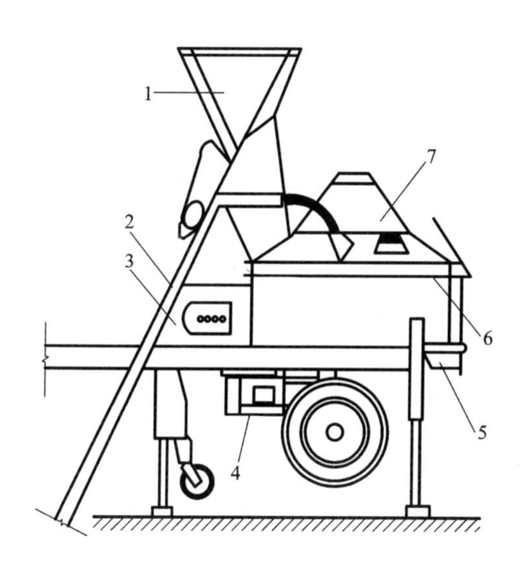

图 4－38　立轴强制式搅拌机

1—上料斗；2—上料轨道；3—开关箱；4—电动机；
5—出浆口；6—进水管；7—搅拌筒

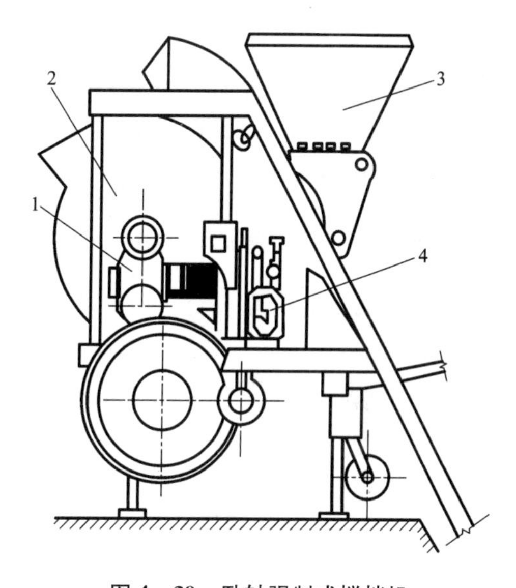

图 4－39　卧轴强制式搅拌机

1—变速装置；2—搅拌筒；3—上料斗；4—水泵

②混凝土的搅拌时间。搅拌时间是指从原材料全部投入搅拌筒，到开始卸料所经历的时间。它与搅拌质量密切相关，随搅拌机型号和混凝土的和易性不同而变化。在一定范围内混凝土强度会随搅拌时间的延长而有所提高，但过长时间的搅拌既不经济也不合理。搅拌时间过长，不坚硬的粗骨料在大容量搅拌机中会因脱角、破碎等而影响混凝土的质量。加气混凝土也会因搅拌时间过长而使含气量下降。为了保证质量，应控制搅拌的最短时间（表 4－18），该最短时间是按一般常用搅拌机的回转速度确定的，不允许用超过混凝土搅拌机规定的回转速度进行搅拌以缩短搅拌延续时间。

表 4 – 18　混凝土搅拌的最短时间　　s

混凝土坍落度/mm	搅拌机机型	<250 L	250 ~ 500 L	>500 L
≤30	自落式	90	120	150
	强制式	60	90	120
>30	自落式	90	90	120
	强制式	60	60	90

③投料顺序。施工中常用的投料顺序有一次投料法、二次投料法和水泥裹砂石法。

a. 一次投料法是在上料斗中先装石子，再加水泥和砂，然后一次投入搅拌筒中进行搅拌。

b. 二次投料法是先向搅拌机内投入水和水泥，待其搅拌 1 min 后再投入石子和砂继续搅拌到规定时间。这种投料方法能改善混凝土性能，提高混凝土的强度，与一次投料法相比可使混凝土强度提高10% ~ 15%，节约水泥15% ~ 20%。

c. 水泥裹砂石法是先将全部砂、石子和部分水倒入搅拌机拌和，使集料湿润，搅拌时间以 45 ~ 75 s 为宜，称之为造壳搅拌；再倒入全部水泥搅拌 20 s，加入拌和水和外加剂进行第二次搅拌，60 s 左右完成。这种搅拌工艺称为水泥裹砂法，所拌制的混凝土称为造壳混凝土（简称 SEC 混凝土）。

④进料容量。进料容量是将搅拌前各种材料的体积累计起来的容量，又称干料容量。进料容量为出料容量的 1.4 ~ 1.8 倍，如任意超载（超载 10%），就会使材料在搅拌筒中无充分的空间拌和，影响混凝土的和易性。反之，装料过少，又不能充分发挥搅拌机的效能。

4.2.2　混凝土运输、浇筑和养护

4.2.2.1　混凝土的运输

混凝土运输中的全部时间不能超过混凝土的初凝时间，运输中应保持匀质性，不应产生离析现象，不应漏浆；运至浇筑地点应具有规定的坍落度，保证混凝土能有充分的时间进行浇筑，并要保证混凝土浇筑的连续进行。

混凝土运输分地面水平运输、垂直运输和楼面水平运输三种。混凝土地面水平运输若采用预拌混凝土且运输距离较远时，多用混凝土搅拌运输车，如图 4 – 40 所示。垂直运输可采用各种井架、龙门架和塔式起重机作为垂直运输工具。对于浇筑量大、浇筑速度比较稳定的大型设备基础和高层建筑，宜采用混凝土泵。

振动台一般在预制厂用于振实干硬性混凝土和轻集料混凝土。

应以最少的转运次数和最短的时间将混凝土运到浇筑现场，混凝土从搅拌机卸出到浇筑完毕的时间不宜超过表 4 – 19 的规定，使混凝土在初凝时间之前能有充分时间进行浇筑和捣实。

表 4 – 19　混凝土从搅拌机中卸出到浇筑完毕的延续时间

气温	延续时间/min			
	采用搅拌车		其他运输设备	
	≤C30	>C30	≤C30	>C30
≤25 ℃	120	90	90	75
>25 ℃	90	60	60	45

图 4-40　混凝土搅拌运输车

场内输送道路应尽量平坦，以减少运输时的振荡，避免造成混凝土分层离析。同时还应考虑布置环形回路，施工高峰时宜设专人管理指挥，以免车辆互相拥挤阻塞。临时架设的桥道要牢固，桥板接头须平顺。

浇筑基础，可采用单向输送主道和单向输送支道的布置方式；浇筑柱子，可采用来回输送主道和盲肠支道的布置方式；浇筑楼板，可采用来回输送主道和单向输送支管道结合的布置方式。对大型混凝土工程，还应加强现场指挥和调度。

在风雨或暴热天气输送混凝土容器上应加遮盖，以防进水或水分蒸发。冬期施工应加以保温，夏季最高气温超过 40 ℃时应有隔热措施。

(1)混凝土泵运输

混凝土泵运输又称泵送混凝土，是利用混凝土泵的压力将混凝土通过管道输送到浇筑地点，一次完成水平运输和垂直运输。混凝土泵运输具有输送能力大（最大水平输送距离可达 800 m，最大垂直输送高度可达 300 m）、效率高、连续作业、节省人力等优点，是施工现场运输混凝土的较先进的方法，今后必将得到广泛的应用。

泵送混凝土设备有混凝土泵、输送管和布料装置。

①混凝土泵。混凝土泵按作用原理分为液压活塞式、挤压式和气压式三种。

液压活塞式混凝土泵(图 4-41)是利用活塞的往复运动，将混凝土吸入和压出。将搅拌好的混凝土装入泵的料斗内，此时排出端片阀关闭，吸入端片阀开启，在液压作用下，活塞向液压缸体方向移动，混凝土在自重及真空吸力作用下，进入混凝土管内。然后活塞向混凝土缸体方向移动，吸入端片阀关闭，排出端片阀开启，混凝土被压入管道中，输送至浇筑地点。单缸混凝土泵出料是脉冲式的，所以一般混凝土泵都有并列两套缸体，交替出料，使出料稳定。

将混凝土泵装在汽车底盘上，可组成混凝土泵车。混凝土泵车转移方便、灵活，适用于中小型工地施工。

挤压式混凝土泵是利用泵室内的滚轮挤压装有混凝土的软管，软管受局部挤压使混凝土向前推移。泵室内保持高度真空，软管受挤压后扩张，管内形成负压，将料斗中的混凝土不断吸入，滚轮不断挤压软管，使混凝土不断排出，如此连续运转。

气压式混凝土泵是以压缩空气为动力使混凝土沿管道输送至浇筑地点。其设备由空气压缩机、贮气罐、混凝土泵(亦称混凝土浇筑机或混凝土压送器)、输送管道、出料器等组成。

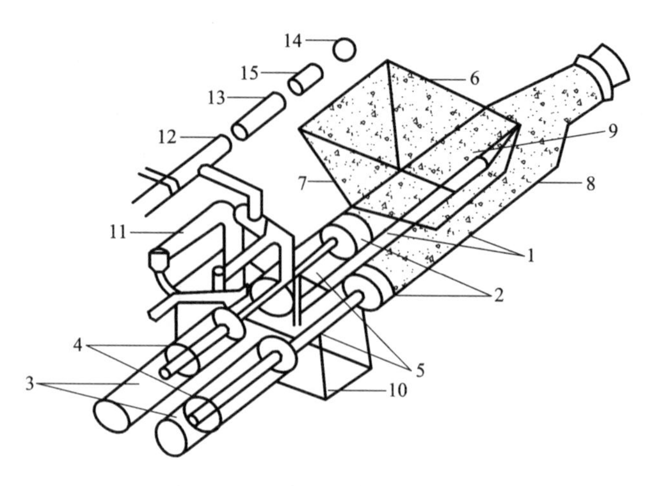

图 4-41　液压活塞式混凝土泵

1—混凝土泵；2—混凝土活塞；3—液压缸；4—液压活塞；5—活塞杆；6—料斗；7—水平阀；8—竖直阀；9—输送管；10—水箱；11—换向阀；12—高压软管；13—水洗用法兰；14—海绵球；15—清洗活塞

②混凝土输送管。混凝土输送管有直管、弯管、锥形管和浇筑软管等。

直管、弯管的管径以 100 mm，125 mm 和 150 mm 三种为主，直管标准长度以 4.0 m 为主，另有 3.0 m，2.0 m，1.0 m，0.5 m 四种管长作为调整布管长度用。弯管的角度有 15°，30°，45°，60°，90°五种，以适应管道改变方向的需要。

锥形管长度一般为 1.0 m，用于两种不同管径输送管的连接。直管、弯管、锥形管用合金钢制成，浇筑软管用橡胶与螺旋形弹性金属制成。软管接在管道出口处，在不移动钢干管的情况下，可扩大布料范围。

③布料装置。混凝土泵连续输送的混凝土量很大，为使输送的混凝土直接浇筑到模板内，应设置具有输送和布料两种功能的布料装置(称为布料杆)。

布料装置应根据工地的实际情况和条件来选择，图 4-42 为一种移动式布料装置，放在楼面上使用，其臂架可回转 360°，可将混凝土输送到其工作范围内的浇筑地点。此外，还可将布料杆装在塔式起重机上；也可将混凝土泵和布料杆装在汽车底盘上，组成布料杆泵车(图 4-43)，用于基础工程或多层建筑混凝土浇筑。

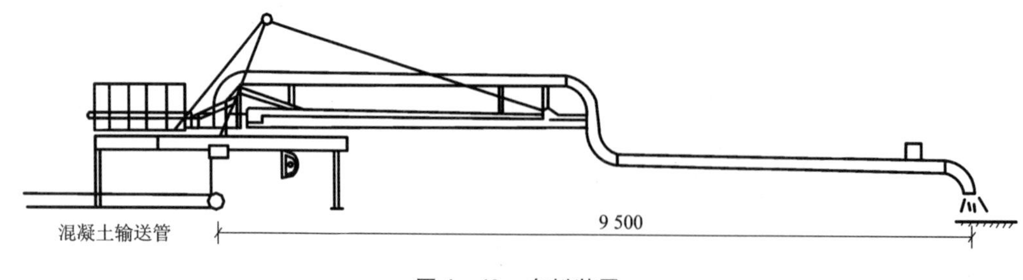

图 4-42　布料装置

(2)泵送混凝土的原材料和施工配合比

混凝土在输送管内输送时应尽量减少与管壁间的摩阻力，使混凝土流通顺利，不产生离

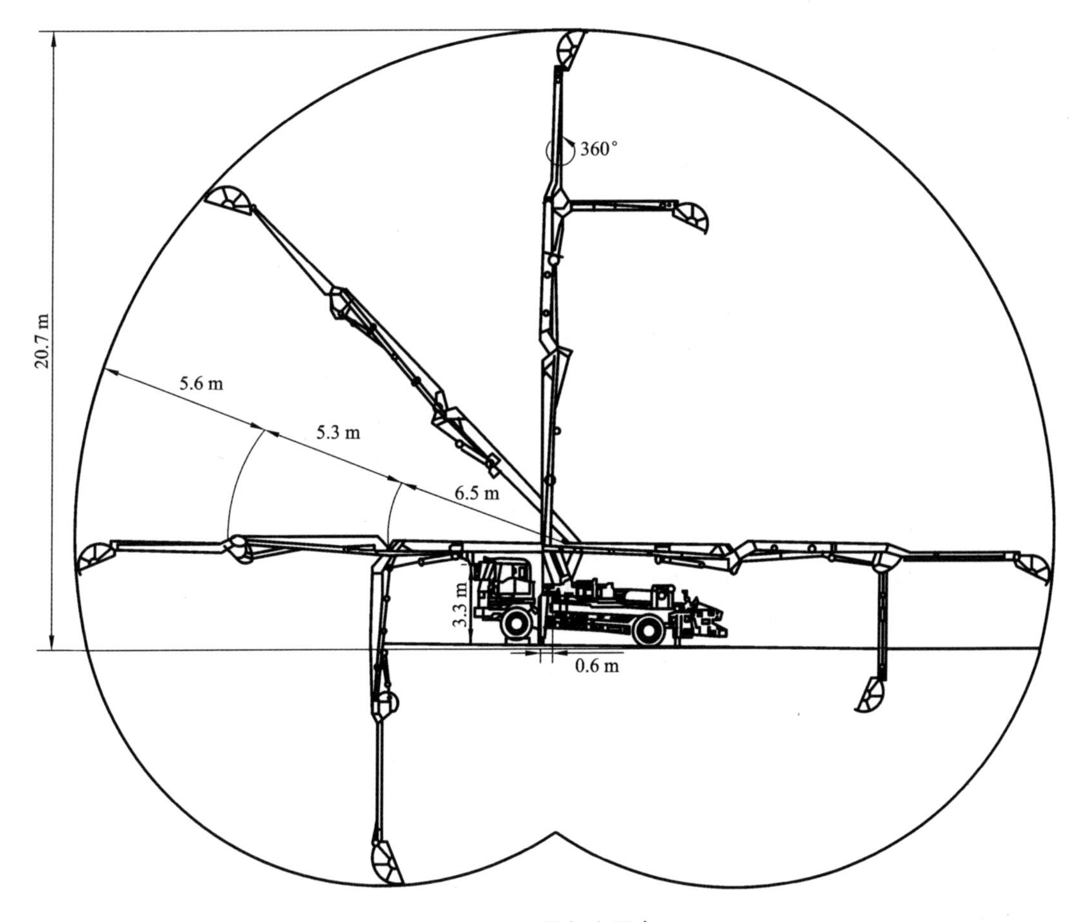

图 4-43　混凝土泵车

析现象。选择泵送混凝土的原料和配合比应满足泵送的要求。

①粗骨料。粗骨料宜优先选用卵石，当水灰比相同时卵石混凝土比碎石混凝土流动性好，与管道的摩阻力小。为减小混凝土与输送管道内壁的摩阻力，应限制粗骨料最大粒径 d 与输送管内径 D 之比值。一般粗骨料为碎石时，$d \geqslant D/3$；粗骨料为卵石时，$d \leqslant D/2.5$。

②细骨料。骨料颗粒级配对混凝土的流动性有很大影响。为提高混凝土的流动性和防止离析，泵送混凝土中通过 0.135 mm 筛孔的砂应不小于 15%，含砂率宜控制在 40%~50%。

③水泥用量。水泥用量过少，混凝土易产生离析现象。1 m^3 泵送混凝土最小水泥用量为 300 kg。

④混凝土的坍落度。混凝土的流动性大小是影响混凝土与输送管内壁摩阻力大小的主要因素，泵送混凝土的坍落度宜为 80~180 mm。

⑤为了提高混凝土的流动性，减小混凝土与输送管内壁的摩阻力，防止混凝土离析，宜掺入适量的外加剂。

(3)泵送混凝土施工的有关规定

泵送混凝土施工时，除事先拟定施工方案，选择泵送设备，做好施工准备工作外，在施工中还应遵守如下几条规定：

①混凝土的供应必须保证混凝土泵能连续工作；

②输送管线的布置应尽量直，转弯宜少且缓，管与管接头严密；

③泵送前应先用适量的与混凝土内成分相同的水泥浆或水泥砂浆润滑输送管内壁；

④预计泵送间歇时间超过45 min或混凝土出现离析现象时，应立即用压力水或其他方法冲管内残留的混凝土；

⑤泵送混凝土时，泵的受料斗内应经常有足够的混凝土，防止吸入空气形成阻塞；

⑥输送混凝土时，应先输送远处混凝土，随混凝土浇筑工作的逐步完成，实现逐步拆管。

4.2.2.2 混凝土的浇筑

(1)混凝土浇筑前的准备工作

①对模板及其支架进行检查，应确保标高、位置尺寸正确，强度、刚度、稳定性及严密性满足要求；模板中的垃圾、泥土和钢筋上的油污应加以清除；木模板应浇水润湿，但不允许留有积水。

②对钢筋和预埋件应请监理人员共同检查钢筋的级别、直径、排放位置及保护层厚度是否符合设计和规范要求，并认真做好隐蔽工程记录。

③准备和检查材料、机具等；注意天气预报，不宜在雨雪天气浇筑混凝土。

④做好施工组织工作和技术、安全交底工作。

(2)混凝土浇筑的一般规定

①混凝土浇筑前不应发生离析或初凝现象，如已发生，须重新搅拌。混凝土运至现场后，其坍落度应满足表4－20的要求。

表4－20 混凝土浇筑时的坍落度

结构种类	坍落度/mm
基础或地面垫层、无配筋大体积结构(挡土墙、基础等)或配筋稀疏的结构	10～30
板、梁和大、中型截面的柱子等	30～50
配筋密列的结构(薄壁、斗仓、筒仓、细柱等)	50～70
配筋特密的结构	70～90

注：①本表系用机械振捣混凝土时的坍落度，当采用人工捣实混凝土时，其值可适当增大；②当需要配置大坍落度混凝土时，应掺用外加剂；③曲面或斜面结构混凝土的坍落度应根据实际需要另行选定；④轻集料混凝土的坍落度，宜比表中数值减少10～20 mm。

②混凝土自高处倾落时，其自由倾落高度不宜超过2 m，在竖向结构中浇筑混凝土的高度不得超过3 m，否则应设串筒、溜槽、溜管或振动溜管等，如图4－44、图4－45所示。溜槽与串筒的使用方法如图4－46所示。

③混凝土浇筑时应经常观察模板、支架、钢筋、预埋件和预留孔洞的情况，当发现有变形、移位时，应立即停止浇筑，并在已浇筑混凝土凝结前修整完好。

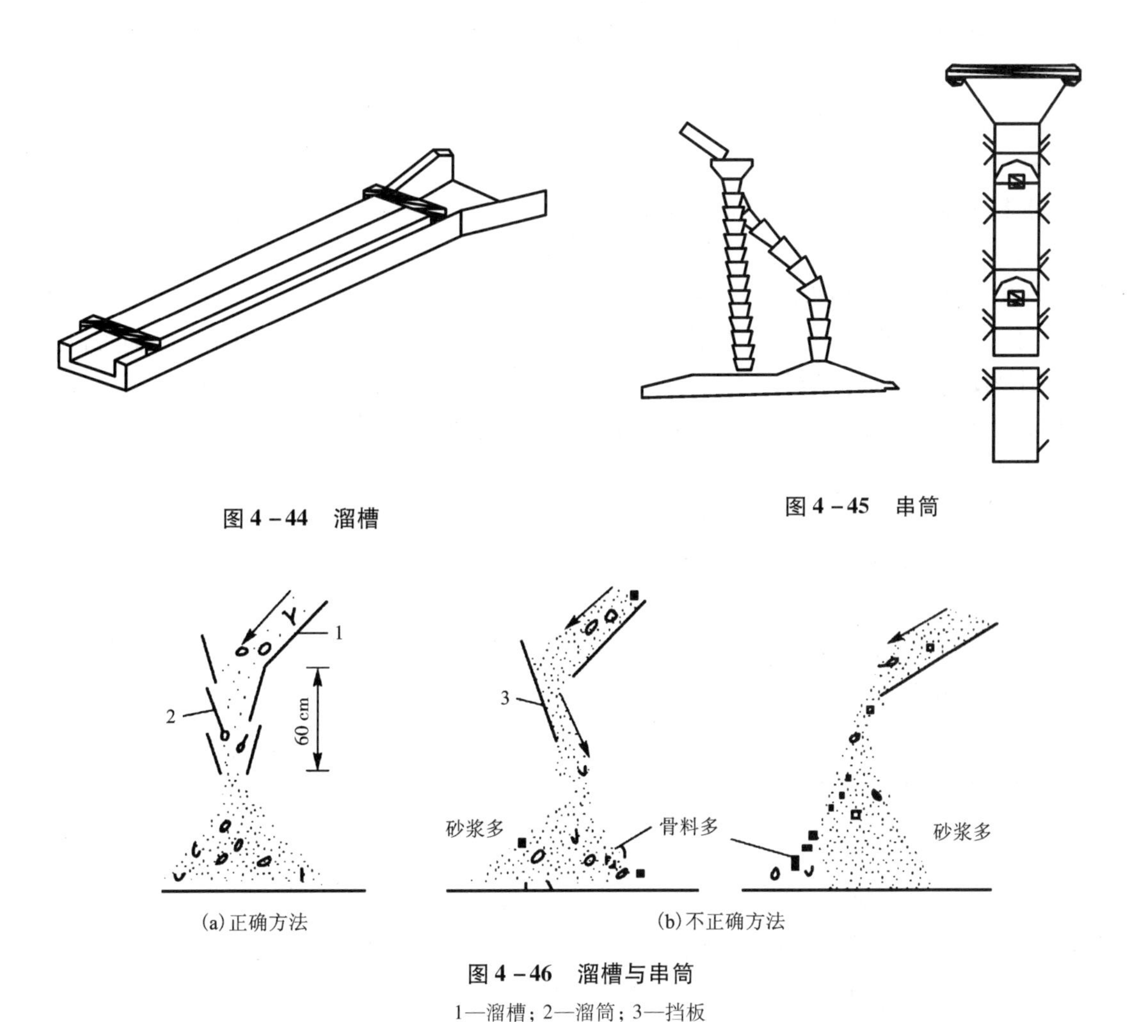

图 4-44 溜槽

图 4-45 串筒

图 4-46 溜槽与串筒

1—溜槽；2—溜筒；3—挡板

④混凝土浇筑应分段、分层连续进行，随浇随捣。混凝土浇筑层厚度应符合表 4-21 的规定。

表 4-21 混凝土浇筑层厚度

项次	捣实混凝土的方法		浇筑层厚度/mm
1	插入式振捣		振捣器作用部分长度的 1.25 倍
2	表面振动		200
3	人工捣固	在基础、无筋混凝土或配筋稀疏的结构中	250
		在梁、墙板、柱结构中	200
		在配筋密列的结构中	150
4	轻集料混凝土	插入式振捣器	300
		表面振动（振动时须加荷）	200

⑤浇筑竖向结构混凝土前，底部应先填以 50～100 mm 厚、与混凝土成分相同的水泥砂浆。

(3)混凝土构件的浇筑方法

①柱子。

柱混凝土浇筑前，柱子底部应先浇筑一层 50～100 mm 厚、与所浇筑混凝土内砂浆成分相同的水泥砂浆或水泥浆(坐浆)，然后再浇入混凝土。

同时支柱子和梁板模板时，同一施工段内每排柱子应由外向内对称地顺序浇筑，不要由一端向另一端顺序推进，以防止柱模板逐渐受推向一侧倾斜，造成误差积累过大而难以纠正，特别是使用木模时，情况尤为严重。

柱混凝土浇筑时不得发生离析现象，故当浇筑高度超过 3 m 时，应采用串筒、溜槽或振动串筒下落混凝土。

如柱子和梁一次浇筑完毕，不留施工缝，那么在柱子浇筑完毕后应间隔 1～1.5 h(混凝土沉实)，再继续浇筑上面的梁板结构。

②剪力墙。

框架结构中的剪力墙亦应分层浇筑，当浇筑到顶部时因浮浆积聚太多，应适当减少混凝土配合比中的用水量。

对于有窗口的剪力墙应在窗口两侧对称下料，以防压斜窗口模板；对于窗口下部的混凝土应加强振捣，以防出现孔洞。

墙体与柱同为垂直构件，同样需要坐浆和混凝土的沉实。

③梁和板。

梁和板宜同时浇筑，且从一端开始向另一端推进，只有当梁高度大于 1 m(即深梁)时，方可将梁单独浇筑，此时的施工缝留在楼板板面下 20～30 mm 处。

当采用预制楼板，硬架支模时，应加强梁部混凝土的振捣和下料，严防出现孔洞。并加强楼板的支撑系统，以确保模板体系的稳定性。当有叠合构件时，对现浇的叠合部位应随时用铁插尺检查混凝土厚度。

当梁柱混凝土标号不同时，应先用与柱同标号的混凝土浇筑柱子与梁相交的节点处，用铁丝网将节点与梁端隔开，在混凝土凝结前，及时浇筑梁的混凝土，不要在梁的根部留设施工缝。

在浇筑与柱和墙连成整体的梁和板时，应在柱和墙浇筑完毕后停歇 1～1.5 h，使混凝土获得沉实后，再继续浇筑梁和板。

(4)大体积混凝土结构浇筑

大体积混凝土结构在工业建筑中多为设备基础、高层建筑基础等。在高层建筑工地中多为厚大的桩基承台或基础底板等，整体性要求较高，往往不允许留施工缝，要求一次连续浇筑完毕。

①大体积混凝土结构裂缝形成的原因。

与普通构件不同，大体积混凝土由于构件体积大，水泥的水化热积聚在内部不易散发，而构件表面散热快，极易造成表面裂缝和贯穿式裂缝(表 4－22)。

表 4-22　大体积混凝土结构裂缝及其形成的原因

裂缝形式	形成的原因
表面裂缝	大体积混凝土结构浇筑后，由于体积大，内部水泥水化热不易散发造成内部温度升高，而表面散热较快，在构件内部产生压应力，表面产生拉应力，当内外温差超过 25 ℃时，在混凝土表面产生裂缝
贯穿式裂缝	当混凝土水化基本完成，混凝土开始整体收缩，由于基底或垫层与其不能同步收缩，使混凝土的收缩受到基底或垫层的约束，不能自由收缩，接触面处会产生很大的拉应力，当超过混凝土的极限拉应力时，混凝土结构会产生裂缝。此种裂缝严重者会贯穿整个混凝土截面

②大体积混凝土结构浇筑应采取的相应措施。

对于表面裂缝可采用如下几个措施：

a. 首先应选用低水化热的矿渣水泥、火山灰水泥或粉煤灰水泥，掺入适量的粉煤灰以减少水泥用量。

b. 在保证混凝土强度的前提条件下，尽量减少水泥的用量。

c. 扩大浇筑面和散热面，即降低浇筑速度或减小浇筑厚度。

d. 必要时采取人工降温措施，如采用风冷却，或向搅拌用水中投冰块以降低水温，但不得将冰块直接投入搅拌机。实在不行，可在混凝土内部埋设冷却水管，用循环水来降低混凝土的温度。

e. 在炎热的夏季，混凝土浇筑时的温度不宜超过 28 ℃，最好选择在夜间气温较低时浇筑。

f. 混凝土浇筑后表面应及时覆盖。

对于贯穿式裂缝，可在基底铺砂或铺油毡，起隔离层作用。

③大体积混凝土结构的浇筑方案。

为减小大体积混凝土水化热的体内积蓄，应尽量减小混凝土的浇筑厚度和浇筑速度。根据结构特点的不同，可分为全面分层、分段分层、斜面分层等浇筑方案，如图 4-47 所示。

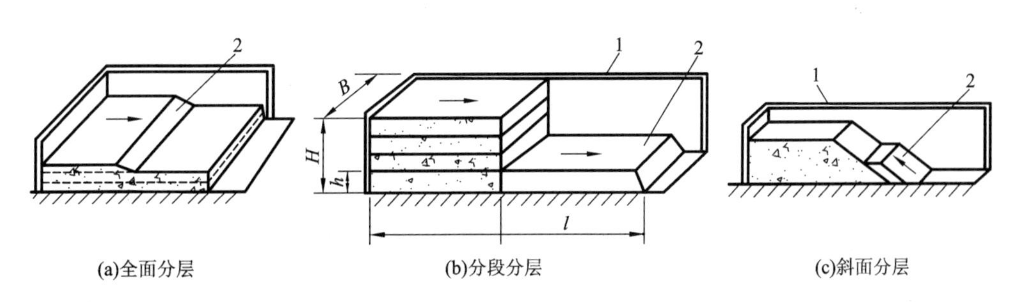

图 4-47　大体积混凝土浇筑方案图

1—模板；2—新浇筑的混凝土

全面分层方案适用于平面尺寸不太大的结构，施工时从短边开始，沿长边进行较适宜。在整个构件内全面分层浇筑混凝土，要做到第一层全面浇筑完毕回来浇筑第二层时，第一层浇筑的混凝土还未初凝，如此逐层进行，直至浇筑完毕。

分段分层方案适宜于厚度不太大而面积或长度较大的结构，混凝土从底层开始浇筑，进行一定距离后回来浇筑第二层，如此依次向前浇筑以上各层，浇完第一段，依次浇第二段、第三段。

斜面分层方案适用于长度超过厚度三倍的结构，多用于流动性大的混凝土浇筑，例如混凝土泵送。

振捣工作应从浇筑层的下端开始，逐渐上移，以保证混凝土不离析。

(5)施工缝

①施工缝与留施工缝的原因。

施工缝是一种特殊的工艺缝。浇筑时由于施工技术（安装上部钢筋、重新安装模板和脚手架、限制支撑结构上的荷载等）或施工组织（工人换班、设备损坏、待料等）的因素，不能连续将结构整体浇筑完成，且停歇时间可能超过混凝土的凝结时间时，则应预先确定在适当的部位留置施工缝。由于施工缝处新旧混凝土连接的强度比整体混凝土强度低，所以施工缝一般应留在结构受剪力较小且便于施工的部位。表 4－23 为混凝土浇筑中的最大间歇时间。

表 4－23　混凝土浇筑中的最大间歇时间　　min

混凝土强度等级	气温	
	≤25 ℃	＞25 ℃
≤C30	210	180
＞C30	180	150

注：当混凝土中掺加有促凝或缓凝型外加剂时，其允许时间应根据试验结果确定。

②允许留施工缝的位置。

a. 柱子的施工缝宜留在基础与柱子交接处的水平面上，或梁的下面，或吊车梁牛腿的下面，或吊车梁的上面，或无梁楼盖柱帽的下面（图 4－48）。框架结构中，如果梁的负筋向下弯入柱内，施工缝也可设置在这些钢筋的下端，以便于绑扎。柱的施工缝应留成水平缝。

b. 与板连成整体的大断面梁（高度大于 1 m 的混凝土梁）单独浇筑时，施工缝应留置在板底面以下 20～30 mm 处。板有梁托时，应留在梁托下部。

c. 有主次梁的楼板，宜顺着次梁方向浇筑，施工缝应留置在次梁跨度中间 1/3 的范围内（图 4－49）。

d. 单向板的施工缝可留置在平行于板的短边的任何位置处。

e. 楼梯的施工缝也应留在跨中 1/3 范围内。

f. 墙的施工缝留置在门洞口过梁跨中 1/3 范围内，也可留在纵横墙的交接处。

g. 双向受力楼板、大体积混凝土结构、拱、穹拱、薄壳、蓄水池、斗包、多层框架及其他结构复杂的工程，施工缝位置应按设计要求留置。

注意，留设施工缝是不得已为之，并不是每个工程都必须设施工缝，有的结构不允许留施工缝。

③施工缝的形式：工程中常采用企口缝和高低缝，如图 4－50 所示。

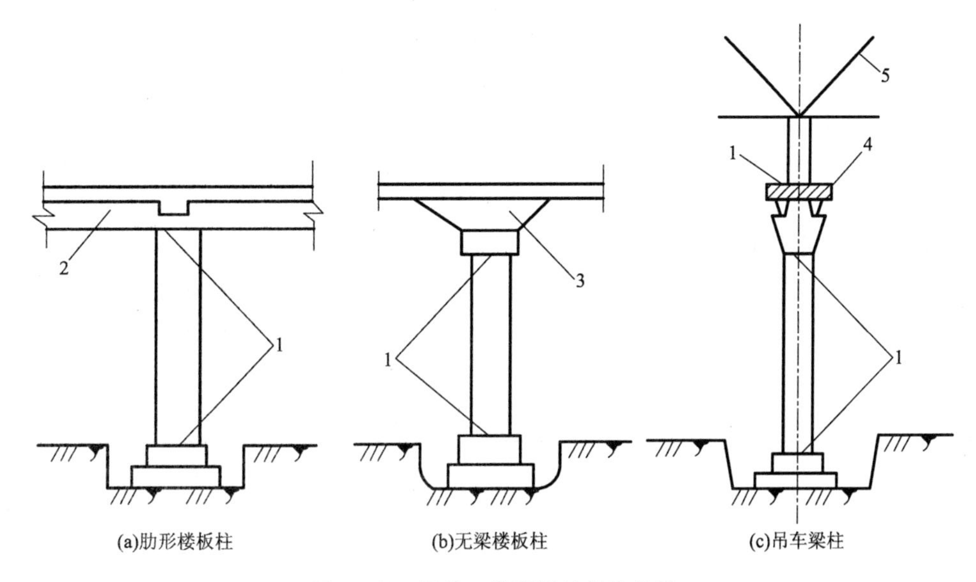

图 4－48　柱施工缝留设的具体位置

1—施工缝；2—梁；3—柱帽；4—吊车梁；5—屋架

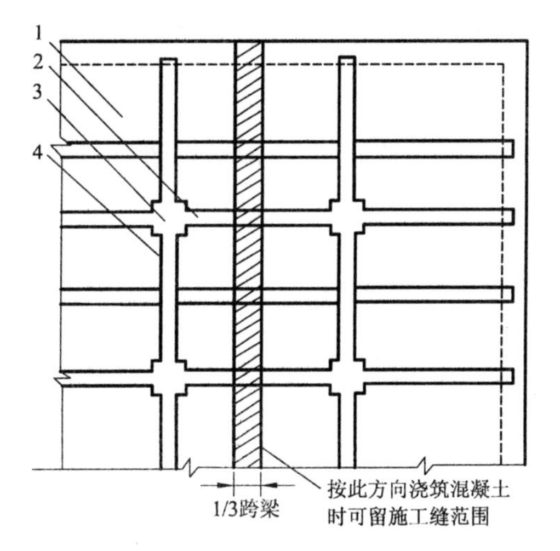

图 4－49　有主次梁的楼板施工缝留置位置

1—楼板；2—次梁；3—柱；4—主梁

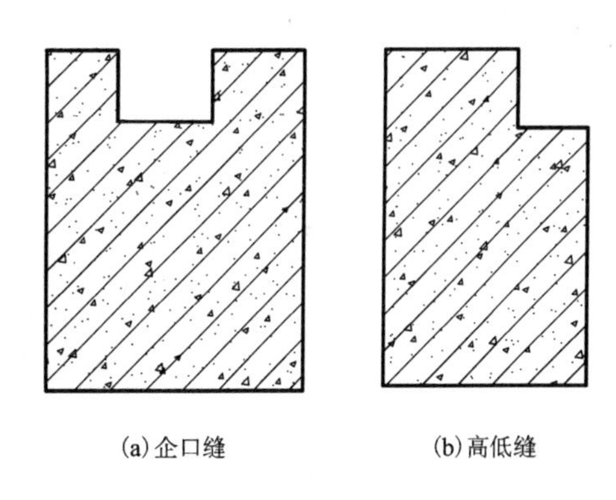

图 4－50　企口缝、高低缝

④施工缝的处理。

a. 在施工缝处继续浇筑混凝土时，先前已浇筑混凝土的抗压强度应不小于 1.2 N/mm^2。

b. 继续浇筑前，应清除已硬化混凝土表面上的水泥薄膜和松动石子以及软弱混凝土层，并加以充分湿润和冲洗干净，且不得积水。

c. 在浇筑混凝土前，先铺一层水泥浆或与混凝土内成分相同的水泥砂浆，然后再浇筑混凝土。

d. 混凝土应细致捣实，使新旧混凝土紧密结合。

(6)混凝土的振捣

混凝土的振捣方式分为人工振捣和机械振捣两种。人工振捣是利用捣锤或插钎等工具的冲击力来使混凝土密实成型，其效率低、效果差；机械振捣是将振动器的振动力传给混凝土，使之发生强迫振动而密实成型，其效率高、质量好。

①混凝土振动机械的种类。

混凝土振动机械按其工作方式分为内部振动器、表面振动器和振动台等，如表4－24所示。

a. 内部振动器又称插入式振动器。适用于振捣梁、柱、墙等构件和大体积混凝土。

b. 表面振动器又称平板振动器，适用于振捣楼板、空心板、地面和薄壳等薄壁结构。

c. 外部的振动器又称附着式振动器，适用于振捣断面较小或钢筋较密的柱子、梁、板等构件。

表4－24　混凝土振动机械

<table>
<tr><th colspan="2">混凝土振动机械</th><th>适用场地</th></tr>
<tr><td rowspan="2">内部振动器</td><td>偏心式</td><td rowspan="4">主要用于施工现场</td></tr>
<tr><td>行星式</td></tr>
<tr><td colspan="2">表面振动器</td></tr>
<tr><td colspan="2">附着式振动器</td></tr>
<tr><td colspan="2">振动台</td><td>一般用于预制场</td></tr>
</table>

②振动器的使用。

a. 内部振动器。内部振动器又称为插入式振动器（振动棒），其结构示意图如图4－51所示。

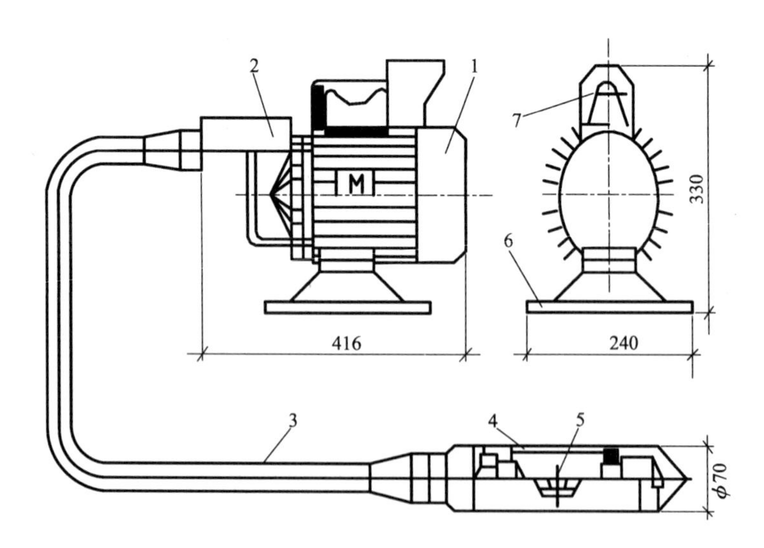

图4－51　偏心软轴插入式振动器

1—电动机；2—加速齿轮箱；3—传动软轴；4—振动棒；5—偏心块；6—底板；7—手柄及开关

插入式振动器使用方法如下（图4－52）：

插点间距不大于1.5R（R：有效作用半径，R＝8～10倍振捣棒半径），距模板不大于0.5R，避免碰触模板、钢筋、埋件等；

振捣时间 10～30 s(浮浆，无明显沉落，无气泡即可)；

快插慢拔，上下抽动，插入下层 50～100 mm。

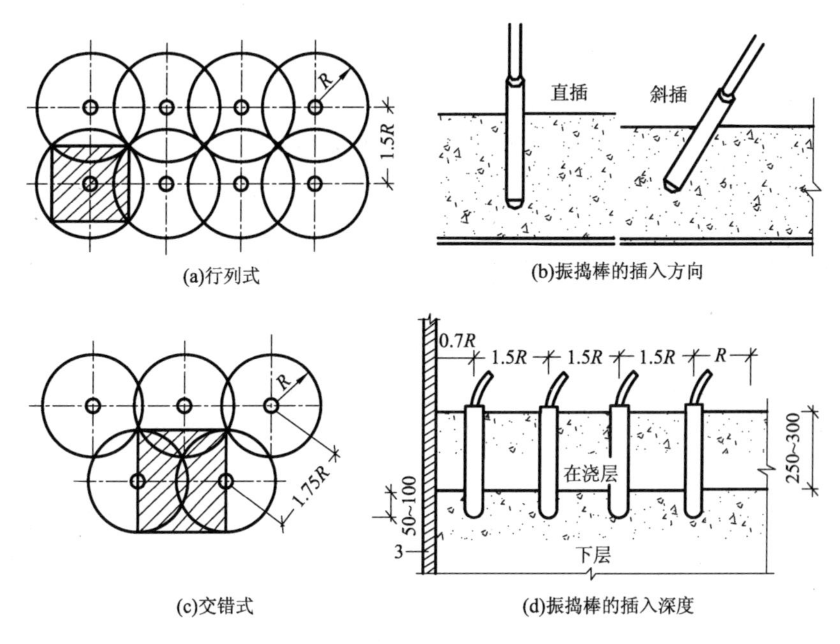

图 4－52　插入式振动器使用方法

b. 表面振动器。表面振动器是将一个带偏心块的电动振动器安装在钢板或木板上，振动力通过平板传给混凝土。表面振动器的振动作用深度小，适用于振捣表面积大而厚度小的结构，如现浇楼板、地坪或预制板。表面振动器底板大小的确定，应以使振动器能浮在混凝土表面上为准。

表面振动器用于楼板、地面等大面积小厚度构件，振点间搭接 30～50 mm，每点振捣时间为 25～40 s，有效作用深度 200 mm。

c. 附着式振动器。附着式振动器是将一个带偏心块的电动振动器利用螺栓或钳形夹具固定在构件模板的外侧，不直接与混凝土接触，振动力通过模板传给混凝土。附着式振动器的振动由于易导致模板移位以及振动作用深度小(一般小于 300 mm)，适用于振捣钢筋密、厚度小及不宜使用插入式振动器的构件，如墙体、薄腹梁等。

d. 振动台。振动台是一个支撑在弹性支座上的工作台(图 4－53)。工作台框架由型钢焊成，台面为钢板。工作台下面装设振动机构，振动机构转动时，即带动工作平台强迫振动，使平台上的构件混凝土被振实。

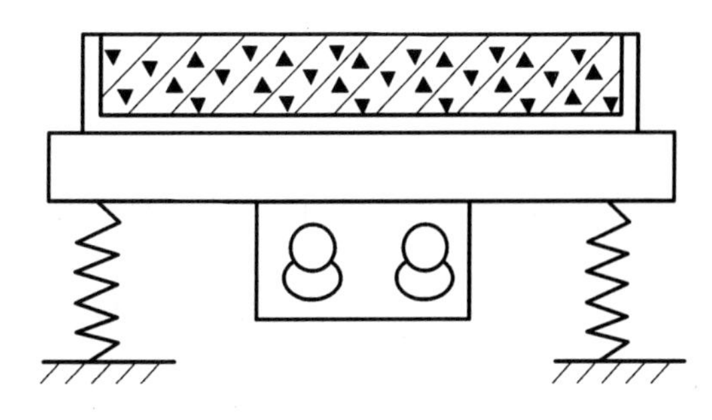

图 4－53　单台面振动台

4.2.2.3　混凝土的养护

混凝土浇筑后逐渐凝结硬化，强度也不断增长，这个过程主要由水泥的水化作用来实现。而水泥的水化作用又必须在适当的温湿度条件下才能完成，如果混凝土浇筑后即处在炎热干燥、风吹日晒的气候环境中，混凝土中的水分就会很快蒸发，影响混凝土中水泥的正常水化作用。轻则使混凝土表面脱皮、起砂和出现干缩裂缝，严重的会因混凝土内部疏松，降低混凝土的强度或遭到破坏。因此混凝土养护绝不是一件可有可无的工作，而是混凝土施工过程中的一个重要环节。

混凝土浇筑后，必须根据水泥品种、气候条件和工期要求加强养护措施。混凝土养护的方法很多，通常按其养护工艺分为自然养护和蒸汽养护两大类。而自然养护又分为浇水养护和喷膜养护，施工现场则以浇水养护为主要养护方法。

(1)浇水养护

浇水养护是指混凝土终凝后，日平均气温高于 5 ℃的自然气候条件下，用草帘、草袋将混凝土表面覆盖并经常浇水，以保持覆盖物充分湿润。对于楼地面混凝土工程也可采用蓄水养护的办法加以解决。浇水养护时必须注意以下几个事项：

①对于一般塑性混凝土，应在浇筑后 12 h 内立即加以覆盖和浇水润湿，炎热的夏天养护时间可缩短至 2 ~3 h。而对于干硬性混凝土，在浇筑后 1 ~2 h 内即可养护，使混凝土保持湿润状态。

②在已浇筑的混凝土强度达到 1.2 N/mm^2 以后，方可允许操作人员在其上行走和安装模板及支架等。

③混凝土浇水养护时长视水泥品种而定，硅酸盐水泥、普通硅酸盐水泥和矿渣硅酸盐水泥拌制的混凝土，不得少于 7 d；掺缓凝型外加剂或有抗渗要求的混凝土，不得少于 14 d；采用其他品种水泥时，混凝土的养护时间应根据水泥技术性能确定。

④养护用水应与拌制用水相同，浇水的次数应以能保持混凝土具有足够的润湿状态为准。

⑤在养护过程中，如发现因遮盖不好、浇水不足，致使混凝土表面泛白或出现干缩细小裂缝时，应立即仔细加以避盖，充分浇水，加强养护，并延长浇水养护日期加以补救。

⑥平均气温低于 5 ℃时，不得浇水养护。

(2)喷膜养护

喷膜养护是将一定配比的塑料溶液，用喷洒工具喷洒在混凝土表面，待溶液挥发后，塑料在混凝土表面结成一层薄膜，使混凝土表面与空气隔绝，封闭混凝土中水分的蒸发而完成水泥的水化作用，达到养护的目的。

喷膜养护适用于不易浇水养护的高耸构筑物和大面积混凝土的养护，也可用于表面积大的混凝土施工和缺水地区。

喷膜养护剂的喷洒时间，一般待混凝土收水后，混凝土表面以手指轻按无指印时即可进行，施工温度应在 10 ℃以上。

初级工喷膜养护剂的配合比如表 4 – 25 所示。

表 4 – 25　初级工喷膜养护剂的配合比

材料	过氯乙烯树脂	苯二甲酸二丁酯	粗苯	轻溶剂油	丙酮
过氯乙烯树脂养护液	9.5	4	86		0.5
	10	2.5		87.5	

注：配合比可根据材料性质及喷洒工具适当调整。苯二甲酸二丁酯用量夏季可酌量少加，冬季多加。若粗苯和树脂质量好，可以不加丙酮。

过氯乙烯养护液配制方法如下：

①按配比先将溶剂倒入缸（桶）内，然后将过氯乙烯树脂倒入溶剂内，边加边搅拌，加完后每隔半小时搅拌一次，直到树脂完全溶解为止（如树脂长时间不能溶解时，加入适量丙酮可加速溶解）。最后加入苯二甲酸二丁酯，边加边搅拌均匀，即可使用。

②配制前先检查原材料质量，树脂如受潮应先晒干，溶剂如水化，应以氢氧化钠脱水后方可使用。盛放溶液的容器，应清洁，无油污、铁锈、积水等物，容器上应加盖子，防止溶液蒸发。配制过程中应特别注意防火，原料与成品应分别存放，注意防护工作，防止中毒。

（3）蒸汽养护

蒸汽养护是将构件放在充有饱和蒸汽或蒸汽空气混合物的养护室内，在较高的温度和相对湿度的环境中进行养护，以加快混凝土的硬化。

蒸汽养护制度包括：养护阶段的划分，静停时间，升、降温速度，恒温养护温度与时间，养护室相对湿度等。

常压蒸汽养护过程分为四个阶段：静停阶段、升温阶段、恒温阶段及降温阶段。

静停阶段构件在浇灌成型后先在常温下放一段时间，称为静停。静停时间一般为 2 ~ 6 h，以防止构件表面产生裂缝和疏松现象。

升温阶段是构件由常温升到养护温度的过程。升温速度不宜过快，以免由于构件表面和内部产生过大温差而出现裂缝。升温速度为：薄型构件不超过 25 ℃/h，其他构件不超过 20 ℃/h，用干硬性混凝土制作的构件，不得超过 40 ℃/h。

恒温阶段是温度保持不变的持续养护时间。恒温养护阶段应保持 90% ~ 100% 的相对湿度，恒温养护温度不得大于 95 ℃，恒温养护时间一般为 3 ~ 8 h。

降温阶段是恒温养护结束后，构件由养护最高温度降至常温的散热降温过程。降温速度不得超过 10 ℃/h，构件出池后，其表面温度与外界温差不得大于 20 ℃。

对大面积结构可采用蓄水养护和塑料薄膜养护。大面积结构如地坪、楼板可采用蓄水养护。贮水池一类结构，可在拆除内模板，混凝土达到一定强度后注水养护。

4.2.3 冬季施工

4.2.3.1 混凝土冬季施工的原理

混凝土之所以能凝结、硬化，是水泥和水进行水化作用的结果。水化作用的速度在一定湿度条件下主要取决于温度，温度越高，水化作用速度也越快，反之则慢。当温度降至 0 ℃以下时，水化作用基本停止。温度再继续降至 -4 ℃ ~ -2 ℃，混凝土内的水开始结冰，水结冰后体积增大 8% ~ 9%，在混凝土内部产生冰晶应力，使强度很低的水泥石结构内部产生微裂纹，同时减弱了水泥与砂石和钢筋之间的黏结力，从而使混凝土后期强度降低。受冻的混凝土解冻后，其强度虽然能继续增长，但已不能达到原设计的强度等级。试验证明，混凝土遭受冻结带来的危害与遭冻的时间早晚、水灰比有关，遭冻的时间越早，水灰比越大，则强度损失越多，反之则越少。

经过试验得知，混凝土经过预先养护达到一定强度后再遭冻结，其后期抗压强度损失就会减少。一般把遭冻结后抗压强度损失在 5% 以内的预养强度值定为“混凝土受冻临界强度”。

混凝土受冻临界强度与水泥品种、混凝土强度等级有关。对于普通硅酸盐水泥和硅酸盐水泥配制的混凝土，受冻临界强度定为设计的混凝土强度标准值的 30%；对于矿渣硅酸盐水泥配制的混凝土，受冻临界强度定为设计的混凝土强度标准值的40%，但不大于C10的混凝土，不得低于5 N/mm^2。

混凝土冬季施工还需注意拆模不当带来的冻害。混凝土构件拆模后表面急剧降温，由于内外温差较大会产生较大的温度应力，亦会使表面产生裂纹，在冬季施工中应避免这种冻害。

4.2.3.2 混凝土冬季施工的方法

混凝土冬季施工方法分为三类：混凝土养护期间不加热的方法、混凝土养护期间加热的方法和综合方法。混凝土养护期间不加热的方法包括蓄热法、掺化学外加剂法；混凝土养护期间加热的方法包括电极加热法、电器加热法、感应加热法、蒸汽加热法和暖棚法；综合方法即把上述两种方法综合应用。目前最常用的是综合蓄热法，即在蓄热法基础上掺加外加剂或进行短时间加热等综合措施。

4.2.4 质量检测

4.2.4.1 混凝土在拌制和浇筑过程中的质量检查

混凝土质量检查包括施工过程中的质量检查和养护后的质量检查。

施工过程中的质量检查，即在混凝土制备和浇筑过程中对原材料的质量、配合比、坍落度等的检查，对每一项工作至少检查两次，如遇特殊情况还应及时进行抽检。混凝土的搅拌时间应随时检查。原材料称量的允许偏差，应符合表4－26的规定。

表4－26 现浇混凝土结构的尺寸允许偏差和检验方法

项目			允许偏差/mm	抽检方法
轴线位置	基础		15	钢尺检查
	独立基础		10	
	墙、柱、梁		8	
	剪力墙		5	
垂直度	层高	≤5 m	8	经纬仪或吊线、钢尺检查
		>5 m	10	经纬仪或吊线、钢尺检查
	全高 H		H/1 000 且≤30	经纬仪、钢尺检查
标高	层高		±10	水准仪或拉线、钢尺检查
	全高		±30	
截面尺寸			8 －5	钢尺检查
电梯井	井筒长、宽对定位中心线		25 0	钢尺检查
	井筒全高		H/1 000 且≤30	经纬仪、钢尺检查
表面平整度			8	2 m 靠尺和塞尺检查
预埋设施中心线位置	预埋件		10	钢尺检查
	预埋螺栓		5	
	预埋管		5	
预留洞中心线位置			15	钢尺检查

混凝土养护后的质量检查，主要指混凝土的立方体抗压强度检查。混凝土的抗压强度应以标准立方体试件(边长150 mm)在标准条件下[温度(20 ±3)℃和相对湿度90%以上的湿润环境]养护28 d后测得的具有95%保证率的抗压强度。

现浇结构和混凝土设备基础拆模后的尺寸偏差应符合表4－27的规定，按楼层、结构缝或施工段划分检验批。

表4－27　混凝土设备基础尺寸允许偏差和检验方法

项目		允许偏差/mm	检验方法
坐标位置		20	钢尺检查
不同平面的标高		0，－20	水准仪或拉线、钢尺检查
平面外形尺寸		±20	钢尺检查
凸台上平面外形尺寸		0，－20	钢尺检查
凹穴尺寸		+20，0	钢尺检查
平面水平度	每米	5	水平尺、塞尺检查
	全长	10	水准仪或拉线、钢尺检查
垂直度	每米	5	经纬仪或吊线、钢尺检查
	全高	10	
预埋地脚螺栓	标高(顶部)	+20，0	水准仪或拉线、钢尺检查
	中心距	±2	钢尺检查
预埋地脚螺栓孔	中心线位置	10	钢尺检查
	深度	+20，0	钢尺检查
	孔垂直度	10	吊线、钢尺检查
预埋活动地脚螺栓锚板	标高	+20，0	水准仪或拉线、钢尺检查
	中心线位置	5	钢尺检查
	带槽锚板平整度	5	钢尺、塞尺检查
	带螺纹孔锚板平整度	2	钢尺、塞尺检查

4.2.4.2　混凝土的质量缺陷表现形式

混凝土质量缺陷主要有蜂窝、麻面、露筋、孔洞、裂缝、强度不足等，如表4－28所示。

①蜂窝是混凝土表面无水泥砂浆，露出石子的深度大于5 mm，但小于保护层厚度的蜂窝状缺陷。它主要是由于混凝土配合比不准确(浆少石多)，或搅拌不匀、浇筑方法不当、振捣不合理，造成砂浆和石子分离，模板严重漏浆等而产生的。

②麻面是结构构件表面呈现无数的小凹点，而尚无钢筋暴露的现象。它是由于模板内表面粗糙、未清理干净、湿润不足，模板拼缝不严密而漏浆，混凝土振捣不密实，气泡未排出以及养护不好所致。

③露筋是浇筑时垫块位移，甚至漏放，钢筋紧贴模板，或者因混凝土保护层处漏振或振捣不密实而造成露筋。

④孔洞是混凝土结构内存在空隙，砂浆严重分离，石子成堆，砂与水泥分离。另外，有泥块等杂物掺入也会形成孔洞。

⑤裂缝有温度裂缝、干缩裂缝和外力引起的裂缝三种。其产生的原因主要是：结构和构件下的地基产生不均匀沉降；模板、支撑没有固定牢固；拆模时混凝土受到剧烈振动；环境或混凝土表面与内部温差过大；混凝土养护不良及其中水分蒸发过快等。

⑥混凝土强度不足，主要有原材料不符合规定的技术要求，混凝土配合比不准、搅拌不均匀、振捣不密实及养护不良等。

表 4－28　现浇结构外观质量缺陷

名称	现象	严重缺陷	一般缺陷
露筋	构件内钢筋未被混凝土包裹而外露	纵向受力筋有露筋	其他钢筋有少量露筋
蜂窝	混凝土表面缺少水泥浆而形成石子外露	构件主要受力部位有蜂窝	其他部位有少量蜂窝
孔洞	混凝土中孔穴深度和长度均超过保护层厚度	构件主要受力部位有孔洞	其他部位有少量孔洞
夹渣	混凝土中夹有杂物且深度超过保护层厚度	构件主要受力部位有夹渣	其他部位有少量夹渣
疏松	混凝土中局部不密实	构件主要受力部位有疏松	其他部位有少量疏松
裂缝	缝隙从混凝土表面延伸至混凝土内部	构件主要受力部位有影响结构性能或使用功能的裂缝	其他部位有少量不影响结构性能或使用功能的裂缝
连接部位缺陷	构件连接处混凝土缺陷及连接钢筋、连接铁件松动	连接部位有影响结构传力性能的缺陷	连接部位有基本不影响结构传力性能的缺陷
外形缺陷	缺棱掉角、棱角不直、翘曲不平、飞出凸肋等	清水混凝土构件内有影响使用功能或装饰效果的外形缺陷	其他混凝土构件有不影响使用功能的外形缺陷
外表缺陷	构件表面麻面、掉皮、起砂、沾污等	具有重要装饰效果的清水混凝土构件有外表缺陷	其他混凝土构件有不影响使用功能的外表缺陷

4.2.4.3　混凝土的质量缺陷修补方法

(1)表面抹浆修补

对于数量不多的小蜂窝、麻面、露筋或露石的混凝土表面，可用1∶2～1∶2.5水泥砂浆抹面修整。在抹砂浆前，需用钢丝刷或加压力的水清洗润湿，抹浆初凝后要加强养护工作。

对于结构构件承载能力无影响的细小裂缝，可将裂缝处加以冲洗，用水泥浆抹补。如果裂缝开裂较大较深，应将裂缝附近的混凝土表面凿毛，或沿裂缝方向凿成深为15～20 mm、宽为100～200 mm的V形凹槽，扫净并洒水湿润，先刷水泥净浆一层，然后用1∶2～1∶2.5水泥砂浆分2～3层涂抹，总厚度控制在10～20 mm，并压实抹光。

(2)细石混凝土填补

当蜂窝比较严重或露筋较深时，应除掉附近不密实的混凝土和突出的骨料颗粒，用清水洗刷干净并充分润湿后，再用比原强度等级高一级的细石混凝土填补并仔细捣实。对孔洞缺陷的补强，可在旧混凝土表面采用处理施工缝的方法处理，将孔洞处疏松的混凝土和突出的石子剔凿掉，孔洞顶部要凿成斜面，避免形成死角，然后用水刷洗干净，保持湿润72 h后，用比原混凝土强度等级高一级的细石混凝土捣实。混凝土的水灰比宜控制在0.5以内，并掺水泥用量万分之一的铝粉，分层捣实，以免新旧混凝土接触面上出现裂缝。

(3)水泥灌浆与化学灌浆

对于影响结构承载力，或者防水、防渗性能的裂缝，为恢复结构的整体性和抗渗性，应根据裂缝的宽度、性质和施工条件等，采用水泥灌浆或化学灌浆的方法予以修补。一般对宽度大于0.5 mm 的裂缝，可采用水泥灌浆；宽度小于0.5 mm 的裂缝，宜采用化学灌浆。化学灌浆所用的灌浆材料，应根据裂缝性质、缝宽和干燥情况选用。作为补强用的灌浆材料，常用的有环氧树脂浆液（能修补缝宽0.2 mm 以上的干燥裂缝）和甲凝（能修补0.05 mm 以上的干燥细微裂缝）等。作为防渗堵漏用的灌浆材料，常用的有丙凝（能灌入0.01 mm 以上的裂缝）和聚氨酯（能灌入0.015 mm 以上的裂缝）等。

4.3 模板工程

模板是新浇混凝土成型用的模型，在设计与施工中要求能保证结构和构件的形状、位置、尺寸的准确；具有足够的强度、刚度和稳定性；装拆方便，能多次周转使用；接缝严密不漏浆。模板系统包括模板、支撑和紧固件。模板工程量大，材料和劳动力消耗多，正确选择其材料、形式和合理组织施工，对加速混凝土工程施工和降低造价有显著效果。

4.3.1 模板的种类、体系及作用

4.3.1.1 模板的种类

模板的种类有很多，根据不同的分类依据可分为不同种类，详列于表4－29。随着新结构、新技术、新工艺的采用，模板工程也在不断发展：构造由不定型向定型发展，材料由单一木模板向多种材料模板发展，功能由单一功能向多功能发展。

铝模板

墙模板

表4－29 模板的分类

分类依据	种类
形状	平面模板、曲面模板
材料	木模板、胶合板模板、钢模板、混凝土预制模板、橡胶模板、铝模板
结构类型	基础模板、壳模板、柱模板、墙模板、楼板模板、楼梯模板、烟窗模板
施工方法	现场装拆式模板、固定式模板、移动式模板

4.3.1.2 常见模板体系及其特性

常见的模板体系有木模板体系，组合钢模板体系，钢框木（竹）胶合板模板体系，大模板体系等，其施工特点各有所长，具体差异列于表4－30。

表4－30 模板体系的优缺点

体系种类	优点	缺陷
木模板体系	制作、拼装灵活，较适用于外形复杂或异形混凝土构件，以及冬季施工的混凝土工程	制作量大，木材资源浪费大

续表

体系种类	优点	缺陷
组合钢模板体系	轻便灵活、拆装方便、通用性强、周转率高	接缝多且严密性差，导致混凝土成型后外观质量差
钢框木(竹)胶合板模板体系	与组合钢模板比，其自重轻、用钢量小、面积大、模板平缝少、维修方便等	造价较高
大模板体系	模板整体性好、抗震性强、无拼缝等	模板质量大，移动安装需起重机械吊运

4.3.1.3 模板的作用

模板系统包括模板、支架和紧固件三个部分，它是保证混凝土在浇筑过程中保持正确的形状和尺寸，是混凝土在硬化过程中进行防护和养护的工具。

4.3.2 模板的安装和拆除

按结构的类型可将模板分为基础模板、柱模板、梁模板、板模板、楼梯模板、墙模板、壳模板、桥梁墩台模板等，常见模板构造如下。

4.3.2.1 模板的安装

(1)基础模板

现浇结构木模板多用于独立基础和条形基础的混凝土浇筑施工中。独立基础木模板施工的常见形式有阶梯形基础模板和杯形基础模板两种；条形基础模板由侧板、斜撑、平撑组成，侧板可用长条木板加钉竖向木档拼制，也可用短条木板加横向木板拼成。斜撑和平撑钉在垫木和木档之间。如图4－54～图4－56所示。

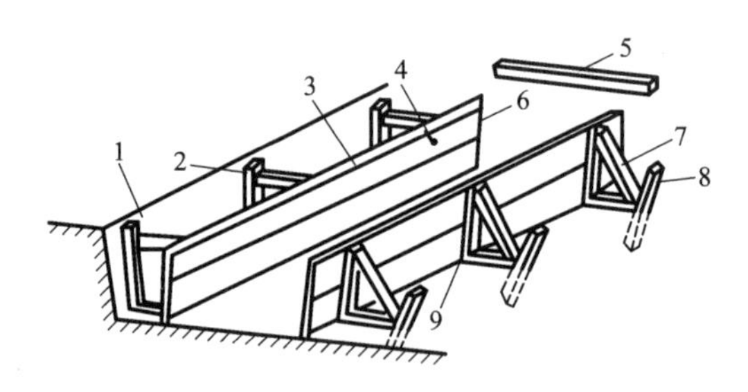

图4－54 条形基础模板

1—平撑；2—垫木；3—准线；4—钉子；5—搭头木；6—侧板；7—斜撑；8—木桩；9—木档

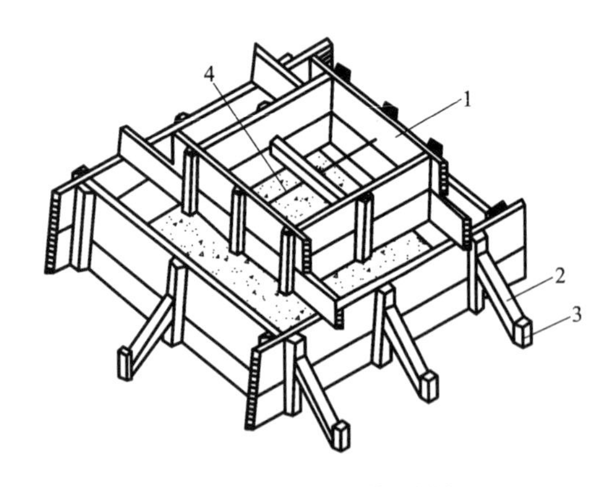

图4－55 阶梯形基础模板

1—拼板；2—斜撑；3—木桩；4—铁丝

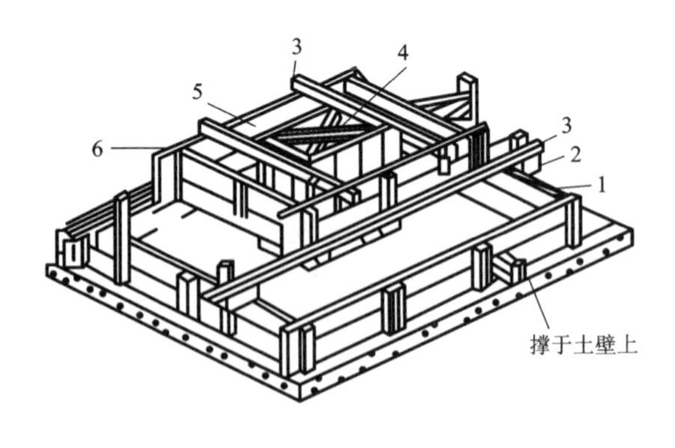

图4－56 杯形独立基础模板

1—侧板；2—托木；3—轿杠木；4—杯芯模板；5—杯颈模板；6—木档

(2)柱模板

柱子的断面尺寸不大但比较高，因此，柱模板的构造和安装主要考虑保证垂直度及抵抗新浇混凝土的侧压力，与此同时，也要便于浇筑混凝土、清理垃圾和钢筋绑扎等。

柱模板

图 4－57　柱模板

1—内拼板；2—外拼板；3—柱箍；4—梁缺口；5—清理孔；6—木框；7—盖板；8—拉紧螺栓；9—拼条；10—三角木条

柱模板由两块相对的内拼板夹在两块外拼板之间组成，如图 4－57 所示。也可用短横板代替外拼板钉在内拼板上。有些短横板可先不钉上，作为混凝土的浇筑孔，待混凝土浇至其下口时再钉上。柱模板底部开有清理孔。沿高度每隔 2 m 开有浇筑孔，柱高不超过 5 m，振动棒长 5 m 的可不用门子板开口。柱底部一般有一钉在底部混凝土上的木框，用来固定柱模板的位置。为承受混凝土侧压力，拼板外要设柱箍，柱箍可为木制、钢制或钢木制。柱箍间距与混凝土侧压力大小、拼板厚度有关，由于侧压力是下大上小，因而柱模板下部柱箍较密。柱模板顶部根据需要开有与梁模板连接的接口。

安装柱模板前，应先进行柱位的放线，再绑扎柱钢筋，并进行验收。同时测出标高并标在钢筋上，根据放线在已浇筑的基础顶面或楼面上固定柱模板底部的木框，在内外拼板上弹出中心线，根据柱边线及木框位置竖立内外拼板，并用斜撑临时固定，然后在顶部用锤球校正，使其垂直。检查无误后，即用斜撑钉牢固定。同在一条轴线上的柱，应先校正两端的柱模板，再从柱模板上口中心线拉一铁丝来校正中间的柱模板。柱模板之间还要用水平撑及剪刀撑相互拉结。

(3)梁模板

梁模板

梁模板由底模和两侧模组成。混凝土对梁底模板有垂直压力，对梁侧模板有水平侧压力，因此，梁模板及其支架必须能承受这些荷载，不能发生超过规范允许的最大变形。

底模板一般较厚，下面每隔一定间距(800 ~ 1 000 mm)有顶撑支撑。顶撑可以用圆木、方木或者钢管制成。顶撑底应加垫一对木楔块以调整标高。为使顶撑传下来的集中荷载均匀地传给地面，应在顶撑底加铺垫板。多层建筑施工中，应使上、下层的顶撑在同一条竖向直线上。侧模板承受混凝土侧压力，应包在底模板的外侧，底部用夹木固定，上部有斜撑和水平拉条固定。梁模板如图 4－58 ~ 图 4－60 所示。

如梁跨度等于或者大于 4 m，应使梁底模起拱，以防止新浇筑混凝土的荷载使跨中模板下挠。如设计无规定时，起拱跨度宜为全跨长度的 1/1 000 ~ 3/1 000。

(4)板模板

板模板

板模板的特点是：面积大而厚度不大，要求标高准确；平整、严密；适当起拱；预埋件、预留孔洞不遗漏，位置准确，安装牢固；相邻两板表面高低差≤2 mm，表面平整度≤5 mm。板模板如图 4－61、图 4－62 所示。

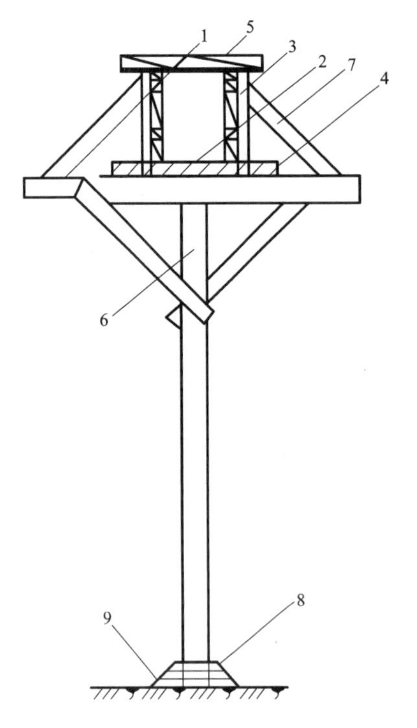

图 4-58 单梁模板

1—侧模板；2—底模板；3—侧板拼条；4—固定夹板；
5—木条；6—琵琶撑；7—斜撑；8—木楔；9—木垫板

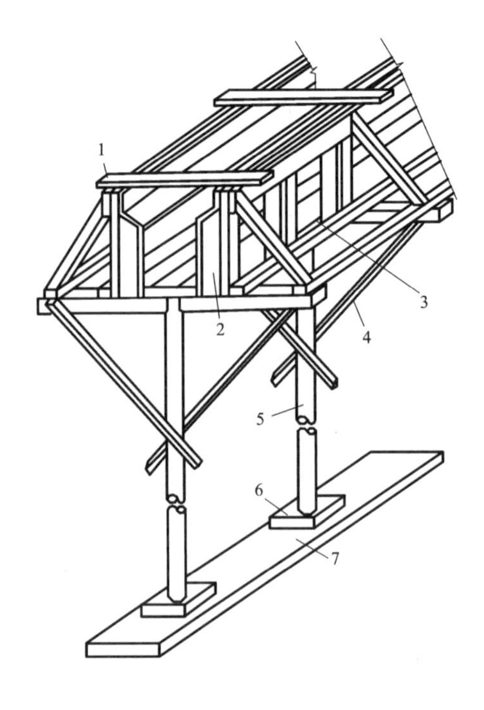

图 4-59 T 形梁模板

1—搭头木；2—木档；3—夹条；4—斜撑；
5—支柱；6—楔子；7—垫底

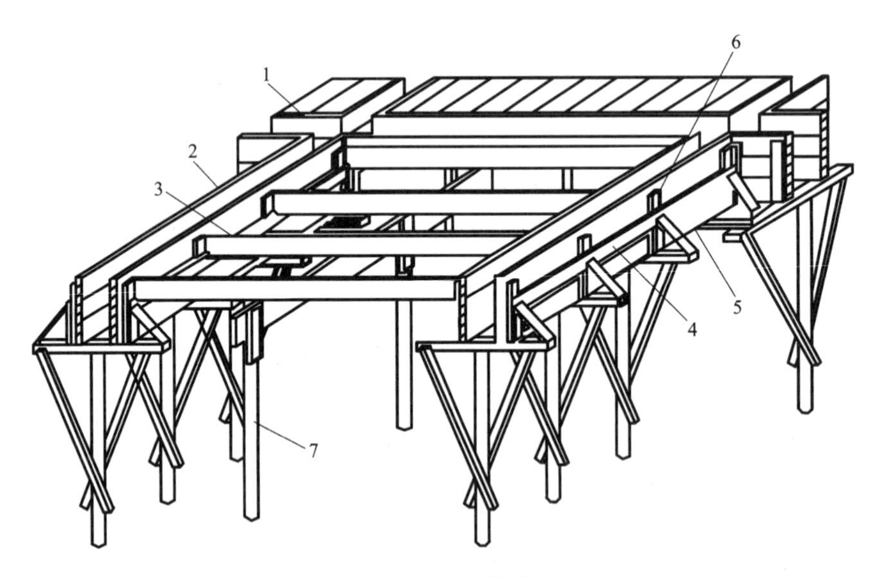

图 4-60 梁及楼板的模板(一)

1—楼板模板；2—梁侧模板；3—搁栅；4—横楞；5—夹条；6—小肋；7—支撑

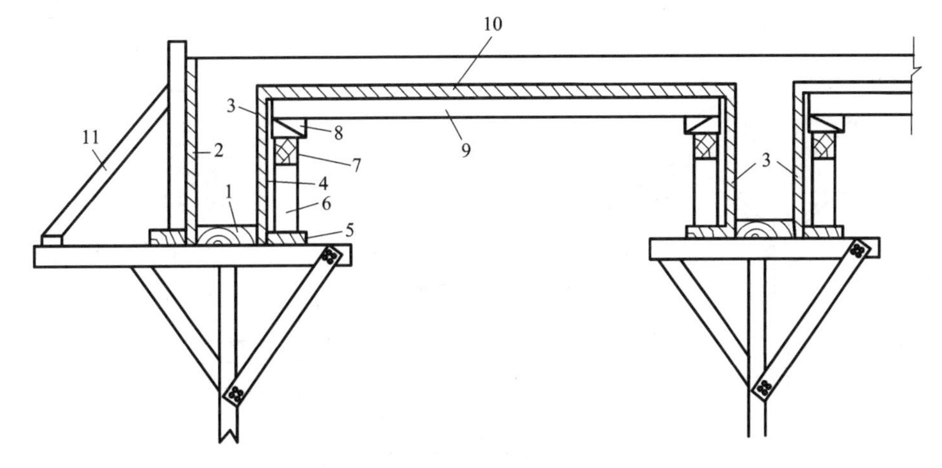

图 4-61　梁及楼板的模板(二)

1—梁底板；2—边梁外侧模板；3—梁侧模板；4—拼条；5—夹板；6—立木；
7—横挡木；8—楔块；9—楞木；10—楼板模板；11—斜撑

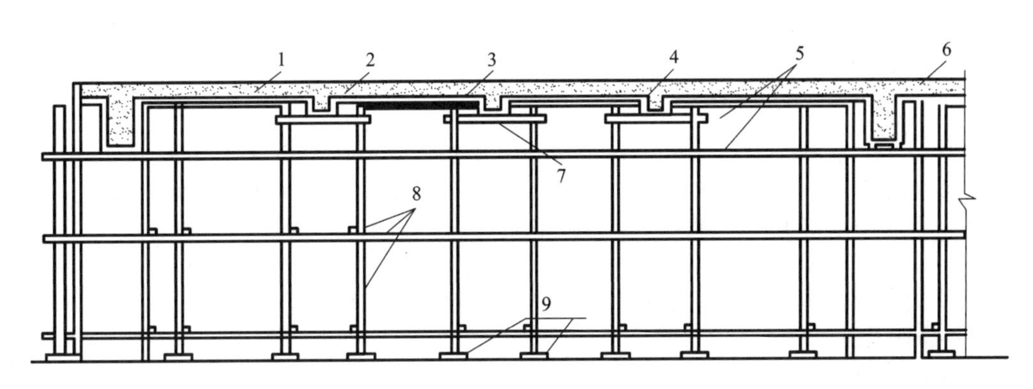

图 4-62　有梁楼板钢模板示意图

1—钢模板；2—小梁钢模；3—小搁栅；4—钢管横楞；5—主梁钢模；
6—次梁钢模；7—钢管横楞；8—钢管排架；9—木楔

(5)楼梯模板

在浇筑楼梯时主要控制整体楼梯(包括板式、单梁式或双梁式楼梯)楼板和楼梯平台，楼梯与楼板的划分以楼梯梁的外边缘为界。在楼梯模板的安装中主要控制楼梯和楼板，如图 4-63 所示。

4.3.2.2　组装与组合式模板

组装与组合式模板是由直接接触混凝土的板面、支撑板面的框架、支撑框架的支撑构件和其他专用附属装置组成的，而其中框架又是由大、小梁或横、竖肋组成的临时性或永久性结构。

(1)梁板组装式模板

如图 4-64 所示，梁板组装式模板的板面材料大多为胶合板，也有用钢板。框架使用的大、小梁都是在专业化工厂加工制作好的、独立的、分散的构件，在施工现场使用时再用梁卡组装成临时性的框架，然后用自攻螺丝将板面固定在框架上，即可使用。梁板组装式模板是一次性模板，临时性框架，是一种大模板。

梁板组装式模板具有强度高、刚度大和板面接缝少的特点，所以一般在大、中型和高标

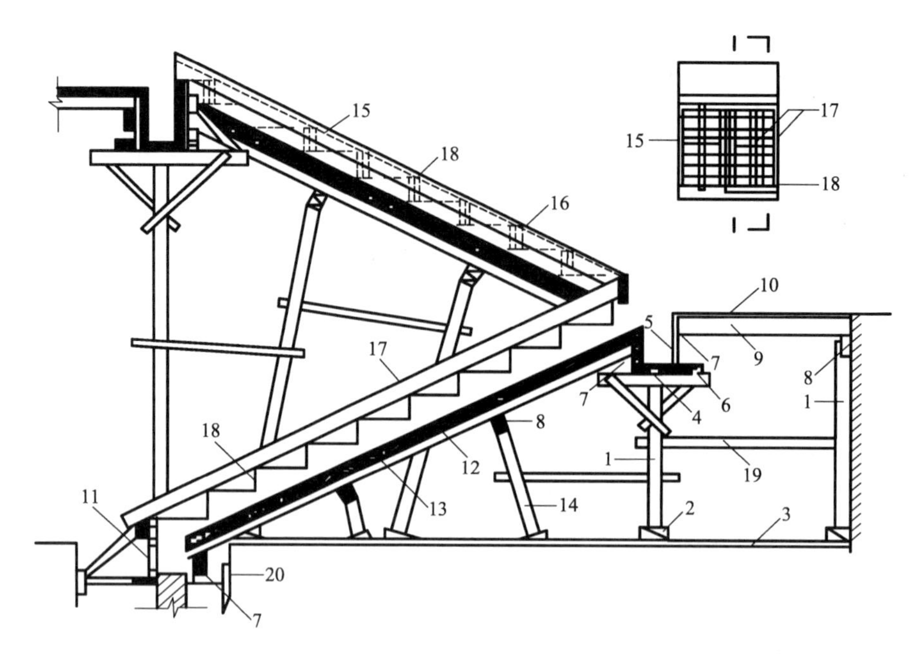

图 4－63　楼梯的模板

1—支柱（顶撑）；2—木楔；3—垫板；4—平台梁底板；5—侧板；6—夹板；7—托木；
8—扛木；9—木楞；10—平台底板；11—梯基侧板；12—斜木楞；13—楼梯底板；14—斜向顶撑；
15—外帮板；16—横挡木；17—反三角板；18—踏步侧板；19—拉杆；20—木桩

准工程中使用。目前国内大量使用的大模板就是梁板组装式模板。

（2）全钢大模板

全钢大模板是以型钢作大、小梁，以钢板作板面，经过铆焊加工定型而成。

全钢大模板承载能力强、模板面积大、模板上带有方便施工的脚手架、操作简便，但模板装拆和搬运需要使用起重设备。全钢大模板主要适用于墙体结构施工。

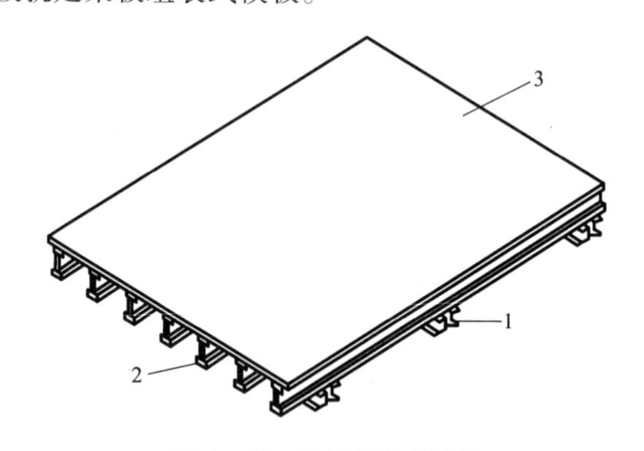

图 4－64　梁板组装式模板

1—大梁；2—小梁；3—板面

全钢大模板按结构形式的不同可分为整体式和模数式两种：整体式大模板的一块模板为房间一面墙大小，其特点是拆模后墙面平整光滑，没有接缝，但墙面尺寸不同时，就不能重复使用，模板利用率低；模数式大模板是按模数进行设计的，在现场可就墙面尺寸大小进行组合，可适应不同建筑结构的要求，提高利用率。

（3）胶合板大模板

与全钢大模板相比，胶合板大模板是用胶合板取代钢板作面板，胶合板有木胶合板和竹胶合板两种。

经酚醛薄膜表面处理的木胶合模板，制作质量好，能多次重复使用，但造价比较高，是目前国内外应用较广泛的模板形式之一。

酚醛薄膜竹胶合模板具有强度高、刚度好、使用寿命长、能多次周转使用，且价格较低等特点，可适用于各种结构部位施工。由于木材资源紧缺，以竹代木是发展方向，目前竹胶合模板已在工程中大量应用。

(4)钢桁架

钢桁架作为梁模板的支撑工具可取代梁模板下的立柱。跨度小、荷载小时桁架可用钢筋焊成，跨度或荷载较大时可用角钢或钢管制成，也可制成两个半榀，使用时再拼装成整体(如图4－65所示)。

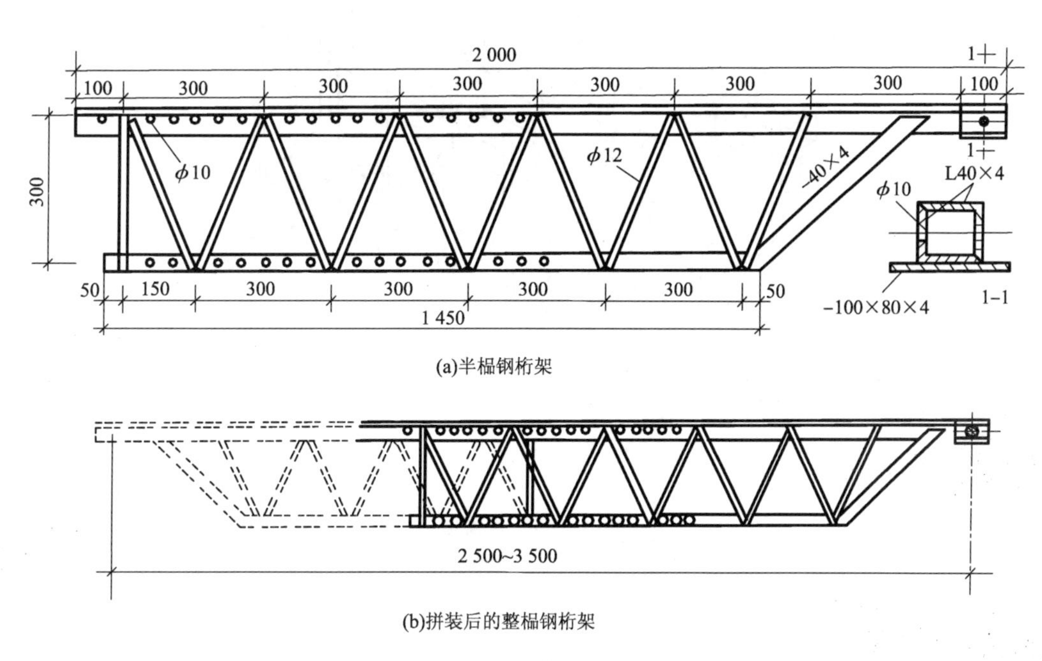

(a)半榀钢桁架

(b)拼装后的整榀钢桁架

图4－65 拼装式钢桁架

(5)大模板

大模板是相对于小型模板的大型模板的统称，它是一大尺寸的工具式模板。因其质量大，装拆皆需起重机械吊装，可提高机械化程度，减少用工量和缩短工期。大模板是目前我国剪力墙和筒体体系的高层建筑、桥墩等施工中用得较多的一种模板，已形成工业化模板体系。

大模板由面板、钢骨架、角膜、斜撑等配件组成，图4－66为大模板组成示意图。

(6)滑升模板

滑升模板是一种工具式模板，滑升模板施工是机械化施工的一种施工方法，目前有液压操作与钢丝绳操作两种，其中液压操作由于提升力大而用得相对较多，如图4－67所示。

滑升模板

液压滑升模板施工是在建筑物或构筑物的底部，按照建筑物平面或构筑物平面，沿其墙、柱、梁等构件周边安装高1.2 m左右的模板和操作平台，随着向模板内不断分层浇筑混凝土，利用液压提升设备不断向上滑升模板连续成形，逐步完成建筑物或构筑物的混凝土浇筑工作。液压滑模工程适用于各种构筑物，如烟囱、筒仓、冷却塔等现浇钢筋混凝土工程的施工。但近年来，由于滑模施工的安全性问题，有逐渐被爬升模板施工取代的趋势。

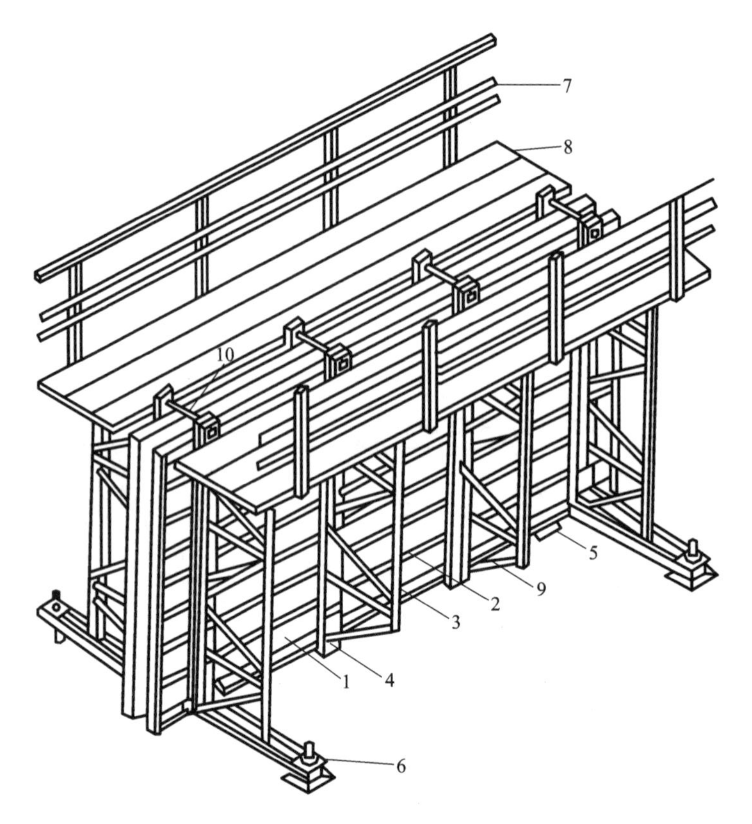

图 4 -66　大模板

1—面板；2—水平加劲肋；3—支撑桁架；4—竖楞；5—调整水平度螺旋千斤顶；
6—调整垂直度螺旋千斤顶；7—栏杆；8—脚手板；9—穿墙螺栓；10—固定卡具

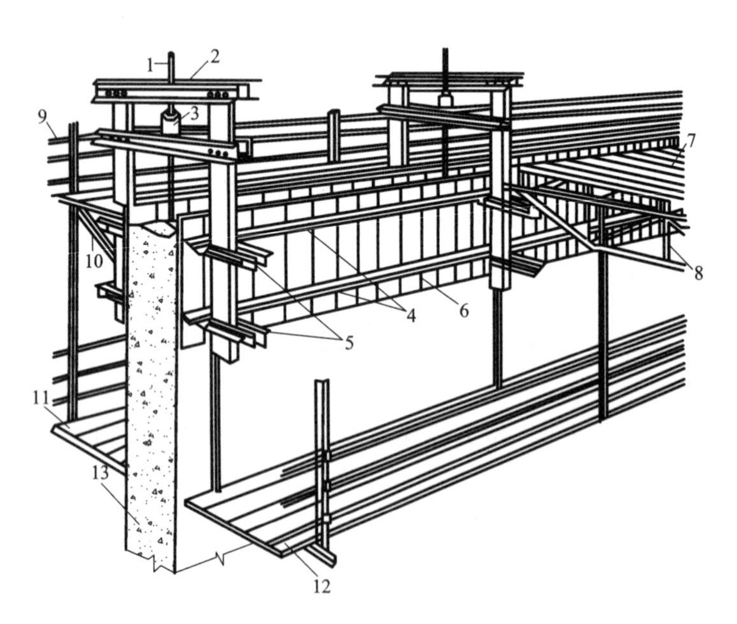

图 4 -67　液压滑升模板的组成示意图

1—支承杆；2—提升架；3—液压千斤顶；4—围圈；5—围圈支托；6—模板；7—操作平台；
8—平台桁架；9—栏杆；10—外挑三脚架；11—外吊脚手；12—内吊脚手；13—混凝土墙体

(7)爬升模板

爬升模板简称爬模，国外也称跳模，是施工剪力墙体系、核心筒体体系的钢筋混凝土结构高层建筑的一种有效模板体系，我国已推广应用。由于模板能自爬，不需起重运输机械吊运，减少了高层建筑施工中起重运输机械的吊运工作量，能避免大模板受大风影响而停止工作。自爬的模板上悬挂有脚手架，省去了结构施工阶段的外脚手架，减少了起重机械的数量，因而能加快施工速度，经济效益较好，如图 4－68 所示。

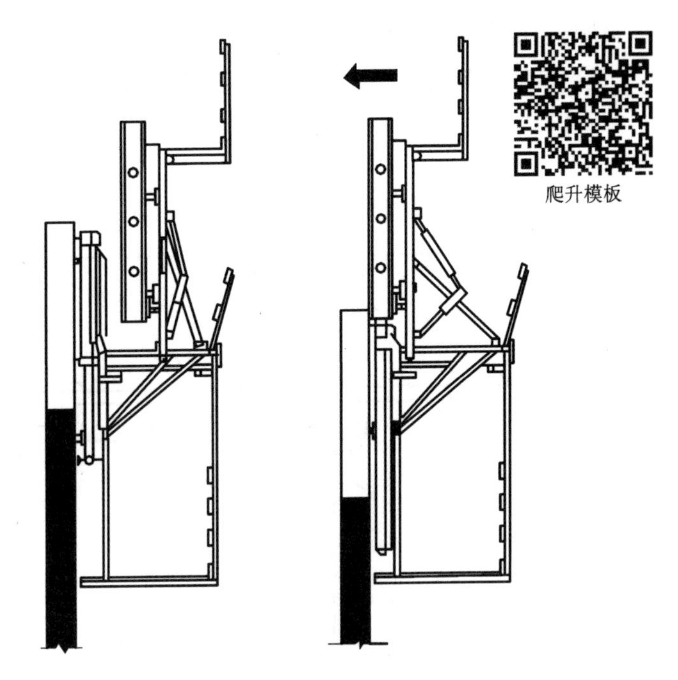

图 4－68 爬升模板示意图

4.3.2.3 早拆模板晚拆支撑施工方法

在水平层结构施工中无论采用何种模板，为加快模板的周转，节省模板费用，普遍采用早拆模板晚拆支撑施工方法。

(1)早拆模板晚拆支撑施工法

如图 4－69 所示，支模时，托梁的两端挂靠在升降头的两侧，模板单元依次放在托梁的两翼，并与托梁和升降头的顶部平齐。安装在支撑构件上的升降头是实现早拆模板晚拆支撑的关键部件。

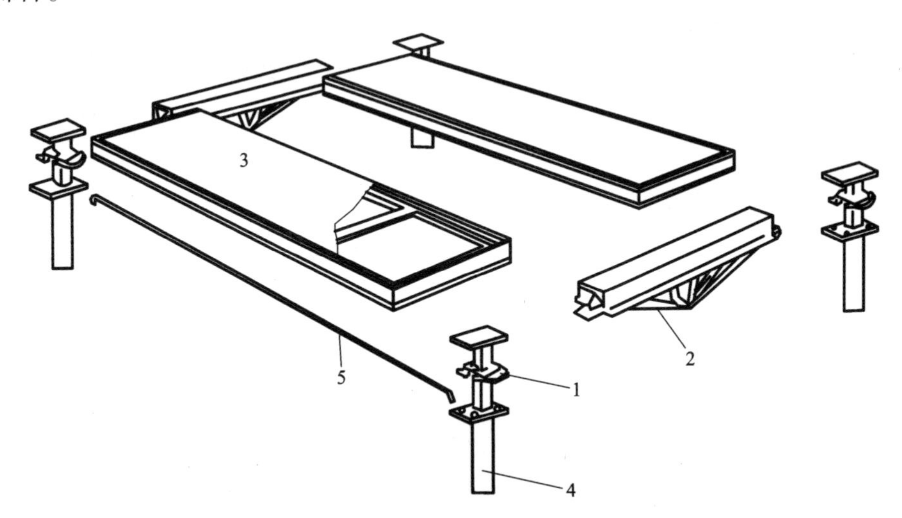

图 4－69 早拆模板晚拆支撑原理图

1—升降头；2—托梁；3—板块式模板；4—普通支撑构件；5—跨度定位杆

(2)升降头的工作原理

如图 4－70 所示，升降头巧妙地利用了“斜面自锁”的机械原理。安装模板时，将带着模板的托梁放在升降头的梁托上，斜面板带着梁托、梁托带着托梁整体穿过定位销上升，使模板的上表面和升降头的顶板处于同一个水平面上，然后向右敲击斜面板，使斜面板与定位销锁紧。拆模时，向左敲击斜面板，使斜面板带着梁托、梁托带着托梁、托梁带着模板整体穿过定位销下降至底板，然后卸掉模板，这时，升降头的顶板依然保留在构件的底部支撑着构件。

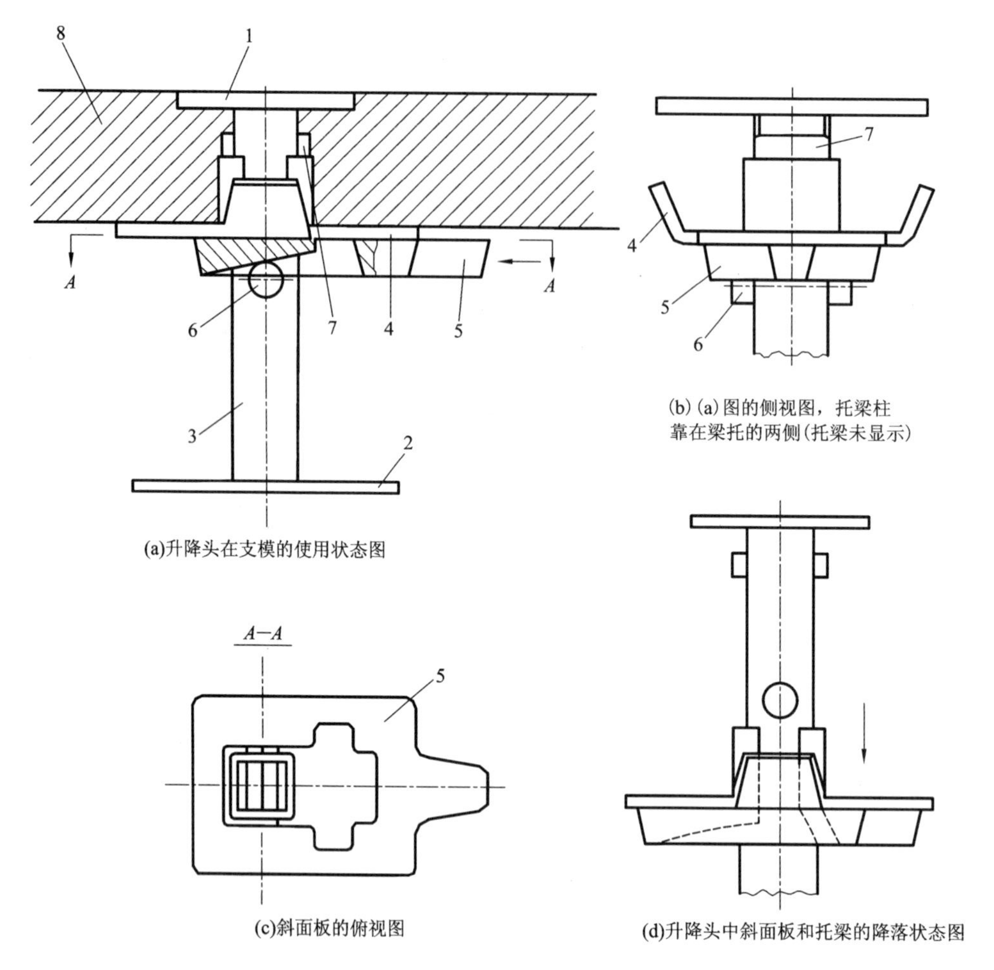

图 4－70 升降头的构造原理图

1—顶板；2—底板(与支撑构件柱头相连)；3—方管；4—梁托；5—斜面板；6—定位销；7—限位板；8—模板

4.3.2.4 模板的拆除

(1)拆除模板顺序及注意事项

①拆模时不要用力过猛，拆下来的模板要及时运走、整理、堆放以便再用。

②拆模程序一般应是后支的先拆，先拆除非承重部分，后拆除承重部分。重大复杂模板的拆除应先制定拆模方案。

③拆除框架结构模板的顺序，首先是柱模板，然后是楼板底板、梁侧模板，最后是梁底模板。拆除跨度较大的梁下支柱时，应先从跨中开始，分别拆向两端。

④多层楼板支柱的拆除，应按下列要求进行：上层楼板正在浇筑混凝土时，下一层楼板的模板支柱不得拆除，再下一层楼板模板的支柱仅可拆除一部分，跨度 4 m 及 4 m 以上的梁下均应保留支柱，其间距不大于 3 m。

⑤已拆除模板及其支架的结构，应在混凝土强度达到设计的混凝土强度标准值后，才允

许承受全部使用荷载。当承受施工荷载产生的效应比使用荷载更为不利时，必须经过核算，加设临时支撑。

⑥拆模时，应尽量避免混凝土表面或模板受到损坏，防止整块板落下伤人。

(2)底模拆除时的混凝土强度要求

底模及其支架拆除时的混凝土强度应符合设计要求；当设计无具体要求时，混凝土强度应符合表4－31的规定。

表4－31　底模拆除时的混凝土强度要求

构件类型	构件跨度/m	达到设计的混凝土立方体抗压强度标准值的百分率/%
板	≤2	≥50
	>2，≤8	≥75
	>8	≥100
梁、拱、壳	≤8	≥75
	>8	≥100
悬臂结构	—	≥100

4.3.2.5　模板的计算规定

计算钢模板、木模板及支架时都要遵守相应结构的设计规范。

验算模板及其支架的刚度时，其最大变形值不得超过下列允许值：

①对结构表面外露的模板，为模板构件计算跨度的1/400；

②对结构表面隐蔽的模板，为模板构件计算跨度的1/250；

③对支架的压缩变形值或弹性挠度，为相应的结构计算跨度的1/1 000。

支架的立柱或桁架应保持稳定，并用撑拉杆件固定。验算模板及其支架在自重和风荷作用下的抗倾倒稳定性时，应符合有关的规定。

习　题

1. 简述钢筋混凝土施工工艺过程。
2. 简述钢筋加工工艺及要求。
3. 如何计算钢筋的下料长度？
4. 什么是钢筋的量度差？量度差和哪些因素相关？
5. 简述钢筋的焊接方法。如何保证焊接质量？
6. 简述钢筋机械连接的方法。
7. 简述钢筋的绑扎。
8. 简述混凝土中石子最大粒径的要求。
9. 简述混凝土搅拌中常用的投料顺序。
10. 简述选择泵送混凝土的原料和配合比应满足的要求。
11. 简述泵送混凝土施工的有关规定。

12. 简述混凝土浇筑的一般规定。
13. 简述现浇钢筋混凝土框架结构的浇筑方法。
14. 简述大体积混凝土结构浇筑时为避免开裂采取的相应措施。
15. 什么是施工缝？为什么要留施工缝？
16. 简述混凝土构件允许留施工缝的位置。
17. 简述混凝土振动机械的种类及适用范围。
18. 简述混凝土养护应符合的规定。
19. 简述混凝土浇水养护时的注意事项。
20. 什么是“混凝土受冻临界强度”？混凝土冬季施工应采用哪些措施？
21. 简述混凝土产生质量缺陷的原因及补救方法。
22. 简述底模拆除时的混凝土强度要求。
23. 某梁的配筋如图所示，试编制该梁的钢筋配料单。

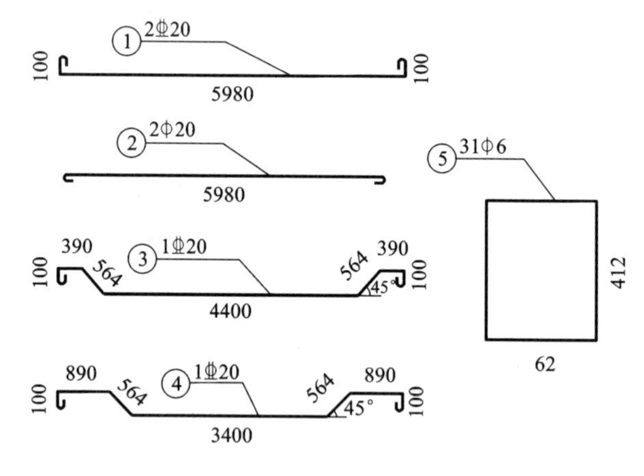

某梁配筋图

第 5 章　预应力混凝土工程

预应力混凝土是在结构或构件承受使用荷载前，对受拉区的混凝土预先施加压应力，以抵消或减少使用荷载作用下产生的拉应力。预应力混凝土结构的截面小、刚度大、抗裂性和耐久性好，在世界各国的土木工程领域中得到广泛应用。近年来，高强度钢材及高强度混凝土的出现促进了预应力混凝土结构的发展，也进一步推动了预应力混凝土施工工艺的成熟和完善。

预应力混凝土按施工顺序一般分为先张法、后张法和无黏结预应力。

本章主要包括以下几方面内容：

1. 预应力混凝土的概述；
2. 先张法；
3. 后张法；
4. 无黏结预应力混凝土。

5.1　概述

5.1.1　预应力混凝土施工原理

普通钢筋混凝土构件的抗拉极限应变只有 0.000 1 ~ 0.000 15，构件混凝土受拉不开裂时，构件中受拉钢筋的应力只有 20 ~ 30 N/mm^2；即使允许出现裂缝的构件，因受裂缝宽度限制，受拉钢筋的应力也仅达 150 ~ 200 N/mm^2，钢筋的抗拉强度未能充分发挥。

预应力混凝土是解决这一问题的有效方法，即在构件承受外荷载前，预先在构件的受拉区对混凝土施加预压应力。当构件在使用阶段的外荷载作用下产生拉应力时，首先要抵消预压应力，这就推迟了混凝土裂缝的出现并限制了裂缝的开展，从而提高了构件的抗裂度和刚度。

对混凝土构件受拉区施加预压应力的方法，是张拉受拉区中的预应力钢筋，通过预应力构件或是钢筋与锚具共同将预应力钢筋的弹性收缩力传递到混凝土构件上，并产生预应力。

预应力钢筋之间的连接装置称为“连接器”。预应力钢筋与锚具等组合装配而成的受力单元称为“组装件”，如预应力钢筋 - 锚具组装件、预应力钢筋 - 夹具组装件、预应力钢筋 - 连接器组装件等。

预应力混凝土的施工需要专门的材料、设备、特殊的工艺。除在传统工业与民用建筑的屋架、吊车梁、托架梁、空心楼板、大型屋面板、檩条、挂瓦板等单个构件上广泛应用外，也被广泛应用在多层工业厂房、高层建筑、大型桥梁、核电站安全壳、电视塔、大跨度薄壳结构、筒仓、水池、大口径管道、基础岩石工程、海洋工程等技术难度较高的大型整体或特种结构上，在现代结构中具有广阔的发展前景。

5.1.2 预应力混凝土施工要求

5.1.2.1 钢筋的种类

(1)钢绞线

钢绞线是用冷拔钢丝绞扭而成，其制作方法是在绞线机上以一种稍粗的直钢丝为中心，其余钢丝则围绕其进行螺旋状绞和，再经低温回火处理即可。钢绞线根据深加工的要求不同又可分为普通松弛钢绞线(消除应力钢绞线)、低松弛钢绞线、镀锌钢绞线、环氧涂层钢绞线和模拔钢绞线等几种。

钢绞线规格有2股、3股、7股和19股等。7股钢绞线由于面积较大、柔软、施工定位方便，适用于先张法和后张法预应力结构和构件，是目前国内外应用最广泛的一种预应力钢筋。我国常用的钢绞线的规格如表5-1所示。

表5-1 钢绞线强度设计值和弹性模量

<table>
<tr><th>钢丝种类</th><th>钢筋直径/mm</th><th>f_{ptk}/(N/mm^2)</th><th>f_{py}/(N/mm^2)</th><th>f'_{py}/(N/mm^2)</th><th>E_S</th></tr>
<tr><td rowspan="5">1×3</td><td rowspan="3">8.6, 10.8</td><td>1 860</td><td>1 320</td><td rowspan="8">390</td><td rowspan="8">1.95</td></tr>
<tr><td>1 720</td><td>1 220</td></tr>
<tr><td>1 570</td><td>1 110</td></tr>
<tr><td rowspan="2">12.9</td><td>1 720</td><td>1 220</td></tr>
<tr><td>1 570</td><td>1 110</td></tr>
<tr><td rowspan="3">1×7</td><td>9.5, 11.1, 12.7</td><td>1 860</td><td>1 320</td></tr>
<tr><td rowspan="2">15.2</td><td>1 860</td><td>1 320</td></tr>
<tr><td>1 720</td><td>1 220</td></tr>
</table>

(2)无黏结预应力钢筋

无黏结预应力钢筋是一种在施加预应力后沿全长与周围混凝土不黏结的预应力钢筋，它由预应力钢材、涂料层和包裹层组成。无黏结预应力钢筋的高强材料和有黏结的要求完全一样，常用的钢材为7根直径5 mm的碳素钢丝束及由7根5 mm或4 mm的钢丝绞合而成的钢绞线。无黏结预应力钢筋的制作：通常采用挤压涂塑工艺，外包聚乙烯或聚丙烯套管，套管内涂防腐建筑油脂，经挤压成型，塑料包裹层裹覆在钢绞线或钢丝束上。

(3)非金属预应力钢筋

非金属预应力钢筋主要是指用纤维增强塑料(简称FRP)制成的预应力钢筋，主要有玻璃纤维增强塑料(GFRP)、芳纶纤维增强塑料(AFRP)及碳纤维增强塑料(CFRP)预应力钢筋等几种形式。

(4)非预应力钢筋

预应力混凝土结构中一般也均配置有非预应力钢筋，非预应力钢筋可选用热轧钢筋HRB335以及HRB400，也可采用HPB235或RRB400，箍筋宜选用热轧钢筋HPB235。

5.1.2.2 对混凝土的要求

在预应力混凝土结构中所采用的混凝土应具有高强、轻质和高耐久性的性质，一般要求混凝土的强度等级不低于 C30，当采用钢绞线、钢丝、热处理钢筋时不宜低于 C40。目前，我国在一些重要的预应力混凝土结构中，已开始采用 C50 ~ C60 的高强度混凝土，混凝土最高强度等级已达到 C80，并逐步向更高强度等级发展。混凝土的平均抗压强度每 10 年提高 5 ~ 10 MPa，现已出现抗压强度高达 200 MPa 的混凝土。

5.1.2.3　预应力的施加方法

预应力的施加方法，根据与构件制作相比较的先后顺序分为先张法、后张法两大类。按钢筋的张拉方法又分为机械张拉和电热张拉。后张法中因施工工艺的不同，又可分为一般后张法、后张自锚法、无黏结后张法等。

5.2　先张法

先张法是在浇筑混凝土构件之前，张拉预应力钢筋，将其临时锚固在台座或钢模上，然后浇筑混凝土构件，待混凝土达到一定强度(一般不低于混凝土强度标准值的75%)，并使预应力钢筋与混凝土间有足够黏结力时，放松预应力，预应力钢筋弹性回缩，借助于混凝土与预应力钢筋间的黏结，对混凝土产生预压应力。

先张法多用于预制构件厂生产定型的中小型构件，也常用于生产预应力桥跨结构等。

5.2.1　先张法的施工设备

5.2.1.1　台座

台座法生产预应力混凝土构件，预应力钢筋锚固在台座横梁上，台座承受全部预应力的拉力，故台座应有足够的强度、刚度和稳定性，以避免台座变形、倾覆或滑移而引起的预应力的损失。

台座由台面、横梁和承力结构等组成。根据承力结构的不同，台座分为墩式台座、槽式台座、桩式台座等。

(1)墩式台座

生产空心板、平板等平面布筋的小型构件时，由于张拉力不大，可利用简易墩式台座[图 5－1(a)]，它将卧梁和台座浇筑成整体，充分利用台面受力。锚固钢丝的角钢用螺栓锚固在卧梁上。

生产中型构件或多层叠浇构件可用图 5－1(c)所示的墩式台座。台面局部加厚，以承受部分张拉力。设计墩式台座时，应进行台座的稳定性和强度验算。稳定性是指台座抗倾覆能力。

抗倾覆验算的计算如图 5－1(b)所示，台座的抗倾覆稳定性按式(5－1)计算

$$K_0 = M'/M \tag{5-1}$$

式中，K_0 为台座的抗倾覆安全系数；M 为由张拉力产生的倾覆力矩

$$M = Te \tag{5-2}$$

e 为张拉力合力的作用点到倾覆转动点的力臂；M'为抗倾覆力矩，如忽略土压力，则

$$M' = G_1 l_1 + G_2 l_2 \tag{5-3}$$

进行强度验算时，支承横梁的牛腿，按柱子牛腿计算方法计算其配筋；墩式台座与台面接触的外伸部分，按偏心受压构件计算；台面按轴心受压杆件计算；横梁按承受均布荷载的简支梁计算，其挠度应控制在 2 mm 以内，并不得产生翘曲。

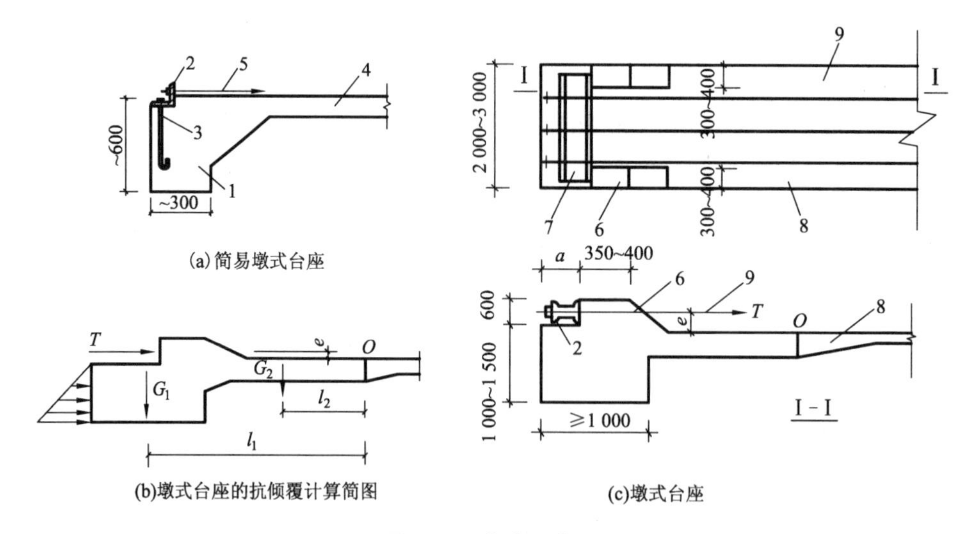

(a)简易墩式台座

(b)墩式台座的抗倾覆计算简图

(c)墩式台座

图 5－1　台座示意图

1—卧梁；2—角钢；3—预埋螺栓；4—混凝土台面；5—预应力钢丝；
6—混凝土墩；7—钢横梁；8—局部加厚的台面；9—预应力钢筋

移动模架箱梁

(2)槽式台座

生产吊车梁、屋面梁、箱梁等预应力混凝土构件时，由于张拉力和倾覆力矩都比较大，大多采用槽式台座(图 5－2)。由于它具有通常的钢筋混凝土压杆，可承受较大的张拉力和倾覆力矩，其上加砌砖墙，加盖后还可进行蒸汽养护，为方便混凝土运输和蒸汽养护，槽式台座多低于地面。为便于拆迁，台座的压杆亦可分段浇制。

设计槽式时，也应进行抗倾覆稳定性和强度验算。

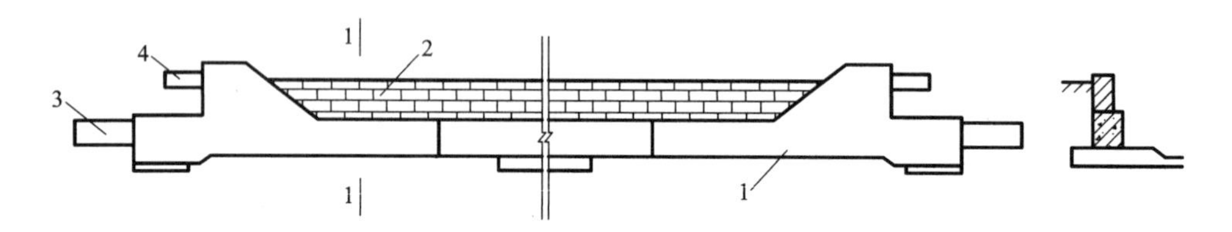

图 5－2　槽式台座示意图

1—钢筋混凝土压杆；2—砖墙；3—上横梁；4—下横梁

5.2.1.2　夹具

(1)锚固夹具

①钢丝的锚固夹具。常用的有圆锥齿板式夹具、圆锥三槽式夹具和钢丝镦头夹具，如图 5－3 所示。前两种是钢质锥形夹具，皆属锥销式体系。锚固是将齿板或锥销打入套筒，借助摩阻力将钢丝锚固。它用来锚固 3～5 mm 单根冷拔钢丝和碳素(刻痕)钢丝。

镦头夹具分为钢丝镦头夹具和钢筋镦头夹具。将钢丝端部冷镦或热镦成粗头，通过承力板或梳筋板锚固。

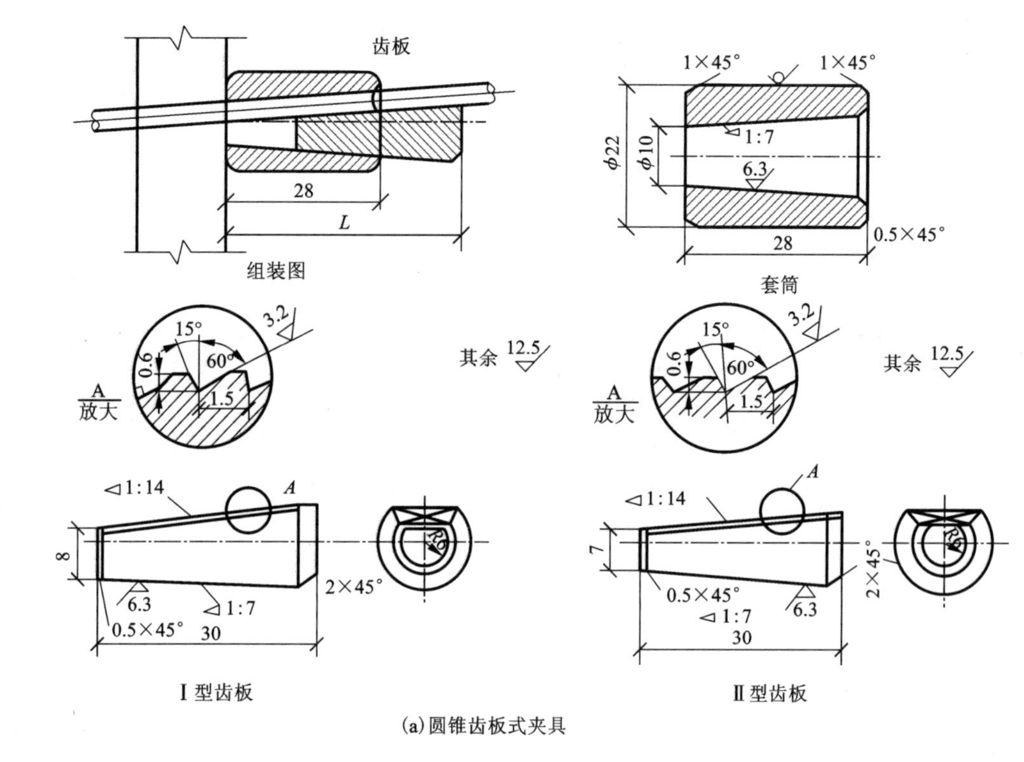

(a)圆锥齿板式夹具

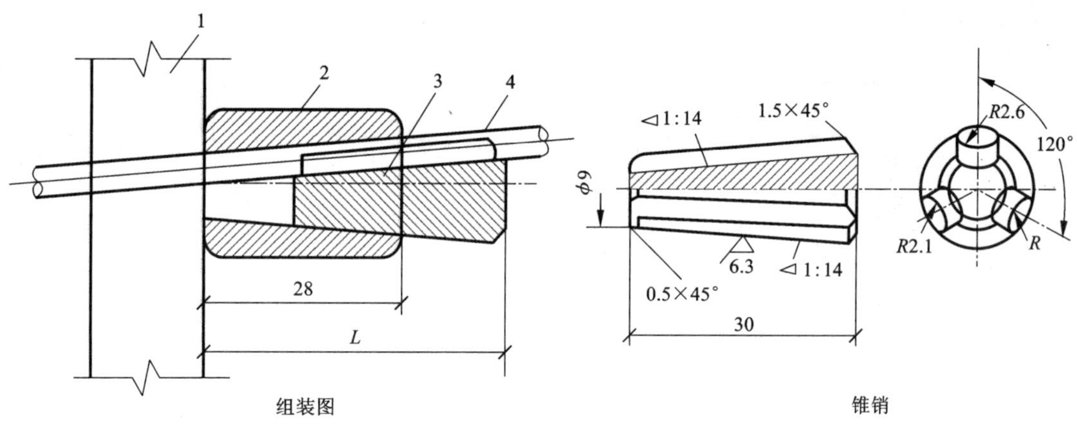

(b)圆锥三槽式夹具

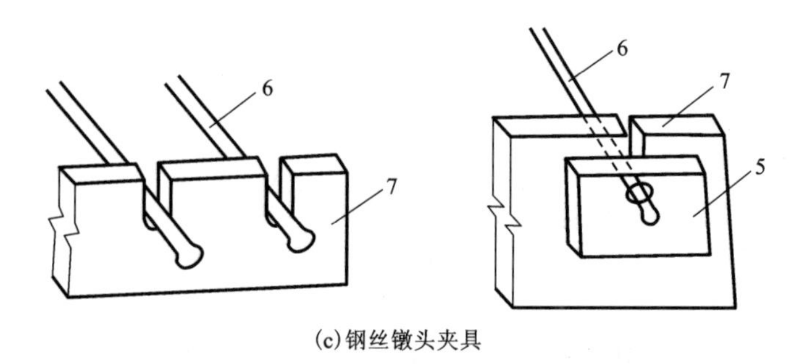

(c)钢丝镦头夹具

图 5－3　圆锥齿板式夹具、圆锥三槽式夹具、钢丝镦头夹具

1—定位板；2—套筒；3—锥销；4—钢丝；5—垫片；6—镦头钢丝；7—承力板

②钢筋的锚固夹具。常用镦头夹具和圆锥套筒三片式夹具。钢筋直径小于 22 mm 采用热镦方法，钢筋直径等于或大于 22 mm 采用热锻成型方法。镦过的钢筋需经过冷拉，以校验镦头处的强度。该夹具在使用时，还需一个可转动的抓钩式连接头，如图 5－4 所示。

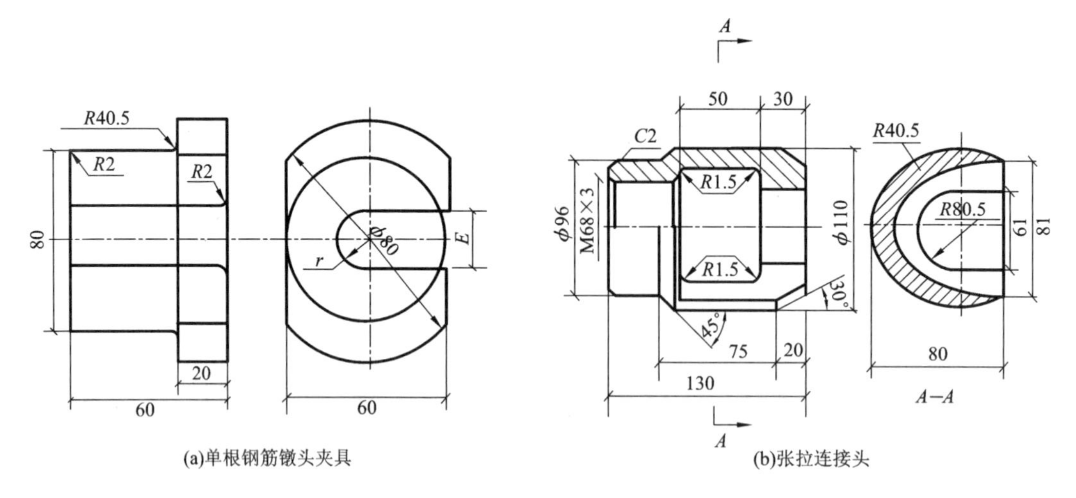

图 5－4　单根钢筋镦头夹具及张拉连接头

圆套筒三片式夹具适用于夹持直径 12～14 mm 的单根冷拉 HRB335～RRB400 级钢筋，由 3 个夹片与套筒组成，如图 5－5 所示。

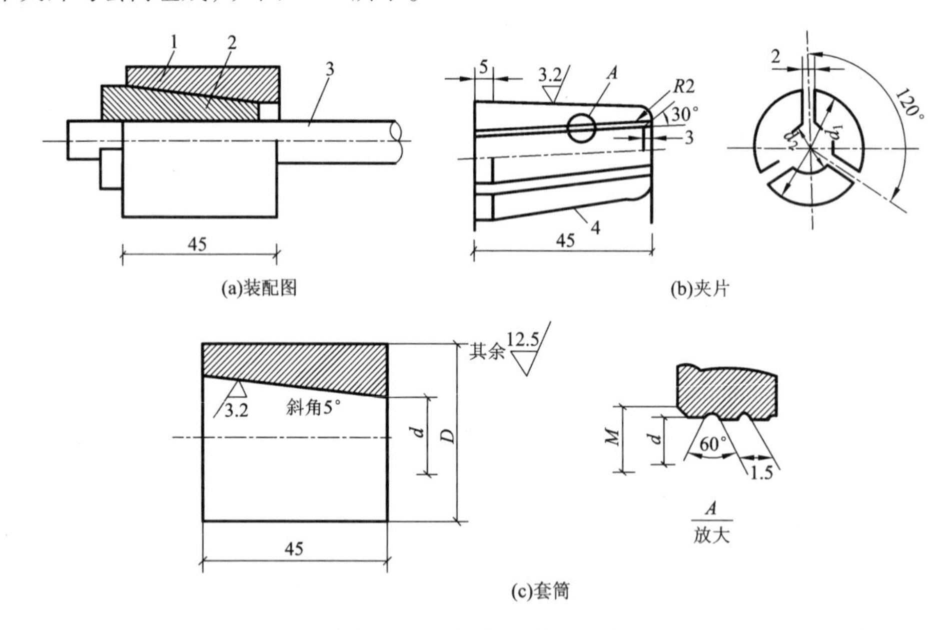

图 5－5　圆套筒三片式夹具

1—套筒；2—夹片；3—预应力钢筋；4—斜角 5°

(2) 张拉夹具

①钢丝的张拉夹具。常用的有月牙形夹具、偏心式夹具和楔形夹具等，如图 5－6 所示，适用于在台座上张拉钢丝。

②钢筋的张拉夹具。常用的有套筒连接器、螺丝端杆锚具连接和压销式夹具等。

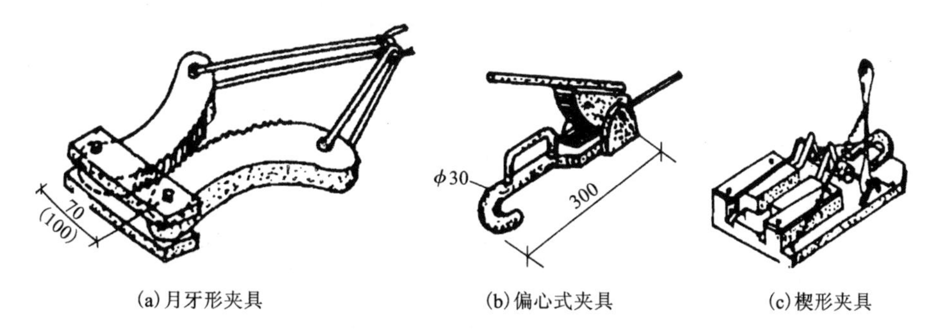

(a)月牙形夹具　　(b)偏心式夹具　　(c)楔形夹具

图 5－6　钢丝的张拉夹具

压销式夹具用作直径 12 ~ 16 mm 的 HPB235 ~ RRB400 级钢筋的张拉夹具。它是由销片和楔形压销组成，如图 5－7(a)所示。销片 2、3 有与钢筋直径相适应的半圆槽，槽内有齿纹用以夹紧钢筋。当楔紧或放松楔形压销 4 时，便可夹紧或放松钢筋。

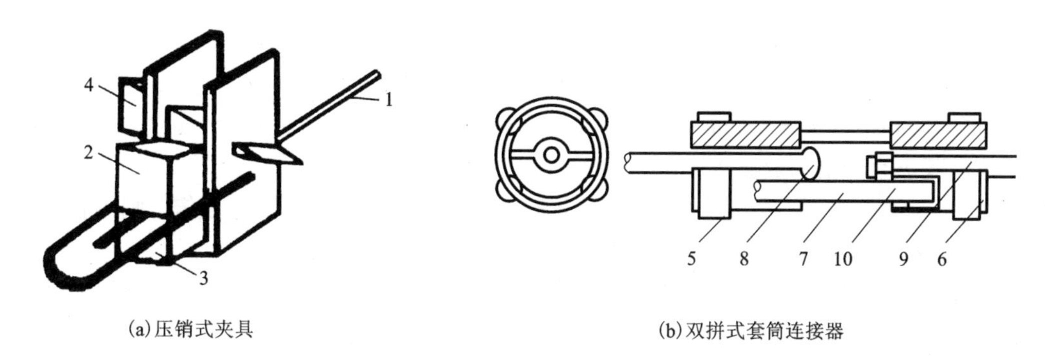

(a)压销式夹具　　(b)双拼式套筒连接器

图 5－7　钢筋的张拉夹具

1—钢筋；2—销片(楔形)；3—销片；4—楔形压销；5—钢圈；
6—半圆形套筒；7—连接钢筋；8—钢丝；9—螺杆；10—螺母

(3)夹具性能和检验

除以上所述外，夹具还应具备以下性能：在预应力夹具组装件达到实际破断拉力时，全部零件均不得出现裂缝和破坏；应有良好的自锚性能；应有良好的放松性能，需大力敲击才能松开的夹具，必须证明其对预应力钢筋的锚固无影响，且对人员安全不造成危险时才能采用；先张法用的连接器必须符合夹具的性能要求。

夹具和连接器进场时，应检查其出厂质量证明书中所列各项性能，同一类型夹具，用同一原材料、同一生产工艺一次投料生产，不得超过 1 000 套为一批。每批抽取六个试样，与工程实际应用的预应力钢筋组成三个预应力夹具组装件，进行静载荷试验，应符合上述要求。如有一个组装件不符合要求，则另取双倍数量的试样重做试验，如仍有一个不合格，则该批夹具或连接器为不合格品。

5.2.2　先张法的施工工艺

先张法的施工工艺流程如图 5－8 所示。

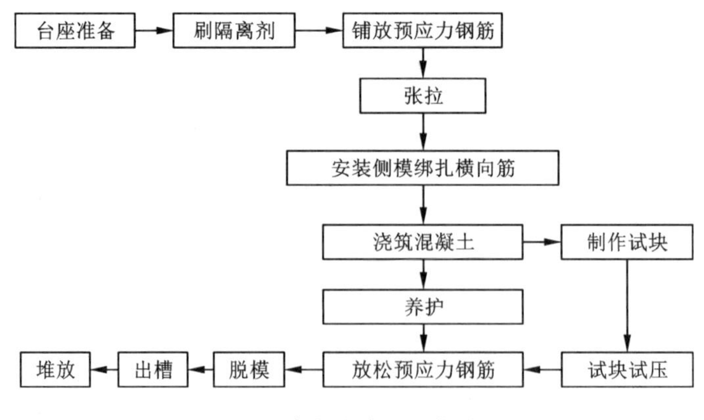

图 5－8　先张法施工工艺流程图

5.2.2.1　预应力钢筋的张拉

预应力钢筋张拉前应先做好台面的隔离层，然后按设计要求铺设预应力钢筋。预应力钢筋可采用单根张拉或整体张拉。张拉时，张拉机械应与预应力钢筋在同一直线上，张拉控制应力应符合设计要求，若需超张拉时应控制最大张拉控制应力。张拉完成后，预应力钢筋对设计位置的偏差不得大于 5 mm，也不得大于构件截面最短边长的 4%。

5.2.2.2　预应力钢筋的放张

预应力钢筋放张时，混凝土应达到设计规定的放张强度，若设计无规定，则不得低于设计的混凝土强度标准值的 75%。

预应力钢筋的放张顺序应符合设计要求，当设计无要求时，应符合以下标准：对承受轴心预压力的构件，所有预应力钢筋应同时放张；对承受偏心预压力的构件，应先同时放张预压应力较小区域的预应力钢筋，再同时放张预压应力较大区域的预应力钢筋；当不能按上述规定放张时，应分阶段、对称、相互交错地放张，以防止在放张过程中构件发生翘曲、出现裂纹及预应力钢筋断裂等情况。

预应力钢筋的放张工作，应缓慢进行，防止冲击。常用的放张方法有千斤顶放张、砂箱放张、楔块放张、预热熔割、钢丝钳切割等，如图 5－9、图 5－10 所示。

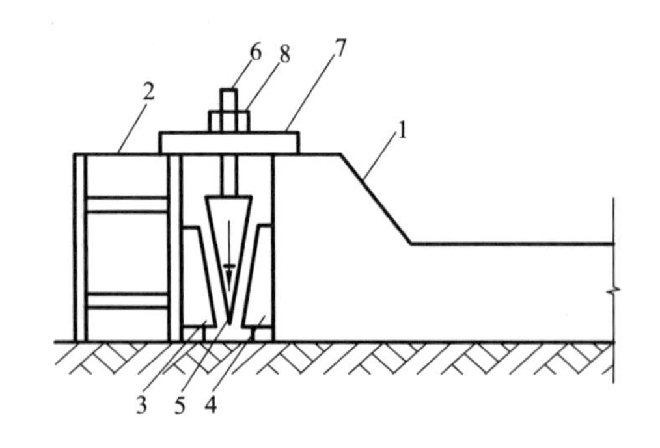

图 5－9　楔块放张示意图

1—台座；2—横梁；3，4—钢块；5—钢楔块；6—螺杆；7—承力板；8—螺母

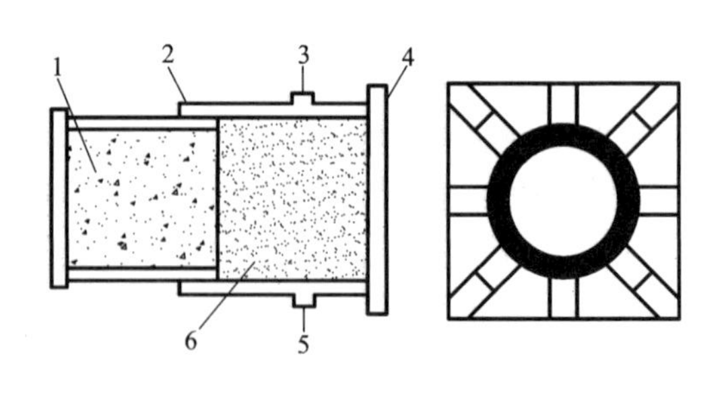

图 5－10　砂箱放张示意图

1—活塞；2—钢套箱；3—进砂口；4—钢套箱底板；5—出砂口；6—砂子

5.2.2.3　预应力张拉的控制

张拉预应力钢筋时，构件混凝土的强度应按设计规定，如设计无规定，则不宜低于混凝土标准强度的75%。

(1)张拉控制应力的确定

预应力钢筋的张拉控制应力按《混凝土结构设计规范》规定取值，以确保张拉力不超过其屈服强度，使预应力钢筋处于弹性工作状态，对混凝土建立有效的预压应力。张拉控制应力允许值如表5－2所示。

表5－2　张拉控制应力允许值 σ_{con}

钢筋种类	张拉方法	
	先张法	后张法
消除应力钢丝	$0.75f_{ptk}$	$0.75f_{ptk}$
热处理钢筋	$0.70f_{ptk}$	$0.65f_{ptk}$

(2)张拉程序

张拉程序有两种。

第一种张拉程序中，超张拉5%并持荷2 min，再回到控制应力，其目的是在高应力状态下加速预应力钢筋松弛早期发展，尽量减少因预应力钢筋松弛所造成的预应力损失。

预应力钢筋在高应力作用下，其塑性变形具有随时间增长的性质：一方面，当钢筋长度保持不变，钢筋的应力会随时间的增长而逐渐降低，这种现象称为预应力钢筋的应力松弛；另一方面，当预应力钢筋应力保持不变，应变会随时间的增长而逐渐增大，这种现象称为预应力钢筋的徐变。预应力钢筋的松弛和徐变均会引起预应力钢筋中的应力损失，而这两种损失往往又很难区分，故将这两种损失统称为预应力钢筋松弛损失。

$$0 \longrightarrow 1.05\sigma_{con} \xrightarrow[2\ \text{min}]{\text{持荷}} \sigma_{con}\text{或}0 \longrightarrow 1.03\sigma_{con}$$

预应力钢筋松弛所造成的预应力损失一般与 σ_{con} 和时间有关：在2 min内完成损失的50%，1 h内完成损失的70%，24 h内预应力钢筋由松弛所造成的预应力损失基本完成，因此持荷2 min起码可以减少预应力钢筋由于松弛引起的50%的预应力损失；σ_{con} 越高，所造成的预应力损失越大。

第二种张拉程序中，超张拉3%，其目的是弥补预应力钢筋的松弛损失，这种张拉程序施工简单，一般被采用较多。

以上两种张拉程序是等效的，可根据构件类型、预应力钢筋与锚具种类、张拉方法、施工速度等选用。

(3)预应力钢筋的检验

①先张法预应力钢筋张拉后与设计位置的偏差不得大于5 mm，且不得大于构件截面最短边长的4%。

②当采用应力控制方法张拉时，应校核预应力钢筋的伸长值，该伸长值宜在初应力约为

10% σ_{con}时开始量测。实际伸长值与设计计算理论伸长值的相对允许偏差为 ±6% 。

③当同时张拉多根预应力钢筋时，应预先调整初应力，使各根预应力钢筋均匀一致，其偏差不得大于或小于一个构件全部钢丝预应力总值的5% 。

5.2.2.4　混凝土的浇筑与养护

(1)混凝土的浇筑

预应力钢筋张拉完毕后即应浇筑混凝土。混凝土的浇筑应一次完成，不允许留设施工缝。

混凝土的水灰比必须严格控制，以减少混凝土由于收缩和徐变而引起的预应力损失。预应力混凝土构件浇筑时必须振捣密实(特别是在构件的端部)，以保证预应力钢筋和混凝土之间的黏结力，减少由于混凝土黏结力不足造成的预应力损失。

(2)混凝土的养护

混凝土可采用自然养护或蒸汽养护。

在台座上用蒸汽养护时，预应力钢筋因温度升高而膨胀，而台座与地面或垫层相连，长度并无变化，因而引起预应力钢筋的预应力损失，这就是温差引起的预应力损失。降温时，混凝土已结硬并与钢筋黏结成一个整体，由于两者具有相同的温度膨胀系数，随温度降低而产生相同的收缩，所损失的预应力无法恢复。为了减少这种温差所造成的预应力损失，应采用二阶段升温养护法：保证在混凝土强度养护至7.5 MPa(配粗钢筋)或10 MPa(钢丝、钢绞线配筋)之前，温差一般不超过20 ℃，之后则可按一般正常情况继续升温养护。

采用机组流水法用钢模制作、蒸汽养护时，由于钢模和预应力钢筋同样会伸缩，不存在因温差而引起的预应力损失，可以采用一般加热养护制度。

5.2.3　先张法施工安全措施

张拉台座两端要设置防护墙，张拉时沿台座长度每隔2 ~3 m 放一个防护架，台座两端不得站人，防止钢丝或钢筋拉断打伤人。

油泵要放在台座的侧面，操作人员要站在油泵的外侧面进行操作，操作人员如有条件最好戴防护目镜。

预应力钢筋张拉到设计应力后，要停2 ~3 min，待稳定后再打紧夹具。

预应力钢筋放张不能采取在受拉状态下骤然切割的方法，否则会使构件端部受到冲击力，出现水平裂缝，同时，张拉区域要设置明显标注并防止非工作人员入内。常用的方法有千斤顶放张、滑模放张、螺杆张拉架放张、混凝土缓冲块放张等方法。

浇筑混凝土时，振动器不得挤碰预应力钢筋。

5.3　后张法

5.3.1　后张法的施工锚具

常见的锚具种类很多，这里介绍几种典型锚具，以便了解其简单形式和用途。

5.3.1.1　螺杆锚具

螺杆锚具由螺杆、螺母和垫板组成，如图5 -11(a)所示，是单根预应力粗钢筋张拉端常用的锚具。螺杆采用Q345钢制作，螺母和垫板则用Q235钢制作。

5.3.1.2 帮条锚具

帮条锚具，如图5－11(b)所示由帮条和衬板组成。帮条钢筋采用与预应力钢筋同级钢筋，而衬板则可用普通低碳钢钢板，焊条应选用E5003。焊接帮条时，三根帮条与衬板相接触面应在同一垂直平面上，以防止受力后产生扭曲。焊接时的地线严禁搭在预应力钢筋上，并严禁在预应力钢筋上引弧，以免损伤预应力钢筋。

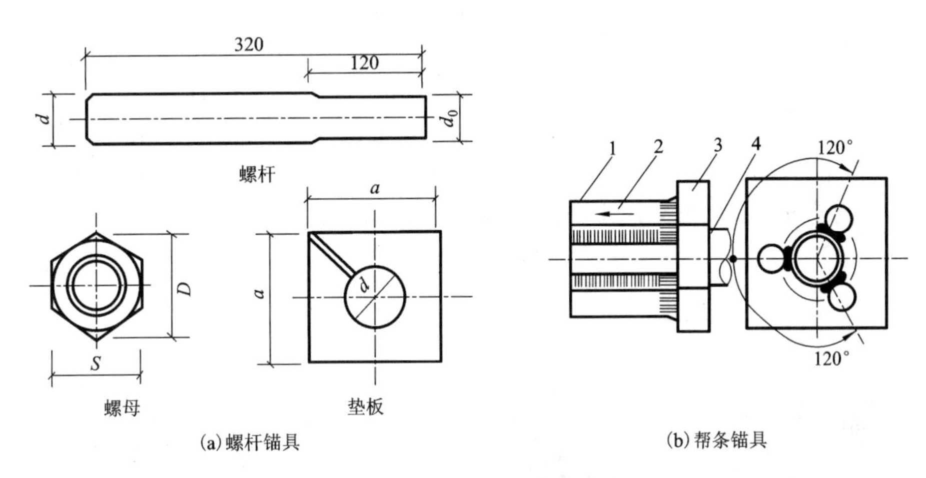

(a)螺杆锚具　(b)帮条锚具

图5－11　螺杆锚具、帮条锚具

1—帮条；2—施焊方向；3—衬板；4—主筋

5.3.1.3 钢质锥形锚具

钢质锥形锚具由锚塞和锚环组成，如图5－12所示。钢质锥形锚具一般适用于锚固碳素钢丝束，可锚固12～24根钢丝。锚塞和锚环均用Q345钢制作。锚塞和锚环的锥度应严格保持一致，保证对钢丝的挤压均匀，不致影响摩阻力。

5.3.1.4 镦头锚具

镦头锚具由锚环、锚板和螺母组成，如图5－13所示。镦头锚具适用于锚固12～24根碳素钢丝。锚环与锚板采用Q345钢，而螺母用Q235钢或Q345钢制作。

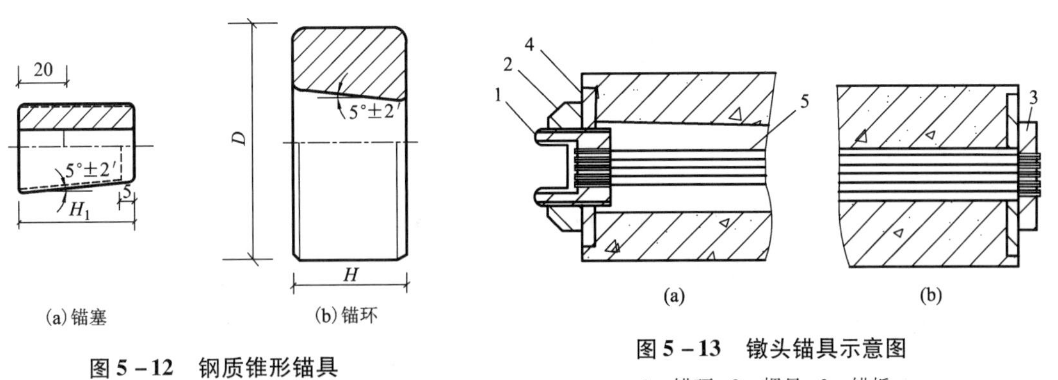

(a)锚塞　(b)锚环

图5－12　钢质锥形锚具

(a)　(b)

图5－13　镦头锚具示意图

1—锚环；2—螺母；3—锚板；
4—垫板；5—镦头预应力钢丝

5.3.1.5　锥形螺杆锚具

锥形螺杆锚具由锥形螺杆、套筒、螺母和垫板组成，如图 5－14 所示。锥形螺杆和套筒均采用 Q345 钢制作，螺母和垫板采用 Q235 钢制作。该锚具适用于 14～28 根碳素钢丝的锚固。

5.3.1.6　JM－12 型锚具

JM－12 型锚具由锚环和夹片组成，如图 5－15 所示。锚环和夹片由 Q345 钢制作。预应力钢筋靠夹片压紧的摩擦阻力固定，多用于钢绞线束的锚固。JM－12 型锚具有良好的锚固性能，预应力钢筋滑移量比较小，施工方便，但是加工量大且成本高。

5.3.1.7　多孔夹片锚具

多孔夹片锚具也称群锚，由多孔的锚板与夹片组成，如图 5－16 所示。在每个锥形孔内装一副夹片，夹持一根钢绞线。这种锚具的特点是每束钢绞线的根数不受限制，任何一根钢绞线锚固失效，都不会引起整束锚固失效。对于多孔夹片锚具，如采用大吨位液压千斤顶整束张拉有困难的情况下，也可采用小吨位液压千斤顶逐根张拉锚固。

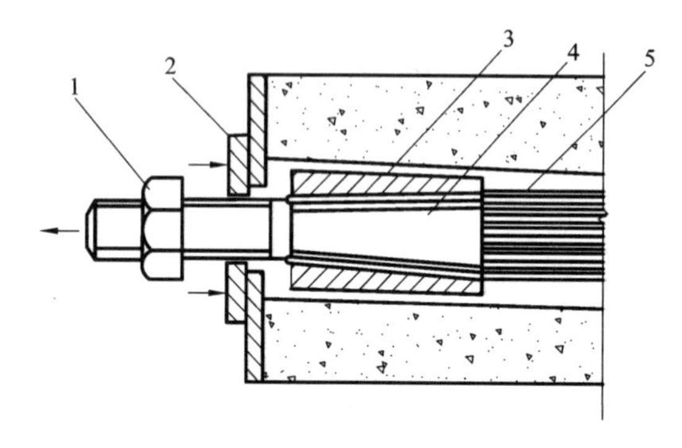

图 5－14　锥形螺杆锚具示意图

1—螺母；2—垫板；3—套筒；4—锥形螺杆；5—预应力钢丝束

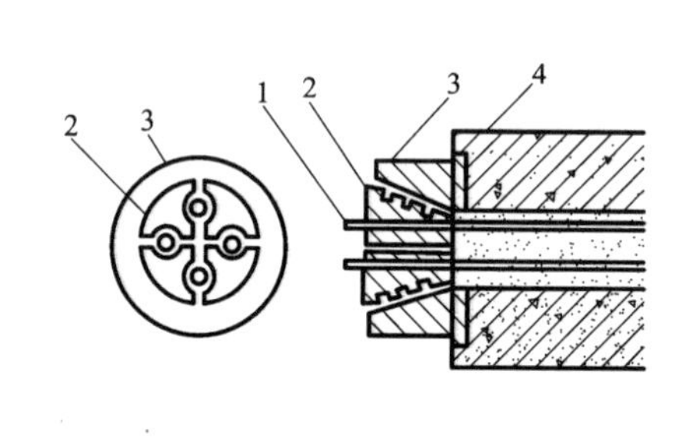

图 5－15　JM－12 型锚具

1—预应力钢筋；2—夹片；3—锚环；4—垫板

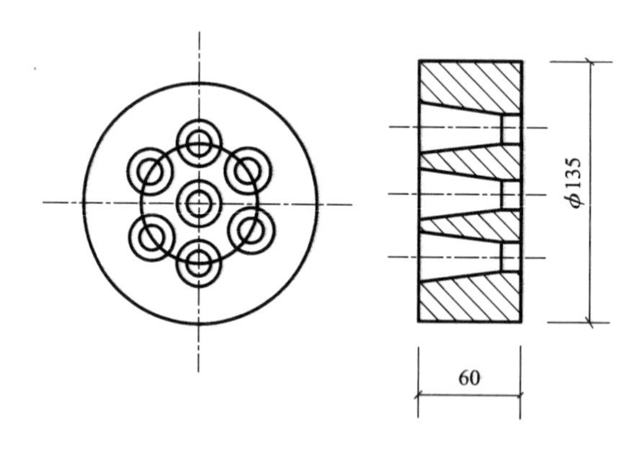

图 5－16　多孔夹片锚具

5.3.2　张拉机械与设施

后张法的张拉机械常用拉杆式千斤顶、穿心式千斤顶和锥锚式千斤顶等，施工中应注意使用、维护和校验。锚具是后张法施工中进行张拉预应力钢筋永久固定在构件上，对锚具的要求为预应力损失小，其型号和锚固性能应符合相关规定。

5.3.3 后张法预应力施工

后张法是在制作混凝土结构或构件时，在预应力钢筋设计部位预先留设孔道，浇筑混凝土并养护达到设计要求的强度后，将预应力钢筋承受的张拉力通过锚具传递给混凝土构件，使受拉区混凝土产生预压应力。先张法预应力施工工艺流程如图 5－17 所示。

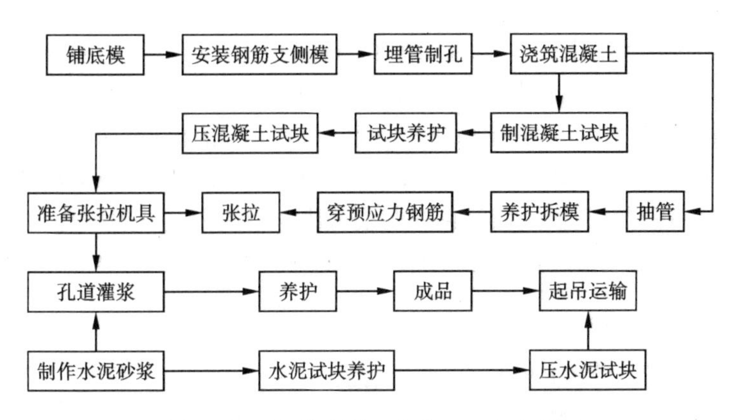

图 5－17 先张法预应力施工工艺流程图

5.3.3.1 施工方法

(1)孔道留设

孔道留设是后张法预应力混凝土构件制作中的关键工序之一。预留孔道的尺寸与位置应正确，孔道应平顺。如果用螺丝端杆，孔道的直径一般应比预应力钢筋的外径(包括钢筋对焊接头的外径或需穿入孔道的锚具外径)大 10～15 mm，如果用 JM－12 型锚具则为 42～50 mm，以利于预应力钢筋穿入。孔道留设的方法有钢管抽芯法、胶管抽芯法和预埋波纹管法(一般用于曲线孔道或预应力密布构件)等。

①钢管抽芯法。只用于留设直线孔道，钢管长度不宜超过 15 m，钢管两端各伸出构件 500 mm 左右，以便转动和抽管。构件较长时，可采用两根钢管，中间用套管连接，如图 5－18 所示。

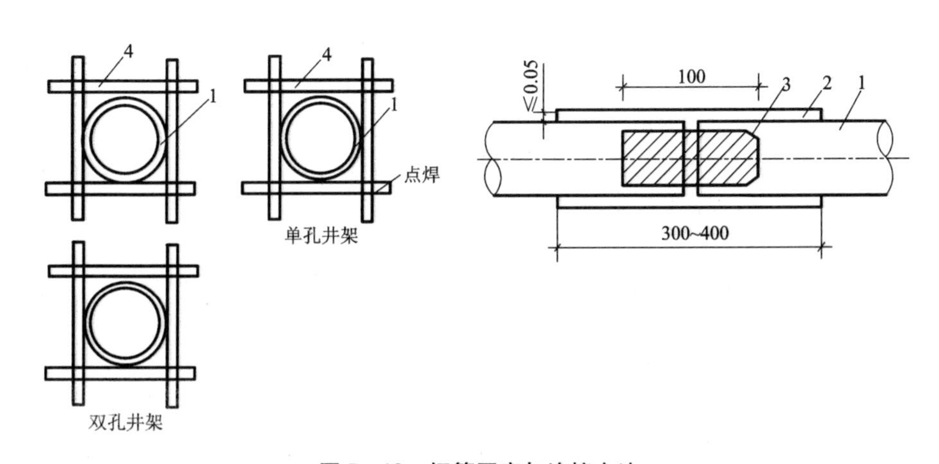

图 5－18 钢管固定与连接方法

1—钢管；2—白铁皮套管；3—硬木塞；4—井字架

抽管时间与水泥品种、浇筑温度和养护条件等因素有关。抽管时间过早，会造成坍孔；过晚则混凝土与钢管之间阻力增大，造成抽管困难。一般在混凝土初凝后、终凝前，手指按压混凝土不黏浆又无明显印痕时即可抽管，为浇筑后 3 ~6 h。

抽管顺序由上至下，速度均匀，边抽边转动，用力方向顺着孔道轴线。为满足孔道灌浆需要，留设预留孔的同时，还要用木塞或白铁皮管在构件中间和两端留设灌浆孔和排气孔，孔径一般为 20 mm，孔距一般不大于 12 m。

②胶管抽芯法。胶管采用 5 ~7 层帆布夹层、壁厚 6 ~7 mm 的普通橡胶管，用于直线、曲线或折线孔道成型。胶管一端密封，另一端接上阀门，安装在孔道设计位置上，如图 5 - 19 所示；胶管每间隔不大于 0.5 m，用钢筋井字架予以固定。混凝土浇筑前夹布胶管内充入压缩空气或压力水，工作压力为 600 ~800 kPa，然后浇筑混凝土，待混凝土初凝后、终凝前，将胶管阀门打开放水（或放气）降压，胶管回缩与混凝土自行脱落。一般按先上后下、先曲后直的顺序将胶管抽出。胶管抽芯法的灌浆孔和排气孔的留设方法同钢管抽芯法。

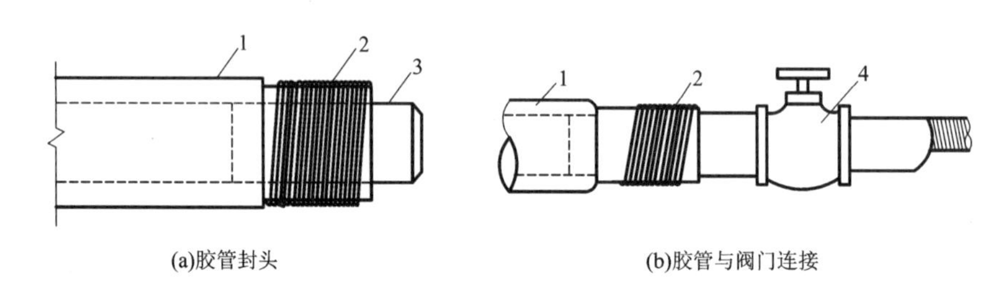

图 5 - 19　胶管密封装置

1—胶管；2—铁丝密缠；3—钢管堵头；4—阀门

③预埋波纹管法。预埋波纹管法是利用与孔道直径相同的金属波纹管埋在构件中，无须抽出，一般采用黑铁皮管、薄钢管或镀锌双波纹金属软管制作。预埋管法因省去抽管工序，且孔道留设的位置、形状也易保证，故目前应用较为普遍。金属波纹管质量轻、弯折方便且与混凝土黏结性好。金属波纹管每根长 4 ~6 m，也可根据需要现场制作，其长度不限。波纹管在 1 kN 径向力作用下不变形，使用前应做灌水试验，检查有无渗漏现象。

波纹管的固定（图 5 - 20）：采用钢筋卡子并用铁丝绑牢，卡子焊在箍筋上，间距不宜大于 600 mm。波纹管需要接长时，可用旋入式连接管，插入长度不小于 200 mm，用密封胶带或塑料热塑管封口。管子尽量避免反复弯曲，以防止管壁开裂。

按设计规定的位置留设灌浆孔（图 5 - 21）和排气孔。灌浆孔的间距一般不宜大于 30 m，曲线孔道的曲线波峰部位设置排气孔。留设灌浆孔和排气孔时，可用木塞或镀锌钢管成孔。孔道成形后应立即逐孔检查，发现堵塞应及时疏通。

（2）预应力钢筋的张拉

预应力钢筋张拉时，构件的混凝土强度应符合设计要求；如设计无要求时，混凝土强度不应低于设计强度等级的 75% 。对于拼装的预应力构件，其拼缝处混凝土强度如无设计要求时，不宜低于块体混凝土设计强度等级的 40% ，且不低于 15 MPa。

①预应力钢筋的张拉顺序。预应力钢筋的张拉顺序是对称张拉，预应力钢筋的张拉应使混凝土不产生超应力、构件不扭转与侧弯、结构不变位等。图 5 - 22 为预应力混凝土屋架下弦杆与吊车梁的预应力钢筋张拉顺序。

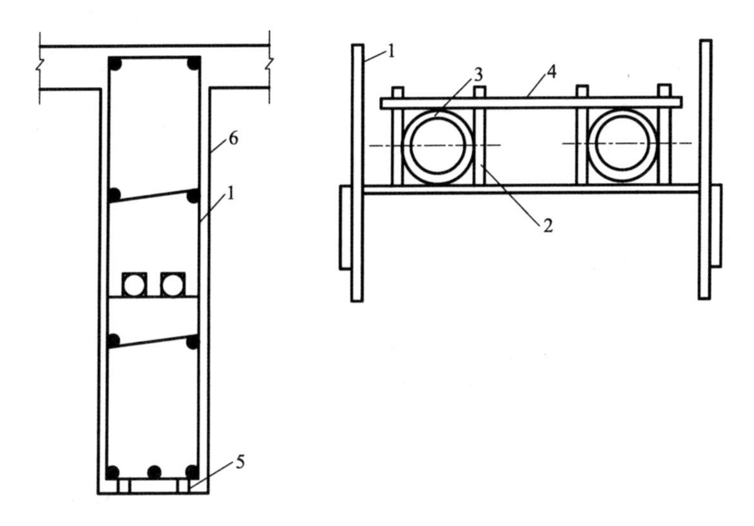

图5－20　波纹管的固定

1—箍筋；2—波纹管托架；3—波纹管；4—后绑的钢筋；5—水泥垫块；6—梁侧模

②配有多根预应力钢筋时的张拉顺序。对配有多根预应力钢筋的预应力混凝土构件，如果多根预应力钢筋不能同时张拉，则应该分批、对称地进行张拉。

分批张拉时，要考虑后批预应力钢筋张拉时对混凝土产生的弹性压缩，引起前批已张拉的预应力钢筋应力值降低，造成预应力损失，所以对前批张拉的预应力钢筋的张拉应力应相应增加这个损失值(σ_s)。

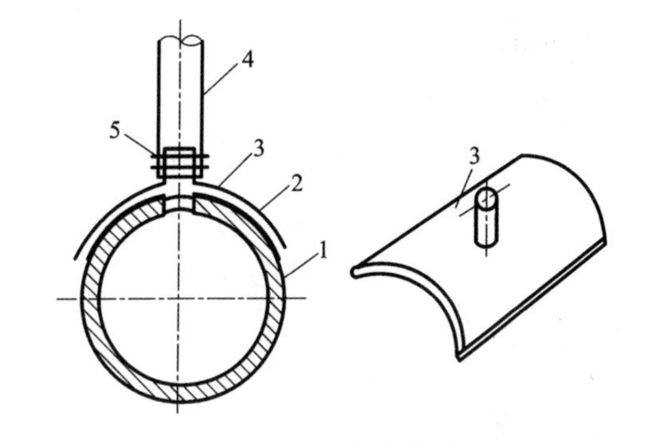

图5－21　灌浆孔的留设

1—波纹管；2—海绵垫片；3—塑料弧形压板；4—增强塑料管；5—铁丝绑扎

(3)孔道灌浆

预应力钢筋张拉锚固后，孔道应及时灌浆以防止预应力钢筋锈蚀，增加结构的整体性和耐久性。但采用电热法时孔道灌浆应在钢筋冷却后进行。

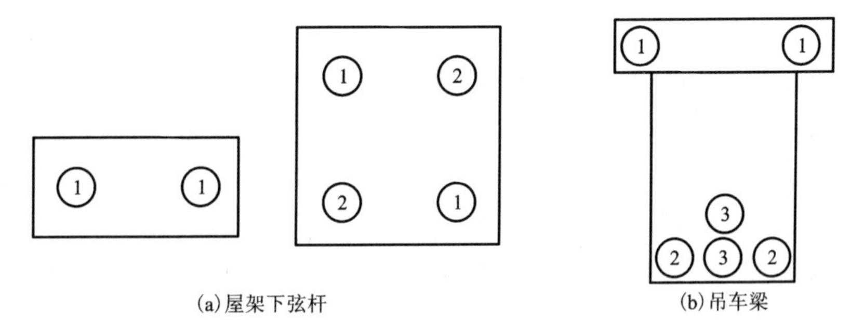

图5－22　预应力钢筋的张拉顺序

孔道灌浆应采用标号不低于425号普通硅酸盐水泥或矿渣硅酸盐水泥配制的水泥浆，对孔隙大的孔道可采用砂浆灌浆，水泥浆及砂浆强度均不应低于20 MPa。为了提高孔道灌浆的密实性，在水泥浆中可掺入微量铝粉或水泥用量0.25%的木质素磺酸钙，但不得掺入氯化物或其他对预应力钢筋有腐蚀作用的外加剂。

灌浆前混凝土孔道应用压力水冲刷干净并润湿孔壁。灌浆顺序应先下后上，以避免上层孔道漏浆流入下层孔道将下层孔道堵塞。孔道灌浆可采用电动或手动灰浆泵，灌浆应缓慢均匀地进行，不得中断，灌满孔道并封闭排气孔后，宜再继续加压至0.5~0.6 MPa并稳压一定时间，以确保孔道灌浆的密实性。对不掺外加剂的水泥浆，采用二次灌浆法来提高灌浆的密实性。

灌浆后孔道内水泥浆及砂浆强度达到15 MPa时，预应力混凝土构件即可进行起吊运输或安装。

5.3.3.2　预应力损失

在预应力混凝土再施工中引起预应力损失的原因很多，产生的时间也先后不一。在进行预应力钢筋的应力计算与施工时，一般应考虑由下列因素引起的预应力损失，即：

①锚具变形、预应力钢筋内缩和分块拼装构件接缝压密引起的预应力损失；

②预应力钢筋与孔道壁之间摩擦引起的预应力损失；

③混凝土加热养护时，预应力钢筋和张拉台座之间温差引起的预应力损失；

④预应力钢筋松弛引起的预应力损失；

⑤混凝土收缩和徐变引起的预应力损失；

⑥环形结构中螺旋式预应力钢筋对混凝土的局部挤压引起的预应力损失；

⑦混凝土弹性压缩引起的预应力损失。

后张法施工中对以上②③④⑦项预应力钢筋损失在张拉时应予以注意。张拉时应注意以下五点。

①钢筋松弛引起的预应力损失仍采用张拉程序控制。后张法预应力钢筋的张拉程序，与所采用的锚具种类有关，张拉程序一般与先张法相同。

②对配有多根预应力钢筋的构件，应分批、对称地进行张拉。对称张拉是为避免张拉时构件截面呈过大的偏心受压状态。分批张拉，要考虑后批预应力钢筋张拉时产生的混凝土弹性压缩会对先批张拉的预应力钢筋的张拉应力产生影响。

③对平卧叠浇的预应力混凝土构件，上层构件的质量产生的水平摩阻力，会阻止下层构件在预应力钢筋张拉时混凝土弹性压缩的变形，待上层构件起吊后，由于摩阻力消失会增加混凝土弹性压缩变形，从而引起预应力损失。该损失值随构件形式、隔离层和张拉方式的不同而不同。为便于施工，可采取逐层加大超张拉的办法来弥补该预应力损失，但底层超张拉值不宜比顶层张拉力大5%，并且要保证底层构件的控制应力不超过表5-2中的值。如隔离层的隔离效果好，也可采用同一张拉应力值。

④预应力钢筋与预留孔孔壁摩擦会引起预应力损失，预应力钢筋与孔壁的摩擦系数可参考表5-3。

表 5-3　预应力钢筋与孔壁的摩擦系数

管道成型形式		摩擦系数
预埋金属波纹管		0.25
预埋钢管		0.30
橡皮管或钢管抽芯成型		0.55
无黏结筋	7ϕ5 钢丝	0.10
	ϕ15 钢绞线	0.12

为减少预应力钢筋与预留孔孔壁摩擦而引起的预应力损失，对抽芯成型孔道的曲线型预应力钢筋和长度大于 24 m 的直线预应力钢筋，应采用两端张拉；长度等于或小于 24 m 的直线预应力钢筋，可一端张拉，但张拉端宜分别设置在构件两端。对预埋波纹管孔道，曲线型预应力钢筋和长度大于 30 m 的直线预应力钢筋宜在两端张拉；长度等于或小于 30 m 的直线预应力钢筋，可在一端张拉。用双作用千斤顶两端同时张拉钢筋束、钢绞线束或钢丝束时，为减少顶压时的预应力损失，可先顶压一端的锚塞，而另一端在补足张拉力后再行顶压。

⑤当采用应力控制方法张拉时，应校核预应力钢筋的伸长值，如实际伸长值比计算伸长值大或小 6%，应暂停张拉，在采取措施予以调整后，方可继续张拉。预应力钢筋的实际伸长值，宜在初应力为张拉控制应力 10% 左右时开始量测，但必须加上初应力以下的推算伸长值；对后张法，尚应扣除混凝土构件在张拉过程中的弹性压缩值。

5.3.4　后张法施工安全措施

钢绞线、钢丝束发盘下料时应采取措施以防其弹开伤人，预应力钢筋穿束时应搭接牢固的穿束平台，平台上满铺脚手架，平台挑出张拉端不小于 2 m，并设防护架子。

张拉时千斤顶两端严禁站人，闲杂人员不得围观，预应力施工人员在千斤顶两侧操作，不得在端部来回穿越。

穿束和张拉地点上下垂直方向无其他工程同时施工。

雨期张拉应搭防雨棚。冬期要有保暖措施，防止油管和油泵受冻，影响操作。

孔道灌浆时，主要操作人员戴防护镜、穿雨靴、戴手套。胶皮管与砂浆泵要连接牢固，喷嘴要紧压在灌浆孔上，堵灌浆孔时应站在孔的侧面，以防灰浆喷出伤人。

高空作业要有防坠落措施。

严防电火花损伤波纹管和预应力钢筋，严禁在孔道附近进行点焊作业。

油泵应设在预应力钢筋的外侧面，不宜直对预应力钢筋。严禁在负荷情况下拆换油管或压力表。

保持油管设备清洁，防止杂物进入，张拉设备每隔半年进行一次校验。

5.4　无黏结预应力混凝土

在后张法预应力混凝土中，预应力钢筋分为有黏结和无黏结两种。有黏结预应力是后张法的常规做法，张拉后通过灌浆使预应力钢筋和混凝土黏结。无黏结预应力是近年来发展起来的新技术，其做法是在预应力钢筋表面刷涂料并包塑料袋(管)后，同普通钢筋一样先铺设在支好的模板内，然后浇筑混凝土，待混凝土达到强度后进行预应力钢筋的张拉，并依靠其两端的锚头锚固在构件上。其优点是不需要预留孔道、穿筋、灌浆等复杂工作，施工顺序简单，加快了施工速度。同时摩擦力小，且易弯成多跨曲线型；缺点是预应力钢筋强度不能充分发挥(一般要降低 10%～20%)，对锚具的要求较高。适用于现浇大柱网、大荷载的楼盖体系。

5.4.1 无黏结预应力混凝土的组成及要求

5.4.1.1 材料准备

(1)无黏结钢筋

无黏结预应力钢筋宜采用柔性较好的预应力钢筋制作，一般选用 7 根碳素钢丝束或钢绞线，如图 5－23 所示。钢丝束和钢绞线不得有死弯，有死弯时必须切断，每根钢丝必须通长，严禁有接点。

预应力钢筋下料时宜采用砂轮锯或切断机切断，不得采用电弧切割。钢丝束的钢丝下料应采用等长下料。钢绞线下料时，应在切口两侧用 20 号或 22 号钢丝预先绑扎牢固，以免切割后松散。

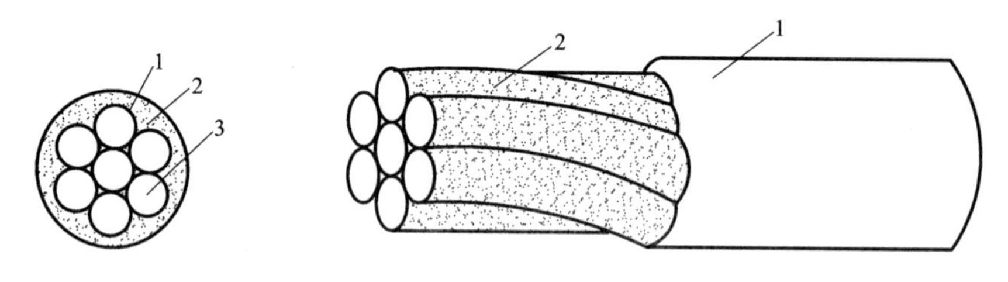

图 5－23　无黏结预应力钢筋

1—塑料外包层；2—防腐润滑脂；3—钢绞线(或碳素钢丝束)

(2)涂料层

涂料层的作用是使预应力钢筋和混凝土隔离，以减少张拉时的摩擦损失，防止预应力钢筋腐蚀等。常用涂料主要有防腐沥青和防腐油脂。涂料应有较好的化学稳定性和韧性：在 －20～70 ℃温度范围内不开裂、不变脆、不流淌，能较好地黏附在钢筋上；涂料层应不透水、不吸湿、润滑性好、摩阻力小。

(3)外包层

外包层的包裹物必须具有一定的抗拉强度、防渗漏性能，同时还须符合下列要求：在使用温度范围内(－20～70 ℃)低温不脆化，高温化学性能稳定；具有足够的韧性、抗磨性；对周围材料无侵蚀作用；保证预应力束在运输、储存、铺设和浇筑混凝土过程中不发生不可修复的破坏。一般常用的包裹物有塑料布、塑料薄膜和牛皮纸，其中塑料布和塑料薄膜防水性能、抗拉强度和延伸率较好。此外，还可选用高压聚乙烯、低压聚乙烯和聚丙烯等挤压成型作为预应力束的涂层包裹层。

5.4.1.2　无黏结预应力钢筋的制作

无黏结预应力钢筋的制作，一般采用挤压涂层工艺和涂包成型工艺两种。

(1)挤压涂层工艺

挤压涂层工艺主要是无黏结钢筋通过涂油装置涂油，涂油无黏结钢筋通过塑料挤压机涂刷聚乙烯或聚丙烯薄膜，再经冷却筒模成型塑料套管。此法涂包质量好，生产效率高。其流水工艺如图 5－24 所示。

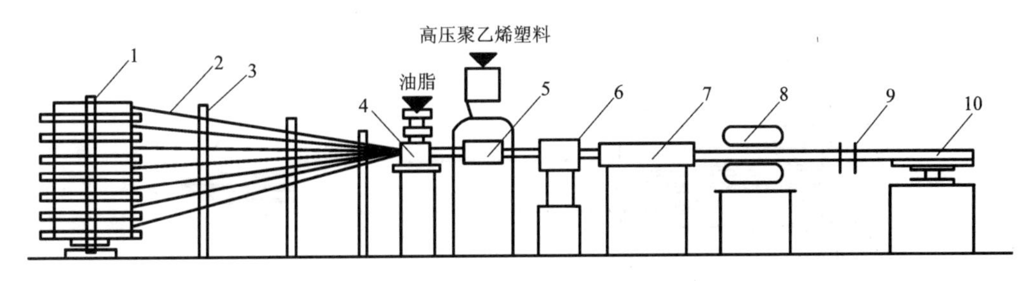

图 5－24　挤压涂层工艺流程图

1—放线盘；2—钢丝；3—梳子板；4—给油装置；5—塑料挤压机机头；
6—风冷装置；7—水冷装置；8—牵引机；9—定位支架；10—收线盘

(2)涂包成型工艺

涂包成型工艺可以采用手工操作完成，内涂刷防腐沥青或防腐油脂，外包塑料布；也可以在缠纸机上连续作业，完成编束、涂油、镦头、缠塑料布和切断等工序。缠纸机的工作示意图如图 5－25 所示。无黏结预应力制作时，钢丝放在放线盘上，穿过梳子板汇成钢丝束，通过油枪均匀涂油后穿入锚环用冷镦机冷镦锚头，带有锚环的成束钢丝用牵引机向前牵引，同时开动装有塑料条的缠转盘，钢丝束一边前进一边进行缠绕塑料布条的工作。当钢丝束达到需要长度后进行切割，成为一根完整的无黏结预应力钢筋。

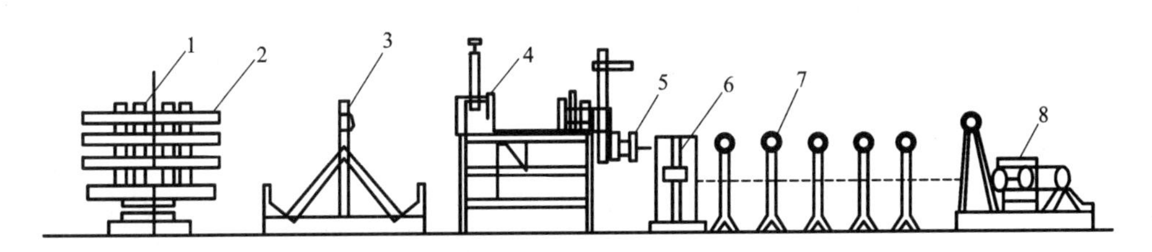

图 5－25　无黏结预应力钢筋缠纸工艺流程图

1—放线盘；2—盘圆钢丝；3—梳子板；4—油枪；5—塑料布卷；6—切断机；7—滚道台；8—牵引装置

5.4.1.3　无黏结预应力钢筋的锚具

无黏结预应力构件中，锚具是把预应力束的张拉力传递给混凝土的工具，外荷载引起的预应力束内力全部由锚具承担。因此，无黏结预应力束的锚具不仅受力比有黏结预应力钢筋的锚具大，而且承受的是重复荷载，从而对无黏结预应力束的锚具要求更高。一般要求无黏结预应力束的锚具至少应能承受预应力束最小规定极限强度的 95%，而且不超过预期的滑动值。

我国主要采用高强钢丝和钢绞线作为无黏结预应力束。高强钢丝预应力束主要用镦头锚具。钢绞线预应力束则可采用XM型锚具。如图5－26所示为无黏结预应力束的一种锚固方式，埋入端和张拉端均用镦头锚具。

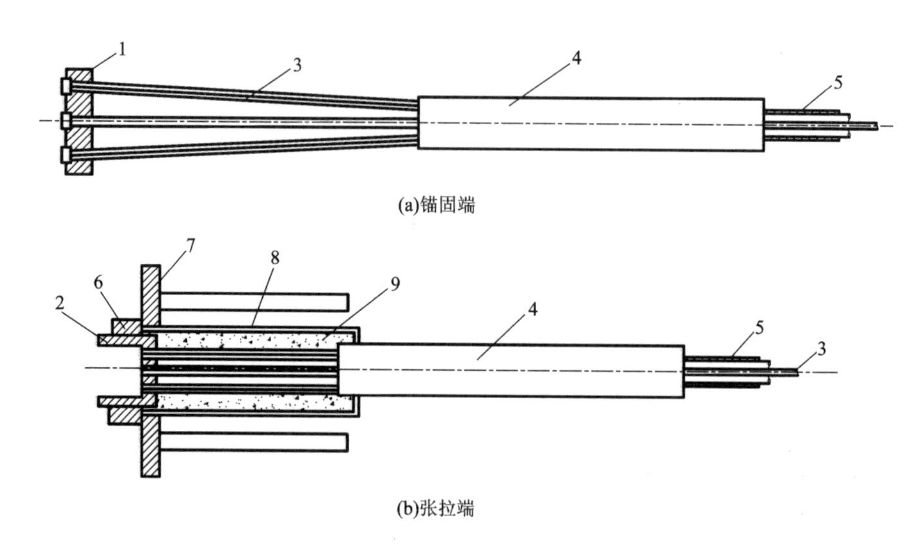

图5－26　无黏结预应力钢丝束的锚固

1—锚板；2—锚环；3—钢丝；4—塑料外包层；5—涂料层；6—螺母；7—预埋件；8—塑料套筒；9—防腐油脂

5.4.2　无黏结预应力的施工工艺

5.4.2.1　无黏结预应力束的铺设

无黏结预应力束在平板结构中一般为双向曲线配置，因此其铺设顺序很重要。一般是根据双向钢筋束交点的标高差，绘制钢筋束的铺设顺序图，钢丝束波峰低的底层钢丝束先行铺设，然后依次铺设波峰高的上层钢丝束，这样可以避免钢丝束之间的相互穿插。钢丝束铺设波峰的形成是用钢筋制成的马凳来架设。一般施工顺序是依次放置钢筋马凳，然后按顺序铺设钢丝束，钢丝束就位后，调整波峰高度及其水平位置，经检查无误后，用铅丝将无黏结预应力束与非预应力钢筋绑扎牢固，防止钢丝束在浇筑混凝土施工过程中移动位置。

5.4.2.2　无黏结预应力束的张拉

无黏结预应力束在张拉时与普通后张法带有螺丝端杆锚具的有黏结预应力钢丝束张拉方法相似。由于无黏结预应力束多为曲线配筋，故应采用两端同时张拉。无黏结预应力束的张拉顺序，应根据其铺设顺序，先铺设的先张拉，后铺设的后张拉。

无黏结预应力束一般长度大，有时又呈曲线形布置，如何减少其摩阻损失值是一个很重要的问题。影响摩阻损失值的主要因素是润滑介质、包裹物和预应力束截面形式。摩阻损失值，可用标准测力计或传感器等测力装置进行测定。施工时，为降低摩阻损失值，宜采用多次重复张拉工艺。

5.4.2.3　锚头端部处理

无黏结预应力束由于一般采用镦头锚具，锚头部位的外径比较大，因此钢丝束两端应在构件上预留有一定长度的孔道，其直径略大于锚具的外径。钢丝束张拉锚固以后，其端部便留下孔道，并且该部分钢丝没有涂层，为此应加以处理，保护预应力钢丝。

无黏结预应力束锚头端部处理，目前常采用两种方法：第一种方法是孔道中注入油脂并加以封闭，如图 5 - 27(a)所示；第二种方法是在两端留设的孔道内注入环氧树脂水泥砂浆，其抗压强度不低于 35 MPa，灌浆的同时将锚头封闭，防止钢丝锈蚀，同时也起到一定的锚固作用，如图 5 - 27(b)所示。

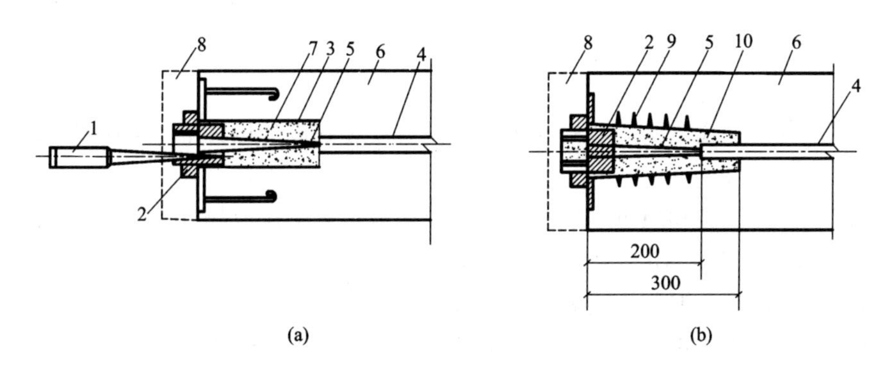

图 5 - 27　锚头端部处理方法

1—油枪；2—锚具；3—端部孔道；4—有涂层的无黏结预应力束；5—无涂层的端部钢丝；6—构件；7—注入孔道的油脂；8—混凝土封闭；9—端部加固螺旋钢筋；10—环氧树脂水泥砂浆

预留孔道中注入油脂或环氧树脂水泥砂浆后，应用 C30 级的细石混凝土封闭锚头部位。

习　题

1. 简述预应力混凝土的概念及特点。
2. 简述先张法的主要施工工艺流程。
3. 简述先张法的张拉程序及控制。
4. 简述先张法预应力混凝土的养护。
5. 简述后张法的主要施工工艺流程。
6. 简述后张法孔道留设的方法。
7. 简述后张法为了减少平卧叠浇的预应力损失，应采取的措施。
8. 简述后张法孔道灌浆的作用及施工工艺。
9. 简述无黏结预应力的特点。

第6章　结构安装工程

结构安装是将装配式结构的各构件用起重设备安装到设计位置上。结构安装的施工特点有以下四点：

①受预制构件的类型和质量影响大。构件类型数量影响排放场地及施工进度；构件质量（强度、外形尺寸、埋件位置）影响进度和质量。

②机械选择最关键。取决于安装参数；决定了吊装方法与工期。

③构件受力变化多。运输、起吊产生附加应力，需正确选择吊点；有时需验算强度、稳定性，并采取相应措施。

④高空作业多，工作面小，易发生事故，故需加强安全措施。

本章主要包括以下几方面内容：

1. 起重机械与索具设备；
2. 单层装配式混凝土工业厂房结构吊装；
3. 多层装配式混凝土框架结构吊装。

6.1　起重机械与索具设备

结构安装工程中常用的起重机械有桅杆式起重机、自行杆式起重机和塔式起重机等。除了使用起重机外，还要使用很多辅助工具及设备，如卷扬机、起重滑轮组和钢丝绳等索具设备。

6.1.1　桅杆式起重机

桅杆式起重机具有制作简单、装拆方便、起重量大（可重达200 t以上）、可就地取材、受地形限制小等特点，宜在大型起重设备不能进入时使用，它一般用于安装工程量集中且构件又较重的工程。

桅杆式起重机的桅杆和起重杆一般采用技术格构式，即由四根角钢和横向、斜向缀条（角钢或扁钢）联结而成。

常用的桅杆式起重机有独脚拔杆、人字拔杆、悬臂拔杆和牵缆式桅杆起重机。

6.1.1.1　独脚拔杆

独脚拔杆是由起重滑轮组、卷扬机、缆风绳及锚碇等组成。独脚拔杆只能举升重物，不能把重物作水平移动。为了吊装的构件不碰撞拔杆，起重时拔杆保持不大于10°的倾角，底部要设置拖子以便移动，缆风绳的数量一般为6～12根，缆风绳与地面的夹角α为30°～45°。按制作拔杆的材料可将独脚拔杆分为木独脚拔杆、钢管独脚拔杆和格构式独脚拔杆，如图6－1所示。

6.1.1.2　人字拔杆

人字拔杆是由两根圆木或两根钢管，通过钢丝绳绑扎或铁件铰接而成。两杆夹角不宜超

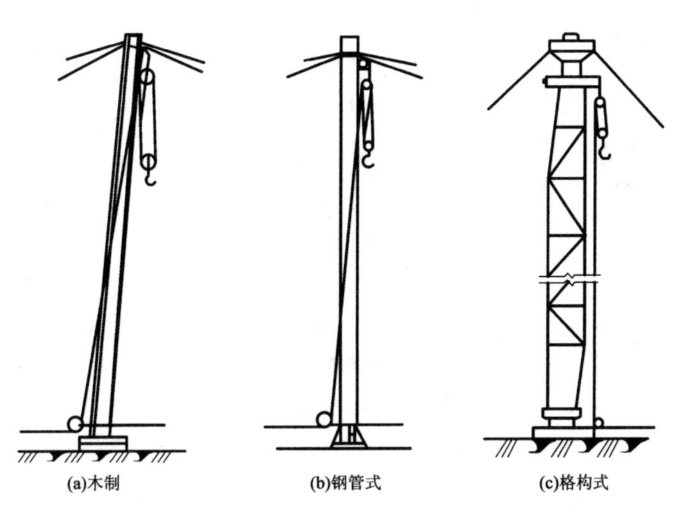

图 6 –1　独脚拔杆

过 30°，顶部交叉处悬挂滑车组，底部设有拉杆或拉绳以平衡拔杆本身的水平推力，拔杆下端两脚的距离为高度的 1/3 ~1/2，如图 6 –2 所示。

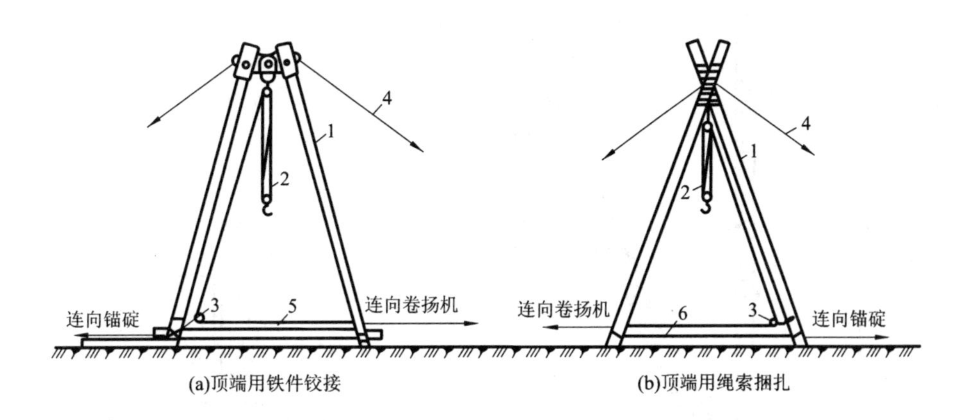

图 6 –2　人字拔杆

1—拔杆；2—起重滑轮组；3—导向滑轮；4—缆风绳；5—拉杆；6—拉绳

人字拔杆的侧向稳定性比独脚拔杆要好，但是构件起吊后的活动范围较小，多用于安装重型构件或作为辅助设备以吊装厂房屋盖体系上的构件。

6.1.1.3　悬臂拔杆

悬臂拔杆是在独脚拔杆的中部或 2/3 高度处，装上一根铰接的起重臂。悬臂拔杆具有较大的起重高度和起重半径，但起重量较小，一般用于轻型构件的吊装，如图 6 –3 所示。

6.1.1.4　牵缆式桅杆起重机

牵缆式桅杆起重机是在独脚拔杆下端装一根可以起伏和全回转的起重臂而成，如图 6 –4 所示。牵缆式桅杆起重机可以把构件吊到起重机半径范围内的任何位置，适用于构件多且集中的工程。

牵缆式桅杆起重机的性能和作用因所用的材料不同而有所差异。起重量 5 t 以下的桅杆式起重机，大多用圆木制成，用来吊装小构件；用角钢制成的格构式截面杆件的牵缆式起重

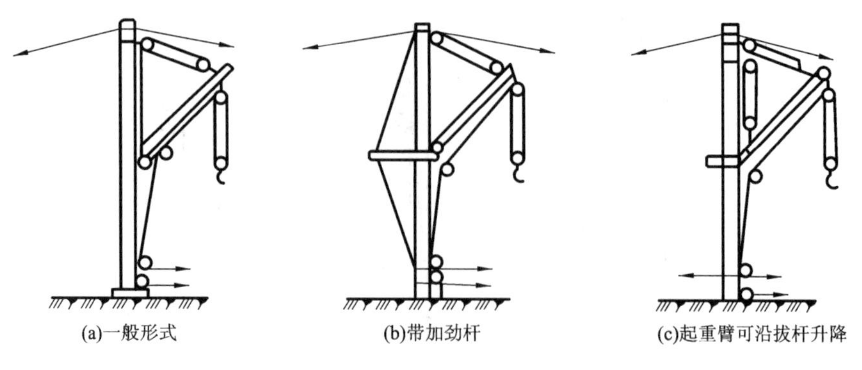

(a)一般形式　(b)带加劲杆　(c)起重臂可沿拔杆升降

图 6-3　悬臂拔杆

机，桅杆高度可达 80 m，起重量可达 60 t，多用于重型工业厂房、化工厂大型塔罐或者高炉的安装，但是此种桅杆缆风绳较多；一般工业厂房的吊装采用的大多是无缝钢管制作的牵缆式桅杆起重机，桅杆高度为 25 m 左右，起重量在 10 t 上下。

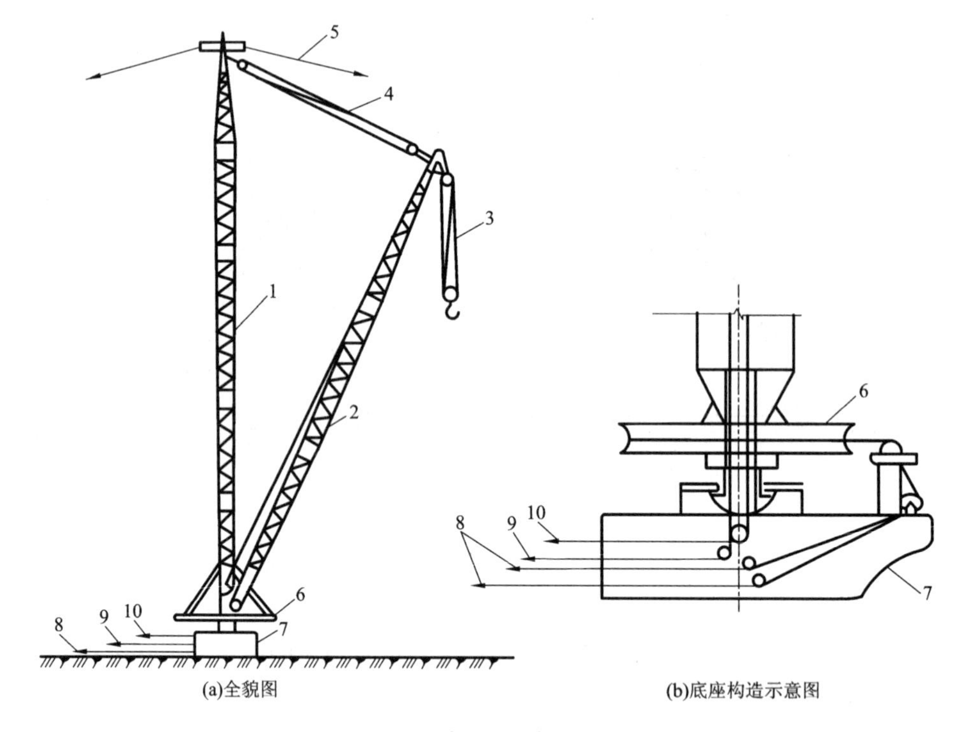

(a)全貌图　(b)底座构造示意图

图 6-4　牵缆式桅杆起重机

1—拔杆；2—起重臂；3—起重滑轮组；4—变幅滑轮组；5—缆风绳；
6—回转盘；7—底座；8—回转索；9—起重索；10—变幅索

6.1.2　自行杆式起重机

自行杆式起重机包括履带式起重机、汽车式起重机和轮胎式起重机三种。三种自行杆式起重机的主要优缺点如表 6-1 所示。

表 6-1　几种自行杆式起重机的特点比较

类型	主要优点	主要缺点	适用范围
履带式起重机	操纵灵活，能360°回转，能在松软、泥泞的地面上作业，也可在崎岖不平的道路上行驶	履带对路面的破坏大，转移时多用平板拖车装运	装配式结构的施工，特别是单层工业厂房结构安装中使用广泛
汽车式起重机	行驶速度快，灵活性好，能够迅速转移场地	对地路面质量要求高，不能负荷行驶，作业范围为270°（驾驶室上方不能作业）	一般建筑工地
轮胎式起重机	能够较快转移工作地点，稳定性好，转弯半径小，作业范围为360°	对地路面质量要求高，不适合在松软或者泥泞的地面上作业，不宜长距离行驶	一般建筑工地

6.1.2.1　*履带式起重机*

履带式起重机的行走装置为链式履带，可有较小的对地面压力。其由行走装置、回转机构、机身及起重臂等部分组成，如图6-5所示。回转机构为装在底盘上的转盘，可使机身回转360°；机身内部有动力装置、卷扬机及操纵系统；起重臂用角钢组成的格构式杆件接长，下端铰接在机身上，顶端设有两套滑轮组（起重滑轮组及变幅滑轮组），钢丝绳通过滑轮组连接到机身内部的卷扬机上。若变换起重臂端的工作装置，则构成了单斗挖土机。

履带式起重机具有较大的起重能力，对路面质量要求不高，在平整坚实的地面上能持荷行驶，在松软泥泞的路面上可作业；但其行走时速度较慢，且履带对路面的破坏性较大，故当进行长距离转移时，需用平板拖车运输。目前广泛应用于单层工业厂房等装配式结构施工中。目前常用的履带式起重机型号有，国产的 W_1-50、W_1-100、W_1-200，日本的KH-180、KH-100等。履带式起重机的外形尺寸如图6-5及表6-2所示。

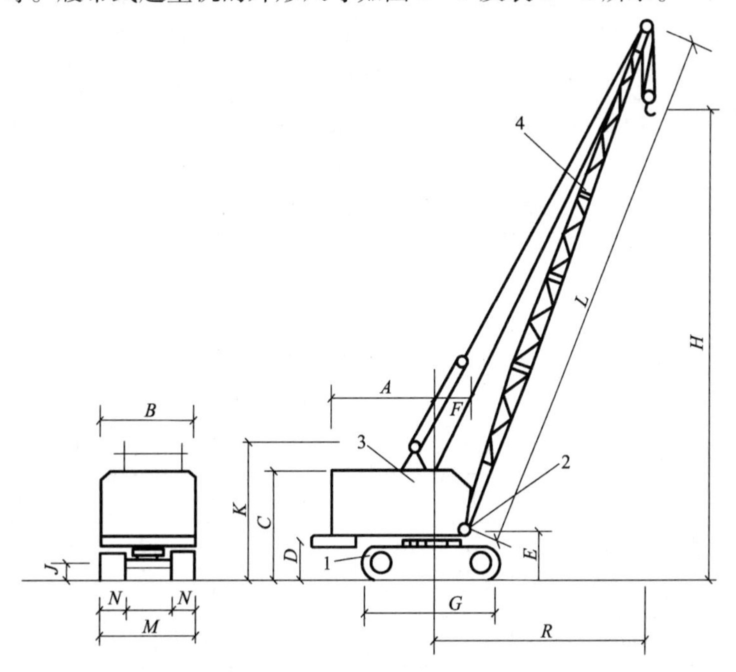

图6-5　履带式起重机外形图

A，*B*—外形尺寸；*L*—起重臂长；*H*—起重高度；*R*—起重半径

1—行走装置；2—回转机构；3—机身；4—起重臂

表 6-2　履带式起重机外形尺寸

mm

符号	名称	W_1-50	W_1-100	W_1-200
A	机身尾部距回转中心的距离	2 900	3 300	4 500
B	机身宽度	2 700	3 120	3 200
C	机身顶部距地面高度	3 220	3 675	4 125
D	机身底部距地面高度	1 000	1 045	1 190
E	起重臂下铰点中心距地面高度	1 555	1 700	2 100
F	起重臂下铰点中心距回转中心高度	1 000	1 300	1 600
G	履带长度	3 420	4 005	4 950
M	履带架宽度	2 850	3 200	4 050
N	履带板宽度	550	675	800
J	行走架距地面高度	300	275	390
K	机身上部支架距地面高度	3 480	4 170	6 300

履带式起重机主要技术性能参数包括起重量 Q、起重半径 R 及起重高度 H。其中，起重量 Q 为额定值，为起重机安全工作所允许的最大起重重物的质量(不包括吊钩、滑轮组的质量)；起重半径 R 指起重机回转中心至吊钩中心的水平距离；起重高度 H 指起重机吊钩中心至停机地面的垂直距离。

起重量 Q、起重半径 R 及起重高度 H 这三个参数之间存在互相制约的关系。每一种型号的起重机都有几种臂长，当起重臂长 L 一定时，随着起重臂仰角 α 的增大，起重量 Q 和起重高度 H 增大，而起重半径 R 减小；当起重臂仰角 α 一定时，随着起重臂长 L 增加，起重半径 R 及起重高度 H 增大，而起重量 Q 减小。履带式起重机的技术规格如表 6-3 所示。

表 6-3　履带式起重机技术规格

参数		型号							
		W_1-50			W_1-100		W_1-200		
起重臂长度/m		10	18	18(带鸟嘴)	13	23	15	30	40
最大起重半径/m		10	17	10	12.5	17	15.5	22.5	30
最小起重半径/m		3.7	4.5	6	4.23	6.5	4.5	8	10
起重量/kN	最小起重半径时	100	75	20	150	80	500	200	80
	最大起重半径时	26	10	10	35	17	82	43	15
起重高度/m	最小起重半径时	9.2	17.2	17.2	11	19	12	26.8	36
	最大起重半径时	3.7	7.6	14	5.8	16	3	19	25

履带式起重机主要技术性能可查看起重机手册中的起重机性能表或性能曲线。图 6-6 为 W_1-100 型履带式起重机的工作性能曲线。图中有两类曲线：一类为 $R-H$ 特性曲线，另

一类为 $Q-R$ 特性曲线，分别各有两根。

6.1.2.2 轮胎式起重机

轮胎式起重机是把起重机构安装在加重型轮胎和轮轴组成的特制地盘上的一种自行式全回转起重机，其上部构造与履带式起重机基本相同，如图6－7所示。为了保证安装作业时机身的稳定性，起重机设有四个可伸缩的支腿，以增强机身的稳定性，并且保护轮胎，必要时还可在支腿下加垫，以扩大支撑面。轮胎式起重机行驶时对路面破坏小，行驶速度介于履带式起重机和汽车式起重机之间。

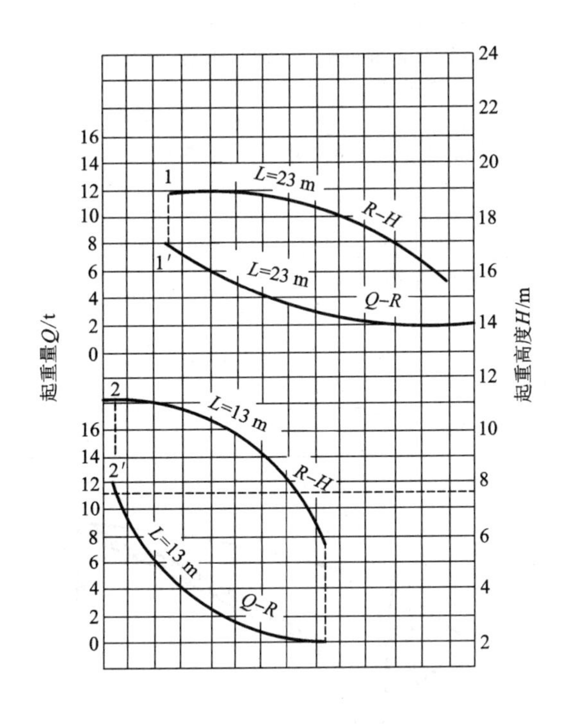

图6－6 W_1-100 型履带式起重机工作性能曲线

1—$L=23$ m时 $R-H$ 曲线；1′—$L=23$ m时 $Q-R$ 曲线；2—$L=13$ m时 $R-H$ 曲线；2′—$L=13$ m时 $Q-R$ 曲线

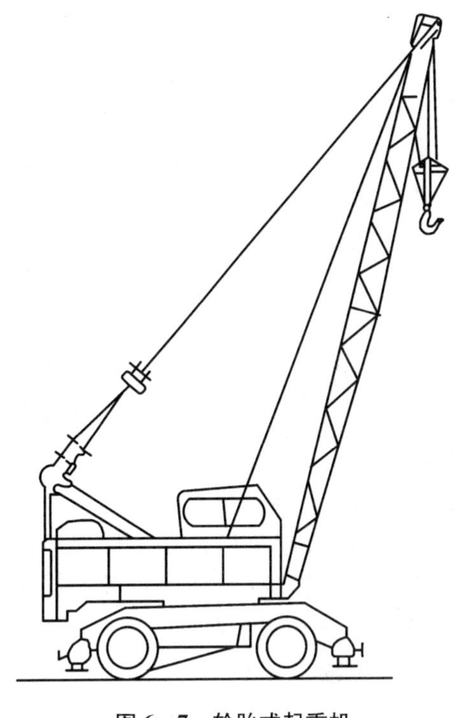

图6－7 轮胎式起重机

6.1.3 塔式起重机

塔式起重机俗称塔吊，是一种具有竖直的塔身，起重臂安装在塔身顶部且可作360°回转的起重机。塔式起重机具有较大的工作空间，起重高度大，除了可用于结构安装工程之外，还多用于多层及高层建筑工程施工中。

塔式起重机按其行走机构、变幅方式、起重能力分为多种类型。常用的塔式起重机的类型按照在工程中使用和架设方法的不同可分为轨道式塔式起重机、爬升式塔式起重机、附着式塔式起重机等。塔式起重机的类型及特点如表6－4所示。

表6-4　塔式起重机的类型和特点

分类方法	类型	特点
行走机构	固定式	整机稳定性好，与轨道行走式比，起重量、起重高度较大
	轨道行走式	转移方便、机动性强，较固定式稳定性差
自升式	附着式	没有行走机构，安装在靠近修建物的基础上，可随施工建筑物的升高而升高
	内爬式	
变幅方式	起重臂变幅	起重臂与塔身铰接，变幅时调整起重臂的仰角
	起重小车变幅	起重臂处于水平状，下弦装有起重小车，这种起重机变幅简单，操作方便，并能带载变幅，工作幅度大
回转方式	上回转式	结构简单，安装方便，但起重机重心高，塔身下部要加配重。固定式、自升式均属塔顶回转式
	下回转式	塔身与起重臂同时旋转，回转机构在塔身下部。由于整机回转，回转惯量较大，起重量和起重高度受到限制
起重能力	轻型	起重能力 5~30 kN
	中型	起重能力 30~150 kN
	重型	起重能力 150~400 kN

6.1.3.1　轨道式塔式起重机

轨道式塔式起重机是在多层房屋施工中应用广泛的可在轨道上行驶的起重机，又称自行式塔式起重机。轨道式塔式起重机种类繁多，可负荷行驶，有的只能在直线轨道上行驶，有的可沿L形或U形轨道行驶。轨道式塔式起重机作业面大，生产效率较高，覆盖范围为长方形空间，塔身受力性能好，拆装快，无须与结构物拉结，但是施工占用的场地较多，且铺设轨道的工作量较大，施工时的台班费用较高。

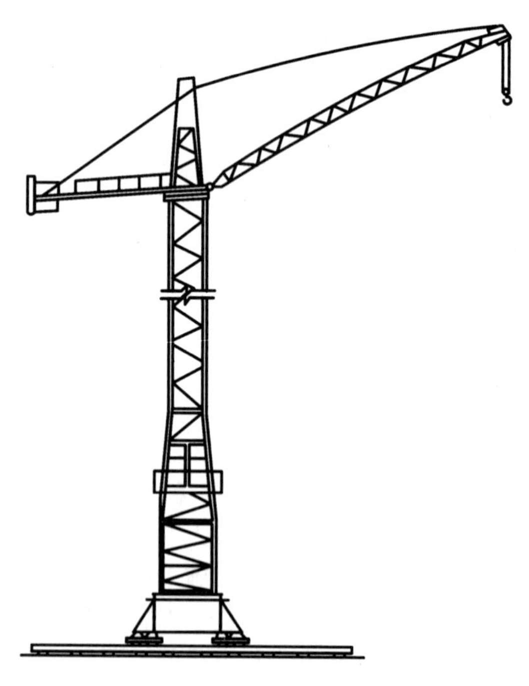

图6-8　QT_1-6型塔式起重机

常用的轨道式塔式起重机有QT_1-2型、QT_1-6型、$QT_1-60/80$型、QT_1-20型、QT_1-15型、QT_1-25型等。QT_1-6型塔式起重机如图6-8所示。QT_1-2型塔式起重机是一种塔身回转式轻型塔式起重机，主要由塔身、起重臂和底盘组成（图6-9），这种起重机塔身可以折叠，能整体运输，工作状态如图6-10所示。

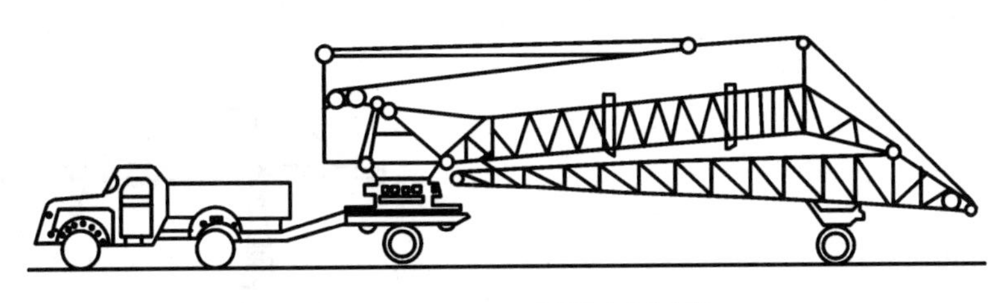

图 6-9 QT_1-2 型塔式起重机

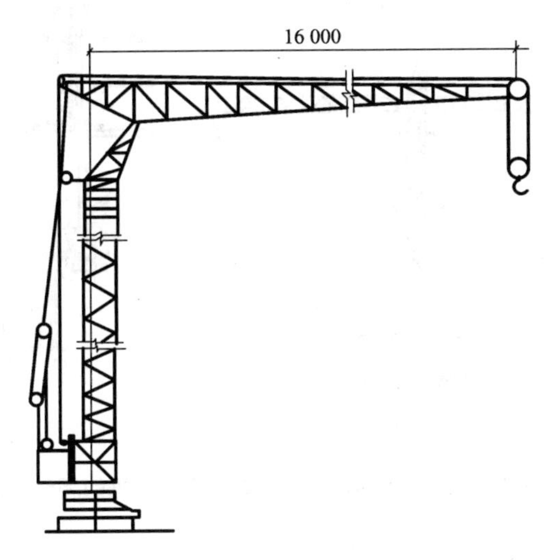

图 6-10 QT_1-2 型塔式起重机工作状态

6.1.3.2 爬升式塔式起重机

爬升式塔式起重机是自升式塔式起重机的一种，由底座、套架、塔身、塔顶、行车式起重臂、平衡臂等部分组成。一般情况将它安装在建筑物内部(电梯井或特设开间)结构上，一般每安装 2~3 层楼爬升一次。爬升式塔式起重机体积小、不占施工用地、易于随建筑物升高，因此适用于现场狭窄的高层建筑结构的安装；其不足之处是增加了建筑物的造价，且安装部位必须最后施工，起重拆卸困难。目前常用的爬升式塔式起重机的型号有 QT_5-4/40 型、QT_5-4/60 型、QT_3-4 型，也可用 QT_1-6 轨道式塔式起重机改装成为爬升式塔式起重机。

爬升式塔式起重机的爬升过程如图 6-11 所示。

6.1.3.3 附着式塔式起重机

附着式塔式起重机(图 6-12)固定在建筑物近旁混凝土基础上，且每隔 20 m 左右的高度用系杆与近旁的结构物用锚固装置连接起来。其稳定性能好，爬升高度一般可达 70~100 m。附着式塔式起重机占用的施工场地很小，特别适合在狭窄的工地施工。它还可以装在建筑物内作为爬升起重机使用，或作为轨道式塔式起重机使用。但是由于塔身固定，它的服务范围受到一定的限制。

附着式塔式起重机的液压自升系统由顶升套架、长行程液压千斤顶、支承座、顶升横梁、定位销等组成，其顶升过程如图 6-13 所示。常用的附着式塔式起重机的型号有 QTZ40 型、QTZ63 型、QTZ100 型、QTZ125 型、QTZ160 型、FO/23B 型、H3/36 型等。

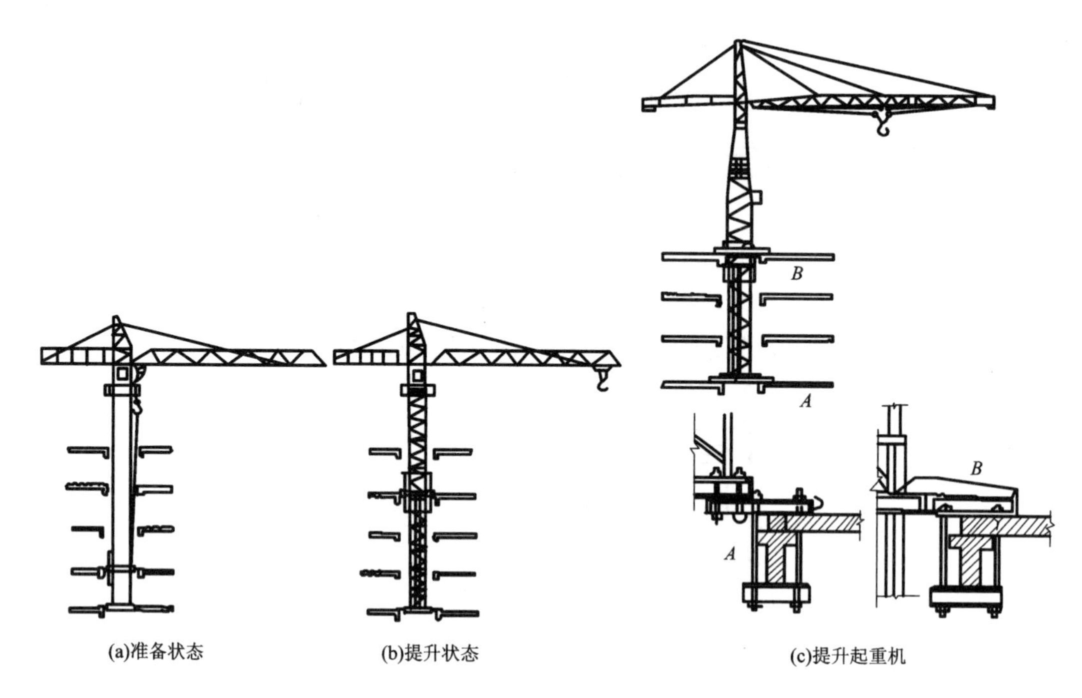

图 6－11　QT_5－4/40 型爬升式塔式起重机的爬升过程

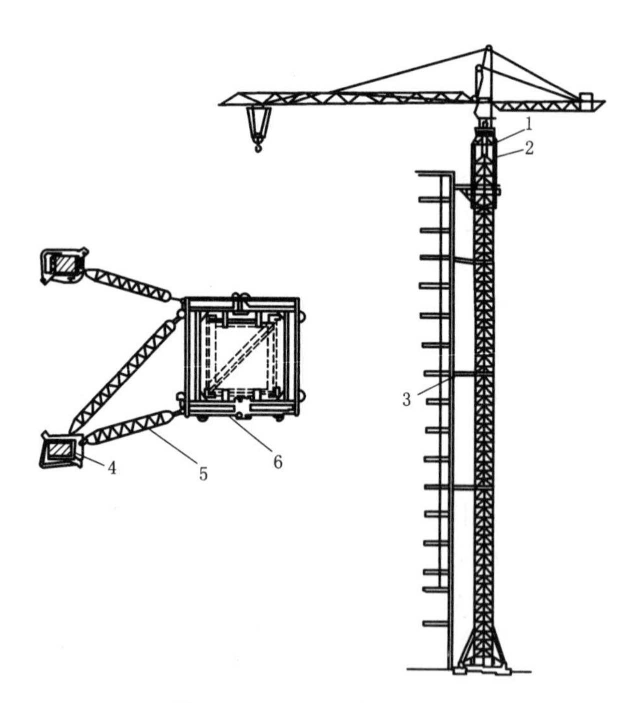

图 6－12　附着式塔式起重机

1—液压千斤顶；2—顶升套架；3—锚固装置；

4—柱套箍；5—撑杠；6—塔身套箍

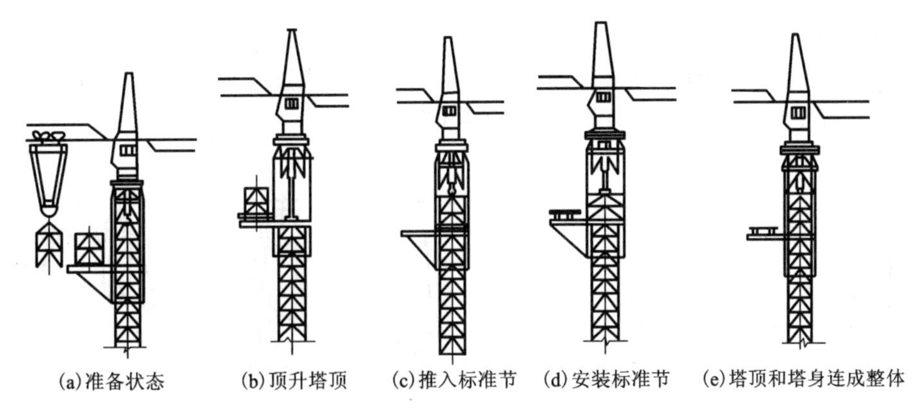

(a)准备状态　(b)顶升塔顶　(c)推入标准节　(d)安装标准节　(e)塔顶和塔身连成整体

图 6－13　附着式塔式起重机的顶升过程

6.1.4　索具设备

结构安装工程中除了起重机还需要许多辅助工具及设备，如钢丝绳、卷扬机、滑轮组等。

6.1.4.1　钢丝绳

结构吊装中常用的钢丝绳是由 6 股钢丝绳围绕一根绳芯(一般为麻芯)捻成，每股钢丝绳又由多根直径为 0.4～2 mm 的高强钢丝按一定规则捻制而成，每股钢丝越多，绳的柔性越好。钢丝绳具有强度高、韧性好、耐磨的特点。使用时应该注意：钢丝绳穿过滑轮组时，滑轮直径应比绳径大 1～1.25 倍；应定期对钢丝绳加油润滑，以减少磨损和腐蚀；使用前应检查核定，每一断面上断丝不超过 3 根，否则不能使用。

6.1.4.2　卷扬机

卷扬机又称绞车，按驱动方式可分为手动卷扬机和电动卷扬机，用于结构吊装的卷扬机多为电动卷扬机。电动卷扬机又分慢速和快速两种。慢速卷扬机主要用于吊装结构、冷拉钢筋和张拉预应力钢筋；快速卷扬机主要用于垂直运输、水平运输及打桩。

卷扬机使用时，必须用地锚予以固定，以防止工作时产生滑动造成倾覆。根据牵引力的大小，固定卷扬机的方法有四种，即螺栓锚固法、水平锚固法、立桩锚固法、压重物锚固法，如图 6－14 所示。

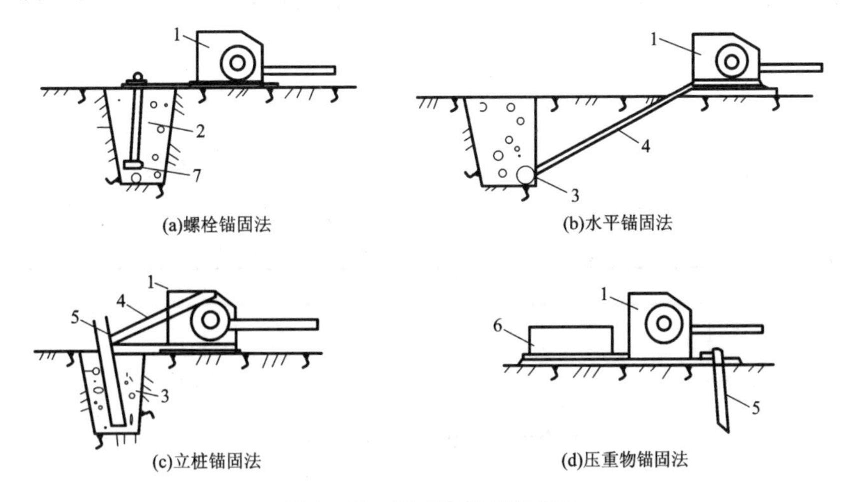

(a)螺栓锚固法　(b)水平锚固法　(c)立桩锚固法　(d)压重物锚固法

图 6－14　固定卷扬机的方法

1—卷扬机；2—地脚螺栓；3—横木；4—拉索；5—木桩；6—压重；7—压板

6.1.4.3 滑轮组

滑轮组是由一定数量的定滑轮和动滑轮组成，并通过绕过它们的绳索相连，成为整体，从而达到省力和改变力的方向的目的，如图 6－15 所示。

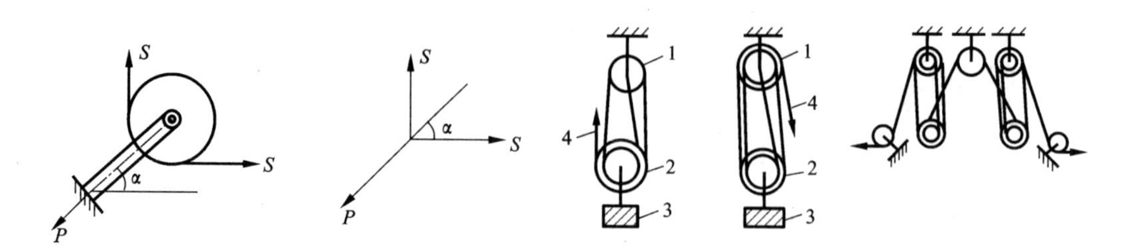

图 6－15 滑轮组及受力示意图

1—定滑轮；2—动滑轮；3—重物；4—绳索引出

6.1.4.4 吊具

在构件安装过程中，常要使用一些吊装工具，如吊索、卡环、花篮螺栓、横吊梁等。

(1)吊索

主要用来绑扎构件以便起吊，可分为环状吊索（又称万能吊索）[图 6－16(a)]和开式吊索（又称轻便吊索或八股头吊索）[图 6－16(b)]两种。

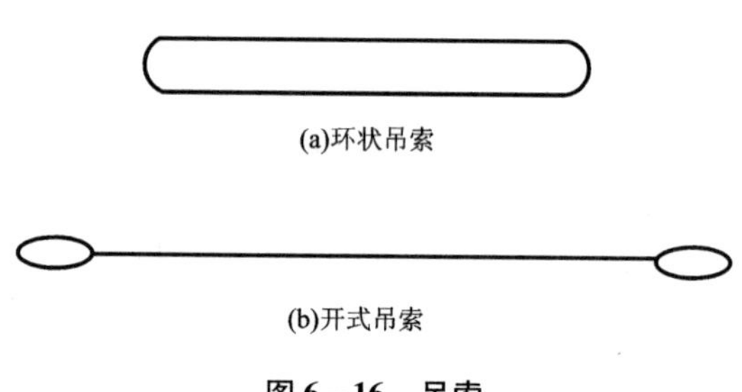

图 6－16 吊索

吊索是用钢丝绳制成的，因此，钢丝绳的允许拉力即为吊索的允许拉力。在吊装中，吊索的拉力不应超过其允许拉力。吊索拉力取决于所吊构件的质量及吊索的水平夹角，水平夹角应不小于 30°，一般为 45°～60°。两根吊索的拉力按式(6－1)计算[图 6－17(a)]：

$$P = Q/2\sin\alpha \tag{6-1}$$

式中：P 为每根吊索的拉力(kN)；Q 为吊装构件的质量(kN)；α 为吊索与水平线的夹角。

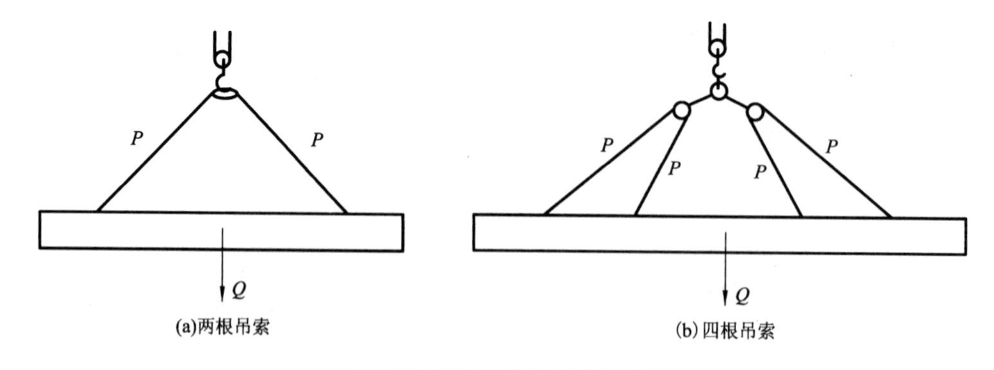

图 6－17 吊索拉力计算简图

四根吊索的拉力按式(6－2)计算[图 6－17(b)]：

$$P = Q/2(\sin\alpha + \sin\beta) \tag{6-2}$$

式中：P 为每根吊索的拉力(kN)；α，β 分别为吊索与水平线的夹角。

(2)卡环

用于吊索与吊索或吊索与构件吊环之间的连接。它由弯环和销子两部分组成，按销子与弯环的连接形式分为螺栓卡环[图 6－18(a)]和活络卡环[图 6－18(b)]。活络卡环的销子端头和弯环孔眼无螺纹，可直接抽出，常用于柱子吊装，如图 6－18(c)，它的优点是在柱子就位后，在地面用系在销子尾部的绳子可将销子拉出，解开吊索，避免了高空作业。

使用活络卡环吊装柱子时应注意以下几点：

①绑扎时应使柱子起吊后销子尾部朝下，如图 6－18(c)所示，以便拉出销子。同时要注意，吊索在受力后要压紧销子，销子因受力，在弯环销孔中产生摩擦力，这样销子才不会掉下来。若吊索没有压紧销子，滑到边上去，形成弯环受力，销子很可能会自动掉下来，这是很危险的。

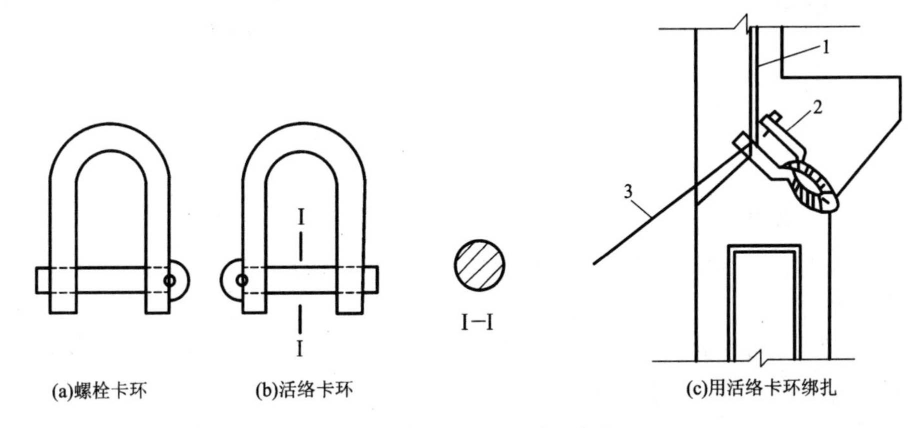

图 6－18　卡环及使用示意图

1—吊索；2—活络卡环；3—白棕绳

②在构件起吊前要用白棕绳（直径 10 mm)将销子与吊索的八股头(吊索末端的圆圈)连在一起，用铅丝将弯环与八股头捆在一起。

③拉绳人应选择适当位置和起重机落钩中的有利时机（即当吊索松弛不受力且使白棕绳与销子轴线基本成一直线时)拉出销子。

(3)花篮螺栓

花篮螺栓利用丝杠进行伸缩，能调节钢丝绳的松紧，可在构件运输中捆绑构件，在安装校正中松、紧缆风绳，如图 6－19 所示。

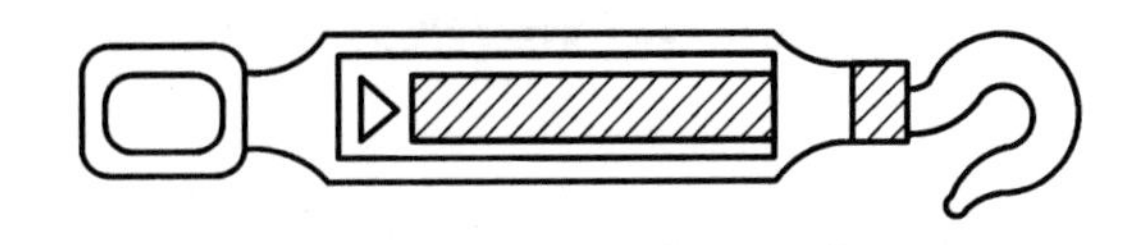

图 6－19　花篮螺栓

(4)轧头(卡子)

轧头(卡子)是用来连接两根钢丝绳的，如图 6－20 所示，故又叫钢丝绳卡扣。

①钢丝绳卡扣连接方法和要求。

钢丝绳卡扣连接方法一般常用夹头固定法。通常用的钢丝绳夹头，有骑马式、压板式和拳握式三种，其中骑马式连接力最强，应用也最广；压板式其次；拳握式由于没有底座，容易损坏钢丝绳，连接力也差，因此，只用于次要的地方，如图 6－21 所示。

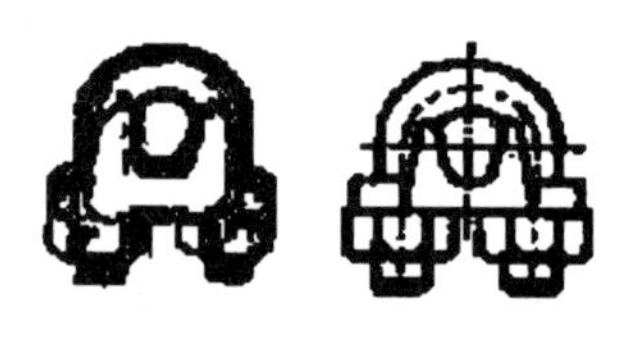

图 6－20　轧头

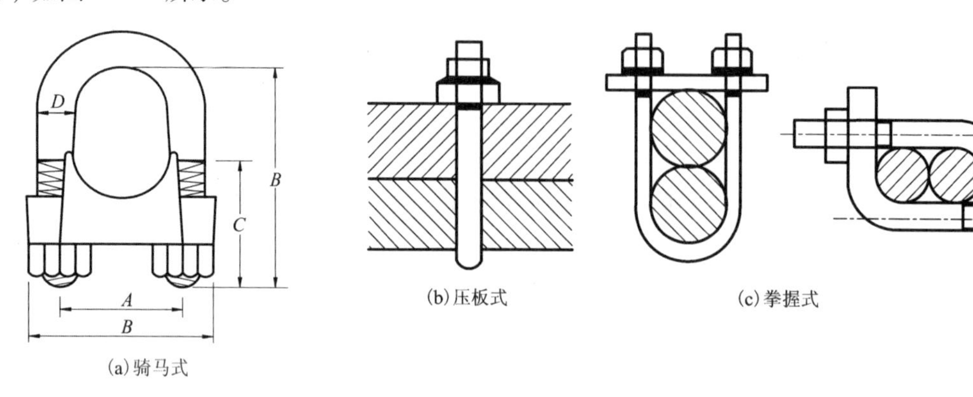

图 6－21　钢丝绳卡扣连接方法

②钢丝绳夹头在使用时应注意以下几点。

a. 选用夹头时，应使其 U 形环的内侧净距比钢丝绳直径大 1～3 mm，太大了卡扣卡不紧，容易发生事故。

b. 上夹头时一定要将螺栓拧紧，直到绳被压扁 1/4～1/3 直径时为止，并在绳受力后，再将夹头螺栓拧紧一次，以保证接头牢固可靠。

c. 夹头要一顺排列，U 形部分与绳头接触，不能与主绳接触，如图 6－22(a)所示。如果 U 形部分与主绳接触，则主绳被压扁后，受力时容易断丝。

d. 为了便于检查接头是否可靠和发现钢丝绳是否滑动，可在最后一个夹头后面大约 500 mm 处再安一个夹头，并将绳头放出一个“安全弯”，如图 6－22(b)所示。这样，当接头的钢丝绳发生滑动时，“安全弯”首先被拉直，这时就应该立即采取措施处理。

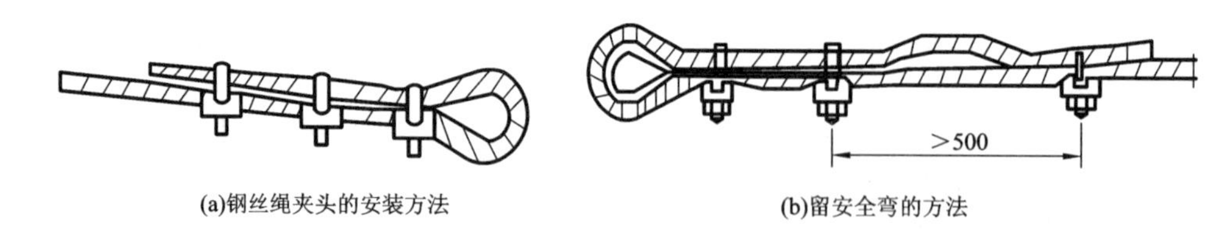

图 6－22　钢丝绳夹头

(5)吊钩

吊钩有单钩和双钩两种，如图 6－23 所示。在吊装施工中常用的是单钩，双钩多用于桥式和塔式起重机上。

(6)横吊梁

横吊梁(又称铁扁担)。前面讲过吊索与水平面的夹角越小，吊索受力越大。吊索受力越大，则其水平分力也就越大，对构件的轴向压力也就越大。当吊装水平长度大的构件时，为

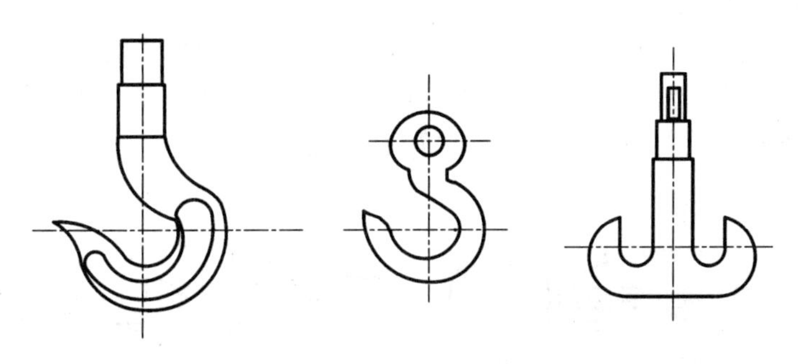

图 6-23 吊钩

使构件的轴向压力不致过大，吊索与水平面的夹角应不小于45°。但是吊索要占用较大的空间高度，增加了对起重设备起重高度的要求，降低了起重设备的使用价值。为了提高机械的利用程度，必须缩小吊索与水平面的夹角，因此而加大的轴向压力，由一金属支杆来代替构件承受，这一金属支杆就是所谓的横吊梁。因而，横吊梁有两个作用：一是减小吊索高度；二是减少吊索对构件的横向压力。

横吊梁的形式很多，可以根据构件特点和安装方法自行设计和制造，但需作强度和稳定性验算，验算的方法详见钢构件计算。

横吊梁常用形式有钢板横吊梁[图 6-24(a)]和钢管横吊梁[图 6-24(b)]。柱吊装采用直吊法时，用钢板横吊梁，使柱保持垂直；吊屋架时，用钢管横吊梁，可减小索具高度。

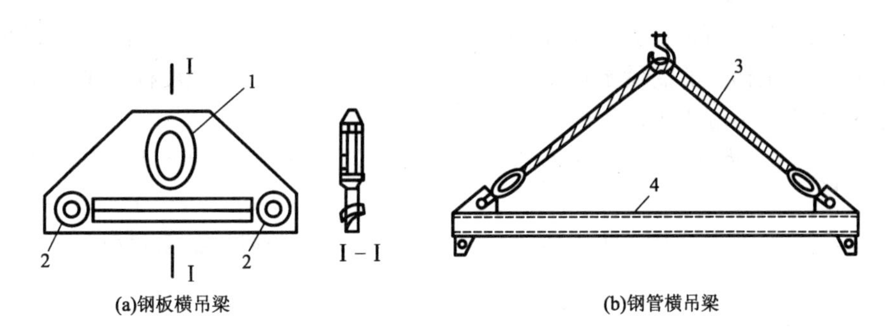

图 6-24 横吊梁

1—挂起重机吊钩的孔；2—挂吊索的孔；3—吊索；4—钢管

6.2 单层装配式混凝土工业厂房结构吊装

6.2.1 吊装前的准备工作

吊装前的准备工作包括：场地清理与道路铺设、构件的运输与堆放、构件的拼装与加固、构件的质量检查、构件的弹线与编号、基础的准备等。

6.2.1.1 场地清理与道路铺设

起重机进场前，按照现场施工平面布置图，标出起重机的开行路线、构件运输及堆放位置，清理场地上的杂物，铺设好运输道路，做好排水工作，铺设水电管线。

6.2.1.2　构件的运输与堆放

在工厂制作或施工现场集中制作的构件，吊装前要运送到吊装地点就位。根据构件的重量、外形尺寸、运输量、运距以及现场条件等选用合适的运输方式。通常采用载重汽车和平板拖车。图 6－25 所示为柱、吊车梁、屋架等构件运输示意图。

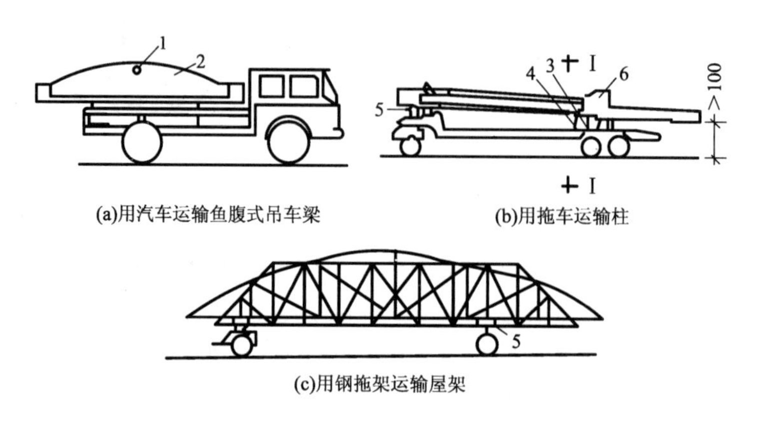

(a)用汽车运输鱼腹式吊车梁　(b)用拖车运输柱

(c)用钢拖架运输屋架

图 6－25　构件运输示意图

1—铁丝；2—鱼腹式吊车梁；3—倒链；4—钢丝绳；5—垫木；6—钢拖架

构件运输过程中，必须保证构件不损坏、不变形、不倾覆，并且要为吊装工作创造有利条件。因此，要求路面平整，有足够的路面宽度和转弯半径，并根据路面情况掌握行车速度。构件运输应符合下列规定。

①运输时的混凝土强度。为了防止构件在运输过程中由于受震动而损坏，当设计无具体规定时，钢筋混凝土构件的混凝土强度等级不应小于设计的混凝土强度标准值的 75%；对于屋架、薄腹梁等构件不应小于设计的混凝土强度标准值的 100%。

②构件支承的位置和方法，应根据其受力情况确定，不得引起混凝土的超应力出现或损伤构件。

③构件装运时应绑扎牢固，防止移动或倾倒。对构件边部或与链索接触处的混凝土，应采用衬垫加以保护。

④运输细长构件时，行车应平稳，并可根据需要对构件设置临时水平支撑。

⑤构件的堆放应按平面布置图所示位置堆放，避免二次搬运。构件堆放应符合下列规定：

a. 堆放构件的场地应平整坚实，并具有排水措施，堆放构件时应使构件与地面之间有一定空隙；

b. 应根据构件的刚度及受力情况，确定构件平放或立放，并应保持其稳定；

c. 重叠堆放的构件，吊环应向上，标志应向外，其堆垛高度应根据构件与垫木的承载能力及堆垛的稳定性确定，各层垫木的位置应在一条垂直线上。

(1)柱的运输

长度在 6 m 以内的柱一般用汽车运输，较长的柱用拖车运输(图 6－26)。柱在运输车上应立放，并采取稳定措施防止倾倒。柱在运输车上，一般采取两点支承；较细长的柱，当两点支承抗弯能力不足时应采用平衡梁三点支承。

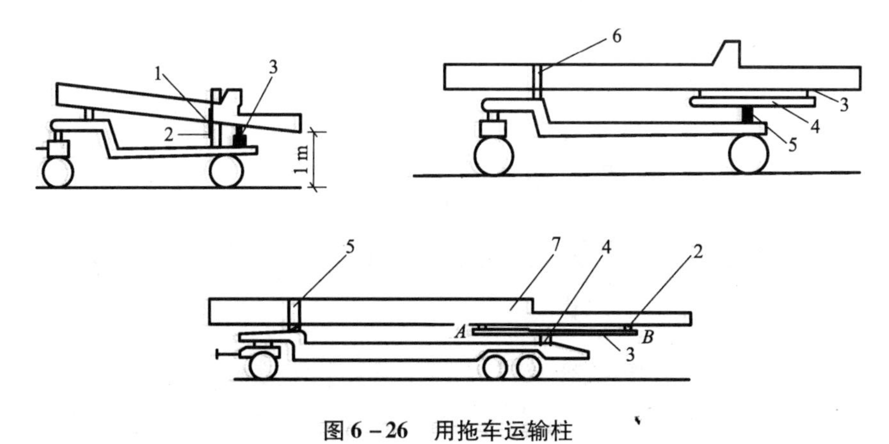

图 6－26　用拖车运输柱

1—倒链；2—钢丝绳；3—垫木；4—平衡梁；5—铰；6—稳定柱的支架；7—柱子

(2)吊车梁的运输

T 形吊车梁及腹板较厚的鱼腹式吊车梁可以平运，两个支点分别在距梁的两端 1～1.3 m 处(图 6－27)；腹板较薄的鱼腹式吊车梁，可将鱼腹朝上，并在预留孔中穿入铁丝将各梁连在一起。

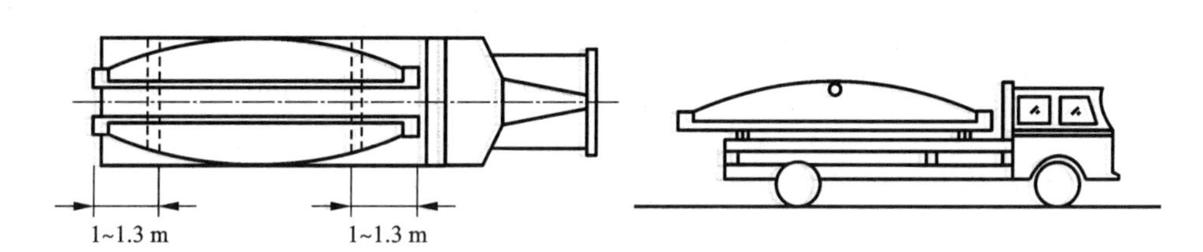

图 6－27　吊车梁的运输

(3)屋架的运输

屋架一般尺寸较大，侧向刚度差，一般均现场制作。在预制厂制作的钢屋架，要用拖车或特制钢拖架运输。18 m 以内的钢屋架，可在载重汽车上加装运输支架，将屋架装在支架两侧，每车装两榀屋架，屋架与支架间绑牢，并在屋架端头用角钢连系，以防运输过程中因屋架左右摇摆而产生变形。图 6－28 为用钢拖架运输屋架的示例。

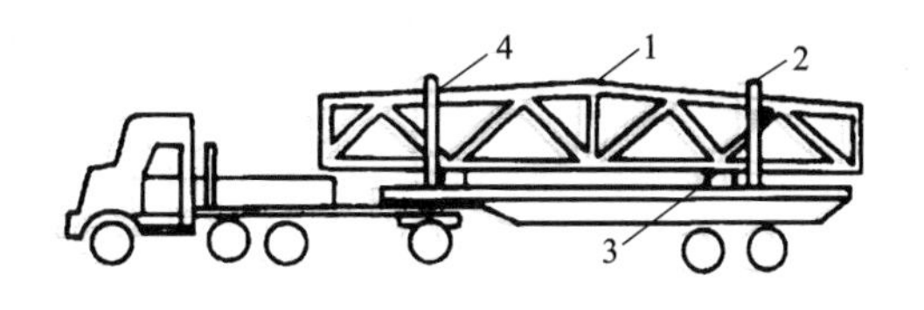

图 6－28　屋架的运输

1—层架；2—支架；3—垫木；4—支架

6.2.1.3　构件的拼装与加固

天窗架及大跨度屋架一般制成两个半榀，在施工现场拼装成整体。拼装工作一般在拼装台上进行，拼装台要坚实牢固，不允许产生不均匀沉降。拼装台的高度应满足屋架拼装操作的要求（如：安装附件以及在拼装节点处焊接、拧螺栓等施工操作的要求）。构件的拼装方法有立拼和平拼两种，平拼构件在吊装前要临时加固后翻身扶直。

(1)钢筋混凝土屋架的拼装

拼装的位置即构件布置图中吊装前就位的位置，避免二次搬运。拼装示意图如图 6－29 所示。

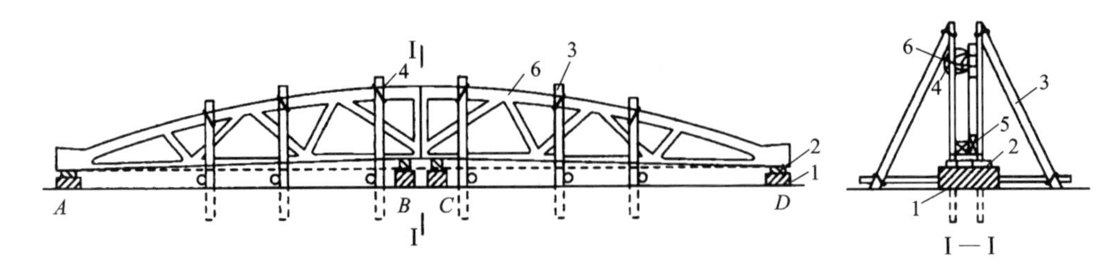

图 6－29　预应力混凝土屋架拼装示意图

1—砖砌支架；2—方木或钢筋混凝土垫块；3—三脚架；4—钢丝；5—木楔；6—屋架块体；A～D—砖砌支墩

拼装顺序为如下八步。

①做好支墩：每半榀屋架要做两个砖砌支墩，支墩上放方木或钢筋混凝土预制块。支墩一般高出地面 300 mm，垫木厚度根据屋架起拱要求确定。中间支墩至屋架跨中净距一般为 400～500 mm。

②竖立支架：稳定屋架的支架，立柱用梢头直径不小于 100 mm 的圆木制成，埋入土中 0.8～1.0 m。每榀屋架用6～8 个支架，其位置应与屋架拼装节点、安装支撑连接件的预留孔眼或预埋铁件错开。

③屋架块体就位：将两个半榀屋架吊至支墩上，上下弦拼接点要对齐，下拼接点同时要对好穿预应力钢筋的预留孔，预留孔连接处用铁皮管连接，然后用 8 号铁丝将屋架与支架绑牢。

④检查并校正两个半榀屋架是否在同一平面上，并检查垂直度。

⑤穿预应力钢筋。

⑥焊上弦拼接钢板及灌筑下弦接头立缝，要防止灌缝砂浆流入预留孔中。

⑦预应力钢筋张拉、锚固及孔道灌浆。

⑧焊接下弦拼接钢板及灌筑上弦接头立缝。

(2)天窗架的拼装

一般6 m 跨度的钢筋混凝土天窗架都采取平拼，如图6－30 所示。9 m 跨度的钢筋混凝土天窗架，由于在翻身过程中容易发生变形，因此应采取立拼。如果采取平拼，在翻身时必须先进行加固，以确保天窗架不变形。

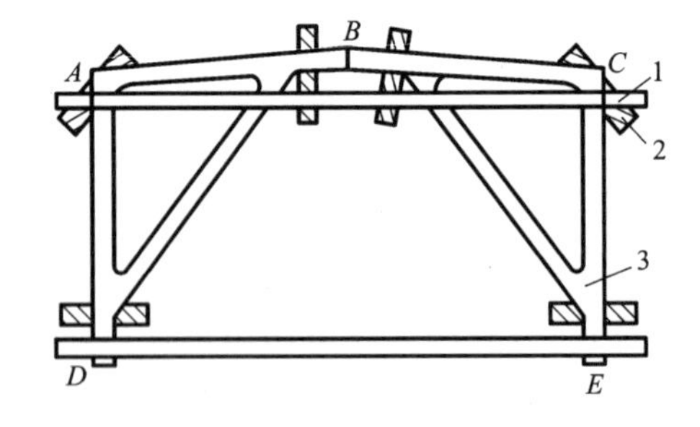

图 6－30　6 m 跨度钢筋混凝土天窗架平拼

1—尺杆(测跨距用)；2—垫木；3—天窗架

①天窗架的拼装操作工艺。

铺设支垫→找正→垫平→加固→电焊→另一面焊接。

②天窗架拼装的操作要点。

a. 铺设支垫。清理好拼装场地后，根据天窗架拼装节点，铺设 100 mm × 100 mm × 1 000 mm 的方木，要求平整；然后将天窗块体平放在支垫上，再用木楔子垫平找正。要求跨度尺寸准确，并且必须垫平在同一水平面上。

b. 天窗架加固。在天窗架垫平找正后，对天窗架要进行加固。天窗架高度在 2 m 以内时加固一道，超过 2 m 时要加固两道。加固用梢头直径不小于 100 mm 的杉篙，并用 8 号铅丝绑扎，但杉篙的两头不应超过天窗架立柱 300 mm。

c. 焊接。焊接前必须再一次对天窗架的平整度和跨度尺寸，以及天窗架的垂直度进行检查，发现有不符合要求处应修理调整好，必须准确无误后才能焊接。先焊接一面，然后将天窗架翻身再焊接另一面。将整个天窗架拼装焊接好后，将天窗架吊运到指定位置竖立放好，要注意必须用双面斜撑支住，以防止倒塌伤人或损坏构件。

6.2.1.4 吊装前对构件的质量检查

为保证工程质量及吊装工作的顺利进行，在吊装之前应对构件进行一次全面检查，检查的主要内容有两点。

①混凝土构件的强度：当无设计要求时，一般柱子要达到混凝土设计强度的 75%，大型构件应达到 100%，预应力混凝土构件孔道灌浆的强度不宜低于 15 MPa。

②构件的外形尺寸、钢筋的搭接、预埋件的位置等是否满足设计要求，以及构件的外观有无缺陷、变形、裂缝等，不合格构件不予使用。

6.2.1.5 构件的弹线与编号

构件经质量检查合格后，可在构件表面弹出安装准线，作为构件安装、对位、校正的依据。在对构件弹线的同时应按设计图纸将构件逐个编号，并标志在明显部位；对于上下、左右难以分辨的构件应加以注明。

(1)柱子弹线

柱应该在柱身的三面弹出安装中心线(两个宽面一个窄面)。矩形截面柱，按几何中心弹线；工字形截面柱除应弹出几何中心线外，还应在工字形柱的翼缘部分弹出一条与中心线平行的线，以避免校正时产生观测误差。在柱顶与牛腿面上还要弹出屋架及吊车梁的吊装准线，如图 6-31 所示。

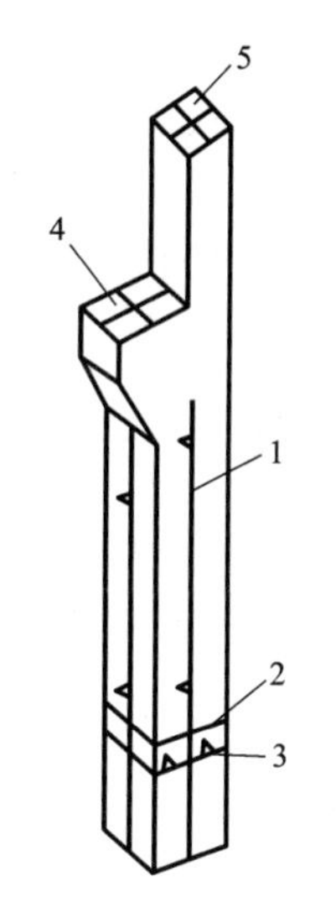

图 6-31 柱子弹线图

1—柱中心线；2—地坪标高线；3—基础顶面线；4—吊车梁对位线；5—柱顶中心线

(2)屋架弹线

屋架在上弦顶面应弹出几何中心线，并从跨中向两端分别弹出天窗架、屋面板的吊装准线，在屋架的两个端头弹出屋架的纵、横吊装准线。

(3)梁弹线

吊车梁的两端面及顶面弹出几何中心线作为吊装准线。

6.2.1.6 杯形基础的准备

装配式混凝土柱一般为杯形基础，杯形基础是单层工业厂房中唯一现浇的构件。在浇筑杯形基础时，应保证定位轴线及杯口尺寸准确。其准备工作主要是柱子吊装前的杯底抄平和杯口顶面弹线。对杯底抄平时应要测量出杯底原有标高，并测量出所吊柱的柱脚至牛腿面的实际长度以及相应的杯底实际标高，再计算柱子牛腿顶面的设计标高与杯底实际标高之间的距离进行调整。为便于调整柱子牛腿面的标高，浇筑后的杯底标高应比设计标高低 50 mm。

(1)杯底标高调整

首先测量各柱从柱脚至牛腿面的长度以及相应的杯底标高，再根据安装后柱子牛腿面的设计标高计算出杯底应调整的高度，并用水泥砂浆或细石混凝土填抹至所需要的标高，如图6－32所示。

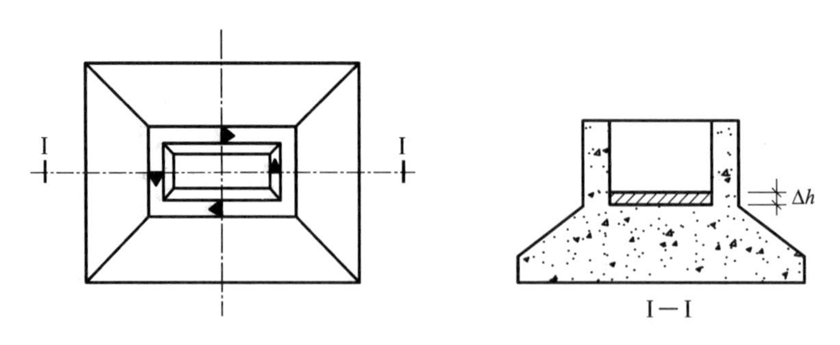

图6－32　杯底找平

(2)杯底标高调整值Δh确定方法

对杯底找平时，先要测出杯底原有标高(小柱测中间一点，大柱测四个角点)，再量出柱脚底面至牛腿面的实际长度，从而计算出杯底标高调整值，并在杯口内标出。然后用水泥砂浆或细石混凝土将杯底垫平至标识处。

(3)杯口顶面中心线弹法

首先将经纬仪支架在纵向柱列的控制桩上，前视另一端桩点。随后利用经纬仪纵转的方法，在杯口上逐个地点出轴线位置的点，并弹出轴线位置，利用轴线再量出柱子外边线，并弹出柱子外边线，如图6－33所示。

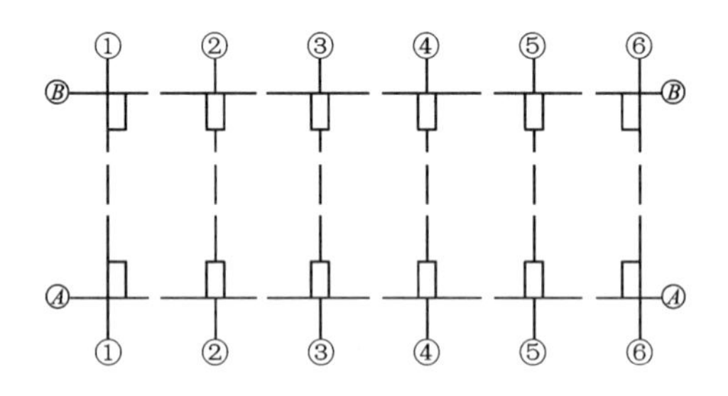

图6－33　杯口顶面中心线

纵向轴线及柱边线弹好之后，将经纬仪移到横向主轴线控制桩上，用同样方法在横向定出一条主轴线及柱边线。

6.2.2　构件吊装工艺

6.2.2.1　柱的吊装

单层工业厂房的钢筋混凝土柱的截面形式有矩形、工字形、双肢形等，一般均在现场进行预制。

(1)柱的绑扎

绑扎柱的工具主要有吊索(又称千斤绳)、卡环(又称卸甲)和横吊梁等。如采用活络式卡环，可使其在高空中脱钩更为方便。另外，在吊索和构件之间可垫以麻袋或模板等，以减小吊索面与构件表面之间的磨损，保护预制柱构件。

柱的绑扎方法、绑扎点数与柱的质量、几何尺寸、配筋和起重性能等因素有关。一般中小型柱多为一点绑扎，重型柱或配筋少而细长的柱多为两点或多点绑扎。绑扎点位置应使两根吊索的合理作用点高于柱子重心。有牛腿的柱，绑扎点常选在牛腿以下，工字形断面的柱和双肢柱，应选在矩形断面处，否则应在绑扎点处用方木加固翼缘。常用的绑扎方法有以下两种。

①斜吊绑扎法。当柱子的宽面抗弯能力满足吊装要求时可采用此法。这种方法直接把柱子在平卧的状态下从底模上吊起，不需翻身，也不用铁扁担；柱身起吊后呈倾斜状态，吊索在柱子宽面的一侧，起重钩可低于柱顶，起重高度可以较小，但因柱身倾斜，就位时对正比较困难。如图 6－34 所示。

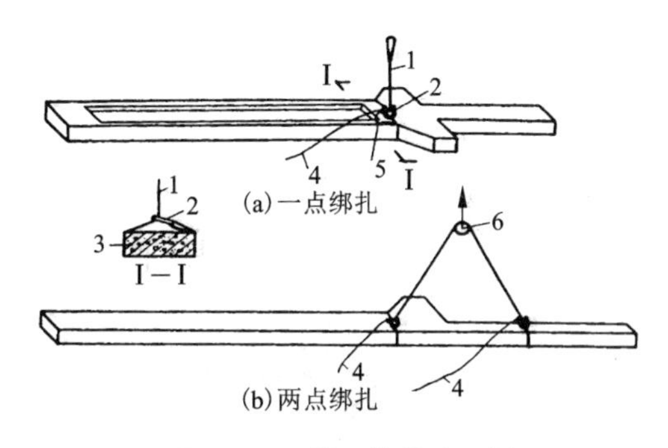

图 6－34　斜吊绑扎法示例

1—吊索；2—活络卡环；3—柱；4—白棕绳；5—铅丝；6—滑车

②直吊绑扎法。当柱平卧起吊的抗弯强度不足时可采用直吊绑扎法。采用这种方法，需将柱子先翻身成侧立，再绑扎起吊。此法吊索从柱子两侧引出，上端通过卡环或滑轮挂在铁扁担上，柱身呈垂直状态，便于插入杯口，容易对位，但由于铁扁担高于柱顶，起重高度较高，起重臂也较长。如图 6－35 所示。

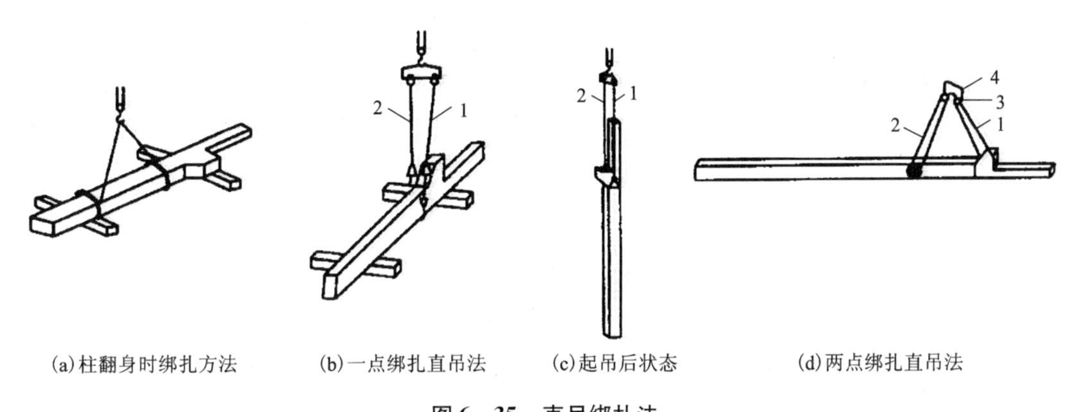

图 6－35　直吊绑扎法

1—第一根吊索；2—第二根吊索；3—滑轮；4—铁扁担

(2)柱的吊升

混凝土强度达到混凝土强度标准值的 75% 以上时方可吊装。柱子的吊装方法，根据柱子质量、长度，起重机性能和现场施工条件而定，有单机吊装和双机抬吊。采用单机吊装时，根据柱在起吊过程中的运动特点，可分为旋转法和滑行法。

①旋转法。这种方法吊装柱时，柱的平面布置要求三点共弧，即绑扎点、柱脚中心、基础杯口中心三点应在以起重机停机点为圆心，起重半径为半径的圆弧上，柱脚靠近杯口，如图 6－36 所示。在起吊过程中，起重机边收钩边回转，柱脚位置不变，使柱绕柱脚旋转而成为直立状态后再插入杯口。

当条件限制，三点共弧布置有困难时，可采取绑扎点或柱脚与杯口中心两点共弧，但这时要改变回转半径，起重臂要起伏。

注意：旋转法吊装柱时，起重臂仰角不变，起重机位置不变，仅一边旋转起重臂，一边上升吊钩，柱脚的位置在旋转过程中是不移动的。

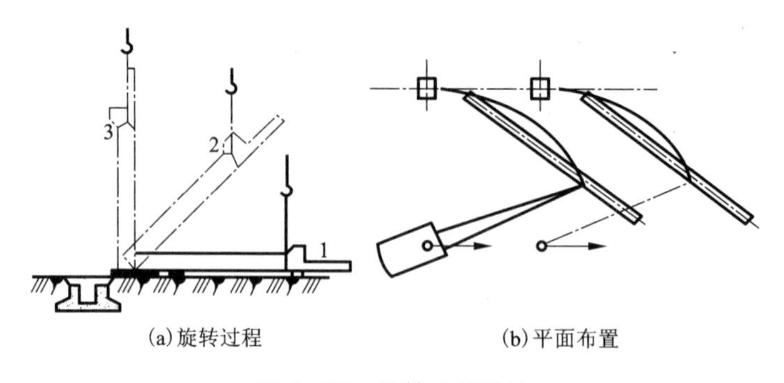

(a)旋转过程　　(b)平面布置

图 6－36　旋转法吊装柱

1—柱平放时；2—起吊中途；3—直立

旋转法吊装柱特点：柱受震动小，生产效率高，但对起重机的机动性要求较高，柱布置时占地面积较大，适用于中小型柱的吊装。

②滑行法。这种方法吊柱时，柱的平面布置要求绑扎点、基础杯口中心两点共弧，柱预制与排放时绑扎点应布置在基础杯口附近，如图 6－37 所示。在起吊过程中，起重臂不动，起重钩上升，柱顶上升，柱脚沿地面向基础滑行，直至柱竖直再将柱吊至柱基础杯口上方，插入杯口。

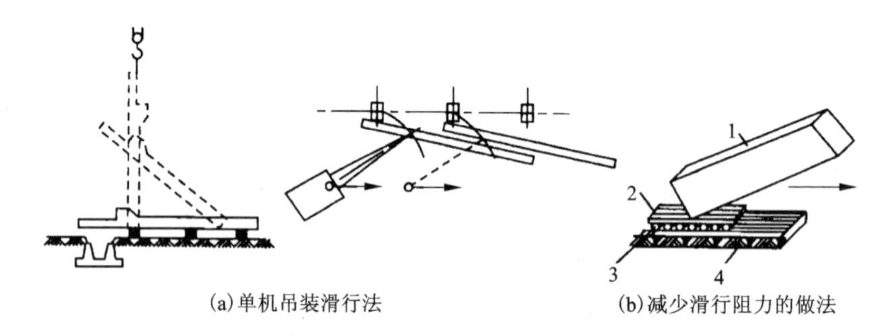

(a)单机吊装滑行法　　(b)减少滑行阻力的做法

图 6－37　单机吊装滑行法

1—柱子；2—托木；3—滚筒；4—滑行轨道

滑行法吊装柱特点：在滑行过程中，柱受震动大，但对起重机的机动性要求较低(起重机只升钩，起重臂不旋转)，当采用独脚拔杆、人字拔杆吊装柱时，常采用此法。为了减少滑行阻力，可在柱脚下面设置托木滚筒。

(3)柱的就位和临时固定

柱脚插入杯口内，应使柱身大体垂直，在柱脚离杯底 30～50 mm 时开始对位。用八个楔块从四边插入杯口，用撬棍扳动柱脚使其中心线与杯口中心线对正，然后放松吊钩，使柱子沉入杯底。再次复核柱脚与杯口中心线是否对准，然后打紧楔块将柱临时固定，如图 6－38 所示。注意，打紧楔块时应两人同时在柱子两侧对称打以防柱脚移动。柱临时固定后，起重机方可脱钩。

(4)柱的校正

柱吊装以后要做平面位置、标高及垂直度的校正。但柱的平面位置在柱的对位时已校正

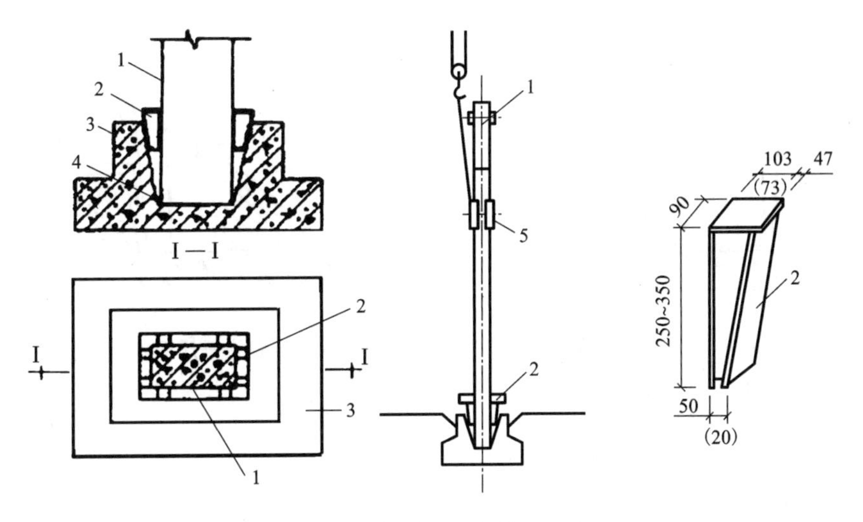

图 6－38　柱的对位与临时固定

1—柱子；2—钢楔（括号内的数字表示另一种规格钢楔的尺寸）；
3—杯形基础；4—石子；5—安装缆风绳或挂操作台的夹箍

好，而柱的标高在柱基础杯底找平时已控制在允许范围内，故柱吊装后主要是垂直度的校正。校正方法是用两台经纬仪从柱的相邻两边检查柱的中心线是否垂直。一台设置在横轴线上，另一台设置在与纵轴线成不大于15°角的位置上，如果经纬仪位置合适，一次最多可以检查三根柱子，如图 6－39 所示。当没有经纬仪时，也可用线垂检查。

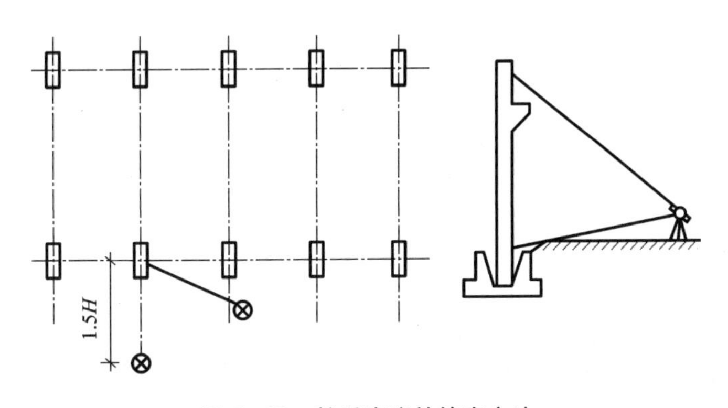

图 6－39　柱垂直度的检查方法

当偏差值较小时，可用打紧或稍放松的楔块的方法来校正（10 t 以下的柱子）；当偏差值较大时，则可用螺旋千斤顶平顶法（图 6－40）、螺旋千斤顶斜顶法（图 6－41）、撑杆校正法（图 6－42）、千斤顶立顶法（图 6－43）及缆风绳等方法进行。

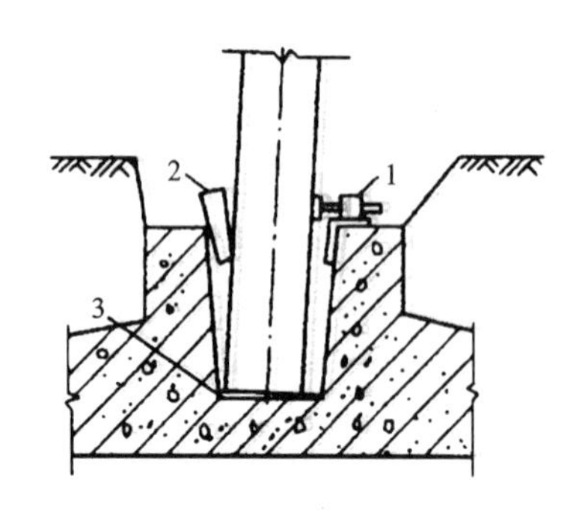

图 6-40　螺旋千斤顶平顶法校正柱垂直度

1—丝杠千斤顶；2—楔子；3—石子

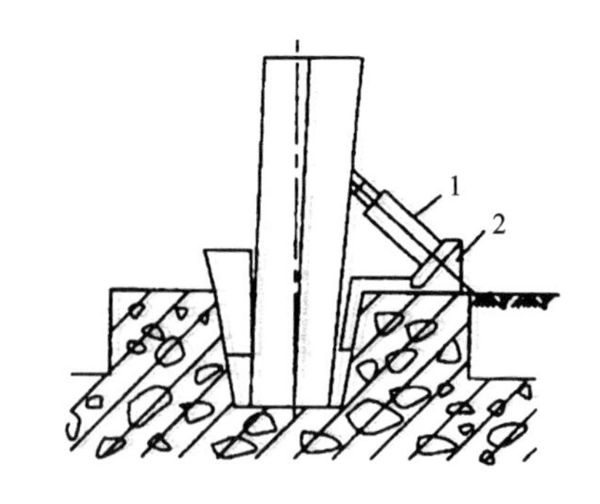

图 6-41　螺旋千斤顶斜顶法校正柱垂直度

1—千斤顶；2—斜向支座

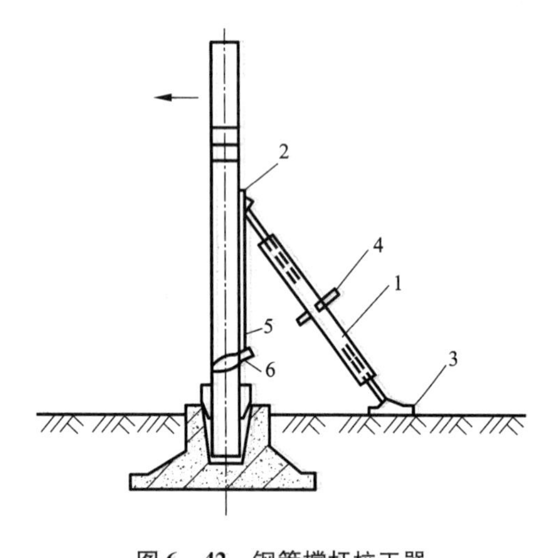

图 6-42　钢管撑杆校正器

1—钢管；2—头部摩擦板；3—底板；
4—转动手柄；5—钢丝绳；6—卡环

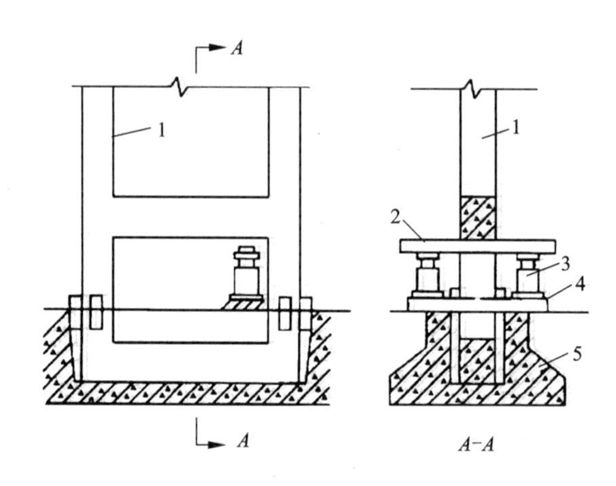

图 6-43　千斤顶立顶法

1—双肢柱；2—钢梁；3—千斤顶；4—垫木；5—基础

在实际施工中，无论采用哪种方法，均须注意以下几点：

①应先校正偏差大的，后校正偏差小的。如果两个方向偏差数字相近，则先校正小面，后校正大面（校正时，不要一次将一个方向的偏差完全校好，可保留 8～10 mm，因为在校正另一个方向时会影响已校正过的那个方向）。校正好一个方向后，稍打紧两面相对的四个楔子，再校正另一个方向。

②柱子在两个方向的垂直度都校正好后，应再复查平面位置，如偏差在 5 mm 以内，则打紧八个楔子，并使其松紧基本一致，如两面相对的楔子松紧不一，则在风力作用下，柱子将向松的一面偏斜。80 kN（8 t）以上的柱子校正后，如用木楔固定，最好在杯口另用大石块或混凝土楔塞紧，柱底脚与杯底四周空隙较大者应垫入钢板，以防木楔被压缩，柱子偏斜。

③在阳光照射下校正柱子垂直度时，要考虑到温差的影响，因为柱子受太阳光照射后，阳面温度较阴面高，由于温差的原因，柱子向阴面弯曲，使柱顶有一个水平位移。水平位移的数值与温差数值、柱子长度及厚度尺寸等因素有关，一般为 8～10 mm，有些特别细长的柱子，可达 40 mm 以上。长度小于 10 m 的柱子，可以不考虑温差的影响。细长柱子可以在早

晨、阴天校正，或当日初校、次日晨复校；也可根据经验，采取预留偏差的办法解决。

(5)最后固定

为防止外界影响出现新偏差，柱校正后应立即进行最后固定。柱子采用灌注细石混凝土的方法进行最后固定。浇筑工作分两阶段进行，第一次灌至楔块底面，待混凝土强度达到25%后，拔去楔块再灌满混凝土至杯口顶面(图6-44)。

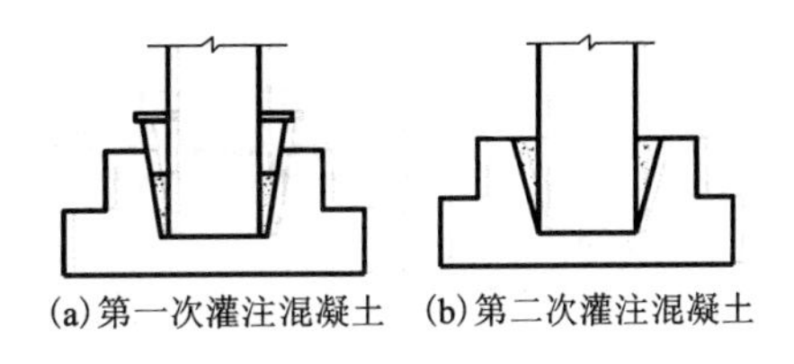

图6-44　柱子的最后固定

6.2.2.2　吊车梁的吊装

吊车梁的吊装必须在柱子杯口二次灌注混凝土的强度达到75%设计强度后进行。因为吊车梁的高度和长度小且结构对称，一般采用平吊法。

(1)绑扎、起吊、就位、临时固定

吊车梁吊起后应基本保持水平。因此其绑扎点应对称地设在梁的两侧，吊钩应对准梁的重心。(图6-45)。在梁的两端应绑扎溜绳以控制梁的转动，避免悬空时碰撞柱子。

吊车梁对位时应缓慢降钩，使吊车梁端与柱牛腿面的横轴线对准。在对位过程中不宜用撬棍顺纵轴线方向撬动吊车梁，因为柱子顺轴线方向的刚度较差，撬动后会使柱顶产生偏移。

在吊车梁安装过程中，应用经纬仪或线垂校正柱子的垂直度，若产生了竖向偏移，应将吊车梁吊起重新进行对位，以消除柱的竖向偏移。

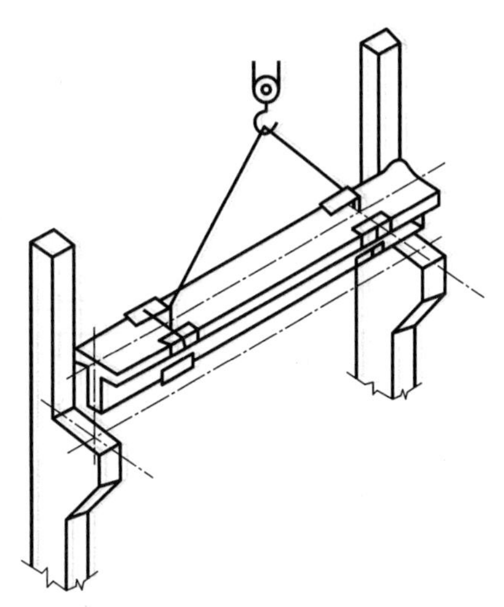

图6-45　吊车梁吊装

吊车梁本身的稳定性较好，一般对位后，无须采取临时固定措施，起重机即可松钩移走。当梁高与底宽之比大于4时，可用8号铁丝将梁捆在柱上，以防倾倒。

(2)校正、最后固定

吊车梁吊装后，需校正标高、平面位置和垂直度。吊车梁的标高在进行杯形基础杯底找平时，已对牛腿面至柱脚的高度做过测量和调整，因此误差不会太大，如存在少许误差，也可待安装轨道时，在吊车梁面上抹一层砂浆找平层加以调整。吊车梁的平面位置和垂直度可在屋盖吊装前校正，也可在屋盖吊装后校正。但较重的吊车梁，由于摘钩后校正困难，则可边吊边校。平面位置的校正，主要是检查吊车梁的纵轴线以及两根吊车梁之间的跨距 *LK* 是否符合要求。施工规范规定吊车梁吊装中心线对定位轴线的偏差不得大于5 mm。在屋盖吊装前校正时，*LK* 不得有正偏差，以防屋盖吊装后柱顶向外偏移，使 *LK* 的偏差过大。

检查吊车梁吊装中心线偏差的方法常用的有以下三种。

①通线法。根据柱的定位轴线，在车间两端地面定出吊车梁定位轴线的位置，打下木桩，并设置经纬仪。用经纬仪先将车间两端的四根吊车梁位置校正准确，并检查两根吊车梁之间的跨距是否符合要求。然后在四根已校正的吊车梁端部设置支架(或垫块)，垫高200 mm，并根据吊车梁的定位轴线拉钢丝通线，然后根据通线(用撬棍)来逐根拨正吊车梁，如图6-46所示。

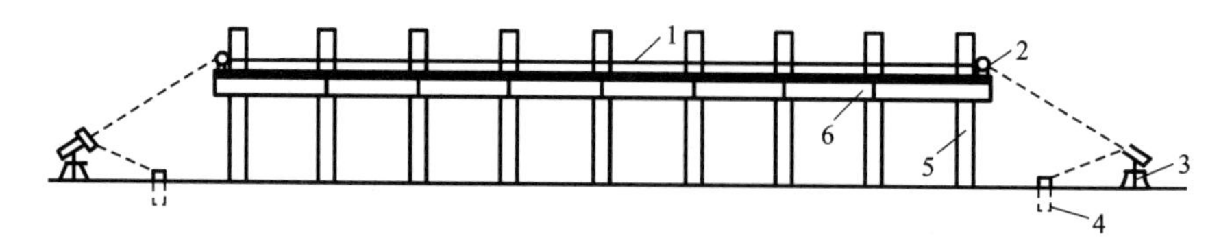

图 6－46　通线法校正吊车梁示意图

1—通线；2—支架；3—经纬仪；4—木桩；5—柱；6—吊车梁

②平移轴线法。在柱列边设置经纬仪，逐根将杯口上柱的吊装中心线投影到吊车梁顶面处的柱身上，并做标记。若柱安装中心线到定位轴线的距离为 a，则标记距吊车梁定位轴线应为 $\lambda - a$（λ 为柱定位轴线到吊车梁定位轴线之间的距离，一般 $\lambda = 750$ mm）。可据此来逐根拨正吊车梁的吊装中心线，并检查两根吊车梁之间的跨距 LK 是否符合要求，如图 6－47 所示。

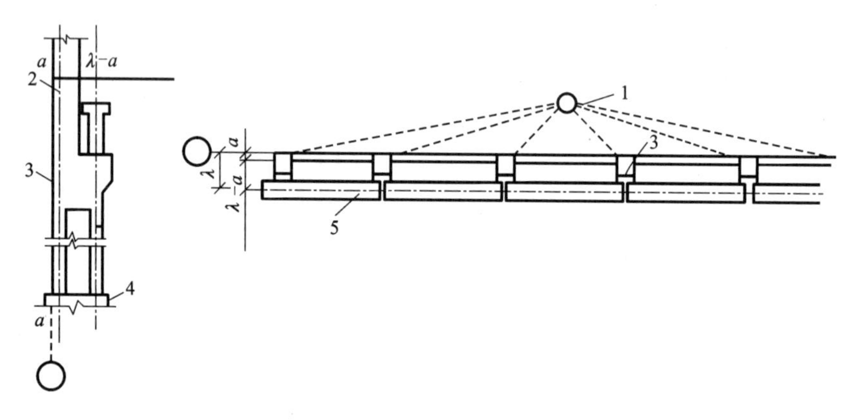

图 6－47　平移轴线法校正吊车梁示意图

1—吊车梁；2—标志；3—柱；4—柱基础；5—吊车梁

③边吊边校法。较重的吊车梁，脱钩后校正比较困难，一般采取边吊边校法。此法与仪器放线法相似。先在厂房跨度一端距吊车梁纵轴线 400 ~ 600 mm（能通视即可）的地面上架设经纬仪，使经纬仪的视线与吊车梁的纵轴线平行，在一根木尺上弹两条短线 A，B，两线的间距等于视线与吊车梁纵轴线的距离。吊装时，将木尺的 A 线与吊车梁中心线重合；用经纬仪观测木尺上的 B 线，同时，指挥拨动吊车梁，使尺上的 B 线与望远镜内的纵轴线重合为止，如图 6－48 所示。在检查及拨正吊车梁中心线的同时，可用靠尺、垂球检查吊车梁的垂直度，如图 6－49 所示。若发现有偏差，可在吊车梁两端的支座面上加斜垫铁纠正，每端叠加垫铁不得超过三块。

吊车梁校正之后，立即按设计图纸用电焊做最后固定，并在吊车梁与柱的空隙处，浇筑细石混凝土。

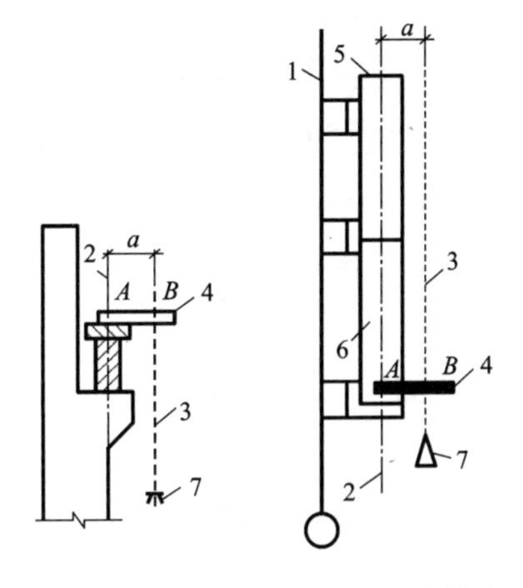

图 6 - 48　重型吊车梁的边吊边校法

1—柱轴线；2—吊车梁轴线；3—经纬仪视线；
4—木尺；5—已吊装校正的吊车梁；
6—正吊装校正的吊车梁；7—经纬仪

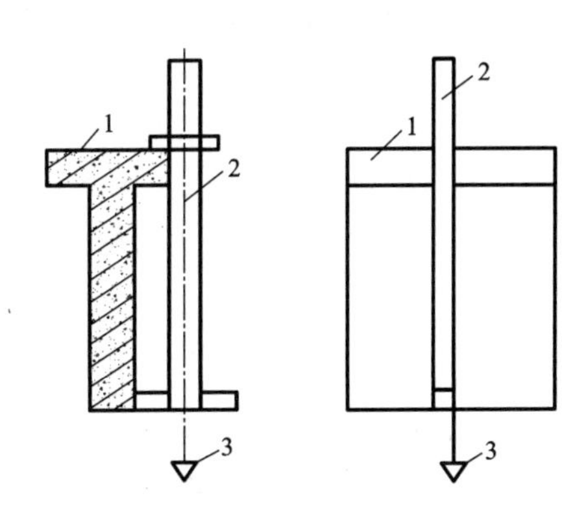

图 6 - 49　吊车梁垂直度的检查

1—吊车梁；2—靠尺；3—线垂

6.2.2.3　屋架的吊装

屋架安装的施工顺序是：绑扎、扶直与就位、吊升、对位、临时固定、校正和最后固定。

(1)屋架的绑扎

屋架的绑扎点，应选在上弦节点处或靠近节点，左右对称。翻身扶直屋架时，吊索面与水平面的夹角不宜小于60°，吊装时吊索与水平面的夹角不宜小于45°。绑扎中心必须在屋架中心之上，防止屋架晃动和倾翻。

屋架绑扎吊点的数目及位置与屋架的形式、跨度、安装高度及起重机的吊杆长度有关，一般需经验算确定。跨度小于或等于18 m的屋架可两点绑扎，跨度在18 m以上时可采取四点绑扎，屋架跨度超过30 m时应考虑使用横吊梁，以减小吊索高度，如图6 - 50所示。

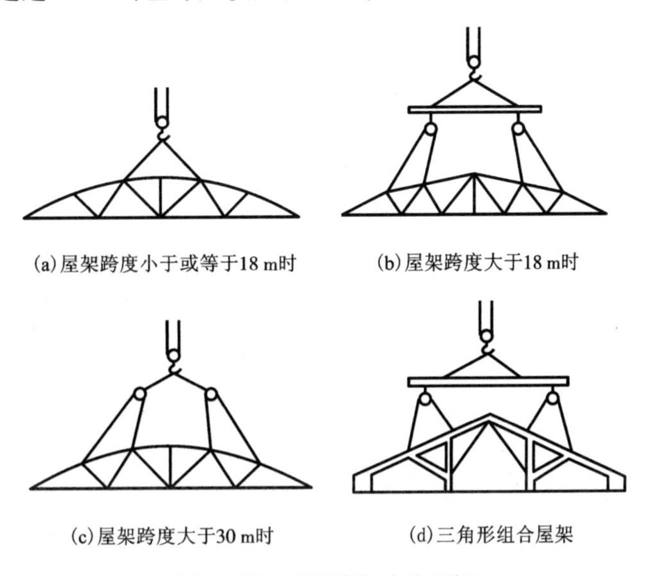

(a)屋架跨度小于或等于18 m时　(b)屋架跨度大于18 m时

(c)屋架跨度大于30 m时　(d)三角形组合屋架

图 6 - 50　屋架绑扎方法示例

(2)屋架扶直与就位

钢筋混凝土屋架或预应力混凝土屋架多在施工现场平卧叠浇，吊装前先翻身扶直，然后起吊运至预定位置就位。屋架的侧向刚度较差，扶直时需要采取加固措施，图 6－51 为用杉杆加固屋架。屋架扶直有正向扶直和反向扶直两种方法，如图 6－52 所示。

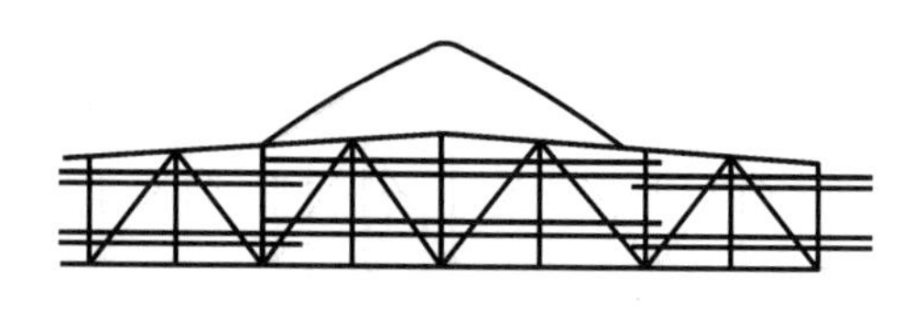

图 6－51　屋架扶直时的临时加固

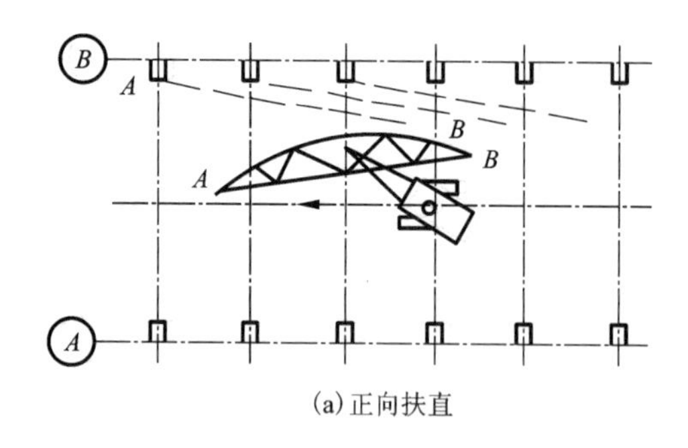

(a)正向扶直

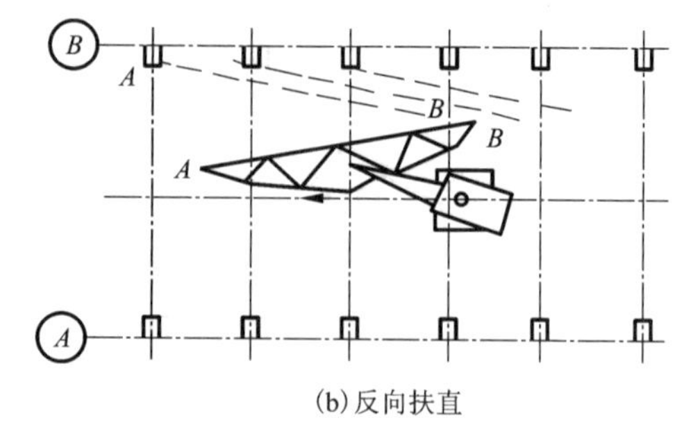

(b)反向扶直

图 6－52　屋架的扶直

(虚线表示屋架就位的位置)

①正向扶直。起重机位于屋架下弦一侧，吊钩对准屋架上弦重点，收紧吊钩，起重臂稍抬使屋架脱模。然后升臂同时升钩，使屋架以下弦为轴缓慢转为直立状态。

②反向扶直。起重机位于屋架上弦一侧，吊钩对准屋架上弦重点，然后升钩并降臂，使屋架以下弦为轴缓慢转为直立状态。

屋架扶直后应随即就位。就位的位置与起重机的性能和吊装方法有关，同时应考虑屋架的安装顺序、两端朝向等问题。一般靠柱边斜放，应尽量少占场地，就位范围在布置预制平面图时就应加以确定。就位位置与屋架预制位置在起重机开行路线同一侧时，称作同侧就位，反之称作异侧就位。

(3)屋架的吊升、对位与临时固定

屋架的吊升是先将屋架吊离地面约 300 mm，并将屋架转运至吊装位置下方，然后将屋架提升超过柱顶约 300 mm，再利用屋架端头的溜绳，将屋架调正对准柱头，缓缓将屋架降至柱顶，进行对位并立即进行临时固定，最后起重机才可摘钩离去。

第一榀屋架的临时固定必须十分重视，一般是用四根缆风绳从两侧将屋架拉牢，也可将屋架与抗风柱连接。其他各榀屋架可用工具式支撑，以前一榀屋架为依托进行固定(图 6－53)。

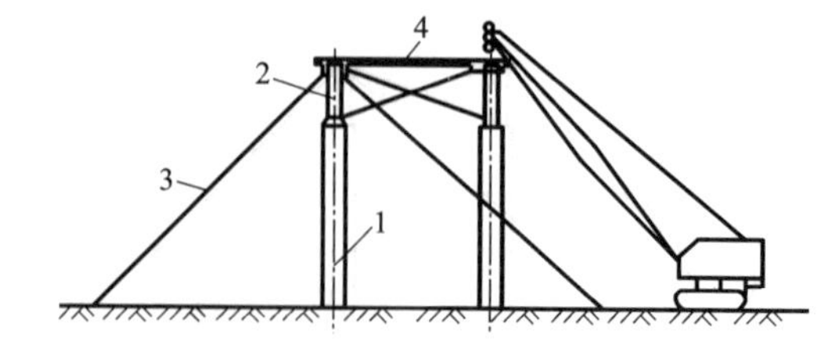

图 6－53　屋架的临时固定

1—柱；2—屋架；3—缆风绳；4—工具式支撑

工具式支撑(图 6－54)是由直径 50 mm 的钢管做成，两端各装有两只撑脚，其上有可调节松紧的螺栓，故也是屋架校正器。每榀屋架至少要用两个工具式支撑。当屋架经校正，最后固定并安装了若干块大型屋面板以后，才可将支撑取下。

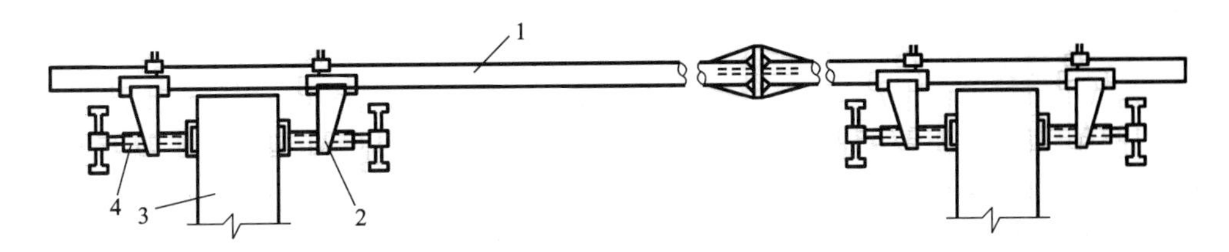

图 6-54　工具式支撑

1—钢管；2—撑脚；3—屋架上弦；4—调节螺栓

(4)屋架校正及最后固定

屋架的校正主要内容是垂直偏差，可用经纬仪或线垂检测。用经纬仪检测屋架垂直度的方法：在屋架上安装具有相同标识的三个卡尺，一个安装在上弦中点附近，另外两个分别安装在屋架的两端，以上弦轴线为起点分别在三个卡尺上量出 500 mm，并做好标记，然后在距屋架上弦轴线卡尺一侧 500 mm 处地面上，设一台经纬仪，用来检查三个卡尺上的标志是否在同一个垂直面上，如图 6-55 所示。

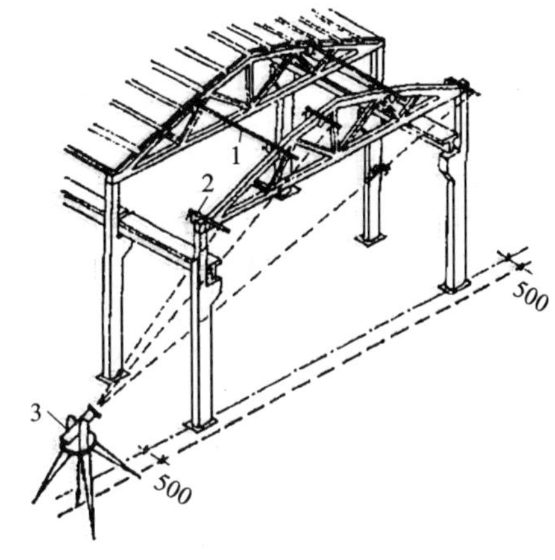

图 6-55　屋架的经纬仪检查法

1—屋架校正器；2—卡尺；3—经纬仪

线垂检查法是在屋架上安装具有相同标志的三个卡尺，但卡尺上标志至屋架几何中线的距离可短些(一般可取 300 mm)，在两端头卡尺的标志间连一通线，自屋架顶卡尺的标志处向下挂线垂，检查三个卡尺标志是否在同一垂直面上。若发现卡尺上的标志不在同一垂直面上，即表示屋架存在垂直度偏差，可通过转动工具式支撑撑脚上的螺栓加以调整，并在屋架两端的柱顶垫入斜垫铁校正。

屋架校至垂直后，立即用电焊固定。焊接时，先焊接屋架两端成对角线的两侧边，再焊另外两边，避免两端同侧施焊而影响屋架的垂直度。

6.2.2.4　天窗架与屋面板的吊装

天窗架可以单独吊装，也可以在地面上先与屋架拼装成整体后同时吊装。目前钢筋混凝土天窗架采用单独吊装的方式较多。天窗架单独吊装时，应在天窗架两侧的屋面板吊装后进行，其吊装过程与屋架基本相同。

屋面板吊装时应由两边檐口对称地逐块吊向屋脊，这能使屋架受力均匀，有利于屋架稳定。屋面板有预埋吊环，一般可采用一钩多吊，以加快吊装速度。屋面板就位后，应立即与屋架上弦焊牢，除最后一块只能焊两点外，每块屋面板应焊三点。屋面板的吊装示意图如图 6-56 所示。

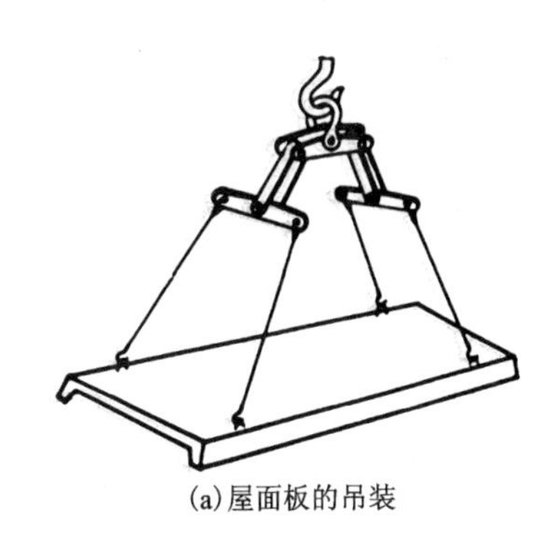

(a)屋面板的吊装

(b)一次起吊多块屋面板

图 6-56　屋面板吊装

6.2.3 结构吊装方案

单层工业厂房的结构吊装方案的内容主要包括：结构吊装方法的选择、起重机械的选择、起重机的开行路线以及构件的平面布置等。吊装方案应根据厂房的结构形式、跨度、安装高度、构件质量和长度、吊装工期以及现有起重设备和现场环境等因素综合研究确定。

6.2.3.1 结构安装方法

单层工业厂房结构安装方法有分件吊装法和综合吊装法两种，两种方法的比较如表6－5所示。

表6－5 分件吊装法与综合吊装法比较

方法名称	优点	缺点	使用范围
分件吊装法	吊装过程中索具更换次数少，吊装速度快、效率高、可操作性和操作的熟练程度较高；吊装现场不会过分拥挤，现场的施工组织较容易；可给构件校正、焊接固定、混凝土浇筑养护提供充足时间	起重机开行路线长，停机点多，不能及早为后续工作提供工作空间	一般单层工业厂房多采用此方法
综合吊装法	起重机开行路线短，停机次数少，能及早为下道工序提供工作面，因此其他后续工种可以进入已吊装完的节间进行工作	由于在一个停机点要分别吊装不同种类构件，造成索具更换频繁，接卸不能发挥使用效率；误差累积后不易纠正；构件供应种类多变，平面布置杂乱，现场拥挤，矫正困难	只有使用移动不便的起重机时才采用此种方法

(1)分件吊装法

分件吊装法指在厂房结构吊装时，起重机每开行一次，仅吊装一种或两种构件。一般分三次开行吊装完全部构件。第一次开行吊装柱子，并进行校正和固定；第二次开行吊装吊车梁、连系梁及柱间支撑；第三次开行以节间为单位吊装屋架、天窗架、屋面板及屋面支撑等，如图6－57所示。

(2)综合吊装法

综合吊装法指起重机仅开行一次就吊装完所有的结构构件，具体步骤是先吊装4根柱，随即进行校正和最后固定，然后吊装该节间的吊车梁、连系梁、屋架、天窗架、屋面板等构件，如图6－58所示。一般情况下，不宜采用此种方法。

6.2.3.2 起重机选择

(1)起重机类型的选择

选择起重机的类型主要根据厂房结构的特点，厂房的跨度、构件的质量、安装高度以及施工现场条件和现有起重设备、吊装方法确定。一般中小型厂房多采用履带式起重机，也可采用桅杆式起重机。重型厂房多采用履带式起重机以及塔式起重机，在结构安装的同时进行设备的安装。

(2)起重机型号的选择

选择起重机型号时要考虑起重机的三个工作参数——起重量 Q、起重高度 H、起重半径

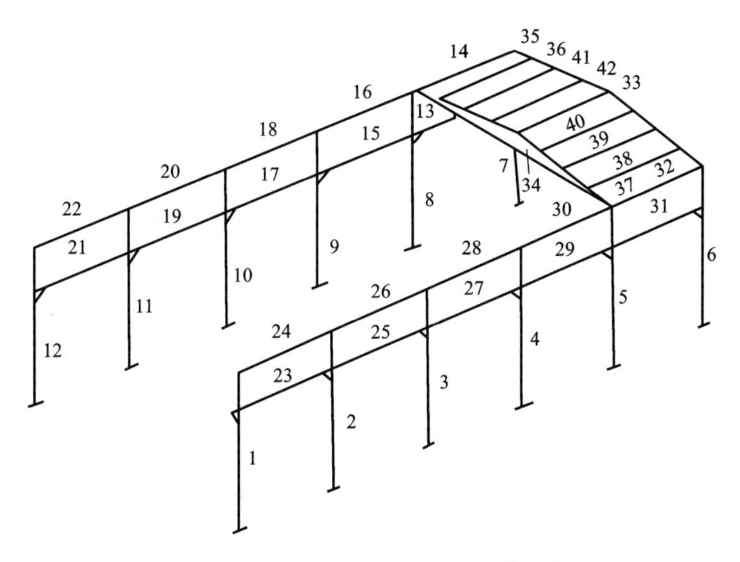

图 6－57　分件吊装时的构件吊装顺序

图中数字表示构件吊装顺序，其中 1～12—柱；13～32—单数是吊车梁，双数是连系梁；

33，34—屋架；35～42—屋面板

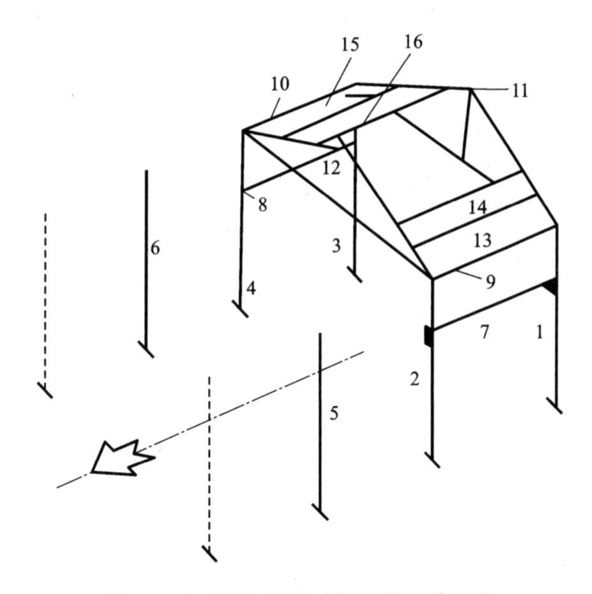

图 6－58　综合吊装时的构件吊装顺序

图中数字表示构件吊装顺序，其中 1～6—柱；7，8—吊车梁；

9，10—连系梁；11，12—屋架；13～16—屋面板

R，同时考虑吊装不同类型的构件变换不同的臂长，以充分发挥起重机的性能。

①起重量 Q。

起重机的起重量必须大于所吊装构件的质量与索具质量之和，即

$$Q \geqslant Q_1 + Q_2 \tag{6-3}$$

式中：Q 为起重机的起重量（kN）；Q_1 为构件的质量（kN）；Q_2 为索具的质量（kN）。

②起重高度 H。

起重机的起重高度，必须满足所吊装构件的安装高度要求（图 6－59），即

$$H = h_1 + h_2 + h_3 + h_4 \quad (6-4)$$

式中：H 为起重机的起重高度（m）；h_1 为停机面至安装支座顶面的高度（m）；h_2 为安装间隙（m）；h_3 为绑扎点至所吊构件底面的高度（m）；h_4 为索具高度（m）。

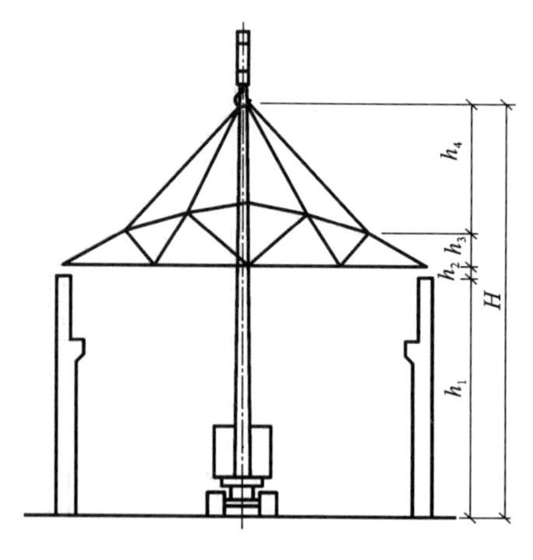

图 6－59 起重高度计算简图

③起重半径 R。

当起重机可以不受限制地开到安装支座附近区安装构件时，可不验算起重半径，但当起重机受到限制不能靠近安装支座附近去安装构件时，则应验算当起重机半径为定值时其起重量与起重高度是否满足吊装要求。

④起重臂长。

a. 起重臂不跨越其他构件的长度计算。

起重机吊装单层工业厂房的柱子和屋架时，起重臂一般不跨越其他构件，此时，起重臂长度按式（6－5）计算，

$$L \geqslant \frac{H + h_0 - h}{\sin a} \quad (6-5)$$

式中：L 为起重臂长度（m）；H 为起重高度（m）；h_0 为起重臂顶至吊钩地面的距离（m）；h 为起重臂底铰至停机面的距离（m）；a 为起重臂仰角，一般取 70°～77°。

b. 起重臂跨越其他构件的长度计算。

当起重机安装屋面板等节间构件时，起重臂需要跨越其他构件，起重臂的长度分两种情况：吊装有天窗架的屋面时，按跨越天窗架吊装跨中屋面板计算；吊装平屋面时，按跨越屋架吊装跨中屋面板和吊装跨边屋面板两种情况计算。计算结果取两者中较大值，计算方法有数解法和图解法。

（3）起重机数量的选择

同时投入施工现场的起重机数量，可根据工程量、工期及起重机的台班产量按式（6－6）计算，

$$N = \frac{1}{T \cdot C \cdot K} \sum \frac{Q_i}{P_i} \quad (6-6)$$

式中：N 为起重机数量（台）；T 为工期（d）；C 为每天工作班数；K 为时间利用系数，一般取 0.8～0.9；Q_i 为某种构件的工程量（件或 t）；P_i 为起重机安装某种构件的产量定额（件/台班或吨/台班）。

几台起重机同时工作要考虑工作面是否允许，相互之间是否会造成干扰，影响工效等问题。此外还须考虑构件的装卸、拼装和排放等工作需要。

6.2.3.3 起重机的开行路线

起重机的开行路线和停机位置与起重机的性能、构件的尺寸与质量、构件的平面布置、构件的供应方式和安装方法等因素有关。

采用分件吊装时，起重机开行路线有以下两种。

①柱吊装时，起重机开行路线有跨边开行和跨中开行两种，如图 6－60 所示。

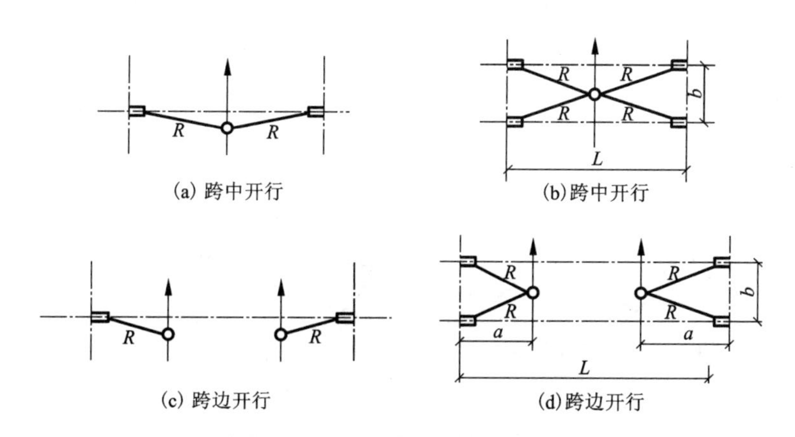

图 6－60　起重机吊装柱时的开行路线及停机位置

如果柱子布置在跨内：

当起重半径 $R>L/2$（L 为厂房跨度）时，起重机在跨中开行，每个停机点可吊两根柱，如图 6－60(a)所示；

当起重半径 $R\geqslant\sqrt{(L/2)^2+(b/2)^2}$（$b$ 为柱距）时，起重机在跨中开行，每个停机点可吊四根柱，如图 6－60(b)所示；

当起重半径 $R<L/2$ 时，起重机在跨内靠边开行，每个停机点可吊一根柱，如图 6－60(c)所示；

当起重半径 $R\geqslant\sqrt{a^2+(b/2)^2}$（$a$ 为开行路线到跨边的距离）时，起重机在跨内靠边开行，每个停机点可吊两根柱，如图 6－60(d)所示。

若柱子布置在跨外时，起重机在跨外开行，每个停机点可吊 1～2 根柱。

②屋架扶直就位及屋盖系统吊装时，起重机在跨中开行。

6.2.3.4　构件平面布置

(1)构件平面布置的要求

现场构件合理地布置，能够有效地避免二次搬运，充分发挥起重机的效率，避免造成人力物力的浪费。所以构件平面布置的一般要求如下：

①每跨的构件宜布置在本跨内，如场地狭窄、布置有困难时，也可布置在跨外便于安装的地方；

②构件的布置应便于支模和浇筑混凝土，对预应力构件应留有抽管以及穿筋的操作场地；

③构件的布置要满足安装工艺的要求，尽可能在起重机的工作半径内，以减少起重机“跑吊”的距离及起重杆的起伏次数；

④构件的布置应保证起重机、运输车辆的道路畅通，起重机回转时，机身不得与构件相碰；

⑤构件的布置应注意安装的朝向，避免在空中调向，影响进度和安全；

⑥构件应布置在坚实地基上。

(2)预制阶段构件的平面布置

①柱预制阶段的平面布置。柱的布置方式一般有斜向布置和纵向布置两种。

a. 斜向布置。柱子如采用旋转法起吊，可按三点共弧斜向布置（图 6－61）。当柱子较长，场地受限时，很难做到三点共弧。此时，采用滑行法起吊，柱子的布置要求为两点共弧，一是柱脚与杯口两点共弧，二是绑扎点与杯口两点共弧（图 6－62）。

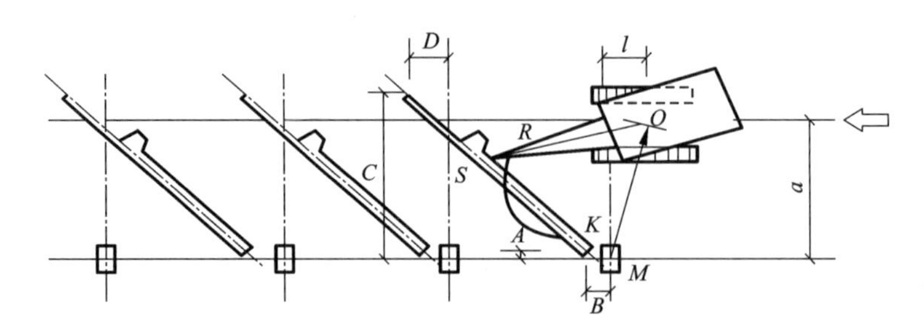

图 6－61　柱子的斜向布置（三点共弧）

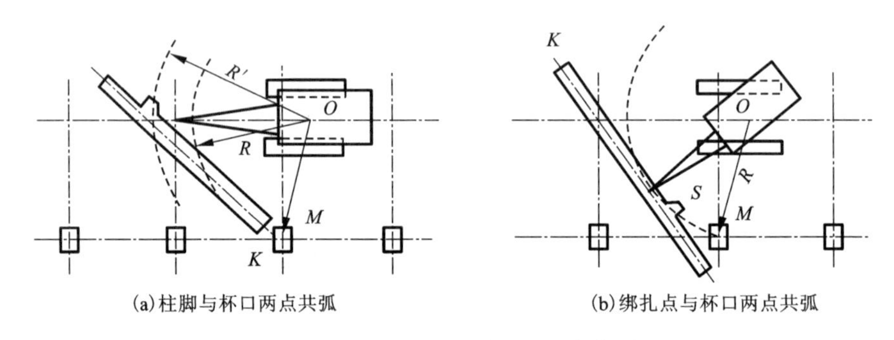

图 6－62　柱子的斜向布置（两点共弧）

b. 纵向布置。用滑行法起吊，柱子按两点共弧纵向布置，绑扎点靠近杯口，柱子可以两根叠浇，每次停机可吊两根柱子（图 6－63）。

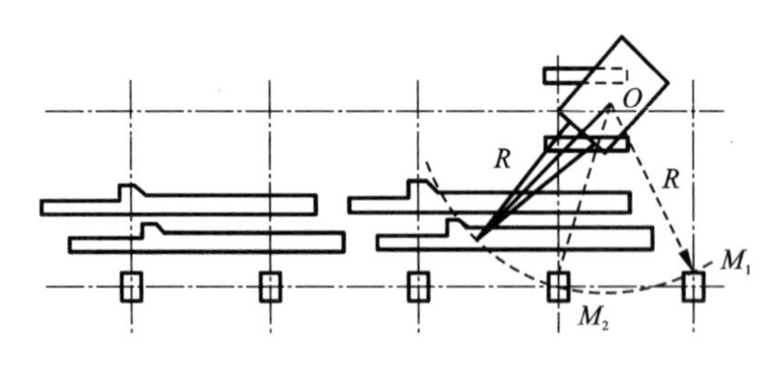

图 6－63　柱的纵向布置

布置柱子时，还要注意牛腿的朝向问题。当柱布置在跨内时，牛腿应朝向起重机；若柱布置在跨外，则牛腿应背向起重机，使柱吊装后牛腿朝向符合设计要求。

②屋架预制阶段的平面布置。屋架一般在跨内平卧叠浇预制，每叠 3～4 榀，布置的方式有正面斜向布置、正反斜向布置和正反纵向布置三种（图 6－64），其中以斜向布置较多，以便于屋架的扶直与排放。

③吊车梁预制阶段的平面布置。吊车梁一般在预制场预制，然后运到工地。当吊车梁安

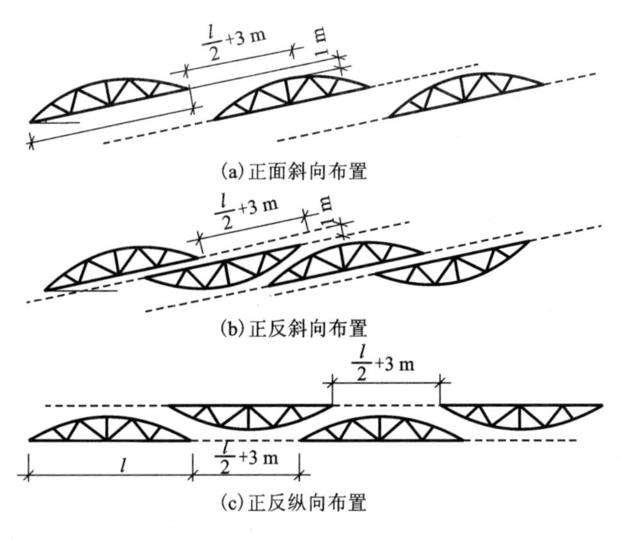

图 6－64　屋架预制时的布置方式

排在现场预制时，可靠近柱基顺纵向轴线或略做倾斜布置，也可插在柱子的空当中预制。如具有运输条件，也可另行在场外集中布置预制。

（3）安装阶段构件的就位与堆放

安装阶段构件的就位布置，是指柱子已安装完毕其他构件的就位布置，包括屋架的扶直、就位，吊车梁、屋面板的运输就位等。

①屋架的扶直就位。吊装屋架前，先将屋架由平卧转为直立，并立即进行就位排放。屋架与屋架之间保持不小于 200 mm 净距，并用支撑及铁丝相互间撑牢拉紧。

a. 屋架扶直。由于屋架一般都叠浇预制，为防止屋架扶直过程中的碰撞损坏，可选用两种措施。一种是在屋架端头搭设道木墩法。在屋架端头搭设道木墩，可使叠浇预制的上层屋架（底层除外），在翻身扶直的过程中，其屋架下弦始终置于道木墩上转动，而不致跌落受碰损（图 6－65）。另一种是放钢筋棍法。屋架扶直过程是先利用屋架上弦上的吊环将屋架稍提一下，以使上下层屋架分离；然后在屋架上弦节点处垫放木楔子，并落钩使屋架上弦脱空而置于节点处的垫木楔上。待屋架上弦在垫木楔上置稳妥后，将吊索绕上弦绑扎，此时就可进行屋架扶直工作。当屋架准备起钩扶直时，先将 ϕ30 长 200 mm 的钢筋 3～5 根放置在下弦节点处（图 6－66），然后再稍落吊钩，并用撬棍将屋架撬离一个屋架下弦宽度距离，此时就可起钩扶直屋架。

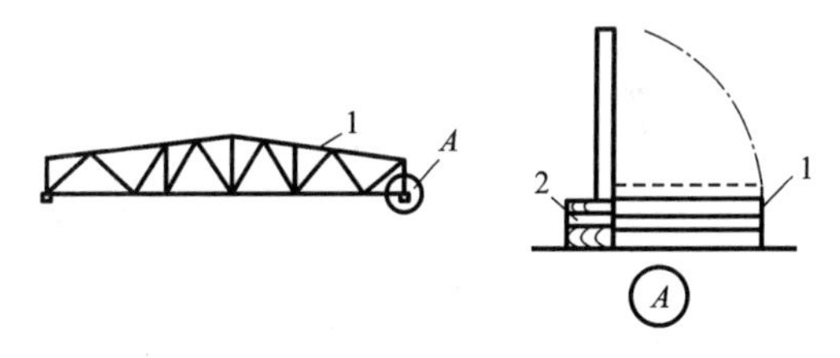

图 6－65　屋架扶直时防碰损搭设道木墩

1—屋架；2—道木墩（交叉搭设）

b. 屋架就位。屋架扶直后应立即进行就位。按就位的位置不同，可分为同侧就位和异侧就位两种（图 6－67）。同侧就位时，屋架的预制位置与就位位置均在起重机开行路线的同一侧。异侧就位时，须将屋架由预制的一边转至起重机开行路线的另一边就位，此时，屋架两端的朝向已有变动。因此，在预制屋架时，对屋架就位的位置事先应加以考虑，以便确定屋架两端的朝向及预埋件的位置等问题。

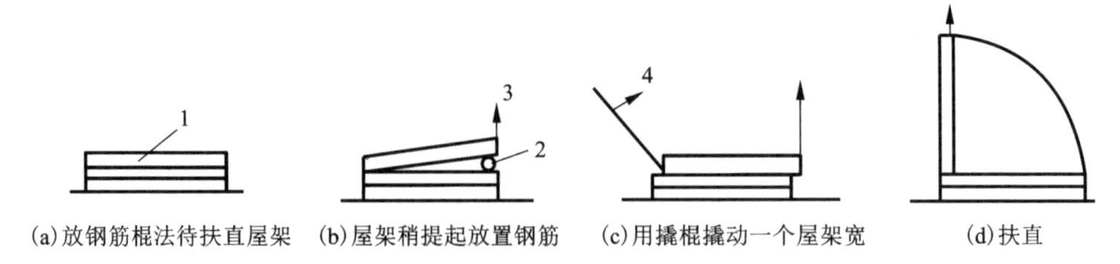

(a)放钢筋棍法待扶直屋架　(b)屋架稍提起放置钢筋　(c)用撬棍撬动一个屋架宽　(d)扶直

图 6－66　屋架扶直时防碰损措施

1—屋架；2—ϕ25～ϕ30 圆钢筋棍；3—扶直屋架的吊索；4—撬棍

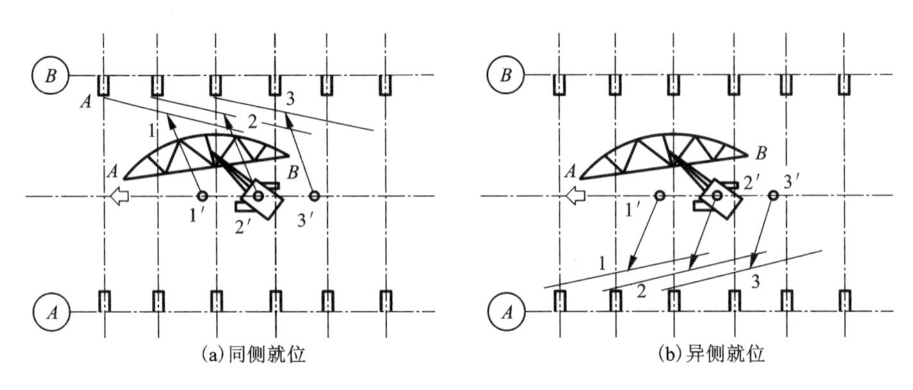

(a)同侧就位　　(b)异侧就位

图 6－67　屋架的就位示意图

屋架就位的方式，常用的有两种：一种是靠柱边斜向就位(图 6－68)，另一种是靠柱边成组纵向就位。

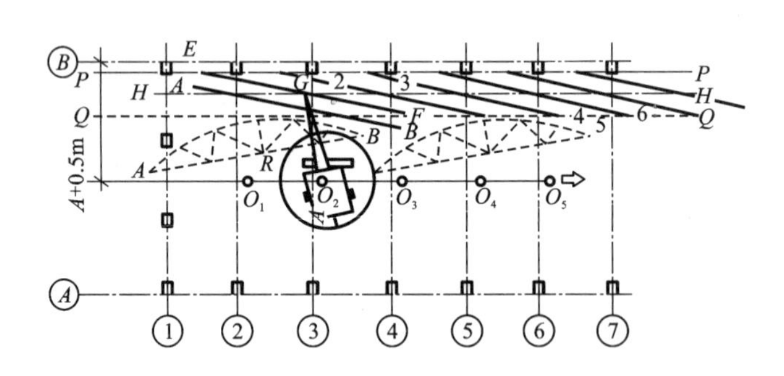

图 6－68　屋架靠柱边斜向就位

(虚线表示屋架预制时的位置)

②屋面板的就位、堆放。单层工业厂房除了柱、屋架、吊车梁在施工现场预制外，其他构件如连系梁、屋面板均在场外制作。屋面板的堆放位置，跨内跨外均可，根据起重机吊装屋面板时的起重半径确定，一般布置在跨内，6～8 块叠放；若车间跨度在 18 m 以内，采用纵向堆放；若跨度大于 24 m，可采用横向堆放。

6.3 多层装配式混凝土框架结构吊装

装配式钢筋混凝土框架结构已较广泛应用于多层、高层民用建筑和多层工业厂房中。这种结构的全部构件，在工厂或现场预制后进行吊装。多层装配式钢筋混凝土框架结构房屋施工的特点是：构件类型多、数量大、各构件接头复杂、技术要求高。

6.3.1 吊装机械的选择和布置

6.3.1.1 起重机械的选择

起重机械的选择，主要根据装配式框架结构的高度、构件质量及工程量等来确定。一般多层工业厂房和10层以下民用建筑多采用轨道式塔式起重机；5层以下的民用建筑及高度在18 m以下的工业厂房，可选用履带式起重机或轮胎式起重机；高层建筑(10层以上)普通塔式起重机已不够用，可采用爬升式塔式起重机或附着式塔式起重机。

塔式起重机的型号主要根据建筑物的高度、平面尺寸、构件质量、施工现场地形条件以及现有设备条件来确定。

6.3.1.2 塔式起重机的平面布置

塔式起重机的布置方案主要取决于房屋平面形状、构件质量、起重机的性能、施工现场地形条件以及现有设备条件。通常塔式起重机的布置形式有四种，如图6-69和表6-6所示。

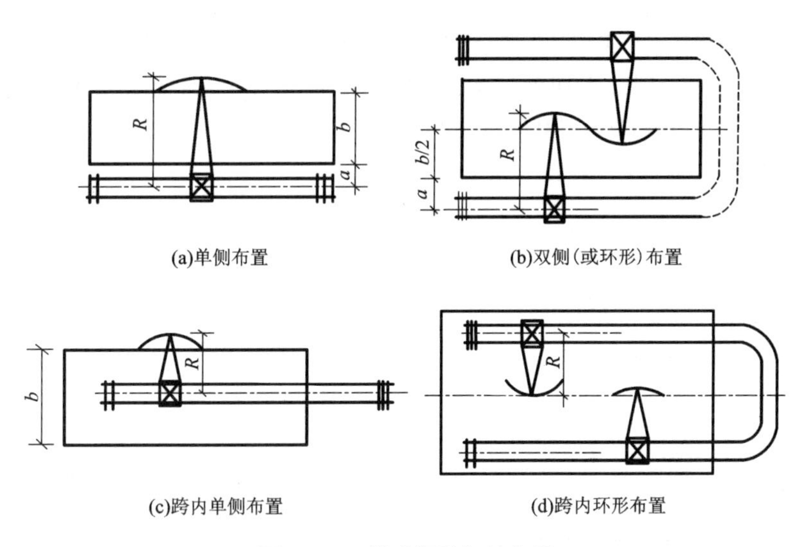

(a)单侧布置　(b)双侧(或环形)布置

(c)跨内单侧布置　(d)跨内环形布置

图6-69 塔式起重机的布置

表6-6 塔式起重机的布置适用情况

布置形式		起重半径 R	适用情况
跨外	单侧	$R \geq b + a$	房屋宽度较小、构件质量较轻时
	环形	$R \geq \frac{b}{2} + a$	建筑物宽度较大($b \geq 17$ m)、构件较轻、起重机不能满足最远构件的吊装要求时

续表

布置形式		起重半径 R	适用情况
跨内	单侧	可能 $R \leqslant b$	建筑场地狭窄，起重机不能布置在建筑物外侧或起重机布置在建筑物外侧而起重机的性能不能满足构件的吊装要求时
	环形	可能 $R \leqslant b/2$	构件较重、起重机跨内单侧布置，起重机的性能不能满足构件的吊装要求，同时起重机又不可能跨外环形布置时

6.3.2 构件的吊装工艺

6.3.2.1 柱的吊装

(1)柱的绑扎和起吊

10 m 以内的柱多采用一点绑扎、旋转法起吊；对于长 14 ~ 20 m 的柱，则须采用两点绑扎；对质量较大和更长的柱可采用三点或多点绑扎。

柱的起吊方法与单层工业厂房柱的吊装基本相同，一般采用旋转法。上层柱的底部都有外伸钢筋，吊装时应采取保护措施，以防止碰弯钢筋。

(2)柱的临时固定和校正

底层柱的临时固定和校正方法与单层工业厂房柱相同。

上层柱的吊装视柱的质量不同采用不同的临时固定和校正方法。柱质量较轻时，采用方木和钢管支撑进行临时固定和校正。框架结构的内柱，四面均用方木临时固定和校正；框架边柱两面用方木；另一面用方木加钢管支撑做临时固定和校正，框架的角柱两面均用方木加钢管支撑临时固定和校正(图 6 - 70)。钢管支撑上端与柱上端的夹箍相连，下端与楼板上的预埋件连接(图 6 - 71)。

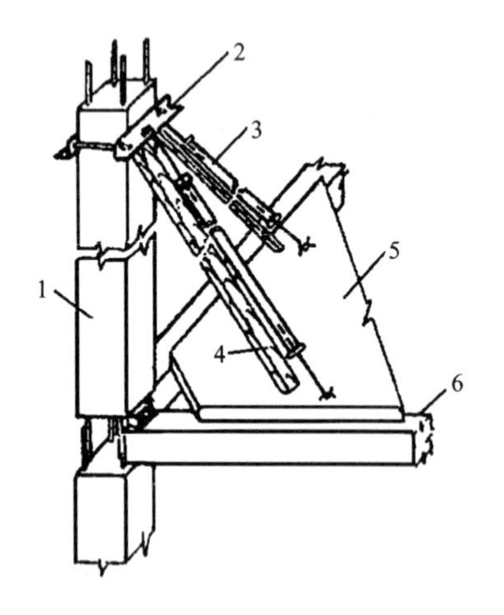

图 6 - 70 角柱临时固定示意图

1—柱；2—角钢夹板；3—钢管拉杆；4—木支撑；5—楼板；6—梁

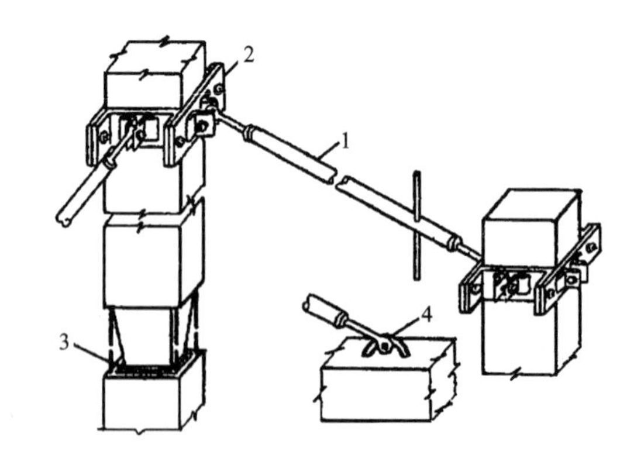

图 6 - 71 管式支撑临时固定

1—管式支撑；2—夹箍；3—预埋钢板及点焊；4—预埋件

柱的校正工作应多次反复进行。第一次在起重机脱钩后焊接前进行初校；第二次在柱接头电焊后进行，以校正因焊接引起钢筋收缩不均而产生的偏差；第三次是在柱子与梁连接和楼板吊装后，以消除增加的荷载和梁柱间电焊产生的偏差。

(3)柱接头施工

柱接头施工的形式主要有榫式接头、插入式接头和浆锚式接头三种，如图6－72和表6－7所示。

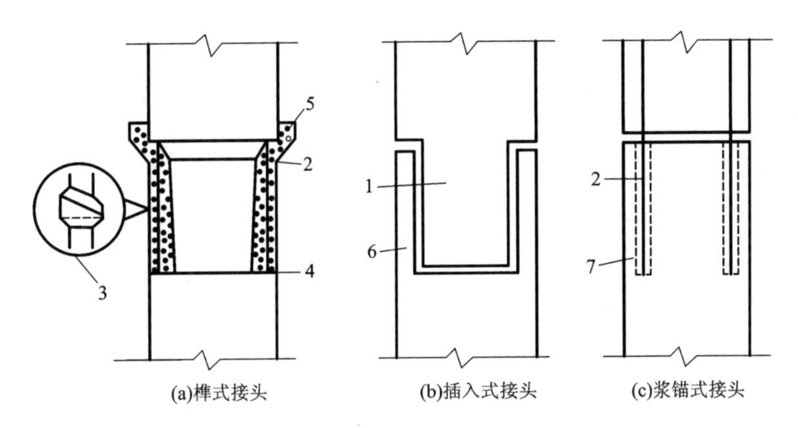

图6－72　柱接头的形式

1—榫头；2—上柱外伸钢筋；3—坡口焊；4—下柱外伸钢筋；5—后浇混凝土接头；6—下柱杯口；7—下柱预留孔

表6－7　柱接头的形式及施工

接头形式	施工方法
榫式接头	上柱和下柱外露的受力钢筋用坡口焊接连接，并配置一定数量的箍筋，最后浇灌接头混凝土形成整体
插入式接头	上柱下部做成榫头、下柱顶板做成杯口，上柱插入杯口后用水泥砂浆灌注填实
浆锚式接头	将上柱伸出的钢筋插入下柱的预留孔内，然后用水泥砂浆灌缝锚固上柱钢筋，形成整体

6.3.2.2　梁与柱的接头

梁与柱的接头做法很多，常用的有明牛腿式刚性接头、齿槽式梁柱接头、浇筑整体式梁柱接头。

明牛腿式刚性接头在梁吊装时，只要将梁端预埋钢板和柱子牛腿上的预埋钢板焊接后，起重机即可脱钩，然后进行梁与柱的钢筋焊接，如图6－73所示。

齿槽式梁柱接头利用梁柱接头处设的齿槽来传递梁端剪力，如图6－74所示。

浇筑整体式梁柱接头构造如图6－75所示。

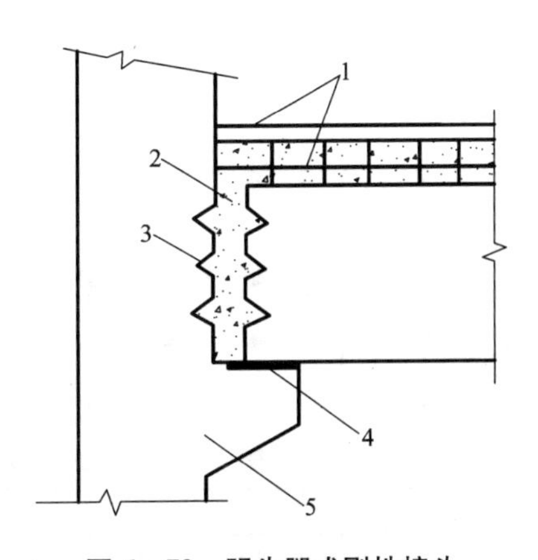

图6－73　明牛腿式刚性接头

1—剖口焊；2—后浇细石混凝土；3—齿槽；4—垫板；5—柱

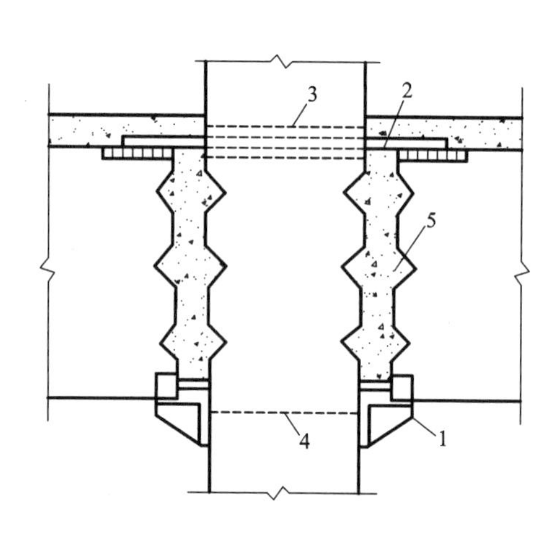

图 6－74　齿槽式梁柱接头

1—钢筋；2—预留钢管；3—预留孔；4—钢筋；5—齿槽

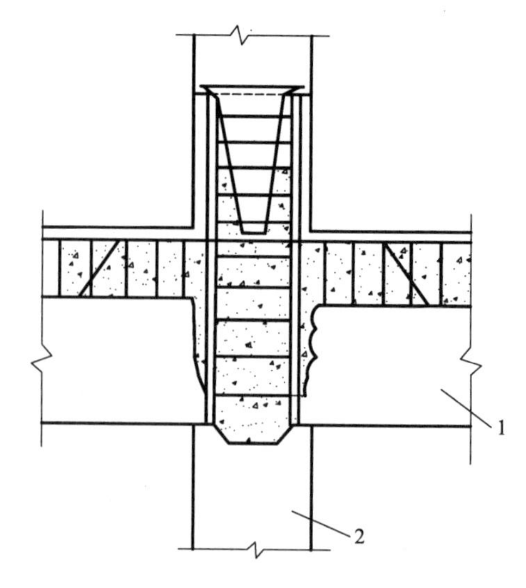

图 6－75　浇筑整体式梁柱接头

1—梁；2—柱

6.3.3　结构吊装方法

多层装配式框架结构的吊装方法有分件吊装法和综合吊装法两种。

6.3.3.1　分件吊装法

分件吊装法是塔式起重机每开行一次吊装一种构件，按照柱、梁、板的顺序分次开行吊装。分件吊装法根据流水方式分为分层分段流水吊装法和分次大流水吊装法两种。

图 6－76 是塔式起重机跨外 U 形布置及用分层分段流水吊装法吊装梁板式框架结构的示例。起重机首先依次吊装第Ⅰ施工段中 1～14 号柱，在这段时间内，柱的校正、焊接、接头灌缝等工作亦依次进行。起重机吊装完 14 号柱之后，回头吊装 15～33 号主梁和次梁。这时，同时进行各梁的焊接和灌浆等工序。这就完成了第Ⅰ施工段中柱和梁的吊装，形成框架。然后吊装第Ⅱ施工段中的柱和梁。待第Ⅰ、Ⅱ段的柱和梁吊装完毕，再回头顺次安装这两个施工段 64～75 号楼板。一个施工层完成后再往上吊装另一个施工层。

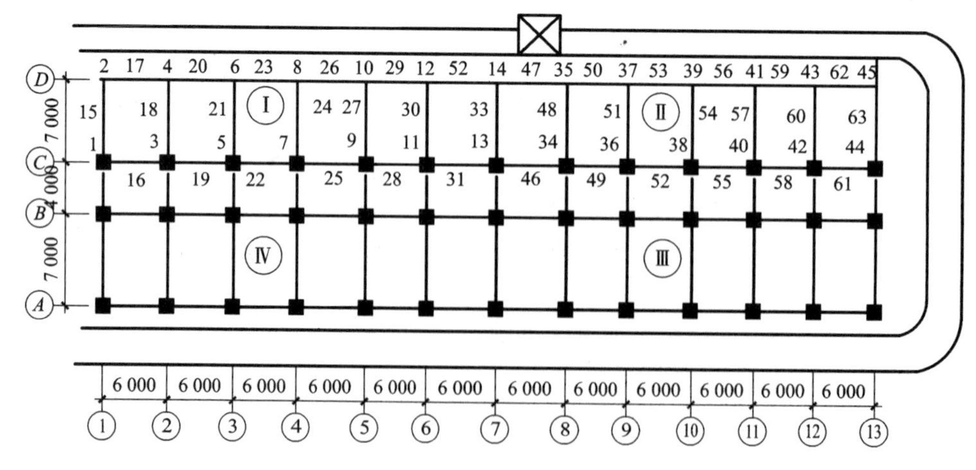

图 6－76　分层分段流水吊装示意图

6.3.3.2　综合吊装法

综合吊装法是起重机在吊装构件时，以节间为单位一次吊装完毕该节间所有构件，吊装工作逐节间进行。综合吊装法一般在起重机跨内开行时采用。

6.3.4　构件的平面布置和堆放

预制构件的现场布置方案取决于建筑物结构特点，起重机的类型、型号及布置方式。

6.3.4.1　构件布置应遵循的原则

①预制构件应尽量布置在起重机的工作半径范围之内。

②重型构件尽可能布置在起重机周围，中小型构件布置在重型构件的外侧。

③构件叠浇时应满足吊装顺序要求。

6.3.4.2　构件的现场布置方式

装配式框架结构的柱一般在现场预制，其他构件均在工厂预制。

柱一般布置在起重机的工作范围内，其现场布置方式与起重机的相对位置如图 6－77 和表 6－8 所示。

梁、板等构件运至工地后，一般堆放在柱的外侧。

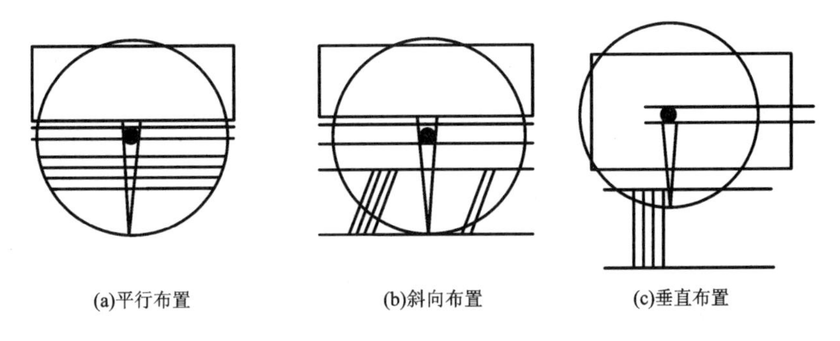

(a)平行布置　(b)斜向布置　(c)垂直布置

图 6－77　柱的平面布置

表 6－8　柱现场布置方式与起重机的相对位置

柱与起重机轨道	特点
平行	几层柱通长预制，能减少柱接头的偏差，减少内应力
垂直	起重机跨内开行，可使柱的吊装点在起重半径范围内
斜向	可用旋转法吊装，适用较长的柱

习　题

1. 简述结构安装工程中常用的起重机械的种类。
2. 简述履带式起重机的主要技术性能参数及其相互关系。
3. 简述塔式起重机的种类、特点及适用范围。
4. 简述柱的运输要求。

5. 简述柱的绑扎要求。
6. 简述柱的吊升要求。
7. 简述屋架扶直与就位。
8. 单层工业厂房结构安装方法有哪些？各自的特点是什么？
9. 简述结构安装中起重机的布置依据和形式各有哪些？
10. 柱的布置方式一般有哪几种？简述各自的施工工艺。
11. 简述多层装配式混凝土框架柱的吊装、校正和接头方法。

第7章　建筑防水工程

土木工程中的防水问题关系到建筑物、构筑物的寿命、使用环境及卫生条件等重要内容，能直接影响用户的工作和生活质量，故防水工程的施工必须严格遵守相关规定，确保工程质量。防水工程施工工艺要求严格细致，应尽量避免雨期和冬季施工。近年来，新型防水材料及其技术得到了迅速的发展，也使建筑防水工程提升到了新的层面，并且还朝着由多层向单层、由热施工向冷施工、由适用范围单一向适用范围多元的角度持续发展。

本章主要包括以下几方面内容：

1. 防水材料；
2. 地下防水工程；
3. 屋面防水工程；
4. 楼地面与外墙防水工程。

7.1　防水材料

常用的防水材料有防水卷材、防水涂料、建筑密封材料及防水剂等。常用的材料如下所示：

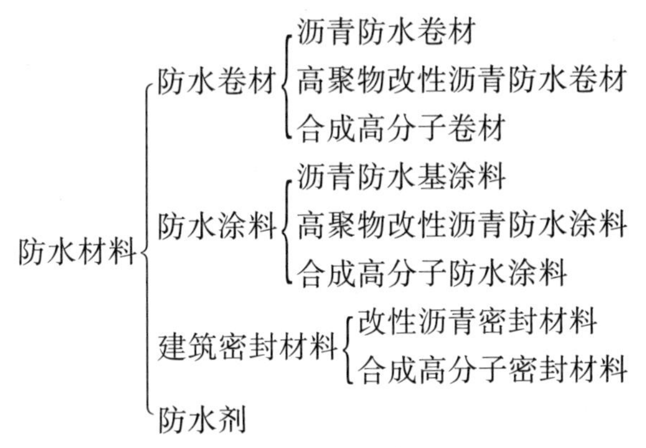

7.1.1　防水卷材类别

防水卷材主要包括沥青防水卷材、高聚物改性沥青防水卷材和合成高分子卷材等。防水卷材是用胶黏剂将卷材逐层黏结铺设而成的防水层。

7.1.1.1　沥青防水卷材

沥青防水卷材是用原纸、纤维织物、纤维毡等胎体材料浸涂沥青，表面散布粉状、粒状或片状材料制成的可卷曲的片状防水材料。沥青防水卷材按胎体材料的不同可分为纸胎油毡、纤维胎油毡和特殊油毡。

沥青防水卷材根据材料的质量分为350号与500号两种，350号即代表每立方米的质量为350 g，卷材宽度有915 mm和1 000 mm两种。这类卷材低温时柔性较差，防水耐用年限短，适合于要求不高的屋面防水。

7.1.1.2　高聚物改性沥青防水卷材

因沥青防水卷材延伸率低、温度敏感性强、高温下易流淌、低温下易脆裂和龟裂，故目前已被逐渐淘汰。所以，需要对沥青进行改性处理，提高沥青防水卷材的拉伸强度、伸长率，在温度变化下的稳定性以及抗老化等性能，才能适应建筑防水材料的要求。目前对沥青进行改性的主要方法有：添加合成高分子聚合物、沥青催化氧化、沥青乳化等。

7.1.1.3　合成高分子卷材

合成高分子卷材是用合成橡胶、合成树脂或塑料与橡胶共混材料为主要原料，加入适量的化学助剂和填充料等，经混炼、压延或挤出等工序加工而成的可卷曲片状防水材料。合成高分子防水卷材具有一系列优秀的性能，是新型高档防水卷材。合成高分子防水卷材主要有三元乙丙、丁基、氯化聚乙烯、氯磺化聚乙烯、聚氯乙烯等品种。

7.1.2　防水涂料

防水涂料按基材组成材料的不同主要分为沥青防水基涂料、高聚物改性沥青防水涂料、合成高分子涂料三大类。

7.1.2.1　沥青防水基涂料

沥青防水基涂料是指以沥青为基料配制成的溶剂型或水乳型防水涂料。

7.1.2.2　高聚物改性沥青防水涂料

高聚物改性沥青防水涂料是指以沥青为基料，用合成橡胶、再生橡胶或SBS对沥青进行改性，制成的水乳型或溶剂型的防水涂料。添加的改性材料不同，改善的性能也有所差异。如加入合成橡胶，能改善沥青的气密性、耐化学腐蚀性、耐燃烧性、耐光性等；用SBS改性，可以改善沥青的弹塑性、延伸性、耐老化、耐高温和耐低温性能等。

7.1.2.3　合成高分子涂料

合成高分子防水涂料是以合成橡胶或合成树脂为主要成膜物质，加入其他辅料配制而成的单组分或多组分防水涂料。它具有高弹性、防水性和优良的耐高低温性能。常用的合成高分子防水涂料有聚氨酯防水涂料、丙烯酸酯防水涂料和有机硅防水涂料等。

7.1.3　建筑密封材料

建筑密封材料是嵌入建筑物缝隙、门窗四周、玻璃镶嵌部位以及由于开裂产生的裂缝，能承受位移且能达到气密、水密目的的材料，又称嵌缝材料。建筑密封材料按照形态不同，分为不定型密封材料和定型密封材料两大类。按材质的不同，又可分为改性沥青密封材料和合成高分子密封材料两大类。

7.1.3.1　改性沥青密封材料

改性沥青密封材料是以石油沥青为基料，用适量的合成高分子聚合物进行改性，加入填充料和其他化学助剂配制而成的膏状密封材料。主要有建筑防水沥青嵌缝油膏和聚氯乙烯建筑防水接缝油膏。

7.1.3.2　合成高分子密封材料

合成高分子密封材料是以合成高分子材料为主体，加入适量的化学助剂、填充料和着色剂，经过特定的生产工艺加工而成膏状密封材料。合成高分子密封材料主要有水乳型丙烯酸建筑密封膏、聚氨酯建筑密封膏、聚硫密封膏和有机硅橡胶密封膏等。

7.2 地下防水工程

地下工程的防水等级分为四级，防水设计和施工应该遵循“防、排、截、堵相结合，刚柔相济，因地制宜，综合治理”的原则进行。

7.2.1 地下卷材防水层施工

地下卷材防水层的施工有外贴法和内贴法两种。

7.2.1.1 外贴法施工

外贴法是在地下防水结构墙体做好，待混凝土垫层及砂浆找平层施工完毕并干燥后，刷基层处理剂，再把卷材防水层直接铺贴在外墙表面上，然后砌筑保护墙（图7－1）。卷材铺贴的过程应该注意在四周留出卷材接头，并且用木材等材料将油毡接头压在保护墙上，勿使接头断裂、损伤或弄脏。外贴法防水构造如图7－2所示。

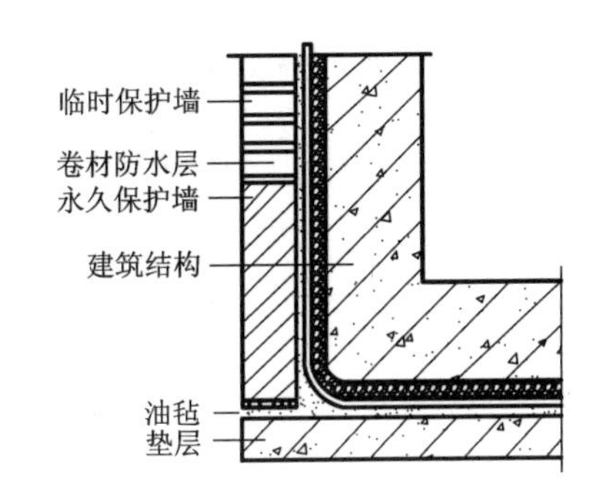

图7－1 外贴法示意图

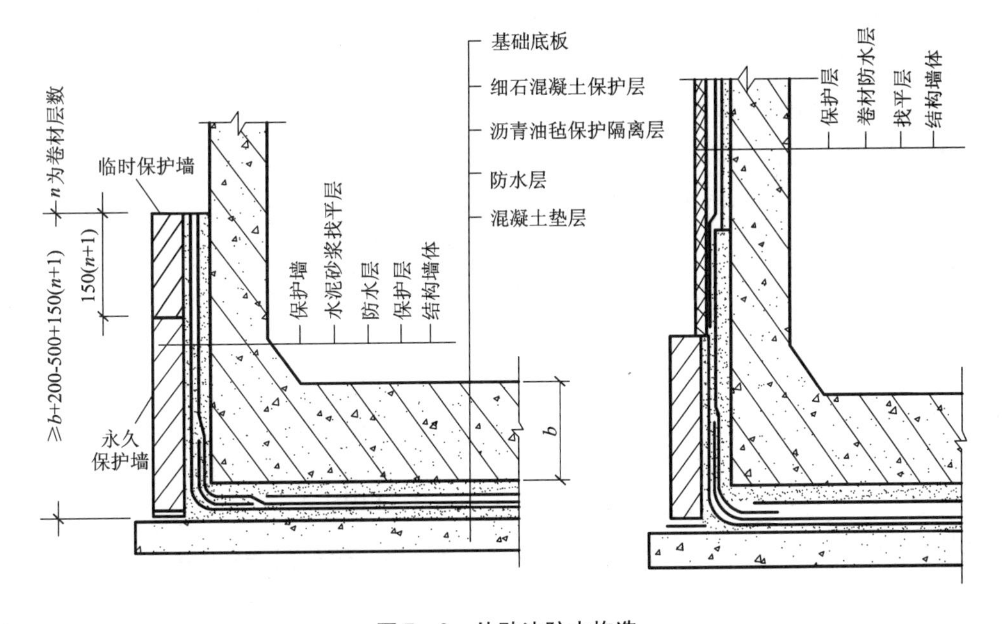

图7－2 外贴法防水构造

外贴法是先做底面后做立面防水，即墙体结构→防水→保护，特点是结构及防水层质量易检查，可靠性强，但工期长。该方法比较常用。

7.2.1.2 内贴法施工

内贴法是在地下防水结构墙体未做以前，先砌筑保护墙，内侧抹找平层，刷基层处理剂，然后将卷材防水层铺贴在保护墙上。之后还要在表面涂刷密封材料，在防水层上面经过处理再抹 15 ~ 30 mm 厚的水泥砂浆层后再进行地下结构墙体施工，其构造如图 7 - 3 所示。

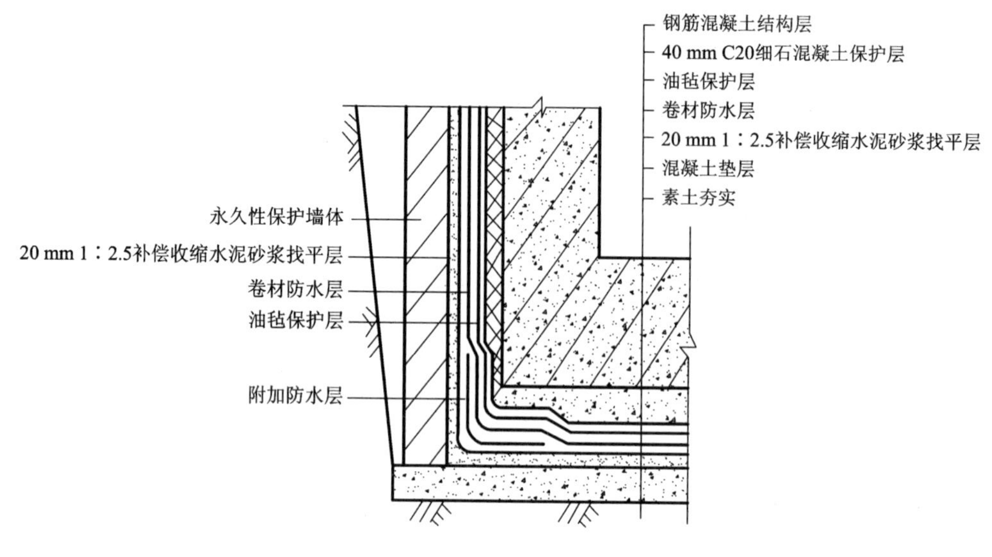

图 7 - 3　内贴法防水构造

内贴法是先做立面后做平面，即垫层、保护墙→防水层→底板及结构墙。内贴法的特点是槽宽小，省模板，但其损坏无法察觉，可靠性差，且内侧模板不好固定。常用于场地小，无法采用外贴法的情况。

7.2.1.3　地下卷材防水构造要求

不同材料，所要求的层数不同，如合成高分子卷材单层，搭接长度不低于 100 mm，且应有附加增强；改性沥青油毡 1 ~ 2 层，搭接长度不低于 100 mm，接缝错开，如图 7 - 4 所示。

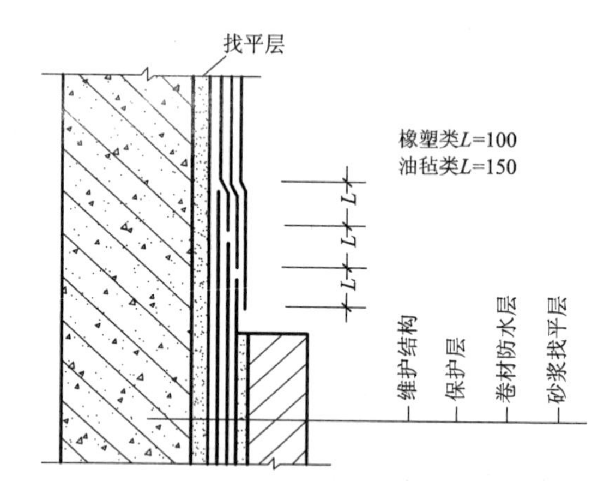

图 7 - 4　卷材防水层错槎接缝示意图

7.2.1.4　地下卷材防水层施工

(1)工艺顺序

基面处理→涂布基层处理剂→细部增强→铺第一层卷材→铺第二层卷材→接缝处理→保护层。

(2)粘贴方法

①改性沥青卷材铺贴(施工温度不低于 10 ℃)：

热熔法——喷灯熔化、铺贴排气、滚压粘实、接头挤出刮严；

冷黏结剂法——选胶合理、涂胶均匀、排气压实、接头另粘；

冷自粘法——边揭纸边开卷，按线搭接、排气压实、低温时加热。

②合成高分子卷材铺贴（施工温度不低于 5 ℃）——冷黏结法。

须注意以下五点：

a. 选胶与卷材配套；

b. 基层、卷材涂胶均匀（卷材搭接边不涂）；

c. 晾胶至不粘手后粘贴、压辊排气、包胶铁辊压实；

d. 搭接边涂胶自粘；

e. 接缝口用相容的密封材料封严，宽度不小于 10 mm。

（3）保护层施工

对于平面：浇细石混凝土不小于 50 mm 厚。

对于立面：

内贴法——

粘麻丝、抹 20 mm 厚 1∶3 砂浆　　　（硬保护）

贴 5 ~6 mm 厚聚氯乙烯泡沫塑料片材　（软保护）

外贴法——

砌砖墙（5 ~6 m 断开）灌砂浆　　　（硬保护）

贴聚氯、聚苯乙烯泡沫塑料片材　　　（软保护）

7.2.1.5　卷材铺贴要点

铺贴卷材的基层必须牢固、平整干净、无松动现象；阴阳角处均应做成圆弧或钝角。外贴法铺贴卷材应先铺平面，后铺立面，平立面交接处应交叉搭接；内贴法宜先铺立面，后铺平面。在立面与平面的转角处，卷材的接缝应留在平面上距立面不小于 600 mm 处；所有转角处均应铺贴附加层并仔细粘贴紧密。变形缝及管道埋设件连接处的做法如图 7 –5、图 7 –6 所示。

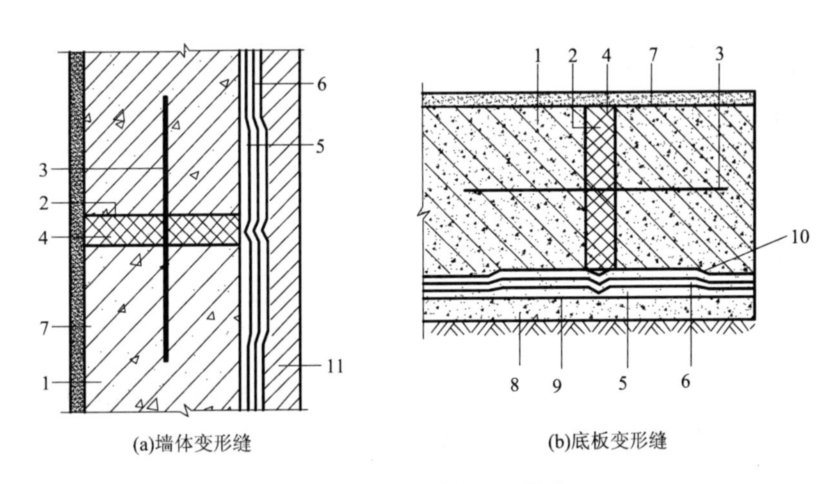

图 7 –5　变形缝处防水做法

1—需防水结构；2—浸过沥青的木丝板；3—止水带；4—填缝油膏；5—卷材附加层；6—卷材防水层；7—水泥砂浆面层；8—混凝土垫层；9—水泥砂浆找平层；10—水泥砂浆保护层；11—保护墙

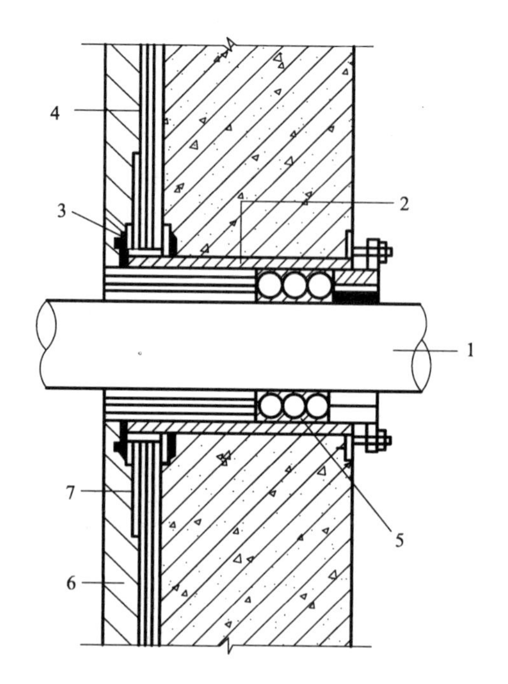

图 7-6　卷材防水层与管道埋设件连接处做法

1—管道；2—套管；3—夹板；4—卷材防水层；5—填缝材料；6—保护墙；7—附加卷材衬层

7.2.2　涂膜防水施工

涂膜防水是在常温下涂布防水涂料，经溶剂挥发、水分蒸发或反应固化后，在基层表面形成具有一定坚韧性涂膜的防水办法。涂膜防水的一般构造如图 7-7 所示。

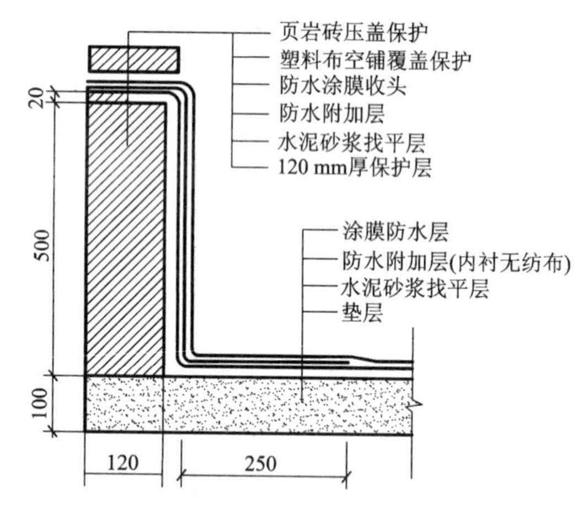

图 7-7　地下涂料防水构造

涂膜防水层的施工顺序应遵循“先远后近、先高后低、先细部后大面、先立面后平面”的原则。涂料防水层的施工应符合下列规定：

①先在基面上涂一层与涂料相容的基层处理剂再涂刷涂料；

②涂刷应待前遍涂层干燥成膜后进行，多遍完成涂膜；

③每遍涂刷时应交替改变涂层的涂刷方向，同层涂膜的先后搭茬宽度宜为 30 ~ 50 mm；

④涂料防水层的施工缝（甩槎）应注意保护，搭接缝宽度应大于 100 mm，接涂前应将其甩槎表面处理干净；

⑤涂刷程序应先做转角处、穿墙管道、变形缝等部位的涂料加强层，后进行大面积涂刷；

⑥涂料防水层先铺贴的胎体增强材料，同层相邻的搭接宽度大于 100 mm，上下层接缝应错开 1/3 幅宽。

7.2.3 刚性防水层施工

刚性防水层是用水泥浆、素灰（即稠度较小的水泥浆）和水泥砂浆交替抹压涂刷四层或五层来达到防水效果。采用刚性防水层，结构物阴阳角、转角应做成圆角。防水层的施工缝需留成斜坡阶梯形，其接头方法如图 7－8 所示。

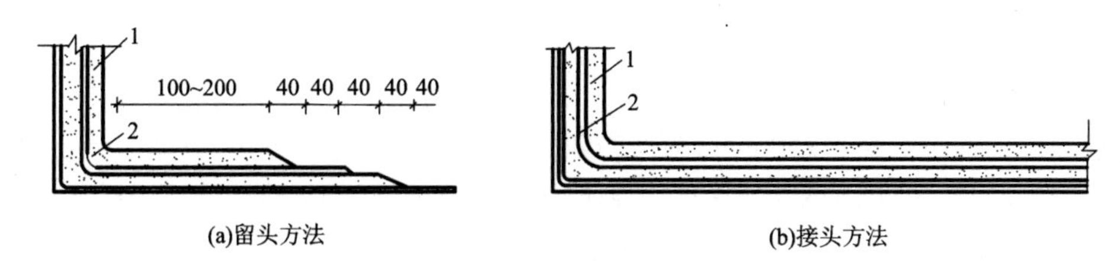

图 7－8 刚性防水层施工缝的处理

1—砂浆层；2—素灰层

7.2.4 防水混凝土施工

防水混凝土是以自身壁厚及其憎水性和密实性来达到防水目的的。按配方不同，可分为普通防水混凝土、骨料级配防水混凝土、外加剂防水混凝土及特种水泥防水混凝土。一般情况下，混凝土要连续浇灌、振捣，不宜留施工缝。

7.2.4.1 防水混凝土抗渗等级

（1）设计抗渗等级

按埋置深度确定，但最低不得小于 P6（抗渗压力 0.6 N/mm^2），如表 7－1 所示。

表 7－1 防水混凝土抗渗等级

工程埋置深度/mm	<10	10～20	20～30	30～40
设计抗渗等级	P6	P8	P10	P12

（2）配制试验等级

配制试验等级应比设计抗渗等级提高 0.2 MPa。

（3）施工检验等级

施工检验等级不得低于设计抗渗等级。

7.2.4.2 防水混凝土的种类

（1）普通防水混凝土

对于普通混凝土可降低水灰比（毛细孔少、细），增加水泥用量和砂率（包裹粗骨料），石子粒径小（减少沉降差）及精细施工提高混凝土的密实性。

（2）外加剂防水混凝土

①减水剂防水混凝土：掺木质素磺酸钙、磺酸钠盐、糖蜜类（0.2%～0.5%）。防水机理：减少用水量，毛细孔少；水泥分散均匀，孔径、空隙率小。

②密实剂防水混凝土：三乙醇胺（掺量 0.05%）。防水机理：水化物增多，结晶变细。

③引气剂防水混凝土：松香酸钠（掺量0.03%）。防水机理：密闭气泡阻塞毛细孔。

④防水剂防水混凝土：氯化铁防水剂（掺量3%）。防水机理：产生氢氧化铁、氢氧化亚铁、氢氧化铝凝胶体填充毛细孔。

⑤膨胀剂防水混凝土：UEA（10%~12%）、FS防水剂（6%~8%）、明矾石（15%）。一般可达S30~S40，内掺可替代等量水泥。膨胀源包括水化硫铝酸钙（钙矾石）、氢氧化钙、氢氧化镁。防水机理：补偿收缩，防止化学收缩和干缩裂缝，混凝土密实。

7.2.4.3 防水混凝土的要求

（1）构造要求

防水混凝土壁厚不小于250 mm，裂缝宽不大于0.2 mm，标号不小于C20；垫层厚不小于100 mm，C10以上；迎水面钢筋的保护层厚不小于50 mm；环境温度不高于80 ℃，不受剧烈振动或冲击。

（2）配制要求

①材料：水泥——325以上普通硅酸盐水泥，用量一般不小于320 kg/m^3（掺活性掺合料时，不小于280 kg/m^3）；骨料——中砂，含泥量不大于3%，砂率35%~45%；石子——粒径5~40 mm，含泥量不大于1%。

②灰砂比：1∶2.5~1∶2。

③水灰比：不大于0.55。

④坍落度：不大于50 mm，泵送时100~140 mm。

7.2.4.4 防水薄弱部位处理

（1）混凝土施工缝

防水混凝土宜整体连续浇筑，尽量少留施工缝。

①施工缝留设位置：底板、顶板应连续浇筑；墙体的水平施工缝可留在底板表面以上300~500 mm或者顶板底面以下不小于100 mm的墙身上，施工缝距孔洞边缘不小于300 mm。垂直施工缝应避开水多地段，宜与变形缝结合。

②施工缝形式与处理：具体方法如图7-9所示。

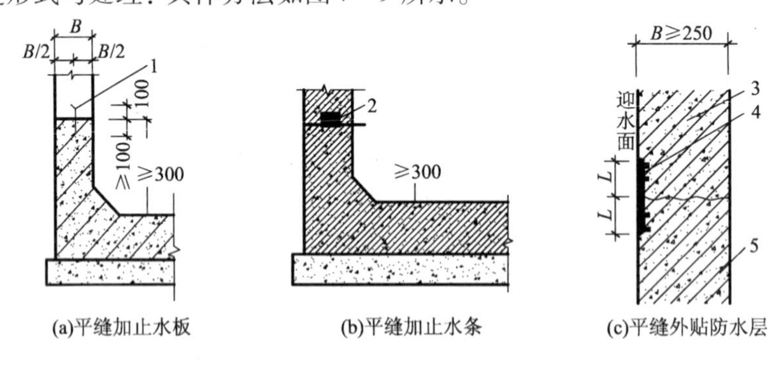

图7-9 墙体施工缝处理

1—止水板；2—遇水膨胀止水条；3—后浇混凝土；4—外贴防水层；5—先浇混凝土

③留缝及接缝要点。

a. 位置正确，构造合理。

b. 止水板、条接缝严密。

c. 原浇混凝土强度达到1.2 MPa后方可接缝。

d. 接缝前凿毛、清理(粘止水条)。

e. 接缝时：垂直缝先涂刷混凝土界面处理剂；水平缝先垫浆(1∶1 砂浆 30 ~ 50 mm 厚)或涂刷界面剂；浇混凝土要及时，层厚不小于 500 mm，振捣密实。

(2)结构变形缝(沉降、伸缩)

①构造形式和材料做法：加止水带。

构造：据结构变形情况、水压大小、防水等级确定。具体构造如图 7 - 10 ~ 图 7 - 14 所示。

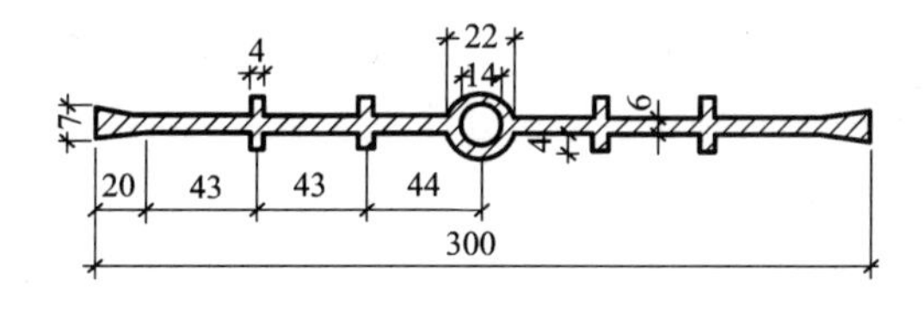

图 7 - 10　橡胶止水带断面形式

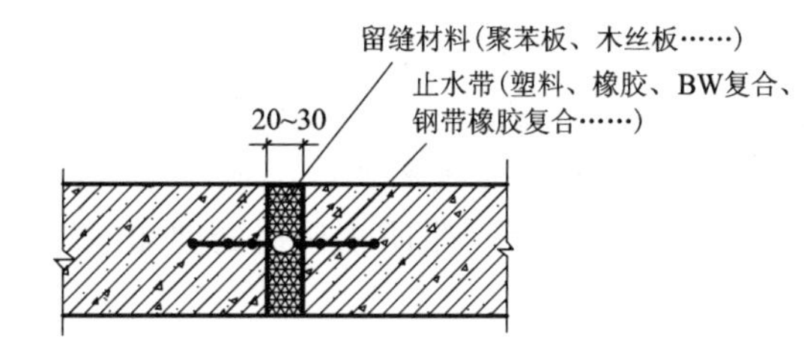

图 7 - 11　变形缝构造

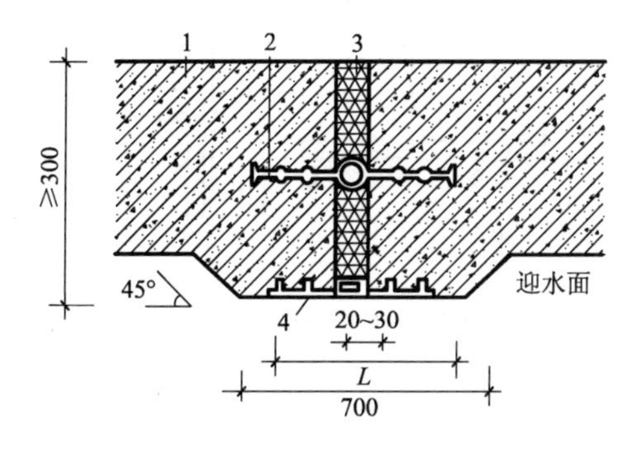

图 7 - 12　中埋式止水带与外贴防水层复合使用

1—混凝土结构；2—中埋式止水带；

3—填缝材料；4—外贴防水层

外贴式止水带 $L \geqslant 300$；

外贴防水卷材 $L \geqslant 400$；外涂防水涂层 $L \geqslant 400$

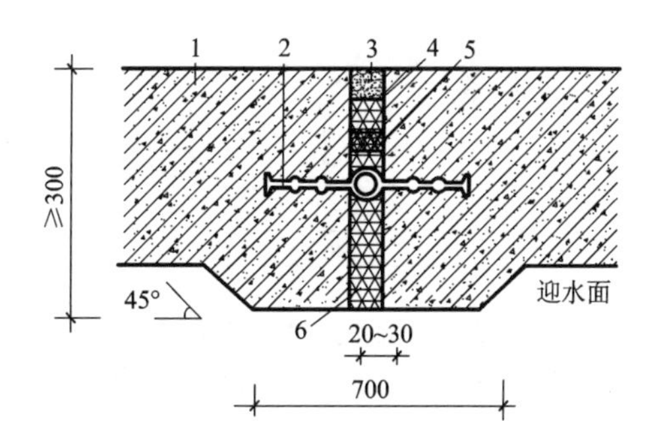

图 7 - 13　中埋式止水带与遇水膨胀橡胶条和嵌缝材料复合使用

1—混凝土结构；2—中埋式止水带；3—嵌缝材料；4—背衬材料；5—遇水膨胀橡胶条；6—填缝材料

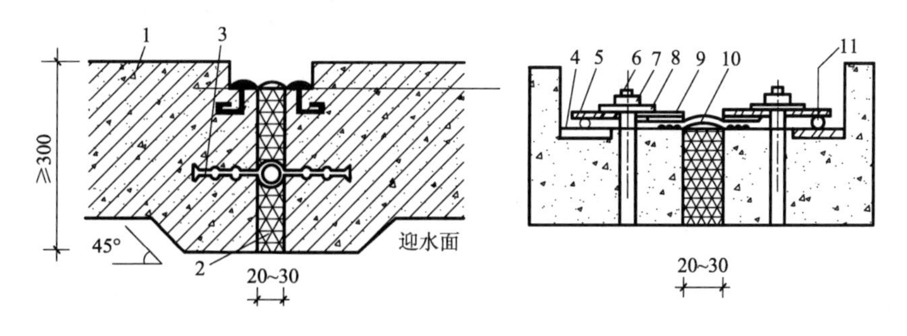

图 7 - 14　中埋式止水带与可卸式止水带复合使用

1—混凝土结构；2—填缝材料；3—中埋式止水带；4—预埋钢板；5—紧固件压板；6—预埋螺栓；7—螺母；8—垫圈；9—紧固件压块；10—Ω 形止水带；11—紧固件圆钢

②变形缝的施工要点。

a. 止水带安装：位置准确、固定牢固（图 7－15、图 7－16）；接头在水压小的平面处，宜焊接连接，不得叠接；转弯处半径不小于 75 mm，可卸式底部坐浆 5 mm 或涂刷胶黏剂。

b. 混凝土施工：止水带两侧不得粗骨料集中，牢固结合；平面止水带下浇筑密实，排除空气；振捣棒不得触动止水带。

（3）后浇带

后浇带是大面积混凝土结构的刚性接缝，用于不允许留柔性变形缝且后期变形趋于稳定的结构。

①留设形式与要求：要求钢筋不断，边缘密实。留设形式如图 7－17 所示。

②补缝施工要点：间隔时间不小于 6 周，气温较低时施工；接口处凿毛、湿润、除锈，清理干净；做结合层后浇补偿收缩混凝土（掺 UEA 12%～15%），振捣密实；4～8 h 后养护，时间不少于 4 周。后浇带防水构造处理如图 7－18 所示。

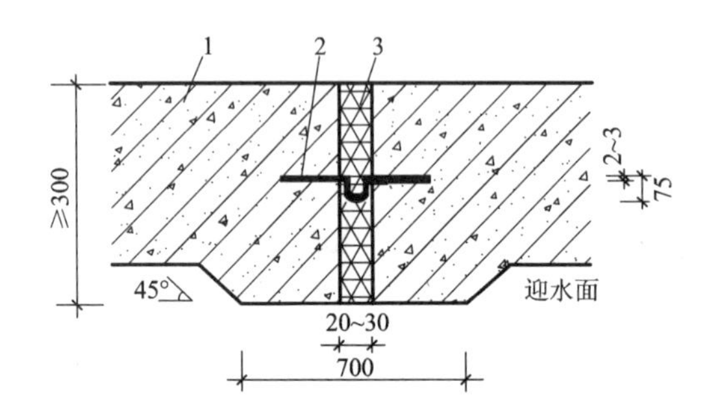

图 7－15　墙体垂直缝止水带的固定（铅丝拉结法）

1—混凝土结构；2—金属止水带；3—填缝材料

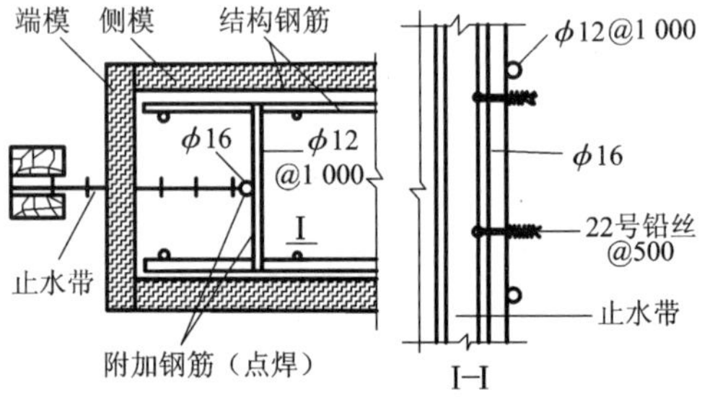

图 7－16　墙体垂直缝止水带的固定（加筋固定法）

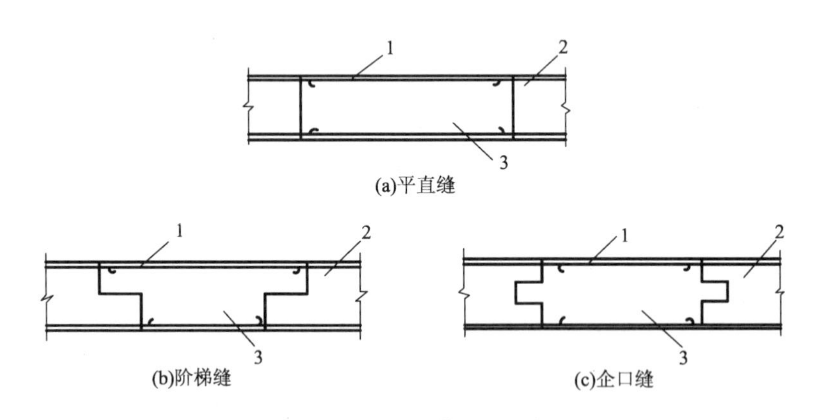

图 7－17　后浇带留设形式

1—背水面；2—先浇混凝土；3—后浇混凝土

（4）穿墙管道

①固定管：外焊止水板或遇水膨胀橡胶圈，如图 7－19 所示。

②预埋焊有止水板的套管：穿管临时固定后，外侧填塞油麻丝等填缝材料，用防水密封膏等嵌缝；里侧填入两个橡胶圈，并用带法兰的短管挤紧，螺栓固定，如图 7－20 所示。

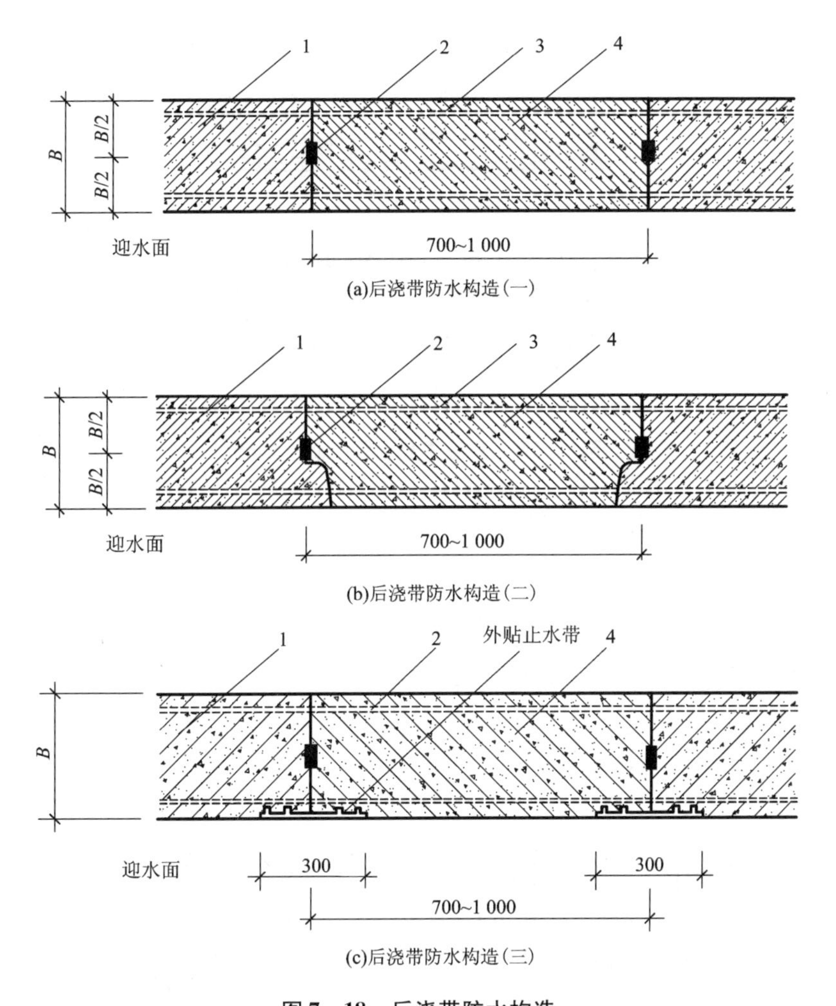

图 7－18　后浇带防水构造

1—先浇混凝土；2—遇水膨胀止水条；3—结构主筋；4—后浇补偿收缩混凝土

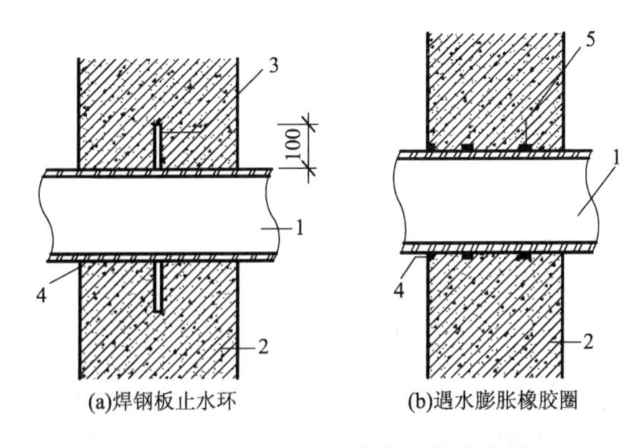

图 7－19　固定式穿墙管的防水构造

1—穿墙管；2—混凝土；3—钢板止水环；4—嵌缝材料；5—遇水膨胀橡胶圈

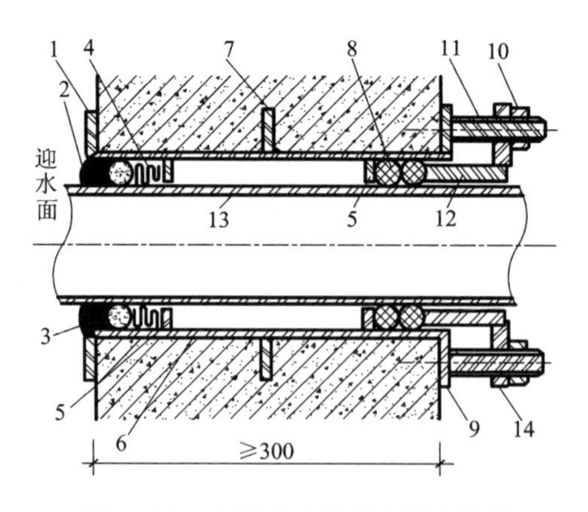

图 7－20　套管式穿墙管的防水构造

1—翼环；2—嵌缝材料；3—背衬材料；4—填缝材料；5—挡圈；6—套管；7—止水环；
8—橡胶圈；9—翼盘；10—螺母；11—双头螺栓；12—短管；13—主管；14—法兰盘

(5)穿墙螺栓

防水混凝土墙体支模时尽量不用穿墙对拉螺栓，否则采取止水措施。

①止水方法：焊接方形钢板止水环(连续满焊)，如图 7－21(a)所示。

②封头处理：拆模后，工具式螺栓的坑内填塞嵌缝材料，封堵 1∶2 膨胀砂浆，硬化后迎水面刷防水涂料，如图 7－21(b)所示。

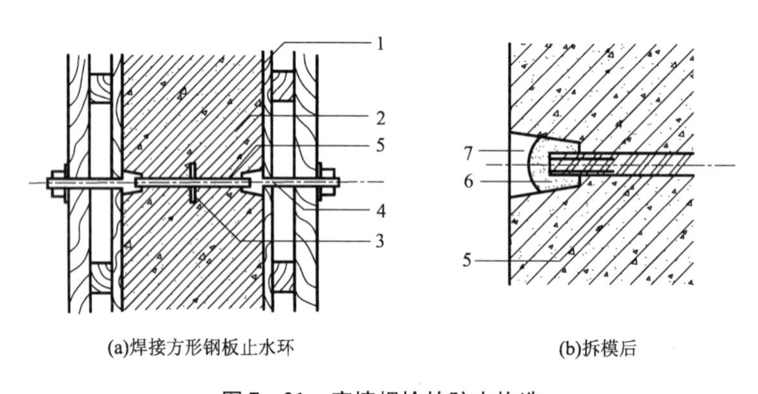

图 7－21　穿墙螺栓的防水构造

1—模板；2—结构混凝土；3—止水环；4—工具式螺栓；
5—固定模板用螺栓；6—嵌缝材料；7—聚合物水泥砂浆

7.3　屋面防水工程

根据建筑物的性质、重要程度、使用功能要求以及防水层耐用年限等方面，国家标准《屋面工程质量验收规范》(GB 50207—2012)将屋面防水分为四个等级，并规定了相应等级的设防要求，如表 7－2 所示。

表 7-2 屋面防水等级

项目	屋面防水等级			
	Ⅰ	Ⅱ	Ⅲ	Ⅳ
建筑物类别	特别重要或对防水有特殊要求的建筑	重要的建筑和高层建筑	一般的建筑	非永久性的建筑
防水层合理使用年限	15 年	15 年	10 年	5 年
防水层选用材料	宜选用合成高分子防水卷材、高聚物改性沥青防水卷材、金属板材、合成高分子防水涂料、细石混凝土等材料	宜选用合成高分子防水卷材、高聚物改性沥青防水卷材、金属板材、合成高分子防水涂料、高聚物改性沥青防水涂料、细石混凝土、平瓦、油毡瓦等材料	宜选用三毡四油沥青防水卷材、高聚物改性沥青防水卷材、合成高分子防水卷材、金属板材、高聚物改性沥青防水涂料、合成高分子防水涂料、细石混凝土、平瓦、油毡瓦等材料	可选用二毡三油沥青防水卷材、高聚物防水浆料、高聚物改性沥青防水涂料等材料
设防要求	三道或三道以上防水设防	二道防水设防	一道防水设防	一道防水设防

7.3.1 卷材防水屋面施工

卷材防水屋面是用胶黏剂将卷材逐层黏结铺设而成的防水屋面，卷材防水屋面属柔性防水屋面。卷材防水屋面构造图如图 7-22 所示。

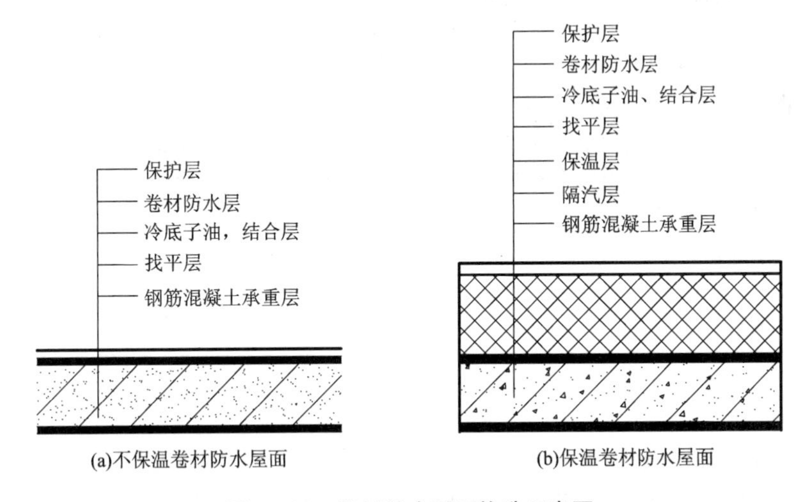

图 7-22 卷材防水屋面构造示意图

7.3.1.1 基层施工

基层承受荷载时不应有显著变形，因此基层应有足够的强度和刚度。基层施工质量的好坏直接影响屋面工程的质量。

7.3.1.2　找平层施工

找平层为基层或保温层上表面的构造层，找平层施工质量对卷材铺贴质量影响很大，应严格按照找平层施工质量要求和技术标准操作。找平层的厚度和技术要求以及施工质量要求详见表7－3、表7－4。

表7－3　找平层厚度和技术要求

类别	基层种类	厚度/mm	技术要求
水泥砂浆找平层	整体现浇混凝土	15～20	1∶3～1∶2.5（水泥∶砂）体积比，宜掺抗裂纤维
	整体或板状材料保温层	20～25	
	装配式混凝土板	20～30	
细石混凝土找平层	板状材料保温层	30～35	混凝土强度等级C20
混凝土随浇随抹	整体现浇混凝土	—	原浆表面抹平、压光

表7－4　找平层施工质量要求

项目	质量要求
材料	水泥砂浆、细石混凝土或沥青砂浆，其材料、配合比必须符合设计要求
平整度	找平层应黏结牢固，没有松动、起壳、翻砂等现象。表面平整，用2 m长的直尺检查，找平层与直尺间空隙不应超过5 mm，空隙仅允许平缓变化，每米长度内不得多于一处
坡度	找平层坡度应符合设计要求，一般天沟纵向坡度不小于1%；内部排水的水落口周围应做成半径约0.5 m和坡度不小于5%的杯形洼坑
转角	两个面的相接处，如墙、天窗壁、伸缩缝、女儿墙、沉降缝、烟囱、管道泛水处以及檐口、天沟、斜沟、水落口、屋脊等，均应做成半径为100～150 mm的圆弧或斜边长度为100～150 mm的钝角垫坡，并检查泛水处的预埋件位置和数量
分格	找平层宜留设分格缝，缝宽一般为20 mm。分格缝应留设在预制板支承边的拼缝处。其纵横向的最大间距，水泥砂浆或细石混凝土找平层，不宜大于6 m；沥青砂浆找平层，不宜大于4 m。分格缝兼做排气屋面的排气道时，可适当加宽，并应与保温层连通。分格缝应附加200～300 mm宽的卷材，用沥青胶结材料单边点贴覆盖
水落口	内部排水的水落口杯应牢固固定在承重结构上，水落口所有零件上的铁锈均应预先清除干净，并涂上防锈漆。水落口杯与竖管承口的连接处，应用沥青与纤维材料拌制的填料或油膏填塞

7.3.1.3　防水层施工

（1）施工条件与基层处理

卷材防水层应在屋面以上工程完成且找平层干燥后再进行施工。施工时先进行基层处理，基层处理剂的种类应与卷材的材性相容，材料及做法同地下防水施工。基层处理剂干燥后应立即铺贴卷材。

（2）卷材铺贴

①环境要求：严禁在雨雪天气进行卷材铺贴，有五级以上大风也不得施工，应选择天气好时进行。

②施工顺序：高低跨屋面，先铺高跨后铺低跨；等高的大面积屋面，先铺离上料地点远

的部位，后铺较近的部位。

③铺设方向：一般屋面卷材宜平行于屋脊铺贴；当屋面坡度过大或受震动时，卷材可垂直与屋脊铺贴；当屋面坡度大于25%时，卷材防水层应采取固定措施，固定点应密封严密；对于多层卷材的屋面，各层卷材的方向应相同，不得交叉铺设。

④搭接要求：卷材铺设应采用搭接法连接，卷材间搭接宽度参照表7－5，沥青卷材的搭接形式与要求如图7－23所示。

表7－5　卷材搭接宽度 mm

黏结方法		满粘法	空铺、点粘、条粘法
高聚物改性沥青卷材		80	100
自粘聚合物改性沥青卷材		60	—
合成高分子卷材	胶黏剂	80	100
	胶黏带	50	60
	单焊缝	60，有效焊接宽度不小于25	
	双焊缝	80，有效焊接宽度10×2＋空腔宽	

⑤铺贴方法：卷材防水层铺贴按其底层卷材是否与基层全部黏结分为满粘法和局部粘贴法。满粘法是指防水卷材与基层全部黏结。当卷材防水层上有重物覆盖或基层变形较大时，应优先采用局部粘贴法，避免结构变形拉裂防水层；当保温层或找平层含水率较大，且干燥有困难时，亦应采用局部粘贴法铺贴并在屋脊设置排气孔而形成排汽屋面，防止水分蒸发造成卷材起鼓。施工时，在屋脊、檐口和屋面的转角处应满粘，且宽度不少于800 mm，卷材间的搭接处也必须满粘。

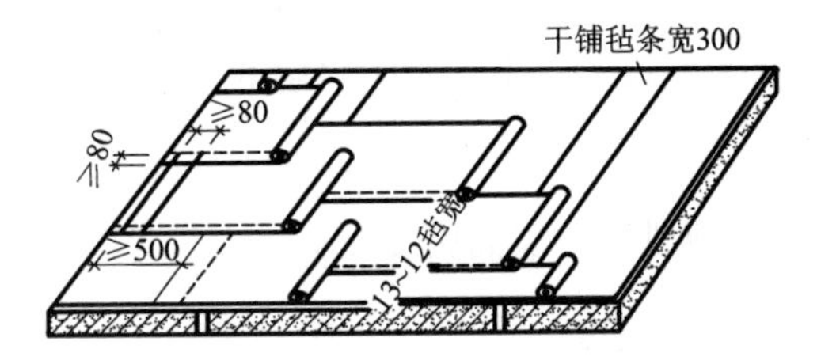

图7－23　卷材搭接形式与要求

7.3.1.4　*保护层施工*

由于屋面防水层长期受到阳光、雨雪等活动影响，很容易遭到破坏。因此，为了减少影响，在防水层表面增设绿豆砂或板块保护层。

(1)绿豆砂保护层施工

油毡防水层铺设完毕并经检查合格后，应立即进行绿豆砂保护层施工，以免油毡表面遭受破坏。施工时，将绿豆砂加热至100 ℃左右后均匀撒铺在涂刷过2～3 mm厚沥青胶结材料的油毡防水层上，并使其砂的1/2粒径嵌入表面沥青胶中。未黏结的绿豆砂应随时清扫干净。

(2)预制板块保护层施工

当采用砂结合层时，将砂洒水压实刮平后对接铺砌砌块，缝隙宽度为10 mm左右；板缝用1∶2水泥砂浆勾成凹缝；保护层四周500 mm范围内，应改用低强度等级水泥砂浆做结合层。若采用水泥砂浆做结合层时，应先在防水层上做隔离层，隔离层可用单层油毡空铺，搭接边宽度不小于70 mm，预先湿润块体后再铺砌。块体保护层每100 m^2以内应留设分格缝，缝宽20 mm，缝内嵌填密封材料。

7.3.2 涂膜防水屋面施工

涂膜防水屋面的构造如图7－24所示。

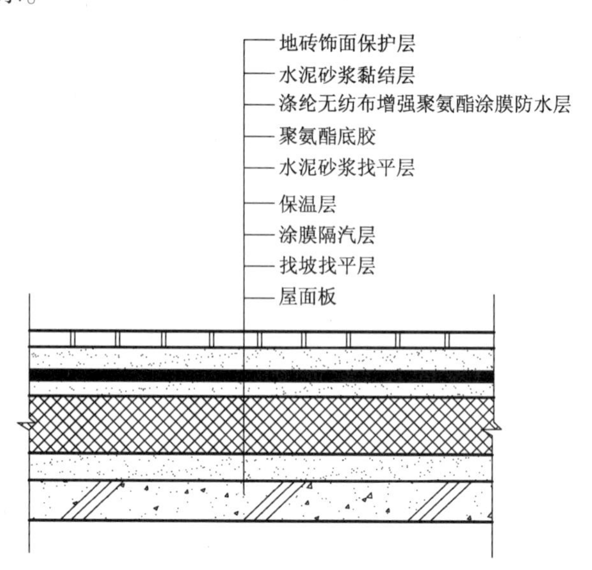

图7－24 有隔汽层的涂膜防水屋面构造

基层处理剂应与上部涂膜的材性相同，常采用防水涂料的稀释液。刷涂或喷涂前应拌匀，涂布要均匀、不漏底。防水涂层严禁在雨天、雪天施工；五级以上风时或预计涂膜固化前有雨时不得施工；水乳型涂料的施工环境气温宜为5～35 ℃，溶剂型涂料宜为－5～35 ℃。施工时，应先做节点、附加层再进行大面积施工；对屋面转角及立面的涂层，应采取薄涂多遍。

涂层施工可采用抹压、涂刷或喷涂等方法，分层分遍涂布。后层涂料应待前一层涂料干燥成膜后方可进行，刮涂的方向应与前一层垂直。高聚物改性沥青涂膜防水层的厚度不应小于2 mm，合成高分子防水涂料成膜厚度不应小于1.5 mm。

7.3.3 刚性防水屋面施工

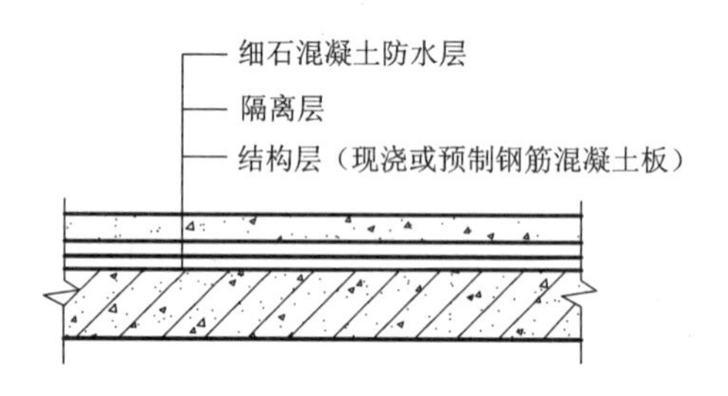

图7－25 刚性防水屋面构造

刚性防水屋面是指利用刚性防水材料做防水层的屋面，主要有普通细石混凝土、补偿收缩混凝土、预应力混凝土以及近年来发展起来的钢纤维混凝土等防水屋面。刚性防水屋面一般构造如图7－25所示。

7.3.3.1 基层施工

刚性防水屋面的结构层宜为整体现浇的钢筋混凝土。当屋面结构层为装配式钢筋混凝土板时，应用等级不低于C20的细石混凝土灌缝。当屋面板板缝宽度大于40 mm或上窄下宽时，板缝内应设置构造钢筋。灌缝高度与板面平齐，板端缝应用密封材料密封处理。施工环境宜为5～35 ℃天气好时进行。

7.3.3.2 隔离层施工

隔离层可用石灰黏土砂浆或纸筋灰、麻筋灰、塑料薄膜等起隔离作用的材料在结构层与防水层之间设置。

(1)石灰黏土砂浆(或黏土砂浆)隔离层施工

基层板面清扫干净、洒水湿润后，将石灰膏 : 砂 : 黏土配合质量比为1:2.4:3.6的配制料铺抹在板面上，厚度10～20 mm，表面压实、抹光、平整、干燥后进行防水层施工。

(2)卷材隔离层施工

在干燥的找平层上铺一层3～8 mm 的干细砂滑动层，在其上铺一层卷材搭接缝用热沥胶结，或在找平层上铺一层塑料薄膜。

7.3.3.3 刚性防水层施工

(1)普通细石混凝土防水层施工

细石混凝土强度等级不应低于C20，厚度不小于40 mm，水泥宜用普通硅酸盐水泥，其强度等级不宜低于325 级，不得使用火山灰质水泥，当采用矿渣水泥时，应采取减少泌水性的措施。粗、细骨料含泥量分别不应大于1%和2%，水灰比不应大于0.55，每立方米混凝土水泥用量不得少于330 kg，灰砂比宜为1∶2.5～1∶2。

(2)补偿收缩混凝土防水层施工

补偿收缩混凝土是在细石混凝土中加入膨胀剂拌制而成的。采用补偿收缩混凝土做防水层时，除膨胀剂外，对混凝土原材料、配合比和施工要求与普通细石混凝土基本相同。当用膨胀剂拌制补偿收缩混凝土时，应按配合比准确计量，投料时膨胀剂与水泥应同时加入搅拌，以使混合均匀，连续搅拌时间不得少于3 min。

7.4 楼地面与外墙防水工程

室内楼面、地面防水及外墙防水也是建筑防水的一个重要组成部分，它对建筑物的寿命、使用功能及隔热保温性能具有重要意义。

7.4.1 楼地面防水施工

楼地面防水层常采用涂膜做法。厕浴间楼地面防水构造及各构造层次的施工如图7－26 所示。

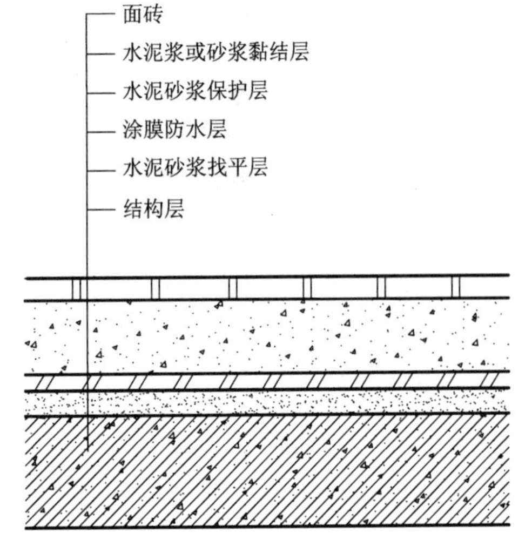

图7－26 厕浴间楼地面构造

7.4.1.1 结构层施工

按照规范规定，厕浴间和有防水要求的建筑楼地面必须设置防水隔离层。楼层结构必须采用C20 以上的现浇或整块预制混凝土板，且其四周(除门洞外)应有高度不小于200 mm 的翻边。结构施工时，板的标高及预留洞口的位置都应准确，严禁乱凿洞。

7.4.1.2 找平层施工

找平层是防水层的基层，宜采用1∶2.5 水泥砂浆抹压密实、适当收光。地面坡度一般为1%～2%，坡向地漏。在地漏周围半径50～100 mm 范围内，其排水坡度应增大至5%，且地漏处标高应比地面低20 mm。阴阳角、管道根处应抹成50～100 mm 的圆弧。养护不少于7 d。

7.4.1.3 防水层施工

防水层的施工顺序如下：

①清理基层。将基层清扫干净；基层应做到找坡正确，排水顺畅，表面平整、坚实，无起灰、起砂、起壳及开裂等现象。涂刷基层处理剂前，基层表面应达到干燥状态。

②涂刷基层处理剂。

③涂刷附加层防水涂料。在地漏、管道根部、阴阳角等容易渗漏部位，均匀涂刷一遍附加层防水涂料。

④涂刮第一遍涂料。

⑤涂刮第二遍涂料。待第一遍涂料固化干燥后，要按上述方法涂刮第二遍涂料。涂刮方向应与第一遍相垂直，用料量与第一遍相同。

⑥涂刮第三遍涂料。待第二遍涂料涂膜固化后，再按上述方法涂刮第三遍涂料。

⑦第一次蓄水实验。

⑧稀撒砂粒。

⑨质量验收。

⑩保护层施工。

⑪第二次蓄水实验。

7.4.1.4　节点施工要点

(1)立管处施工

立管防水构造如图 7－27 所示。

(2)地漏处施工

地漏处施工如图 7－28 所示。

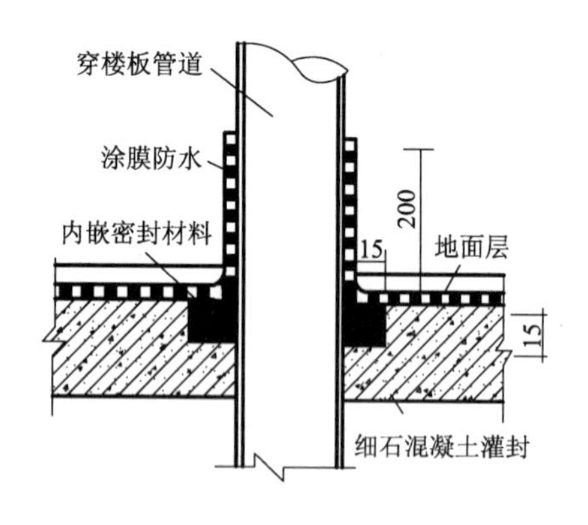

图 7－27　立管处防水构造

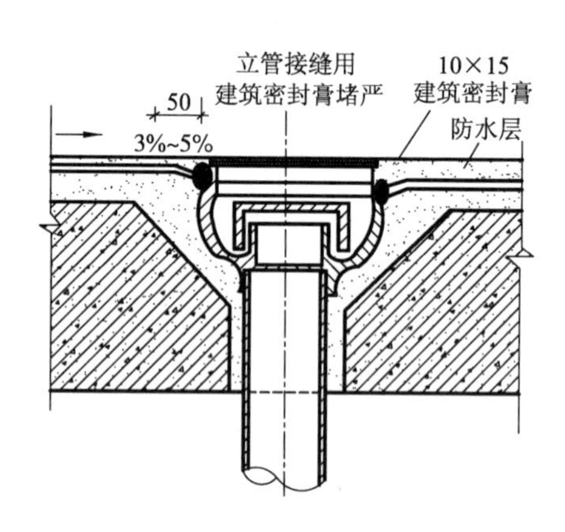

图 7－28　地漏处防水构造

7.4.2　外墙防水施工

建筑外墙防水应具有阻止雨水、雪水侵入墙体的基本功能，并应具有抗冻融、耐高低温、承受风荷载等性能。

7.4.2.1　涂料或块材做外墙饰面

防水层宜采用聚合物水泥防水砂浆或普通防水砂浆，构造如图 7－29 所示。

7.4.2.2　幕墙做外墙饰面

防水层宜采用聚合物水泥防水砂浆、普通防水砂浆、聚合物水泥防水涂料、聚合物乳液防水涂料或聚氨酯防水涂料，构造如图 7－30 所示。

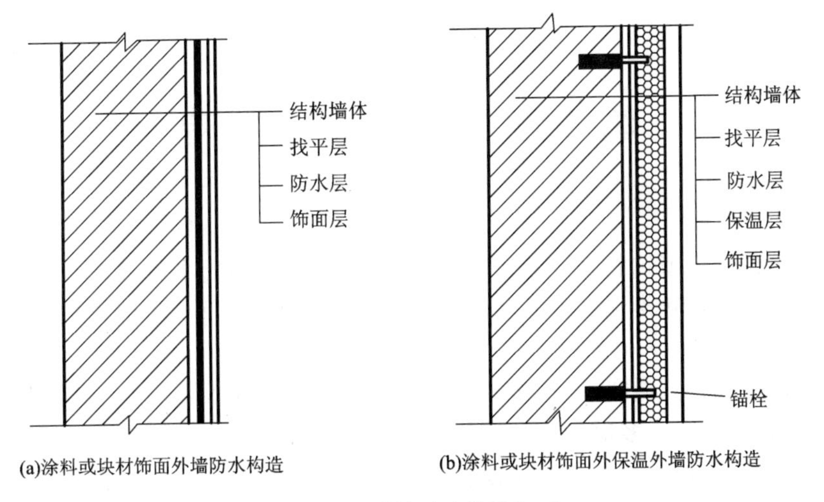

(a)涂料或块材饰面外墙防水构造 (b)涂料或块材饰面外保温外墙防水构造

图7－29 外墙防水构造(一)

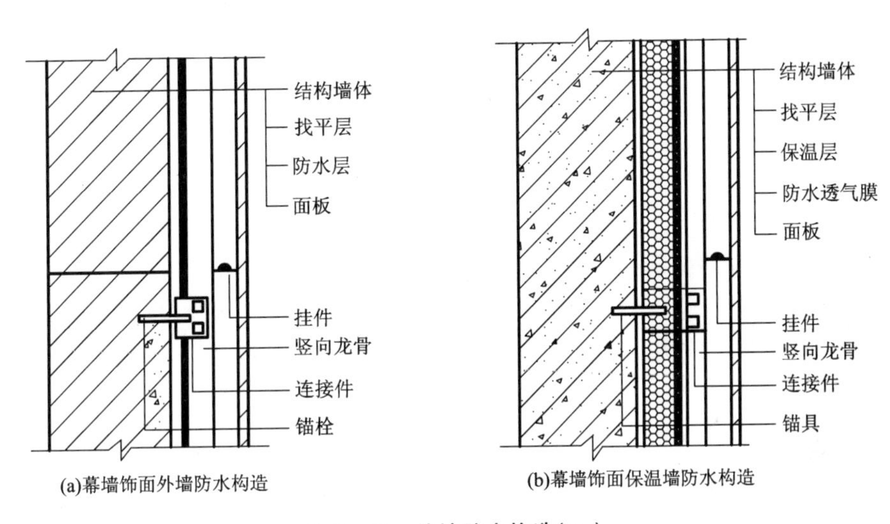

(a)幕墙饰面外墙防水构造 (b)幕墙饰面保温墙防水构造

图7－30 外墙防水构造(二)

习 题

1. 简述防水材料的种类。
2. 简述地下卷材防水层外贴法施工工艺。
3. 简述地下卷材防水层内贴法施工工艺。
4. 简述防水混凝土的要求。
5. 简述防水薄弱部位中混凝土施工缝的处理。
6. 简述防水薄弱部位中混凝土变形缝的处理。
7. 简述防水薄弱部位中混凝土后浇带的处理。
8. 简述防水薄弱部位中混凝土穿墙管道的处理。
9. 简述防水薄弱部位中混凝土穿墙螺栓的处理。
10. 简述卷材防水屋面施工工艺。
11. 简述刚性防水屋面施工工艺。

第8章　装饰装修工程

采用装饰装修材料或饰物，对建筑物的内外表面及空间进行各种处理(再创造)，不仅可以保护结构、延长建筑物寿命，还可以改善建筑功能、美化空间、协调建筑结构与设备之间的关系。

装饰工程施工的特点有：(1)工期长，一般占总工期的30%~40%，高级装修占50%以上；(2)同一部位多工种、多道工序顺序操作，工程项目多，工艺复杂；(3)手工作业量大，一般多于结构用工；(4)材料贵、造价高，一般占建筑总造价的30%，高者可达50%以上；(5)质量要求高，须满足功能、色彩、造型、质感等外观效果。

本章主要包括以下几方面内容：

1. 楼地面工程；
2. 吊顶工程；
3. 抹灰工程；
4. 门窗工程；
5. 饰面板(砖)工程；
6. 涂料工程。

8.1　楼地面工程

8.1.1　楼地面构造

8.1.1.1　楼地面的组成

建筑底层地坪与楼层地面总称为楼地面。地层主要由面层、垫层和基层组成(图8-1)；楼板层主要由面层、结构层和顶棚层组成(图8-2)。

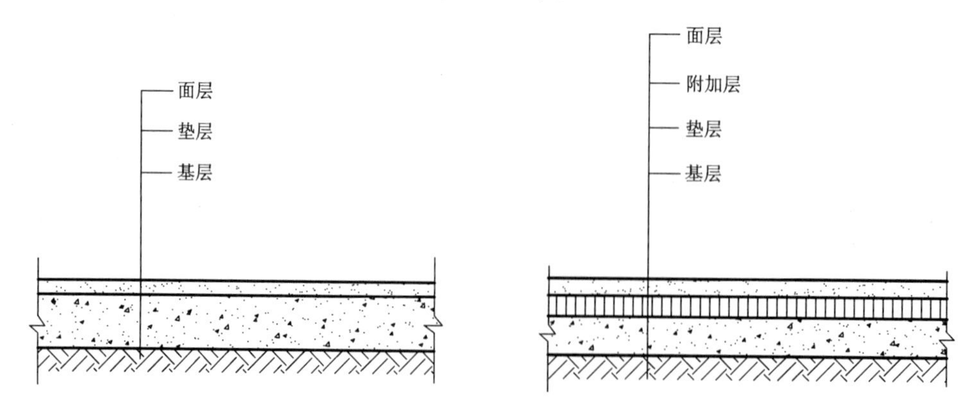

图8-1　地坪层的组成

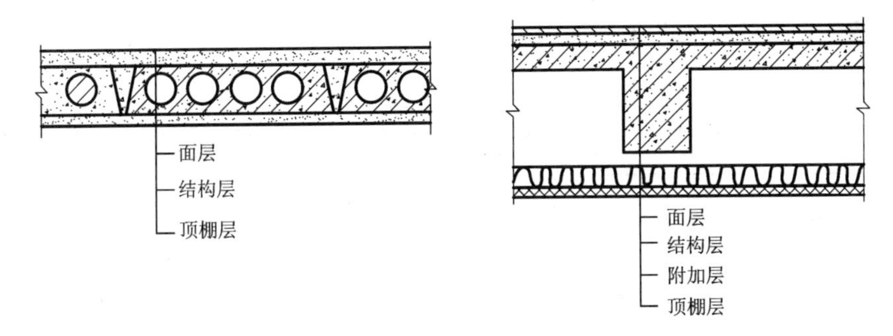

图 8－2 楼板层的组成

8.1.1.2 楼地面分类

楼地面根据面层材料及施工方法不同可分为三类：整体楼地面、块材地面和木竹地面。而整体楼地面又分为水泥砂浆地面、混凝土地面、水磨石地面等；块材类地面又分为预制块材、大理石和花岗岩、地面砖等。

8.1.2 楼地面施工

8.1.2.1 基层施工

(1)超平弹线统一标高

检查墙、楼地面的标高，并在各房间内弹离楼地面高 50 cm 的水平控制线，简称 50 线，以此为准进行房间内的装饰施工。

(2)板缝处理

楼面的基层是楼板，对于预制板楼板，应做好板缝灌浆、堵塞和板面清理工作。

(3)房心土回填

地面基层为土质时，应用原土夯实。夯实要求同基坑回填土。

8.1.2.2 垫层施工

垫层施工一般是用于地面或需敷设管道的楼面上。所用的材料分别有碎石、中砂、混凝土、膨胀珍珠岩等。

垫层施工，对砂石垫层，应分层铺设，每层虚铺厚度不大于 200 mm，适当洒水后进行夯实，表面平整，要求砂石颗粒坚硬、均匀。对混凝土垫层，混凝土强度等级不应低于 C10，厚度一般为 60～100 mm，用平板振动器振捣密实，浇水养护。

8.1.2.3 整体面层施工流程

(1)水泥砂浆面层

水泥砂浆面层施工工艺流程如图 8－3 所示。

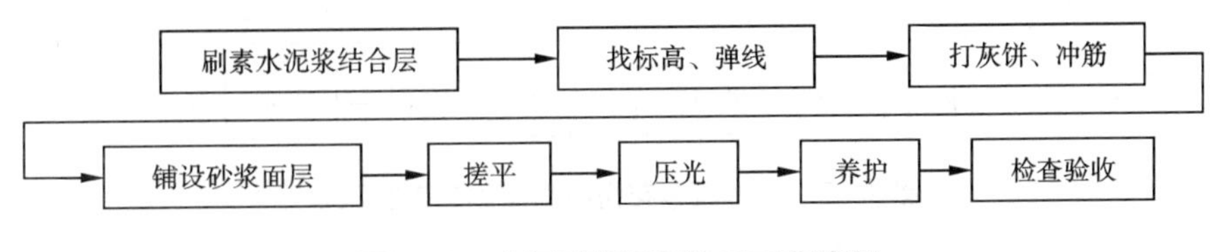

图 8－3 水泥砂浆面层施工工艺流程

(2)细石混凝土面层

细石混凝土面层施工工艺流程如图 8 –4 所示。

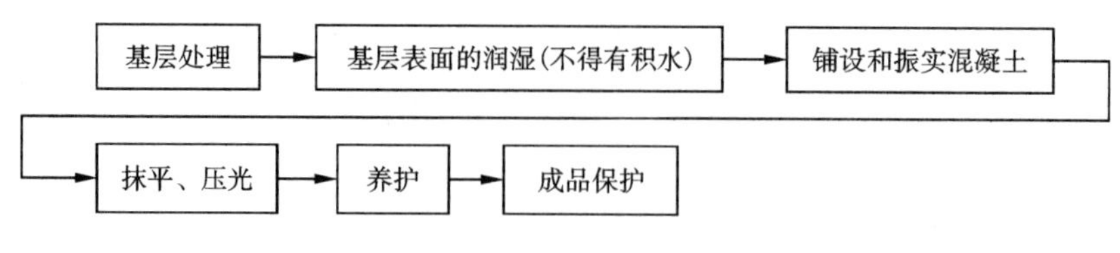

图 8 –4　细石混凝土面层施工工艺流程

(3)现浇水磨石面层

现浇水磨石面层施工工艺流程如图 8 –5 所示。

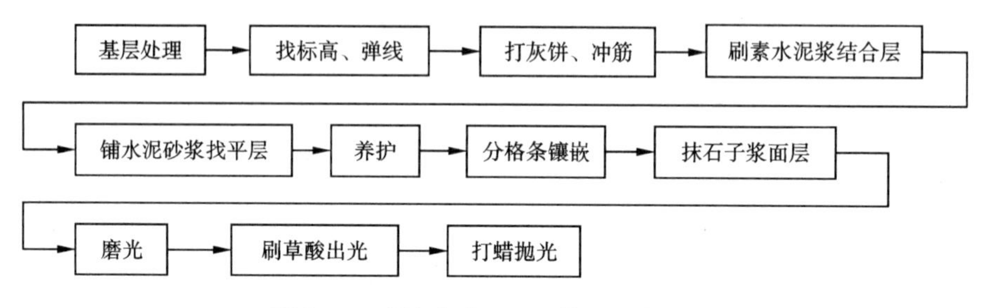

图 8 –5　现浇水磨石面层施工工艺流程

(4)涂料地面面层

涂料地面面层施工工艺流程如图 8 –6 所示。

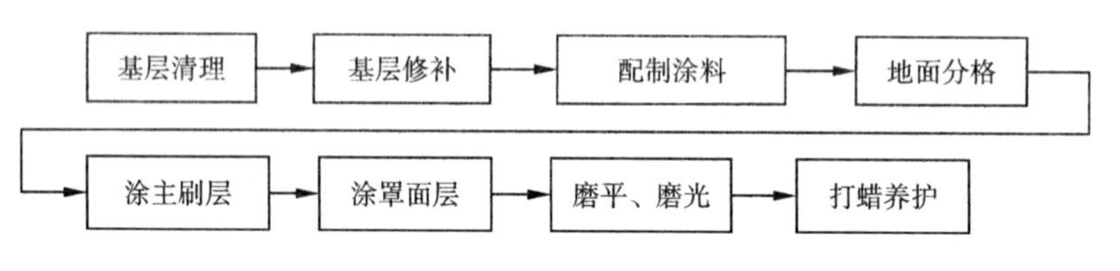

图 8 –6　涂料地面面层施工工艺流程

8.1.2.4　块材面层施工流程

(1)大理石和花岗石面层施工

大理石和花岗石面层施工工艺流程如图 8 –7 所示。

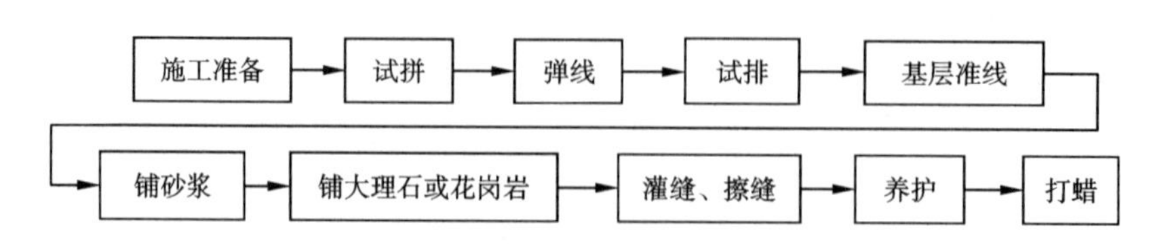

图 8 –7　大理石和花岗石面层施工工艺流程

(2)砖面层施工

砖面层施工工艺流程如图 8－8 所示。

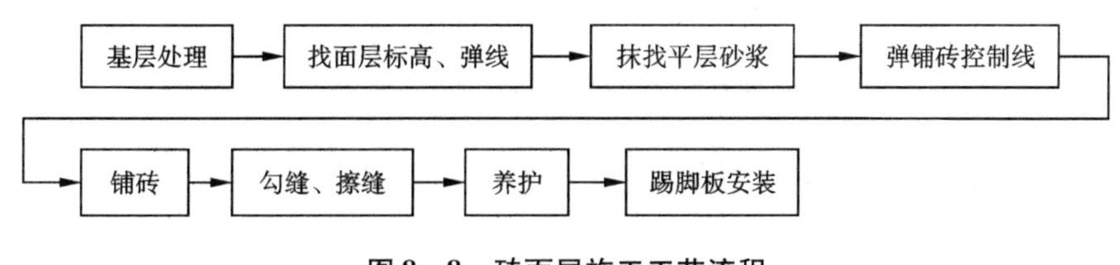

图 8－8　砖面层施工工艺流程

8.1.3　楼地面工程质量控制与检验

8.1.3.1　整体面层

铺设整体面层时，水泥强度等级不得低于 32.5 MPa；基层表面应粗糙、洁净、湿润，不得有积水。面层与基层应黏结牢固、无空鼓、裂纹。面层表面应洁净，无裂纹、脱皮、麻面、起砂等缺陷。有排水要求的坡度应符合设计要求。对水磨石面层，表面应光滑，无砂眼和磨纹、石粒密实，显露均匀，分隔条顺直、清晰。

8.1.3.2　块料面层

铺设块料面层时，水泥的强度等级不得低于 32.5 MPa。板块的铺设应符合设计要求，当设计无要求时，宜避免出现板块小于 1/4 边长的角料。实木地板面层的木材含水率必须符合设计要求。木格栅、垫木和毛地板均应做防腐、防虫处理，且应安装牢固、平直。面板应图案清晰、颜色均匀、洁净光亮、缝隙严密。块料面层的允许偏差和检验方法见现行《建筑装饰装修工程质量验收规范》(GB 50210—2018)相关要求。

8.2　吊顶工程

顶棚是装饰工程的重点，其形式、造型、材质的不同体现了不同的风格和档次，也体现了不同的使用功能。其中，吊顶顶棚是指利用悬挂的方式将装饰顶棚支承于屋架或楼板下面，使结构层与装饰层之间组成一个隐蔽的空间。吊顶从骨架材料上可以分为木龙骨吊顶和金属龙骨吊顶两种。

8.2.1　木龙骨吊顶

木质吊顶的施工方法较多，但在结构上基本相同，都需抓住两点：吊点的稳固、吊杆的强度和连接方式正确；严格按工艺要求操作。

8.2.1.1　施工准备

(1)技术准备

编制施工方案，并对参加施工的人员进行书面技术及安全交底。

(2)材料准备

①木龙骨：木材骨架必须用烘干、无扭曲的红、白松，并按设计要求进行防火处理，不得使用黄花松。

②膨胀螺栓或射钉、连接件、金属吊杆(也可采用木吊杆)。

③防火漆：一般均要求对吊顶木结构涂刷防火漆。

④吊顶饰面材料（罩面板）根据设计要求准备。

⑤胶黏剂等。

（3）主要机具

①手动机具：手锯、木刨子、线刨、扫槽刨、斧、锤、钳子、螺丝刀等。

②电动机具：小电锯、小台刨、无齿锯、手枪钻、冲击电钻等。

8.2.1.2 施工方法

木龙骨吊顶的工艺流程如图 8－9 所示。

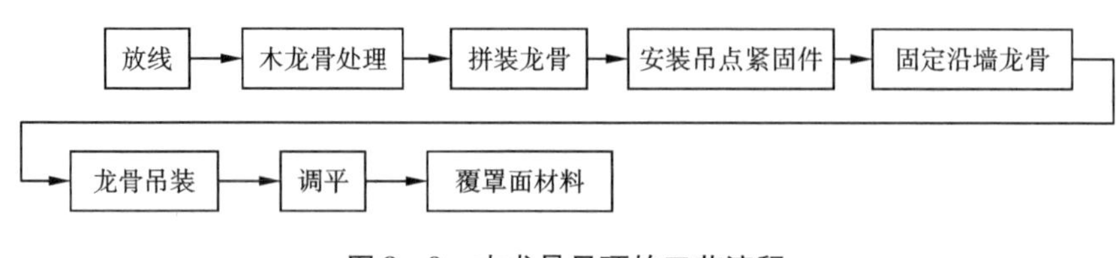

图 8－9 木龙骨吊顶的工艺流程

（1）放线

放线是吊顶施工中的技术要点，包括标高线、顶棚造型位置线、吊挂点布局线、大中型灯位线。

①确定标高线：定出地面的地平基准线。原地坪无饰面要求，基准线为原地平线。如原地坪须贴石材、瓷砖等饰面，则须根据饰面层的厚度来定地平基准线，即原地面加上饰面粘贴层。将定出的地坪基准线画在墙边上。

以地坪基准线为起点，在墙（柱）面上量出顶棚吊顶的高度，在该点画出高度线。可用水柱法来确定吊顶标高水平线。

②确定造型位置线：对于较规则的建筑空间，其吊顶造型位置可先在一个墙面量出竖向距离，以此画出吊顶位置外框线，而后逐步找出各局部的造型框架线；对于不规则的空间画吊顶造型线，宜采用找点法，即根据施工图纸测出造型边缘距墙面的距离，于墙面和顶棚基层进行实测，找出吊顶造型边框的有关基本点，将各点连线形成吊顶造型线。

③确定吊点位置：对于平顶天花，其吊点一般是按每平方米布置一个，在顶棚上均匀排布；对于有叠级造型的吊顶，应注意在分层交界处布置吊点，吊点间距 0.8～1.2 m；对于较大的灯具，也应该安排吊点来吊挂。

（2）木龙骨处理

对吊顶用的木龙骨进行筛选，将其中腐蚀部分，斜口开裂、虫蛀等部分剔除。

对工程中所用的木龙骨均要进行防火处理，一般将防火涂料涂刷或喷于木材表面，也可把木材放在防火涂料槽内浸渍。

（3）拼装龙骨

为了节省工时、方便安装，木质天花吊顶的龙骨架通常在吊装前先在地面进行分片拼接。首先确定吊顶骨架面上需要分片或可以分片安装的位置和尺寸，根据分片的平面尺寸选取龙骨纵横型材。然后先拼接组合大片的龙骨骨架，再拼接小片的局部骨架。

（4）安装吊点紧固件

常用的吊点紧固件有三种安装方式：

①用冲击电钻在建筑结构底面打孔，打孔的深度等于膨胀螺栓的长度；

②用射钉将角铁等固定在建筑底面上；

③用预埋件进行吊点固定，预埋件必须是钢件。

膨胀螺栓可固定木方和铁件来作吊点，射钉只能固定铁件作吊点，吊点的固定形式如图 8－10 所示。

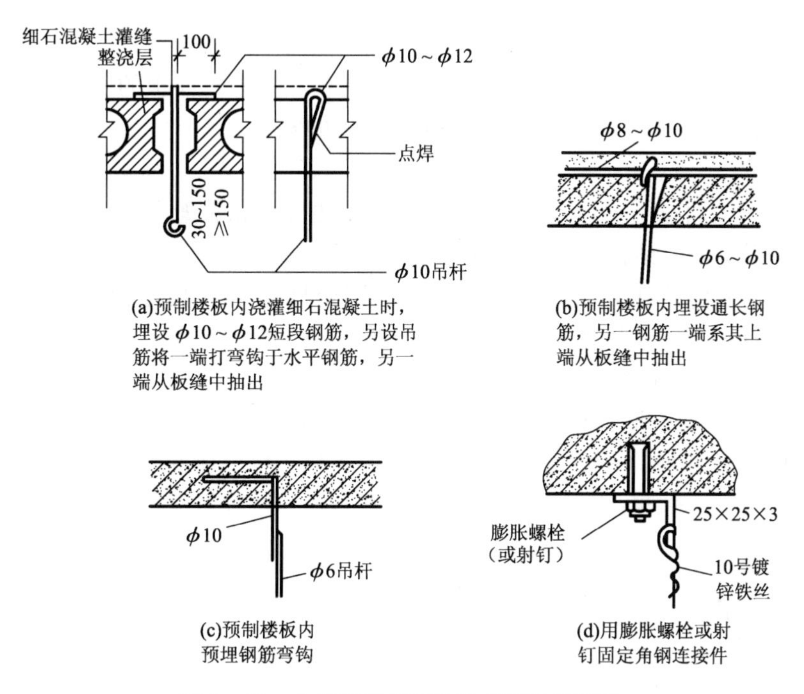

图 8－10　木质装饰吊顶的吊点紧固示意图

(5) 固定沿墙龙骨

沿吊顶标高线固定沿墙木龙骨，一般是用冲击钻在标高线上 10 mm 处墙面打孔，孔径 12 mm，孔距 0.5～0.8 m，孔内塞入木楔，将沿墙龙骨钉固于墙内木楔上。该方法主要适用于砖墙和混凝土墙面。沿墙木龙骨的截面尺寸应与天花吊顶木龙骨尺寸一样。沿墙木龙骨固定后，其底边与吊顶标高线一致。

(6) 龙骨吊装

①分片吊装。将拼接组合好的木龙骨架托起至吊顶标高位置，然后根据吊顶标高线拉出纵、横水平基准线作为吊顶的平面基准，最后将吊顶龙骨架向下略做移动，使之与基准线平齐，待整片龙骨架调整调平后，即将其靠墙部分与沿墙龙骨钉接。

②跌级吊顶的上、下平面龙骨架连接。一般从最好平面开始吊装，吊装与调平的方法同上述，但其龙骨架不可能与吊顶标高线上的沿墙龙骨连接。其高低面的衔接，常用方法是先以一条木方斜向将上下平面龙骨架定位，而后用垂直的木方把上、下两平面的龙骨架固定连接。

③龙骨架分片间的连接。分片龙骨架在同一平面对接时，将其端头对正，而后用短木方进行加固，将木方钉于龙骨架对接处的侧面或顶面均可。对一些重要部位的龙骨接长，须采用铁件进行连接紧固。

(7)调平

各个分片连接加固完毕后，在整个吊顶面下拉出十字交叉的标高线，来检查吊顶平面的整体平整度。对吊顶面向下凸部分，须重新拉紧吊楔。对吊顶向上凹部分，须用杆件向下顶，下顶的杆件必须在上、下两端固定。

(8)覆罩面材料

一般罩面板与龙骨的固定方式有以下三种：

①圆钉钉固方式，这种方法多用于胶合板、纤维板的罩面板安装；

②花螺钉固方式，这种方法多用于塑料板、石膏板和石棉罩面板的安装；

③用胶黏剂粘固的方式，这种方法多用于钙塑板的安装。

(9)细部处理

①板面处理。板面按需要可进行喷色浆、油漆，也可以裱糊塑料纸或锦缎。当需要做吸声构造时，可在板材表面钻孔，并在上部铺设吸声材料，如矿棉、玻璃布等。

②板缝处理。板缝拼接处一般处理成立槽缝或斜槽缝，也可以不留槽缝，用纱布或棉纸粘贴缝痕。当设计要求采用压条做法时，待一层罩面板安装完毕后，进行压条位置弹线，然后按线进行压条的安装，固定方法一般同罩面板。

③吊顶端部和节点处理。吊顶端部可结合照明灯具、空调风口、音响器材等设备设施的布置需要和空间造型处理的需要，做成各种形式的布局，与吊顶的总体可以采用持平、下沉或内凹三种处理方式。如果吊顶端部采取与大面积持平，一般需在与墙面交界处加装饰线脚做收口处理。

8.2.2 金属龙骨吊顶

8.2.2.1 施工准备

(1)技术准备

编制施工方案，并对参加施工的人员进行书面技术及安全交底。

(2)材料准备

轻钢龙骨的主件为主龙骨和次龙骨；配件有吊挂件、连接件、插接件等；零配件有吊杆、花篮螺栓、射钉和自攻螺栓；罩面材料有各种罩面板和压缝条。

(3)主要机具

①手动机具：手锯、手刨子、钳子、螺丝刀、拉铆枪等。

②电动机具：电锯、无齿锯、手枪钻、冲击电钻等。

8.2.2.2 施工方法

金属龙骨吊顶的工艺流程如图8－11所示。

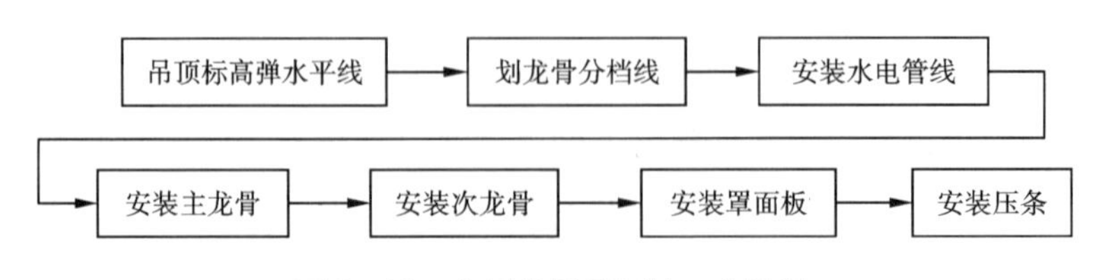

图8－11 金属龙骨吊顶的工艺流程

(1)吊顶标高弹水平线

先在房间内用水准仪标记若干水准点，据此弹出水准线，从水准线往上量至吊顶设计标高加上一层罩面板厚度的地方做出标记，然后用粉线沿墙或柱弹出水准线，此即为次龙骨的安装下皮线。

(2)划龙骨分档线，固定吊挂杆件

在墙的四周弹出水平线后，即可按照施工图的要求，在顶板上弹出主龙骨的位置。弹主龙骨的位置线时，应从中间往两边分。与此同时，在顶板上标出吊杆固定点的位置。

固定点与结构的固定方式，现浇钢筋混凝土楼板应预先埋设钢筋或吊点铁件，也可先预埋铁件以后焊接吊筋。计算好吊杆的长度，将吊杆上端焊接固定在预埋件上，下端套丝，并配好螺帽，以便与主龙骨连接。

(3)安装边龙骨和主龙骨

边龙骨的安装应先弹线，然后用自攻螺栓将龙骨固定在预埋的木砖上。主龙骨的安装是用吊挂件将主龙骨连接在吊杆上，拧紧螺栓卡牢，然后将主龙骨调整平直。

(4)安装次龙骨

次龙骨分明龙骨和暗龙骨两种。次龙骨应紧贴主龙骨安装，安装的间距为 300 ~ 600 mm。可用连接件把次龙骨固定在主龙骨上。

(5)安装罩面板

龙骨安装完毕后，要进行认真检查，符合要求后，才能安装罩面板。罩面板分为暗龙骨饰面板和明龙骨饰面板。

(6)细部处理

罩面板安装完毕后，对以下细部进行处理。

①板缝处理：有密缝、明缝和压缝三种方法。

②吊顶与窗帘盒结合处多以铝角条或木线条盖缝处理。吊顶与墙面结合处可采用如图 8－12 所示的处理方法。

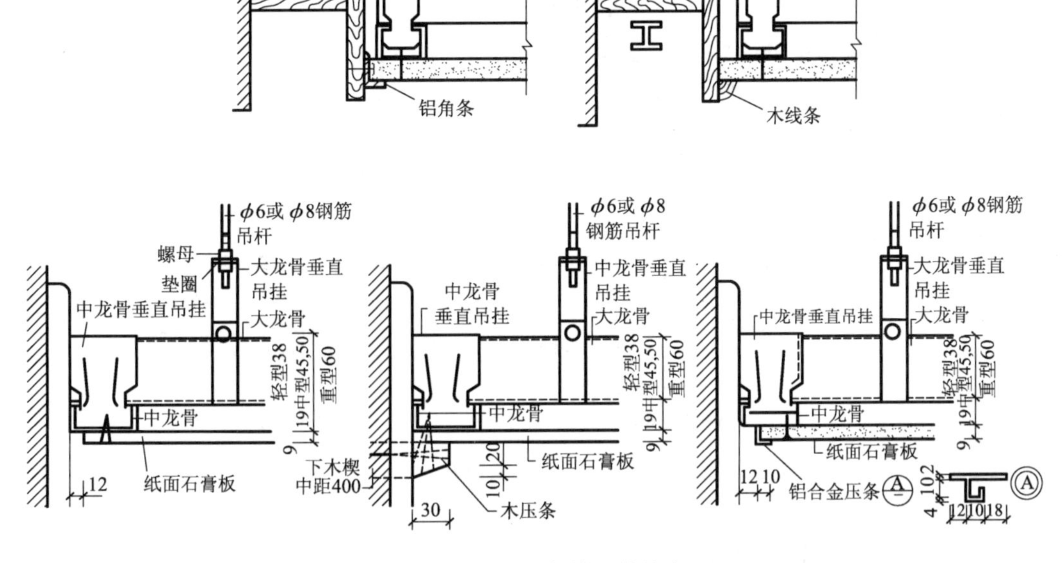

图 8－12　吊顶与墙面的结合

③吊顶高低差的处理如图 8－13 所示。

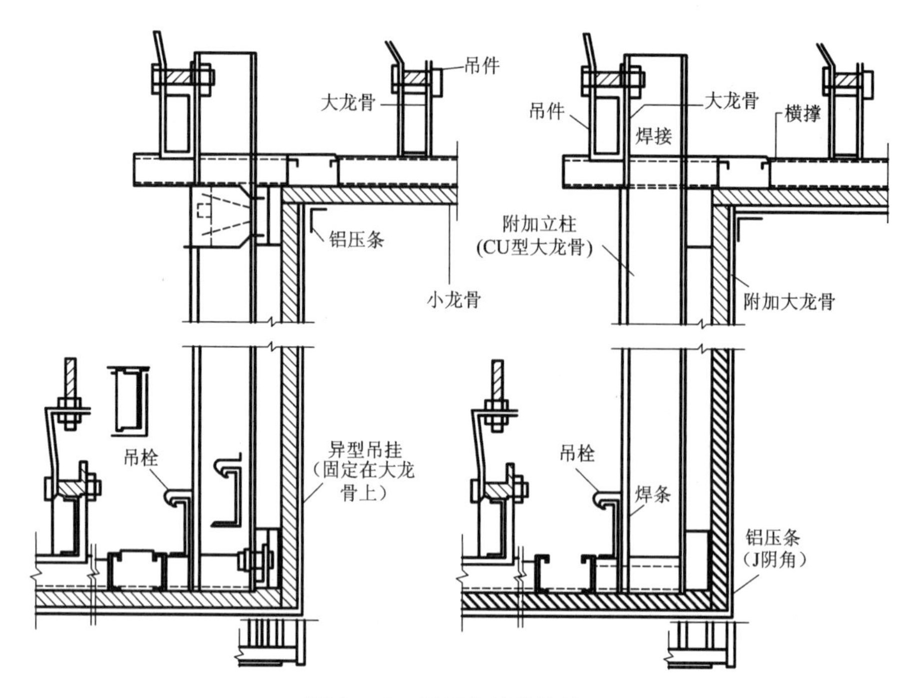

图 8－13　吊顶高低差的处理

④吊顶检修孔、进人孔、通气孔的处理如图 8－14～图 8－16 所示。

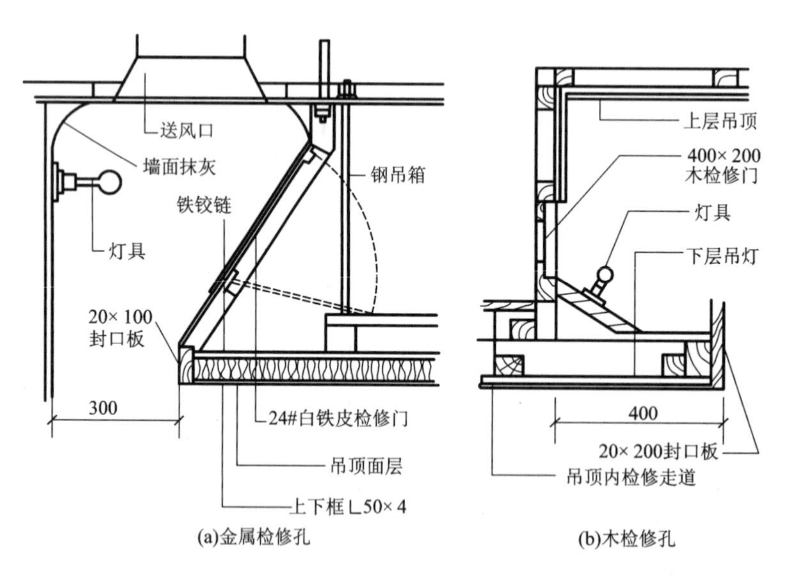

图 8－14　检修孔

(7)基层板表面的饰面处理

基层板表面常见的饰面做法有裱贴壁纸、涂刷乳胶漆、喷涂涂料、镶贴各种镜片(如玻璃镜片、金属抛光板、复合塑料镜片等)。

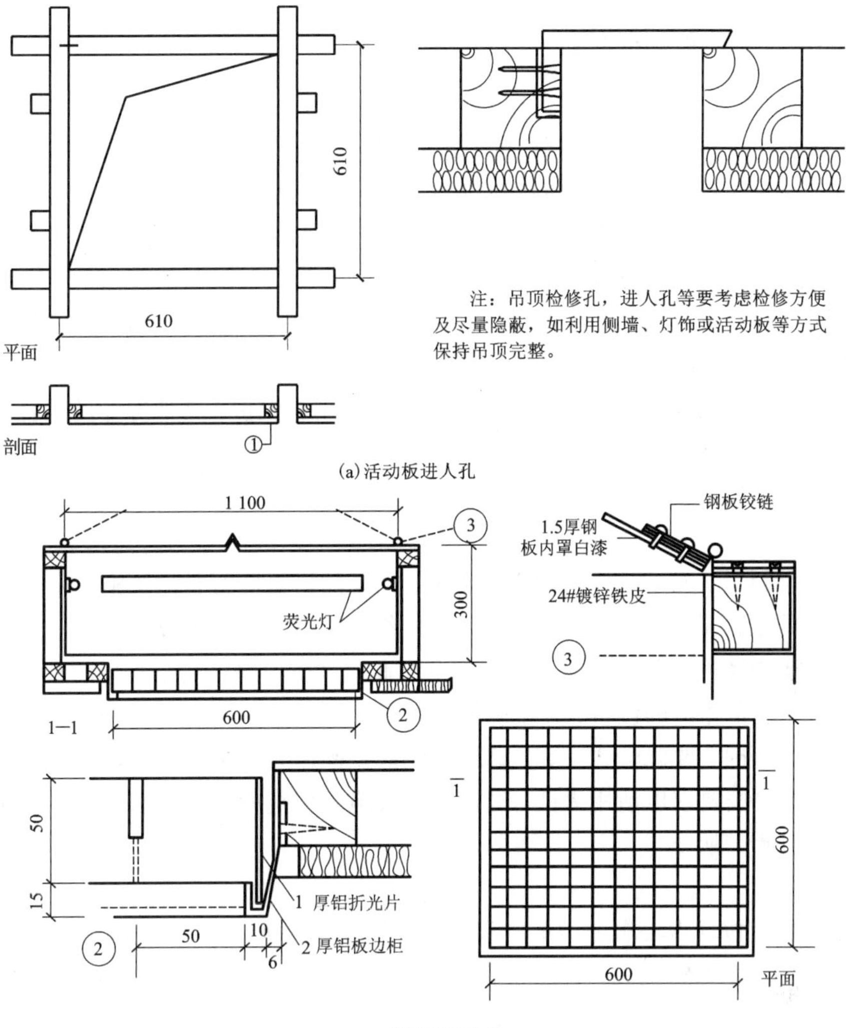

(a)活动板进人孔

(b)灯罩进人孔

图 8－15　进人孔

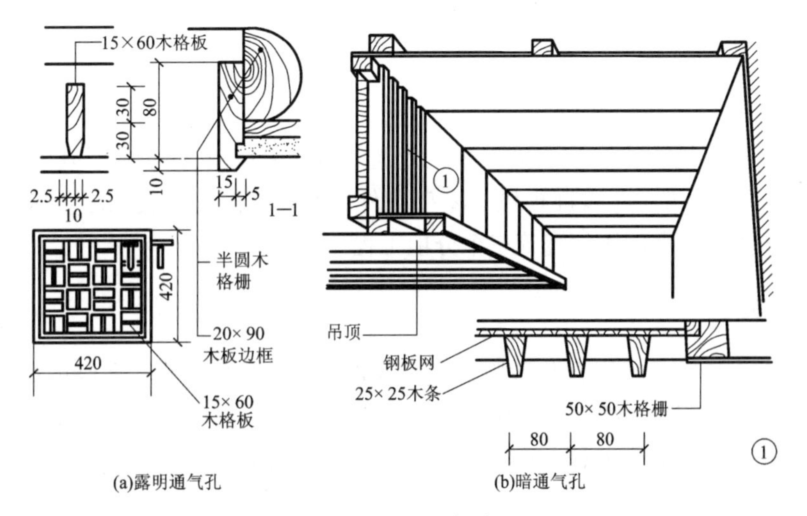

(a)露明通气孔　　(b)暗通气孔

图 8－16　通气孔

8.2.3 成品保护与安全环保措施

8.2.3.1 成品保护

①施工部位已完成的工程(包括门窗、地面、墙面、窗台等)应注意保护，防止施工过程中损坏成品。吊顶工程应在顶棚内的管道安装、试水、保温等工序完成并验收之后进行。

②安装龙骨和罩面板时，应注意保护顶棚内已安装好的各种管线、设备，轻钢龙骨的吊杆、龙骨不得固定在通风管道或其他设备上。

③轻钢骨架、罩面板和其他吊顶材料在进场、存放、安装过程中，应严格管理，保证不损坏、不污染、不变形、不受潮、不生锈。

④已完成的轻钢骨架不得让人踩踏，吊顶成品要注意保护，其他专业的吊挂件不得吊挂在已安装好的轻钢龙骨上。

8.2.3.2 安全环保措施

(1)安全措施

①吊顶高度超过 3 m 时，应搭满堂脚手架，架子的搭设应符合建筑施工安全标准。

②架子上的堆料量不得超过规定，脚手板应绑牢，不得有探头板。

③进入施工现场的人员应戴安全帽，高空作业要系安全绳。电、气焊的特殊工种应按劳动保护的要求，配备相应的设备，并正确使用。

④安装罩面板时，要佩戴线手套，这样既能保护操作人员的皮肤，又能防止污染板面。

⑤电、气焊要按要求申请用火证，经批准后按施工规范的操作要求操作，严防火灾。

⑥施工现场严禁吸烟。

(2)环保措施

①施工垃圾应按环保要求分类堆放和消纳，严禁高空抛卸和随意倾倒施工垃圾。

②施工时要防止噪声扰民，宜使用低噪声的设备或采用降低噪声措施，要按有关要求严格控制施工时间。

③做到工完场清，清理施工现场时，要洒水后再清扫，防止扬尘。

④人造木板的甲醛含量应符合现行国家标准的规定。

8.3 抹灰工程

抹灰工程是在建筑物的结构表面形成一个连续均匀的硬质保护膜，其不仅可以保护墙体、柱、梁等，而且为进一步装饰提供了基础条件，也可直接作为装饰层。抹灰工程分为一般抹灰、装饰抹灰和清水砌体勾缝等三个分项工程。

8.3.1 一般抹灰

一般抹灰工程通常是指用石灰砂浆、水泥砂浆、水泥混合砂浆、聚合物水泥砂浆、膨胀珍珠岩水泥砂浆和麻刀灰、纸筋灰、石灰膏等材料的抹灰。根据工序和质量的要求不同，一般抹灰又分为高级抹灰和普通抹灰两个级别。表 8－1 为各级抹灰的工序要求和适用范围。

表 8－1　各级抹灰工序要求及适用范围

级别	工序要求	适用范围
高级抹灰	多遍成活：一底层、数中层、一面层 阴阳角找方、设置标筋、分层赶平、修整、表面压光	适用于大型公共建筑物、纪念性建筑物以及有特殊要求的高级建筑物或高级住宅等
普通抹灰	两遍成活：一底层、一面层 分层赶平、修整、表面压光	简易住宅、大型设施和非居住性房屋以及建筑物中的地下室、储藏室等

(1)施工准备

①各种材料如水泥、石灰膏、粉煤灰、水玻璃、玻璃纤维等准备妥善。

②结构工程已经过合格验收。

③原基面表面凸起与凹陷已经过剔实、剔平、补平，孔洞、缝隙也已经用 1∶3 水泥砂浆填嵌密实，各预埋件均已按要求就位，且已做好相应的表面防腐工序。

④墙面表面的灰尘、污垢、油渍已清除干净，砖墙已浇水湿润，钢模混凝土墙已打毛。

(2)主要工具

常用施工机具为砂浆搅拌机、纸筋灰搅拌机、手楸、筛子、窄手推车、大桶、灰槽、灰勺、钢卷尺、方尺、托灰板、铁抹子、木抹子、塑料抹子、八字靠尺、阴阳角抹子、长舌铁抹子、铁水平、长毛刷、排笔、钢丝刷、筷子笔、笤帚、粉线包、喷壶、胶皮水管、小水桶、粉线袋、小白线、钻子、锤子、钳子、钉子、托线板、分格条、工具袋等。

(3)施工方法

①石灰砂浆抹灰，工艺流程如图 8－17 所示。

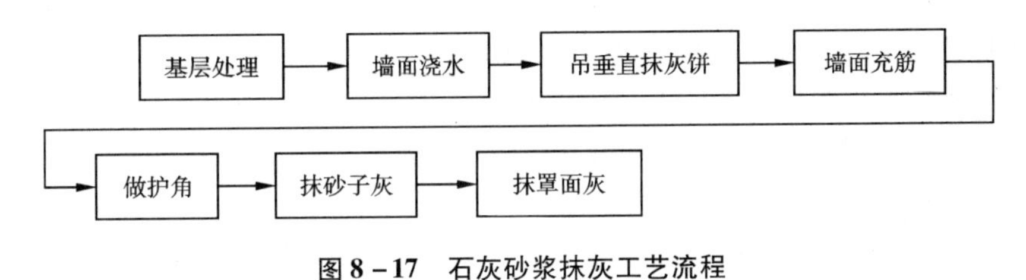

图 8－17　石灰砂浆抹灰工艺流程

②水泥砂浆抹灰，工艺流程如图 8－18 所示。

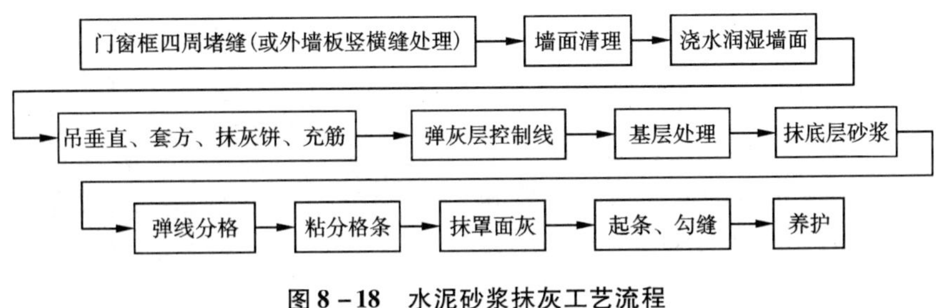

图 8－18　水泥砂浆抹灰工艺流程

③一般抹灰的机械喷涂，工艺流程如图 8－19 所示。

(4)一般抹灰的施工方法

①内墙一般抹灰，操作的工艺流程如图 8－20 所示。

下面介绍各主要工序的施工方法及技术要求。

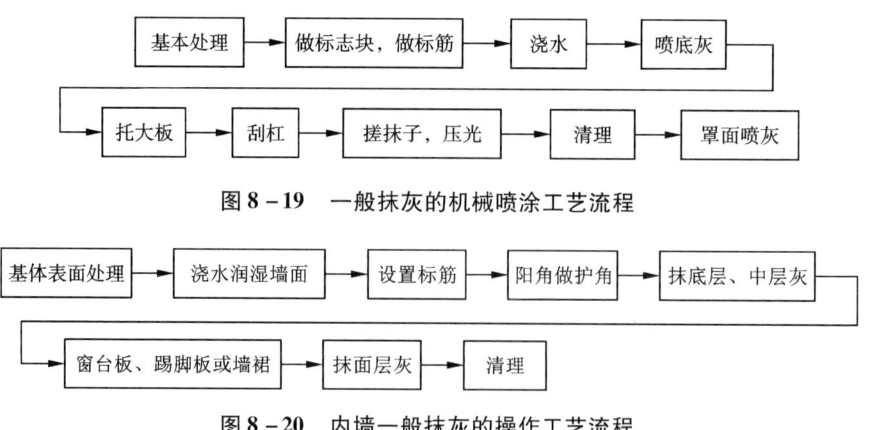

图 8－19　一般抹灰的机械喷涂工艺流程

图 8－20　内墙一般抹灰的操作工艺流程

a. 基体表面处理。为使抹灰砂浆与基体表面黏结牢固，防止抹灰层产生空鼓、脱落，抹灰前应对基体表面的灰尘、污垢、油渍、碱膜、跌落砂浆等进行清除。对墙面上的孔洞、剔槽等用水泥砂浆进行填嵌。门窗框与墙体交接处缝隙应用水泥砂浆或混合砂浆分层嵌堵。

不同材质的基体表面应做相应处理，以增强其与抹灰砂浆之间的黏结强度。光滑的混凝土基体表面应凿毛或刷一道素水泥浆（水灰比为 0.37～0.4），如设计无要求，可不抹灰，用刮腻子处理；板条墙体的板条间缝不能过小，一般以 8～10 mm 为宜，使抹灰砂浆能挤入板缝空隙，保证灰浆与板条的牢固嵌接；加气混凝土砌块表面应清扫干净，并刷一道 1∶4 的 107 胶的水溶液，以形成表面隔离层，缓解抹面砂浆的早期脱水，提高黏结强度；木结构与砖石砌体、混凝土结构等相接处，应先铺设金属网并绷紧牢固，金属网与各基体间的搭接宽度每侧不应小于 100 mm。

b. 设置标筋。为有效地控制抹灰厚度，特别是保证墙面垂直度和整体平整度，在抹底、中层灰前应设置标筋作为抹灰的依据。

设置标筋即找规矩，分为做灰饼和做标筋两个步骤。

做灰饼前，应先确定灰饼的厚度。先用托线板和靠尺检查整个墙面的平整度和垂直度，根据检查结果确定灰饼的厚度，一般最薄处不应小于 7 mm。再在墙面距地 1.5 m 左右的高度距两边阴角 100～200 mm 处，按所确定的灰饼厚度用抹灰基层砂浆各做一个 50 mm×50 mm 见方的矩形灰饼，然后用托线板或线垂在此灰饼面吊挂垂直，做对应上下的两个灰饼。上方和下方的灰饼应距顶棚和地面 150～200 mm，其中下方的灰饼应在踢脚板上口以上。随后在墙面上方和下方的左右两个对应灰饼之间，用钉子钉在灰饼外侧的墙缝内，以灰饼为准，在钉子间拉水平横线，沿线每隔 1.2～1.5 m 补做灰饼（图 8－21）。

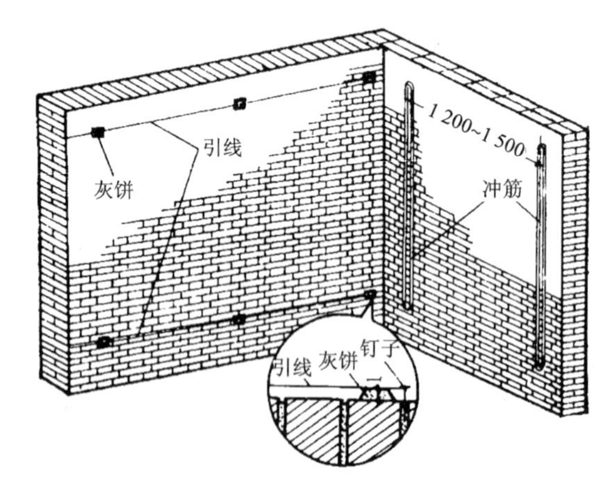

图 8－21　灰饼示意

标筋是以灰饼为准在灰饼间所做的灰埂，作为抹灰平面的基准。具体做法是用与底层抹灰相同的砂浆在上下两个灰饼间先抹一层，再抹第二层，形成宽度为 100 mm 左右，厚度比灰饼高出 10 mm 左右的灰埂，然后用木杠紧贴灰饼搓动，直至把标筋搓得与灰饼齐平为止。最后要将标筋两边用刮尺修成斜面，以便与抹灰面接槎顺平。标筋的另一种做法是采用横向水平标筋。此种做法与垂直标筋相同。同一墙面的上下水平标筋应在同一垂直面内。标筋通过阴角时，可用带垂球的阴角尺上下搓动，直至上下两条标筋形成相同且角顶在同一垂线上的阴角。阳角可用长阳角尺同样合在上下标筋的阳角处搓动，形成角顶在同一垂线上的标筋阳角。水平标筋的优点是可保证墙体在阴、阳转角处的交线顺直，并垂直于地面，避免出现阴、阳交线扭曲不直的弊病。同时水平标筋通过门窗框，有标筋控制，墙面与框面可接合平整。横向水平标筋示意图如图 8－22 所示。

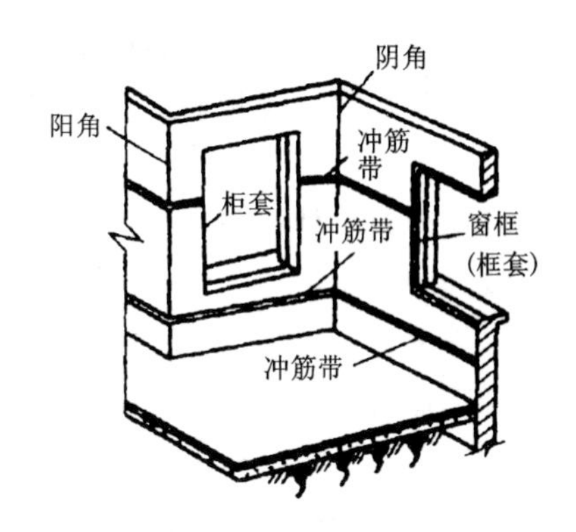

图 8－22　标筋示意图

c. 做护角。为使墙面转角处不易遭碰撞损坏，在室内抹面的门窗洞口及墙角、柱面的阳角处应做水泥砂浆护角。图 8－23 为护角示意图。护角高度一般不低于 2 m，每侧宽度不小于 50 mm。具体做法是先将阳角用方尺规方，靠门框一边以门框离墙的空隙为准，另一边以墙面灰饼厚度为依据。最好在地面上划好准线，按准线用砂浆粘好靠尺板，用托线板吊直，方尺找方。然后在靠尺板的另一边墙角分层抹 1∶2 水泥砂浆，与靠尺板的外口平齐。接着把靠尺板移动至已抹好护角的一边，用钢筋，卡子卡住，用托线板吊直靠尺板，把护角的另一面分层抹好。取下靠尺板，待砂浆稍干时，用阳角抹子和水泥素浆捋出护角的小圆角，最后用靠尺板沿顺直方向留出预定宽度，将多余砂浆切出 40°斜面，以便抹面时与护角接槎。

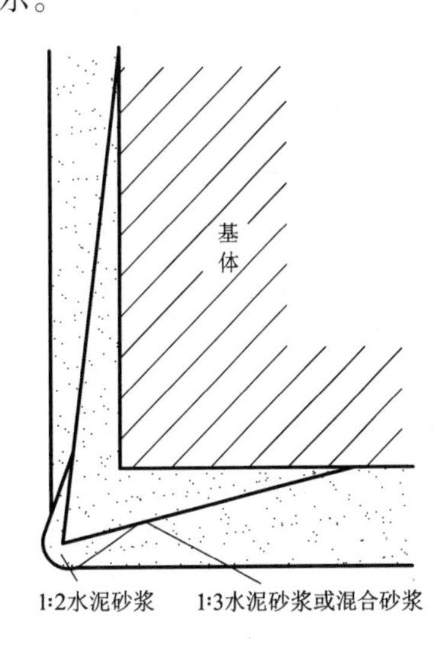

图 8－23　护角示意图

d. 抹底层、中层灰。待标筋有一定强度后，即可在两标筋间用力抹上底层灰，用木抹子压实搓毛。待底层灰收水后，即可抹中层灰，抹灰厚度应略高于标筋。中层抹灰后，随即用木杠沿标筋刮平，不平处补抹砂浆，然后再刮，直至墙面平直为止。紧接着用木抹子搓压，使表向干整密实。阴角处先用方尺上下核对方正（水平横向标筋可免去此步），然后用阴角器上下抽动扯平，使室内四角方正为止。

e. 抹面层灰。待中层灰有六七成干时，即可抹面层灰。操作一般从阴角或阳角处开始，自左向右进行。一人在前抹面灰，另一人紧随其后找平整，并用铁抹子压实赶光。阴、阳角处用阴、阳角抹子捋光，并用毛刷蘸水将门窗圆角等处刷干净。高级抹灰的阳角必须用拐尺找方。

②外墙一般抹灰，外墙一般抹灰的工艺流程如图 8－24 所示。

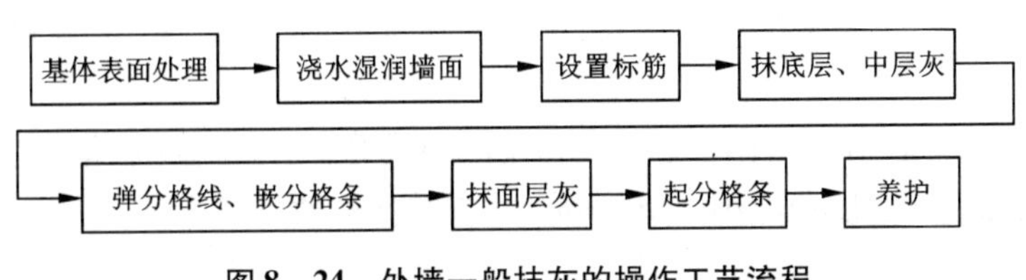

图 8－24　外墙一般抹灰的操作工艺流程

外墙抹灰的做法与内墙抹灰大部分相似，下面只介绍其特殊的几点。

a. 抹灰顺序。外墙抹灰应先上部后下部，先檐口再墙面。大面积的外墙可分块同时施工。

高层建筑的外墙面可在垂直方向适当分段，如一次抹完有困难，可在阴、阳角交接处或分格线处间断施工。

b. 嵌分格条，抹面层灰及分格条的拆除。待中层灰六七成干后，按要求弹分格线。分格条为梯形截面，浸水湿润后两侧用黏稠的素水泥浆与墙面抹成45°角粘接。嵌分格条时，应注意横平竖直，接头平直。如当天不抹面层灰，分格条两边的素水泥浆应与墙面抹成60°角。

面层灰应抹得比分格条略高一些，然后用刮杠刮平，紧接着用木抹子搓平，待稍干后再用刮杠刮一遍，用木抹子搓磨出平整、粗糙、均匀的表面。

面层抹好后即可拆除分格条，并用素水泥浆把分格缝勾平整。如果不是当即拆除分格条，则必须待面层达到适当强度后才可拆除。

③顶棚一般抹灰。

顶棚抹灰一般不设置标筋，只需按抹灰层的厚度在墙面四周弹出水平线作为控制抹灰层厚度的基准线。若基层为混凝土，则需在抹灰前在基层上用掺10%的107胶的水溶液或水灰比为0.4的素水泥浆刷一遍作为结合层。抹底灰的方向应与楼板及木模板木纹方向垂直。抹中层灰后用木刮尺刮平，再用木抹子搓平。面层灰宜两遍成活，两道抹灰方向垂直，抹完后按同一方向抹压赶光。顶棚的高级抹灰应加钉长350～450 mm的麻束，间距为400 mm，并交错布置，分别按放射状梳理抹进中层灰浆内。

(5)一般抹灰的质量标准

一般抹灰面层的外观质量应符合下列规定：

①普通抹灰应表面光滑、洁净，接槎平整；

②中级抹灰应表面光滑、洁净，接槎平整，灰线清晰平直；

③高级抹灰应表面光滑、洁净，颜色均匀，无抹纹，灰线平直方正、清晰美观。

抹灰工程的面层不得有爆灰和裂缝。各抹灰层之间及抹灰层与基体间应粘接牢固，不得有脱层、空鼓等缺陷。

(6)一般抹灰的注意事项

①底层砂浆与中层砂浆的配合比应基本相同。中层砂浆的强度不能高于底层，底层砂浆的强度不能高于基层，以免砂浆凝结过程中产生较大的收缩应力，破坏强度较低的底层或基层，使抹灰层产生开裂、空鼓或脱落。一般混凝土基层上不能直接抹石灰砂浆，而水泥砂浆也不得抹在石灰砂浆层上。

②冬季施工，抹灰砂浆应采取保温措施。涂抹时，砂浆温度不宜低于5 ℃。砂浆抹灰硬化初期不得受冻，气温低于5 ℃时，室外抹灰所用的砂浆可掺入混凝土防冻剂，其掺量由试验确定。作涂料墙面的抹灰砂浆中不得掺入含氯盐的防冻剂，以免引起涂层表面反碱、咬色。

③外檐窗台、窗楣、雨篷、阳台、压顶和突出腰线等，上面应做流水坡度，下面应做滴水线或滴水槽，其深度和宽度均应小于10 mm，并应整齐一致。

8.3.2 装饰抹灰

装饰抹灰包括水刷石、斩假石、干粘石、假面砖等项目，适用于宾馆、剧院等公共建筑物，其较一般抹灰标准高，但水刷石浪费水资源，并对环境有污染，应尽量减少使用。

(1)施工准备

①施工技术资料应完备，施工方案已编制，并通过有关部门的审核、批准。按照确定的施工方案对施工人员已进行技术交底，做好样板，并经过有关各方的签字确认。

②施工所用的水泥、砂子、石灰膏、生石灰粉要求同一般抹灰，水刷石材料应符合下列要求：

a. 石渣，要求颗粒坚实、整齐、均匀、颜色一致，不含黏土、有机物和有害物质；

b. 小豆石，用小豆石做水刷石时，其粒径以5～8 mm为宜，含泥量不得超过1%，粒径要求均匀、坚硬，使用前应过筛，并用清水洗净、晾干备用；

c. 颜料，水刷石所使用的颜料应采用耐碱、耐光性较好的矿物颜料，使用时应采用同一配比与水泥干拌均匀，装袋备用；

d. 胶黏剂，应符合现行国家标准的要求，掺时应通过试验确定。

(2)主要工具

除了准备一般抹灰的常规机具之外，还必须准备下列主要机具：水压泵、喷雾器、喷雾器软胶管、筛子、木杠、线坠、水平尺、方口尺、托线板、各种抹子等。

(3)施工方法

①建筑外墙抹水刷石，操作的工艺流程如图8－25所示。

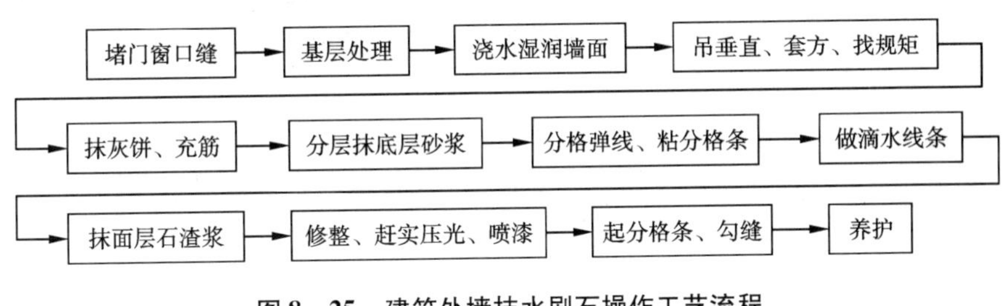

图8－25 建筑外墙抹水刷石操作工艺流程

②斩假石施工操作的工艺流程如图8－26所示。

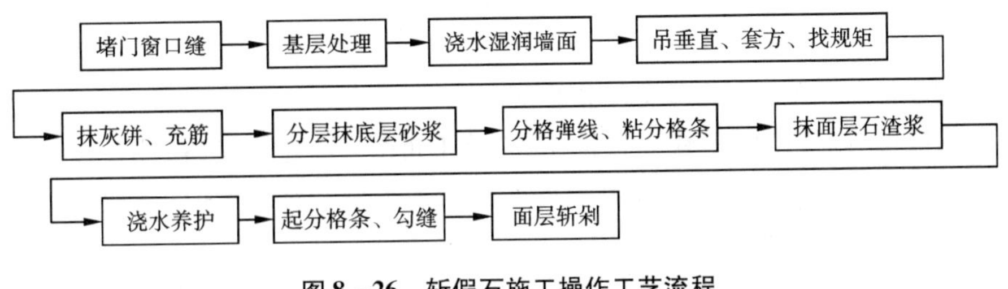

图8－26 斩假石施工操作工艺流程

③干粘石施工操作的工艺流程如图8－27所示。

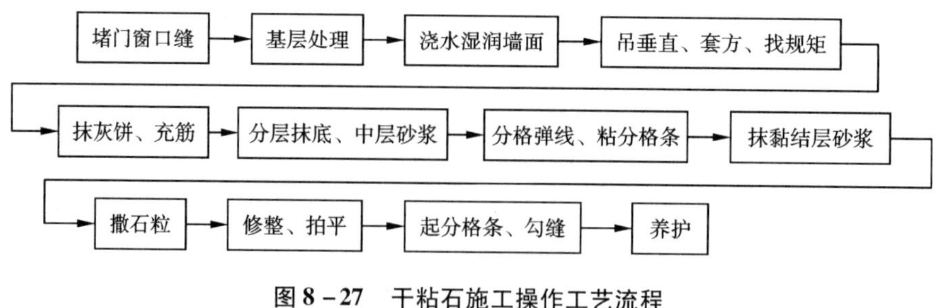

图 8－27　干粘石施工操作工艺流程

④外墙假面砖施工，操作的工艺流程如图 8－28 所示。

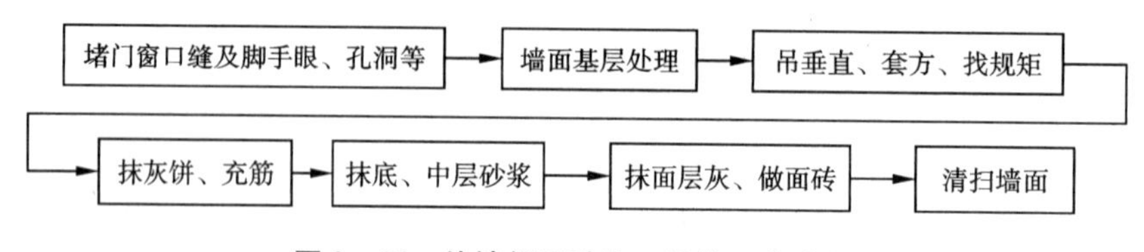

图 8－28　外墙假面砖施工操作工艺流程

8.3.3　清水砌体勾缝

(1)施工准备

施工前应做好施工前的技术准备和材料准备，并逐条落实作业条件中的各项要求，墙面的脚手眼、孔洞等要用与墙面颜色相同的砖补砌严密，所有缝隙用 1∶3 的水泥砂浆堵严嵌实，对缺棱掉角的砖要用与砖颜色相同的砂浆修补，并将墙面上黏结的灰浆、污物清除干净，保证工程的顺利、持续进行。

(2)主要工具

除了常规工具外，砌体勾缝的专用工具有溜子(又称灰匙、勾缝刀)、抿子、灰板。

(3)施工方法

清水砌体勾缝工艺流程如图 8－29 所示。

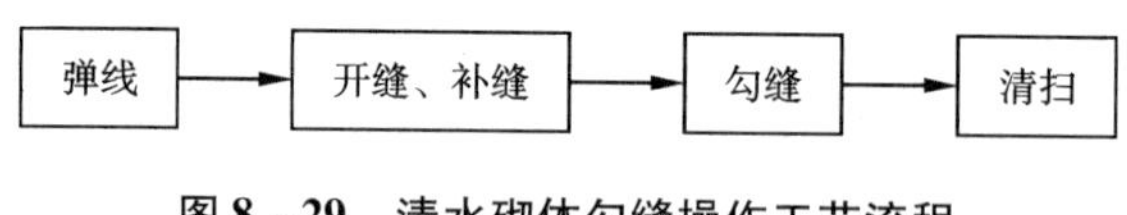

图 8－29　清水砌体勾缝操作工艺流程

①弹线。用粉线弹出缝的垂直线和水平线。

②开缝、补缝。以弹出的粉线为依据，对“游丁走缝”处进行修整、开缝。要求缝宽达 10 mm，深度控制在 10～12 mm，并将开出的残渣清理干净。对缺棱掉角的地方要用与砖的颜色相同的水泥砂浆进行修补。

③勾缝。勾缝前要用喷壶洒水湿润墙面，勾缝的顺序是从上而下进行，先勾水平缝，后勾垂直缝。

④清扫。勾缝完毕，待其稍干后，用小笤帚清扫墙面，要求砖的上、下楞都要扫到，不能再留余灰，注意补裂缝，并保持墙面清洁。

8.3.4 成品保护与安全环保措施

(1)成品保护

①抹灰完成后，应对墙面及门、窗口加以清洁保护，门、窗口原有保护层如有损坏，应及时修补，确保完整直至竣工交验。

②对已完成的抹灰工程应采取隔离、封闭或看护等措施加以保护。

③根据当时的温度情况，按施工规范的要求进行相应的养护。

(2)安全要求

①室内抹灰采用高凳上铺脚手板时，宽度不得少于两块脚手板，间距不得大于2 m，移动高凳时上面不得站人，作业人员最多不得超过2人，高度超过2 m时，应由架子工搭设脚手架。

②室内施工使用手推车时，拐弯时不得猛拐。

③施工过程中需要拆除脚手架与结构之间的拉结杆件时，必须按照原施工方案进行拆除，未经同意，严禁拆除。

④脚手板不得搭设在门窗、暖气片、洗脸池等不能承重的器物上。

⑤采用井字架、龙门架、外用电梯垂直运输材料时，卸料平台通道的两侧边安全防护必须齐全、牢固，吊盘内小推车必须加挡车掩，不得向井内探头张望。

⑥大风天，严禁室外抹灰作业。

⑦夜间或阴暗作业，应用36 V以下安全电压照明。

(3)环境保护要求

①淋制石灰产生的灰渣不得随意消纳，应消纳到指定地点。

②施工用石灰、砂要集中堆放，并用封闭材料加以覆盖，筛砂和石灰时要避开大风天，防止扬尘污染大气。

③施工污水未经处理不得随意排放。需要向施工区域以外排放时，必须经有关部门批准，方可排放。

④操作人员要按要求配置劳保用品，并监督正确使用。

⑤施工垃圾要集中堆放，严禁将垃圾随意堆放或抛撒，施工垃圾应由合格的消纳单位组织消纳到指定地点，严禁随意消纳。

⑥清理现场时，严禁将垃圾、杂物从窗口、阳台等处采取高空抛撒的运输方式，严防造成粉尘的大气污染。

⑦施工现场应设立合格的卫生环保设施，严禁随地大小便。

⑧施工现场使用或维修机械时，应有防滴漏油措施，严禁将机油滴漏于地表，造成土壤污染。清修机械时，废弃的棉丝或棉布等应集中回收，严禁随意丢弃或燃烧处理。

⑨每天下班之前，必须将施工现场打扫干净，将施工垃圾分类堆放到指定地点，并及时清运到规定的地方。

8.4 门窗工程

门窗是建筑围护结构中的重要部件，也是装饰工程的重要组成部分，具有隔热、保温、密闭、隔声、防火、防盗等功能。门窗安装不仅要满足装饰效果及使用功能要求，还必须保证牢固。随着装饰行业的高速发展，满足特殊功能要求的特种门窗也一一出现，如高强度、高密封性、高性能隔声门窗，防火、防盗门窗等。

门窗按其材质分类可分为木、钢、钢木、塑、塑钢、铝合金、特殊材质门窗等。

按其功能可分为防火门窗、防盗门窗、装饰门窗、特殊门窗等。

按其结构形式可分为推拉门窗、平开门窗、弹簧门、自动门、卷闸门等。

8.4.1 木门窗的制作与安装

在室内装饰造型中，木门窗占了很大比例，是创造装饰气氛与效果的一个常见手段。

木门窗的施工分为制作和安装两大部分。木门窗的制作一般是在木材加工厂进行，木门窗安装是施工现场的主要施工内容。

8.4.1.1 木门窗的制作

(1)施工准备

①木材。木门窗所使用的木材用窑法干燥，木材的含水率不应大于12%。若因条件限制，除东北落叶松、云南松、马尾松、桦木等易变性的树种外，其他的树种木材可以采用气干法干燥，但其制作时的平均含水率不应大于当地的平均含水率，并应刷涂一层底漆，防止受潮后变形。普通及高级木门窗所用木材的质量要求如表8-2所示。

表8-2 木门窗所用木材的质量要求

木材缺陷		门窗扇的立梃、冒头、中冒头		窗棂、压条、门窗及气窗的线脚、通风窗立梃		门心板		门窗框	
		普通木门窗	高级木门窗	普通木门窗	高级木门窗	普通木门窗	高级木门窗	普通木门窗	高级木门窗
活节	不计个数，直径/mm	<15	<10	<5	<5	<15	<10	<15	<10
	计算个数，直径	≤材宽的1/3	≤材宽的1/4	≤材宽的1/3	≤材宽的1/4	≤30 mm	≤20 mm	≤材宽的1/3	
	任一延米个数	≤3	≤2	0	≤3	≤2	≤5	≤3	
死节		允许，计入活节总数	允许，包括在活节总数中	不允许		允许，计入活节总数	允许，包括在活节总数中	允许，计入活节总数	不允许
髓心		不露出表面的，允许		不允许		不露出表面的，允许			
裂缝		深度及长度≤厚度及材长的1/5	深度及长度≤厚度及材长的1/6	不允许		允许可见裂缝		深度及长度≤厚度及材长的1/4	深度及长度≤厚度及材长的1/5
斜纹的斜率/%		≤7	≤6	≤5	≤4	不限	≤15	≤12	≤10
油眼		非正面，允许							
其他		浪形纹理、圆形纹理、偏心及化学变色，允许							

②胶结剂。潮湿地区，高级木门窗应采用耐水的酚醛树脂胶；普通木门窗可采用半耐水的脲醛树脂胶。

(2)常用机具

常用的制作木门窗的机具有粗细刨、花色刨、电动锯、机刨、水平尺、角尺、锤子、斧子、电钻、墨斗、凿子、扁铲等。

(3)施工方法

木门窗的制作工艺流程如图 8－30 所示。

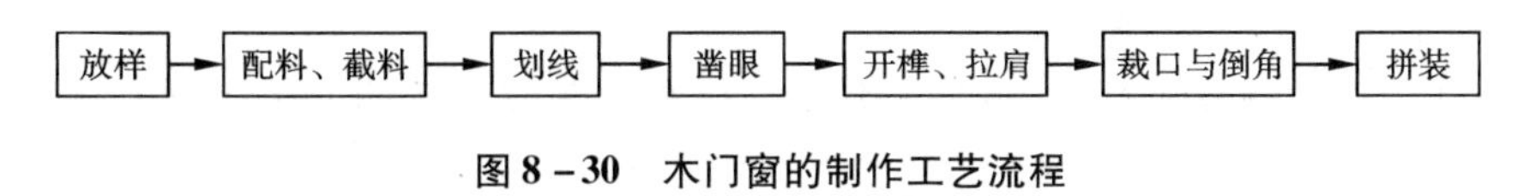

图 8－30　木门窗的制作工艺流程

①放样。放样是指根据设计图，按照足尺 1∶1 放样并做成样板。该样板是配料、截料、划线的依据，经检查无误后使用。

②配料、截料。配料是指在放样的基础上，计算出各个部件的尺寸和数量，列出配料单，按配料单进行配料。配料时应合理配置木料，长短搭配，先配长料，后配短料；先配框料，后配扇料。截料是指在选配的木料上按毛料尺寸画出截断、锯开线，再根据截断、锯开线对木料进行加工。考虑到锯木料的损耗一般画出 2～3 mm 的损耗量，锯时要注意锯线直端面平。

③划线。划线是指在刨削好的木料上根据门窗的构造要求划出榫、眼线。孔眼的位置应在木料中间，宽度不超过木料厚度的 1/3，由凿子的宽度确定；榫头的厚度按榫眼的宽度确定，其半榫的长度应为木料宽度的 1/20。为保证划线的清楚、准确、齐全，应先做样品，经检验合格后再正式划线。成批划线应在划线架上进行，既准确又快，所有榫、眼要注明是半眼还是全眼，透榫还是半榫。

④凿眼。凿眼前要根据眼宽选择对应的凿刀，先凿全眼，再凿半眼。凿全眼时要先凿背面，凿到 1/2 眼深，最多不能超过 2/3 眼深后，把木料翻过来凿正面，直到把眼凿透。为使榫、眼结合紧密，眼的正面边线要凿去半条线，留下半条线，榫头开榫时也留半条线，榫、眼合起来成整一条线。

凿好的眼，要求方正，两边要平直。眼内要清洁，不留木渣。

⑤开榫、拉肩。开榫也称倒卯，指按榫头线纵向锯开，拉肩是锯掉榫头两边的肩头，从而形成榫头。开榫、拉肩要留半条墨线。锯出的榫头要方正、平直，榫眼处完整无损，半榫的长度要比半眼的深度少 2～3 mm。

⑥裁口与倒角。裁口与倒角是指在框料上刨出装玻璃用的企口，要求方正平直，不能有戗槎起毛、凹凸不平的现象。

⑦拼装。

门窗框的组装：门窗框的组装是在一根边梃的眼里装上另一根边梃，再用锤轻轻敲打拼合，检查方正垂直后，再将所有榫头敲实拼合，锯断露出的榫头。

门窗扇的组装：门窗扇的组装与门窗框的组装基本相同。

组装好门窗框和门窗扇之后，为使其形成整体，必须在榫眼中加木楔，将楔在眼中挤紧。

8.4.1.2　木门窗的安装

(1)放线找规矩

以顶层门窗位置为准，从窗中心线向两侧量出边线，用垂线或经纬仪将顶层门窗控制线逐层引下，分别确定各层门窗安装位置；再根据室内墙面上已确定的“50线”，确定门窗安装标高；然后根据墙身大样图及窗台板的宽度，确定门窗安装的平面位置，在侧面墙上弹出竖向控制线。

（2）洞口修复

门窗框安装前，应检测门窗洞口尺寸大小、平面位置是否准确，如有缺陷应及时进行剔凿处理。检查预埋木砖的数量及固定方法并应符合以下要求：

①高1.2 m的洞口，每边预埋两块木砖；高1.2～2 m的洞口，每边预埋三块木砖；高2～3 m的洞口，每边预埋四块木砖；

②当墙体为轻质隔墙和120 mm厚隔墙时，应采用预埋木砖的混凝土预制块，混凝土强度不低于C15。

（3）门窗框安装

门窗框安装时，应根据门窗扇的开启方向，确定门窗框安装的裁口方向；有窗台板的窗，应根据窗台板的宽度确定窗框位置；有贴脸的门窗，立框应与抹灰面齐平；中立的外窗以遮盖住砖墙立缝为宜。门窗框安装标高以室内“50线”为准，用木楔将框临时固定于门窗洞口内，并立即使用线垂检查，达到要求后塞紧固定。

（4）嵌缝处理

门窗框安装完经自检合格后，在抹灰前应进行塞缝处理。塞缝材料应符合设计要求，无特殊要求者用掺有纤维的水泥砂浆嵌实缝隙，经检验无漏嵌和空嵌现象后，方可进行抹灰作业。

（5）门窗扇安装

安装前，按图样要求确定门窗的开启方向及装锁位置，以及门窗口尺寸是否正确。将门扇靠在框上，画出第一次修刨线，如扇小应在下口和装合叶的一面绑粘木条，然后修刨合适。第一次修刨后的门窗扇，应以能塞入口内为宜。第二次修刨门窗扇后，缝隙尺寸合适，同时在框、扇上标出合叶位置，定出合叶安装边线。

8.4.2 塑料及铝合金门窗安装

8.4.2.1 施工准备

塑料及铝合金门窗的安装一般应在内外墙体湿作业（抹灰、贴砖等）完成后进行，否则应采取有效措施防止门窗产生腐蚀。带有副框的门窗，其副框可在抹灰、贴砖等湿作业前进行。

（1）材料与工具

按设计要求仔细核对门窗的型号、规格、开启形式、开启方向、组合门窗的组合件与附件是否安全。拆除门窗的包装物，但不得撕去门窗的外保护膜，逐一检查有无损坏。准备好电锤、手枪钻、射钉枪等工具和其他所需安装工具。

（2）检查及处理洞口

结构洞口与门窗框之间的间隙应根据墙面装饰做法而定，清水墙宜为10 mm，一般抹灰墙面为15～20 mm，贴面砖为20～35 mm，石材墙面为40～50 mm。窗下框与洞口间隙还应考虑室内窗台做法，可根据设计要求确定。洞口尺寸合格后，在其周边抹3～5 mm厚1∶3水泥砂浆底灰，用木抹子搓平并划毛。

(3)弹线

在洞口内按设计要求弹好门窗安装准线，准备好安装脚手架及安全设施。

8.4.2.2　安装连接铁件

先在门窗框上用 ϕ3.2 mm 的钻头钻孔，拧入 ϕ4 × 15 mm 自攻螺钉将连接件固定。连接铁件应采用厚 1.5 mm、宽度不小于 15 mm 的镀锌钢板。连接铁件及固定点的位置应距门窗角、中横框、中竖框 150 ~ 200 mm，中间固定点间距不大于 600 mm。

8.4.2.3　立框与固定

把门窗框放进洞口的安装线上就位，用对拔木楔临时固定。校正其正、侧面垂直度、对角线和水平度，合格后将木楔打紧。木楔应塞在边框、中竖框等能受力的部位。门窗框临时固定后，应及时开启门窗扇，反复开关检查灵活度，如有问题应及时调整。

混凝土墙洞口应采用射钉或膨胀螺栓固定连接件，如图 8 – 31 所示；砖墙洞口应采用塑料胀管螺钉或水泥钉固定，每个连接件不宜少于 2 颗螺钉，且应避开砖缝。固定点距结构边缘不得小于 50 mm。

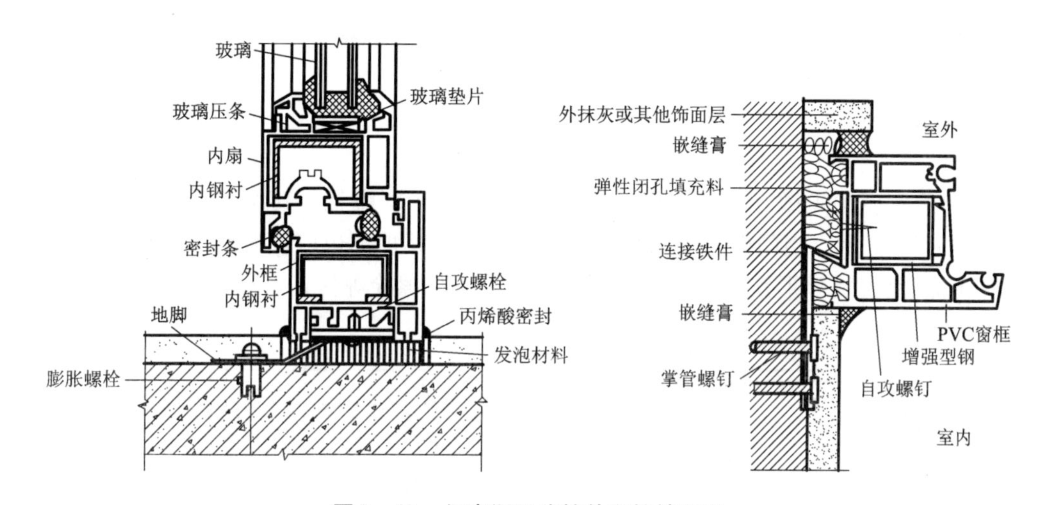

图 8 – 31　门窗洞口连接件和接缝处理

8.4.2.4　填缝与嵌胶

门窗洞口面层抹灰前，在门窗周围缝隙内挤入硬质聚氨酯发泡剂等闭孔弹性材料，使之形成柔性连接，以适应温度变形。洞口周边抹面层砂浆，硬化后，内外周边打密封胶密封。

保温、隔声窗的洞口周边抹灰时，室外侧应采用 5 mm 厚的木材，将抹灰层与窗框临时隔开，抹灰厚度应超出窗框，如图 8 – 31 所示，待抹灰层硬化后，应撤去片材，并将嵌缝膏挤入抹灰层与窗框缝隙内。

8.4.2.5　安装五金件

安装五金件时，必须先在框上钻孔，然后用自攻螺丝拧入，严禁锤击钉入。

8.4.2.6　安装玻璃

对可拆卸的门窗扇，可先在扇上装好玻璃，再把扇装到框上；对固定门窗，可在安装后，调正调平再装玻璃。

玻璃不得与框扇的槽口直接接触，应在玻璃四边垫上不同厚度的橡胶垫块。在其下部靠近门窗扇的承重点应垫放承重垫块；其他部位的定位垫块，应采用聚氯乙烯胶粘贴固定。

8.4.3 钢质防火门安装

防火门是一种在规定时间内能满足耐火隔热性和完整性要求的防火分隔构件。除了普通门的功能外，其还具有防火、隔烟、阻挡高温的特殊功能，普遍使用在高层建筑、医院、车站等重要的公共建筑中。按耐火极限，防火门分为甲、乙、丙三级。耐火极限分别为 1.2 h，0.9 h 和0.6 h。按材质分为钢质、复合玻璃和木质防火门，其中钢质防火门应用最广。钢质防火门是采用优质冷轧钢板作为门扇、门框的结构材料，经冷加工成型。

8.4.3.1　施工工艺顺序

钢质防火门的施工工艺流程如图 8－32 所示。

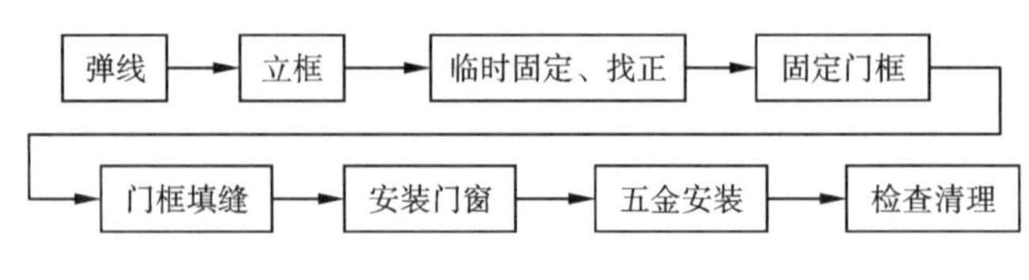

图 8－32　钢质防火门的施工工艺流程

8.4.3.2　施工要点

(1)安装连接件

①门洞两侧应预先做好预埋铁件或钻孔安装 ϕ12 膨胀螺栓，其位置应与门框连接点相符，如图 8－33 所示。当门框宽度为 1.2 m 以上时，在其顶部也应设置两个连接点。

②在门框上安装 Z 形铁脚，以备与预埋铁件或膨胀螺栓焊接，如图 8－34 所示。

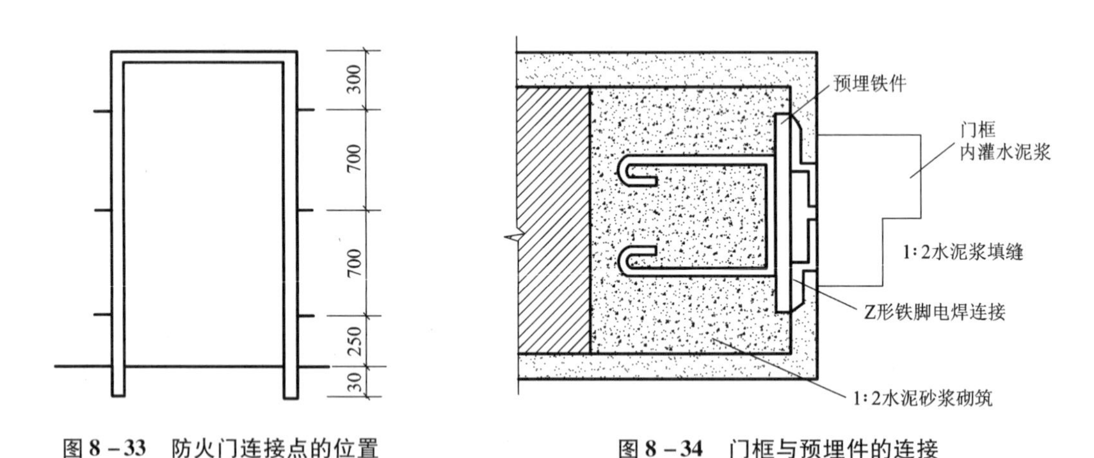

图 8－33　防火门连接点的位置　　**图 8－34　门框与预埋件的连接**

(2)弹线、安门框

按设计要求的尺寸、标高和方向，弹出门框线位置线。

立框前，先拆掉门框下部的拉结板。洞口两侧地面应预留凹槽，门框要埋入地坪以下 20 mm。将门框按线就位，用木楔在四角做临时固定，同时在框口内的中间和下部各放一水平木方撑紧。门框校正合格、检查无误后，将门框铁脚与预埋件焊牢，撤木楔和支撑。然后在门框两上角墙上开洞，向框内灌注 M10 水泥素浆，凝固后方可安装门窗。水泥浆的养护期为 21 d，冬季施工注意防冻。

(3) 填缝

门框周边缝隙，用1:2水泥砂浆嵌塞牢固，应保证与墙体结成整体。凝固并有一定强度后，进行洞口及墙体、地面抹灰。

(4) 安装门窗及附件

抹灰干燥后，安装门窗、五金配件和有关防火装置。门窗关闭后，门缝应均匀平整，开启自由轻便，不得有过紧、过松和反弹现象；五金件和防火装置应灵活有效，满足各自功能要求。

8.5 饰面板（砖）工程

饰面板（砖）工程内容很广，按板面材料分类，主要有天然石板饰面、人造石板饰面、陶瓷面砖饰面和金属板饰面等，其施工工艺基本相同。

8.5.1 饰面板施工

8.5.1.1 *材质要求*

(1) 天然大理石板材

建筑装饰工程上所指的大理石是广义的，除指大理岩外，还包括所有具有装饰功能的，可以磨平、抛光的各种碳酸盐类的沉积岩和与其有关的变质岩。大理石属中硬石材，质地均匀，色彩多变，纹理美观，是良好的饰面材料。但大理石耐酸性差，在潮湿且含较多二氧化碳和二氧化硫的大气中易受侵蚀，使其表面失去光泽，甚至遭到破坏，故大理石饰面板除某些特殊品种(如汉白玉、艾叶青等)，一般不宜用于室外或易受有害气体侵蚀的环境中。

大理石板材常用的为抛光镜面板，其规格分为普型板和异型板两种。普型板常见的规格有400 mm×400 mm，600 mm×600 mm，600 mm×900 mm，1 200 mm×600 mm等，厚度为20 mm；异型板的规格根据用户要求而定。薄型大理石饰面板是国际市场流行的产品，近年来国内也开始广泛使用。薄型板厚度为7～10 mm，四面倒角，背面开槽或不开槽，不但减轻了自重，而且使铺设方法也得以改进。

对大理石板材的质量要求为：光洁度高，石质细密，色泽美观，棱角整齐，表面不得有隐伤、风化、腐蚀等缺陷。

(2) 天然花岗石板材

装饰工程上所指的花岗石除常见的花岗岩外还泛指各种以石英、长石为主要组成矿物，含有少量云母和暗色矿物的火成岩和与其有关的变质岩。天然花岗石板材材质坚硬、密实，强度高，耐酸性好，属硬石材。品质优良的花岗石结晶颗粒细而分布均匀，含云母少而石英多。其颜色有黑白、青麻、粉红、深青等，纹理呈斑点状，常用于室外墙地饰面，为高级饰面板材。按其加工方法和表面粗糙程度可分为剁斧板、机刨板、粗磨板和磨光板。剁斧板和机刨板规格按设计定。粗磨和磨光板材的常用规格有400 mm×400 mm，600 mm×600 mm，600 mm×900 mm，1 070 mm×750 mm等，厚度为20 mm。

对花岗石饰面板的质量要求为：棱角方正，规格尺寸符合设计要求，不得有隐伤（裂纹、砂眼）、风化等缺陷。

(3) 人造石饰面板材

人造石饰面板有聚酯型人造大理石饰面板、水磨石饰面板和水刷石饰面板等。聚酯型人造石饰面板是以不饱和聚酯为胶凝材料，以石英砂、碎大理石、方解石为骨料，经搅拌、入模成型、固化而成的人造石材。其产品光泽度高，颜色可随意调配，耐腐蚀性强，是一种新型人造饰面材料。其质量要求同天然大理石。

水磨石、水刷石饰面板材制作工艺与水磨石、水刷石基本相同，规格尺寸可按设计要求预制，板面尺寸较大。为增强其抗弯强度，板内常配有钢筋，同时板材背面设有挂钩，安装时可防止脱落。

水磨石饰面板材的质量要求为：棱角方正，表面平整，光滑洁净，石粒密实均匀，背面有粗糙面，几何尺寸准确。水刷石饰面板材的质量要求为：石粒清晰，色泽一致，无掉粒缺陷，板背面有粗糙面，几何尺寸准确。

8.5.1.2　安装工艺

饰面板的安装工艺有传统湿作业法（灌浆法）、干挂法和直接粘贴法。

(1)传统湿作业法

传统湿作业法的施工工艺流程如图 8－35 所示。

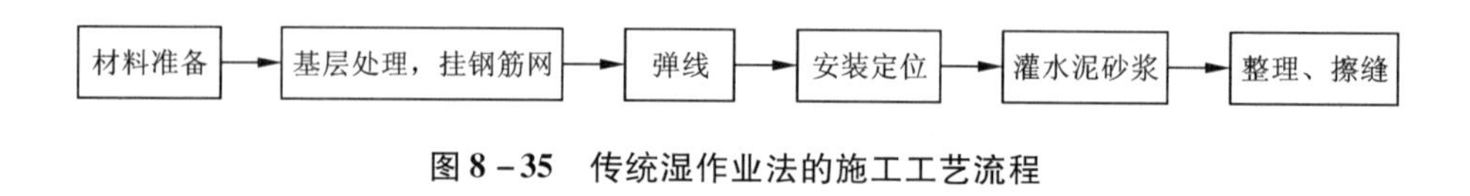

图 8－35　传统湿作业法的施工工艺流程

①材料准备。饰面板材安装前，应分选检验并试拼，使板材的色调、花纹基本一致，试拼后按部位编号，以便施工时对号安装。对已选好的饰面板材进行钻孔剔槽，以系固铜丝或不锈钢丝。每块板材的上、下边钻孔数各不得少于 2 个，孔位宜在板宽两端 1/4～1/3 处，孔径 5 mm 左右，孔深 15～20 mm，直孔应钻在板厚度的中心位置。为使金属丝绕过板材穿孔时不搁占板材水平接缝，应在金属丝绕过部位轻剔一槽，深约 5 mm。

②基层处理，挂钢筋网。把墙面清扫干净，剔除预埋件或预埋筋，也可在墙面钻孔固定金属膨胀螺栓。对于加气混凝土或陶粒混凝土等轻型砌块砌体，应在预埋件固定部位加砌黏土砖或局部用细石混凝土填实，然后用 $\phi6$ 钢筋纵横绑扎成网片与预埋件焊牢。纵向钢筋间距 500～1 000 mm。横向钢筋间距视板面尺寸而定，第一道钢筋应高于第一层板的下口 100 mm 处，以后各道均应在每层板材的上口以下 10～20 mm 处设置。

③弹线定位。弹线分为板面外轮廓线和分块线。外轮廓线弹在地面，距墙面 50 mm(即板内面距墙 30 mm)，如图 8－36、图 8－37 所示。分块线弹在墙面上，由水平线和垂直线构成，是每块板材的定位线。

④安装定位。根据预排编号的饰面板材，对号入座进行安装。先在墙面两端以外皮弹线为准固定两块板材，找平找直，然后挂上横线，再从中间或一端开始安装。安装时先穿好钢丝，将板材就位，上口略向后仰，将下口钢丝绑扎于横筋上(不宜过紧)，再将上口钢丝扎紧，并用木楔垫稳，随后用水平尺检查水平，用靠尺检查平整度，用线垂或托线板检查板面垂直度，并用铅皮加垫调整板缝，使板缝均匀一致。一般天然石材的光面、镜面板缝宽为 1 mm，凿琢面板缝宽为 5 mm。对于人造石饰面板的缝宽要求，水磨石为 2 mm，水刷石为 10 mm，聚酯型人造石材为 1 mm。调整好垂直度、平整度，面板放置方正后，在板材表面横竖接缝处每隔 100～150 mm 用石膏浆板材碎块固定。为防止板材背面灌浆时板面移位，根据具体情况

可加临时支撑，将板面撑牢。

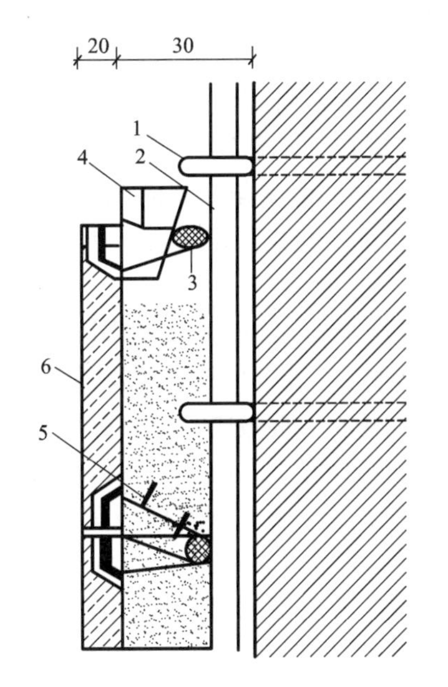

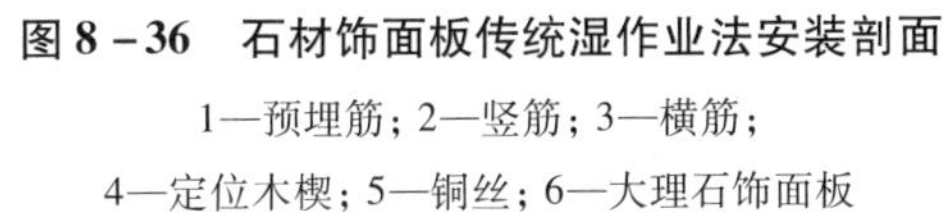

图 8－36　石材饰面板传统湿作业法安装剖面

1—预埋筋；2—竖筋；3—横筋；

4—定位木楔；5—铜丝；6—大理石饰面板

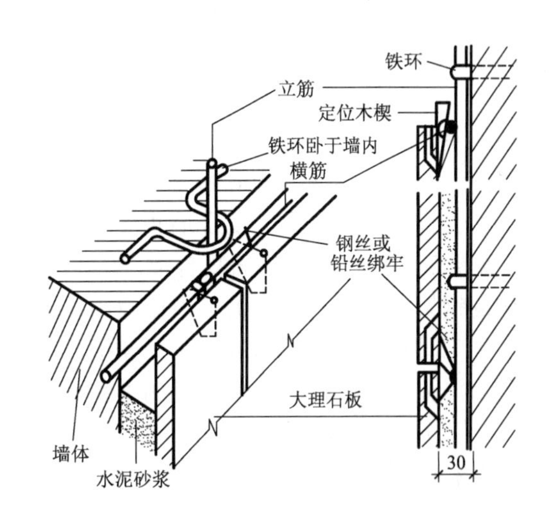

图 8－37　湿作业法大样

⑤灌浆。灌注砂浆一般采用 1∶2.5 的水泥砂浆，稠度为 80～150 mm。灌注前，应浇水将饰面板及基体表面润湿，然后用小桶将砂浆灌入板背面与基体间的缝隙。灌浆应分层灌入。第一层浇灌高度≤150 mm，并应不大于 1/3 板高。第一层浇灌完 1～2 h 后，再浇灌第二层砂浆，高度 100 mm 左右，即板高的 1/2 左右。第三层灌浆应低于板材上口 50 mm 处，作为施工缝，以保证与上层板材灌浆的整体性。浇灌时应随灌随插捣密实，并及时注意不得漏灌，板材不得外移。当块材为浅色大理石或其他浅色板材时，应采用白水泥、白石屑浆，以防透底，影响饰面效果。

⑥清理擦缝。一层面板灌浆完毕待砂浆凝固后，清理上口余浆，隔日拔除上口木楔和有碍上层安装板材的石膏饼，然后按上述方法安装上一层板材，直至安装完毕。全部板材安装完毕后，洁净表面。室内光面、镜面板接缝应干接，接缝处用与板材同颜色水泥浆嵌擦接缝，缝隙嵌浆应密实，颜色要一致。室外光面或镜面饰面板接缝可干接或在水平缝中垫硬塑料板条，待灌注砂浆硬化后将板条剔出，用水泥细砂浆勾缝。干接应用与光面板相同的彩色水泥浆嵌缝。粗磨面、麻面、条纹面的天然石饰面板应用水泥砂浆接缝和勾缝，勾缝深度应符合设计要求。

（2）干挂法

饰面板的传统湿作业法工序多，操作较复杂，而且易造成粘接不牢、表面接槎不平等弊病，同时仅适用于多、高层建筑外墙首层或内墙面的装饰，墙面高度不得大于 10 m。近年来国内外采用了许多革新的饰面板施工新工艺，其中干挂法是应用较为广泛的一种。

干挂法根据板材的加工形式分为普通干挂法和复合墙板干挂法（也称 G·P·C 法）。干挂法一般适用于钢筋混凝土外墙或有钢骨架的外墙饰面，不能用于砖墙或加气混凝土墙的饰面。

①普通干挂法。普通干挂法是直接在饰面板厚度面和反面开槽或孔，然后用不锈钢连接器与安装在钢筋混凝土墙体内的膨胀金属螺栓或钢骨架相连接。饰面板背面与墙面间形成80 ~ 100 mm 的空气层。板缝间加泡沫塑料阻水条，外用防水密封胶做嵌缝处理。该种方法多用于 30 m 以下的建筑外墙饰面。普通干挂法的施工关键在于不锈钢连接器安装尺寸的准确度和板面开槽(孔)位置的精确度。金属连接器不能用普通的碳素角钢制作，因碳素钢耐腐蚀性能差，使用中一旦发生锈蚀，将严重污染板面，尤其是受潮或漏水后会产生锈流纹，很难清洗。普通干挂法的构造如图 8 – 38 所示。

②复合墙板干挂法。复合墙板干挂是以钢筋细石混凝土作衬板，磨光花岗石薄板为面板，经浇筑形成一体的饰面复合板，并在浇筑前放入预埋件，安装时用连接器将板材与主体结构的钢架相连接。复合板可根据使用要求加工成不同的规格，常做成一开间一块的大型板材。加工时花岗石面板通过不锈钢连接环与钢筋混凝土衬板结牢，形成一个整体。为防止雨水的渗漏，上下板材的接缝处设两道密封防水层，第一道在上、下花岗石面板间，第二道在上、下钢筋混凝土衬板间。复合墙板与主体结构间保持一空腔。该种做法的特点是施工方便、效率高、节约石材，但对连接件质量要求较高。连接件可用不锈钢制作，国内施工单位也有采用涂刷防腐防锈涂料后进行高温固化处理(400 ℃)的碳素钢连接件，效果良好。花岗石复合墙板干挂法(G · P · C 法)的构造如图 8 – 39 所示，该种方法适用于高层建筑的外墙饰面，高度不受限制。

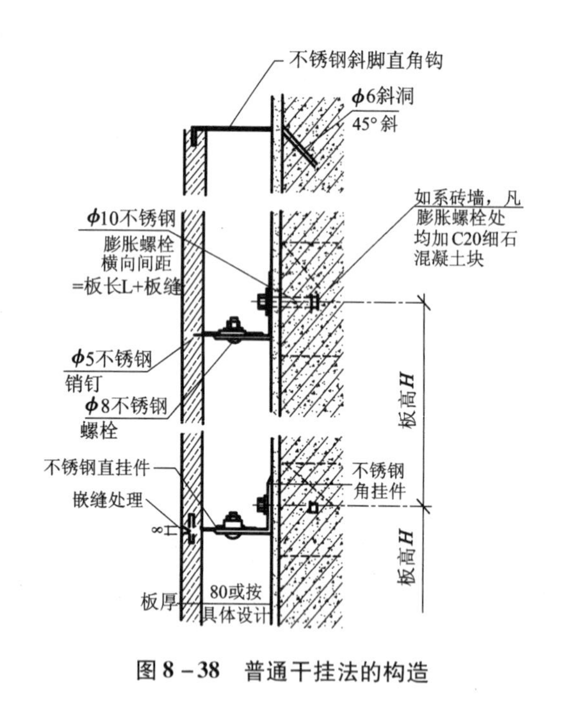

图 8 – 38　普通干挂法的构造

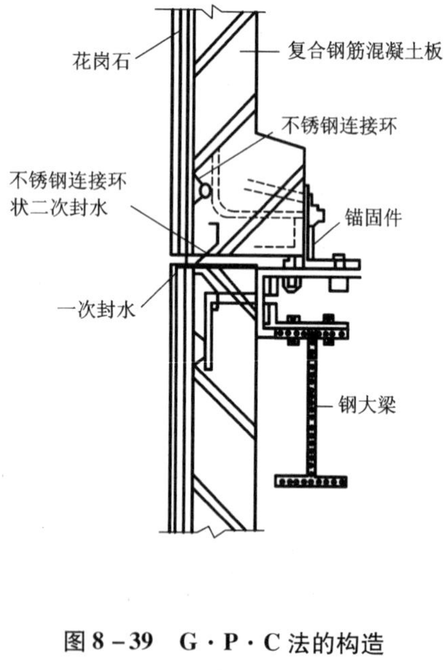

花岗石
复合钢筋混凝土板
不锈钢连接环
不锈钢连接环
状二次封水
锚固件
一次封水
钢大梁

图 8 – 39　G · P · C 法的构造

(3) 直接粘贴法

直接粘贴法适用于厚度在 10 ~ 12 mm 以下的石材薄板和碎大理石板的铺设。黏结剂可采用不低于 325 号的普通硅酸盐水泥砂浆或白水泥白石屑浆，也可采用专用的石材黏结剂(如 AH – 03 型大理石专用黏结胶)。对于薄型石材的水泥砂浆粘贴施工，主要应注意在粘贴第一皮时应沿水平基准线放一长板作为托底板，防止石板粘贴后下滑。粘贴顺序为由下至上逐层粘贴。

粘贴初步定位后，应用橡皮锤轻敲表面，以取得板面的平整和与水泥砂浆接合的牢固。每层用水平尺靠平，每贴三层应在垂直方向用靠尺靠平。使用黏结剂粘贴饰面板时，特别要注意检查板材的厚度是否一致，如厚度不一致，应在施工前分类，粘贴时分不同墙面分贴不同厚度的板材。

8.5.2 陶瓷面砖的施工

陶瓷面砖包括内墙陶瓷面砖（釉面砖）、外墙陶瓷面砖（墙地砖）、陶瓷锦砖及玻璃锦砖。

8.5.2.1 材料及质量要求

（1）釉面砖

釉面砖是采用瓷土或优质陶土烧制而成的表面上釉、薄片状的精陶制品，有白色釉面砖、单色釉面砖、装饰釉面砖、图案釉面砖等多个品种。釉面砖表面光滑，易于清洗，色泽多样，美观耐用。其坯体为白色，有一定的吸水率（不大于21%）。由于釉面砖为多孔精陶，其坯体长期在空气中，特别是在潮湿环境中使用会产生吸湿膨胀，而釉面吸湿膨胀很小，故将釉面砖用于室外有可能受干湿的作用而引起釉面开裂，以致剥落掉皮，因此釉面砖一般只用于室内而不用于室外。

釉面砖有152 mm×152 mm×5 mm，200 mm×250 mm×6 mm，300 mm×200 mm×6 mm等多种规格。釉面砖的质量要求为：表面光洁，色泽一致，边缘整齐，无脱釉、缺釉、凸凹扭曲、暗痕、裂纹等缺陷。

（2）外墙面砖

外墙面砖是以陶土为原料，半干压法成型，经1 100 ℃左右煅烧而成的粗炻类制品。表面可上釉或不上釉。其质地坚实，吸水率较小（不大于10%），色调美观，耐水抗浆冻，经久耐用。有150 mm×75 mm×12 mm，200 mm×100 mm×12 mm，260 mm×65 mm×8 mm等多种规格。外墙面砖的质量要求为：表面光洁，质地坚固，尺寸、色泽一致，不得有暗痕和裂纹。

（3）陶瓷锦砖和玻璃锦砖

陶瓷锦砖（俗称马赛克，亦称纸皮砖）是以优质瓷土烧制成片状小瓷砖拼成各种图案反贴在底纸上的饰面材料。其质地坚硬，经久耐用，耐酸、耐碱、耐磨，不渗水，吸水率小（不大于0.2%），是优良的室内外墙面（或地面）饰面材料。陶瓷锦砖成联供应，每联的尺寸一般为305.5 mm×305.5 mm。

玻璃锦砖是用玻璃烧制而成的小块贴于纸上而成的饰面材料。有乳白、珠光、蓝、紫、橘黄等多种花色。其特点是质地坚硬，性能稳定，表面光滑，耐大气腐蚀，耐热、耐冻、不龟裂。其背面呈凹形有棱线条，四周有八字形斜角，使其与基层砂浆结合牢固。玻璃锦砖每联的规格为325 mm×325 mm。

陶瓷锦砖和玻璃锦砖的质量要求为：质地坚硬，边棱整齐，尺寸正确，脱纸时间不得大于40 min。

8.5.2.2 基层处理和准备工作

饰面砖应镶贴在湿润、干净的基层上，同时应保证基层的平整度、垂直度和阴、阳角方正。为此，在镶贴前应对基体进行表面处理。对于纸面石膏板基体，可将板缝用嵌缝腻子嵌填密实，并在其上粘贴玻璃丝网格布（或穿孔纸带）使之形成整体。对于砖墙、混凝土墙或加气混凝土墙可分别采用清扫湿润、刷聚合物水泥浆、喷甩水泥细砂浆或刷界面处理剂、铺钉金属网等方法对基体表面进行处理，然后贴灰饼，设置标筋，抹找平层灰，用木抹子搓平，隔天浇水养护。应对于砖墙、混凝土墙，找平层灰浆采用1∶3水泥砂浆，对于加气混凝土墙应采用1∶1∶6的混合砂浆。

釉面砖和外墙面砖镶贴前应按其颜色的深浅（色差）进行挑选分类，并用自制套模对面砖的几何尺寸进行分选，以保证镶贴质量。然后浸水润砖，时间4 h以上，将其取出阴干至表面无水膜(以手摸无水感为宜)，然后堆放备用。冬季施工，宜用掺入2%盐的温水泡砖。

8.5.2.3 镶贴施工方法

(1)内墙釉面砖镶贴

镶贴前，应在水泥砂浆基层上弹线分格，弹出水平、垂直控制线。在同一墙面上的横、竖排列中，不宜有一行以上的非整砖，非整砖行应安排在次要部位或阴角处。在镶贴釉面砖的基层上用废面砖按镶贴厚度上下左右做灰饼，并上下用托线板校正垂直，横向用线绳拉平，按1 500 mm间距补做灰饼。阳角处做灰饼的面砖正面和侧边均应吊垂直线，即所谓双面挂直。镶贴用砂浆宜采用1∶2水泥砂浆，砂浆厚度6～10 mm。为改善砂浆的和易性，可掺不大于水泥质量15%的石灰膏。釉面砖的镶贴也可采用专用胶黏剂或聚合物水泥浆，后者的配比(质量比)为水泥∶107胶∶水＝10∶0.5∶2.6。采用聚合物水泥浆不但可提高其黏结强度，而且可使水泥浆缓凝，利于镶贴时的压平和调整操作。

釉面砖镶贴前先应湿润基层，然后以弹好的地面水平线为基准，从阳角开始逐一镶贴。镶贴时用铲刀在砖背面刮满粘贴砂浆，四边抹出坡口，再准确置于墙面，用铲刀木柄轻击面砖表面，使其落实贴牢，随即将挤出的砂浆刮净。镶贴过程中，随时用靠尺以灰饼为准检查平整度和垂直度。如发现高出标准砖面，应立即压挤面砖；如低于标准砖面，应揭下重贴，严禁从砖侧边挤塞砂浆。接缝宽度应控制在1～1.5 mm范围内，并保持宽窄一致。镶贴完毕后，应用棉纱净水及时擦净表面余浆，并用薄皮刮缝，然后用同色水泥浆嵌缝。

镶贴釉面砖的基层表面遇到突出的管线、灯具、卫生设备的支承等，应用整砖套割吻合，不得用非整砖拼凑镶贴。同时在墙裙、浴盆、水池的上口和阴、阳角处应使用配件砖，以便过渡圆滑、美观，同时不易碰损。

(2)外墙面砖镶贴

外墙底、中层灰抹完后，养护1～2 d即可镶贴施工。镶贴前应在基层上弹基准线，方法是在外墙阳角处用线垂吊垂线并经经纬仪校核，用花篮螺丝将钢丝绷紧作为基准线。以基准线为准，按预排大样先弹出顶面水平线，然后每隔约1 000 mm弹一垂线。在层高范围内按预排实际尺寸和面砖块数弹出水平分缝、分层皮数线。一般要求外墙面砖的水平缝与窗台面在同一水平线上，阳角到窗口都是整砖。外墙面砖一般都为离缝镶贴，可通过调整分格缝的尺寸(一个墙面分格缝尺寸应统一)来保证不出现非整砖。在镶贴面砖前应做标志块灰饼并洒水润湿墙面。

镶贴外墙面砖的顺序是整体自上而下分层分段进行，每段仍应自上而下镶贴，先贴墙柱、腰线等墙面突出物，然后再贴大片外墙面。

镶贴时先在面砖的上沿垫平分缝条，用 1∶2 的水泥砂浆抹在面砖背面，厚度为 6～10 mm，自墙面阳角起顺着所弹水平线将面砖连续地镶贴在墙面找平层上。镶贴时应“平上不平下”，保证上口一线齐。竖缝的宽度和垂直度除依弹出的垂线校正外，应经常用靠尺检查或目测控制，并随时吊垂直线检查。一行贴完后，将砖面挤出的灰浆刮净并将第二根分缝条靠在第一行的下口作为第二行面砖的镶贴基准，然后依次镶贴。分缝条同时还起着防止上行面砖下滑的作用。分缝条可于当日或次日取出，取出后可刮净重复使用。一面墙贴完并检查合格后，即可用 1∶1 的水泥细砂浆勾缝，随即用砂头擦净砖面，必要时可用稀盐酸擦洗，然后用水冲洗干净。

(3)陶瓷锦砖和玻璃锦砖的镶贴

陶瓷锦砖镶贴前的准备工作，如基层处理、弹线分格与镶贴外墙面砖和内墙釉面砖基本相同。只是由于锦砖的粘贴砂浆层较薄，故对找平层抹灰的平整度要求更高一些。弹线一般根据锦砖联的尺寸和接缝宽度(与路线宽度相同)进行，水平线每联弹一道，垂直线可每 2～3 联弹一道。

不是整联的应排在次要部位，同时要避免非整块锦砖的出现。当墙面有水平、垂直分格缝时，还应弹出有分格缝宽度的水平、垂直线。一般情况下，分格缝是用与大面颜色不同的锦砖非整联载条，平贴嵌入大墙面形成线条，以增加建筑物墙面的立体感。

镶贴施工应由二人协同进行，一人先浇水润湿找平层，刷一道掺有 7%～10% 的 107 胶的聚合物水泥浆，随即抹结合层的砂浆，厚度 2～3 mm，用刮尺赶平，再用木抹子搓平。抹灰面积不宜过大，应边抹灰边贴锦砖。因结合层砂浆已局部将已弹好的控制线遮盖，为保持锦砖就位的准确，可根据找平层上已弹出的线用靠尺和抹子在结合层上补划线。另一人将锦砖纸面朝下铺在板上，用湿布擦净表面灰尘，满刮 1～2 mm 厚的聚合物水泥浆，边刮边向下挤压，水泥浆的水灰比控制在 0.3～0.35 之间。因锦砖吸水率很小，水灰比过大会使水泥浆干缩加大，而且会使黏结层产生空鼓；采用较小的水灰比虽抹刮费力一些，但黏结效果易于保证。满刮水泥浆后，两手提起联的上边递给第一人，随即按控制线贴于墙面上，第一皮的下口要紧靠水平木托板之上。然后用拍板拍平、压实，最后用拍板靠放在锦砖上用小木锤子满敲一遍，使其平整地紧贴于墙面之上。以下各联按此方法依次镶贴。整个墙面的镶贴顺序为每段自下而上，而各段之间是从上至下。

镶贴后 0.5～1 h 即可在锦砖纸面上用软毛刷刷水浸润，待纸面颜色变深(一般需 20～30 min)便可揭纸，揭纸的方向应与铺贴面平行并靠近锦砖表面，这样可避免锦砖小块被揭起。揭纸后及时清除锦砖表面的黏结糨糊，发现掉粒及时补贴，有歪斜的可用拨刀拨正复位，并及时用拍板、木锤敲打平实，调整应在水泥初凝前完成。为保证锦砖缝隙完全被水泥浆填满，揭纸后可在表面用橡皮刮板刮些与原粘贴砂浆同颜色同稠度的砂浆，并撒上少许细砂反复推擦，直至缝隙密实，表面洁净。擦缝后应及时清洗表面，隔日可喷水养护。

玻璃锦砖的镶贴工艺与陶瓷锦砖基本相似，但由于其材质的特点，故镶贴时应注意以下问题：

①玻璃锦砖是半透明的，粘贴砂浆的颜色应与锦砖一致，以防透底。一般浅色玻璃锦砖可用白水泥和 80 目的石英砂，而深色玻璃锦砖应用同颜色彩色水泥调制水泥浆。

②玻璃锦砖的晶体毛面易被水泥浆污染而失去光泽，所以擦缝工作只能在缝隙部位仔细

刮浆，不可满刮，并应及时擦出光泽。

③玻璃锦砖与底纸的黏结强度较差，多次揭开校正易造成掉粒，故镶贴时力求一次就位准确。

④因玻璃锦砖吸水率极小，故黏结水泥浆的水灰比应控制在0.32左右，且水泥标号应不低于425号。

⑤整个墙面镶贴完毕且黏结层水泥浆终凝后，用清水从上至下淋湿锦砖表面，随即用毛刷蘸10%~20%浓度的稀盐酸冲净表面，全面清洗后，隔日喷水养护。

8.5.3 金属饰面板饰面

金属饰面板作为建筑物特别是高层建筑物的外墙饰面具有典雅庄重、质感丰富、线条挺拔、坚固、质轻和耐久等特点。金属饰面板有铝合金板、不锈钢板等单一材质板，也有夹芯铝合金板、涂层钢板、烤漆钢板等复合材质板。按板面或截面形式，金属饰面板有光面平板、纹面平板、压型板、波纹板、立体盒板等。本节主要介绍墙面金属饰面板的施工工艺。

8.5.3.1 铝合金饰面板的施工

(1)材料和质量要求

铝合金饰面板是以铝合金为原料经冷压或冷轧加工成型的饰面金属板材，其表面经阳极氧化、着色或涂层处理，具有质量轻、强度高、经久耐用、便于加工等特点。铝合金饰面板的品种和规格繁多，按其表面装饰效果和断面形式分为花纹板、浅花纹板、波纹板和压形板；按板材的结构形式可分为单层板、夹芯板和蜂窝空心板等。其质量要求为表面平整、光滑，无裂缝和折皱，颜色一致，边角整齐，涂层厚度均匀。

(2)铝合金饰面板的安装工艺

铝合金饰面板根据其断面形式和结构特点，一般由生产厂家设计有配套的安装工艺，但都具有安装精度高、有一定施工难度的特点。

铝合金饰面板的施工安装工艺流程一般如图8-40所示。

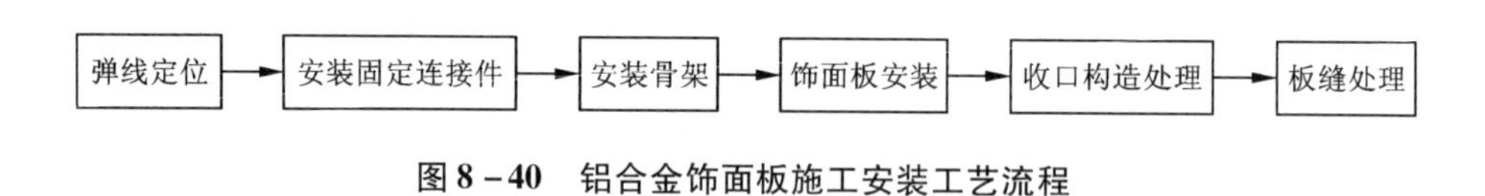

图8-40 铝合金饰面板施工安装工艺流程

①弹线定位。弹线定位是决定铝合金饰面板安装精度的重要环节。弹线应以建筑物的轴线为基准，根据设计要求将骨架的位置弹到结构主体上。首先弹竖向杆件(或连接件)的位置，然后再弹水平线，向上、下反弹水平线，再将骨架安装位置按设计要求标定出来，为骨架安装提供依据。弹线定位前应对结构主体进行测量检查，使结构基层平面的垂直度、平整度满足骨架的垂直度和平整度的要求。

②固定连接件。连接件起连接骨架与结构主体的作用，对其要求是位置精确，连接牢固。通常连接件以型钢制作并与结构预埋铁件焊接。也可不做预埋件，直接将连接件用金属膨胀螺栓固定在弹线确定的主体结构的确定位置上。该种方法较为灵活，尺寸易于控制，但劳动强度大，且易破坏结构的受力钢筋，故最好采用预埋件连接的方法。为确保连接件的牢

固性，安装固定后应对施工情况做隐蔽工程检查记录(焊缝长度、位置、膨胀螺栓的打孔深度、数量等)，必要时应做抗拉、拉拔测试，以达到设计要求。

③安装固定骨架。骨架的横、竖杆件可采用铝合金型材或型钢。若采用型钢，安装前必须做防锈处理。如采用铝合金型材，则与连接件接触部分必须做防腐处理，避免产生电化学腐蚀。骨架要严格按定位线安装。安装顺序一般是先安装竖向杆件再安装横档，因为主体一般不与横档连接，只与竖向杆件连接。杆件与连接件间一般采用螺栓连接，便于进行位置调整。安装过程中应及时校正垂直度和平整度，特别是对于较高外墙饰面的竖杆，应用经纬仪校正，较低的可用线垂校正。骨架杆件的连接要保证顺直，同时安装中要做好变截面、沉降缝和变形缝的细部处理，以便饰面板的顺利安装。

④铝合金饰面板的安装。铝合金饰面板根据板材构造和建筑物立面造型的不同，有不同的固定方法，操作顺序也不尽相同。一般安装有如下两种方法：一是直接将板材用螺栓固定在骨架型材上；二是利用板材预先压制好的各种异形边口压卡在特制的带有卡口的金属龙骨上。前者耐久性好，连接牢固，常用于外墙饰面工程。后者施工方便，连接简单，适宜受力不大的室内墙面或吊顶饰面工程。下面是几种常见铝合金饰面板的安装方法。

a. 铝合金扣板的安装。一般宽度≤150 mm，每根标准长度为 6 mm。安装时采用后条扣压前条的方法，使前块板条安装固定的螺丝被后块板条扣压遮盖，从而达到螺钉全部暗装的效果。该种饰面板的骨架间距一般为：主龙骨 900 mm，次龙骨不大于 500 mm。如板条竖向安装，可只设横向次龙骨骨架。如横向安装也可只设竖向次龙骨骨架。骨架可用型钢(室外)制作，也可用方木(室内)制作。铝合金扣板通过自攻螺钉(木骨架用木螺钉)直接拧固于骨架之上。安装时要随时校正水平度、垂直度及板面的整体平整度。如板面某一方向较长，板条需接长，此时要注意错缝对接，接口处要顺直、平整。板条嵌扣时，可留 5 ~ 6 mm 的空隙形成凹缝，增加板面的凹凸效果。对板机的四周收口，可用角铝或不锈钢角板进行封口处理。铝合金扣板的安装构造示意图如图 8 - 41 所示。

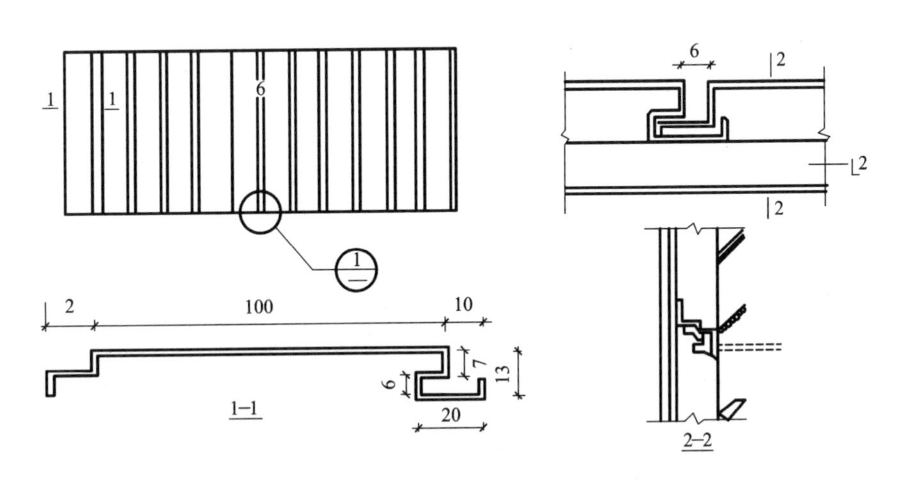

图 8 - 41　铝合金扣板的安装示意图

b. 铝合金饰面板的压卡法施工。压卡法主要适用于高度不大、风压较小的建筑外墙、室内墙面和顶面的铝合金饰面板的安装。其主要特点是饰面板的边缘弯折成异形边口，然后将由镀锌钢板冲压成型的带有嵌插卡口的专用龙骨固定后，将铝合金饰面板压卡在龙骨上，形成平整、顺直的板面。

c. 蜂窝型铝合金复合饰面板的施工。蜂窝型铝合金饰面板是高级外墙装饰材料，该种复合板采用蜂窝中空结构，可保持其平整度经久不变，并具有良好的隔音、防震、保温隔热性能，同时质量轻，刚度大，转角平滑规整，接缝顺直。其表面用各种优质面层涂料涂饰，具有优良的耐腐蚀性能和耐气候性能，可有效抵抗城市空气中尘污、酸雨及阳光、风沙的侵蚀。该种铝合金复合板的内外表面为 0.3 ~ 0.7 mm 的铝合金薄板，中心层用铝合金或玻纤布、纤维纸制成蜂窝结构。在表面的涂层外覆有可剥离的保护膜，以保护其在加工、运输和安装时不致受损。该种铝合金复合板可用于外墙、立柱、天花板、电梯、内墙等部位的饰面。

⑤收口构造处理。指板安装后对水平部位的压顶，端部收口伸缩缝、沉降缝的处理。一般采用铝合金盖板或槽钢盖板盖缝，以保证装饰效果。

8.5.3.2 彩色压型钢板的施工

彩色压型钢板是采用冷轧钢板、镀锌薄钢板经辊压、冷弯而成截面呈 V 形、U 形或梯形等波形的板材，再经表面涂层处理而成的金属饰面板。彩色压型钢板也可采用彩色涂层钢板直接制作。该种金属板材具有质量轻(板厚 0.5 ~ 1.2 mm)、波纹平直坚挺、色彩鲜艳丰富、造型美观大方、耐久性强、抗震性好、加工简单、施工方便等特点，并可与保温材料复合制成夹芯复合板材，广泛用于工业与民用建筑及公共建筑的墙面、屋面、吊顶等饰面。

彩色压型钢板的施工工艺流程一般如图 8 - 42 所示。

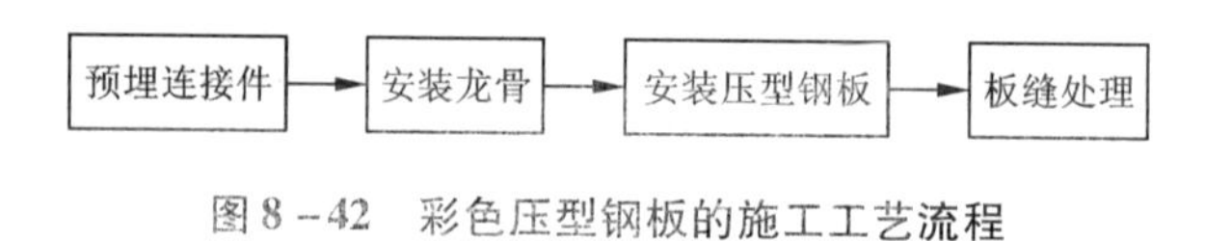

图 8 - 42 彩色压型钢板的施工工艺流程

连接件的作用是连接龙骨与结构基体。在砖基体中可埋入带有螺栓的预制混凝土块或木砖；在混凝土基体中可埋入 $\phi8 \sim \phi10$ 的钢筋套扣螺栓，也可埋入带锚筋的铁板。如没有将连接件预埋在结构基体中也可用金属膨胀螺栓将连接件钉固于基体之上。

龙骨一般采用角钢(L 30 mm × 30 mm × 3 mm)或槽钢(25 mm × 12 mm × 4 mm)，预先应做防腐或防火处理。龙骨固定前要拉水平线和垂直线，并确定连接件的位置，龙骨与连接件间可采用螺栓连接或焊接。竖向龙骨的间距一般为 900 mm，横向龙骨间距一般为 500 mm。根据排板的方向也可只设横向或竖向龙骨，但间距都应为 500 mm。安装时要保证龙骨与连接件连接牢固，在墙角、窗口等处必须设置龙骨，以免端部板架空。

安装压型钢板要按构造详图进行。安装前要检查龙骨位置，计算好板材及缝隙宽度，同时检查墙板尺寸、规格是否齐全，颜色是否一致。最好进行预排、划线定位。墙板与龙骨间可用螺钉或卡条连接，安装顺序可按节点的连接接口方式确定，顺一个方向连接。

彩色压型钢板的板缝要根据设计要求处理好，一般可压入填充物，再填防水材料。特别是边角部位要处理好，否则会使板材防水功能受到影响。图 8 - 43 为彩色压型钢板的安装构造详图。

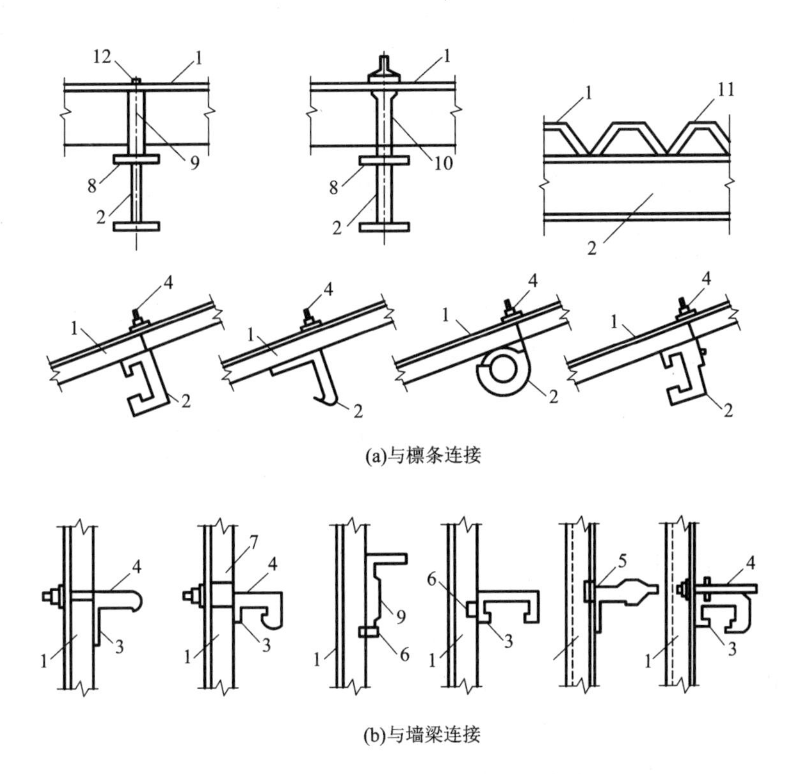

图 8-43　彩色压型钢板的安装构造详图

1—压型钢板；2—檩条；3—墙梁；4—钩头螺栓；5—直杆螺栓；6—铝质拉铆钉；
7—内垫架；8—焊缝；9—固定支架；10—固定长螺栓；11—自攻螺丝(带防水垫)；12—固定螺栓

8.6　涂料工程

涂料是指涂覆于基层表面，在一定条件下可形成与基体牢固结合的连续、完整固体膜层的材料。涂料涂饰是建筑物内外最简便、经济、易于维修更新的一种装饰方法，它色彩丰富、质感多变、耐久性好、施工效率高。涂料用于建筑物在我国已有数千年的历史。近些年，我国建筑涂料工业得到了迅速发展，各种新型建筑涂料的需求不断增长，而且在实际应用中表现出了良好的技术经济效果。建筑涂料主要具有装饰、保护和改善使用环境的功能。其功能的正常发挥与涂料的技术性能、基层的情况、施工技术和环境条件都有密切的关系。

8.6.1　涂料的种类

涂料的品种繁多，分类方法各异，一般有以下分类方法。

(1)按成膜物质分类

按涂料的成膜物质，可将涂料分为有机涂料、无机涂料和有机-无机复合涂料。

有机涂料根据成膜物质的特点可分为溶剂型、水溶型、乳液型涂料。溶剂型涂料是以合成树脂为成膜物质，以有机溶剂为稀释剂，加入适量的颜料、填料、助剂，经研磨、分散而制成的涂料。传统的油漆也可归入这一类涂料。水溶性涂料是以水溶性合成树脂为成膜物质，加入水、颜料、填料、助剂，经研磨、分散而制成的涂料。乳液型涂料又称乳胶漆，是以合成树脂乳液为成膜物质，加入颜料、填料、助剂等辅助材料，经研磨、分散而制成的涂料。水溶型涂料和乳液型涂料又称为水性涂料。

无机涂料是以碱金属硅酸盐或硅溶胶为成膜物质，并加入相应的固化剂或有机合成乳液及辅助材料所制成的涂料，是一种水性涂料。其在耐热性、表面硬度、耐老化性方面优于有机涂料，但在柔性、光泽度和耐水性方面不及有机涂料。常见的无机建筑涂料有硅酸钾无机外墙涂料 JH80－1 型和硅溶胶类外墙涂料 JH80－2 型。

有机－无机复合型涂料是既含有机高分子成膜物质又有无机高分子成膜物质的一种复合型涂料，兼有有机涂料和无机涂料的特点。常用的品种有聚乙烯醇水玻璃内墙涂料（106 涂料）和多彩内墙涂料等，聚合物改性水泥厚浆涂料也可归于此类。

（2）按使用部位分类

根据在建筑物上使用部位的不同，建筑涂料可分为外墙涂料、内墙涂料、地面涂料等。

（3）按涂料膜层厚度、形状与质感分类

按涂料膜层厚度可分为薄质涂料、厚质涂料；按膜层的形状和质感可分为平壁状涂层涂料、砂壁状涂层涂料、凹凸立体花纹涂料等。

（4）按涂料的特殊使用功能分类

按涂料的特殊功能可分为防火涂料、防水涂料、防腐涂料、弹性涂料等。

实际上，上述分类方法只是从某一角度出发，强调某一方面的特点。具体应用时，往往是各种分类方法交织在一起，如薄涂料包括合成树脂乳液薄涂料、水溶型薄涂料、溶剂型薄涂料、无机薄涂料等，而厚涂料包括合成树脂乳液厚涂料、合成树脂乳液砂壁状厚涂料等。

8.6.2 建筑涂料的施工

8.6.2.1 基层处理

要保证涂料工程的施工质量，使其经久耐用，对基层的表面处理是关键。基层处理直接影响涂料的附着力、使用寿命和装饰效果，因此涂料施工前必须重视这一工序。不同的基体材料，表面处理的要求和方法也有所不同。

（1）混凝土及抹灰基层处理

对混凝土及抹灰（水泥砂浆、混合砂浆或石灰砂浆、石灰纸筋灰浆）基层的要求是：表面应平整，阴、阳角密实；基层的 pH 值应在 10 以下；含水率对于使用溶剂型涂料的基层应不大于 8%，对于使用水溶型涂料的基层应不大于 10%；抹灰平面应坚固结实，表面的油污、灰尘、溅沫及砂浆流痕等杂物应彻底清除干净。灰尘和其他附着物可用扫帚、毛刷等扫除。砂浆溅物、流痕及其他杂物可用铲刀、钢丝刷、錾子等工具清除。表面泛碱可用 3% 的草酸水溶液进行中和，再用清水冲洗干净。空鼓、酥裂、起皮、起砂应用铲刀、钢丝刷等清理后，用清水冲洗干净，再进行修补。旧浆皮可刷清水以溶解旧浆料，然后用铲刀刮去旧浆皮。

（2）木质基层的处理

对于木质基层的要求是含水率不大于 12%；表面应平整，无尘土、油污等脏物；基层表面的缝隙、毛刺、脂囊应进行处理，然后用腻子刮平、打光。

油脂和胶渍可用温水、肥皂水、碱水等清洗，也可用酒精、汽油或其他溶剂擦拭掉，然后用清水洗刷干净。树脂可用丙酮、酒精、苯类或四氯化碳等去除，或用 4%～5% 的 NaOH 水溶液洗去。为防止木材内的树脂继续渗出，宜在清除树脂后的部位用一层虫胶漆封闭。

(3)金属基层处理

对金属基层表面的基本要求是表面平整，无尘土、油污、锈面、鳞皮、焊渣、毛刺和旧涂层。对于金属表面的锈层可用人工打磨、机械喷砂、喷丸(直径0.2～1 mm的铁丸或钢丸)或化学除锈法清除。对于焊渣和毛刺可用砂轮机去除。

8.6.2.2 建筑涂料的施工方法

建筑涂料的基本施工方法有刷涂、滚涂、喷涂、弹涂等。

(1)刷涂

刷涂是用毛刷、排笔在基层表面人工进行涂料覆涂施工的一种方法。这种方法简单易学，适用性广，工具设备简单。除少数流平性差或干燥太快的涂料不宜采用刷涂外，大部分薄质涂料和厚质涂料均可采用。刷涂的顺序是先左后右，先上后下，先难后易，先边后面。一般是二道成活，高中级装饰可增加1～2道刷涂。刷涂的质量要求是薄厚均匀，颜色一致，无漏刷、流淌和刷纹，涂层丰富。

(2)滚涂

滚涂是利用软毛辊（羊毛或人造毛）、花样辊进行施工。该种方法具有设备简单、操作方便、工效高、涂饰效果好等优点。滚涂的顺序基本与刷涂相同，先将蘸有涂料的毛辊按照W形滚动，把涂料大致滚在墙面上，接着将毛辊在墙的上下左右平稳来回滚动，使涂料均匀滚开，最后再用毛辊按一定的方向滚动一遍。阴角及上、下口一般需事先用刷子刷涂。滚花时，花样辊应从左至右、从下向上进行操作。不够一个辊长的应留在最后处理，待滚好的墙面花纹干后，再用纸遮盖进行补滚。滚涂的质量要求是涂膜厚薄均匀、平整光滑、不流挂、不漏底；花纹图案完整清晰、匀称一致、颜色协调。

(3)喷涂

喷涂是利用喷枪（或喷斗)将涂料喷于基层上的机械施涂方法。其特点是外观质量好，工效高，适于大面积施工，可通过调整涂料的黏度、喷嘴口径大小及喷涂压力获得平壁状、颗粒状或凹凸花纹状的涂层。喷涂的压力一般控制在0.3～0.8 MPa，喷涂时出料口应与被喷涂面保持垂直，喷枪移动速度应均匀一致，喷枪嘴与被喷涂面的距离应控制在400～600 mm。喷涂行走路线可视施工条件，按横向、竖向或S形往返进行。喷涂时应先喷门、窗口等附近，后喷大面，一般二道成活，但喷涂复层涂料的主涂料时应一道成活。喷涂面的搭接宽度应控制在喷涂宽度的1/3左右。喷涂的质量要求为厚度均匀，平整光滑，不出现露底、皱纹、流挂、针孔、气泡和失光现象。

(4)弹涂

弹涂是借助专用的电动或手动的弹涂器，将各种颜色的涂料弹到饰面基层上，形成直径2～8 mm、大小近似、颜色不同、互相交错的圆粒状色点或深浅色点相间的彩色涂层。需要压平或轧花的，可待色点两成干后轧压，然后罩面处理。弹涂饰面层黏结能力强，可用于各种基层，获得牢固、美观、立体感强的涂饰面层。弹涂首先要进行封底处理，可采用丙烯酸无光涂料刷涂，面干后弹涂色点浆。色点浆采用外墙厚质涂料，也可用外墙涂料和颜料现场调制。弹色点可进行1～3道，特别是第二、三道色点直接关系到饰面的立体质感效果，色点的重叠度以不超过60%为宜。

弹涂器内的涂料量不宜超过料斗容积的1/3。弹涂方向为自上而下呈圆环状进行，不得出现接槎现象。弹涂器与墙面的距离一般为250～350 mm，主要视料斗内涂料的多少而定，距离随涂料的减少而渐近，使色点大小保持均匀一致。

习　题

1. 简述装饰装修工程施工的作用及特点。
2. 简述楼地面工程的施工工艺。
3. 简述内墙一般抹灰工程的主要工序。
4. 简述内墙一般抹灰工程中设置标筋的做法。
5. 简述饰面板(砖)工程的主要安装工艺及其特点。
6. 简述陶瓷面砖的施工工艺。
7. 简述建筑涂料的施工工艺。

第9章　混凝土结构加固修复工程

在现有土木建筑工程中，钢筋混凝土结构占主导地位，起着举足轻重的作用。但是，混凝土结构由于内外因素的作用，经常会出现一些质量通病，降低了混凝土结构的承载能力、耐久性，影响结构安全，为了保证工程质量，我们必须坚持质量为先的原则，对混凝土缺陷加以重视。同时，由于设计不当、施工过程中出现问题、使用要求或作用荷载发生改变，以及建筑物的老化、火灾、地震、战争等灾难性影响，也会使既有建筑物需要加固处理。对已修建好的各类建筑物、构筑物进行维修、加固，保持其正常使用功能，延长其使用寿命，对我们而言，不但可以节约投资，而且能够减少土地的征用，对缓解日益紧张的城市用地有着重要的意义。由此可见，混凝土结构加固修复越来越成为建筑行业中一个重要的分支，对建筑结构加固修复方法、材料与施工工艺的研究，已经成为与国家建设、人民生活息息相关的一个重要课题。

本章主要包括以下几方面内容：

1. 混凝土结构特点；
2. 混凝土结构质量缺陷特征；
3. 混凝土结构事故特征；
4. 混凝土结构加固处理办法。

9.1　混凝土结构特点

钢筋混凝土结构是由钢筋和混凝土两种性能不相同的材料组成的。混凝土具有较高的抗压强度，但抗拉强度却很低，而钢筋则具有较高的抗拉强度和抗压强度，把这两种材料组合在一起，钢筋主要受拉，而混凝土主要受压，发挥材料各自的特长，称之为钢筋混凝土结构。

9.1.1　钢筋混凝土结构特点

9.1.1.1　钢筋与混凝土能很好地结合在一起共同工作的主要原因

钢筋与混凝土之间存在着良好的黏结；钢筋与混凝土两者的温度线膨胀系数很接近（钢筋约为 1.2×10^{-5}，混凝土在 $1.0\times10^{-5}\sim1.5\times10^{-5}$ 之间）；钢筋受到混凝土的保护而不易生锈，具有很好的耐久性。

9.1.1.2　钢筋混凝土结构的主要优点

合理发挥了钢筋和混凝土两种材料的力学特性，成为承载能力较高的结构；钢筋混凝土结构具有很好的耐火性、整体性、可模性；钢筋混凝土结构中，混凝土对钢筋有很好的防护性，与钢结构相比可省去很大的经常性维修费用；便于就地取材，使造价降低。

9.1.1.3 钢筋混凝土的主要缺点

钢筋混凝土的主要缺点有：自重较大；抗裂性能较差；隔热和隔音的性能不够理想。上述主要缺点，正随着材料和结构的发展，在不断地得到改进（如轻骨料混凝土，高强混凝土和预应力混凝土的发展）。

9.1.2 混凝土变形

混凝土变形有两类，一类是受力变形，另一类为体积变形，它与受力无关，如混凝土在结硬过程中的收缩（或膨胀）等。

9.1.2.1 混凝土的应力应变关系

混凝土在一次短期单轴加压时的应力应变关系是一曲线，所以其应力应变的比值是一个变量而不是常数，混凝土受拉时的应力应变关系曲线与混凝土受压时的应力应变关系曲线相似，只不过各特征值均要小得多。

9.1.2.2 混凝土的徐变

混凝土在恒定荷载长期作用下，变形随时间增长的现象称为徐变。影响徐变应变量（简称徐变）有以下几方面原因：水灰比大，水泥用量多，徐变量就大；养护条件好，徐变量就小；骨料质量及级配好，徐变量小；构件体表比越大，徐变量越小；构件的应力与其受荷时强度的比值越大，则徐变量越大。

9.1.2.3 徐变对结构受力的影响

徐变使结构的变形（包括挠度和裂缝）增大；可使结构内部应力重分布；可引起预应力混凝土结构中的预应力损失；受拉徐变会延缓混凝土收缩裂缝的出现，可减少由于支座不均匀沉降产生的应力等。

9.1.2.4 混凝土的收缩（或膨胀）

混凝土在空气中结硬时体积缩小称为收缩，在水中结硬时体积变大称为膨胀，但收缩值要比膨胀值大得多。影响收缩值的原因有以下几方面：水灰比大，水泥用量多，收缩值就大；养护条件好，环境的湿度较大，收缩值小；骨料质量及级配好，收缩值就小；构件体表比越大，收缩值越小：混凝土振捣密实，收缩值就小。收缩对结构受力的影响：在钢筋混凝土结构中，使混凝土产生拉应力，加速裂缝的出现和发展，甚至在未受荷前，即出现初始的收缩裂缝；收缩将引起预应力混凝土结构中的预应力损失；使跨度变化比较敏感的静不定结构产生不利的内力。

9.1.3 钢筋与混凝土的黏结

钢筋与混凝土之间的黏结力主要由三部分组成：化学胶着力、摩擦力和机械咬合力。光面钢筋与混凝土之间的黏结力主要来自摩擦力，变形钢筋与混凝土之间的黏结力则主要来自机械咬合力。对光面钢筋，其作受拉筋时，末端应做180°弯钩，弯后平直段不应小于$3d$，但其作受压筋时可不做弯钩。

影响黏结力大小的因素有以下几方面：钢筋的表面形状；混凝土强度等级；浇筑混凝土时钢筋所处的位置；保护层厚度和钢筋间的净距；横向钢筋（即箍筋）情况；侧向压力的作用等。

9.2 混凝土结构质量缺陷特征

9.2.1 混凝土结构表面质量缺陷种类及产生原因

混凝土是以胶凝材料、水、细骨料、粗骨料为主料，需要时掺入外加剂和矿物掺合料，按适当比例配合，经过均匀拌制、密实成型及养护硬化而成的人工石材，在制作过程中混凝土容易产生质量缺陷。混凝土缺陷主要表现为以下几项：麻面、蜂窝、孔洞、露筋、夹层、酥松脱落、缺棱掉角、烂根、外形尺寸偏差通病等。

9.2.1.1 麻面及产生原因

混凝土麻面是混凝土表面局部缺浆粗糙，或有小凹坑，但无钢筋外露。产生麻面的原因主要有：模板表面粗糙或清理不干净；脱模剂涂刷不均匀或局部漏刷；模板接缝拼接不严，浇筑混凝土时缝隙漏浆；振捣不密实，混凝土中的气泡未排出致使一部分气泡停留在模板表面。

9.2.1.2 蜂窝及产生原因

混凝土蜂窝是混凝土局部酥松，砂浆少，石子多，石子间出现空隙，形成蜂窝状的孔洞。产生蜂窝的原因主要有：混凝土配合比不准确或骨料计量错误；混凝土搅拌时间短，没有拌和均匀；混凝土和易性差，振捣不密实；浇筑混凝土时，下料不当或一次下料过多，没有分段分层浇筑，造成混凝土漏振、离析；模板孔隙未堵好，或模板支设不牢固，模板移位，造成严重漏浆或墙体烂根。

9.2.1.3 孔洞及产生原因

混凝土孔洞是混凝土结构内有尺寸较大的空隙，表面有超过混凝土保护层厚度，但不超过截面尺寸1/3的缺陷，结构内存在着空隙，局部或部分没有混凝土，钢筋局部或全部裸露。

产生孔洞的主要原因有：在钢筋密集处或预留孔洞和埋件处，混凝土浇筑不畅通；施工时未按施工顺序和施工工艺认真操作，产生漏振；混凝土离析，砂浆分离，石子成堆，或严重跑浆；混凝土中有泥块、木块等杂物掺入；未按规定下料或一次下料过多，振捣不到位。

9.2.1.4 露筋及产生原因

混凝土露筋就是钢筋混凝土结构主筋、箍筋裸露在表面，没有包裹混凝土。

产生露筋的主要原因有：钢筋绑扎时，未放垫块、垫块太少、垫块移位或垫块强度不足被压碎等。造成的结果有：钢筋下坠或外移，紧贴模板面，造成外露；结构、构件断面小，而钢筋又太密，间距较小，使混凝土不能充满钢筋周围，造成露筋；混凝土局部漏振，造成露筋；模板拼缝不严，间隙太大，造成混凝土中水泥浆流失，形成露筋；钢筋梁绑扎截面尺寸偏大，致使钢筋紧贴模板，钢筋保护层太小或此处混凝土漏振，致使钢筋外露；模板太旧或粘有混凝土，支模前未认真清理，未涂刷脱模剂或拆模过早，造成混凝土粘在模板上，导致缺棱露筋。

9.2.1.5 夹层及产生原因

混凝土夹层表现为混凝土结构中有松散混凝土层或夹有杂物。

产生夹层的主要原因有：现浇混凝土施工中浇筑间歇过长，形成施工冷缝；现浇混凝土上下层混凝土间存在杂物，形成夹渣；混凝土浇筑时，混凝土浮浆未清除。

9.2.1.6 缺棱掉角及产生原因

现浇混凝土缺棱掉角是梁柱板墙和洞口直角处混凝土局部掉落，不规整，棱角有缺陷。

产生缺棱掉角的主要原因有：混凝土浇筑前木模板未润湿或润湿不够；混凝土养护不好；过早拆除侧面非承重模板；拆模时外力作用、重物撞击或保护不好，使棱角被碰掉；在冬期施工中，保温措施不到位，混凝土梁、柱等边角受冻。

9.2.1.7 酥松脱落及产生原因

混凝土酥松脱落表现为：混凝土结构构件浇筑脱模后，表面出现酥松、脱落等现象，表面强度比内部强度低很多。

产生酥松脱落的主要原因有：木模板未浇水润湿或润湿不够；炎热刮风天，混凝土脱模后，未浇水养护；冬期浇筑混凝土时，没有采取保温措施。

9.2.1.8 烂根及产生原因

混凝土烂根就是指在浇筑墙、柱等部位时，由于没有振捣到位或浇筑混凝土时发生离析，导致墙、柱等根部出现混凝土不密实或空洞露筋现象。

产生烂根的主要原因有：开始浇筑混凝土时，混凝土中砂浆被沿途的模板、钢筋黏附了，落下去的混凝土没有砂浆产生而烂根。

9.2.1.9 外形尺寸偏差通病及产生原因

混凝土外形尺寸偏差通病主要表现为：外形偏差如表面不平整、结构位移或倾斜、凹凸或膨胀等。

产生外形尺寸偏差通病的主要原因有：混凝土浇筑后没有找平压光；混凝土没有达到强度就让人操作或运料；模板支设不牢固，支撑结构差；放线误差较大；混凝土浇筑顺序不对致使模板发生偏移等。

9.2.2 混凝土表面缺陷预防措施及修补方法

9.2.2.1 麻面的预防措施及修补方法

混凝土麻面的预防措施主要有：模板表面清理干净，不得粘有干硬性水泥等物；浇筑混凝土前，应用清水湿润模板，不留积水，严密拼接模板缝隙；脱模剂须涂刷均匀，不得漏刷；混凝土须按操作规程分层均匀振捣密实，严防漏振，每层混凝土均应振捣至气泡排出为止。

如果混凝土结构产生了麻面，修补方法是：先在麻面部分充分浇水湿润后，用同混凝土标号的砂浆，将麻面抹平压光，使颜色一致，修补完后，应用草帘或草袋进行保湿养护。

9.2.2.2 蜂窝的预防措施及修补方法

混凝土蜂窝的预防措施主要有：严格控制混凝土原材料配合比，经常检查，对于雨后浇筑，要根据现场石子、砂等的实际含水率调整配合比；混凝土搅拌时间要适宜；支模时，拼缝要严密，模板间加密封条，薄弱处加双卡固定；浇筑墙或柱类混凝土时，要控制每层混凝土的厚度，分层浇筑、振捣，振捣要到位。

如果混凝土结构产生了蜂窝，修补方法是：对于小蜂窝，冲洗干净后，用1∶2的水泥砂浆压实抹平；对于较大蜂窝，应凿去松动石子冲洗干净，用高一强度等级的细石混凝土填塞压实，并加强养护。

9.2.2.3 孔洞的预防措施及修补方法

混凝土孔洞的预防措施主要有：对于难以下料的地方，可采用细石混凝土浇筑；正确地振捣，严防漏振；防止土块或木块等杂物的掺入；选用合理的下料浇筑顺序；加强施工技术管理和质量检查工作。

如果混凝土结构产生了孔洞，修补方法是：一般孔洞处理方法是将周围的松散混凝土和软弱浆膜凿除，用压力水冲洗，支设带托盒的模板，洒水湿润后，用比结构混凝土高一强度等级的半干硬细石混凝土仔细分层浇筑，强力捣实，并养护，突出结构面的混凝土，待强度达到50%后再凿去，表面用1∶2水泥砂浆抹平；对面积大而深的孔洞，清理后，在内部埋压浆管、排气管，填清洁的碎石，表面抹砂浆或浇筑薄层混凝土，然后用水泥压力灌浆。

9.2.2.4 露筋的预防措施及修补方法

露筋的预防措施主要有：绑扎钢筋时，必须保证钢筋位置和保护层厚度要符合要求，为了保证混凝土保护层厚度，一般每1 m^2 左右安装一块水泥砂浆垫块，薄弱处适当增加数量，并加强检查，符合要求时方可浇筑，另外，砂浆垫块必须提前制作，达到强度后方可使用；在框架梁、柱等锚固节点处，钢筋较密，间距小，浇筑混凝土时，应优先选用细石混凝土进行浇筑；混凝土配比要准确，以确保有良好的和易性、流动性；浇筑混凝土前，模板缝隙要堵严密，并洒水湿润，在浇筑过程中，振捣要到位，严禁漏振，同时振捣时，振捣棒严禁撞击钢筋；钢筋密集时，可采用小直径的振动棒进行振捣；支模前，旧模板要进行整修，模板表面要清理干净，涂刷脱模剂，浇筑后达到一定强度再拆模板。

如果混凝土结构产生了露筋，修补方法是：将强度不高的现浇混凝土层剔除，对剔除部位彻底清理干净，牵拉钢筋使之归位，在充分润湿后，用高一强度等级的细石混凝土修补，做到修补部位混凝土的捣实，加强混凝土的养护。

9.2.2.5 夹层的预防措施及修补方法

混凝土夹层的预防措施主要有：控制现浇混凝土浇筑上下层的间隔时间，浇筑混凝土前清理上下层混凝土间存在的杂物，现浇混凝土时，底部先铺一层水泥砂浆再进行浇筑，混凝土浇筑后即对顶面的浮浆清除；施工缝处的锯末、混凝土碎块等杂物必须先清理干净，必要时，把松散的混凝土凿掉用水冲干净再支模，浇筑前施工缝处先洒水润湿，然后铺一层砂浆，再浇混凝土。

如果混凝土结构产生了夹层，处理方法主要有：夹渣的处理应慎重，将夹渣层中的杂物和松散、软弱混凝土彻底清除并用清水冲洗干净，充分润湿再浇筑高一强度等级的细石混凝土捣实，并及时采用毛毯覆盖养护，时间不少于7 d。

9.2.2.6 缺棱掉角的预防措施及修补方法

为了避免混凝土缺棱掉角，主要措施有：木模板在浇筑混凝土前应充分润湿，混凝土浇筑后应认真浇水养护；拆除侧面非承重模板时，混凝土应具有足够的强度；拆模时，要注意顺序，严禁用力过猛，要注意保护棱角，在吊运模板时，要有专人负责，严禁模板撞击棱角；对于通道口、混凝土柱的阳角，拆模后用角钢保护棱角，以免受损；在冬期施工中，浇筑混凝土后要及时采取有效的保温措施，防止受冻；加强成品保护。

如果混凝土结构产生了缺棱掉角，修补方法是：对于较小缺棱掉角，可将该处松散石子凿除，用钢丝刷刷干净，清水冲洗后并充分润湿，用水泥砂浆抹补齐整；对于较大缺棱掉角，冲洗剔凿清理后，重新支模用高一强度等级的细石混凝土填灌捣实，并养护。

9.2.2.7 酥松脱落的预防措施及修补方法

混凝土酥松脱落的预防措施主要有：混凝土在特殊天气下施工时，应制定特殊的施工措施；加强混凝土的养护及保温工作。

如果混凝土结构产生了酥松脱落，修补方法是：较浅的酥松脱落，可将酥松部分凿去，冲洗干净润湿后，用1∶2水泥砂浆抹平压实；较深的酥松脱落，可将酥松和突出颗粒凿去，刷洗干净后支模，用比结构混凝土高一强度等级的细石混凝土浇筑，强力捣实，并加强养护。

9.2.2.8　混凝土烂根的预防措施及修补方法

混凝土烂根的预防措施主要有：浇筑混凝土柱或墙前，先铺一层50 mm厚的同标号砂浆，然后再浇筑混凝土；混凝土要分层浇筑，每层下料不超过500 mm厚，分层振捣，表面浮浆泛出即可。

对于已发生的墙、柱烂根的现象，修补方法是：先凿去表面松散的石子，用清水冲洗干净，用高一级别配比的细石混凝土补抹，加强养护即可。

9.2.2.9　外形尺寸偏差通病的预防措施及修补方法

外形尺寸偏差通病的预防措施主要有：依据施工措施进行施工；支设足够刚度及强度的模板；复核施工放线；混凝土浇筑时，要有一定的顺序。

外形尺寸偏差通病的修补方法主要有：表面不平整，用细石混凝土或1∶2水泥砂浆修补找平。

9.3　混凝土结构事故特征

随着我国建筑业的蓬勃发展，高层建筑的不断增多，特别是在商品混凝土的普及和推广应用后，混凝土技术在工程施工中越来越多地被采用。混凝土在工程的实际运用中，常会出现混凝土凝结异常、强度不足以及出现裂缝的现象，在一定程度上影响了工程的质量，应当引起足够的重视。

9.3.1　混凝土模板工程引起的事故

模板是混凝土结构或构件成型的工具，也是成型的一个十分重要的组成部分，本身要具有与结构构件相同的尺寸和外形，还要有足够的强度和刚度以承受现浇混凝土的荷载和施工荷载。在模板及支撑体系中包括滑模、爬模、飞模等工具式模板工程，搭设高度8 m及以上，跨度18 m及以上，施工荷载15 kN/m^{2}及以上或集中线荷载20 kN/m^{2}及以上的混凝土模板支撑工程，及承受单点集中荷载700 kg以上，用于钢结构安装等满堂承重支撑体系工程的分部分项工程的安全专项施工方案必须经专家论证。

在专项方案中需根据施工组织设计和现场实际情况，明确模板的系统结构形式，对模板系统的配制、支撑、扣件等模板支撑系统进行荷载验算，保证模板具有足够的强度、刚度和稳定性，从而保证模板系统安全的目的。同时，在专项方案中还要明确对模板支架的要求，保证工程结构各部分的相互位置和形状尺寸，明确剪力墙支模板、柱支模及梁支模要求等。然而在实际施工中，支模前不进行设计，没有可行的技术方案，模板底层基土不夯实，支模后又不仔细检查支架是否稳固等原因导致浇筑混凝土时支架在上部压力作用下产生下沉，从而造成了混凝土质量问题。另外由于施工人员的技术水平有限，在施工时由于设置的模板的侧向支撑刚度不够，夹档支撑不牢固等导致胀模，从而使混凝土构件不能按照设计成型，结构失去设计功能。其次，在混凝土没有达到足够强度以承受后续荷载的情况下，过早地拆除模板导致梁、板变形、开裂甚至倒塌也是在混凝土工程中经常出现的质量事故。因此在混凝土工程，特别是模板工程中，必须从设计、施工、验收等各方面严格按照规范施工，从而避免混凝土工程事故的发生，保证混凝土工程的质量。

9.3.2 外加剂使用不当引起的事故

外加剂使用不当是最常见的一类事故，此类事故表现在：混凝土浇筑后，局部或大部分长时间不凝结硬化；已浇筑完的混凝土结构物表面起鼓包。

要避免这类质量事故发生，必须重视以下三方面的问题：

①外加剂与水泥的适应性。外加剂进场后，必须进行试配，掌握其特性，如坍落度的耗时损失、凝结时间、减水率等，以确定能否使用。对于硬石膏做调凝剂的水泥，这点尤其重要，以免混凝土搅拌后出现速凝或坍落度损失过快的问题。

②外加剂的每一次投料，都必须严格按照配合比计量。计量器具必须经常进行校验，保证其灵敏度和准确度。

③粉状外加剂要保持干燥状态，防止受潮结块。已经结块的粉状外加剂，应烘干、碾碎过0.6 mm筛后再使用，以免含未碾成粉状的颗粒遇水膨胀，造成混凝土表面鼓包。

外加剂使用不当的补救措施：对大面积松散不凝结硬化的结构物必须拆掉重新浇筑；因缓凝型减水剂使用过量造成混凝土长时间不凝结硬化时，可延长其养护时间，推迟拆模，后期混凝土强度一般不受影响；在混凝土结构验收时，应按规范要求进行现场检测。

9.3.3 混凝土强度不足引起的事故

混凝土强度不足对结构的影响程度很大，可能造成结构或构件的承载力降低，抗裂性能、抗渗性能、抗冻性能和耐久性的降低，以及结构构件的强度和刚度下降。

9.3.3.1 产生原因

①材料质量。水泥质量差；骨料(砂、石)质量差；拌和水质量不合格；掺加外加剂质量差。

②混凝土配合比不当。混凝土配合比是决定混凝土强度的重要因素之一，其中水灰比的大小直接影响混凝土的强度，其他如用水量、砂率等也都会影响混凝土的强度和其他性能，从而造成混凝土强度不足。在施工中主要表现为：施工现场计量装置形同虚设；砂、石计量不准；随意套用配合比；水泥用量不足；用水量过大，外加剂不合格。

③混凝土施工工艺。混凝土搅拌不佳；运输条件差；混凝土浇筑不当；模板漏浆严重；混凝土的养护不当。

④混凝土试块管理不善，未按照规定制作试块，试块模具管理差及试块未按照标准养护等。

9.3.3.2 预防措施

杜绝这类事故，一是要确保混凝土原材料的质量，水泥应采用正规厂家的水泥，因其质量控制、管理水平高，产品质量的稳定性远高于小厂。二是要严格控制混凝土配合比，保证计量准确，尤其是水泥用量一定要足，不能扣水泥用量。影响混凝土强度的因素是多方面的，有些在实验室能达到的指标，在现场施工中却难达到。因而，在水泥用量上，须考虑现场的实际情况，如使用袋装水泥，应核验袋装水泥的质量，以防水泥分量不足。三是混凝土搅拌要建立岗位责任制，要合理拌制，保证混凝土搅拌时间。四是防止混凝土早期受冻。五是认真制作试块，加强对试块的管理，按标准要求对混凝土试块进行标准养护，用于结构验收的试块要和构件同条件养护。

现行国家规范《混凝土强度检验评定标准》(GB/T 50107—2010)确定混凝土强度是否合格取决于立方试块抗压强度的代表值的大小，系指对按标准方法制作，边长为150 mm的立方体试件，在标准养护条件下28 d龄时，用标准试验方法，测得的混凝土的抗压强度，按检验批进行验收，最小强度值的要求视混凝土强度的评定方法。规范在这里一共强调了“标准方法制作、标准方法养护、标准尺寸的试件和标准的试验方法”，其中有任何一项不规范，所得的混凝土强度值都是不准确的，都不能完全代表混凝土的强度。

在现实的施工中，不少项目混凝土的制作、养护不符合标准的规定，给混凝土强度的评定带来一定难度。从取样方法上讲，规范规定混凝土试样从同一盘或同一车内抽取。在卸料过程中宜在卸料量的1/4 ~3/4 范围抽取。

从养护上讲，作为混凝土强度的验收，必须实行标准养护。有的工地试模严重变形、搓角，有的螺栓残缺不全，有的侧板变形裂缝。据有关资料统计，由于试件不准确，可使混凝土试块实测强度降低20%以上。

9.3.4 混凝土裂缝

近年来，随着城市建设的快速发展，混凝土裂缝问题也越来越受到建筑施工单位的重视。房屋建筑中楼层上的裂缝是一种常见问题，尤其是厨房、卫生间和阳台处的裂缝，往往容易出现渗漏水问题。现在预拌混凝土和高性能混凝土的大量应用，使混凝土的各类裂缝显得更为突出。裂缝的存在降低了房屋建筑的质量，如整体性、耐久性和抗震性能，同时房屋的裂缝给居住者在感观上和心理上造成不良影响。特别是随着我国住房商品化的深入，人们对居住环境和建筑质量的要求不断提高，对建筑物裂缝的控制的要求也更为严格。

混凝土作为明显的脆性材料，其非弹性响应十分复杂，主要原因就在于这种非匀质性材料组织先天性缺陷，其内部存在孔洞、微裂缝、分层等细观构造。当受到温度变化、干湿变化、荷载作用、结构损伤等因素影响时，易产生明显的表面裂缝，表面裂缝使混凝土结构外观损伤，加剧混凝土炭化、钢筋锈蚀，降低结构的刚度和强度，进而影响混凝土结构的安全性、使用性和耐久性。

许多新理论、新方法引入的核心思想是其必须与结构损伤的特征因子相结合，通过对结构损伤因子的提取进而判断结构的损伤程度，过程复杂。而混凝土结构损伤最直观的信息即是表观损伤，即表观裂缝的出现、发展和变化，裂缝作为混凝土结构损伤的一个重要特征表象，已经成为研究混凝土结构健康状况的重要对象之一，它也已经成为混凝土结构损伤的重要判断依据。因此对混凝土结构的表面裂缝进行识别、分析混凝土裂缝的成因，对采取有效的预防措施是非常必要的。

9.3.4.1 裂缝的种类划分

(1)非作用效应引起的裂缝

①塑性收缩裂缝。塑性收缩裂缝是在混凝土初凝后由于早期失水过快，造成毛细管中产生较大的负压而使混凝土体积急剧收缩，而此时混凝土的强度较低无法抵抗其本身收缩产生的拉应力，在收缩应力作用下导致开裂。混凝土在不受外力的情况下的这种自发变形，在受

到外部约束(支承条件、钢筋等)时，将在混凝土中产生拉应力，使得混凝土开裂。引起混凝土开裂的原因主要有塑性收缩、干燥收缩和温度收缩等三种。在硬化初期主要是水泥石在水化凝固结硬过程中产生的体积变化，后期主要是混凝土内部自由水分蒸发而引起的干缩变形。干缩裂缝形状常见的有两种：一种是表面多呈不规则的网状，这种裂缝发生在混凝土终凝前，如发现较早，及时抹实养护，可以消失；另一种是中间宽，两侧细且长短不一，互不连贯，有时出现在两根钢筋之间，并与钢筋平行。如仅由于干缩造成的裂缝，其长度与宽度均较小，一般为200 ~ 300 mm。当干缩与温差等原因叠加而形成裂缝时，其长度与宽度有时较大，较长的裂缝可达2 ~ 3 m，宽1 ~ 5 mm这种类型裂缝多发生在气温较高，大风干燥的环境条件下。

②水泥水化热引起的温度裂缝。水泥是混凝土的重要组分，水泥遇水发生水化反应，放出热量，使混凝土内部温度迅速升高，发生膨胀变形，当变形受到约束时，则产生温度应力，当应力超过混凝土抗拉强度时即产生温度裂缝。尤其是在大体积混凝土施工中，由于混凝土体积较大，内部产生的水化热不易散发，以至于内部温度骤升，内外形成较大温差，此时，如果混凝土施工过程中环境温度变化大，或者是混凝土受到寒潮袭击，则导致混凝土表面温度迅速下降，裂缝极易产生。混凝土温度裂缝的走向通常无一定规律，大面积结构(如桥面铺装)裂缝常纵横交错，裂缝通常只在混凝土表面较浅的范围内产生。梁板类长度尺寸较大的结构，裂缝多平行于短边，深入和贯穿性的温度裂缝一般与短边方向平行或接近平行，裂缝沿着长边分段出现，中间较密。该种裂缝宽度大小不一，受温度变化影响较为明显，冬季较宽，夏季较窄。由于水泥的水化热大部分在水化早期(7 d)内放出，因此由水化热引起的裂缝大多出现在混凝土浇筑完成后两周内。

③钢筋锈蚀引起的裂缝。混凝土的结构环境类别分为五类，不同的环境造成钢筋锈蚀的机理不同，构件所处环境条件越差，越容易造成钢筋锈蚀，而导致钢筋锈蚀的根本原因还是混凝土保护层被炭化或破坏。当保护层厚度不够或密实性较差时，混凝土保护层受二氧化碳侵蚀炭化至钢筋表面，使钢筋周围混凝土碱度降低，或者由于保护层被破坏氯化物侵入，破坏钢筋表面的钝化膜。钢筋中的铁离子与侵入混凝土中的氧气和水发生反应，生成的氢氧化铁体积比原来增大2 ~ 4倍，当此变形受到周围混凝土约束时则产生膨胀应力，在膨胀应力大于混凝土抗拉强度时混凝土保护层开裂。裂缝通常沿钢筋纵向产生，严重时有锈迹渗到混凝土表面，此种先锈后裂的纵向裂缝，一旦发生，便严重恶化，导致保护层混凝土成片脱落甚至钢筋锈断。

④混凝土徐变。混凝土在长期荷载作用下会发生徐变现象。混凝土的徐变是指其在长期恒载作用下，随着时间的延长，沿着作用力的方向发生的变形，一般要延续2 ~ 3年才逐渐趋向稳定，这种变形随时间而发展。混凝土不论是受压、受拉或受弯，均会产生徐变现象。这种变形产生的应力超过混凝土抗拉强度时，就可能产生裂缝。

⑤混凝土与钢筋之间黏结锚固能力不足：黏结锚固能力是混凝土与钢筋接触界面上所产生的沿钢筋纵向的剪应力，是钢筋与混凝土两者进行应力传递和协调变形的保证。混凝土强度等级低；锚固长度不足；保护层厚度和钢筋净间距较大；钢筋锈蚀严重，肋纹咬合作用降低；浇筑混凝土时，因水分气泡逸出和混凝土的泌水下沉，顶部钢筋与混凝土接触不紧密，形成强度较低的空隙层，都会造成钢筋混凝土裂缝。

(2)作用效应引起的裂缝

①不均匀沉陷裂缝。不均匀沉陷裂缝一般在建筑物下部出现较多，由于基础产生竖向不

均匀沉降或水平方向位移，使结构中产生附加应力，当其超过混凝土结构的抗拉强度时，结构开裂。通常裂缝宽度较大，多为横向或斜45°贯通性裂缝。裂缝位置多在沉降曲率较大的位置出现。裂缝的形状一般都是一端宽，一端细。裂缝尺寸大小变化较多，在地基接近剪切破坏或出现较大沉降差时，裂缝尺寸可能较大。大多数出现在房屋建成后不久，也有少数工程在施工中明显开裂，严重的甚至无法继续施工。随着时间及地基变形的发展，裂缝也会发生变化，如裂缝尺寸加大，数量增多，当地基稳定后，裂缝不再扩展。

②荷载作用引起的裂缝。结构受到外荷载作用引起裂缝，这种裂缝一般是与受力钢筋以一定角度相交的横向、斜向裂缝。混凝土构件受到单调短期荷载、多次重复荷载或长期荷载作用时，混凝土中拉应力超过了抗拉强度，或由于拉伸应变达到或超过了极限拉伸值，就会出现裂缝。裂缝的扩展是由于钢筋外围混凝土的回缩。裂缝宽度与穿越裂缝的钢筋应力近乎成正比。在钢筋混凝土出现可见裂缝后，钢筋约束区内裂缝截面上原混凝土承受的大部分拉应力便转由穿越裂缝截面的钢筋承担。

受弯构件常见的有垂直裂缝和斜裂缝两类。在梁、板构件弯矩最大的截面或断面突然削弱处(如主筋切断处附近)，从受拉区边缘开始出现与受拉方向垂直的裂缝，并逐渐向中和轴方向发展。采用螺纹钢筋时，裂缝间可见较短的次裂缝。当结构配筋较少时，裂缝少而宽。斜裂缝通常发生在剪力最大的部位，如梁支座附近，多数是剪力与弯矩共同作用而造成的。裂缝由下部开始，一般沿45°方向向跨中上方伸展。

轴心受压构件一般不出现裂缝，若出现则裂缝表现为平行于受力方向的短而密的平行裂缝，表示受压区混凝土压裂，预示结构开始破坏。小偏心受压构件和受拉区配筋较多的大偏心受压构件的裂缝和破坏情况，与轴心受压构件相似。大偏心受压且受拉区配筋不多的构件，类似于受弯构件。

轴心受拉构件在荷载不大时，混凝土将产生裂缝，其特征是沿正截面开始，和钢筋拉力作用线相垂直，各缝间距近似相等。

冲切构件裂缝，例如柱下基础底板，从柱的周边开始沿45°斜面拉裂，形成冲切面。

扭弯构件裂缝，钢筋混凝土构件受扭弯时，构件内产生的裂缝常与短边平行；当板有横肋时，裂缝多与横肋相垂直，常见的裂缝宽度是0.15～0.5 mm。

③温度或湿度作用引起的裂缝。结构使用期间，受到高温热源的影响，较大的温差造成混凝土结构内外不均匀的热胀冷缩变形，从而使混凝土表面产生一定的拉应力。当拉应力超过混凝土的抗拉强度时，混凝土表面就会开裂。混凝土内部的温度由浇筑温度、水泥水化热的绝热温升和结构的散热温度等各种温度叠加组成。浇筑温度与外界气温有着直接关系，外界气温愈高，混凝土的浇筑温度也就会愈高；如果外界温度降低则又会增加大体积混凝土的内外温度梯度。如果外界温度下降过快，会造成很大的温度应力，极其容易引发混凝土的开裂。另外外界的湿度对混凝土的裂缝也有很大的影响，外界的湿度降低会加速混凝土的干缩，也会导致混凝土裂缝的产生。

(3)施工及设计不当等原因引起的裂缝

没有严格按照国家规范要求设计施工；施工方法、程序不合理；对工程材料验收不严格，施工时粗心大意；质量验收不细致、不全面等都会导致混凝土结构裂缝的出现。

9.3.4.2 混凝土裂缝的预防措施

混凝土结构裂缝的控制措施应根据产生原因来制定，施工前针对各种裂缝的产生原因进行深入的研究分析，制定科学、可行的预控措施，这样就可以最大限度地控制混凝土结构裂缝。以下为一些常用的预控措施。

(1)优化设计

在结构构件设计时，按相关规范对裂缝宽度进行控制验算，保证计算值不超过对应的限值；也可采用施加预应力来提高混凝土的抗裂性能。

设计时注意结构设计与构造措施相结合。采取如设置伸缩缝、后浇带、加配构造钢筋或者在同样配筋率的情况下采用钢筋截面小、间距密的布筋方式，层间橡胶支座使构件变柔等构造措施，防止裂缝的出现。

(2)优选混凝土各种原材料

尽量使用低热或者中热的矿渣硅酸盐水泥、火山灰水泥，并尽量降低混凝土中的水泥用量，以降低混凝土的温升，提高混凝土硬化后的体积稳定性。选择粗骨料时，可根据施工条件，尽量选用粒径较大、质量优良、级配良好的石子，这样既可以减少用水量，也可以相应减少水泥用量，还可以减小混凝土的收缩和泌水现象。选择细骨料时，采用平均粒径较大的中粗砂，从而降低混凝土的干缩，减少水化热量，对混凝土的裂缝控制有重要作用。泵送混凝土要求坍落度较大，特别是气温较高时浇筑，采用缓凝型高效减水剂对降低水灰比、提高28d强度、减少水泥用量、降低水化热、推迟水化热温度峰值时间均具有明显效果。为防止混凝土干缩和温差收缩产生裂缝，在混凝土拌和物中掺入一定量的膨胀剂，增加密实度，使混凝土产生膨胀，提高混凝土抗裂防渗能力。

(3)配合比设计优化措施

精心设计混凝土配合比。在保证混凝土具有良好工作性的情况下，应尽可能地降低混凝土的单位用水量，采用“三低(低砂率、低坍落度、低水胶比)二掺(掺高效减水剂和高性能引气剂)一高(高粉煤灰掺量)”的设计准则，生产出高强、高韧性、中弹、低热和高极拉值的抗裂混凝土。增配构造筋提高抗裂性能，配筋应小直径、小间距。避免结构突变产生应力集中，在易产生应力集中的薄弱环节采取加强措施。

(4)加强现场施工管理

除了设计措施配合外，控制重点还在施工环节这一关。我们对现场控制的措施从以下几方面入手，严格控制、严格把关、全过程监督。

混凝土浇筑应避开高温天气，可以选择早上或傍晚开始浇筑，以防止混凝土表面水分蒸发过快而产生板面龟裂。混凝土供应必须保证连续性，楼面混凝土浇筑时，要根据泵送能力，严格控制浇筑宽度，防止混凝土出现施工冷缝。浇筑楼板混凝土时，必须采用平板振捣器来保证混凝土的振捣质量，严禁采用振捣棒振捣楼板混凝土。加强成型楼板混凝土的养护，强化养护是防止混凝土开裂的必需条件，应派专人负责，坚持按规范要求进行养护。

楼面上荷载的时间控制：楼层混凝土浇筑完毕后，应等到其强度达到1.2 MPa后，方可允许上人；混凝土浇筑完毕36 h后，方可允许上其他荷载，包括在上面搭设满堂脚手架和堆放施工材料。

混凝土养护：养护问题一直是施工单位容易忽视的问题，随着混凝土强度等级的不断提高，粉煤灰在泵送混凝土中的广泛应用，养护问题就变得越来越重要。现在施工现场的养护方法一般是在混凝土终凝后喷水养护，几乎没有覆盖，且喷水间隔过长，养护龄期过短，甚至有的仅为2～3 d，这与国家验收规范规定的养护方法相差甚远。

严格控制拆模及加荷时间：泵送混凝土一般均掺入外加剂及粉煤灰，因此，混凝土的初凝时间比往现场搅拌混凝土要长得多，早期强度较低，而施工单位为了赶工期和节约模板支撑，往往凭经验就拆除柱边或墙边的板底支撑，过早上荷载，导致梁板裂缝的产生。

细节处理：穿线管道位置增设钢筋网，交叉布线处可采用接线盒，线管不宜立体交叉穿越，预埋管线处应增设钢筋网。

9.3.4.3 裂缝处理

钢筋混凝土结构或构件出现裂缝，有的会破坏结构整体性，降低构件刚度，影响结构承载力，有的虽对承载能力无多大影响，但会引起钢筋锈蚀，降低耐久性，或发生渗漏，影响使用。尤其是在住宅建筑中，现浇梁、板或剪力墙出现的裂缝会给居民造成不安全感，而且裂缝不仅会影响抗渗效果，也易造成水分侵蚀钢筋，影响使用耐久性。因此，根据裂缝性质、大小、结构受力情况和使用情况，应区别对待及时治理。

裂缝的修补方法主要有表面处理和化学灌浆两种。表面处理法主要适用于表层裂缝和较浅的裂缝，通常先沿缝凿槽，用乳胶砂浆、环氧砂浆、密封膏等材料充填即可。化学灌浆法是将浆液灌入裂缝内部，浆液硬化后具有一定的黏结强度，能较好地恢复混凝土结构的整体性，起到固结、防渗、改善应力传递以提高承载和抗变形能力等作用。

(1)混凝土裂缝修补材料

目前用于混凝土修补的材料主要有三类：无机修补材料，主要是指普通水泥、集料配制的砂浆和混凝土及使用特种水泥配制的水泥基修补材料；有机材料与无机材料复合的聚合物修补材料，主要有聚合物改性砂浆及混凝土等；有机高分子材料，如环氧树脂、聚氨酯和丙烯酸等各种树脂材料。

目前，防水补强使用较多的材料主要是有机高分子材料。根据防水补强的目的和用途，有机高分子材料可分为两大类：第一类为补强固结灌浆材料，如环氧树脂类灌浆材料、甲基丙烯酸酯类灌浆材料等；第二类为防渗堵漏灌浆材料，如丙烯酸胺类灌浆材料、木质素类灌浆材料等。

有机高分子材料的特点是：黏度低，可灌性好，渗透力强，充填密实，防水性好，浆材固结后强度高，且固化时间可以任意调节，能够保证灌浆操作顺利进行。

(2)裂缝表面修补法

裂缝表面修补法适用于对承载能力没有影响的表面裂缝的处理，也适用于大面积细裂缝防渗、防漏的处理。

①表面涂抹水泥砂浆。将裂缝附近的混凝土表面凿毛，或沿裂缝凿成深 15～20 mm，宽 150～200 mm 的凹槽，扫净并洒水湿润，先刷水泥净浆一层，然后用 1∶2 的水泥砂浆分 2～3 层涂抹，总厚度控制在 10～20 mm，并用铁抹抹平压光。有防水要求时应用 2 mm 厚水泥净浆及 5 mm 厚 1∶2 的水泥砂浆交替抹压 4～5 层，刚性防水层涂抹 3～4 h 后进行覆盖，洒水养护。在水泥砂浆中掺入占水泥质量 1%～3% 的氯化铁防水剂，可起到促凝和提高防水性能的效果。为了使砂浆与混凝土表面结合良好，抹光后的砂浆面应覆盖塑料薄膜，并用支撑模板顶紧加压。

②表面涂抹环氧胶泥。涂抹环氧胶泥前，先将裂缝附近 80～100 mm 宽度范围内的灰尘、浮渣用压缩空气吹净，或用钢丝刷、砂纸、毛刷清除干净并洗净，油污可用二甲苯或丙酮擦洗一遍，如表面潮湿，应用喷灯烘烤干燥、预热，以保证环氧胶泥与混凝土黏结良好。若基层难以干燥，则用环氧煤焦油胶泥涂抹。涂抹时，用毛刷或刮板均匀蘸取胶泥，并涂刮在裂缝表面。

③采用环氧粘贴玻璃布。玻璃布使用前应在碱水中煮沸 30～60 min，然后用清水漂净并

晾干，以除去油脂，保证黏结。一般贴1～2层玻璃布。第二层玻璃布的周边应比下面一层宽10～12 mm，以便压边。

④表面涂刷油漆、沥青。涂刷前混凝土表面应干燥。

⑤表面凿槽嵌补。沿混凝土裂缝凿一条深槽，槽内嵌水泥砂浆或环氧胶泥、聚氯乙烯胶泥、沥青油膏等，表面作砂浆保护层。槽内混凝土面应修理平整并清洗干净，不平处用水泥砂浆填补，保持槽内干燥，否则应先导渗、烘干，待槽内干燥后再进行嵌补。环氧煤焦油胶泥可在潮湿情况下填补，但不能有淌水现象。嵌补前先用素水泥浆或稀胶泥在基层刷一层，然后用抹子或刮刀将砂浆或环氧胶泥、聚氯乙烯胶泥嵌入槽内压实，最后用1∶2水泥砂浆抹平压光。在侧面或顶面嵌填时，应使用封槽托板逐段嵌托并压紧，待凝固后再将托板去掉。

(3)裂缝内部修补法

裂缝内部修补法是用压浆泵将胶结料压入裂缝中，由于其凝结、硬化而起到补缝作用，以恢复结构的整体性。这种方法适用于对结构整体性有影响，或有防水、防渗要求的裂缝修补。常用的灌浆材料有水泥和化学材料，可按裂缝的性质、宽度、施工条件等具体情况选用。一般对宽度>0.5 mm的裂缝，可采用水泥灌浆；对宽度<0.5 mm的裂缝，或较大的温度收缩裂缝，宜采用化学灌浆。

①水泥灌浆。一般用于大体积混凝土结构的修补，主要施工程序是钻孔、冲洗、止浆、堵漏、埋管、试水、灌浆。钻孔采用风钻或打眼机进行，孔距1～1.5 m，除浅孔采用骑缝孔外，一般钻孔轴线与裂缝呈30°～45°斜角，孔深应穿过裂缝面0.5 m以上，当有两排或两排以上的孔时，宜交错或呈梅花形布置，但应注意防止沿裂缝钻孔。冲洗在每条裂缝钻孔完毕后进行，其顺序按竖向排列自上而下逐孔冲洗。止浆及堵漏，待缝面冲洗干净后，在裂缝表面用1∶2的水泥砂浆或用环氧胶泥涂抹。埋管(一般用直径19～38 mm的钢管作灌浆管，钢管上部加工丝扣)安装前应在外壁裹上旧棉絮并用麻丝缠紧，然后旋入孔中，孔口管壁周围的孔隙用旧棉絮或其他材料塞紧，并用水泥砂浆或硫黄砂浆封堵，防止冒浆或灌浆管从孔口脱出。试水是用0.098～0.196 MPa压力水做渗水试验，采取灌浆孔压水、排气孔排水的方法，检查裂缝和管路畅通情况，然后关闭排气孔，检查止浆堵漏效果，并湿润缝面以利于黏结。灌浆应采用425号以上的普通水泥，细度要求经6 400孔/厘米^{2}的标准筛过筛，筛余量在2%以下，可使用2∶1、1∶1、0.5∶1等几种水灰比的水泥净浆或1∶0.54∶0.3(水泥∶粉煤灰∶水)的水泥粉煤灰浆，灌浆压力一般为0.294～0.491 MPa，压浆完毕时浆孔内应充满灰浆，并填入湿净砂，用棒捣实，每条裂缝应按压浆顺序依次进行，当出现大量渗漏情况时，应立即停泵堵漏，然后继续压浆。

②化学灌浆。化学灌浆能控制凝结时间，有较高黏结强度和一定的弹性，恢复结构整体性效果较好，适用于各种情况下的裂缝修补及堵漏、防渗处理。灌浆材料应根据裂缝性质、裂缝宽度和干燥情况选用。常用的化学灌浆材料为环氧树脂浆液，其具有黏结强度高、施工操作方便、成本低等优点，应用最广。灌浆操作主要工序是表面处理(布置灌浆嘴和试气)、灌浆、封孔，一般采取骑缝直接用灌浆嘴施灌，不用另外钻孔。配制环氧浆液时，应根据气温控制材料温度和浆液的初凝时间(1 h左右)。灌浆时，操作人员要戴上防毒口罩，以防中毒。

裂缝修补主要的方法如下表9－1所示。

表 9－1　裂缝修补的主要方法

名称	方法概述	所用材料	特点	适用范围	其余要点
表面处理法（表面封闭法）	刷于裂缝表面，达到恢复其防水性及耐久性的目的	各种防水材料、合成树脂材料及无机凝胶材料	施工简单，但涂料无法深入到裂缝深部	宽度小于 0.3 mm 的细微裂缝	基于防渗目的的裂缝修补，应选用极限延伸率较大的弹性材料；基于耐久性目的的裂缝修补，应选用黏结强度较高、抗老化性能较好的合成树脂或无机凝胶材料；对于活动性裂缝修补，除选用弹性材料外，尚宜外贴纤维布材料
灌浆法（注浆法、注入法、注射法及压力注浆法）	用管柱到裂缝深部，以达到恢复结构的整体性、耐久性和防水性的目的	黏度较小的黏结剂或防水剂，浆液的配制应兼顾可灌注性、黏度、强度和压力等各方面的要求	可直达根部，以达到恢复结构的整体性、耐久性和防水性的目的	宽度在 0.3～0.5 mm 之间的微细裂缝，其是受力裂缝的修补	着重承载力和耐久性时，因选用高强度、黏结力强的合成树脂材料，如改性环氧、丙烯酸甲酯、聚酯树脂、聚氨酯等；对于特别宽大的裂缝亦可采用水泥浆材。着重防水时，应选用延伸率大和抗渗性能好的材料，如改性丙烯酸酯、水溶性聚氨酯等。活动性裂缝除选用弹性材料外尚应外贴纤维布或外加蚂蟥钉
填充法（填充密封法、凿槽法）	沿裂缝将混凝土开凿 U 形或 V 形沟槽，然后嵌填各种修补材料，达到恢复结构耐久性、整体性及防水性的目的	视修补目的而定，一般采用改性环氧修补胶或具有一定延伸率的各种弹性树脂砂浆	一般采用改性环氧修补胶或具有一定延伸率的各种弹性树脂砂浆	数量较少的宽裂缝（大于 0.5 mm）及钢筋锈蚀裂缝	填充法凿槽宽度宜大于 10 mm，槽深应大于 15 mm；活动性裂缝应适当加大；锈蚀裂缝应完全暴露出锈蚀钢筋为止。对于活动裂缝，尚应沿裂缝贴一层碳纤维布；对于锈蚀裂缝，应先除锈，再贴一层防锈剂，后以防锈树脂砂浆嵌填抹平

裂缝修补用于修补构件的示意图如图 9－1 所示。

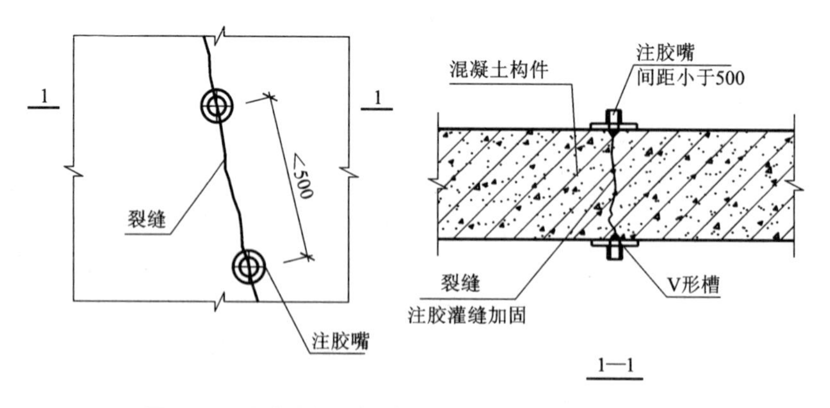

图 9－1　现浇混凝土构件裂缝注胶封闭修缮处理详图

9.3.4.4 裂缝处理基本工艺流程

(1)表面处理法

粘贴纤维布表面处理的施工工艺流程如图 9－2 所示。

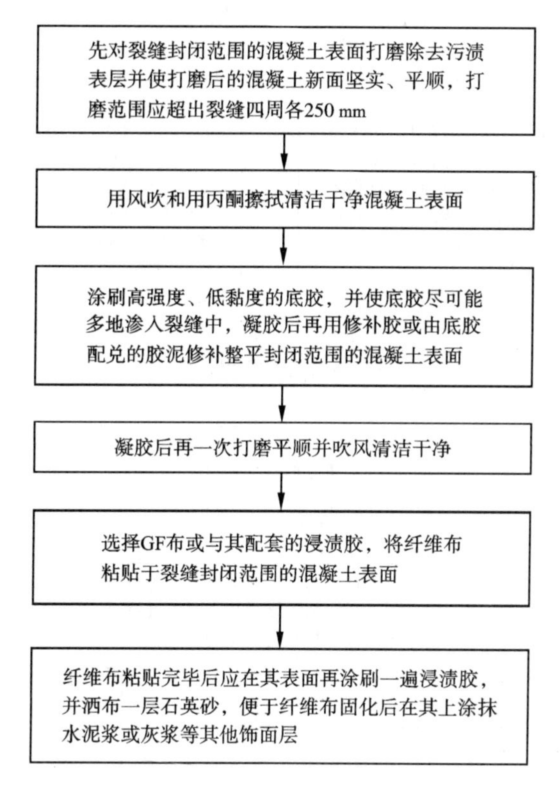

图 9－2　粘贴纤维布表面处理施工工艺流程

刮涂树脂胶泥表面处理的施工工艺流程如图 9－3 所示。

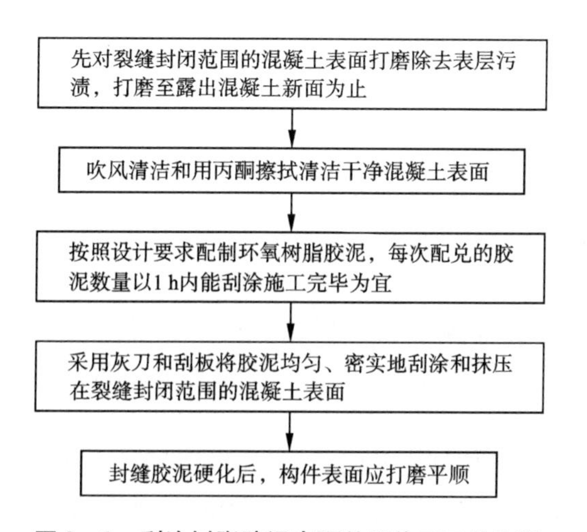

图 9－3　刮涂树脂胶泥表面处理施工工艺流程

(2)灌浆法

灌浆法的施工工艺流程如图 9 －4 所示。

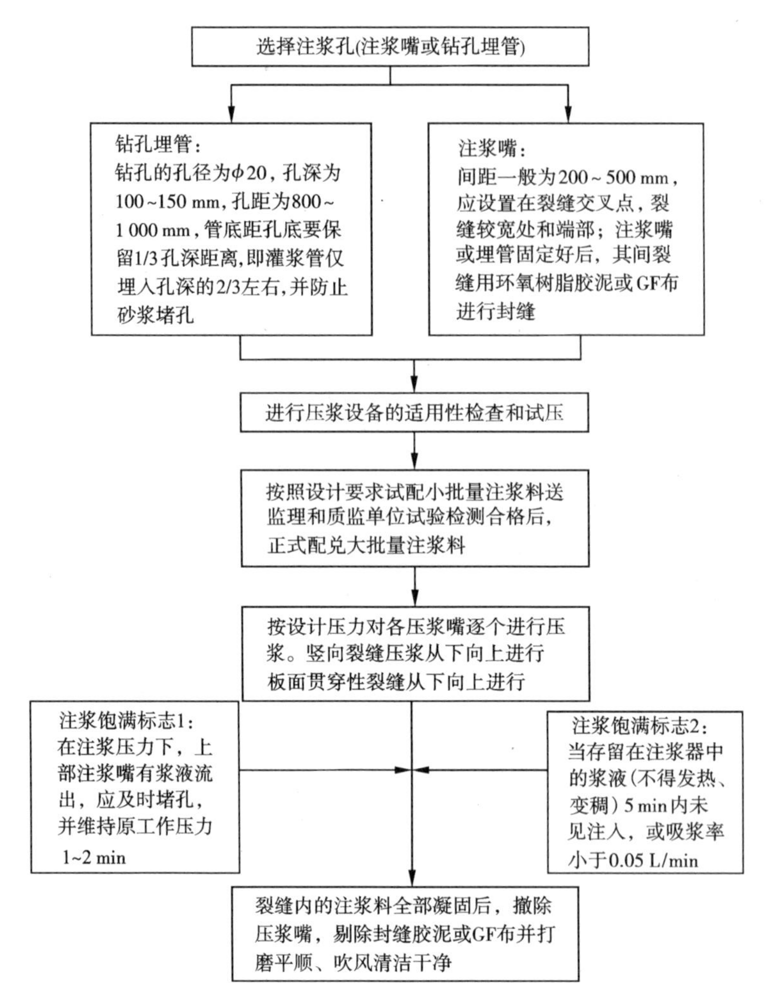

图 9 －4　灌浆法施工工艺流程

(3)填充法

填充法的施工工艺流程如图 9 －5 所示。

9.3.4.5　裂缝处理控制措施

(1)材料质量控制

①裂缝修补材料应有产品合格证和质量检验报告。产品合格证应有出厂日期、数量、规格、保质期，严禁使用过期或无合格证的材料；质量检验报告应由有检测资质的单位出具，并能反映出该批材料的质量指标。

②裂缝修补材料进场后，应按规定及时进行见证抽样复检，复检不合格的材料不准使用，检验合格批准进场使用的材料，应在干燥、清洁、远离高温的环境下存放，并具有明显的标识。

③封缝胶、灌缝胶、注浆料和填缝料应由专人配制，配比及称量应由第二人检验复核，并应有每次配料的称量记录，以便出现问题时查找原因。

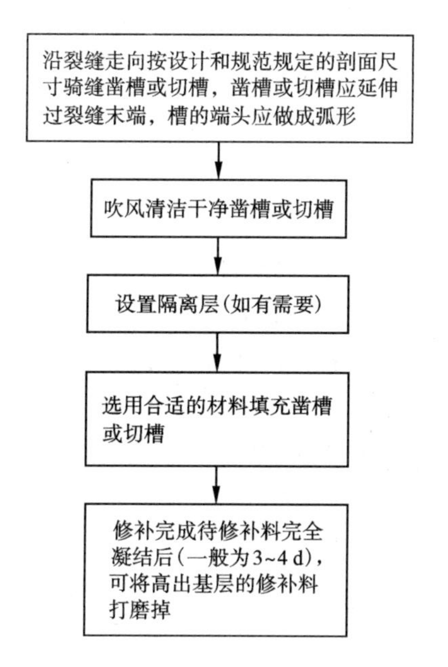

图 9－5　填充法施工工艺流程

(2)施工质量控制

①裂缝修补实行全程质量控制，施工现场管理有相应的施工技术标准、健全的质量管理体系、施工质量控制和检验制度，使建设单位、监理单位和施工单位人员有章可循。

②裂缝修补施工，应根据设计和相关标准、规范、规程要求，结合工程内容和施工环境制定切实可行的质量控制措施。对涉及结构安全和隐蔽工程的内容，应有明确的规定和相应的措施。

③施工单位严格按照有关施工技术标准和经审批的施工组织设计、施工技术方案进行施工，并有完整的施工记录和质检记录；每道工序完成应按规定检查验收，检验合格方可转入下道工序施工。

④裂缝修补施工环境的温度，应满足设计和规范要求，并避免在烈日、雨雪、风沙天气条件下施工，以减少环境对质量的不利影响。

9.3.4.6　裂缝处理验收要求

对裂缝修补技术的施工进行验收，需要注意如下几点。

①对影响结构、构件承载力的裂缝(结构性裂缝)修补后，必须进行检测确定修补质量满足设计要求。

②裂缝表面封闭修补后，封缝胶膜、胶泥层和纤维布应均匀、平整、不出现裂缝、孔洞和脱落，粘贴纤维布的宽度允许偏差为 －3 ~ ＋5 mm，长度允许偏差为 －5 ~ ＋10 mm，中心线允许偏差为 ±5 mm。

③裂缝注射灌缝胶修补后，固化期达到 7 d 时，可采用取芯法检验压注修补质量，芯样检验采用劈裂抗拉强度测定方法。检验结果符合下列条件之一时为符合设计要求：

a. 沿裂缝方向施加的劈力，其破坏应发生在混凝土部分(即内聚破坏)；

b. 破坏虽有部分发生在界面上，但其破坏面积不大于破坏总面积的 15%。

④裂缝压力注浆法修补后，可采用超声波法进行检测，并与压浆前的超声检测结果对比

(前后波形变化)确定压浆修补效果。

⑤裂缝填充密封修补后，不仅要检验表面纤维布封闭保护效果，还要检查隔离层，填充料施工的隐蔽工程验收记录，综合评定裂缝修补质量。

9.4 混凝土结构加固处理方法

目前常用的混凝土结构加固方法有加大截面法、置换混凝土加固法、外粘型钢加固法、粘贴碳纤维加固法、粘贴钢板加固法、外包角钢加固法、高性能复合砂浆钢筋网加固法、体外预应力加固法、加支承加固法等。各种结构加固方法的优缺点比较如表 9－2 所示。

表 9－2 结构加固方法的优缺点比较

加固方法		适用范围	优点	缺点
直接法	增大截面加固法	梁、板、柱、墙等一般构筑物	施工工艺简单；适应性强	现场湿作业时间长，养护期长，占用建筑空间较多
	置换混凝土加固法	混凝土强度偏低或有缺陷的梁、柱	施工方法简单，加固效果好；加固后构件恢复原貌	易伤及受力钢筋；现场施工的湿作业时间长
	外粘型钢加固法	梁、柱、桁架等一般构筑物	显著提高结构构件的承载力；不太影响使用空间，施工简单且湿作业少	加固费用高，对使用环境温度有限制
	粘贴钢板加固法	受弯及受压构件	施工工期短；几乎不影响构件外形和使用空间	钢板需做防锈；对使用环境温度有限制；弧形构件表面的粘贴不易吻合
	粘贴碳纤维加固法	受弯及受压构件	轻质高强；适应曲面形状混凝土的粘贴要求，耐腐蚀，耐潮湿；施工便捷	对使用环境温度有限制，须做特意的防护处理
	高性能复合砂浆钢筋网加固法	受弯及受压构件	原构件的修补和界面处理简单；网片受力性能好；采用合适材料还可耐腐蚀介质	对复合砂浆的性能和施工质量要求高，造价合适
间接法	体外预应力加固法	大跨度结构，高应力、应变状态下的大型结构	降低原结构应力水平；具有加固和卸荷的效果	不用于温度为 60 ℃ 以上的环境；不宜用于混凝土收缩徐变大的结构；加固后对原结构外观有一定影响
	加支承加固法	梁、板、桁架、网架	受力明确、简便可靠，且易拆卸、恢复	显著影响使用空间

9.4.1 加大截面加固法

加大截面加固法主要是通过增大混凝土结构构件的面积，来实现增强构件的承载力，加大截面法有增大受压区面积和增大受拉区钢筋面积两种方法，在混凝土受弯构件的受压区现浇混凝土，增加截面有效高度，扩大截面面积，增加截面高度，提高混凝土受弯构件的受弯和抗剪能力；混凝土的正截面承载力是由受拉钢筋面积所决定的，在不超筋的情况下，增大主筋面积可有效提高混凝土构件的承载能力，并且在受拉区混凝土增大构件的截面积，与原有截面和钢筋共同作用，增加构件承载力。

在加固过程中要满足以下几点要求：

①浇筑的混凝土强度必须满足国家有关的规范要求，正常情况下混凝土强度等级高于C25，同时要高于原有构件，在浇筑之前，应将进行加固的表面凿毛，能够增加新旧混凝土的黏合力。

②浇筑混凝土的厚度要满足规范要求，在加固过程中板厚应大于45 mm，梁厚应大于80 mm，使用现浇混凝土时整体厚度应大于60 mm，同时为了方便施工，柱厚一般不小于100 mm。

③在对混凝土进行补强加固过程中，板中布置的受力钢筋直径应大于8 mm，梁中布置的受力纵向钢筋尽量使用变形钢筋，梁中布置纵向钢筋直径应在14 ~20 mm。

④在对混凝土增大结构截面时，布置受力钢筋与之前钢筋间应保持合理的距离，正常情况下间距应大于15 mm，还应使用短筋焊接。受力钢筋的箍筋应尽量采用U形箍筋，结合现行国家混凝土设计规范的有关构造要求来布置。

加大截面法对混凝土构件作用直接，施工工艺简单，有着完善的计算公式和施工方法，容易掌握，对于梁、板、柱的加固是常用的施工方法，它的缺点是需要现场进行湿作业，凿除部分混凝土，工作时间长，现场工作环境差，对周围环境影响较大，劳动强度大，需要将混凝土剔除露出钢筋，现场需要进行支护防护，保证施工过程中不会出现意外事故。

9.4.1.1 钢筋生根(植筋)技术

加大截面法加固一般会涉及钢筋的生根(植筋)技术，钢筋生根(植筋)技术是指以专用的有机或无机胶黏剂将带肋钢筋或全螺纹螺杆种植于混凝土基材中的一种后锚固连接方法，如图9－6所示。

该技术已广泛应用于已有建筑物的加固改造工程，如：施工中漏埋钢筋或钢筋偏离设计位置的补救，构件加大截面加固的补筋，上部结构扩跨、顶升对梁与柱的接长，房屋加层接柱和高层建筑增设剪力墙的植筋等。

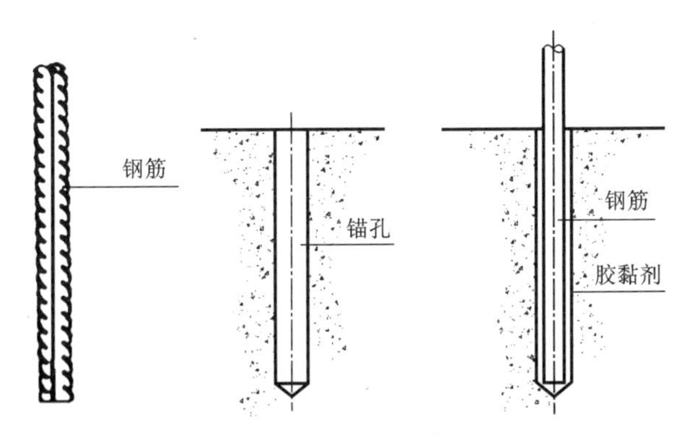

图9－6 钢筋生根(植筋)技术

(1)基本材料

①混凝土基材。植筋基材应为钢筋混凝土或预应力混凝土构件。锚固区基材的长期使用温度不应高于50 ℃；处于特殊环境的混凝土结构采用植筋时，应按国家现行有关标准的规定采取相应的防护措施。

②钢筋。用于植筋的钢筋应使用热轧带肋钢筋或全螺纹螺杆，不得使用光圆钢筋和锚入

部位无螺纹的螺杆。其中，用于植筋的热轧带肋钢筋宜采用 HRB400 级；用于植筋的全螺纹螺杆钢材等级应为 Q345 级。

③胶黏剂。用于植筋的胶黏剂按材料性质可分为有机类和无机类，胶黏剂性能应符合现行行业标准《混凝土结构工程用锚固胶》(JG/T 304—2011)的相关规定。其中，用于植筋的有机胶黏剂应采用改性环氧树脂类或改性乙烯基酯类材料，其固化剂不应使用乙二胺。

(2)基本工艺流程

植筋工程施工程序应按照施工设计规定的工序进行，如图 9－7 所示。

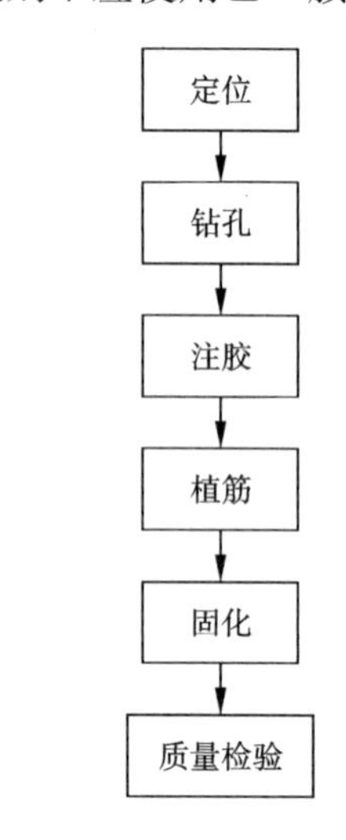

图 9－7　植筋工程施工程序

9.4.1.2　钢筋生根(植筋)技术控制措施

(1)主控项目

当采用自动搅拌注射筒包装的胶黏剂时，应选用硬包装产品，不得使用软包装产品。其植筋作业应按产品使用说明书的规定执行，但应经试操作。若试操作结果表明，该自动搅拌机的胶不均匀，应予弃用。当采用现场配制的植筋胶时，应在无尘土飞扬的室内，按产品使用说明书规定的配合比和工艺要求严格执行，且应有专人负责。调胶时应根据现场环境温度确定树脂的每次拌和量；使用的工具应为低速搅拌器；搅拌好的胶液应色泽均匀，无结块，无气泡产生。在拌和和使用过程中，应防止灰尘、油、水等杂质混入，并应按规定的可操作时间完成植筋作业。

注入胶黏剂时，其灌注方式应不妨碍空中的空气排出，灌注量应按产品使用说明书确定，并以植入钢筋后有少许胶液溢出为度。在任何工作中，均不得采用钢筋从胶桶中黏胶塞进孔洞的施工方法。

注入植筋胶后，应立即插入钢筋，并按单一方向边转边插，直至达到规定的深度。从注入胶黏剂至植好钢筋所需的时间，应少于产品使用说明书规定的适用期(可操作时间)。否则应拔掉钢筋，并立即清除失效的胶黏剂，重新按原工序返工。

植入的钢筋必须立即校正方向，使植入的钢筋与孔壁间的间隙均匀。胶黏剂未达到产品使用说明书规定的固化期前，应静置养护，不得扰动所植钢筋。

(2)一般项目

植筋钻孔孔径应满足表 9－3 的规定。钻孔的深度及垂直度的偏差应符合表 9－4 的规定。

表 9－3　植筋钻孔孔径允许偏差

钻孔直径/mm	孔径允许偏差/mm
<14	≤ +1.0
14～20	≤ +1.5
20～32	≤ +2.0
34～40	≤ +2.5

表9-4 植筋钻孔深度、垂直度和位置的允许偏差

植筋部位	孔径深度允许偏差/mm	孔径垂直度允许偏差/mm	位置允许偏差/mm
基础	+20，0	50	10
上部构件	+10，0	30	5
连接节点	+5，0	10	5

注：当钻孔垂直度偏差超过允许值时，应由设计单位确认该孔洞是否可用；若需返工，应由施工单位提出技术处理方案，经设计单位认可后实施。对经处理的孔洞，应重新检查验收。

(3)验收要求

植筋技术的检验方法及质量合格评定标准必须符合《建筑结构加固工程施工质量验收规范》(GB 50550—2010)的规定：植筋的胶黏剂固化时间达到7 d的当日，应抽样进行现场锚固承载力检验。

对现场拉拔检验不合格的植筋工程，若现场考察认为与胶黏剂质量有关且业主单位要求追究责任时，应委托当地独立检测机构对胶黏剂安全性能进行系统的实验室检验与评定。每一检验项目的试件数量应按常规检验加倍。

9.4.2 置换混凝土加固法

置换混凝土加固法是剔除原构件低强度或有缺陷区段的混凝土至一定深度，重新浇筑同品种但强度等级较高的混凝土进行局部增强，以使原构件的承载力得到恢复的一种直接加固法。

置换混凝土加固法适用于受压区混凝土存在强度偏低或密实度达不到要求的有严重质量缺陷的混凝土梁、柱等承重构件的加固。该法的优点与加大截面法相近，且加固后不影响建筑物的净空，构件加固后能恢复原貌，且不改变原有空间和建筑结构布置。但该方法同样存在施工的湿作业时间长的缺点，清除旧混凝土的工作量大并对周边有影响。

框架柱置换立面图如图9-8所示。混凝土凿除示意图如图9-9所示。

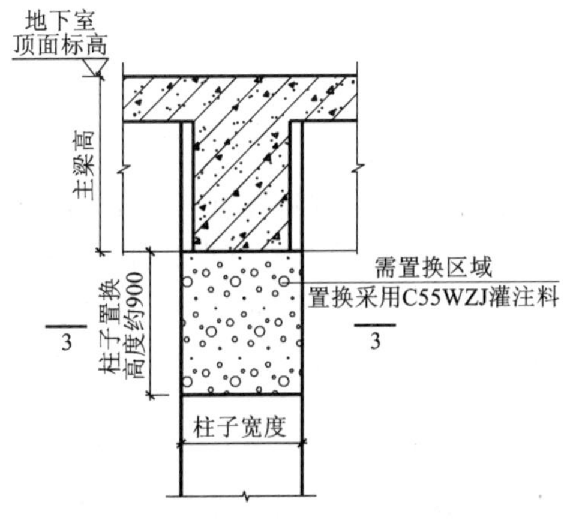

图9-8 框架柱置换立面图

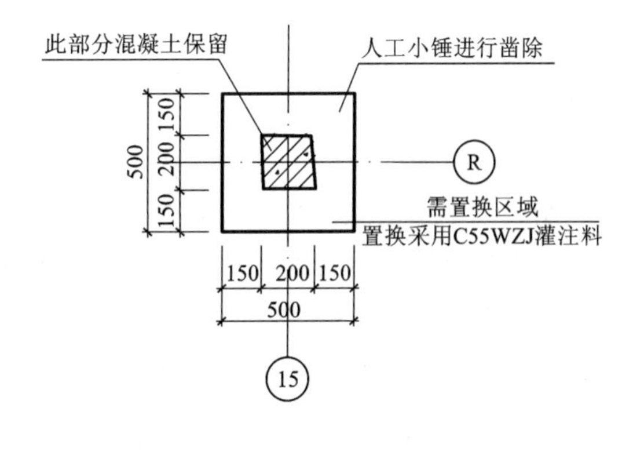

图9-9 混凝土凿除示意图

9.4.2.1　工艺流程

混凝土构件材料置换技术的基本流程如图9－10所示。

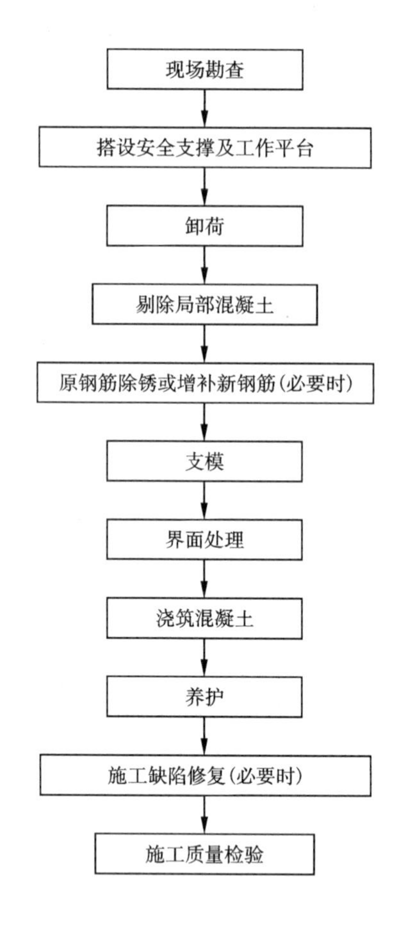

图9－10　混凝土构件材料置换技术的基本流程

9.4.2.2　控制措施

(1)卸荷控制

混凝土置换的理想状态是零应力(或低应力)状态下的置换，因此，必须对周围相关构件进行有效支撑，即在原结构完全卸荷的情况下才能进行置换。

(2)凿除旧混凝土的控制

剔除被置换的混凝土时，应按规定的方法、步骤和要求剔除，剔除过程中不得损伤钢筋。宜应用人工小锤凿除，以避免对原结构造成较大振动。剔凿范围宜大不宜小，剔凿孔洞向四周坚实部分外延应分别≥100 mm，且总宽度应≥250 mm，孔深向坚实部位加深应≥10 mm，且总深应分布≥40 mm(板)、≥50 mm(墙)、≥60 mm(柱)。孔洞边沿以凿成1∶3坡度的喇叭口为宜，转角应为r≥25 mm的圆角。

(3)混凝土材料的控制

对于外观质量完好的低强混凝土，除特殊情况外，一般仅置换受压区混凝土。但为恢复或提高结构应有的耐久性，可用高强度树脂砂浆对其余部分进行抹面封闭处理。

用于置换的新混凝土，流动性应大，强度等级应比原混凝土提高一级，且不小于C25。

置换混凝土应采用膨胀混凝土或膨胀树脂混凝土；当体量较小时，应采用细石膨胀混凝土、高强度灌浆料或环氧砂浆等。

为增强置换混凝土与原基材混凝土的结合能力，结合面应涂刷环氧树脂或混凝土界面剂一道，并在环氧树脂或界面剂初凝前浇筑完置换混凝土。对于要求较高或剪应力较大的结合面，尚应置入一定的L形或U形锚筋，其规格：板、墙为$\phi6@200\sim\phi8@200$，梁、柱为$\phi10@300\sim\phi12@400$。

需要在环氧树脂或界面剂初凝前浇筑完置换混凝土。

(4)混凝土浇筑的控制

混凝土入模，不得集中倾倒冲击模板或钢筋骨架，当浇筑高度大于2 m时，应采用串筒溜管下料，出料管口至浇筑层的倾落自由高度不得大于1.5 m。浇筑过程中，振捣持续时间应使混凝土表面产生浮浆，无气泡，不下沉为止。混凝土浇筑快要完成时，应估算剩余混凝土方量和剩余混凝土量，联系搅拌站进行合理调度。模板一定要牢固和严密，防止跑模和漏浆。

9.4.2.3　验收要求

混凝土构件材料置换技术在验收中，应满足如下要求：

①检查新混凝土浇筑质量时，未发现存在露筋、蜂窝、孔洞、内部疏松以及裂缝等缺陷；

②加固构件截面尺寸经量测，加固后构件的截面尺寸偏差符合《混凝土结构工程施工质量验收规范》的要求；

③新旧混凝土结合面的截面处理应符合设计要求；

④混凝土保护层厚度满足设计要求(大于25 mm)；

⑤支架拆除时，混凝土强度应满足设计要求，拆除顺序、拆卸的位移控制或应力控制应符合设计规定及施工技术方案的要求；

⑥置换混凝土需补配钢筋或箍筋时，其安装位置及其与原钢筋的焊接方法，应符合设计要求。

9.4.3　粘贴碳纤维加固法

碳纤维材料是新型的混凝土建筑加固材料，碳纤维的极限抗拉强度高于钢筋8倍以上，同时还具有高强度、质量轻、抗腐蚀性等特点。粘贴碳纤维加固法，是在混凝土表面涂刷环氧树脂，并将排列整齐的碳纤维覆盖在表面，由于碳纤维具有较好的密实性，从而让混凝土与碳纤维形成整体，大大增强了承载能力，达到对混凝土构件补强加固的效果，同时还增强了建筑物整体的抗震性。

粘贴碳纤维加固法对混凝土建筑结构加固有以下几个优点：第一，使用碳纤维来进行加固，在混凝土表面产生一定的束缚力，改善了原构件的受力形态(实践证明，采用碳纤维加固，一般布置不超过三层，原构件梁的抗剪抗弯能力增加1倍，柱的延性与极限承载力增加60%以上)；第二，碳纤维布整体厚度较薄，对原构件的尺寸以及截面不会造成变化，并没有增加建筑物自重，完全符合混凝土建筑物补强加固的要求，但这种补强方式对环氧树脂胶的黏结性能提出了更高的要求。

碳纤维加固可用于钢筋混凝土梁、板以及剪力墙。对于混凝土梁来说它可以在梁跨中和支座处粘贴代替梁的受拉钢筋增加梁的抗弯能力，对于梁的抗剪强度加固，可以把碳纤维布粘贴在梁的两侧，它的作用相当于受剪力作用的箍筋。对于混凝土板则直接在混凝土受拉区粘贴即可。碳纤维加固混凝土柱，主要是在柱子外用碳纤维包裹。对于柱子受到轴向力产生的混凝土横向膨胀，达到极限承载力后混凝土膨胀变形急剧增加，这时碳纤维的包裹对混凝土起到了环向约束作用，提高极限受压承载能力，推迟混凝土被压碎的时间，充分发挥竖向钢筋的承载能力，增加了钢筋混凝土的延性，提高了抗震性能。

9.4.4 粘贴钢板加固法

粘贴钢板加固法是采用黏结剂和锚栓将钢板粘贴固定于混凝土结构的拉面或其他弱势地位，使钢板与钢筋混凝土形成一个完整的结构，达到提高结构承载能力的目的。粘贴钢板加固法基本上不改变原结构的截面尺寸，施工工艺比较简单，施工周期短，可靠性高，技术和工艺成熟，强化效果好，是目前应用较多的一种加固方法。粘贴钢板加固法的主要缺点是：使用环境温度的限制，耐腐蚀性差；节点位置不易加工；黏钢加固表面是必须要保护的，如水泥砂浆保护层或环氧砂浆层，但在长期使用中钢筋锈蚀程度是难以估计的，会在一定程度上降低加固构件的可靠性，增加维护成本。

粘贴钢板加固法施工较为简单，但首先要着重注意混凝土和钢板的表面处理。对于旧、脏严重的混凝土构件的黏合面，应先用硬毛刷沾高效洗涤剂，刷除表面油垢污物后用水冲洗，再对黏合面进行打磨，除去2~3 mm厚表层，露出新面，将粉尘清除干净；对于混凝土表面较好的，则可直接对黏合面进行打磨，去掉1~2 mm厚表层；使之平整后，清去粉尘，再用丙酮擦拭表面即可。钢板表面应根据其锈蚀情况进行处理。

9.4.4.1 基本材料

利用结构胶粘贴钢板或碳纤维布等高强纤维材料于构件表面可称为构件体外配件技术。

(1)钢板

对于钢板贴合面，应根据钢板锈蚀程度进行处理。如钢板未生锈或轻微生锈，可用喷砂、砂布或平砂轮打磨，直至出现金属光泽为止。打磨粗糙程度越大越好，打磨纹路尽量与钢板受力方向垂直，其后用脱脂棉沾丙酮擦拭干净。如钢板锈蚀严重，须先用适度盐酸浸泡20 min，使锈层脱落，再用石灰水冲洗，中和酸离子，最后用平砂轮打磨出纹道。

(2)结构胶

结构胶黏剂的工艺性能要求如表9-5所示。

表9-5 结构胶黏剂的工艺性能指标

结构胶类别			工艺性能指标				
			触变指数	25 ℃下垂流度/mm	在各季节试验温度下测定的适用期/min		
					春秋用(23 ℃)	夏用(30 ℃)	冬用(10 ℃)
指标	织物	A级	≥3.0	—	≥90	≥60	90~240
		B级	≥2.2	—	≥80	≥45	80~240
	板材	A级	≥4.0	≤2.0	≥50	≥40	50~180

9.4.4.2 基本工艺流程

粘钢加固施工应严格按照下列工艺流程进行，由专业化施工队伍施工。工艺流程如图9-11所示。

9.4.4.3 控制措施

粘贴钢板加固法应该从如下几个方面进行质量控制：

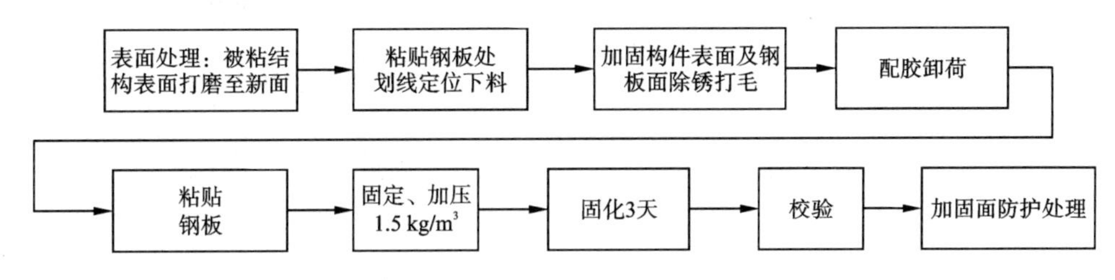

图 9－11　粘钢加固施工工艺流程

①经修整露出骨料新面的混凝土加固粘贴部位，应进一步按设计要求修复平整，并采用结构修补胶对较大孔洞、凹面、露筋等缺陷进行修补和复原；对有段差、内转角的部位应抹成平滑的曲面；对构件截面的棱角，应打磨成圆弧半径不小于 25 mm 的圆角。在完成以上加工后，应将混凝土表面清理洁净，并保持干燥。

②粘贴纤维材料部位的混凝土，其表层含水率不宜大于4%，且应不大于6%。对含水率超限的混凝土应进行人工干燥处理，或改用高潮湿面专用的结构胶粘贴。

③当粘贴纤维材料采用的黏结材料是配有底胶的结构胶黏剂时，应按底胶使用说明书的要求进行涂刷和养护，不得擅自免去涂刷底胶的工序。若粘贴纤维材料采用的黏结材料是免底涂胶黏剂，应检查其产品名称、型号及产品使用说明书，并经监理单位确认后，方允许免涂底胶。

④外粘钢板专用的结构胶黏剂，其配制和使用应按产品使用说明书的规定进行。拌和胶黏剂时，应采用低速搅拌机充分搅拌，拌好的胶液色泽均匀，无气泡，并应采取措施防止水、油、灰尘等杂质混入。严禁在室外和尘土飞扬的室内拌和胶液。胶液应在规定的时间内使用完毕。严禁使用超过规定适用期的胶液。

⑤拌好的胶液应同时涂刷在钢板和混凝土黏合面上，经检查无漏刷后即可将钢板与原构件混凝土粘贴；粘贴后的胶层平均厚度应控制在 2～3 mm。俯贴时，胶层宜中间厚、边缘薄；竖贴时，胶层宜上厚下薄；仰贴时，胶液的垂流度应不大于 3 mm。

⑥钢板粘贴时表面应平整，段差过渡应平滑，不得有折角。钢板粘贴后应均匀布点加压固定。其加压顺序应从钢板的一端向另一端逐点加压，或由钢板中间向两端逐点加压；不得由钢板两端向中间加压。

⑦加压固定可选用夹具加压法、锚栓加压法、支顶加压法等。加压点之间的距离应不大于 500 mm。加压时，应按胶缝厚度控制在 2～2.5 mm 进行调整。

9.4.4.4　验收要求

①钢板或纤维布与混凝土之间的黏结质量可以用锤击法或其他有效探测法进行检查。按检查结果推定的有效粘贴面积应不小于总粘贴面积的 95%。

②粘贴材料与基材混凝土的正拉黏结强度，必须进行见证抽样检验。其检验结果应符合表 9－6 的要求。

表 9-6 现场检测加固材料与混凝土正拉黏结强度的合格指标

检验项目	原构件实测混凝土强度等级	检验合格指标		检验方法
正拉黏结强度及其破坏形式	C15 ~ C20	≥1.5 MPa	且为混凝土内聚破坏	《建筑结构加固工程施工质量验收规范》(GB 50550—2010)附录 U
	≥C45	≥2.5 MPa		

③纤维布粘贴位置与设计要求的位置相比，其中心线偏差应不大于 10 mm；长度负偏差不大于 15 mm。

④胶层应均匀，无局部过厚、过薄现象；胶层厚度应为(2.5 ±0.5) mm。

9.4.5 高性能复合砂浆钢筋网加固法

高性能复合砂浆钢筋网加固法是一种将钢筋网与高性能复合砂浆作为补强材料，充分发挥体外配筋优势的一种加固方法。该方法采用具有优越性能的新材料，在所需加固构件表面进行绑扎钢筋网，之后在加固构件表面喷射砂浆，进而增强构件的承载能力及刚度指标。

高性能复合砂浆是将硅酸盐水泥及高性能混凝土掺和料作为主要成分，同时外加少量有机纤维、水和砂。此种复合砂浆相比普通砂浆除具有高强度与高抗裂度等特点之外，还具有良好的密实性与较低的收缩性，另外与原加固构件具有较好的黏结性能。

由于采用了高性能的材料，此种加固方法相比其他加固方法具有明显的特点，主要体现在以下几个方面：

①对原有构件尺寸及自重影响较小。由于所需加固材料相对较少，基本上不会增加构件自重及构件尺寸，这就在一定程度上增加了使用空间。

②加固性价比高。高性能复合砂浆所需材料较为普遍且价格便宜，另外后期施工简单，施工质量也容易得到保证，这就在保证加固效果的前提下从根本上节约了大笔的加固费用。

③耐久性好。高性能复合砂浆的材料性能与混凝土较为接近，在加固处理之后能够很好地与原加固材料进行黏结，这就在一定程度上对原构件内部混凝土起到了保护作用。

④绿色环保。普通加固方法如增大截面法、粘贴碳纤维加固法在加固过程中需要大量的有机结构胶，这些结构胶会在较长时间范围内危害环境，对人体健康造成危害。高性能复合砂浆钢筋网使用的加固材料在加固修复中对环境造成的危害较小，相比其他加固方法具有明显的环保性能。

⑤防火性能较好。相比传统的加固方法，高性能复合砂浆钢筋网的加固材料都为无机材料，受高温影响较小。另外，复合砂浆中由于添加了一些具有一定延性的纤维材料，这些纤维材料使得高性能复合砂浆钢筋网也具有很好的延性，这都会使高性能砂浆的防火性能与耐高温性能大大增强。

9.4.5.1 基本材料

(1)水泥

加固用的水泥应优先采用强度等级不低于 425 级的硅酸盐水泥和普通硅酸盐水泥；如有特殊要求，也可采用矿渣硅酸盐水泥；必要时，亦可采用快硬硅酸盐水泥。水泥的细度宜小于 380 m^2/kg。

(2)纤维

加固选用的纤维类型和特点如表 9-7 所示。

表 9－7　加固纤维

加固纤维	钢纤维	宜采用长度为 4～25 mm，直径为 0.3～0.8 mm，长径比为 30～80 的钢纤维，其抗拉强度宜为 600 级
	聚合物纤维	抗拉强度不应低于 300 N/mm²，可选用聚丙烯腈纤维、聚丙烯纤维、聚酰胺纤维和改性聚酯纤维，且宜采用直径为 10～100 μm、长度为 4～20 mm 的细纤维

(3)界面处理剂

界面处理剂的类型和组成情况如表 9－8 所示。界面处理剂的物理力学性能应符合表 9－9 的规定。

表 9－8　界面处理剂的类型和组成

	类型	组成	备注
加固用界面处理剂：水泥基界面处理剂	P 类	由水泥，矿物外加剂、膨胀剂、填料和化学外加剂等组成的产品	对于有防火要求工程的加固，宜优先采用 P 类界面处理剂
	D 类	含有聚合物乳液或可再分散聚合物胶粉的产品	

表 9－9　界面处理剂的物理力学性能

项目	黏结抗剪强度/MPa		黏结拉伸强度/MPa			
	7 d	28 d	未处理	浸水处理	热处理	冻融循环处理
指标	≥1.0	≥1.6	≥0.65	≥0.55		

(4)高性能水泥复合砂浆

高性能水泥复合砂浆强度等级应按立方体抗压强度标准值确定。立方体抗压强度标准值系指按照标准方法制作养护的边长为 70.7 mm 的立方体试件，在 28 d 龄期用标准试验方法测得的具有 95% 保证率的抗压强度。结构加固用的砂浆，其强度等级应比原结构构件中的混凝土强度等级提高二级，且不得低于 M30。

拌和高性能水泥复合砂浆所使用的水、砂、外加剂的添加都应严格遵循《水泥复合砂浆钢筋网加固混凝土结构技术规程》(ECS242：2016)的有关规定。

(5)钢材及焊接材料

应选用 HRB400，HRB335 级热轧带肋钢筋或 HPB300 级热轧钢筋；钢筋的质量应分别符合现行国家标准《钢筋混凝土用钢 第 2 部分：热轧带肋钢筋》(GB 1499.2—2018)，《钢筋混凝土用钢 第 1 部分：热轧光圆钢筋》(GB 1499.1—2017)的规定。

9.4.5.2　基本工艺流程

钢筋网复合砂浆加固的对象不同，工艺流程也有所差异。钢筋网复合砂浆主要用于砖墙和混凝土构件的加固。

高性能水泥复合砂浆钢筋网加固砖墙的基本工艺流程如图 9－12 所示。

高性能水泥复合砂浆钢筋网加固混凝土构件的基本工艺流程如图 9－13 所示。

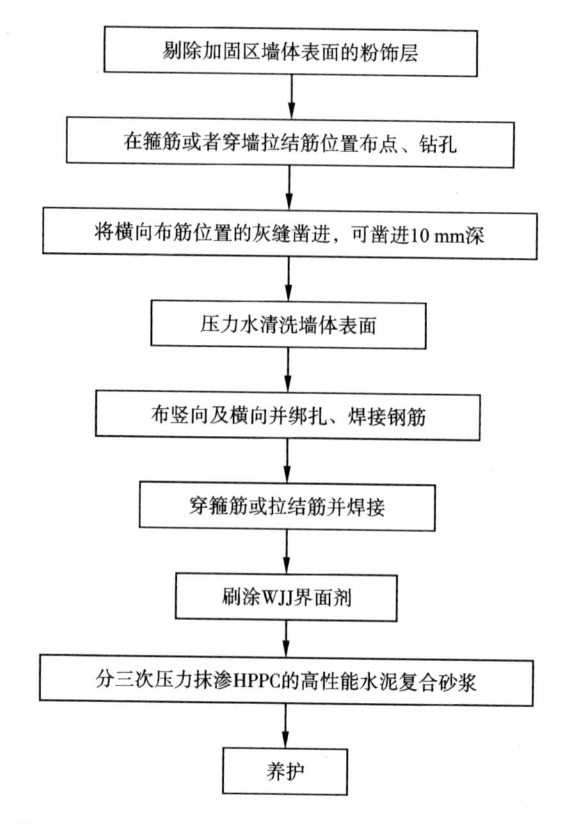

图9－12　高性能水泥复合砂浆钢筋网加固砖墙工艺流程

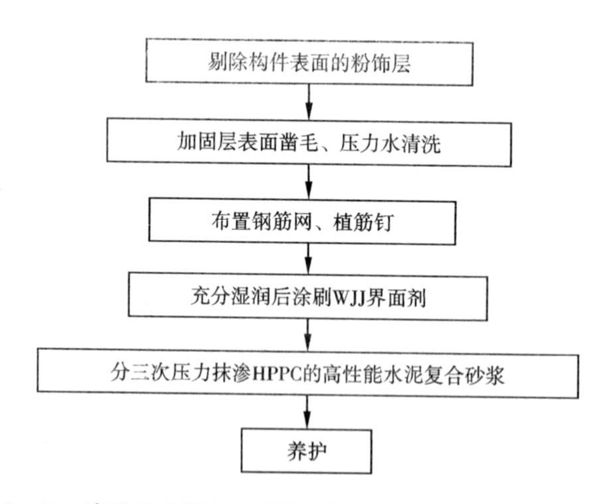

图9－13　高性能水泥复合砂浆钢筋网加固混凝土构件工艺流程

9.4.5.3　控制措施

（1）原混凝土构件表面处理

构件在进行加固前，应将抹灰层清除，并应清理剥落、疏松、蜂窝、腐蚀等劣化混凝土，露出混凝土结构层。应按设计要求对裂缝进行灌浆或封闭处理。被加固混凝土表面应除去表面浮浆、油污等杂质并做凿毛处理，直至完全露出混凝土结构新面。

混凝土表面应用压力水冲洗干净，之后应在需涂抹复合砂浆部分的表面均匀地涂一层界面剂。

如发现原构件露筋部分已经出现颗粒状或片状老锈，应进行除锈处理。

(2)混凝土构件植入剪切销钉

制作销钉时，销钉直径、长度、钢筋等级及形状等应符合设计要求。在植入剪切销钉24 h后进行下一道工序，较为适宜。

(3)绑扎安装钢筋网

①钢筋的品种、性能应符合设计要求。钢筋进场时，应按现行国家标准规定抽取试件做力学性能复验，质量应符合标准规定的要求。

②钢筋网的绑扎工序应满足如下要求：按照设计要求放线定位后，在原构件表面进行钢筋网的绑扎，对于绑扎网应先用铁丝交叉绑扎，将钢筋固定于剪切销钉上，再绑扎其他位置的钢筋，靠近外围的两行应全部扎牢，中间部分可交错间隔固定。钢筋网与销钉的固定可以用电焊或者铁丝交叉扎牢的方式进行。

③钢筋的截断尺寸应满足设计要求；钢筋网的网格间距、钢筋直径、位置以及与原混凝土表面的距离均应满足构造与设计要求。

(4)抹水泥复合砂浆

涂抹前的条件和准备：复合砂浆的配制应严格遵循设计要求；压抹砂浆前，应在混凝土表面反复浇水湿润，并待混凝土表面稍干后进行抹灰；抹复合砂浆宜在环境温度为5 ℃以上时进行施工，冬期施工应采取防冻措施，这样方能保证抹灰质量。

涂抹控制要求：复合砂浆应采用手工方式用力抹在混凝土表面，分三层抹压为最佳；第一层应将钢筋网与原混凝土表面的间隔空隙抹实；初凝前抹第二层，第二层砂浆应将钢筋网全部覆盖；第二层砂浆初凝前再抹第三层至设计厚度，最后一层砂浆初凝前宜再压光两三遍，以保证牢固。

(5)养护

混凝土构件抹复合砂浆完毕后，应按施工技术方案及时采取有效的养护措施，并应符合下列规定：

①室内施工后，宜将门窗关闭，室外构件要采取措施防止烈日暴晒，宜设有专门人员负责养护；

②应在抹砂浆完毕后24 h以内，且在复合砂浆初凝后及时进行保湿养护；

③复合砂浆养护用水与拌制用水应相同，浇水次数应能保持复合砂浆处于湿润状态，一般情况下室内可每天浇水2~3遍，室外可每天浇水3~6遍；

④采用塑料布覆盖养护的复合砂浆，其敞露的全部表面应覆盖严密，并应保持塑料布内表面有凝结水。

9.4.5.4 验收要求

钢筋网复合砂浆工程中的分项工程可按钢筋、销钉与结合面、复合砂浆施工与加固结构等划分，每一分项工程质量的验收应分成主控项目和一般项目；上一分项工程未经验收合格不应进行下一分项工程的施工。当一个单位工程同时使用多种加固方案时，该加固方法亦可作为其中的一个子分部工程进行验收。

(1)钢筋分项工程

①钢筋隐蔽工程验收。

钢筋及钢筋网的品种、规格、位置；销钉的规格、数量、位置；钢筋网的连接方式、接头位置及钢筋保护层。

②钢筋加工主控项目的检验与验收应符合下列要求。

加工件用原材料的品种、规格和强度等级应符合设计要求。应按照检查验收资料和复验报告的方式进行全数检查。

钢筋焊接网的力学性能(主要包括抗拉强度、伸长率、冷弯及抗剪试验)的结果应符合《钢筋焊接网混凝土结构技术规程》的相关规定。

③钢筋网安装主控项目的检验与验收应符合下列要求。

受力钢筋或钢筋网的品种、级别、规格和数量必须符合设计要求。应采用观察、钢尺和卡尺量的方法进行全数检查。

④钢筋网安装一般项目的检验与验收应符合下列要求。

钢筋网安装位置的允许偏差和检验方法应符合表9－10的规定。

表9－10　钢筋网安装位置的允许偏差和检验方法

<table>
<tr><th colspan="2">项　　目</th><th>允许偏差/mm</th><th>检验方法</th></tr>
<tr><td rowspan="2">绑扎网</td><td>长、宽</td><td>±10</td><td>钢尺检查</td></tr>
<tr><td>网眼尺寸</td><td>±20</td><td>钢尺连续量3个网眼，取最大值</td></tr>
<tr><td colspan="2">受力钢筋与原构件表面间距</td><td>±3</td><td>钢尺检查</td></tr>
<tr><td rowspan="2">钢筋网、构件相对位置</td><td>主筋方向</td><td>±10</td><td rowspan="2">钢尺检查</td></tr>
<tr><td>副筋方向</td><td>±20</td></tr>
<tr><td colspan="2">网片搭接长度</td><td>±10</td><td>钢尺检查</td></tr>
</table>

钢筋网与销钉之间的固定应符合下列要求。

a. 检查数量：同一检验批构件抽查10%且不少于3件。

b. 检查方法：手摇动观察。

(2)销钉与结合面分项工程

①销钉与结合面主控项目的检验与验收应符合下列要求。

销钉植入混凝土中的数量和锚固强度应符合设计要求。检查数量应大于同一检验批的10%且不少于3件。

原构件混凝土表层不允许存在劣化混凝土，表面不得有浮浆和油污，界面剂无漏涂或剥落现象。应检查测强报告，观察和敲击检查全部的混凝土构件，必要时可采用回弹法测其强度。

原构件外露的钢筋表面必须全数检查，检查方式以观察为主。

②销钉、销钉孔及销钉植入后的位置、外露长度的尺寸偏差应符合表9－11的规定，检查数量于同一检验批抽查10%且不少于3件。

表 9－11 销钉、销钉孔允许偏差表

项目		允许偏差/mm	检验方法
销钉	直径	±1	游标卡尺测量
	长度	±5	钢直尺测量
销钉孔	直径	±2	钢直尺测量
	深度	±5	钢直尺测量
销钉外露长度		±5	钢直尺测量
销钉位置		±10	钢直尺测量

（3）复合砂浆分项工程

①对于原材料主控制项目，其水泥、外加剂、氯化物和碱的总含量，以及复合砂浆用骨料和水的检查与验收应符合《混凝土结构工程施工质量验收规范》（GB 50204—2015）的有关规定。

②复合砂浆纤维应按照进场批次逐批检查其产品出厂合格证。加固施工用复合砂浆的强度等级应符合设计要求。用于检查的强度试件应在涂抹施工地点随机抽取，并检查施工记录及试件强度试验报告。留取的试件应符合下列规定：

a. 每工作班拌制的同一配合比的砂浆，取样不少于 1 次；

b. 每一楼层、同一配合比的砂浆，取样不少于 1 次；

c. 每次取样应至少留一组标准养护试件和根据实际需要留若干组同条件养护试件。

③配制砂浆用原材料的称量偏差应符合表 9－12 的规定。

表 9－12 每盘原材料称量的允许偏差

材料名称	允许偏差
水泥、掺合料、纤维	±2%
骨料	±3%
水、外加剂	±2%

（4）加固结构分项工程

加固层的覆盖面应符合设计要求。加固结构的质量缺陷分严重缺陷和一般缺陷两类，其质量应由监理（建设）单位、施工单位等各方面根据其对结构性能和使用功能影响的严重程度按表 9－13 和表 9－14 确定，对出现的缺陷应当予以妥善处理。

表 9－13 加固构件外观质量缺陷

名称	现象	严重缺陷	一般缺陷
露筋	钢筋未被砂浆包裹而外露	主要受力钢筋有外露	其他钢筋有少量外露
裂缝	砂浆表面有显著的缝隙	有影响结构性能和使用功能的	少量不影响结构性能和使用功能的
空鼓	砂浆层与原构件分离		
局部缺损	棱角受损	影响使用功能或装饰效果的	不影响使用功能或装饰效果的
外表缺陷	表面凹凸不平、麻面、起砂、掉皮、沾污等		

表 9－14　加固构件尺寸允许偏差

项　目	允许偏差/mm	检验方法
砂浆层厚度	+3	探针或钻孔、钻孔检查
表面平整度	8	2 m 靠尺和塞尺检查
保护层厚度	-3，+5	保护层探测仪检查

9.4.6　外包角钢加固法

外包角钢加固法主要是按照设计要求采用等边角钢将柱四角包裹，四周沿柱高间隔采用扁钢箍条连接，形成钢格构柱外包，钢格构柱与其内混凝土柱之间采用钢板胶灌注，并辅以螺栓固定。外包角钢加固法根据实际情况主要分为干式与湿式。干式外包角钢加固法，是在角钢与原构件之间没有黏结力，在空隙中灌有一定水泥砂浆，具有较大的承载力。此补强加固方式对原件结构的截面要求较小，具有较好的加固效果，同时所需的工作量较小，因此广泛应用于对原件截面尺寸控制严格，但是需要大幅度增强承载力的构件。这种加固方式的主要缺点是原构件与型钢之间不存在黏结，有时虽填以水泥砂浆，但并不能确保结合面拉力与剪力的传递，原构件与型钢不能整体工作，只能彼此单独受力。湿式外包角钢加固法，是在角钢与原构件之间灌注液态环氧树脂等来进行黏结，从而实现角钢与原构件共同受力。

外包角钢加固法的施工要点，是在构建加固过程中，处理构件表面杂质，这是施工加固环节中最重要的内容。采用干式法进行加固时，应尽量打磨混凝土表面，确保表面没有尘土与杂物。采用湿式法进行加固时，应在混凝土以及角钢表面涂上钢板胶并用螺栓固定，或对角钢除锈后进行灌、粘。其施工工序如图 9－14 所示。

图 9－14　湿式外包角钢加固法施工工艺流程

9.4.7　体外预应力加固法

体外预应力加固法是后张预应力体系的一个分支，是沿结构构件表面铺设预应力钢筋，通过合适的预应力值，改善原结构的应力变形状态，以提高结构的承载能力，从而达到加固的目的。该方法是采用外加预应力钢拉杆或型钢撑杆，改变结构的内力分布，降低原结构内力，提高结构承载力预应力的加固法。该方法有三个作用：改变结构内力分布，卸荷加固，可以消除其他加固方法应力应变滞后的现象。

体外预应力加固法没有应力滞后的缺陷，施工简便，造价较低；在基本不增加截面高度和不影响结构使用空间的条件下，可提高梁、板的受弯、受剪承载力，改善其在使用阶段的性能，可用于应力较高或变形较大而外荷载又较难卸除的柱子或损坏严重的柱子。但预应力布置在结构体外部，因此要考虑材料的耐久性及防火、防锈措施。

采用预应力拉杆加固时，在安装前必须对拉杆事先进行调直校正，拉杆尺寸和安装位置必须准确，张拉前应对焊接接头、螺杆、螺帽质量进行检验，保证拉杆传力准确可靠，避免张拉过程中断裂或滑动，造成安全和质量事故。采用预应力撑杆加固时，要注意撑杆末端处角钢(及其垫板)与混凝土构件之间的嵌入深度与传力焊缝的质量检验。检验合格后，将撑杆两端用螺栓临时固定，然后用环氧砂浆或高强度水泥砂浆进行填灌。加固的压杆肢、连接板、缀板和拉紧螺栓等均应涂防锈漆进行防腐。

9.4.8 增加支承加固法

增加支承加固法是通过增加支撑点，来减少结构计算，改变结构内力分布，从而提高构件承载能力的加固方法。在梁、板跨中增设支点后，减少了计算跨度，从而能较大幅度地提高承载能力，减少和限制梁、板的挠曲变形。

增加支承加固法优点是受力明确，易于安装拆卸，简单可靠。缺点为明显影响使用空间，会对原有的建筑外观和使用功能造成一定损害。

增设支点若采用湿式连接，在梁及支柱的接点处与后浇混凝土的接触面，应进行凿毛，清除浮渣，洒水湿润，一般以微膨胀混凝土浇筑为宜。若采用型钢套箍干式连接，型钢套箍与梁接触面间应用水泥砂浆坐浆，待型钢套箍与支柱焊牢后，再用较干硬砂浆将全部接触缝隙塞紧填实。对于楔块顶升法，顶升完毕后，应将所有楔块焊连，再用环氧砂浆封闭。

习　题

1. 简述混凝土结构表面质量缺陷种类及产生原因。
2. 简述混凝土表面缺陷预防措施及修补方法。
3. 简述常见的混凝土裂缝种类。
4. 简述混凝土裂缝处理方法。
5. 简述加大截面加固法的特点。
6. 简述粘贴碳纤维加固法的特点。
7. 简述粘贴钢板加固法的特点。
8. 简述高性能水泥复合砂浆钢筋网加固法的特点。

第10章　桥梁结构工程

本章主要内容包括桥梁墩台施工、桥梁上部结构施工两大部分。桥梁墩台施工中主要介绍石料及混凝土砌块墩台、混凝土及钢筋混凝土墩台、装配式墩台和高桥墩施工工艺及施工要点。桥梁上部结构施工中对装配式桥梁施工、预应力混凝土梁桥悬臂施工、拱桥施工做了重点阐述。

本章主要包括以下几方面内容：

1. 桥梁墩台施工；

2. 桥梁上部结构施工。

10.1　桥梁墩台施工

桥梁墩台是桥梁的重要结构，它不仅起到支承上部结构荷载的作用，而且可将上部结构荷载传递给基础，还会受到风力、流水压力以及可能发生的冰压力、船只和漂流物的撞击力作用，还要连接两岸道路，挡住桥台台背的填土。

桥梁墩台的施工方法通常可分为两大类：一类是现场浇筑与砌筑；另一类是预制拼装的混凝土砌块、钢筋混凝土或预应力混凝土构件。浇筑与砌筑的墩台其工序简便，所采用的机具较少，技术操作难度较小，但施工工期较长，需耗费较多的劳动力与物力。预制拼装构件其结构形式轻便，既可以确保工程质量，减轻工人劳动强度，又可以加快工程进度，提高工程效益，主要用于山谷架桥及跨越平缓无漂流物的河沟、河滩等桥梁，尤其是在缺少砂石地区与干旱缺水地区以及工地干扰多、施工现场狭窄的地方建造墩台，其效果更为显著。

10.1.1　石料及混凝土砌块墩台施工

石砌墩台在砌筑前，应按设计要求放出实样挂线砌筑。形状比较复杂的墩台，应先做出配料设计图（如图10－1所示），注明砌块尺寸；形状比较单一的，也要根据砌体尺寸、错缝等，先行放样配备材料。

10.1.2　混凝土及钢筋混凝土墩台施工

10.1.2.1　模板的类型和构造

混凝土及钢筋混凝土墩台的模板主要有固定式模板（构造可见图10－2所示）、拼装式模板、整体吊装模板（组装方法为：根据墩台高度分层支模和浇筑混凝土，每层的高度应视墩台尺寸、模板数量和浇筑混凝土的能力而定，一般为2～4 m；用吊机吊起大块板扇，按分层高度安装好第一层模板，其组装方法同低墩台组装模板；模板安装完成后在浇筑第一层混凝土时，应在墩台身内预埋支承螺栓，用以支承第二层模板和安装脚手架）、组合式定型钢模板。

10.1.2.2　钢筋混凝土墩台施工

①墩台施工前，应在基础顶面放出墩台中线和内外轮廓线的准确位置。

②现浇混凝土墩台其钢筋的绑扎应与混凝土的浇筑配合进行。

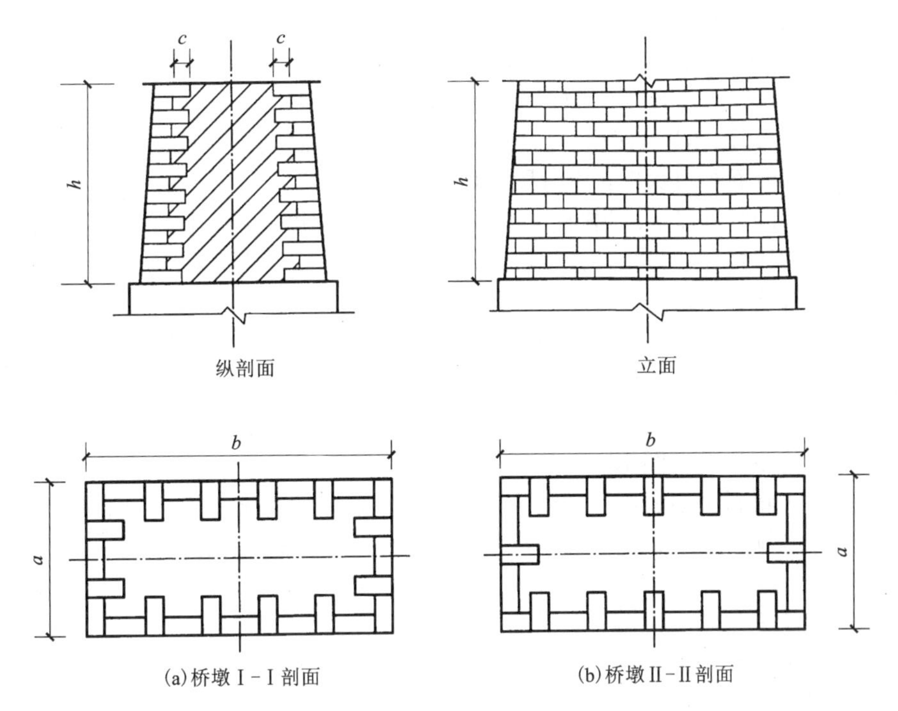

图10－1　桥墩配料大样图

a，b，h—石料尺寸；c—错缝尺寸

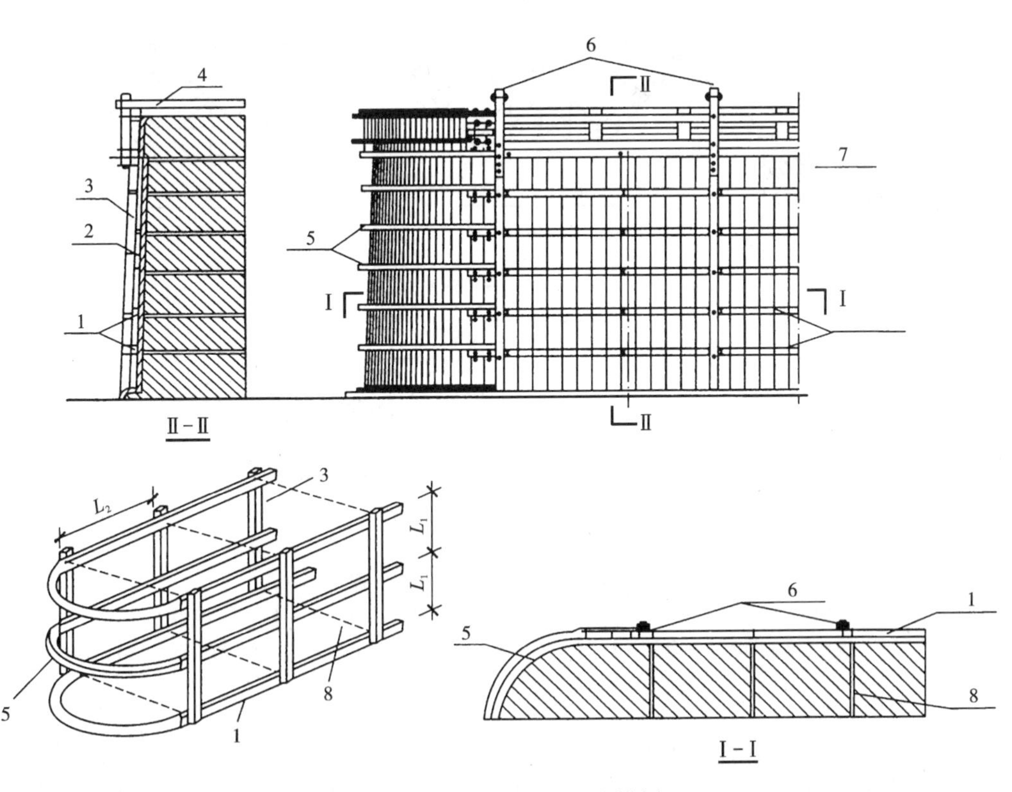

图10－2　圆端形墩固定式模板

1—水平肋木；2—板；3—立柱；4—木拉条；5—拱肋木；6—安装柱；7—壳板；8—拉杆

③浇筑混凝土的质量应从准备工作、拌和材料、操作技术和浇筑后养护四个方面加以控制。浇筑混凝土应连续进行，如中途停止，应按施工缝进行处理。在明挖基础上浇筑第一层混凝土时，要防止水分被基础所吸收或基顶水分渗入混凝土而降低强度。

④注意掌握混凝土的浇筑速度。若墩台面积不大时，混凝土应连续一次浇筑完成，以保证其整体性；若墩台面积过大时，应分段分块浇筑。

⑤在混凝土的浇筑过程中，应随时观察所设置的预留螺栓、预留孔、预埋支座的位置是否移动，若发现移位应及时校正；还应注意模板、支架情况，如有变形或沉陷，应立即校正并加固。

10.1.2.3　特殊外形墩台混凝土施工

V形桥梁墩台施工

特殊外形墩台包括V形、Y形等形式，其施工方法与桥梁结构体系有密切的关系。

(1)V形墩台施工

施工步骤如图10－3所示。

①将斜腿内的高强钢丝束、锚具与高频焊管连成一体并和第1节劲性钢架一起安装在墩座及斜腿位置处，浇筑墩座混凝土，如图10－3(a)所示。

②安装平衡架、角钢拉杆及第2节劲性钢架，如图10－3 (b)所示。

③分两段对称浇筑斜腿混凝土，如图10－3 (c)所示。

④张拉临时斜腿预应力拉杆，并拆除角钢拉杆及部分平衡架构件，如图10－3(d)所示。

⑤安装V形腿间墩旁膺架，浇筑主梁0号节段混凝土，张拉斜腿及主梁钢丝束或粗钢筋。最后拆除临时预应力拉杆及墩旁膺架，使其形成V形结构，如图10－ 3(e)所示。

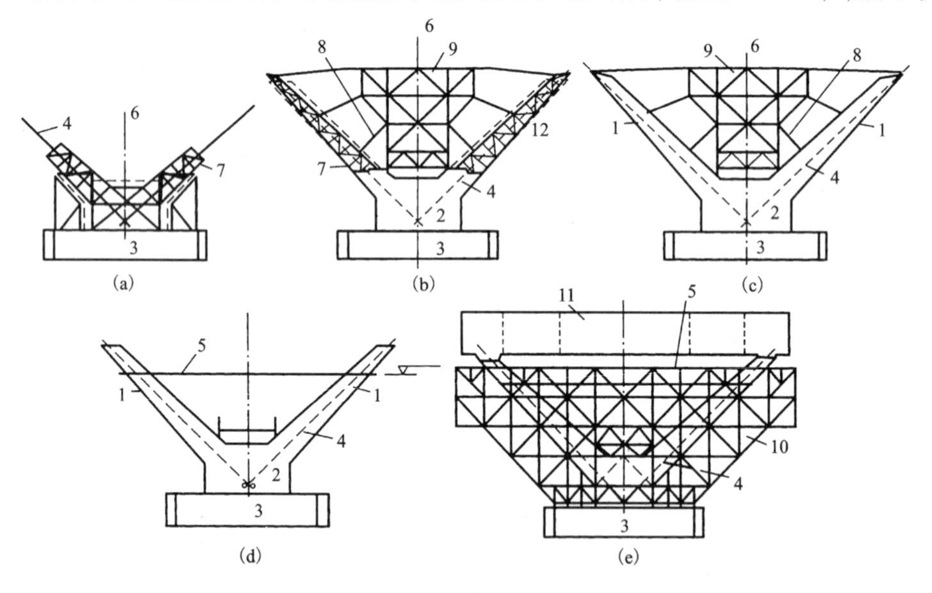

图10－3　V形墩台施工步骤

1—斜腿；2—墩座；3—承台；4—高频焊管、钢丝束；5—预应力拉杆；6—墩中心线；7—劲性钢架(第1节)；8—角钢拉杆；9—平衡架；10—膺架；11—梁体；12—劲性钢架(第2节)

(2)Y形墩台施工

Y形墩台施工的难点有以下几点：①模板的拼装与就位。②必须保证混凝土的浇捣质量，尤其是中横梁和上节柱的交接处混凝土的密实度。③拆模时保证Y形柱根部不受自重力的影响。

Y形墩台常规的施工顺序为：下节柱、中横梁、上节柱、盖梁。

10.1.3 装配式墩台施工

装配式桥墩主要采用拼装法施工，常用于预应力混凝土、钢筋混凝土薄壁空心墩或轻型桥墩。拼装式桥墩主要由就地浇筑实体部分墩身、拼装部分墩身和基础组成。

装配式桥墩的主要施工工艺流程为：浇筑桥墩基础→浇筑实体墩身(包括预埋锚固件和连接件)→安装预制的墩身块件(包括预制构件分块、模板的制作及安装、制孔、预制块件的浇筑、预制块件运输至桥位、安装墩身预制块件等内容)→施加预应力→孔道灌浆→封锚。

10.1.4 高桥墩施工

10.1.4.1 高桥墩的模板

高桥墩的模板一般有滑升模板、提升模板、滑升翻模、爬升模板等几种。

(1)滑升模板

滑升模板的组装顺序为：千斤顶架→围圈→绑扎结构钢筋→桁架→内模板→外挑三脚架→外模板→平台铺板及栏杆→千斤顶→支承杆→标尺或水位计→液压操作台→液压管路→内外吊架。滑升模板的施工可分为初滑、正常滑升、停滑和空滑四个阶段。

滑模宜浇筑低流动度或半干硬性混凝土，混凝土浇筑时应分层、分段对称进行，每层厚度以200～300 mm为宜，浇筑后混凝土表面距模板上缘宜有不小于100～150 mm的距离。混凝土入模时的强度应为0.2～0.5 MPa，混凝土中可掺入一定数量的早强剂，其掺入量应根据气温、水泥标号经试验选定。

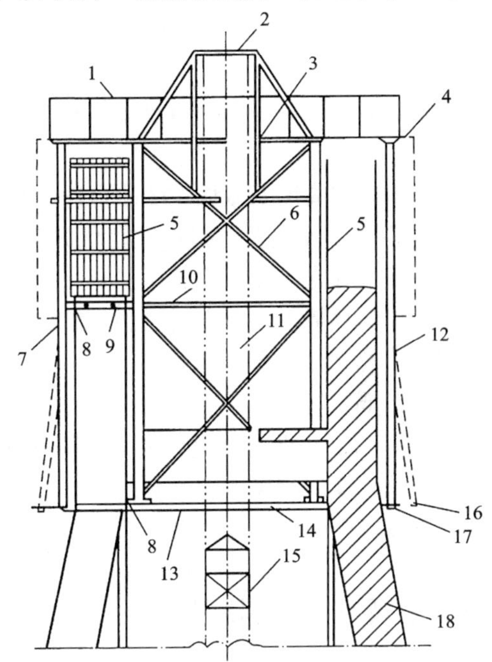

图10-4 提升支架结构

1—栏杆；2—吊斗提升架；3—上层操作台；4—安全网；5—提升模板；6—斜撑；7—轴铰；8—中框；9—顶紧器；10—中层操作台；11—吊斗升降孔；12—钢筋柱；13—底层操作台；14—底框；15—吊斗；16—活动底框原位置；17—活动底框上升到垂直塔柱时的焊孔；18—钢筋混凝土塔柱

(2)提升模板

提升模板是利用提升支架将高桥墩模板分段升高的模板体系。提升支架的整体构造如图10-4所示，适用于双柱式的索塔或墩柱。

(3)滑升翻模

滑升翻模的构造如图10-5所示。翻模施工的工艺流程为：施工准备→组装翻模→绑扎钢筋→浇筑混凝土→提升工作平台→模板翻升→施工到墩顶拆除模板→拆除平台。

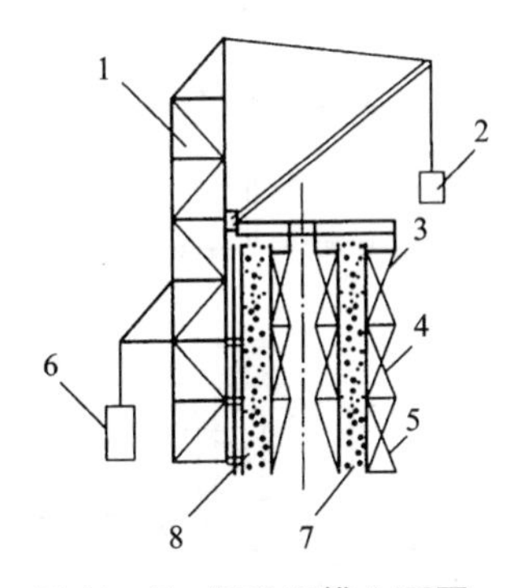

图10-5 滑升翻模立面图

1—竖向桁架；2—运料斗；3—三脚支架；4—斜拉索具；5—工作吊篮；6—乘人吊笼；7—索塔混凝土；8—紧固装置

(4)爬升模板

爬升模板施工与滑升模板施工相似，所不同的是支架通过千斤顶支承于预埋在墩壁中的预埋件上，待浇筑好的墩身混凝土达到一定的强度后，将模板松开，千斤顶上顶，把支架连同模板升到新的位置，模板就位后，再继续浇筑墩身混凝土。如此往复循环，逐节爬升。

10.1.4.2　高桥墩施工要点

(1)根据墩柱特点合理选用设备或支架，对于机械设备无法施工的墩柱，可以采用支架法，但应保证支架的稳定性和吊装设备的安全性。

(2)做好工序的安排工作，尽量保证一根墩柱施工的连续性，减少中间停顿时间，加快施工进度。

(3)由于高桥墩墩身的垂直度要求较高，施工测量时应采取相应的办法，控制墩身倾斜度和轴线偏位。

(4)根据墩柱高度及截面，设计合适的模板，在保证模板的强度和刚度的前提下，尽量减少模板的起吊、安装及对接次数。优先采用大钢模板，亦可采用表面经特殊处理过的木模板，以减少高空吊装、保证安装质量。

(5)在恶劣环境下进行高桥墩施工时，应采取措施以解决混凝土快速施工与养护之间的矛盾，保证高桥墩施工的流水作业。

(6)混凝土应沿模板周边均匀多点布料。墩身混凝土浇筑完毕后，必须将墩顶冒出的多余水分及时清理，并做第二次振捣，以保证墩顶混凝土的施工质量。

(7)作业高度处的风力超过6级，或遇雷雨等天气时，应立即停止任何作业。

(8)保证安全施工是高桥墩施工的关键环节之一，各工序应按安全操作规程办事。

10.2　桥梁上部结构施工

10.2.1　装配式桥梁施工

(1)支架便桥架设法

支架便桥架设法是在桥孔内或靠墩台旁顺桥向用钢梁或木料搭设便桥作为运送梁、板构件的通道。在通道上面设置走板滚筒或轨道平车，从对岸用绞车将梁、板牵引至桥孔后，再横移至设计位置定位安装，如图10-6所示。

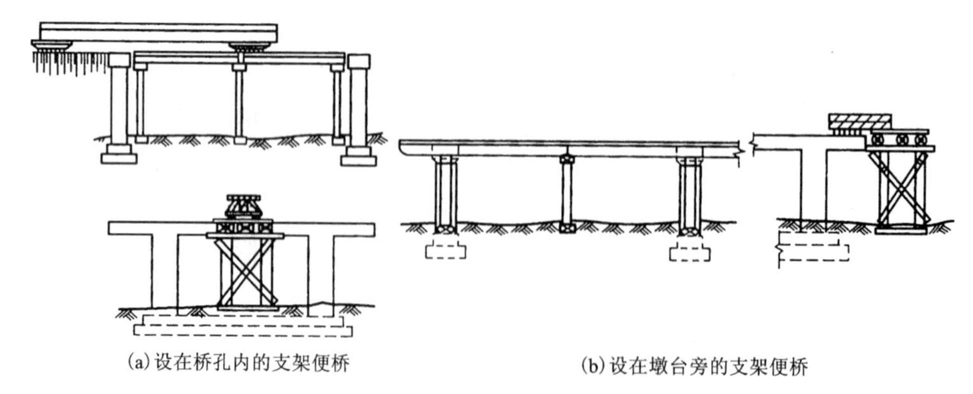

(a)设在桥孔内的支架便桥　　(b)设在墩台旁的支架便桥

图10-6　支架便桥架设法

（2）自行式吊机架设法

自行式吊机架设法可采用一台吊机架设、两台吊机架设和吊机与绞车配合架设三种方法。图 10－7 为吊机和绞车配合架设法示意图。

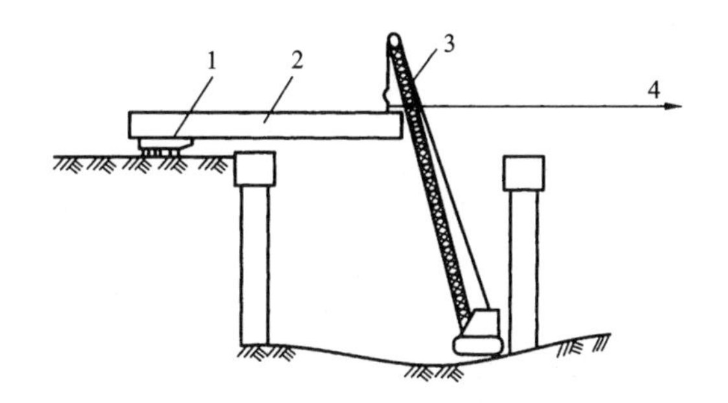

图 10－7　吊机和绞车配合架设法

1—走板滚筒；2—预制梁；3—吊机起重臂；4—绞车

（3）人字扒杆悬吊架设法

人字扒杆悬吊架设法又称吊鱼架设法，是利用人字扒杆来架设梁桥上部结构构件，而不需要特殊的脚手架或木排架。

架设方法有人字扒杆架设法，人字扒杆两梁连接悬吊架设法，人字扒杆托架架设法三种。人字扒杆又分一副扒杆和两副扒杆架设。两副扒杆架设中，前扒杆上安装有吊鱼滑车组，用以牵引预制梁悬空拖曳，后扒杆安装牵引系统。梁的尾端设有制动绞车，起溜绳配合作用。后扒杆的主要作用是预制梁吊装就位时，配合前扒杆吊起梁端，抽出木垛，便于落梁就位，如图 10－8(a)所示。一副扒杆架设中，其基本方法同两副扒杆架设相同，只是采用千斤顶顶起预制梁，抽出木垛，落梁就位，如图 10－8(b)所示。

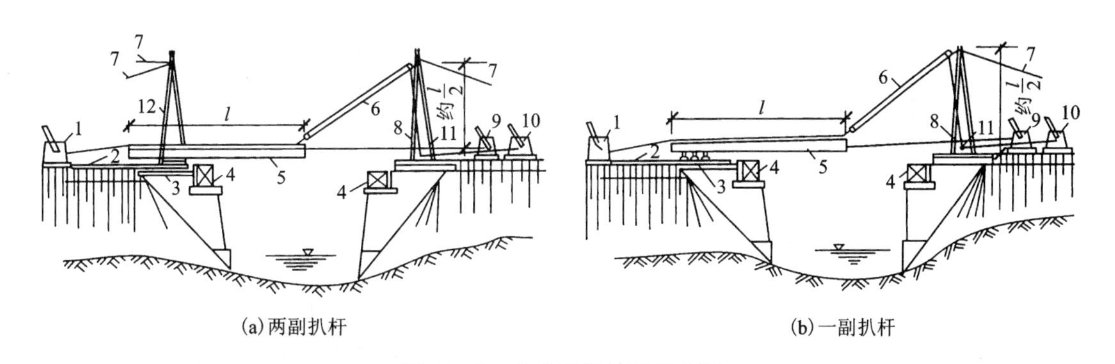

图 10－8　人字扒杆架设示意图

1—制动绞车；2—滑道木；3—滚轴；4—临时木垛；5—预制梁；6—吊鱼滑车组；7—缆风索；8—前扒杆；9—牵引绞车；10—吊鱼用绞车；11—转向滑车；12—后扒杆

（4）双导梁穿行式架设法

双导梁穿行式架设法是在跨间设置两组导梁，导梁上配置有悬吊预制梁的轨道平车和起重行车或移动式龙门架，将预制梁在双导梁内吊运到指定位置后，再落梁、横移就位。双导梁穿行式架设法如图 10－9 所示。

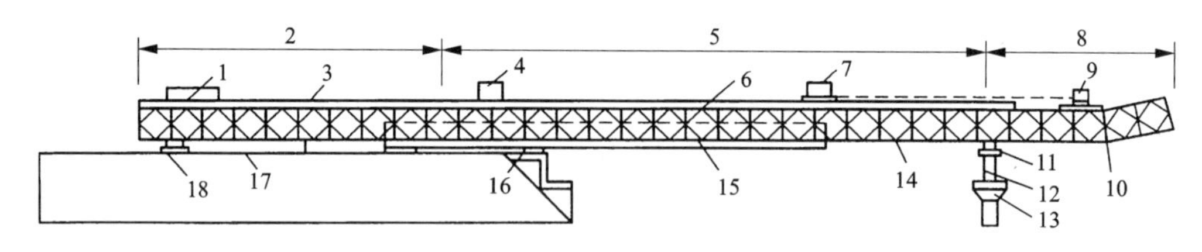

图 10－9　双导梁穿行式架设法

1—平衡压重；2—平衡部分；3—人行便桥；4—后行车；5—承重部分；6—行车轨道；7—前行车；8—引导部分；9—绞车；10—装置特殊接头；11—横移设备；12—墩上排架；13—花篮螺丝；14—钢桁、架导梁；15—预制梁；16—预制梁纵向滚移设备；17—纵向滚道；18—支点横移设备

10.2.2　预应力混凝土梁桥悬臂施工

10.2.2.1　预应力混凝土梁结构悬臂浇筑

预应力混凝土梁结构悬臂浇筑施工法包括移动挂篮悬臂施工法、移动悬吊模架悬臂施工法和滑移支架悬臂施工法。这里只介绍移动挂篮悬臂施工法。

(1)施工挂篮的结构构造

挂篮是一个能沿梁顶滑动或滚动的承重构架，锚固悬挂在施工的前端梁段上，在挂篮上可进行下一梁段的模板、钢筋、预应力管道的安设，混凝土浇筑，预应力筋张拉，孔道灌浆等多项工作。完成一个节段的循环后，挂篮即可前移并固定，进行下一节段的施工，如此循环直至悬浇完成。

挂篮按构造形式有桁架式(包括平行式、菱形、弓弦式等，如图 10－10、图 10－11 和图 10－12 所示)、斜拉式(包括三角斜拉式和预应力斜拉式)、型钢式和混合式四种。

按其移动方式有滚动式、组合式(图 10－13)和滑动式(图 10－14)三种。

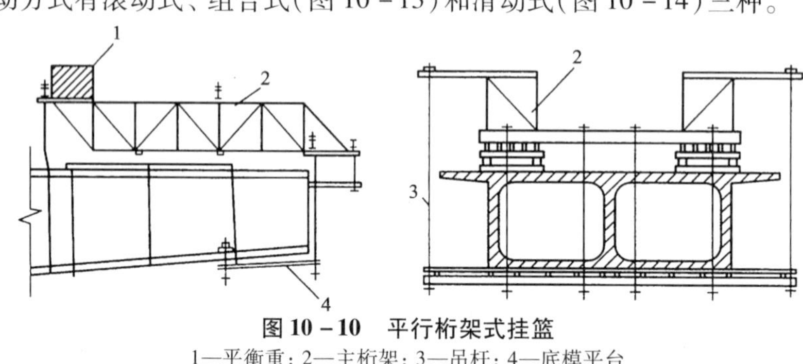

图 10－10　平行桁架式挂篮

1—平衡重；2—主桁架；3—吊杆；4—底模平台

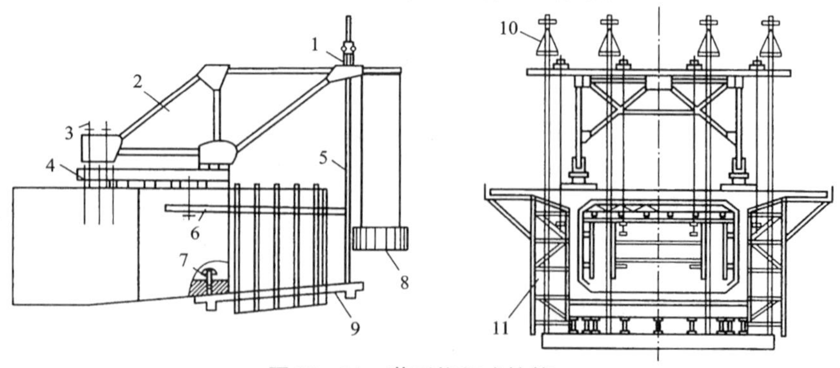

图 10－11　菱形桁架式挂篮

1—前上横梁；2—菱形构架；3—锚固装置；4—轨道；5—前吊带；6—滑梁；7—吊带；8—张拉平台；9—底模；10—千斤顶；11—侧模支架

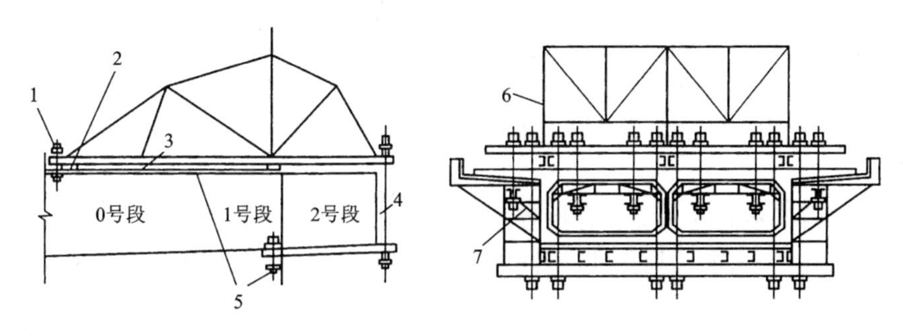

图 10－12　弓弦式挂篮

1—后锚；2—滑板；3—滑道；4—前吊杆；5—底板后锚；6—主桁架；7—侧模支架

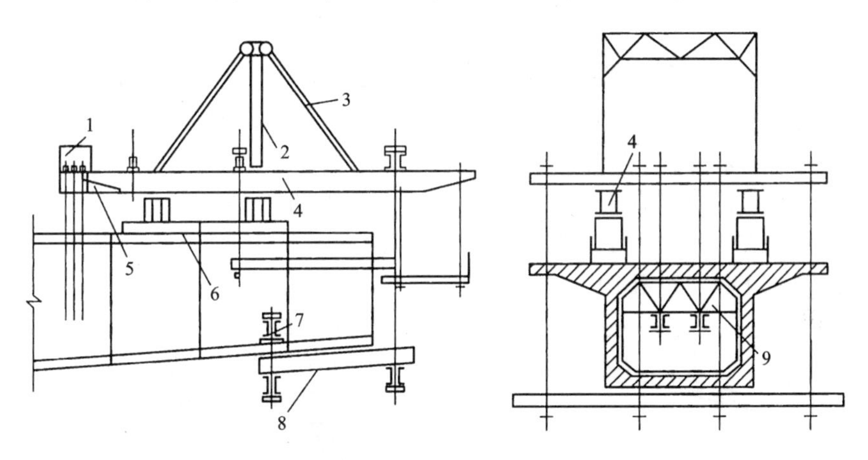

图 10－13　三角形组合梁式挂篮

1—平衡重；2—立柱；3—斜拉带；4—主梁；5—接长梁；6—滑道；7—后吊杆；8—底模平台；9—内模架

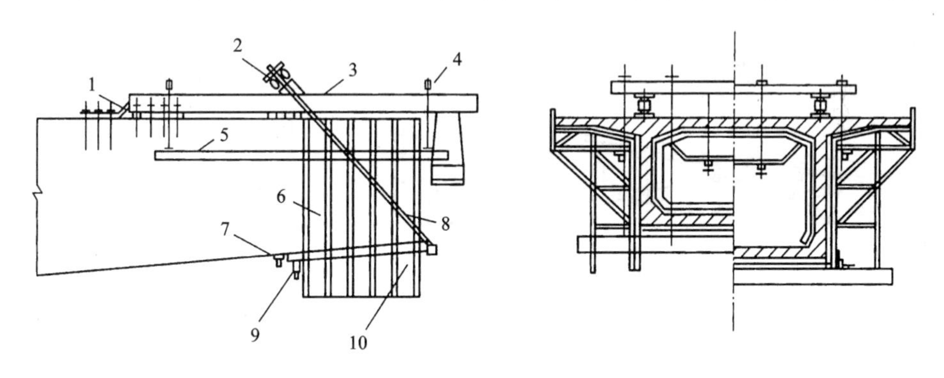

图 10－14　滑动斜拉式挂篮

1—上限位器；2—后上横梁；3—主梁；4—前上横梁；5—滑梁；

6—侧模；7—下限位器；8—斜拉带；9—下吊杆；10—底模平台

(2)分段悬臂浇筑施工法

0 号段浇筑：0 号段位于桥墩上方，是给挂篮提供一个安装场地。0 号段的长度依两个挂篮的纵向安装长度而定，当0 号段设计较短时，常将对称的 1 号段浇筑后再安装挂篮。0 号段与 1 号段均在墩顶托架上现浇。

拼装挂篮：当挂篮运至工地时，应在试拼台上试拼，以便发现由于制作不精确及在运输过程中所造成的变形问题，保证在正式安装时的顺利及工程进度。

梁段混凝土浇筑施工：当挂篮安装就位后，即可进行梁段混凝土浇筑施工。其工艺流程为：挂篮前移就位→安装箱梁底模→安装底板及肋板钢筋→浇筑底板混凝土并养护→安装肋板模板、顶板模板及肋内预应力管道→安装顶板钢筋及顶板预应力管道→浇筑肋板及顶板混凝土→检查并清洁预应力管道→混凝土养护→拆除模板→穿预应力钢束→张拉预应力钢束→孔道灌浆。

梁段合拢：由于不同的悬浇和合拢程序，会引起结构恒载内力不同，体系转换时徐变引起的内力重分布也不相同，因而采取不同的悬浇和合拢程序将在结构中产生不同的最终恒载内力，对此应在设计和施工中充分考虑。合拢程序有从一岸顺序悬浇、合拢；从两岸向中间悬浇、合拢；按T构—连续梁顺序合拢。

10.2.2.2 预应力混凝土梁结构悬臂拼装

(1)梁段预制

分段预制长度应考虑预制拼装的起重能力；满足预应力管道弯曲半径及最小直线段长度的要求；梁段规格应尽量少，以利于预制和模板重复使用；在条件允许的前提下，尽量减少梁段数；符合梁体配束要求，在拼合面上保证锚固钢束的对称性，以便在施工阶段保证梁体受力平衡。梁段块件的预制方法有长线预制和短线预制两种。

长线预制法是在工厂或施工现场按桥梁底缘曲线制作固定式底座，在底座上安装模板进行梁段混凝土浇筑工作，如图10－15所示。

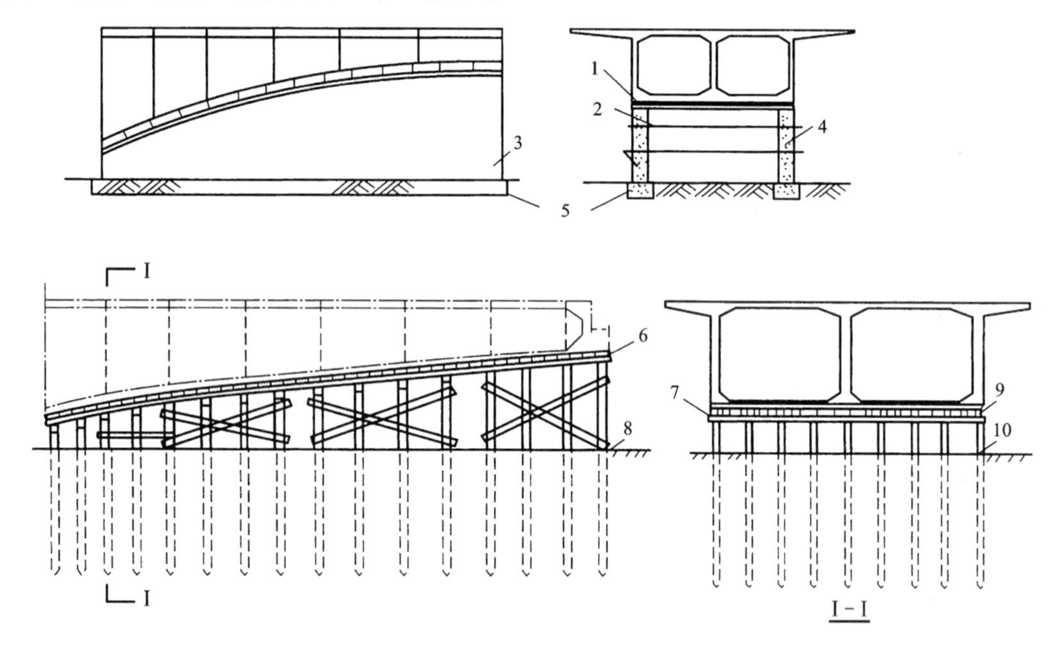

图10－15 长线预制箱梁梁段台座

1—底模板；2—对拉螺杆；3—混凝土侧墙；4—砂砾填料；5—基础；6—底模；7—帽木；8—斜撑；9—纵梁；10—木桩

短线预制法是利用可调整内、外模板的台车与端梁来进行施工的。当第一节段块件混凝土浇筑完毕后，在其相对位置上安装下一节段块件的模板，并利用第一节段块件混凝土的端面作为第二节段的端模来完成第二节段块件混凝土的浇筑工作，如图10－16所示。

(2)梁段吊运、存放、整修及运输

梁段吊点一般设置在腹板附近，有四种设置方式，即在翼板下腹板两侧留孔，用钢丝绳与钢棒穿插起吊，如图10－17(a)所示；直接用钢丝绳捆绑，如图10－17(b)所示；在腹板上

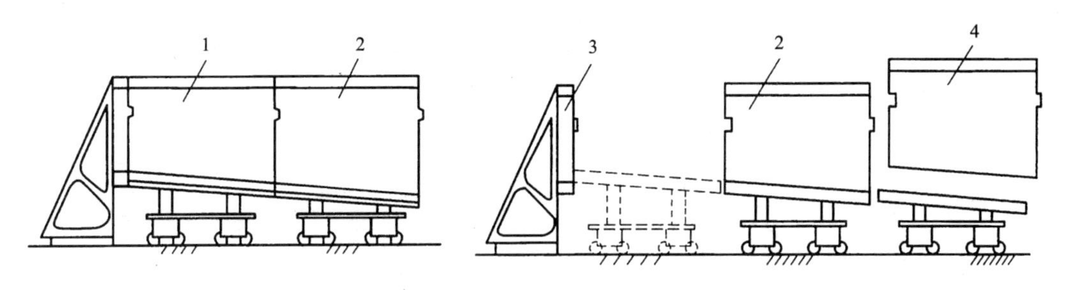

图 10 – 16　短线预制法示意图

1—灌筑单元；2—配合单元；3—封闭端；4—去储存场

预留孔，用精轧螺纹钢穿过底板锚固起吊，如图 10 – 17(c)所示；在腹板上埋设吊环，如图 10 – 17(d)所示。

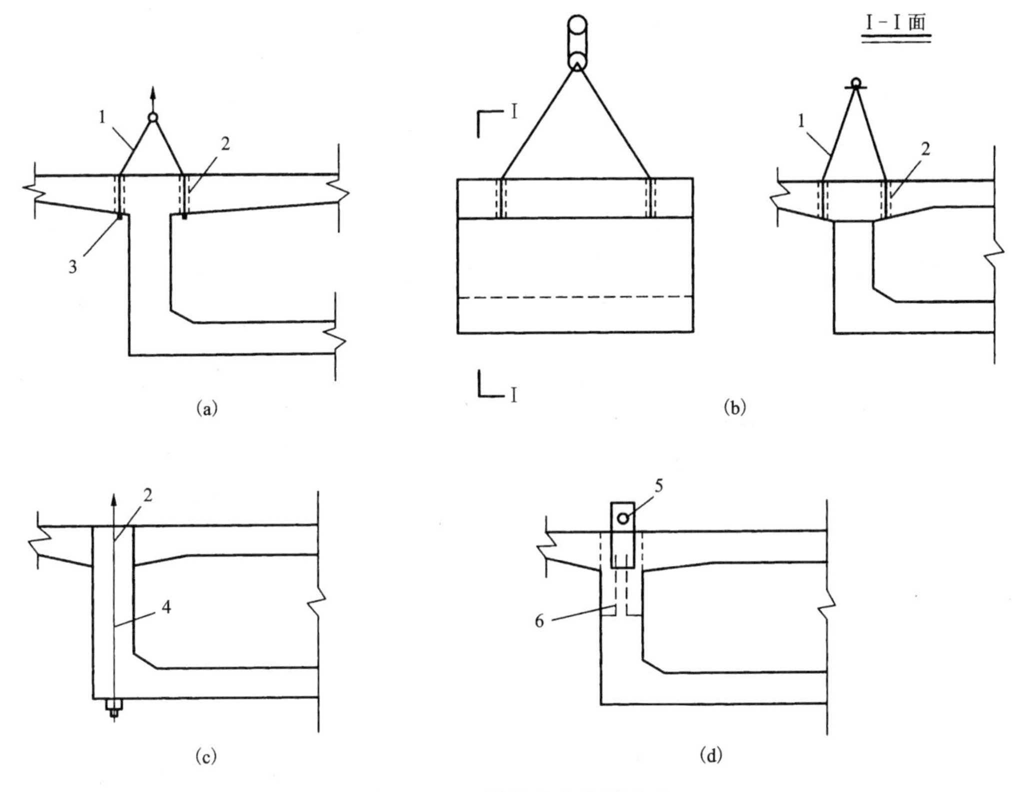

图 10 – 17　梁段吊点设置方式

1—钢丝绳；2—预留孔；3—钢棒；4—精轧螺纹钢；5—吊环；6—锚固筋

(3)分件吊装系统的设计与施工

当桥墩施工完成后，先施工 0 号块件。0 号块件为预制块件的安装提供必要的施工作业面，可以根据预制块件的安装设备，决定 0 号块件的尺寸；安装挂篮或吊机；从桥墩两侧同时、对称地安装预制块件，以保证桥墩平衡受力，减小弯曲力矩。

0 号块件常采用在托架上现浇混凝土，待 0 号块件混凝土达到设计强度等级后，才开始悬拼 1 号块件。因而分段吊装系统是桥梁悬拼施工的重要机具设备，其性能直接影响施工进度和施工质量，也直接影响桥梁的设计和分析计算工作。常用的吊装系统有浮运吊装、移动式吊车吊装、悬臂式吊车吊装、桁式吊车吊装、缆索吊车吊装、浮式吊车吊装等类型。

移动式吊车悬拼施工时其吊车外形类似于悬浇施工的挂篮，如图 10－18 所示。施工时，先将预制节段从桥下或水上运至桥位处，然后用吊车吊装就位。

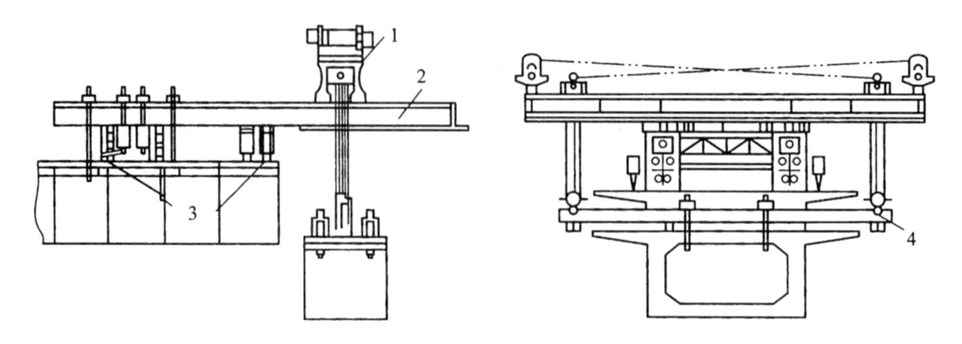

图 10－18　移动式吊车悬拼施工

1—卷扬机；2—承重梁；3—支承；4—扁担梁

悬臂式吊车悬拼施工时其吊车由纵向主桁梁、横向起重桁架、锚固装置、平衡重、起重索、行走系和工作吊篮等部分所组成。图 10－19 是贝雷桁节拼成的悬臂吊车。当吊装墩柱两侧的预制节段时，常采用双悬臂吊车，当节段拼装到一定长度后，可将双悬臂吊车改装成两个独立的单悬臂吊车；当桥跨不大，且孔数不多的情况下，采用不拆开墩顶桁架而在吊车两端不断接长的方法进行悬拼，以避免每悬拼一对梁段而将对称的两个悬臂吊车移动和锚固一次。

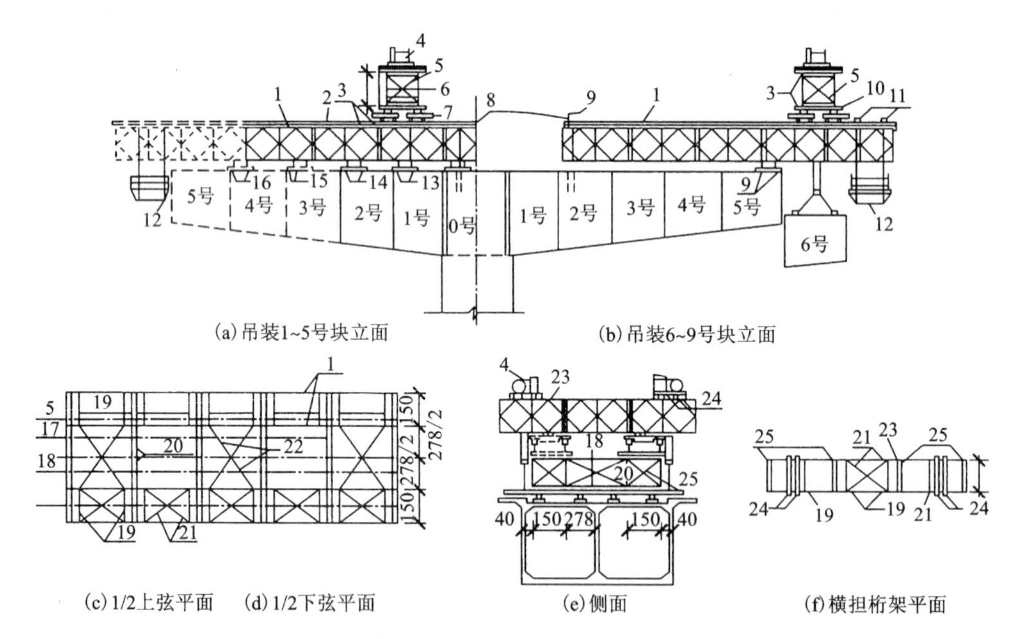

图 10－19　用贝雷桁节拼制的悬臂吊车

1—吊机主桁架单层双排共计贝雷 44 片；2—钢轨；3—枕木；4—卷扬机；5—撑架用角钢 50×50×5；6—横担桁架；7—平车共 8 台；8—锚固吊环；9—工字钢 240；10—平车之间用角钢联结成一整体；11—工字钢 120 共 4 根；12—吊篮；13—吊装 1 号块支承；14—吊装 2 号块支承；15—吊装 3 号块支承；16—吊装 4 号块支承；17—水平撑 ϕ15 圆木；18—水平撑用角钢 120×1200×10；19—水平撑 8×10 圆木；20—十字撑 ϕ10 圆木；21—十字撑 8×10 方木；22—十字撑 ϕ15 圆木；23—横担桁架单层单排贝雷共 6 片；24—滑车横担梁；25—角钢撑架

(4)悬臂拼装接缝设计与施工

悬臂拼装时，预制块件接缝的处理分湿接缝和胶接缝两大类。不同的施工阶段和不同的部位，交叉采用不同的接缝形式。湿接缝系用高强细石混凝土或高标号水泥砂浆，这样有利于调整块件的位置和增强接头的整体性，通常用于拼装与0号块连接的第一对预制块件，也是悬拼的基准梁段。胶接缝是在梁段接触面上涂一层约0.8 mm厚的环氧树脂胶加水泥薄层而形成的接缝。胶接缝能消除水分对接头的有害影响。胶接缝主要有平面型、多齿型、单级型和单齿型等形式，如图10－20所示。齿型和单级型的胶接缝用于块件间摩阻力和黏结力不足以抵抗梁体剪力的情况；单级型的胶接缝有利于施工拼装。

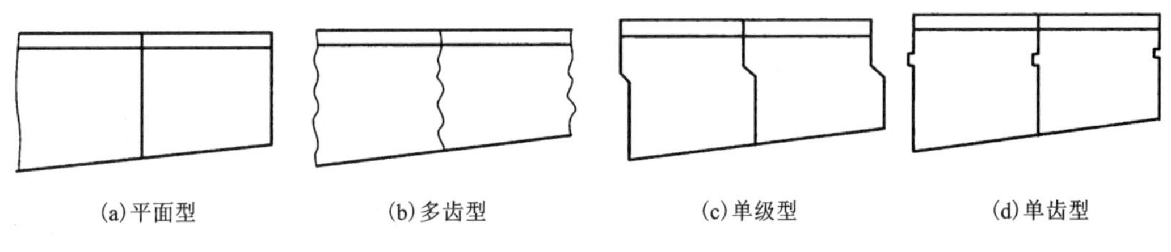

图10－20　胶接缝的形式

由于1号块件的施工精度直接影响到以后各节段的相对位置，以及悬拼过程中的标高控制，故1号块件与0号块件之间采用湿接缝处理，即在悬拼1号块件时，先调整1号块件的位置、标高，然后用高强细石混凝土或高标号水泥砂浆填实，待接缝混凝土或水泥砂浆达到设计强度以后施加预应力，以保证0号块件与1号块件的连接紧密。为了便于进行接缝处管道接头的操作、接头钢筋的焊接和混凝土施工，湿接缝宽度一般为100～200 mm。湿接缝施工程序为：吊机就位→提升、起吊1号梁段→安设波纹管→中线测量→丈量湿接缝宽度→调整铁皮管→高程测量→检查中线→固定1号梁段→安装湿接缝模板→浇筑湿接缝混凝土→湿接缝的养护、拆模→张拉力筋→压浆。在拼装过程中，如拼装上翘误差过大，难以用其他方法补救时，可增设一道湿接缝来调整。增设的湿接缝宽度，必须用凿打块件端面的办法来提供。

2号块件以后的各节段拼装，其接缝采用胶接缝。胶接缝中一般采用环氧树脂作为胶粘料，胶粘料厚1.0 mm左右，在施工中起润滑作用，使接缝面密贴，完工后可提高结构的抗剪能力、整体刚度和不透水性。

胶接缝的施工程序为：吊机前移就位→梁段起吊→初步定位试拼→检查并处理管道接头→移开梁段→穿临时预应力筋入孔→接缝面上涂胶接材料→正式定位、贴紧梁段→张拉临时预应力筋→放松起吊索→穿永久预应力筋→张拉预应力筋后移挂篮→进行下一梁段拼装。

10.2.3　拱桥施工

拱桥施工方法主要根据其结构形式、跨径大小、建桥材料、桥址环境的具体情况，以及方便、经济、快捷的原则而定。石拱桥根据采用的材料不同可以是片石拱、块石拱或料石拱等；根据其布置形式可以是实腹式石板拱或空腹式石板拱和石肋(或肋板)拱等。对于石拱桥，主要采用拱架施工法。而混凝土预制块的施工与石拱桥相似。

钢筋混凝土拱桥包括钢筋混凝土箱板拱桥、箱肋拱桥、劲性骨架钢筋混凝土拱桥等。对于钢筋混凝土拱桥的施工方法，可根据不同的情况综合考虑。如在允许设置拱架或无足够吊装能力的情况下，各种钢筋混凝土拱桥均可采用在拱架上现浇或组拼拱圈的拱架施工法。为了节省拱架材料，使上、下部结构同时施工，可采用无支架，或少支架施工法。根据两岸地形及施工现场的具体情况，可采用转体施工法。对于大跨径拱桥还可以采用悬臂施工法，即自拱脚开始采用悬臂浇筑或拼装逐渐形成拱圈至拱顶合拢成拱，必要时还可以采用组合法，如对主拱圈两拱脚段采用悬臂施工，跨中段先采用劲性骨架成拱，然后在骨架上浇筑混凝土形成最后拱圈，或者先采用转体施工劲性骨架，然后在骨架上浇筑混凝土成拱。

桁架拱桥、桁式组合拱桥一般采用预制拼装施工法。对于小跨径桁架拱桥可采用有支架施工法；对于不能采用有支架施工的大跨径桁架拱桥则采用无支架施工法，如缆索吊装法、悬臂安装法、转体施工法等。刚架拱桥可以采用有支架施工法、少支架施工法或无支架施工法。

10.2.3.1　拱架

砌筑石拱桥或安装混凝土预制块拱桥，以及现浇混凝土或钢筋混凝土拱圈时，需要搭设拱架，以承受全部或部分主拱圈和拱上建筑的质量，保证拱圈的形状符合设计要求。在设计和安装拱架时，应结合实际条件进行多方面的技术经济比较。主要原则是稳定可靠，结构简单，受力情况清楚，装卸便利和能重复使用。

(1)拱架的构造与安装

①工字梁钢拱架

工字梁钢拱架有两种形式：一是有中间木支架的钢木组合拱架；二是无中间木支架的活用钢拱架。钢木组合拱架是在木支架上用工字钢梁代替木斜撑，可以加大斜梁的跨度，减少支架，这种拱架的支架常采用框架式，如图 10－21 所示；工字梁活用钢拱架其构造形式如图 10－22 所示，是由工字钢梁基本节(分成几种不同长度)、楔形插节(由同号工字钢截成)、拱顶铰及拱脚铰等基本构件组成，工字钢与工字钢或工字钢与楔形插节可在侧面用角钢和螺栓连接，上、下面用拼接钢板连接，基本节一般由两个工字钢横向平行组成，用基本节段和楔形插节连成拱圈全长时即组成一片拱架。

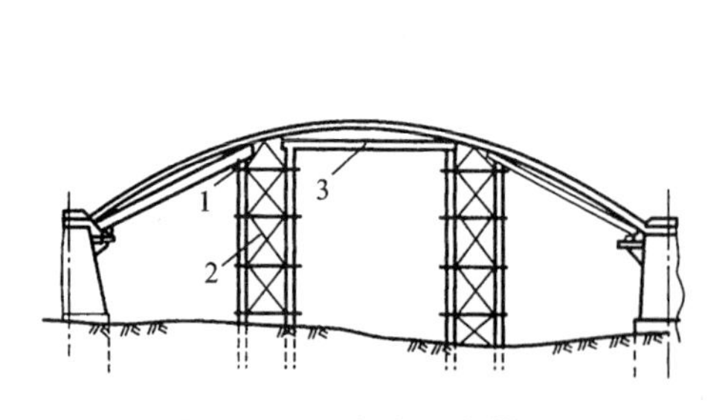

图 10－21　钢木组合拱架

1—卸落设备；2—斜杆；3—钢梁

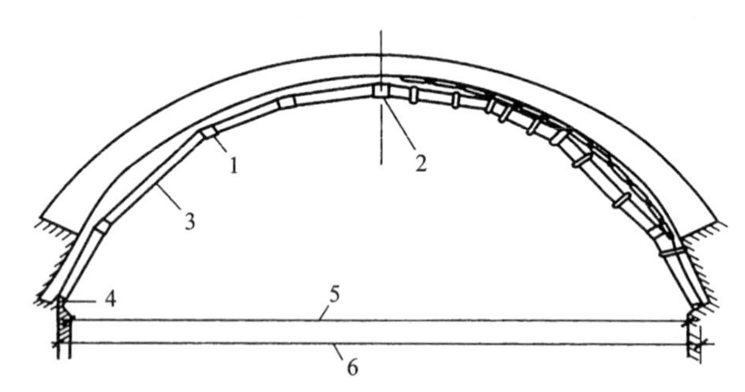

图 10－22　工字梁活用钢拱架

1—楔形插节；2—拱顶拆拱设备；3—基本节；
4—拱脚铰；5—拱圈跨度；6—拱架跨度

工字梁活用钢拱架一般是将每片拱架先组成两个半拱片，然后进行安装就位。半个拱片的拼装可在桥下的地面或驳船上进行，拱节间拼装螺栓应拧紧。插节应先安装在第一基本节上。拼装第二片拱架时，应附带把横向连接用的角钢装上并用绳子捆好。

架设工作应分片进行，在架设每个拱片时，应先同时将左半拱、右半拱两段拱片吊至一定高度，并将拱片脚置于墩台缺口或预埋的工字梁支点上与拱座铰连接，然后安装拱顶卸顶设备进行合拢。可采用活动扒杆起吊拱架[如图10－23(a)]的方法或采用架空缆索及扒杆组合安装拱架[如图10－23(b)]的方法进行安装。

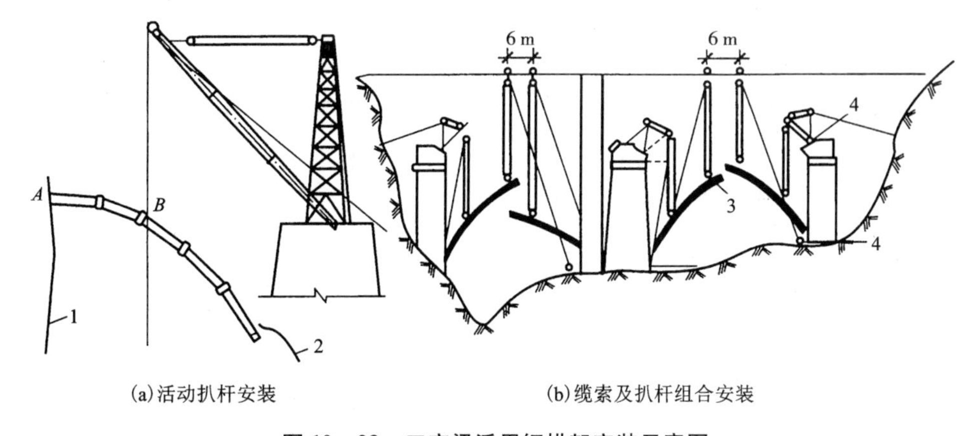

图10－23　工字梁活用钢拱架安装示意图

1—麻绳；2—细小钢绳；3—钢拱架；4—至手绞车

②钢桁架拱架

钢桁架拱架一般有常备拼装式桁架形拱架、装配式公路钢桥桁架节段拼装式拱架、万能杆件桁架拼装式拱架、装配式公路钢桥桁架或万能杆件桁架与木拱盔组合的钢木组合拱架等几种。常备拼装式桁架形拱架是由标准节段、拱顶段、拱脚段和连接杆等用钢销或螺栓连接的，拱架一般采用三铰拱，其横桥向由若干组拱片组成，每组的拱片数及组数由桥梁跨径、荷载大小和桥宽决定，每组拱片及各组间由纵、横连接系连成整体。其构造如图10－24所示。

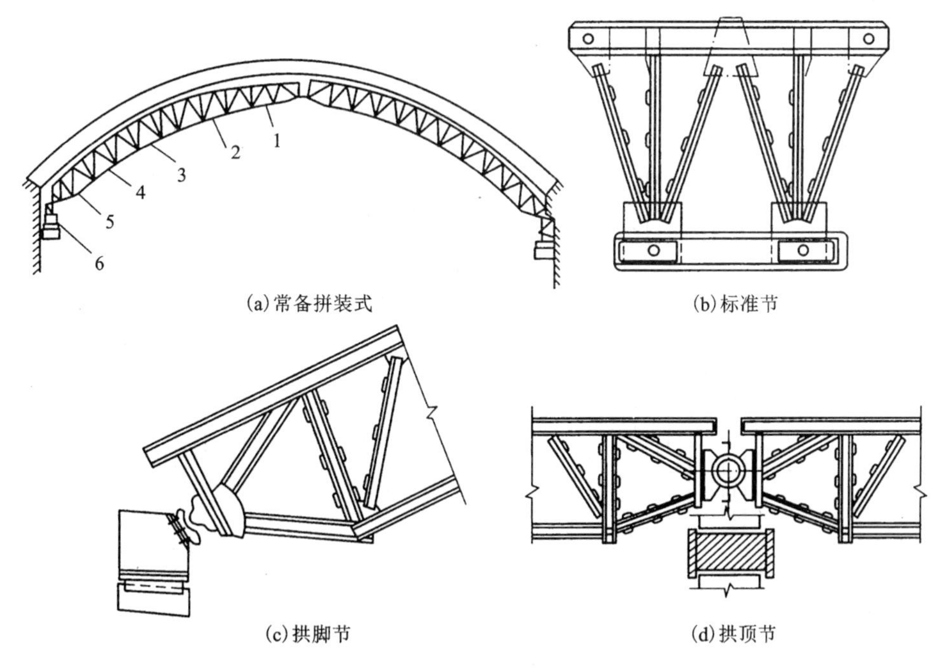

图10－24　常备拼装式桁架形拱架

1—拱顶节；2—标准节；3—连接杆乙；4—连接杆甲；5—拱脚节；6—砂筒

在装配式公路钢桥桁架节段的上弦接头处加上一个不同长度的钢铰接头，即可拼成各种不同曲度和跨径的拱架，在拱架两端另加设拱脚段和支座，构成双铰拱架。拱架的横向稳定由各片拱架间的抗风拉杆、撑木和风缆等设备来保证。拱架构造如图 10－25 所示。

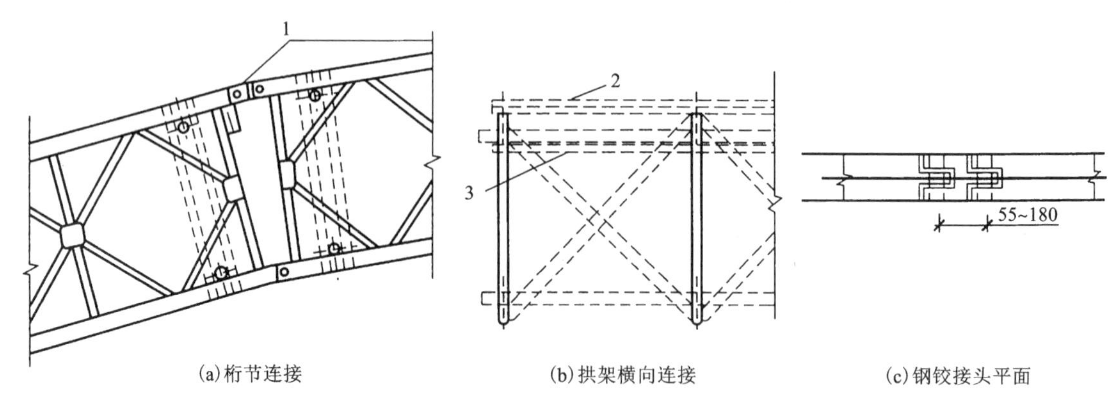

图 10－25　装配式公路钢桥桁架节段拼装式拱架

1—接头钢铰；2—面层撑木；3—底层撑木

③扣件式钢管拱架

扣件式钢管拱架一般有满堂式、预留孔满堂式、立柱式扇形等几种形式。满堂式钢管拱架（如图 10－26 所示）用于高度较小、在施工期间对桥下空间无特殊要求的情况。立柱式扇形钢管拱架是先用型钢组成立柱，以立柱为基础，在起拱线以上范围用扣件钢管组成扇形拱架。图 10－27 是一种组合钢管拱架，即在拱肋下用型钢组成（或用贝雷桁片组成）的钢架拼成 4 排纵梁，并置于万能杆件框架上，再在纵梁上用钢管扣件组成拱架，其横向两侧各拉两道抗风索，以加强拱架的稳定性。

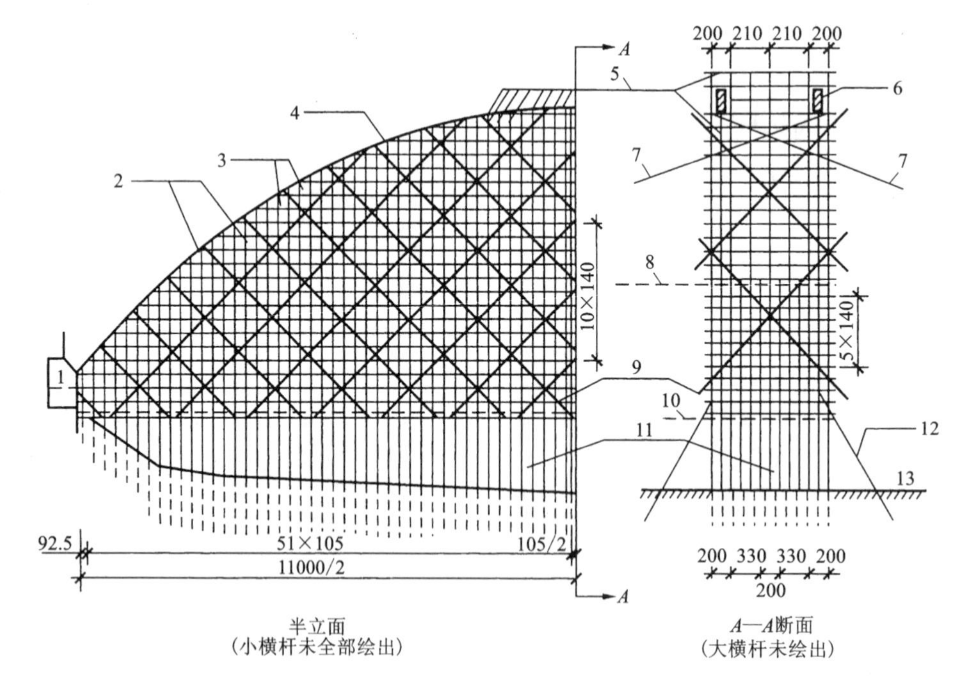

图 10－26　满堂式钢管拱架示意图

1—桥台；2—立柱；3—大横杆；4—拱腹线；5—小横杆；6—拱肋；7—缆风绳；8—横梁底面；9—剪刀撑；10—施工水面；11—立柱；12—斜撑；13—地面线

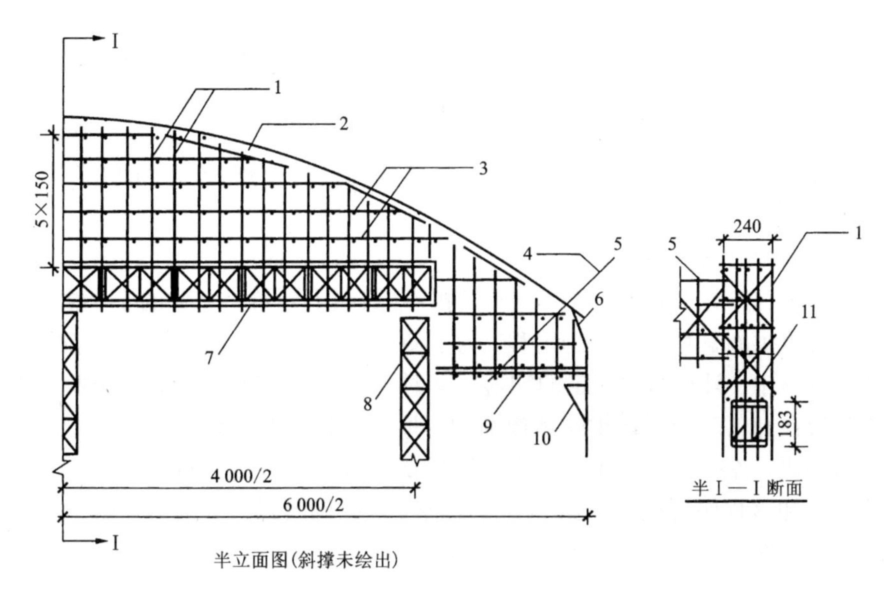

图 10－27　组合钢管拱架

1—立柱；2—小横杆；3—大横杆；4—钢索；5—横系框架；6—拱座；
7—钢架；8—万能杆件；9—工字钢；10—牛腿；11—斜撑

(2)拱架的卸落与拆除

由于拱上建筑、拱背材料、连拱等因素对拱圈的受力有影响，因此应选择对拱体产生最小应力时卸架，过早或过迟卸架都对拱圈受力不利，一般在砌筑完成后 20～30 d，待砌筑砂浆强度达到设计强度的70%以后才能卸落拱架。

①架设备

木楔有简单木楔和组合木楔等不同构造。简单木楔[图 10－28(a)]是由两块 1∶6～1∶10 斜面的硬木楔形块组成，在落架时，用锤轻轻敲击木楔小头，将木楔取出，拱架即可落下。组合木楔[图 10－28(b)]是由三块楔形木和一个对拉螺栓组成，在卸架时只需扭松螺栓，木楔便落下，拱架即可逐渐降落。组合木楔比简单木楔更为稳定和均匀。

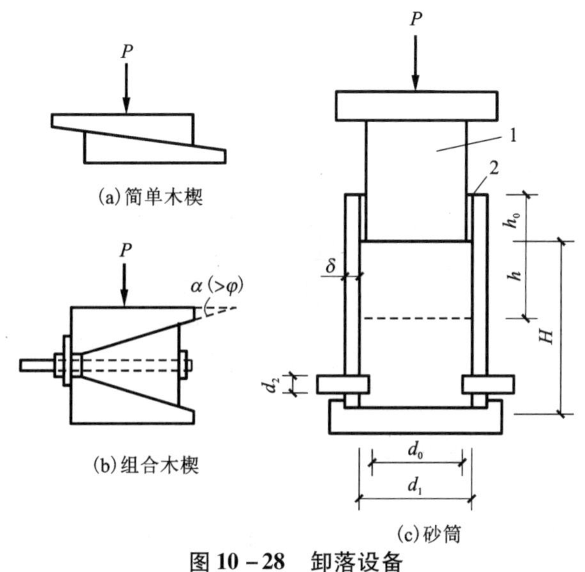

图 10－28　卸落设备

1—顶心；2—沥青

砂筒[图 10－28(c)]是由铸铁制成圆筒或用方木拼成方盒而成。砂筒上面的顶心可用混凝土制成，砂筒与顶心间的空隙应以沥青填塞，以免砂子受潮不易流出。卸架是靠砂子从砂筒下部的泄砂孔流出而实现的，因此要求砂筒内的砂子干燥、均匀、洁净。卸架时靠砂子的泄出量来控制砂筒顶心的降落量(即控制拱架卸落的高度)。分数次进行卸落能使拱架均匀下降而不受震动。

②拱架卸落的程序与方法

拱架卸落的过程，实质上是由拱架支承的拱圈(或拱上建筑已完成的整个拱桥上部结构)的重力逐渐转移给拱圈自身来承担的过程，为了使拱圈受力有利，应采取一定的卸架程序和方法。在卸架过程中，只有达到一定的卸落量 h 时，拱架才能脱离拱圈体实现力的转移。

满布式拱架在卸落时为了使拱圈体逐渐均匀地降落和受力，各支点卸落量应分成几次和几个循环逐步完成，各次和各循环之间应有一定的间歇，间歇后应将松动的卸落设备顶紧，使拱圈体落实。卸落程序可根据算出和分配的各支点的卸落量，从拱顶开始，逐次同时向拱脚对称地卸落，如图 10－29 所示。

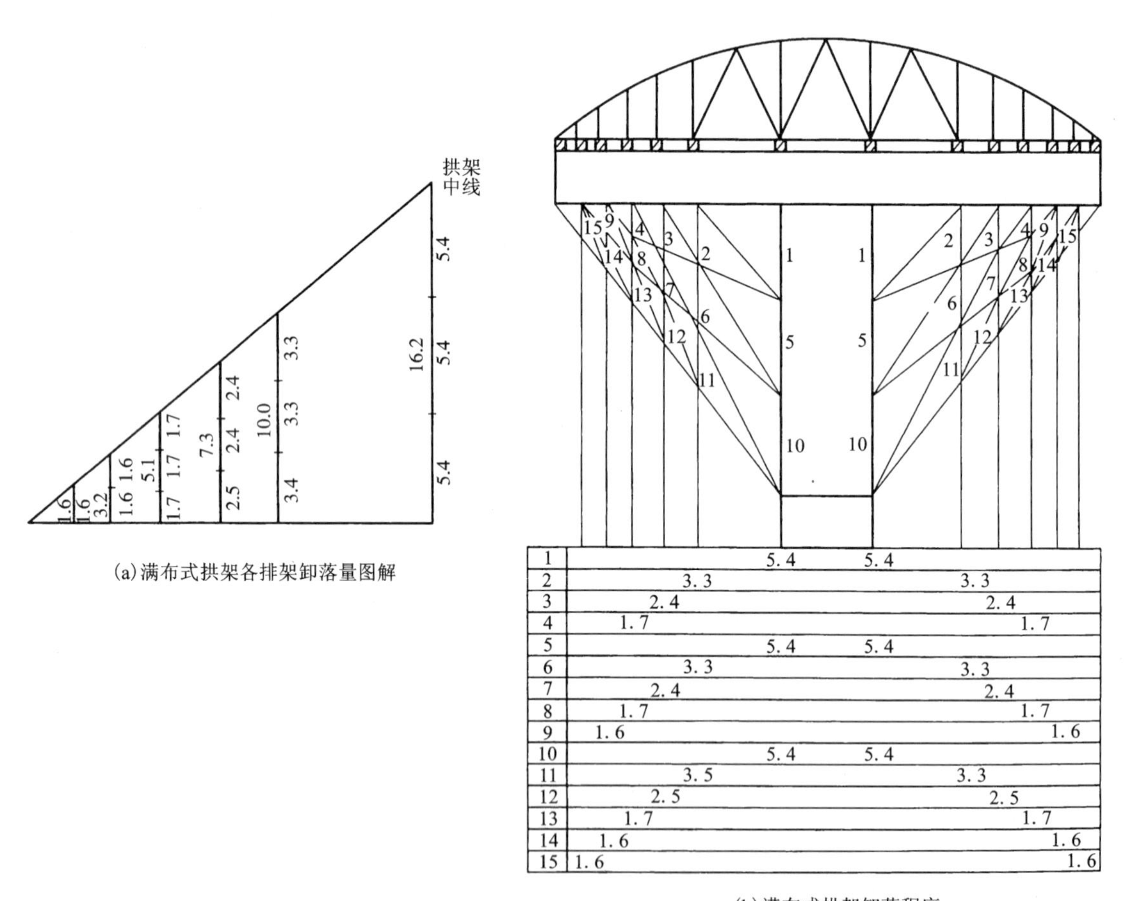

序号	左	右
1	5.4	5.4
2	3.3	3.3
3	2.4	2.4
4	1.7	1.7
5	5.4	5.4
6	3.3	3.3
7	2.4	2.4
8	1.7	1.7
9	1.6	1.6
10	5.4	5.4
11	3.5	3.3
12	2.5	2.5
13	1.7	1.7
14	1.6	1.6
15	1.6	1.6

(a)满布式拱架各排架卸落量图解

(b)满布式拱架卸落程序

图 10－29　满布式拱架卸落程序

工字梁活用钢拱架卸落时其卸落设备一般置于拱顶，卸落的布置如图 10－30 所示。卸落拱架时，先将 8 台卸落拱架的绞车绞紧，然后将拱顶卸拱设备上 4 个螺栓(组合木楔对拉螺栓）松动一下，即可放松绞车，敲松拱顶卸拱木，然后第二次绞紧绞车，松动螺栓，再次放松绞车，如此逐次循环松降，直至降落到一定的卸落量 h 后，拱架即可脱离拱圈体。拱架脱离拱圈体后，即可撤除卸拱设备和拱顶一部分模板，然后将第 1 组轨束松至与第 3 组轨束相平，并用另一绞车将拱脚自支座缺口中拉出，再同时松动两组绞车，将拱架降落到地面拆除。第 1、3 组落地后，再落第 2、4 组。

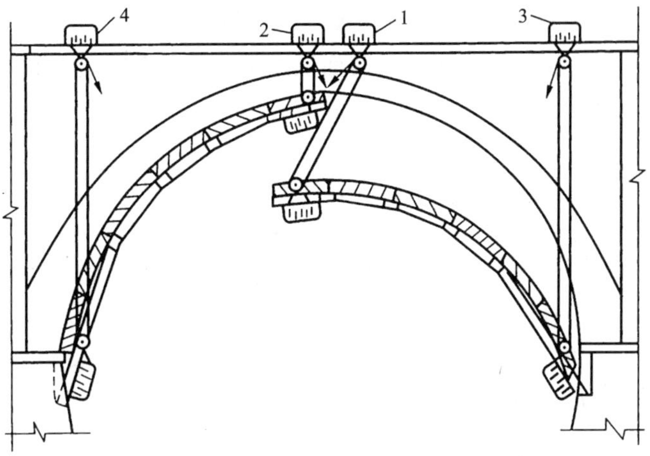

图 10－30　工字梁活用钢拱架的卸落布置

10.2.3.2　现浇钢筋混凝土拱桥

（1）拱圈的浇筑

当拱桥的跨径较小（一般小于 16 m）时，拱圈混凝土应按全拱圈宽度，自两端拱脚向拱顶对称地连续浇筑，并在拱脚混凝土初凝前浇筑完毕。如果预计不能在规定的时间内浇筑完毕，应在拱脚处预留一条隔缝，最后浇筑隔缝混凝土。

当拱桥跨径较大（一般大于 16 m）时，为了避免拱架变形而产生裂缝以及减少混凝土收缩应力，拱圈应采取分段浇筑的施工方案。分段位置的确定是以拱架受力对称、均衡、拱架变形小为原则，一般分段长度为 6～15 m。分段浇筑的程序应符合设计要求，且对称于拱顶，使拱架变形保持对称、均衡和尽可能的小。但应在拱架挠曲线为折线的拱架支点、节点、拱脚、拱顶等处设置分段点并适当预留间隔缝。间隔缝的位置应避开横撑、隔板、吊杆及刚架节点等处；间隔缝的宽度一般为 500～1 000 mm，以便于施工操作和钢筋连接；为了缩短拱圈合拢和拱架拆除的时间，间隔缝内的混凝土应采用比拱圈高一个强度等级的半干硬性混凝土。

对于大跨径的箱形截面拱桥，一般采取分段分环的浇筑方案。分环有分成二环浇筑和分成三环浇筑两种方案。分成二环浇筑是先分段浇筑底板（第一环），然后分段浇筑腹板、横隔板及顶板混凝土（第二环）；分成三环浇筑是先分段浇筑底板（第一环），然后分段浇筑腹板和横隔板（第二环），最后分段浇筑顶板（第三环）。图 10－31 所示的是箱形截面拱圈采用分段分环浇筑。

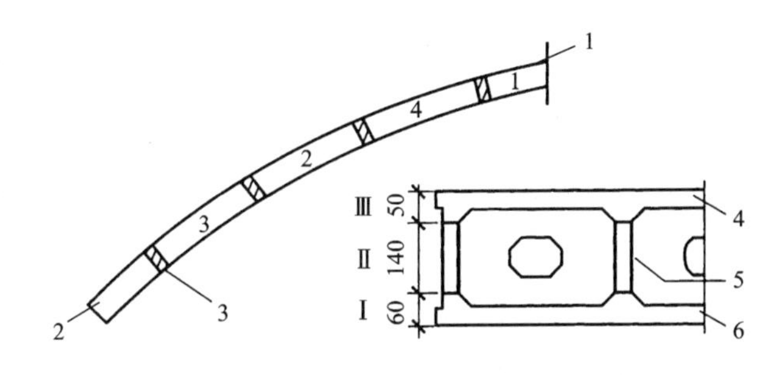

图 10－31　分段分环浇筑施工程序

1—拱顶；2—拱脚；3—工作缝；4—顶板；5—肋墙；6—底板

(2)在拱架上组拼并现浇箱形截面拱圈

在拱架上组拼箱形截面拱圈是一种预制和现浇相结合完成拱圈全截面的施工方法。该方法只需较少的吊装设备，施工安全简便，主要适用于箱形截面板拱桥和箱形肋拱桥。

箱形截面板拱桥在拱架上组装腹板时，应从拱脚开始，两端对称到拱顶，横向应先安装两箱肋的内侧腹板，后安装肋间横系梁，最后安装边腹板及箱内横隔板。每安装一块，应立即与已安装好的一块腹板及横隔板的钢筋焊接，接着安装下一块；预制块组装完后，应立即浇筑接头混凝土，以保证拱架的稳定。接头混凝土应由拱脚向拱顶对称浇筑，待接头混凝土达到设计强度等级后，从拱脚向拱顶浇筑底板，完成整个箱形拱肋的施工。

箱形肋拱桥的施工程序与箱形截面板拱桥基本相似，图 10－32 所示为在拱架上组装并现浇形成拱圈的箱形肋拱桥。

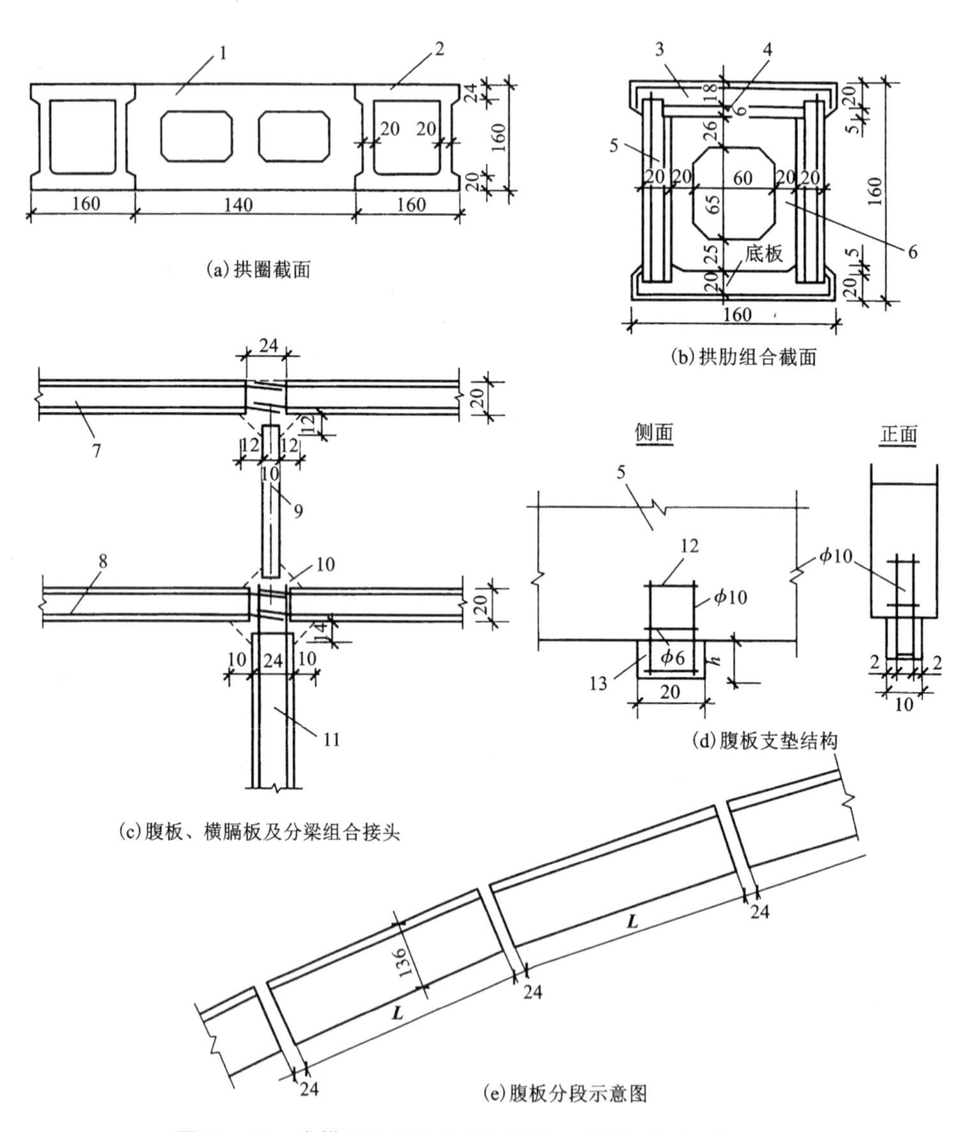

图 10－32　在拱架上组装并现浇的箱形肋拱桥构造(单位：cm)

1—肋间横系梁；2—拱肋；3—现浇顶板；4—盖板(预制)；5—腹板；6—横隔板；7—外腹板；8—内腹板；9—箱内横隔板；10—接头 C30 混凝土；11—肋间横系梁；12—$\phi6$ 箱筋；13—支垫

10.2.3.3　装配式钢筋混凝土拱桥施工

装配式混凝土(钢筋混凝土)拱桥主要采用无支架或少支架施工方案，因而在无支架或少支架施工的各个阶段，对拱圈(肋)必须在预制、吊运、搁置、安装、合拢、裸拱及施工加载等各个阶段进行强度和稳定性的验算，以确保桥梁的安全和工程质量。对于在吊运、安装过程中的验算，应根据施工机械设备、操作熟练程度和可能发生的撞击等情况，考虑1.2~1.5的冲击系数。在拱圈(或拱肋)及拱上建筑的施工过程中，应经常对拱圈(或拱肋)进行挠度观测，以控制拱轴线的线形。

肋拱、箱形拱的无支架施工包括扒杆、龙门架、塔式吊机、浮吊、缆索吊装等吊装方案，而缆索吊装是应用最为广泛的施工方案。这里主要阐述缆索吊装施工。

根据拱桥缆索吊装的特点，其一般的吊装程序为(针对五段吊装方案)：边段拱肋的吊装并悬挂，次边段的吊装并悬挂，中段的吊装及合拢，拱上构件的吊装等。

(1)吊装前的准备工作

缆索吊装前的准备工作包括预制构件的质量检查、墩台拱座尺寸的检查、跨径与拱肋的误差调整等。

(2)缆索吊装设备

缆索设备是由主索、天线滑车、起重索、牵引索、起重及牵引绞车、主索地锚、塔架、风缆、主索平衡滑轮、电动卷扬机、链滑车及各种滑轮等部件组成。在吊装时，缆索设备除上述各部件外，还有扣索、扣索排架、扣索地锚、扣索绞车等部件。缆索设备适用于高差较大的垂直吊装和架空纵向运输，吊运量从几吨到几十吨，纵向运距从几十米到几百米。缆索吊装布置如图10-33所示。

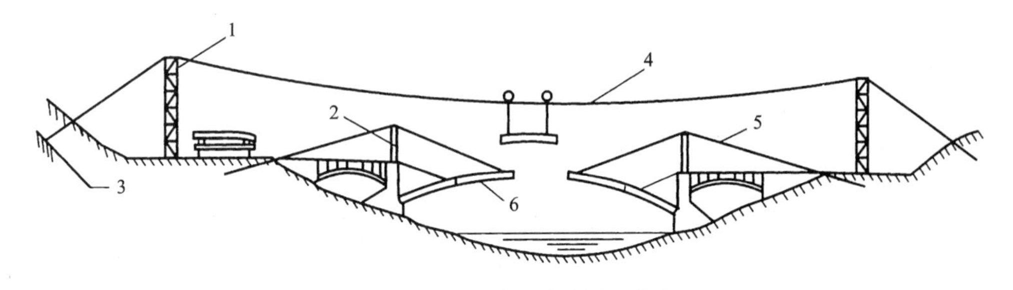

图10-33　缆索吊装布置示意图

1—索塔；2—扣索支架；3—地垄；4—缆索；5—扣索；6—拱肋

缆索吊装设备在使用前必须进行试拉和试吊。试拉包括地锚的试拉、扣索的试拉。试吊主要是主索系统的试吊，一般分跑车空载反复运转、静载试吊和吊重运行三个阶段。在各阶段试吊中，应连续观测塔架位移、主索垂度和主索受力的均匀程度；动力装置工作状态、牵引索及起重索在各转向轮上的运转情况；主索地锚稳固情况以及检查通信、指挥系统的通畅性能和各作业组之间的协调情况。试吊后应综合各种观测数据和检查情况，对设备的技术状况进行分析和鉴定，提出改进措施，并确定能否进行正式吊装。

(3)拱肋缆索吊装

三段与五段缆索吊装螺栓接头拱肋就位的方法基本相似。首先是边段拱肋悬挂就位。在无支架施工中，边段拱肋和次边段拱肋的悬挂均采用扣索。扣索按支承扣索的结构物的位置和扣索本身的特点可分为天扣、塔扣、通扣和墩扣等类型，如图10-34所示。

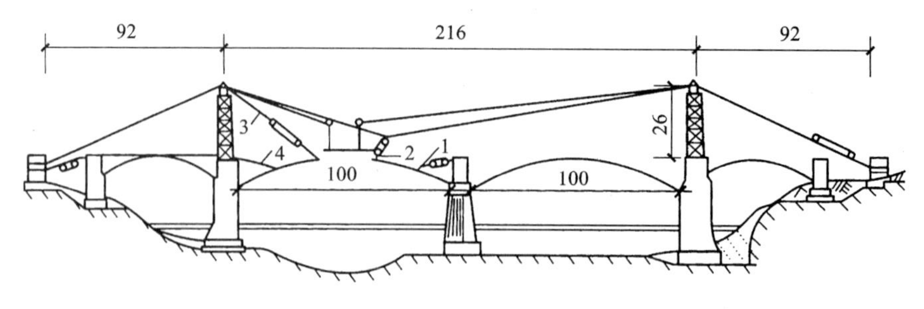

图 10-34　边段拱肋悬挂方法(单位：m)

1—墩扣；2—天扣；3—塔扣；4—通扣

(4)拱肋施工稳定措施

拱肋的稳定包括纵向稳定和横向稳定。拱肋的纵向稳定主要取决于拱肋的纵向刚度，在拱肋的结构设计中已考虑了裸拱状态下的纵向稳定，只要在吊装过程中控制好接头标高、选择合适的单位接头形式、及时完成接头的连接工作，使拱肋尽快由铰接状态转化为无铰状态，就能满足纵向稳定，如采用稳定缆风索、临时横向联系等措施。而拱肋的横向稳定，只有在拱肋形成无铰拱，并在拱肋之间用钢筋混凝土横系梁连接成整体后才能保证，但在施工过程中一片或两片拱肋的横向稳定，必须通过设置缆风索和临时横向连接等措施才能实现，如采用下拉索、拱肋多点张拉等措施。

习　题

1. 桥梁上部结构的施工方法有哪些？各有何特点？
2. 桥梁的常备式结构与常用的主要施工设备有哪些？
3. 装配式桥梁的架设安装方法有哪些？
4 利用人字扒杆安装桥梁上部构件的特点及要求是什么？
5. 用钢桁架导梁安装桥跨上部构件的特点及施工工艺是什么？
6. 预应力混凝土连续梁桥的施工方法有哪些？各有何特点？
7. 悬臂施工法可分为哪几类？各有何特点？
8. 试简述挂篮和吊机的构造和设计要求。
9. 块件悬臂拼装的接缝有哪几类？接缝的施工要求和程序是什么？
10. 拱桥的施工方法有哪些？各有何特点？
11. 拱架的种类有哪些？对拱架的要求是什么？
12. 拱架的卸架方法有哪些？其卸架程序是什么？

第11章　道路工程

道路主要是为各种车辆和行人服务的线性结构物。根据道路所处位置、交通性质和使用特点，将道路分为公路、城市道路、厂矿道路和林业道路等。

公路是连接城、镇、工业基地、港口及集散地等，主要供汽车行驶，具有一定技术和设施的道路。公路根据交通量及其使用任务、性质，可分为汽车专用公路(包括高速公路、一级公路、汽车专用二级公路)和一般公路(包括一般二级公路、三级公路、四级公路)。

城市道路是城市内部的道路，是城市组织生产、安排生活、搞活经济、物质流通所必需的车辆、行人交通往来的道路，并为城市防火、绿化提供通道和场地。城市道路根据其在道路系统中的地位、交通功能以及对沿线建筑物的服务功能及车辆、行人进出频度，将城市道路分为四类(快速路、主干路、次干路、支路)十级(在上述城市道路分类中，除快速路外，每类道路按照所在城市的规模、设计交通量、地形等分为Ⅰ、Ⅱ、Ⅲ级。大城市应采用各类道路中的Ⅰ级标准；中等城市应采用各类道路中的Ⅱ级标准；小城市应采用各类道路中的Ⅲ级标准。有特殊情况需要变更级别时，应做技术经济论证，报规划审批部门批准)。

厂矿道路主要是为工厂、矿区交通服务的专用道路。厂矿道路根据功能的不同，可分为厂外道路、厂内道路和露天矿山道路。林业道路主要是为林区开发的木材运输服务的专用道路，并在林区内构成林道网。

本章主要包括以下几方面内容：

1. 路基工程施工；
2. 路面基层(底基层)施工；
3. 水泥混凝土路面施工；
4. 沥青路面施工。

11.1　路基工程施工

路基是道路的主体和路面的基础，承受着岩、土自身和路面的重力，它应为路面提供一个平整层，且在承受路面传递下来的荷载和水、气温等自然因素的反复作用下，具有足够的强度和整体稳定性，满足设计和使用要求。路基主要是用土、石修建的一种线性结构物，工艺较为简单，但土(石)方工程量甚大，往往是控制道路施工工期的关键。路基通常分为一般路基和特殊路基。凡在正常的地质与水文条件下，路基填挖高度不超过设计规范或技术标准所允许的范围，称为一般路基；凡超过规定范围的高填或深挖路基，以及特殊地质与水文条件地区的路基，称为特殊路基，为保证路基具有足够的强度和稳定性，并具有经济合理的横断面形式，特殊路基需要进行个别的设计与施工。

路基的几何尺寸是由宽度、高度和边坡坡度组成，根据路基设计标高和原地面的关系，路基可分为路堤、路堑和填挖结合路基。填方路基称为路堤；低于原地面的挖方路基称为路堑；位于山坡上的路基，设计上常采用道路中心线标高作为原地面标高，这样，可以减少土

(石)方工程量，避免高填深挖和保持横向填挖平衡，形成填挖结合(或半填半挖)路基。

11.1.1 填方路基施工

11.1.1.1 路堤填筑施工

(1)土方路堤

填筑路堤时，宜采用水平分层填筑法进行施工，即按照横断面全宽分成水平层次逐层向上填筑。如原地面不平，应由最低处分层填起，每填一层，经过压实符合规定要求后，再填上一层。原地面纵坡大于12%的地段，可采取纵向分层法施工，即沿纵坡分层，逐层填压密实。若填方分成几个作业段进行施工，当两段交接处不在同一时间填筑时，则先填地段应按1∶1坡度分层留台阶；当两段交接处同时施工时，则应分层相互交叠衔接，其搭接长度不得小于2 m。

当采用不同土质进行路堤填筑时，应分层填筑，层次应尽量减少，每层厚度不宜小于500 mm，不得将各种土质混杂乱填，以免出现水囊或滑动面；透水性较差的土质填筑在下面时，其表面应做成4%的双面横坡，以保证水分及时排出；路堤不宜被透水性较差的土层封闭，也不应覆盖在透水性较好的土层所填筑的下层边坡上，以保证水分蒸发和排出；在填筑时，应将不受潮湿及冻融而变更其体积的优质土填在上层，而强度(或形变模量)较小的土质填筑在下层。

(2)土石路堤

土石路堤是指利用砾石土、卵石土、块石土等天然土石混合材料填筑而成的路堤。在填筑施工时，当天然土石混合材料中所含石料强度大于20 MPa时，由于不易被压路机压碎，石块的最大粒径不得超过压实层厚的2/3，否则应清除；当所含石料为强度小于15 MPa的软质岩时，石料的最大粒径不得超过压实层厚。

土石路堤不允许采用倾填方法，均应分层填筑、分层压实，每层铺填厚度应根据压实机械的类型和规格确定，一般不宜超过400 mm。其施工方法为：

①按填料渗水性能来确定填筑方法。即压实后渗水性较大的土石混合填料，应分层分段填筑，如需纵向分幅填筑，则应将压实后渗水性较好的土石混合填料填筑于路堤两侧。

②按土石混合料的不同来确定填筑方法。即当所有土石混合料岩性或土石混合比相差较大时，应分层分段填筑。如不能分层分段填筑时，应将硬质石块混合料铺筑于填筑层下面，且石块不得过分集中或重叠，上面再铺含软质石料的混合料，然后整平碾压。

③按填料中石料含量来确定填筑方法。即当石料含量超过70%时，应先铺填大块石料，且大面向下，放置平稳，再铺填小块石料、石渣或石屑嵌缝找平，然后碾压；当石料含量小于70%时，土石可以混合铺填，且硬质石料(特别是尺寸大的硬质石料)不得集中。

(3)高填方路堤

水稻田或长年积水地带，用细粒土填筑路堤高度在6 m以上，其他地带填土或填石路堤高度在20 m以上时，则属于高填方路堤。

高填方路堤在施工前应检查地基土是否满足设计所要求的强度，如不满足，则应按特殊路基要求进行加固处理。在施工时，如填土来源不同、性质相差悬殊时，应分层填筑，而不应分段或纵向分幅填筑；如受水漫淹没部分，应采用水稳定性好以及渗水性好的填料填筑，其边坡不宜小于1∶2。

11.1.1.2 桥涵及其他构造物处的填筑

桥涵及其他构造物处的填筑，主要包括桥台台背、涵洞两侧及涵顶、挡土墙墙背的填筑。

在施工过程中，既要保证不损坏构造物，又要保证填筑质量，避免由于路基沉陷而发生跳车，影响行车安全、舒适和速度。因此，必须选择合理的施工措施和施工方法。

(1)填料

桥涵端头产生跳车的主要原因是由于路基压缩沉陷和地基沉降而引起的。为了保证台背处路基的稳定，填料除设计文件另行规定外，应尽可能采用砂类土或透水性材料。如果选用非透水性材料时，则要对填料进行处理。另外，可以采用换土或掺入石灰、水泥等稳定性材料进行处理。需特别注意的是，不要将构造物基础挖出的土混入填料中。

(2)填土范围

台背后填筑不透水材料，应满足一定长度、宽度和高度的要求。一般情况下，台背填土顺路线方向长度，顶部为距翼墙尾端不小于台高加2 m，底部距基础内缘不小于2 m，拱桥台背填土长度不小于台高的3～4倍，涵洞每侧不小于2倍孔径长度；填筑高度应从路堤顶面起向下计算，在冰冻地区一般不小于2.5 m，无冰冻地区填至高水位处。

(3)填筑

桥台背后填土宜与锥形护坡同时进行；涵洞缺口填土应在两侧对称均匀分层回填压实；分层松铺厚度宜小于200 mm；当采用小型夯实设备时，松铺厚度不宜大于150 mm；涵洞顶部的填土厚度小于500～1 000 mm时，不得允许重型机械设备通过。

挡墙背面填料宜选用砾石或砂类土。墙趾部分的基坑应及时回填压实，并做成向外倾斜的横坡。在填土过程中，应防止水的侵害，回填完成后，顶部应及时封闭。

11.1.2 挖方路基施工

低于原地面的挖方路基称为路堑，路堑开挖施工，就是按设计要求进行挖掘，将挖掘出来的土方运输到路堤进行填筑或运输到场外进行堆弃。由于挖方路堑是由天然地层所构成的，而天然地层在生成和演变过程中，具有较为复杂的地质结构。处于地壳表层的挖方路堑边坡，在施工过程中会受到自然和人为因素等影响，比路堤边更容易发生变形和破坏。

11.1.2.1 土方路堑的施工

土方路堑的开挖方式，应根据路堑的深度、纵向长度、现场施工条件和开挖机械等因素来确定。其开挖方式有横挖法、纵挖法和混合式开挖法。

(1)横挖法

横挖法就是对路堑整个横断面的宽度和深度从一端或两端逐渐向前开挖的方式。适用于开挖较短的路堑。

①单层横向全宽挖掘法。即一次挖掘到设计标高，逐渐向纵深挖掘，挖出的土方向两侧运送[图11－1(a)]。这种开挖方式适用于开挖深度小且较短的路堑。

②多层横向全宽挖掘法。即从开挖的一端或两端按横断面分层挖至设计标高[图11－1(b)]。这种开挖方式适用于开挖深度大且较短的路堑。每层挖掘深度可根据施工安全和方便而定。人工横挖法施工时，深度为1.5～2.0 m；机械横挖法施工时，每层台阶深度为3.0～4.0 m。

(2)纵挖法

纵挖法就是沿路堑的纵向，将高度分成深度不大的层次进行挖掘的方法。适用于较长的路堑。

①分层纵挖法。即沿路堑全宽，以深度不大的纵向分层挖掘前进的施工方法[图11－2(a)]。

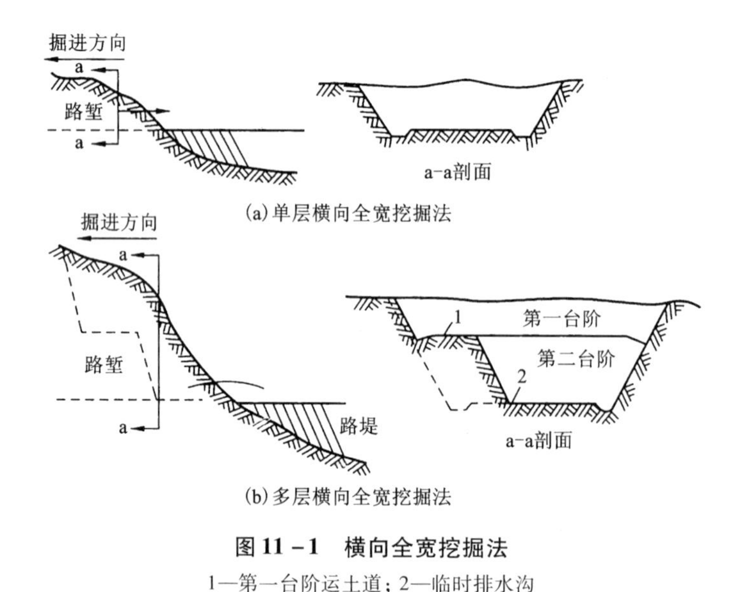

图 11－1　横向全宽挖掘法

1—第一台阶运土道；2—临时排水沟

②通道纵挖法。即沿路堑纵向挖掘一通道，然后将通道向两侧拓宽，上层通道拓宽至路堑边坡后，再开挖下层通道，按此方向直至开挖到路基顶面标高[图 11－2(b)]。适用于较长、较深且两端地面纵坡较小的路堑。

③分段纵挖法。即沿路堑纵向选择一个或几个适宜处，将较薄一侧路堑横向挖穿，将路堑在纵方向上按桩号分成两段或数段，各段再纵向开挖的方式[图 11－2(c)]。适用于路堑过长，弃土运距过远的傍山路堑，或一侧的堑壁不厚的路堑开挖。

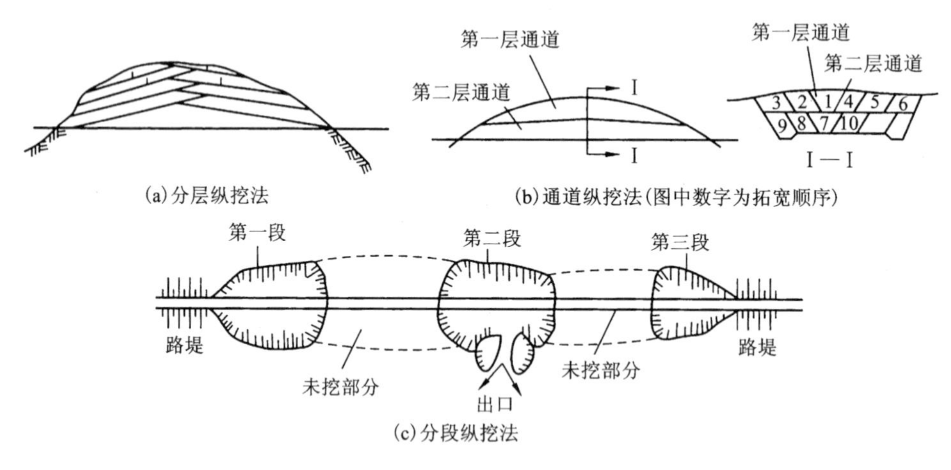

图 11－2　纵向挖掘法

(3)混合式开挖法

混合式开挖法是将横挖法和通道纵挖法混合使用的挖掘方法(图 11－3)。当路堑纵向长度和开挖深度都很大时，为了扩大工作面，先将路堑纵向挖通后，然后沿横向坡面挖掘，以增加开挖坡面。每一个坡面应安排一个机械化施工班组进行施工作业。

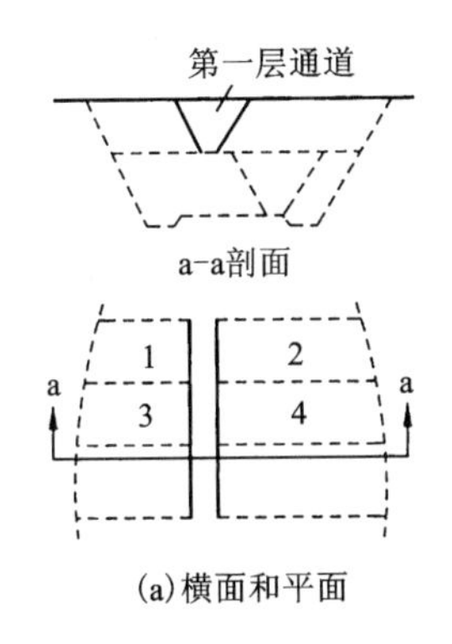

(a)横面和平面

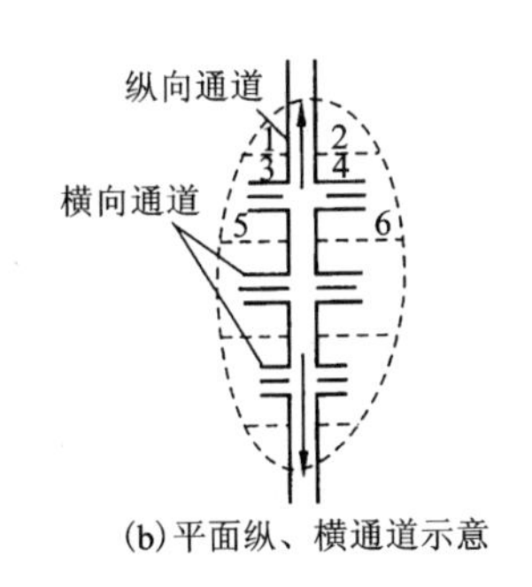

(b)平面纵、横通道示意

图 11－3　混合挖掘法

图中：箭头表示运土与排水方向，数字表示工作面号数

11.1.2.2　*岩石路堑的施工*

在路基工程中，当路线通过山区、丘陵及傍山沿溪地段时，往往会遇到集中或分散的岩石区域，因此，就必须进行石方的破碎、挖掘作业。开挖石方时，应根据岩石的类别、风化程度和节理发育程度等，确定开挖方式。对于软岩和强风化岩石，均宜采用人工开挖或机械开挖，否则，应采用爆破法开挖和松土法开挖。爆破法开挖就是利用炸药爆炸时产生的热量和高压，使岩石或周围介质受到破坏或移动，其特点是施工速度快，减轻繁重的体力劳动，提高生产率，但需要有充分的爆破知识和必要的安全措施。松土法开挖就是利用松土器耙松岩土后，利用铲运机装运的施工方法。一般松土深度可达 500 mm 以上。其特点是避免了爆破施工所带来的危险性，对原有地质结构破坏性小，有利于开挖边坡的稳定性和保护既有建筑物的安全，作业过程较为简单。

11.1.2.3　*深挖路堑的施工*

路堑边坡高度等于或大于 20 m 时，称为深挖路堑。

(1)土质路堑的边坡及施工要求

深挖路堑的边坡应严格按照设计坡度施工。若边坡实际土质与设计勘探的地质资料不符，特别是土质较设计松散时，应向有关方面提出修改设计意见，经批准后方能实施。

在施工深挖路堑边坡时，应在边坡上每隔 6～10 m 高度处设置平台，平台最好设置在地层分界处，平台宽度：人工施工不应小于 2 m，机械施工不应小于 3 m。平台表面横向坡度应向内倾斜，坡度为 0.5%～1%，纵向坡度宜与路线平行。平台上的排水设施应与排水系统相通。在施工过程中如修建平台后边坡仍不能保持稳定或因大雨后立即坍塌时，采取修建石砌护坡、在边坡上植草皮或挡土墙等防护措施。如边坡上有地下水渗出时，应根据地下水渗出位置、流量，修建地下水排除设施。

土质单边坡路堑可采用多层横向全宽挖掘法，双边坡路堑可采用分层纵挖法和通道纵挖法。若路堑纵向长度较大，一侧边坡的土壁厚度和高度不大时，可采用分段纵挖法。施工机械可采用推土机或推土机配合铲运机。当弃土运距较远，超过铲运机的经济运距时，可采用挖掘机配合自卸汽车作业或推土机、装载机配合自卸汽车作业。

(2)石质路堑的边坡及施工要求

石质路堑宜采用中小型爆破法施工，只有当路线穿过独山丘，开挖后边坡不高于 6 m，且根据岩石产状和风化程度，确认开挖后能保持边坡稳定时，才能考虑大型爆破。

单边坡石质路堑的施工宜采用深粗炮眼，分层、分排、多药量、群炮、光面、微差爆破法。双边坡石质路堑首先需用纵向挖掘法在横断面中部每层开挖一条较宽的纵向通道，然后横断面两侧按单边坡石质路堑的方法施工。

11.1.3 特殊地区路基施工

11.1.3.1 软土地基路基施工

软土在我国滨海平原、河口三角洲、湖盆地周围及山涧谷地均有广泛分布。在软土地基上修筑路基，若不加以处置或处置不当，往往会导致路基失稳或过量沉陷，造成公路不能正常使用。软土从广义上说，就是强度低、压缩性高的软弱土层。软土可划分为软黏性土、淤泥、淤泥质土、泥炭、泥炭质土五大类。习惯上常把淤泥、淤泥质土、软黏性土总称为软土，而把有机质含量很高的泥炭、泥炭质土总称为泥沼。

当路堤经稳定性验算或沉降计算不能满足设计要求时，必须对软土地基进行加固。加固的方法很多，常用的方法有如下几种。

(1)砂垫层法

砂垫层法就是在软湿地基上铺300～500 mm厚的排水层，有利于软湿表层的固结，并形成填土的底层排水，它可以提高地基强度，使施工机械通行，改善施工时重型机械的作业条件。

砂垫层材料，一般采用透水性较好的中砂及粗砂，为了防止砂垫层被细粒土所污染造成堵塞。在砂垫层上下两侧应设置反滤层。砂垫层不宜采用细砂及粉砂，材料的含泥量不超过3%，且无杂物和有机物混入。

(2)排水固结法

排水固结法就是在地基中设置砂井等竖向排水体，然后利用自身重力分级逐渐加载，或在场地先行加载预压，使土体中的孔隙水排出，逐渐固结，地基发生沉降，同时强度逐步提高的方法。

(3)土工聚合物法

土工聚合物加固软土地基是在软土地基表层铺设一层或多层土工聚合物，具有排水(土工聚合物能够形成一个水平向的排水面，起到排水通道的作用。在淤泥等高含水量的超软弱地基中，土工聚合物的铺垫可以作为前期处理，以便于施工的可能性)、隔离(土工聚合物直接铺在软土面上，起到隔离的作用。如在砂垫层施工中，在砂垫层上面增铺土工聚合物，可以防止填土污染砂垫层)、应力分散(利用土工聚合物的高韧性，与地基组合形成一个整体，限制地基的侧向变形，分散荷载，减少路堤填筑后地基的不均匀沉降，提高地基的承载力)、加筋补强(土工聚合物与土体组合形成复合地基，增强了地基的抗剪力)等特点。

(4)粉喷桩

粉喷桩即粉体喷射搅拌桩加固软土地基，是以粉体物质作为加固料与原状软土进行强力搅拌，经过物理—化学反应生成一种特殊的、具有较高强度、较好变形特性和水稳定性的混合柱体。它可以增加软土地基的承载力，减小软土地基的压缩量，加快软土地基的沉降速率，作侧向支护以增加开挖边坡的稳定性。粉喷桩所使用的加固料有水泥粉、石灰粉、钢渣粉等，根据不同的土质条件及设计要求分别选择加固料种类以及合理的配合比。

(5)反压护道法

反压护道法是在路堤两侧填筑一定宽度和高度的护道，控制路堤下的淤泥或淤泥质土向两侧隆起而平衡路基的稳定。反压护道法加固路基虽然施工简便，不需要特殊的机械设备，但占地较多，用土量大，后期沉降量大，且只能解决软土地基路堤的稳定。

反压护道一般采用单级形式，由于反压护道本身的高度不能超过极限高度，因此一般适用于路堤高度不大于5/3 ~2 倍极限高度的软土处理，且泥沼不宜采用。反压护道的高度一般为路堤高度的1/3 ~1/2，且不得超过天然地基所允许的极限高度。反压护道的宽度一般用稳定分析法通过稳定性验算确定。

11.1.3.2　其他特殊地区路基施工

(1)滑坡地区路基施工

山坡地段，由于大量土体或岩石在重力作用下，沿着一定软弱面、带整体向下滑动的现象，称为滑坡。滑坡是山区公路的主要病害之一。发育完整的滑坡，主要由滑坡体、滑动面、滑坡周界、滑坡壁、滑坡台阶、滑坡洼地、滑坡舌、滑坡裂缝(包括剪切裂缝，膨胀裂缝、拉张裂缝、扇形张裂缝)等要素所组成。由于滑坡体的形成主要是由水引起的，因而在处置过程中必须做好地下水和地表水的处理。滑坡的影响因素有地貌、岩层、构造和水等，滑坡的形式主要有浅层流动性滑坡、小规模的圆形滑动、大规模的圆形滑动和岩石滑坡四大类。

滑坡地区路基在施工前，应对滑坡地区做详细的调查、分析，并结合路基通过滑坡体的位置及水文、地质条件，选定处理措施和方法。在防治措施中以排水、力学平衡和改善滑带土的工程性质为主。处理措施可参见表11 -1。

表11 -1　防治滑坡的施工措施

主要原因	滑坡的形式	施工措施
河流的纵横侵蚀	浅层流动性的滑坡	BCDE
	小规模的圆形滑动	ABCDG
	大规模的圆形滑动	ABCEG
	岩石滑坡	BCGD
降雨、表面流水侵蚀	浅层流动性的滑坡	BCDFG
	小规模的圆形滑动	ABCDG
	大规模的圆形滑动	ABCDEG
	岩石滑坡	CEG
浅层地下水增加或由其他地区流入的地下水	浅层流动性的滑坡	BCDFG
	小规模的圆形滑动	ABCDFG
	大规模的圆形滑动	CBDEFG
深层地下水增加	大规模的圆形滑动	ABCEG
	岩石滑坡	ABCEG

注：A—刷土方、台阶开挖(包括边坡防护)；B—设调治构造物；C—表面排水；D—排除浅层地下水；E—排除深层地下水；F—地下水截断；G—挡土墙、排桩、钢筋混凝土锚固桩、预应力锚索。

(2)黄土地区路基施工

黄土是一种特殊的黏性土，主要分布在昆仑山、秦岭、山东半岛以北的干旱和半干旱地区。黄土根据沉积的时代不同，可分为新黄土、老黄土和红色黄土。黄土遇水后会膨胀，干燥后又会收缩，多次反复容易形成裂缝和剥落。各类黄土的崩解性不同，新黄土遇水后会全部崩解，老黄土则要经过一段时间后才会全部崩解，红色黄土基本不崩解。黄土浸水后在外荷载或自重的作用下发生下沉的现象，称为湿陷，其本身结构破坏，强度降低。湿陷性黄土又可分为自重湿陷(指土层浸水后仅由于土的自重而发生的湿陷)和非自重湿陷(指土层浸水后由于土的自重和附加压力共同作用而发生的湿陷)两类。

在黄土地区路基施工中，基底处理应按照设计要求和黄土的湿陷类型进行。当基底为非湿陷性黄土且无地下水活动时，按一般黏性土的要求进行施工，并做好排水、防水措施；当基底土具有强湿陷性时，除采取排水、防水措施外，还应考虑地基加固措施，以提高基底土层的承载力。

①路堤施工。黄土地区的路堤填筑与一般地区的路堤填筑基本相同，但由于黄土地区的地形以及黄土的特殊工程性质，特别是高路堤、湿陷性黄土路堤的填筑，应采取特殊的施工方法。

填料：新老黄土均可作为路堤填筑的填料，以选新黄土为宜，但黄土的透水性差，干湿程度难以调节，且大块土料不易破碎，因此，在使用前应通过试验决定施工措施。黄土中的黏粒含量不宜超过25%，砂粒含量不宜超过20%，塑性指数为10~14。不得用黄土填筑浸水路堤，且不得用老黄土作为路床填料。

填筑施工：由于黄土的含水量随施工季节的不同而有所差异，多数情况下，填料的含水量小于最佳含水量，黄土处于较干燥状态，摊铺在路基上会形成土块状，施工时每铺一层均需洒水(洒水量应根据天然含水量与最佳含水量之差以及蒸发情况等因素，由现场试验而定)，待土体吸收水分后，反复掺拌，最后整平压实；当含水量大于最佳含水量(如在低阶地或灌溉区内)时，常采用添加石灰的方法，用稳定土拌和机拌和后摊铺到路基上，其摊铺厚度不宜大于200 mm。

压实：黄土地区路堤的压实是一项非常关键的工作，多采用重型(>15 t)压实机械设备，松铺厚度为25~300 mm；采用特重型(>50 t)压实机械设备时，松铺厚度可达400 mm。在压实时严格掌握土的含水量，要求在最佳含水量的-3%~+1%之间。一般情况下，老黄土的含水量为15%~20%，新黄土的含水量为10%~15%。如含水量过大，可采用翻松晾晒至需要的含水量后再碾压，也可采用掺入适量的石灰，以降低含水量；如含水量过小，可适量加水或改进压实机械和操作方式等，以保证压实质量。

排水：黄土地区应特别注意路基排水，对地表水应采取拦截、分散、防冲、防渗、远接远送的原则，根据设计及时做好综合排水设施，将水迅速引离路基。在填挖交界处引出边沟水时，要尽量远离路基坡角，边沟要及时砌筑，出口要加固。湿陷性黄土路基的地下排水管道与地面排水设施，应按设计要求加固并采取防渗措施。黄土陷穴对路基有很大的危害性，应进行处理，处理时首先要查清陷穴的供给来源、水量、发展方向及对路基可能造成的危害；施工中，应首先追踪发源地点，在发源地把陷穴进口封好，并引排周围地表水，使其不再向陷穴进口流入，具体的处理方法有回填法、灌砂(浆)、开挖回填等，开挖可采用导洞、竖井、明挖等方法。

②路堑施工。黄土路堑的边坡应严格按设计坡度开挖，如设计坡度是陡坡（如 1∶0.1）时，施工中不得放缓，以免引起边坡冲刷。当路堑挖到接近设计标高时，应对上路床部分的土基整体强度和压实度进行检测。如路堑路床土质不符合设计规定，则应将其挖除，另行取土分层摊铺、碾压至规定的压实度。挖除厚度应根据道路的等级对路床的要求而定，高速公路、一级公路宜挖除 500 mm，其他公路可挖除 300 mm。如路堑路床的密实度不足，但土质符合设计规定，则视含水量情况，经洒水或翻松晾晒至要求的含水量再进行整平碾压至规定的压实度。

(3)膨胀土地区路基施工

膨胀土是指土中黏粒成分主要由亲水性矿物组成，同时具有吸水膨胀、失水收缩两种变形的高液限黏土。凡液限大于40% 的黏土，都可判断为膨胀土。膨胀土根据其膨胀率可分为强、中、弱三级，一般在设计文件中有规定；若无规定，则可取样通过土工试验确定。膨胀土就其黏土矿物成分划分为以蒙脱石为主和以伊利石为主两大类。膨胀土具有土的黏土矿物成分中含有亲水性矿物成分；有较强的胀缩性；有多裂隙性结构；有显著的强度衰减性；含有钙质或铁锰质结构；呈棕、黄、褐、红和灰白等色；自然坡度平缓，无直立陡坡；对路基及工程建筑物有较强的潜在破坏作用等特性。

①路堤填筑。膨胀土地区路堤施工前，应按规定做试验路段，为路基正式施工提供数据资料和积累经验。膨胀土地区路基施工时，应尽量避开雨季，并加强现场排水，以保证地基和已填筑的路基不被水浸泡。强膨胀土难以捣碎压实，稳定性差，不应作为路堤填料；中等膨胀土经过加工、改良处理（一般掺石灰）后可作为填料；弱膨胀土可根据当地气候、水文情况及道路的等级加以应用。对于直接使用中等、弱膨胀土填筑路堤时，应及时对边坡及坡顶进行防护。

高速公路、一级公路、二级公路等采用中等膨胀土作路床填料时，应掺灰进行改性处理。改性处理后，要求胀缩总率接近于零。而限于条件，高速公路、一级公路用中等膨胀土填筑路堤时，路堤填成后应立即做浆砌护坡封闭边坡。当填土壤至路床底面时，应停止填筑，改用符合规定强度的非膨胀土或改性处理的膨胀土填至路床顶面设计标高并严格压实，如当年不能铺筑路面，应做封层，封层的填筑厚度不宜小于 300 mm，并做成不小于 2% 的横坡。高速公路、一级公路路堤原地面应进行处理，当填高不足 1 m 的路堤，必须挖去 300 ~ 600 mm 的膨胀土，换填非膨胀土并按规定压实；当地表为潮湿土时，必须挖去湿软土层换填碎石、砂砾或挖去坚硬岩石碎渣，或将土翻开掺石灰稳定并按规定压实。

②路堑开挖。路堑施工前，应先开挖截水沟并铺设浆砌圬工，其出口应延伸至桥涵进出口。

膨胀土地区路堑开挖应按规定处理，挖方边坡不要一次挖到设计线，应沿边坡预留一层，其厚为 300 ~ 500 mm，待路堑挖完时，再削去边坡预留部分，并立即浆砌护坡封闭。对于高速公路、一级公路的路床应超挖 300 ~ 500 mm，并立即用粒料或非分层回填或改性土回填，按规定压实；对于二级及二级以下公路，当挖到距路床顶面以上 300 mm 时，应停止向下开挖，做好临时排水沟，待做路面时，再挖至路床以下 300 mm，并用非膨胀土回填，按要求压实。

③碾压。膨胀土遇水易膨胀，因此碾压时，应在压实最佳含水量时进行。自由膨胀率越大的土层采用的压实机械越重。为了使土块中的水分易于蒸发，减小土块自身的膨胀率，有利于提高压实效率，土块应击碎至 50 mm 粒径以下。压实土层厚度不宜大于 300 mm。

路堤与路堑交界处，两者土内的含水量不一定相同，原有的密实度也不相同，应使其压实得均匀、紧密，避免发生不均匀沉陷，因此，填挖交界处 2 m 范围内的挖方地基表面的土应挖台阶翻松，并检查其含水量是否与填土的含水量相近，同时采取适宜的压实机械将其压实到规定的压实度。

(4)盐渍土地区路基施工

当地表土层 1 m 内的土易溶盐含量大于 0.5% 时称为盐渍土，这时土的性质开始受到盐分的影响而发生改变。因此，盐渍土地区路基施工应根据盐渍土的工程性质及其对路基稳定的危害和应采取的防治措施来制定施工方案。盐渍土易溶盐类有氯化钠、氯化镁、氯化钙、硫酸钠、硫酸镁、碳酸钠、碳酸氢钠，有时也含有不易溶解的硫酸钙和碳酸钙等。盐渍土按含盐性质分为氯盐渍土、亚氯盐渍土、硫酸盐渍土、亚硫酸盐渍土和碳酸盐渍土；按盐渍化程度分为弱盐渍土、中盐渍土、强盐渍土和过盐渍土；按形成条件分为盐土、碱土和胶碱土(即龟裂黏土)。

在盐渍土地区施工时，盐渍土作为路堤填料的适用性，首先与所含易溶盐的性质和数量有关，其次与所在自然区域的气候、水文和地质条件有关，最后与土质道路技术等级和路面结构类型有关。路堤填料的含盐量不得超过规范中所规定的允许值，且不得夹有盐块和其他杂物。

盐渍土地区路基排水是一项非常重要的工作，由于水对盐渍土所造成的溶蚀作用是影响路基稳定的主要因素，它可以使路基土体聚积过量的含盐水分而导致路基失稳破坏，因此在施工时应及时合理地做好排水系统，不致使路基及其附近有积水现象。盐渍土地区的地下排水管与地面沟渠之间，必须采用防渗措施，且不宜采用渗沟。当路基一侧或两侧有取土坑时，取土坑底部距离地下水位不应小于 150 ~ 200 mm，且底部应向路堤外有 2% ~ 3% 的排水横坡和不小于 0.2% 的纵坡，在排水困难地段或取土坑有被水淹没的可能时，应在路基一侧或两侧取土坑外设置高 0.44 ~ 0.5 m、顶宽 1.0 m 的纵向护堤；当路基两侧无取土坑时，应设置纵向和横向排水沟，两排水沟的间距不宜大于 300 ~ 500 m，长度不超过 2 000 m；地下水位较高的地段，除挡、导表面水外，应加深两侧边沟或排水沟，以降低路基下的地下水位。

盐渍土在压实时，其压实度应尽可能提高一些，以防止盐分的转移和保证路基的稳定。盐渍土路堤应分层铺填分层压实，限制压实层松铺厚度是保证压实度的重要措施，要求每层松铺厚度不大于 200 mm，砂类土松铺厚度不大于 300 mm。碾压方式坚持“先轻后重，先慢后快，先两侧后中间”的原则，并严格控制含水量，且含水量不应大于最佳含水量的 1%，雨天不得施工。由于密实度对盐胀量有一定的影响，密实度大的路基对水和盐分的上升起阻碍减缓作用，可使次生盐渍化大为减轻，因此采用重型压实标准，可以增大填筑土的密实度。在压实时，应控制含水量，含水量宜略小于最佳含水量。在缺水干旱地区，由于含水量不足，在压实时应争取加水达到最佳含水量的 60% 以上，也可采取增大压实功能的方法来达到要求的压实度，特别是对路基最上一层的填料，一定要在最佳含水量时压实。

11.1.4 路基压实

路基压实是保证路基质量的重要环节，对路堤、路堑和路堤基底均应进行压实。通过压实，使土颗粒重新排列，彼此紧密，孔隙减少，形成新的密实体，这样可以提高路堤的强度、稳定性和承载力，降低渗透系数和沉降。

11.1.4.1　土质路基的压实

(1)填方地段基底的压实

填方地段基底应在填筑前压实。高速公路、一级公路路堤基底的压实度不应小于93%；当路堤填土高度小于路床厚度(800 mm)时，基底的压实度不宜小于路床的压实度标准(即95%)。

(2)填方路堤的压实

碾压前，应对填土层的松铺厚度、平整度和含水量进行检查，符合要求后方可进行碾压。高速公路、一级公路路基填土压实宜采用振动式压路机或采用35～50 t轮胎式压路机。当采用振动式压路机碾压时，第一遍应静压，然后先慢后快，先弱振后强振。碾压机械的行驶速度，开始时宜慢速，最大速度不宜超过4 km/h；碾压时直线段由两边向中间，小半径曲线段由内侧向外侧，纵向进退式进行；横向接头对振动式压路机一般重叠0.4～0.5 m；对三轮压路机一般重叠后轮宽的1/2，前后相邻两区段(碾压区段之前的平整预压区段与其后的检验区段)宜纵向重叠1.0～1.5 m。应达到无漏压、无死角，确保碾压均匀。

用铲运机、推土机和自卸汽车推运土料填筑时，应平整每层填土，且自中线向两边设置2%～4%的横向纵坡，并及时碾压。

(3)桥涵及其他构造物处填土的压实

桥涵及其他构造物处填土的压实，应尽量采用小型手扶式振动夯或手扶式振动压路机，但涵顶填土500 mm内，应采用轻型静载压路机压实。

(4)路堑路基的压实

路堑路基的压实，应符合压实度标准。换填超过300 mm时，按压实度标准的90%执行。

11.1.4.2　填石路堤的压实

填石路堤在压实前，应用大型推土机摊铺平整，个别不平处，应用人工配合以细石屑找平。

由于压实施工是将各石块之间的松散接触状态改变为紧密咬合状态，因此，应选择工作质量在12 t以上的重型振动压路机、工作质量在2.5 t以上的重锤或25 t以上的轮胎式压路机压(夯)实。

填石路堤在压实时，应先碾压两侧(即靠近路肩部分)后碾压中间，压实路线对于轮碾应纵向平行，反复碾压。对夯锤应成弧形，当夯实密实程度达到要求后，再向后移动一夯锤位置。行与行之间应重叠400～500 mm；前后相邻区段应重叠1 000～1 500 mm。其余注意事项与土质路基相同。

11.1.4.3　土石路堤的压实

土石路堤的压实方法与技术要求，应根据混合料中巨粒土含量的多少来确定。当巨粒土的含量大于70%时，应按填石路堤的方法和要求进行压实；当巨粒土的含量小于50%时，应按填土路堤的方法和要求进行压实。

11.1.4.4　高填方路堤的压实

由于高填方路堤的基底承受很大的荷载，因此应对高填方路堤的基底进行场地清理，并按照设计要求的基底承压强度进行压实，如设计无要求时，基底的压实度宜不小于90%。当地基松软仅依靠对原土压实不能满足设计要求的承压强度时，应进行地基改善加固处理，以达到设计要求。

高填方路堤的基底处于陡峭山坡或谷底时，应按规定进行挖台阶处理，并严格分层填筑分层压实。当场地狭窄时，压实工作宜采用小型手扶式振动压路机或振动夯进行。当场地较宽广时，宜采用12 t以上的自行式振动压路机碾压。

11.1.5 路基排水设施施工

水是形成路基病害的主要因素之一，水直接影响到路基的强度和稳定性。影响路基的水分为地面水和地下水，因此路基的排水工程可分为地面排水和地下排水。为了保持路基的干燥、坚固和稳定状态，将地面水予以拦截，并排除到路基范围之外，防止漫流、聚积和下渗，而将地下水予以截断、疏干，降低地下水位，并引导到路基范围之外。

路基排水工程应首先施工桥梁涵洞及路基施工场地范围以外的地面水和地下水排水设施，使地基和填土料不受水侵害，保证路基工程质量和进度。而施工场地的临时排水设施应尽量与路基永久性排水设施相结合。

11.1.5.1 地面排水设施

地面水主要是指由降水形成的地面水流。地面水对路基既能形成冲刷和破坏，又能渗入路基，使土体软化。因此采用地面排水设施既能将可能停滞在路基范围内的地面水迅速排除，又能防止路基范围以外的地面水流入路基内。

地面排水设施主要有边沟、截水沟、排水沟、跌水和急流槽、拦水带、蒸发池等。

(1)边沟

边沟是设置在挖方路基的路肩外侧或低路堤的坡脚外侧，用于汇集和排除路基范围内和流向路基的少量地面水的沟槽。边沟的断面形式常采用梯形、三角形和矩形。一般情况下，土质边沟宜采用梯形；矮路堤或机械化施工时，采用三角形；当场地宽度受到限制时，可采用石砌矩形；石质路堑边沟多采用矩形。

(2)截水沟

截水沟又称天沟，是设置在挖方路基边坡坡顶以外或山坡路堤上方，用以截引路基上方流向路基的地面径流，防止地表径流冲刷和缓蚀挖方边坡和路堤坡脚，并减轻边沟泄水负担的排水设施。截水沟的位置，当无弃土堆情况时，截水沟的边缘离开挖方路基坡顶的距离视土质而定，以不影响边坡稳定为原则，如系一般土质至少应离开5 m，对黄土地区不应小于10 m并应进行防渗加固。而截水沟挖出的土，可在路堑与截水沟之间筑成土台并进行夯实，台顶应筑成2%倾向截水沟的横坡；路基上方有弃土堆时，截水沟应离开弃土堆坡脚1 ~ 5 m，弃土堆坡脚离开路基挖方坡顶不小于10 m，弃土堆顶部应设2%倾向截水沟的横坡。

山坡上路堤的截水沟离开路堤坡脚至少2 m，用挖截水沟的土填在路堤与截水沟之间，修筑向沟倾斜度为2%的护坡道或土台，使路堤内侧地面水流入截水沟并排出。截水沟长度超过500 m时，应选择适当地点设出水口，将水引至山坡侧的自然沟中或桥涵进水口，截水沟的出水口必须与其他排水设施平顺衔接，必要时应设置排水沟、跌水和急流槽。为了防止水流下渗和冲刷，截水沟应进行严密的防渗和加固，地质不良地段和土质松软、透水性较大或裂隙较多的岩石路段，对沟底纵坡较大的土质截水沟及截水沟的出水口，均应采用加固措施防止渗漏和冲刷沟底及沟壁。

(3)排水沟

排水沟又称泄水沟，是用来引出路基附近低洼处积水或将边沟、截水沟、取土坑的积水引入就近桥涵或沟谷中去的排水设施。排水沟的线形要求平顺，尽可能采用直线形，转弯处宜做成弧形，其半径不宜小于10 m，排水沟的长度应根据实际需要而定，通常不宜超过500 m。排水沟沿路线布置时，应离路基尽可能远，距路基坡脚不宜小于3～4 m。当排水沟、截水沟、边沟因纵坡过大而产生水流速度大于沟底、沟壁土的容许冲刷流速时，应采取边沟表面加固措施。

（4）跌水和急流槽

跌水是设置于需要排水的高差较大且距离较短或坡度陡峭地段的台阶形构筑物的排水设施。急流槽是具有很陡坡度的水槽。

跌水和急流槽必须用浆砌圬工结构。跌水的台阶高度可以根据地形、地质等条件决定，多级台阶的各级高度与长度之比应与原地面坡度相适应。急流槽的纵坡不宜超过1∶1.5，同时应与天然地面坡度相配合。当急流槽较长时，应分段砌筑，每段长度不宜超过10 m，接头应用防水材料填塞密实无空隙。

（5）拦水带

拦水带是为了避免高路堤边坡被路面汇集的雨水冲坏，在路肩上修筑的排水设施，可将水流拦截至挖方边沟或在适当地点设急流槽引离路基。

拦水带可用干、浆砌片石或混凝土修筑。拦水带高出路肩150～200 mm，埋入250～300 mm。拦水带顶宽：干、浆砌片石为150～200 mm，混凝土为80～120 mm。必须注意：设置拦水带路段的内侧路肩宜适当加固。

11.1.5.2　地下排水设施

地下水主要是指上层滞水（从地面渗入尚未深达下层的水）、层间水（在地面以下任何两个隔水层之间的水）、潜水（在地面以下第一个隔水层以上的含水层中的水）。公路上常用的地下排水设施有明沟与排水槽、暗沟、渗井、渗沟等。

（1）明沟与排水槽

当地下水位较高，潜水层埋藏不深时，可采用明沟与排水槽截断地下水及地下水位，沟底宜埋入不透水层内。明沟与排水槽兼排地面水和浅层地下水，但不宜排除寒冷地区的地下水。

明沟与排水槽的布置，当设在路基旁侧时，宜沿路线方向布置；当设在低洼地带或天然沟谷时，宜顺山坡的沟谷走向布置。当明沟与排水槽采用混凝土浇筑或浆砌片石砌筑时，应在沟壁与含水地层接触面的高度处，设置一排或多排向沟中倾斜的渗水孔。沟壁外侧应填以粗粒透水材料或土工合成材料作反滤层。沿沟槽每隔10～15 m或当沟槽通过软硬岩层分界处时，应设置伸缩缝或沉降缝。

（2）渗沟

为了切断、拦截有害的水流和降低地下水位，保证路基的稳定和干燥，需用渗沟将地下水排除。渗沟有填石渗沟（或暗沟）、管式渗沟和洞式渗沟三种形式，三种渗沟均应设置排水层（或管、洞）、反滤层和封闭层。

对于渗沟的设置，当地下水位较高，路基边缘无法保证必要的高度时，可在边沟下设置纵向渗沟，这样可以防止毛细水上升影响路基稳定；在路堑和路堤的交界处设置横向渗沟，这样可以防止路堑下含水层中的水沿路基纵向流入路堤，使路堤湿化、坍塌；在边坡上设置边坡渗沟，可以疏干潮湿的边坡和引排边坡上局部出露的上层滞水或泉水。

（3）渗井

当路基附近的地面水或浅层地下水无法排除，影响路基稳定时，可设置渗井，将地面水或地下水经渗井通过不透水层中的钻孔流入下层透水层中排除。

11.2 路面基层(底基层)施工

基层是指直接位于沥青面层(可以是一层、二层或三层)下用高质量材料铺筑的主要承重层，或直接位于水泥混凝土面板下用高质量材料铺筑的一层结构层。底基层是在沥青路面基层下铺筑的辅助层。基层(底基层)按组成材料可分为碎砾石、稳定土和工业废渣等三大类。

11.2.1 半刚性基层材料拌和机械

半刚性基层材料拌和机械可分为路拌机械和厂拌设备两大类。

(1)路拌机械

稳定土拌和机能把土、无机结合料和矿料等材料按施工配合比，在路上直接拌和。这种路拌机械占地小、机动灵活，所需配套设备少，其拌和质量好。稳定土拌和机械按行走方式可分为履带式和轮胎式两种。履带式拌和机的附着力大，整体稳定性好，但机动性差，不便于运输。轮胎式拌和机由于采用了低压宽基轮胎，其整体稳定性和附着力都很好，且机动性也好，因而在施工中被广泛采用。

稳定土拌和机械按工作装置在拌和机上的位置可分为前置式、后置式和中置式三种。前置式拌和机在作业面上会产生轮迹，逐渐被淘汰。后置式拌和机在作业面上不会产生轮迹，维修、保养方便，转弯半径小，是目前应用最为广泛的路拌机械。中置式拌和机稳定性好，但维修、保养不方便，且转弯半径大。稳定土拌和机按转子的旋转方向可分为正转和反转两种。反转拌和机的切削方向是转子由下向上切削(即逆切)，其拌和质量好，但拌和阻力大，消耗的功率也大；正转拌和机的切削方向是转子由上向下切削(即顺切)，由于拌和阻力小，其拌和宽度和深度均较大，但只适用于拌和松散的稳定材料。

(2)厂拌设备

稳定土厂拌设备是将土、碎石、砾石或碎砾石、水泥、石灰、粉煤灰和水等材料按照施工配合比在固定的地点拌和均匀的专用生产设备。稳定土厂拌设备由供料系统(包括各种料斗)、拌和系统、控制系统(包括各种计量器和操作系统)、输送系统和成品储存系统五大系统所组成(图11-4)。

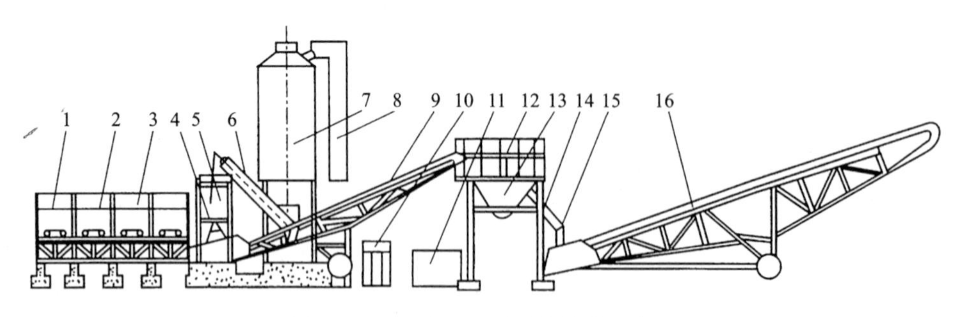

图11-4 稳定土厂拌设备结构示意图

1—配料斗；2—皮带供料机；3—水平皮带输送机；4—小仓；5—叶轮供料器；6—螺旋送料器；7—大仓；8—垂直提升机；9—斜皮带输送机；10—控制柜；11—水箱水泵；12—拌和筒；13—混合料储仓；14—拌和筒立柱；15—溢料管；16—大输料皮带机

11.2.2 碎、砾石基层(底基层)施工

11.2.2.1 级配碎、砾石基层(底基层)施工

级配碎、砾石基层是由各种粗细集料(碎石和石屑、砾石和砂)按最佳级配原理修筑而成的，其强度和稳定性取决于内摩阻力和黏结力的大小，具有一定的水稳定性和力学强度。

(1)路拌法施工

级配碎石基层(底基层)路拌法施工流程见图 11 -5 所示。

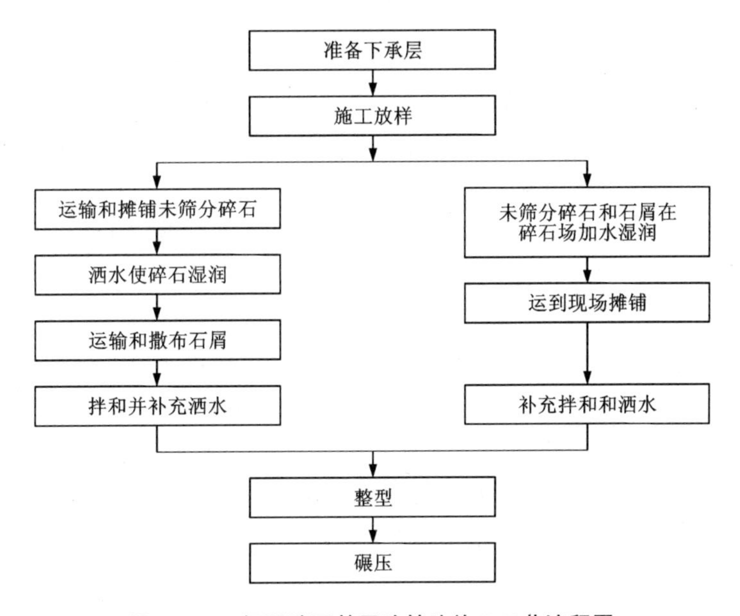

图 11 -5　级配碎石基层路拌法施工工艺流程图

①准备下承层。基层的下承层是底基层及其以下部分，底基层的下承层可能是土基也可能还包括垫层。下承层的表面应平整、坚实，具有规定的路拱，没有任何松散的材料和软弱地点。下承层的平整度和压实度弯沉值应符合规范的规定。土基不论是路堤还是路堑，都必须用 12 ~15 t 三轮压路机或等效的碾压机械进行碾压检验(压 3 ~4 遍)。在碾压过程中，如发现土过干、表层松散，应适当洒水；如土过湿，发生“弹簧”现象，应采用挖开晾晒、换土、掺石灰或粒料等措施进行处理。

②施工放样。在下承层上恢复中线，直线段每隔 15 ~20 m 设一桩，平曲线段每隔 10 ~15 m 设一桩，并在两侧路肩边缘外 0.3 ~0.5 m 设指示桩。进行水平测量，在两侧指示桩上用明显标记标出基层或底基层边缘的设计高程。

③计算材料用量。根据各路段基层或底基层的宽度、厚度及预定的干压实密度并按确定的配合比分别计算。如为级配碎石，则计算各段需要的未筛分碎石和石屑的数量或不同料级碎石和石屑的数量，并计算每车料的堆放距离；如为级配砾石，则分别计算各种集料的数量，根据料场集料的含水量以及所用车辆的吨位，计算每车料的堆放距离。

④运输和摊铺集料装车时，应控制每车料的数量基本相等。在同一料场供料路段内，由远到近将料按计算的距离卸置于下承层上，卸料距离应严格掌握，避免料不足或过多，且料

堆每隔一定距离应留缺口，以便于施工。摊铺前应事先通过试验确定集料的松铺系数(或压实系数，压实系数是混合实干密度的比值)。人工摊铺混合料时，其松铺系数为1.40～1.50；平地机摊铺混合料时，其松铺系数为1.25～1.35。

⑤拌和及整型拌和级配碎、砾石应采用稳定土拌和机，在无稳定土拌和机的情况下，也可采用平地机或多铧犁与缺口圆盘耙相配合进行拌和。当采用稳定土拌和机进行拌和时，应拌和两遍以上，拌和深度应直到级配碎、砾石层底，在进行最后一遍拌和之前，必要时先用多铧犁紧贴底面翻拌一遍；当采用平地机拌和时，用平地机将铺好的集料翻拌均匀，平地机拌和的作业长度，每段宜为300～500 m，一般拌和5～6遍。

⑥碾压整型后，当混合料的含水量等于或接近最佳含水量时，立即用12 t以上的三轮压路机、振动压路机或轮胎压路机进行碾压。直线段由两侧路肩开始向路中心碾压；在有超高的路段上，由内侧路肩向外侧路肩进行碾压。碾压时，后轮应重叠1/2轮宽，后轮必须超过两段的接缝处。后轮压完路面全宽，即为一遍。碾压一直进行到要求的密实度为止。一般需碾压6～8遍，应使表面无明显轮迹。压路机的碾压速度，头两遍以1.5～1.7 km/h为宜，以后采用2.0～2.5 km/h的碾压速度。路面两侧应多压2～3遍。

(2)中心站集中拌和(厂拌)法施工

厂拌法就是将混合料在中心站按预定配合比用诸如强制式拌和机、卧式双转轴桨叶式拌和机、普通水泥混凝土拌和机等多种机械进行集中拌和，然后运输、摊铺、整型、碾压。

摊铺时，可用摊铺机(沥青混凝土摊铺机、水泥混凝土摊铺机或稳定土摊铺机)，在无摊铺机时，也可用自动平地机摊铺混合料。注意应消除粗、细集料离析现象。

碾压时，可用振动压路机、三轮压路机进行碾压。其碾压方法和要求与路拌法相同。

横向接缝的处理，用摊铺机摊铺混合料时，靠近摊铺机当天未压实的混合料，可与第二天摊铺的混合料一起碾压，但应注意此部分混合料的含水量。用平地机摊铺混合料时，每天的工作缝可按路拌法的要求处理。

纵向接缝的处理，首先应避免出现纵向接缝。如摊铺机的摊铺宽度不够，必须分两幅摊铺时，宜采用两台摊铺机一前一后相隔5～8 m同步向前摊铺混合料；在仅有一台摊铺机的情况下，可先在一条摊铺带上摊铺一定长度后，再开到另一条摊铺带上摊铺，然后一起进行碾压。在不能避免纵向接缝时，纵缝必须垂直相连，不应斜接。

11.2.2.2 填隙碎石基层(底基层)

用单一尺寸的粗碎石做主骨料，形成嵌锁作用，用石屑填满碎石间的孔隙，增加密实度和稳定性，这种结构称为填隙碎石。在缺乏石屑时，也可以添加细砂或粗砂等细集料，但其技术性能不如石屑。而填隙碎石的一层压实厚度，通常为碎石最大粒径的1.5～2.0倍，即100～120 mm。填隙碎石适用于各等级公路的底基层和二级以下公路的基层，其基层的施工方法有干法和湿法两种。

填隙碎石基层的强度主要依靠碎石颗粒之间的嵌锁和摩阻作用所形成的内摩阻力，而颗粒之间的黏结力起次要作用，这种结构层的抗剪强度主要取决于剪切面上的法向应力和材料的内摩阻角，是由粒料表面的相互滑动摩擦、剪切时体积膨胀而需克服的阻力、粒料重新排列而受到的阻力这三项因素所构成。

(1)准备下承层。基层的下承层是底基层及其以下部分，底基层的下承层可能是土基也可能还包括垫层。下承层表面应平整坚实，具有规定的路拱，没有任何松散的材料和软弱地点。土基不论是路堤还是路堑，都必须经过 12 ~ 15 t 三轮压路机或等效的碾压机械进行碾压检验(压 3 ~ 4 遍)；在碾压过程上，如发现土过干、表面松散，应适当洒水；如土过湿，发生“弹簧”现象，应采取挖开晾晒、换土、掺石灰或集料等措施进行处理。

(2)施工放样同前。

(3)备料碎石料，根据各路段基层或底基层的厚度、宽度及松铺系数(1.20 ~ 1.30，碎石最大粒径与压实厚度之比为0.5 左右时，系数为1.30，比值较大时，系数接近1.20)，计算各段需要的粗碎石数量；根据运料车辆的体积，计算每车料的堆放距离。填隙料用量为粗碎石质量的 30% ~ 40% 。

(4)运输和摊铺粗碎石。

(5)撒铺填隙料和碾压。

干法施工：

①初压。用 8 t 两轮压路机碾压 3 ~ 4 遍，使粗碎石稳定就位。

②撒铺。用石屑撒铺机或类似的设备将干填隙料均匀地撒铺在已压稳的粗碎石层上，松厚为 25 ~ 30 mm，必要时，用人工或机械进行扫匀。

③碾压。用振动压路机或重型振动压路机慢速碾压，将全部填隙料振入粗碎石间的孔隙中。注意路面两侧应多压 2 ~ 3 遍。

④再次撒铺填隙料并扫匀。同第一次一样，但松厚为 20 ~ 25 mm。

⑤再次碾压。碎石表面孔隙全部填满后，用 12 ~ 15 t 三轮压路机再碾压 1 ~ 2 遍。在碾压过程中，不应有任何蠕动现象。在碾压之前，宜在其表面先洒少量水(洒水量在 3 kg/m^2 以上)。

湿法施工：

①初压、撒铺填隙料、碾压、再次撒铺填隙料、再次碾压施工过程同干法施工。

②粗碎石层表面孔隙全部填满后，立即用洒水车洒水，直到饱和。但注意勿使多余的水浸泡下承层。用 12 ~ 15 t 三轮压路机跟在洒水车后面进行碾压，在碾压过程中，将湿填隙料继续扫入所出现的孔隙中，如有需要，再添加新的填隙料。洒水和碾压应一直进行到细集料和水形成粉砂浆为止。

③干燥碾压完成后的路段需要留待一段时间，让水分蒸发，表干后扫除面上多余的细料。

④设计厚度超过一层铺筑厚度，需在上面再铺一层时，应待结构层变干后，在上摊铺第二层粗碎石，并重复初压、撒铺填隙料、碾压、再次撒铺填隙料等施工过程。

11.2.3 稳定土基层施工

采用一定的技术措施，使土成为具有一定强度与稳定性的筑路材料，以此修筑的路面基层称为稳定土基层。常用的稳定土基层有石灰土、水泥土和沥青土三种。稳定土的方法有许多种，按其技术措施的不同可分为：机械方法(如压实)、物理方法(如改善水温状况)、加入掺加剂(如粒料、黏土、盐溶液、有机结合料、无机结合料、高分子化合物及其他化学添加剂等)、技术处理(如热处理、电化学加固)等，详见表 11 - 2 所示。

表 11-2　稳定土的主要方法

稳定的方法	使用的稳定材料	适宜稳定的土	稳定土的主要技术性质
压实	—	各类土	强度和稳定性有所提高
掺和粒料	对黏性土用砂砾、碎石、炉渣等；对砂性土用黏性土	黏土、亚黏土或砂、砾	强度和稳定性略有提高
盐溶液	氯化钙、氯化镁、氯化钠等盐类	级配改善后的土	减少扬尘与磨耗
无机结合料	各类水泥、熟石灰与磨细生石灰、硅酸钠(水玻璃)	黏土类、亚黏土类、亚砂土类、粉土类	有较高的强度、整体性和水稳性，以及一定的抗冻性，但不耐磨
综合法	以石灰、水泥、沥青中的一种为主，掺入其他结合料	各类土	有较高的强度和稳定性
有机结合料	黏稠或液体沥青、煤沥青、乳化沥青、沥青膏浆等	亚黏土类、亚砂土类	不透水，有一定的强度、水稳定性和抗冻性，但拌和稍有困难
工业废料	炉渣、矿渣和粉煤灰等	黏土、亚黏土、粉土类	较高的强度和稳定性
离子稳固剂	CON-AID 稳固剂及 NSC 硬化剂	黏土、亚黏土、粉土类等	较高的强度和稳定性
高分子聚合物及合成树脂	—	各类土	较高的强度和稳定性

11.2.3.1　水泥稳定土基层

在粉碎的或原来松散的土(包括各种粗、中、细粒土)中，掺入足量的水泥和水，经拌和得到的混合料在压实及养生后，当其抗压强度符合规定的要求时，称为水泥稳定土。用水泥稳定砂性土、粉性土和黏性土得到的混合料，简称水泥土；稳定砂得到的混合料，简称水泥砂。用水泥稳定粗粒土和中粒土得到的混合料，视所用原材料，可简称为水泥碎石(级配碎石和未筛分碎石)、水泥砂砾。

水泥稳定土的强度形成主要是水泥与细粒土的相互作用(包括离子交换及团粒化作用、硬凝反应、碳酸化作用等)。水泥稳定土具有较好的力学性能和板体性。影响其强度的主要因素有土质、水泥成分与剂量、含水量、成型工艺控制等。水泥稳定土适用于各种交通类别道路的基层和底基层，但水泥土不应用作高级沥青路面的基层，只能用作底基层。在高速公路和一级公路上的水泥混凝土面板下，水泥土也不应用作基层。

水泥稳定土基层施工方法有路拌法和厂拌法两种。

(1)路拌法施工

路拌法施工工艺流程如图 11-6。对于二级或二级以下的一般公路，水泥稳定土可以采用路拌法施工。

①准备下承层。水泥稳定土的下承层表面应平整、坚实，具有规定的路拱，没有任何松散的材料和软弱地点。当水泥稳定土用作基层时，要准备底基层；当水泥稳定土用作老路面的加强层时，要准备老路面。对于底基层，应进行压实度检查，对于柔性底基层还应进行弯

沉值测定。新完成的底基层或土基，必须按规定进行验收。凡验收不合格的路段，必须采取措施，使其达到标准后，方可铺筑水泥稳定土层。

②施工测量。首先在底基层或老路面或土基上恢复中线。直线段每隔 15 ~ 20 m 设一桩，平曲线段每隔 10 ~ 15 m 设一桩，并在两侧路肩边缘外设指示桩。进行水平测量时，应在两侧指示桩上用明显标记标出水泥稳定土层边缘的设计高程。

③备料。采集集料前，应先将树木、草皮和杂土清除干净。在预定的深度范围内采集集料，不应分层采集，也不应将不合格的集料采集在一起。集料中超尺寸颗粒应予以筛除，对于塑性指数大于 12 的黏性土，可视土质和机械性能确定土是否需要过筛。

④计算材料用量。根据各路段水泥稳定土层的宽度、厚度及预定的干密度，计算各路段的干燥集料数量；根据料场集料的含水量和所用运料车辆的吨位，计算每车料的堆放距离；根据水泥稳定土层的厚度和预定干密度及水泥量，计算每平方米水泥稳定土需要的水泥用量，并计算每袋水泥的摊铺面积；根据水泥稳定土层的宽度，确定摆放水泥的行数，计算每行水泥的间距；根据每包水泥的摊铺面积和每行水泥的间距，计算每袋水泥的纵向间距。

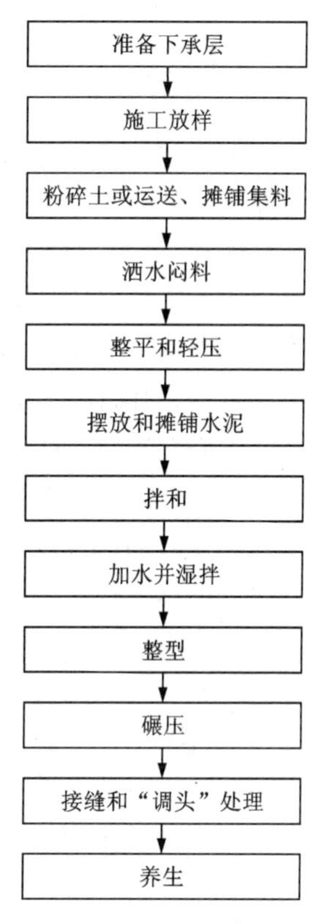

图 11 - 6　水泥稳定土路拌法施工工艺流程

⑤摊铺集料。首先应通过试验确定集料的松铺系数；其次摊铺集料应在摊铺水泥前一天进行，摊铺长度以日进度需要量为宜，其长度应满足次日一天内完成加水泥、拌和、碾压成型；最后应检验松铺材料层的厚度，其厚度（松铺厚度 = 压实厚度 × 松铺系数）应符合预计的要求，必要时，应进行减料或补料工作。

⑥洒水闷料。如已平整的集料含水量过小，应在集料层上洒水闷料。细粒土应闷料一夜，而中粒土和粗粒土应视其中细土含量的多少来确定闷料时间。如为水泥和石灰综合稳定土，应先将石灰和土拌和后一起闷料。

⑦摆放和摊铺水泥。

⑧拌和。当用稳定土拌和机进行拌和时，其深度应达到稳定层底部，并应略为破坏（10 mm 左右）下承层的表面，以利于上下层黏结，严禁在拌和层底部留有“素土”夹层。在没有专用拌和机械的情况下，可用农用旋转耕作机与多铧犁或平地机配合进行拌和，也可用缺口圆盘耙与多铧犁或平地机配合进行拌和，但应注意拌和效果，同时拌和时间不能过长。

⑨整型。用机械整型时，当混合料拌和均匀后，立即用平地机初步整平和整型。在直线段，平地机由两侧向路中心进行刮平；在平曲线段，平地机应由内侧向外侧进行刮平，必要时，再返回刮一次。在初平的路段上，用拖拉机、平地机或轮胎压路机快速碾压一遍，以暴露潜在的不平整。每次整型时都应按照规定的坡度和路拱进行，但特别注意接缝顺适平整。用人工整型时，应用锨和耙先把混合料摊平，用路拱板初步整型。用拖拉机初压 1 ~ 2 遍后，根据实测的压实系数，确定纵横断面标高，利用锹和耙按线整型，并用路拱板校正成型。

⑩碾压。整型后，当混合料的含水量等于或稍大于最佳含水量时，立即用 12 t 以上的三

轮压路机、重型轮胎压路机或振动压路机在路基全宽内进行碾压。直线段，由两侧路肩向中心碾压；平曲线段，由内侧路肩向外侧路肩进行碾压。碾压时，应重叠 1/2 轮宽，一般需碾压 6～8 遍，其碾压速度，头两遍为 1.5～1.7 km/h，以后采用 2.0～2.5 km/h 的碾压速度。在碾压结束之前，用平地机再终平一次，使其纵向顺适，路拱和超高符合设计要求。终平时，应将局部高出部分刮除并扫出路外；局部低洼处，不再进行找补。

⑪接缝和“调头”处理。同日施工的两工作段的衔接处，应搭接拌和。第一段拌和后，留 50～80 mm 不进行碾压。第二段施工时，前段留下未压部分，要加部分水泥重新拌和，并与第二段一起碾压。工作缝（每天最后一段末端缝）和“调头”的处理为：在已碾压完成的水泥稳定土层末端，沿稳定土挖一条横贯全路宽的长约 300 mm 的槽，直挖到下承层顶面。此槽应与路的中心线垂直，且靠稳定土的一面应切成垂直面。将两根方木（长度各为水泥稳定土层宽的一半，厚度与其压实厚度相同）放在槽内，并紧靠已完成的稳定土，以保证其边缘不致遭第二天工作时的机械破坏。用原挖出的素土回填槽内其余部分。如拌和机械或其他机械必须到已压成的水泥稳定土层上“调头”，应采取措施保护“调头”部分，一般可在准备“调头”的 8～10 m 长的稳定土层上，先覆盖一张厚塑料布（或油毡纸），然后在塑料布上盖约 100 mm 厚的一层土、砂或砂砾。第二天，摊铺水泥及湿拌后，除去方木，用混合料回填。靠近方木未能拌和的一小段，应人工进行补充拌和。整平时，接缝处的水泥稳定土应较完成断面高出约 50 mm，以便将“调头”处的土除去后，能刮成一条平顺的接缝。整平后，用平地机将塑料布上大部分土除去（注意勿刮破塑料布），然后人工除去余下的土。在新混合料碾压过程中，将接缝修整平顺。

⑫纵缝处理。水泥稳定土层的施工应避免纵向接缝。在必须分两幅进行施工时，纵缝必须垂直相接，不应斜接。纵缝的处理方法为：在前一幅施工时，在靠中央一侧用方木或钢模板作支撑，方木或钢模板的高度与稳定土层的压实厚度相同。混合料拌和结束后，靠近支撑木（或板）的一部分，应人工进行补充拌和，然后整型和碾压。再铺筑另一幅时，或在养生结束后，拆除支撑木（或板）。第二幅混合料拌和结束后，靠近第一幅部分，应人工进行补充拌和，然后进行整型和碾压。

（2）厂拌法施工

水泥稳定土可以在中心站用强制式拌和机、双转轴桨叶式（卧式叶片）拌和机等厂拌设备进行集中拌和，塑性指数小、含土少的砂砾石、级配碎石、砂、石屑等集料，也可以用自落式拌和机拌和。

摊铺时，可采用沥青混凝土摊铺机、水泥混凝土摊铺机或稳定土摊铺机。如下承层是稳定细粒土，应将下承层顶面拉毛，再摊铺混合料。在一般公路上没有摊铺机时，可采用摊铺箱摊铺混合料，也可采用自动平地机摊铺混合料。碾压时，采用三轮压路机或轮胎压路机、振动压路机紧跟在摊铺机后面及时进行碾压。用摊铺机摊铺混合料时，中间不宜中断，如因故中断时间超过 2 h，应设置横向接缝，摊铺机应驶离混合料末端。人工将末端混合料整齐，紧靠混合料放两根方木，方木的高度应与混合料的压实厚度相同。方木的另一侧用砂砾或碎石回填约 3 m 长，高度应高出方木几厘米，将混合料碾压密实。在重新开始摊铺混合料之前，将砂砾或碎石和方木除去，并将下承层顶面清扫干净。摊铺机返回到已压实层的末端，重新开始摊铺混合料。摊铺时，应尽量避免纵向接缝，高速和一级公路的基层应分两幅摊铺，采用两台摊铺机一前一后相隔 5～8 m 同步向前摊铺混合料，并一起进行碾压。在不能避免纵向接缝的情况下，纵缝必须垂直相接，严禁斜缝。处理方法为：在前一幅摊铺时，在靠后一幅的一侧用方木或钢模板作支撑，方木或钢模板的高度应与稳定土层的压实厚度相同，养生结束后，在摊铺另一幅之前，拆除支撑木(或板)。

11.2.3.2　*石灰稳定土基层*

在粉碎的或原来松散的土(包括各种粗、中、细粒土)中，掺入足量的石灰和水，经拌和、压实及养生后得到的混合料，当其抗压强度符合规定的要求时，称为石灰稳定土。用石灰稳定细粒土得到的混合料，简称石灰土。用石灰稳定粗粒土和中粒土得到的混合料，视所用原料而定，原材料为天然砂砾时，简称石灰砂砾土；原材料为天然碎石土时，简称石灰碎石土。用石灰稳定级配砂砾(砂砾中无土)和级配碎石(包括未筛分碎石)时，也分别简称石灰砂砾土和石灰碎石土。

石灰稳定土适用于各级公路路面的底基层，可用作二级和二级以下公路的基层，但不应用作高级路面的基层，也不应在冰冻地区的潮湿路段以及其他地区的过分潮湿路段用作基层。

石灰稳定土属于整体性半刚性材料，尤其在后期灰土的刚度很大，为了避免灰土层受弯拉而断裂，并能在施工碾压时有足够的稳定性和不起皮，灰土层不宜小于 80 mm。为了便于拌和均匀和碾压密实，其厚度又不宜大于 150 mm。压实厚度大于 150 mm 时，应分层铺筑。石灰稳定土层上未铺封层或面层时，禁止开放交通。当施工中断，临时开放交通时，应采取封土、封油撒砂等临时保护措施，不使基层表面遭受破坏。

11.2.3.3　*沥青稳定土基层*

以沥青(液体石油沥青、煤沥青、乳化沥青、沥青膏浆等)为结合料，将其与粉碎的土拌和均匀，摊铺平整，碾压密实成型的基层称为沥青稳定土基层。各类土都可以用液体沥青来稳定。当采用较黏稠的沥青稳定时，只有低黏性的土(亚砂土、轻亚黏土等)才能取得良好的效果；黏性较大的土用黏稠沥青稳定时，由于沥青难以均匀分布于土中，其稳定效果较差，因而黏性较大的土，可采用综合稳定的方法，即在掺加沥青之前，向土中掺加少量活化剂，可取得显著的稳定效果。

由于沥青稳定土中的结合料与土粒表面黏着力不大，内聚力也不大，因此液体沥青稳定土的特征是强度形成较慢，并随含水量的增加，强度会显著下降。通常采用慢凝液体石油沥青和低标号煤沥青作为制备沥青土的结合料，也有的采用乳化沥青(由于液体沥青消耗大量有工业价值的轻质油分，强度形成缓慢)作为沥青土的结合料。沥青膏浆比较适用于稳定砂类土，使其具有较好的整体性；对于黏性土，可用机械对土与沥青膏浆进行强力搅拌，然后铺在路上碾压成型。

沥青稳定土基层施工的关键在于拌和与碾压。结合料如采用液体石油沥青或低标号煤沥青时，一般采用热油冷料，油温为 120 ~ 160 ℃；如采用乳化沥青或沥青膏浆时，采用冷油冷料。沥青稳定土混合料的拌和有人工与机械两种。沥青稳定土基层的碾压可采用轮胎式压路机碾压，也可采用钢轮压路机进行碾压，但应选用轻型或中型，且只压一遍即可，否则可能会出现裂缝或推移。碾压后过 2 ~ 3 d 再复压 1 ~ 2 遍效果最佳。如先用钢轮压路机碾压一遍后再用轮胎压路机碾压几遍，其平整度与密实度都较好。应特别注意加强初期养护，这样可以加速路面成型。

11.2.4　工业废渣基层施工

工业废渣包括粉煤灰、煤渣、高炉矿渣、钢渣(已经崩解达到稳定)、其他冶金矿渣、煤矸石等。

目前已广泛利用石灰稳定工业废渣混合料来代替路面工程中常用的基层。一定数量的石灰和粉煤灰或石灰和煤渣与其他集料相配合，加入适量的水(通常为最佳含水量)，经拌和、压实及养生后得到的混合料，当其抗压强度符合规范规定的要求时，称为石灰工业废渣稳定土(简称石灰工业废渣)。石灰工业废渣材料可分为两大类：一类是石灰粉煤灰类，又可分为二灰土(石灰粉煤灰土)、二灰砂砾(石灰粉煤灰砂砾土)、二灰碎石(石灰粉煤灰碎石)、二灰矿渣(石灰粉煤灰矿渣)等；另一类是石灰其他废渣类，又可分为石灰煤渣土、石灰煤渣碎石、石灰煤渣砂砾、石灰煤渣矿渣等。

石灰工业废渣可适用于各级公路的基层和底基层。但二灰土不应用作高级沥青路面的基层，而只能用作底基层，也不能用作高速和一级公路上的水泥混凝土面板下的基层。

石灰工业废渣基层的施工，可分为路拌法和中心站集中拌和(厂拌)法施工两种。施工工艺流程见图11－7所示。

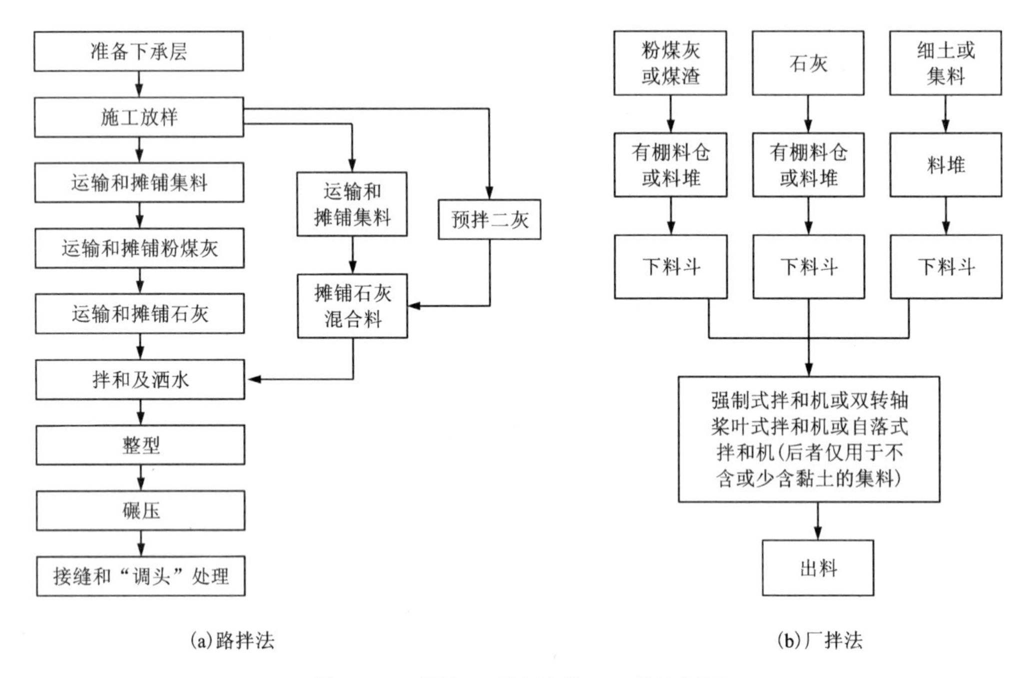

图11－7　石灰工业废渣施工工艺流程图

11.3　水泥混凝土路面施工

水泥混凝土路面包括素混凝土、钢筋混凝土、连续配筋混凝土、预应力混凝土、装配式混凝土、钢纤维混凝土和混凝土小块铺砌等面层板和基(垫)层所组成的路面，目前采用最广泛的是就地浇筑的素混凝土。

11.3.1　水泥混凝土路面施工机械

水泥混凝土路面的施工机械主要有水泥混凝土搅拌和水泥混凝土摊铺成型两大类机械设备，它们直接影响着水泥混凝土路面的浇筑质量和成型质量。

(1)搅拌设备

水泥混凝土搅拌设备，可分为水泥混凝土搅拌机和水泥混凝土搅拌站(楼)两大类，水泥混凝土搅拌机按其搅拌原理分为自落式和强制式两大类。

(2)摊铺设备

水泥混凝土摊铺设备按其施工方法可分为轨道式和滑模式两大类。

①轨道式摊铺机。轨道式摊铺机是支撑在平底型轨道上的，它既可以固定在宽基钢边架上，也可以安放在预制的混凝土板上或补强处理后的路面基层上。轨道式摊铺机是由轨道的平整度来控制水平调整，而垂直调整则根据摊铺机的类型，采用不同的调整控制方式。轨道式摊铺设备主要由进料器、摊铺机、压实机和修整机、传力杆和拉杆放置机、路面纹理加工机和养生剂喷洒机等机械组成。

②滑模式摊铺机。滑模式摊铺设备是20世纪60年代初发展起来的一种新型水泥混凝土路面施工机械。滑模式摊铺设备是安装在履带底盘上，行走装置在模板外侧移动，支撑侧边的滑动模板沿机械长度方向安装。机械的方向和水平位置靠固定在路面两侧桩上拉紧的导向钢丝和高强尼龙绳来控制。机械底盘的水平位置靠与导向钢丝相接触的传感装置来自动控制。附设的传感器也同时制约摊铺机的转向装置，以使导向钢丝和滑模之间保持一定的距离。滑模式摊铺机作业时，不需要另架设轨道和模板，能按照要求使路面板挤压成型。滑模式摊铺设备主要由摊铺机、传力杆或拉杆放置机、路面纹理加工机、养生剂洒喷机、切缝机等机械组成。

11.3.2 轨道式摊铺机施工

11.3.2.1 施工准备工作

施工前的准备工作包括选择拌和场地，材料准备及质量检验，混合料配合比检验与调整，基层的检验与整修等多项工作。

(1)材料准备及质量检验

根据施工进度计划，在施工前分别备好所需水泥、砂、石料、外加剂等材料，并在实际使用前检验核查。

已备水泥除应查验其出厂质量报告单外，还应逐批抽验其细度、凝结时间、安定性及3 d、7 d和28 d的抗压强度是否符合要求。为了节省时间，可采用2 h压蒸快速测定方法。

混合料配合比检验与调整主要包括工作性的检验与调整、强度的检验，以及选择不同用水量、不同水灰比、不同砂率或不同级配等配制混合料，通过比较，从中选出经济合理的方案。

(2)基层检验与整修

主要包括基层质量检验和测量放样。基层的质量检查项目为基层强度(以基层顶面的当量回弹模量值或以标准汽车测定的计算回弹弯沉值作为检查指标)、压实度、平整度(以3 m直尺量)、宽度、纵坡高程和横坡(用水准仪测量)，这些项目均应符合规范的要求。基层完成后，应加强养护，控制行车，不许出现车槽。测量放样是水泥混凝土施工的一项重要工作，首先应根据设计图纸放出路中心线以及路边线，设置胀缝、缩缝、曲线起讫点和纵坡转折点等中心桩，同时根据放好的中心线和边线，在现场核对施工图纸的混凝土分块线，要求分块线距窨井盖及其他公用事业检查井盖的边线至少1 m的距离，否则应移动分块线。

11.3.2.2 机械选型和配套

轨道式摊铺机施工是各工序由一种或几种机械按相应的工艺要求和生产率进行控制。各施工工序可以采用不同类型的机械，而不同类型机械的生产率和工艺要求是不相同的，因此，整个机械化施工需要考虑机械的选型和配套。

主导机械是担负主要施工任务的机械。由于决定水泥混凝土路面质量和使用性能的施工工序是混凝土的拌和和摊铺成型，因此，通常把混凝土摊铺成型机械作为第一主导机械，而把混凝土拌和机械作为第二主导机械。在选择机械时，应首先选定主导机械，然后根据主导机械的技术性能和生产率来选择配套机械。配套机械是指运输混凝土的车辆，选择的主要依据是混凝土的运量和运输距离，一般选择中、小型自卸汽车和混凝土搅拌运输车。

机械合理配套是指拌和机与摊铺机、运输车辆之间的配套情况。当摊铺机选定后，可根据机械的有关参数和施工中的具体情况计算出摊铺机的生产率。拌和机械与之配套是在保证摊铺机生产率充分发挥的前提下，使拌和机械的生产率得到正常发挥，并在施工过程中保持均衡、协调一致。

11.3.2.3　拌和与运输

拌和质量是保证水泥混凝土路面平整度和密实度的关键，而混凝土各组成材料的技术指标和配合比计算的准确性是保证混凝土拌和质量的关键。在机械化施工过程中，混凝土拌和的供料系统应尽量采用自动计量设备。

在运输过程中，为了保证混凝土的工作性，应考虑蒸发水和水化失水，以及因运输颠簸和振动使混凝土发生离析等。因此，要缩短运输距离，并采取适当措施防止水分损失和混凝土离析。一般情况下，坍落度大于 50 mm 时，用搅拌运输车运输，且运输时间不超过 1.5 h；坍落度小于 25 mm 时，用自卸汽车运输，且运输时间不超过 1 h。若运输时间超过极限值时，可掺加缓凝剂。

卸料机械有侧向和纵向卸料机两种(图 11 -8)。侧向卸料机在路面铺筑范围外操作，自卸汽车不进入路面铺筑范围，因此要有可供卸料机和汽车行驶的通道；纵向卸料机在路面铺筑范围内操作，由自卸汽车后退卸料，因此在基层上不能预先安放传力杆及其支架。

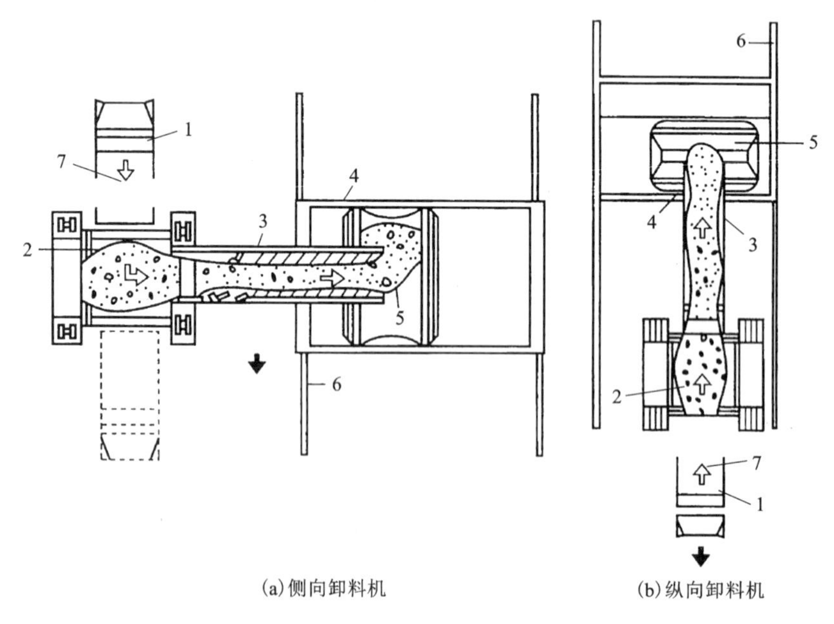

图 11 -8　卸料机械

1—自卸汽车；2—料斗；3—传送带；4—箱形摊铺机；5—箱子；6—轨道(模板)；7—混凝土

11.3.2.4　混凝土的铺筑与振捣

(1)轨道模板安装

轨道式摊铺机施工的整套机械是在轨道上移动前进，并以轨道为基准控制路面表面高程。由于轨道和模板同步安装，统一调整定位，因此将轨道固定在模板上，既可作为水泥混凝土路面的侧模，也是每节轨道的固定基座(图 11－9)。轨道的高程控制、铺轨的平直、接头的平顺，都将直接影响路面的质量和行驶性能。

(2)摊铺

摊铺是将倾卸在基层上或摊铺机箱内的混凝土按摊铺厚度均匀地充满模板范围内。摊铺机械有刮板式、箱式和螺旋式三种。

刮板式摊铺机本身能在模板上自由地前后移动，在前面的导管上左右移动。由于刮板自身也要旋转，因此可以将卸在基层上的混凝土堆向任意方向摊铺(图 11－10)，箱式摊铺机是混凝土通过卸料机卸在钢制箱子内，箱子在机械前进行驶时横向移动，同时箱子的下端按松散厚度刮平混凝土(图 11－11)。螺旋式摊铺机是用正反方向旋转的旋转杆(直径约 500 mm)将混凝土摊开，螺旋后面有刮板，可以准确地调整高度(图 11－12)，这种摊铺机的摊铺能力大，其松铺系数在 1.10～1.30 之间。

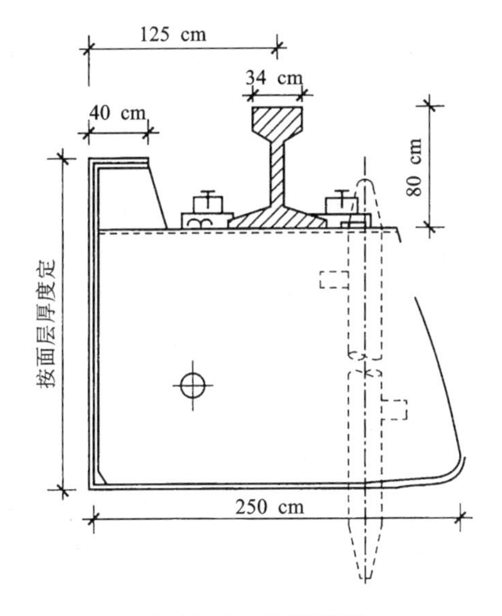

图 11－9　轨道模板

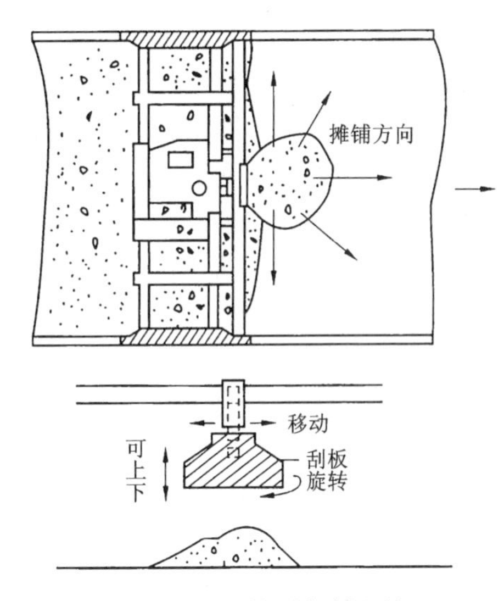

图 11－10　刮板式摊铺机施工

(3)振捣

水泥混凝土摊铺后，就应进行振捣。振捣可采用振捣机或内部振动式振捣机进行。混凝土振捣机是跟在摊铺机后面，对混凝土进行再次整平和捣实的机械。内部振动式振捣机主要是并排安装的插入式振捣器插入混凝土中，由内部进行捣实。

11.3.2.5　表面修整

振实后的混凝土要进行平整、精光、纹理制作等工序，以便获得平整、粗糙的表面。

采用机械修整时的表面修整机有斜向移动和纵向移动两种机械。斜向表面修整机通过一对与机械行走轴线成 10°～13°的整平梁做相对运动来完成修整，其中一根整平梁为振动整平梁。纵向表面修整机的整平梁在混凝土表面作纵向往返移动，同时兼作横向移动，而机体的前进将混凝土板表面整平，施工时，轨道或模板的顶面应经常清扫，以便机械能顺畅通过。

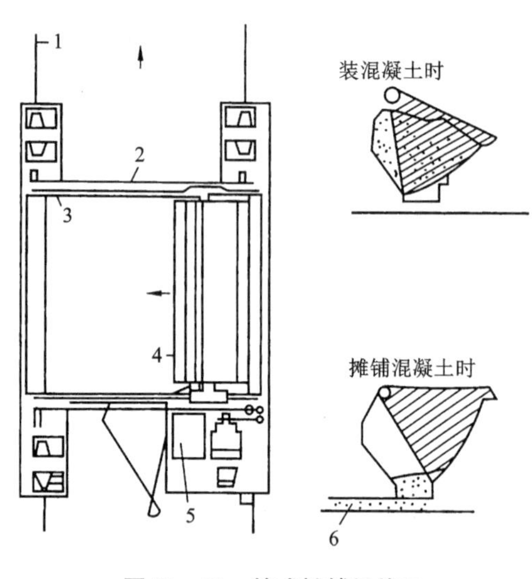

图 11－11　箱式摊铺机施工

1—轨道(模板)；2—链条；3—箱子行走轨道；
4—箱子；5—驱动系统；6—混凝土出料口

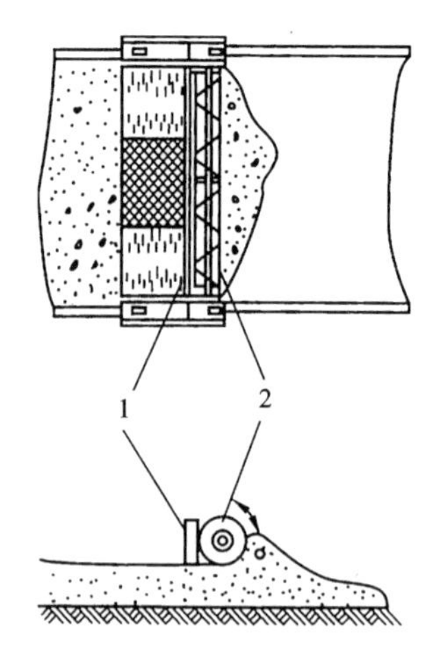

图 11－12　螺旋式摊铺机施工

1—刮板；2—螺旋杆

精光工序是对混凝土表面进行最后的精细修整，使混凝土表面更加致密、平整、美观，这是保证混凝土路面外观质量的关键工序。纹理制作是提高高等级公路水泥混凝土路面行车安全的抗滑措施之一。水泥混凝土路面的纹理制作可分为两类：一类是在施工时，水泥混凝土处于塑性状态(即初凝前)，或强度很低时所采取的处理措施，如用纹理制作机或棕刷进行拉毛(槽)、压纹(槽)、嵌石等；另一类是水泥混凝土完全凝结硬化后，或使用过程中所采取的处理措施，如在混凝土面层上用切槽机切出深 5～6 mm，宽 3 mm，间距为 20 mm 的横向防滑槽等。

11.3.2.6　接缝施工

混凝土面层是由一定厚度的混凝土板组成，具有热胀冷缩的特性，混凝土板会产生不同程度的膨胀和收缩，这些变形会受到板与基础之间的摩阻力和黏结力，以及板的自重和车轮荷载的约束，致使板内产生过大的应力，造成板的断裂或拱胀等破坏。为了避免这些缺陷，混凝土路面必须在纵横两个方向建造许多接缝，把整个路面分割成许多板块。但在任何形式的接缝处，板体都不可能是连续的，其传递荷载的能力总不如非接缝处，而且任何形式的接缝都不免要漏水，因此，对各种形式的接缝，都必须为其提供相应的传荷与防水设施。

(1)横向接缝

横向接缝是垂直于行车方向的接缝，横向接缝有三种，即胀缝、缩缝和施工缝。

①胀缝。胀缝的施工分浇筑混凝土完成时设置和施工过程中设置两种。浇筑完成设置胀缝适用于混凝土板不能连续浇筑的情况，施工时，传力杆长度的一半穿过端部挡板，固定于外侧定位模板中，混凝土浇筑前先检查传力杆位置，浇筑时应先摊铺下层混凝土，用插入式振捣器振实，并校正传力杆位置后，再浇筑上层混凝土；浇筑邻板时，应拆除顶头木模，并设置下部胀缝板、木制嵌条和传力杆套筒。施工过程中设置胀缝适用于混凝土板连续浇筑的情况，施工时，应预先设置好胀缝板和传力杆支架，并预留好滑动空间，为保证胀缝施工的平整度和施工的连续性，胀缝板以上的混凝土硬化后用切缝机按胀缝板的宽度切两条线，待填缝时，将胀缝板上的混凝土凿去。

②缩缝。横向缩缝的施工方法有压缝法和切缝法两种。压缝法是在混凝土捣实整平后，利用振动梁将T形振动压缝刀准确地按接缝位置振出一条槽，然后将铁制或木制嵌缝条放入，并用原浆修平槽边，待混凝土初凝前泌水后取出嵌条，形成缝槽。切缝法是在凝结硬化后的混凝土(混凝土达到设计强度等级的25%~30%)中，用锯缝机(带有金刚石或金刚砂轮锯片)锯割出要求深度的槽口，这种方法可保证缝槽质量且不扰动混凝土结构，但要掌握好锯割时间。切缝时间过迟，因混凝土凝结硬化而使锯片磨损过大，而且更主要的是混凝土会出现收缩裂缝；切缝时间过早，混凝土还未终凝，锯割时槽口边缘会产生剥落。合适的切缝时间应根据混凝土的组成和性质、施工时的气候条件等因素，依据施工技术人员的经验并进行试锯而定。

③施工缝。施工缝是由于混凝土不能连续浇筑而中断时设置的横向接缝。施工缝应尽量设在胀缝处，如不可能，也应设在缩缝处，多车道施工缝应避免设在同一横断面上。

施工缝应用平头缝或企口缝的构造形式。平头缝上部应设置深为板厚1/3~1/4或40~60 mm，宽为8~12 mm的沟槽，内浇灌填缝料。为了便于板间传递荷载，在板厚中央应设置长约0.4 m，直径为20 mm的传力杆，其半段锚固在混凝土中，另半段涂沥青或润滑油，允许滑动。

(2)纵缝

纵缝是指平行于混凝土行车方向的接缝，纵缝一般按3~4.5 m设置。纵向假缝施工应预先将拉杆采用门形式固定在基层上，或用拉杆旋转机在施工时置入，假缝顶面缝槽用锯缝机切成，深为60~70 mm，使混凝土在收缩时能从此缝向下规则开裂，防止因锯缝深度不足而引起不规则裂缝。纵向平头缝施工时应根据设计要求的间距，预先在横板上制作拉杆置放孔，并在缝壁一侧涂刷隔离剂，顶面用锯缝机切成深度为30~40 mm的缝槽，用填缝料填满。纵向企口缝施工时应在模板内侧做成凸榫状，拆模后，混凝土板侧面即形成凹槽，需设置拉杆时，模板在相应位置处钻圆孔，以便拉杆穿入。

(3)接缝填封

混凝土板养生期满后应及时填封缝隙。填缝前，首先将缝隙内泥沙清除干净并保持干燥，然后浇灌填缝料。填缝料的灌注高度，夏天应与板面齐平，冬天宜稍低于板面。

当用加热施工式填缝料时，应不断搅匀至规定的温度。气温较低时，应用喷灯加热缝壁。个别脱开处，应用喷灯烧烤，使其黏结紧密。目前用的强制式灌缝机和灌缝枪，能把改性聚氯乙烯胶泥和橡胶沥青等加热施工式填缝料和常温施工式填缝料灌入缝宽不小于3 mm的缝内，也能把分子链较长、稠度较大的聚氯酯焦油灌入7 mm宽的缝内。

11.3.3 滑模式摊铺机施工

滑模式摊铺机不需要轨道，用由四个液压缸支撑腿控制的履带行走机构行走，整个摊铺机的机架支撑在四个液压缸上，可以通过控制机械上下移动，调整摊铺机铺层厚度，并在摊铺机的两侧设置可随机移动的固定滑动模板。滑模式摊铺机一次通过就可以完成摊铺、振捣、整平等多道工序。

滑模式摊铺机的摊铺过程如图11－13所示。首先由螺旋摊铺器1把堆积在基层上的水泥混凝土向左右横向摊开，刮平器2进行初步刮平，然后由振捣器3进行捣实，刮平板4进行振捣后整平，形成密实而平整的表面，再利用搓动式振捣板5对混凝土层进行振实和整平，最后用光面带6光面。

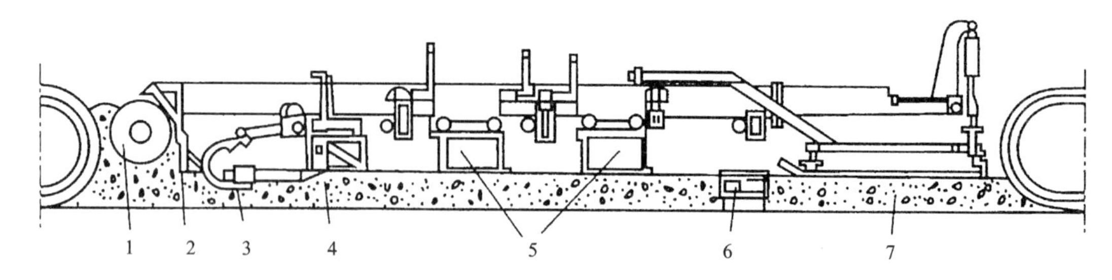

图 11－13　滑模式摊铺机摊铺过程示意图

1—螺旋摊铺器；2—刮平器；3—振捣器；4—刮平板；5—搓动式振捣板；6—光面带；7—混凝土面层

11.3.4　钢筋混凝土路面施工

当混凝土板的平面尺寸较大，或预计路基或基层可能产生不均匀沉陷，或板下埋有地下设施时，宜采用钢筋混凝土路面。钢筋混凝土路面是指板内配有纵横向钢筋(或钢丝)网的混凝土路面。钢筋混凝土路面设置钢筋网主要是控制裂缝缝隙的张开量，使板依靠断裂面上的集料嵌锁作用来保证结构的强度，并非提高板的抗弯强度。钢筋混凝土路面面层的厚度与水泥混凝土路面面层厚度一样。其配筋是按混凝土收缩时，将板块拉在一起所需的拉力确定。钢筋混凝土板的缩缝间距一般为 13 ~ 22 m，最大不宜超过 30 m，在缩缝内必须设置传力杆。

在钢筋混凝土路面施工时，应注意钢筋网的安装和混凝土的浇筑这两个环节。钢筋网的安装和混凝土的浇筑可采用两种施工方法：一是用钢筋骨架固定钢筋网的位置，混凝土混合料卸入模板内一次完成铺筑、振捣、做面等多项工作；另一方法是以钢筋网位置为分界线，钢筋网以下的混凝土先浇筑振捣密实，再安装钢筋网，最后浇筑混凝土。

11.3.5　混凝土小块铺砌路面施工

块料是由高强的水泥混凝土预制而成，其抗压强度约为 60 MPa，水泥含量为 350 ~ 380 kg/m^3，水灰比为 0.35，最大集料尺寸为 80 ~ 100 mm。混凝土小块铺砌路面结构由面层、砂整平层(厚 30 mm)和基层组成，具有结构简单，价格低廉，能承受较大的单位压力等特点，较广泛地用于铺筑人行道、停车场、堆场(特别是集装箱码头堆场)、街区道路、一般公路等路面。

11.3.6　钢纤维混凝土路面施工

钢纤维混凝土是一种性能优良的新型路用材料。钢纤维混凝土是在混凝土中掺入一些低碳钢、不锈钢或玻璃钢纤维形成的一种均匀而多向配筋的混凝土。试验表明，钢纤维与混凝土的握裹力为 4 MPa，施工中掺入 1.5%~2.0%(体积比)的钢纤维，相当于每立方米混凝土中掺入 0.077 t 水泥。钢纤维混凝土能显著提高混凝土的抗拉强度、抗弯拉强度、抗冻性、抗冲性、抗磨性、抗疲劳性，但其造价明显高于普通混凝土路面。

钢纤维混凝土中钢纤维的掺率通常用体积率(即 1 m^3 钢纤维混凝土所含钢纤维的体积百分率)来表示。

路用钢纤维宜采用剪切型纤维或熔抽型纤维，其抗拉强度不应低于 550 MPa，钢纤维直径一般为 0.25 ~ 1.25 mm，长度一般为直径的 50 ~ 70 倍(如过长，则与混凝土拌和易成团；如过短，则混凝土强度增加不多)。

粗骨料的最大粒径要求不超过纤维长度的 1/2，但不得大于 20 mm，这是因为最大粒径对钢纤维混凝土中钢纤维的握裹力有较大的影响，粒径过大会对混凝土抗弯拉强度有较明显的影响。

钢纤维混凝土路面在施工过程中，为了保证钢纤维均匀分布，在搅拌过程中应按砂、碎(砾)石、水泥、钢纤维的顺序加入拌和机内，先干拌 2 min 后，再加水湿拌 1 min。其他施工工序可按普通水泥混凝土路面的施工方法来铺筑，不需另加特殊的施工机具设备。在抹面时，应将冒出混凝土表面的钢纤维拔出，否则应另加铺磨耗层。

11.4 沥青路面施工

11.4.1 沥青路面施工机械

沥青路面施工机械主要有沥青洒布机、沥青混合料拌和设备和沥青混合料摊铺设备等。

(1)沥青洒布机

沥青洒布机是将热态沥青(工作温度在 120 ~ 180 ℃)洒布到碾压好的碎(砾)石基层上的一种施工机械。沥青洒布机根据施工时的使用情况，可分为手动式和自动式两大类。

(2)沥青混合料拌和设备

沥青混合料拌和设备是将骨料相配、烘干加热、筛分、称量，然后加入矿粉和热沥青强制搅拌成沥青混合料的拌和设备。按施工特点可分为传统式和滚筒式；按生产能力可分为超大型(生产能力 >400 t/h)、大型(生产能力 150 ~ 350 t/h)、中型(生产能力 50 ~ 100 t/h)和小型(生产能力 <50 t/h)。

①传统式拌和设备。传统式拌和设备根据混合料的拌和是否连续，又分为传统连续式沥青混合料拌和设备和传统间歇式(或周期式或循环式)沥青混合料拌和设备。传统连续式沥青混合料拌和设备中，各骨料的定量加料、烘干与加热、混合料的拌和与出料都是连续进行的；传统循环式沥青混合料拌和设备中，各骨料的定量加料、烘干与加热是连续进行的，而混合料的拌和与出料则是按一定的间歇周期进行的，即是按份数拌和的。

②拌和设备。由于传统式沥青混合料拌和设备生产过程中会产生大量的粉尘，造成环境的严重污染，故需增加大量的除尘设施，且设备的组成部分较多，结构复杂，设备庞大，能耗高。滚筒式沥青混合料拌和设备是骨料烘干、加热与沥青的拌和同在一个滚筒内进行，从而避免粉尘的飞扬和逸出，具有结构简单、磨耗低和污染小等优点。

(3)沥青混合料摊铺设备

沥青混合料摊铺设备是用来将拌和好的沥青混合料均匀摊铺在已整修好的路面基层上的专用设备。沥青混合料摊铺设备的工作装置主要有螺旋摊铺器、振捣梁和熨平装置三大组成部分。

沥青混合料摊铺设备按行走方式分为自行式(高等级路面施工常用)和拖式两种，而自行式摊铺机又分为轮胎式、履带式和复合式三种。轮胎式摊铺机的前轮为一对或两对实心小胶轮(图 11 - 14 所示)，这样既可增强承载力，又可避免因受荷载变化而变形，后轮大多为较大尺寸的充气轮胎。这种摊铺机具有行驶速度快(可达 20 km/h)，能自由转移工地，费用低；机动性和操纵性能好；对单独的小面积高堆或深坑适应性较好，不致过分影响铺层的平整度；弯道摊铺质量好；结构简单，造价低；对路面不平度的敏感性较强；受料斗内的材料多少会改变后驱动轮的变形量，从而影响铺层质量等特点。履带式摊铺机的履带，大多加装有橡胶垫块，以避免对地面造成压痕，减小对地面的压力。这种摊铺机具有牵引力与接地面积都较大，减小对下层的作用力；对下层的不平度不太敏感；行驶速度慢，不能很快地自行转移工地；对地面较高的凸起点适应能力差；机械传动式摊铺机在弯道上作业时会使铺层边缘不整齐；制造成本较高等特点。这种摊铺机是目前生产和使用得较多的机械，尤其是大型机械。复合式沥青混合料摊铺机作业时，利用履带行走装置；运输时，采用充气轮胎装置。广泛应用于小型沥青混合料摊铺施工。

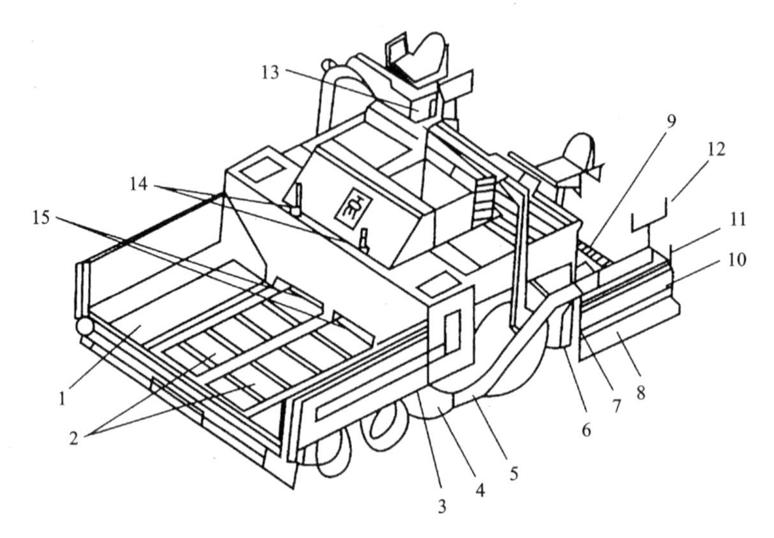

图 11－14　轮胎式沥青混合料摊铺机

1—受料斗；2—刮板输送器；3—牵引臂端提升液压缸；4—牵引臂端头；5—牵引臂；6—熨平装置提升液压缸；7—螺旋摊铺器；8—纵坡调节传感器；9—振动－熨平板；10—熨平端板；11—熨平端板调节手柄；12—铺层厚度调节器(手槽)；13—横坡调节传感器；14—左右闸门标高；15—左右闸门

11.4.2　沥青路面的分类

沥青路面可分为沥青混凝土、热拌沥青碎石、乳化沥青碎石混合料、沥青贯入式和沥青表面处置五种类型；按强度构成原理可分为密实类和嵌挤类两大类；按施工工艺的不同，又可分为层铺法、路拌法和厂拌法三大类。

11.4.3　施工前的准备工作

施工前的准备工作主要有确定料源及进场材料的质量检验、施工机具设备选型与配套、修筑试验路段等多项工作。

11.4.3.1　确定料源及进场材料的质量检验

对进场的沥青材料，应检验生产厂家所附的试验报告，检查装运数量、装运日期、订货数量、试验结果等，并对每批沥青进行抽样检测，试验中如有一项达不到规定要求时，应加倍抽样试验，如仍不合格时，则退货并索赔。沥青材料的试验项目有针入度、延度、软化点、薄膜加热、蜡含量、密度等。有时可根据合同要求，增加其他非常规测试项目。确定石料料场，主要是检查石料的技术标准，如石料等级、饱水抗压强度、磨耗率、压碎值、磨光值和石料与沥青的黏结力等是否满足要求。进场的砂、石屑、矿粉应满足规定的质量要求。

11.4.3.2　施工机械检查

施工前应对各种施工机具进行全面的检查，包括拌和与运输设备的检查；洒油车的油泵系统、洒油管道、量油表、保温设备等的检查；矿料撒铺车的传动和液压调整系统的检查，并事先进行试撒，以便确定撒铺每一种规格矿料时应控制的间隙和行驶速度；摊铺机的规格和机械性能的检查；压路机的规格、主要性能和滚筒表面的磨损情况检查；等等。

11.4.3.3 铺筑试验路段

在沥青路面修筑前，应按选定的机械设备和混合料配合比铺筑试验路段，主要研究合适的拌和时间与温度，摊铺温度与速度，压实机械的合理组合、压实温度和压实方法，松铺系数，合适的作业段长度等。并在沥青混合料压实 12 h 后，按标准方法进行密实度、厚度的抽样，全面检查施工质量，系统总结，以便指导施工。

11.4.4 洒铺法沥青路面层施工

用洒铺法施工的沥青路面层有沥青表面处置和沥青贯入式两种。

11.4.4.1 沥青表面处置路面

沥青表面处置是用沥青和细粒矿料按层铺施工成厚度不超过 30 mm 的薄层路面面层。由于处置层很薄，一般不起提高路面强度的作用，主要是用来抵抗行车的磨损和大气作用，增强防水性，提高平整度，改善路面的行车条件。

沥青表面处置通常采用层铺法施工。按照洒布沥青和铺撒矿料的层次多少，沥青表面处置可分为单层式、双层式和三层式三种。单层式是洒布一次沥青，铺撒一次矿料，厚度为 10 ~ 15 mm；双层式是洒布两次沥青，铺撒两次矿料，厚度为 20 ~ 25 mm；三层式是洒布三次沥青，铺撒三次矿料，厚度为 25 ~ 30 mm。

层铺法沥青表面处置施工，一般采用"先油后料"（即先洒布一层沥青，后铺撒一层矿料）法。双层式沥青表面处置路面的施工顺序为：备料→清理基层及放样→浇洒透层沥青→洒布第一层沥青→铺撒第一层矿料→碾压→洒布第二层沥青→铺撒第二层矿料→碾压→初期养护。单层式和三层式沥青表面处置的施工顺序与双层式基本相同，只是相应地减少或增加一次洒布沥青、铺撒一次矿料和碾压工作。

①清理基层。在沥青表面处置之前，应将路面基层清扫干净，使基层矿料大部分外露，并保持干燥。对有坑槽、不平整的路段应先修补和整平。如基层强度不足，应先予以补强。

②浇洒透层沥青。在沥青路面的级配砂砾、级配碎石基层和水泥、石灰、粉煤灰等无机结合料稳定土或粒料的半刚性基层上必须浇洒透层沥青。浇洒透层沥青是使沥青面层与非沥青材料基层结合良好，并透入基层表面。透层沥青宜采用慢裂的洒布型乳化沥青，也可采用中、慢凝液体石油沥青或煤沥青。

③洒布沥青。当透层沥青充分渗透后，或在透层做好并开放交通的基层清扫后，就可以洒布沥青。沥青的洒布温度应根据气温及沥青标号选定，一般石油沥青为 130 ~ 170 ℃，煤沥青为 80 ~ 120 ℃，乳化沥青不得超过 60 ℃。洒布时要均匀，不应有空白或积聚现象。沥青的洒布可以采用汽车洒布机，也可采用手摇洒布机。

④铺撒矿料。洒布沥青后，应趁热铺撒矿料并按规定一次撒足。

⑤碾压。铺撒矿料后立即用 60 ~ 80 kN 双轮压路机或轮胎压路机碾压。应从一侧路缘向路中心碾压，每次碾压轮迹应重叠 300 mm，碾压 3 ~ 4 遍，其行驶速度开始为 2 km/h，以后可适当提高。

第二层、第三层的施工方法和要求与第一层相同。

⑥初期养护。碾压结束后即可开放交通，但应控制车速不超过 20 km/h，并控制车辆行驶的路线。对局部泛油、松散、麻面等现象，应及时修整处理。

11.4.4.2 沥青贯入式路面

沥青贯入式路面是在初步碾压的矿料层上洒布沥青，分层铺撒嵌缝料、洒布沥青和碾压，并借助于行车压实而成的沥青路面，其厚度一般为 40 ~ 80 mm。沥青贯入式路面的强度构成主要是靠矿料的嵌挤作用和沥青材料的黏结力，因而具有较高的强度和稳定性。由于沥青贯入式路面是一种多孔隙结构，为了防止路表水的浸入和增强路面的水稳定性，在面层的最上层必须加铺封层。

沥青贯入式路面的施工程序为：备料→整修、放样和清扫基层→浇洒透层或黏层沥青→铺撒主层矿料→第一次碾压→洒布第一次沥青→铺撒第一次嵌缝料→第二次碾压→洒布第二次沥青→铺撒第二次嵌缝料→第三次碾压→洒布第三次沥青→铺撒封层矿料→最后碾压→初期养护。

对沥青贯入式路面的施工要求与沥青表面处置路面基本相同。黏层是使新铺沥青面层与下层表面黏结良好而浇洒的一层沥青薄层，主要适用于旧沥青路面作基层、在修筑沥青面层的水泥混凝土路面或桥面上、在沥青面层容易产生推移的路段、所有与新铺沥青混合料接触的侧面(如路缘石、雨水进水口、各种检查井)。黏层所采用的沥青材料宜选用快裂的洒布型乳化沥青，也可选用快、中凝液体石油或煤沥青，其用量为石油沥青 0.4 ~ 0.6 kg/m^2，煤沥青应比石油沥青用量增加 20%。适度的碾压对沥青贯入式路面极为重要。碾压不足，会影响矿料嵌挤稳定，易使沥青流失，形成上下部沥青分布不均；碾压过度，矿料易被压碎，破坏嵌挤原则，造成空隙减少，沥青难以下渗，形成泛油现象。

11.4.5 热拌沥青混合料路面施工

热拌沥青混合料是由沥青与矿料在加热状态下拌和而成的混合料的总称，热拌沥青混合料路面是热拌沥青混合料在加热状态下铺筑而成的路面。

11.4.5.1 施工准备及要求

施工准备工作包括下承层的准备和施工放样、机械选型和配套、拌和选址等多项工作。

(1)拌和设备选型

通常根据工程量和工期选择拌和设备的生产能力和移动方式，同时，其生产能力应与摊铺能力相匹配，不应低于摊铺能力，最好高于摊铺能力 5% 左右。高等级公路沥青路面施工，应选用拌和能力较大的设备。目前，沥青混合料设备种类很多，最大的可达 800 ~ 1 000 t/h，但应用较多的是生产率在 300 t/h 以下的拌和设备。

(2)准备下承层和施工放样

沥青路面的下承层是指基层、联结层或面层下层。下承层应对其厚度、平整度、密实度、路拱等进行检查。下承层表面出现的任何质量问题，都会对路面结构层的层间结合以及路面的整体强度有影响，下承层处理完后，就可以进行洒透层、黏层或进行封层。

施工放样主要是标高测定和平面控制。标高测定主要是控制下承层表面高程与原设计高程的差值，以便在挂线时保证施工层的厚度。施工放样不但要保证沥青路面的总厚度，而且要保证标高不超出容许范围。注意，在放样时，应计入实测的松铺系数。

(3)机械组合

高等级公路路面的施工机械应优先考虑自动化程度较高和生产能力较强的机械，以摊铺、拌和机械为主导机械与自卸汽车、碾压设备配套作业，进行优化组合，使沥青路面施工全部实现机械化。

11.4.5.2 拌和与运输

沥青混合料的生产组织包括矿料、沥青供应和混合料运输两个方面，任何一方面组织不好都会引起停工。所用矿料应符合质量要求，贮存量应为日平均用量的5倍，堆场应加以遮盖，以防雨水。拌和设备在每次作业完毕后，都必须立即用柴油清洗沥青系统，以防止沥青堵塞管路。沥青混合料成品应及时运至工地，开工前应查明施工位置、施工条件、摊铺能力、运输路线、运距和运输时间，以及所需混合料的种类和数量等。运输车辆数量必须满足拌和设备连续生产的要求，不因车辆少而临时停工。

11.4.5.3　沥青混合料摊铺作业

沥青混合料摊铺前，应先检查摊铺机的熨平板宽度和高度是否适当，并调整好自动找平装置。有条件时，尽可能采用全路幅摊铺，如采用分路幅摊铺，接槎应紧密、拉直，并宜设置样桩控制厚度，摊铺时，沥青混合料温度不应低于100 ℃（煤沥青不低于70 ℃）。摊铺厚度应为设计厚度乘以松铺系数，其松铺系数应通过试铺碾压确定，也可按沥青混凝土混合料1.15～1.35，沥青碎石混合料1.15～1.30酌情取值，摊铺后应检查平整度及路拱。摊铺机作业的施工过程为：

①熨平板加热。由于100 ℃以上的混合料遇到30 ℃以下的熨平板底面时，将会冷粘于板底上，并随板向前移动时拉裂铺层表面，使之形成沟槽和裂纹，因此，每天开始施工前或停工后再工作时，应对熨平板进行加热，即使夏季也必须如此，这样才能对铺层起到熨烫的作用，从而使路表面平整无痕。

②摊铺方式。摊铺时，应先从横坡较低处开铺，各条摊铺带宽度最好相同，以节省重新接宽熨平板的时间。使用单机进行不同宽度的多次摊铺时，应尽可能先摊铺较窄的那一条，以减少拆接宽次数；如单机非全幅宽作业时，每幅应在铺筑100～150 m后调头完成另一幅，此时一定要注意接槎。使用多机摊铺时，应在尽量减少摊铺次数的前提下，各条摊铺带能形成梯队作业方式，梯队的间距宜在5～10 m之间，以便形成热接槎。

③接槎处理。接槎有纵向接槎和横向接槎。

纵向接槎。两条摊铺带相接处，必须有一部分搭接，才能保证该处与其他部分具有相同的厚度。搭接的宽度应前后一致，搭接施工有冷接槎和热接槎两种。冷接槎施工是指新铺层与经过压实后的已铺层进行搭接。搭接宽度为30～50 mm，在摊铺新铺层时，对已铺层带接槎处边缘进行铲修垂直，新摊铺带与已摊铺带的松铺厚度相同。热接槎施工一般是在使用两台以上摊铺机梯队作业时采用，此时两条毗邻摊铺带的混合料都还处于压实前的热状态，所以纵向接槎容易处理，而且连接强度较好。

横向接槎。相邻两幅及上下层的横向接槎均应错位1 m以上，横向接槎有斜接槎和平接槎两种。高速和一级公路中下层的横向接槎可采用斜接槎，而上面层则应采用垂直的平接槎，其他等级公路的各层均应采用斜接槎。处理好横向接槎的基本原则是将第一条摊铺带的尽头边缘锯成垂直面，并与纵向边缘成直角。横向接槎质量的好坏，直接影响路面的平整度。

11.4.5.4　沥青混合料的碾压

碾压是沥青路面施工的最后一道工序，要获得好的路面质量最终是靠碾压来实现的。碾压的目的是提高沥青混合料的强度、稳定性和耐疲劳性。碾压工作包括碾压机械的选型与组合、压实温度、速度、遍数、压实方法的确定以及特殊路段的压实（如弯道与陡坡等）。

（1）碾压机械的选型与组合

目前最常用的沥青路面压路机有静作用光轮压路机、轮胎压路机和振动压路机。静作用光轮压路机可分为双轴三轮式（三轮式）和双轴双轮式（双轮式）压路机，也有三轴三轮串联式光轮压路机。三轮式压路机适用于沥青混合料的初压；双轮式压路机通常较少，仅作为辅助设备；三轴三轮式压路机主要用于平整度要求较高的高等级公路路面的压实作业。轮胎式压路机主要用来进行接缝处的预压、坡道预压、消除裂纹、薄摊铺层的压实等作业。振动压路机可分为自行式单轮振动压路机、串联式振动压路机和组合式振动压路机三种。自行式单轮振动压路机常用于平整度要求不高的辅道、匝道、岔道等路面作业；如果沥青混合料的压实度要求较高时，可用串联式振动压路机；组合式压路机是轮胎压路机和振动压路机的组合，但实践证明这一组合形式是失败的。

压路机的选型应考虑摊铺机的生产效率、混合料的特性、摊铺厚度、施工现场的具体情况等因素。摊铺机的生产效率决定了压路机需要压实的能力，从而影响到压路机的大小和数量的选用，而混合料的特性为选择压路机的大小、最佳频率与振幅提供了依据。

(2)压实作业

①压实程序。沥青路面的压实程序分为初压、复压、终压三个阶段。

初压是整平和稳定混合料，同时又为复压创造条件。初压时用 6 ~ 8 t 双轮压路机或 6 ~ 10 t 振动压路机(关闭振动装置)压两遍，压实温度一般为 110 ~ 130 ℃(煤沥青混合料不高于 90 ℃)。初压后应检查平整度、路拱，必要时进行修整。

复压是使混合料密实、稳定、成型，而混合料的密实程度取决于这道工序，因此，必须用重型压路机碾压并与初压紧密衔接。复压时用 10 ~ 12 t 三轮压路机、10 t 振动压路机或相应的重型轮胎压路机碾压不少于 4 ~ 6 遍，直至稳定和无明显轮迹，压实温度一般为 90 ~ 110 ℃(煤沥青混合料不低于 70 ℃)。

终压是消除轮迹，最后形成平整的压实面，这道工序不宜用重型压路机在高温下完成。终压时用 6 ~ 8 t 振动压路机(关闭振动装置)压 2 ~ 4 遍，且无轮迹，压实温度一般为 70 ~ 90 ℃(煤沥青混合料不低于 50 ℃)。

②压实方法。碾压时，压路机应从外侧向中心碾压，这样就能始终保持压路机以压实后的材料作为支承边。当采用轮胎式压路机时，相邻碾压带应重叠 1/3 ~ 1/2 的碾压轮宽度；当采用三轮式压路机时，相邻碾压带应重叠 1/2 宽度；当采用振动压路机时，相邻碾压带应重叠 100 ~ 200 mm 宽度，振动频率宜为 35 ~ 50 Hz，振幅宜为 0.3 ~ 0.8 mm。压路机应以慢而均匀的速度进行碾压，其碾压速度应符合有关规定。

习　题

1. 路基工程有何特点？路基工程与有关工程项目的关系是什么？
2. 试述影响路基稳定的因素有哪些。
3. 一般路基的典型横断面形式有哪几种类型？
4. 土方路堤填筑的方法有哪几种？
5. 土质路堑的开挖方法有哪几种？
6. 填方路堤压实的方法和要求是什么？
7. 盐渍土如何分类？盐渍土路基施工的要求是什么？
8. 软土、沼泽地区路基施工常用的处理措施是什么？
9. 路面的功能对路面的要求是什么？路面的作用是什么？
10. 沥青混凝土路面的类型有哪些？其基本特征是什么？
11. 水泥混凝土路面的构造由哪几部分组成？

参考文献

[1] 中国建筑科学研究院. GB 50300—2013 建筑工程施工质量验收统一标准[S]. 北京：中国建筑工业出版社，2014.

[2]《建筑施工手册(第四版)》编写组. 建筑施工手册[M]. 4 版. 北京：中国建筑工业出版社，2003.

[3]《基础工程施工手册》编写组. 基础工程施工手册[M]. 北京：中国计划出版社，1996.

[4] 毛鹤琴. 建筑施工[M]. 北京：中国建筑工业出版社，1997.

[5] 毛鹤琴. 土木工程施工[M]. 4 版. 武汉：武汉理工大学出版社，2012.

[6] 卜良桃. 土木工程施工[M]. 武汉：武汉理工大学出版社，2015.